TRAITÉ

DE

MÉCANIQUE CÉLESTE

PAR

F. TISSERAND,

MEMBRE DE L'INSTITUT ET DU BUREAU DES LONGITUDES,
PROFESSEUR A LA FACULTÉ DES SCIENCES.

TOME II.

THÉORIE DE LA FIGURE DES CORPS CÉLESTES ET DE LEUR MOUVEMENT DE ROTATION.

PARIS,

GAUTHIER-VILLARS ET FILS, IMPRIMEURS-LIBRAIRES
DU BUREAU DES LONGITUDES, DE L'ÉCOLE POLYTECHNIQUE,
Quai des Grands-Augustins, 55.

1891

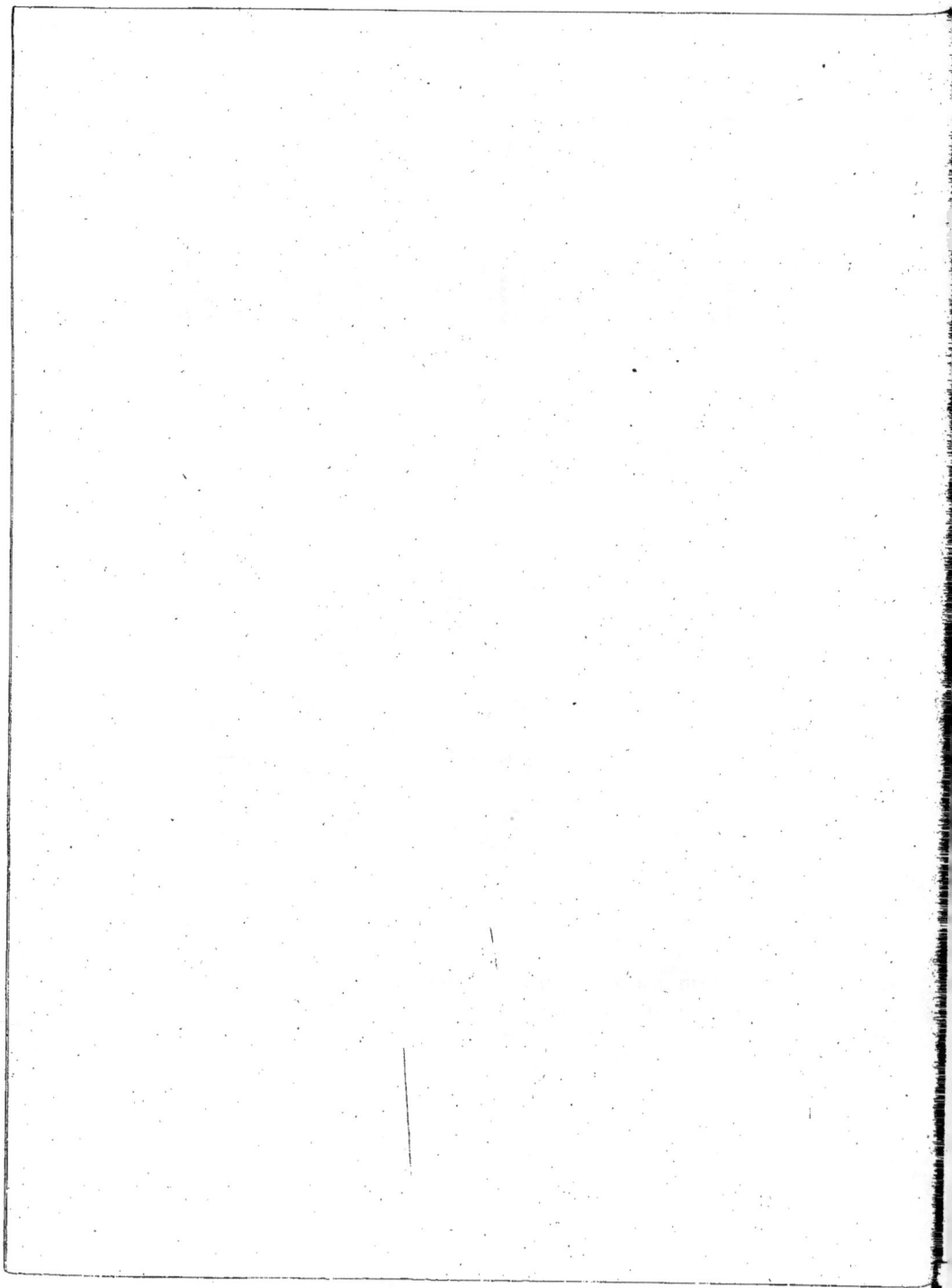

PRÉFACE.

Le second Volume de mon *Traité de Mécanique céleste,* que je publie aujourd'hui, comprend deux sujets principaux :

La théorie de la figure des corps célestes (Chapitres I à XXI);

Et celle de leur mouvement de rotation (Chapitres XXII à XXX).

Les trois premiers Chapitres sont consacrés à la démonstration des théorèmes généraux sur l'attraction; on y trouvera notamment les belles recherches de Chasles et de Green concernant l'attraction des couches de niveau.

L'attraction des ellipsoïdes a été traitée de deux façons, d'abord par l'analyse de Lagrange et le théorème d'Ivory, puis par la belle méthode de Gauss.

J'aborde ensuite la détermination de la figure des corps célestes supposés fluides et homogènes, et je donne une discussion complète des ellipsoïdes de révolution de Maclaurin et des ellipsoïdes à trois axes inégaux de Jacobi.

M. Poincaré, dans un Mémoire récent, a fait faire à la théorie un progrès considérable en prouvant que, en dehors des ellipsoïdes, il existe une infinité de figures d'équilibre, parmi lesquelles une seule est stable. Je ne pouvais, sans dépasser le cadre de mon Ouvrage, reproduire sa savante analyse, et je me suis borné à en donner les conclusions un peu plus loin. J'ai pu démontrer du moins un théorème important du même géomètre, assignant à la vitesse de rotation une limite au delà de laquelle l'équilibre cesse d'être possible, quelle que soit la figure du corps.

Je n'ai pas consacré moins de quatre Chapitres à la figure de l'anneau de Saturne. Après les recherches classiques de Laplace, j'ai exposé deux Mémoires récents, où l'approximation a été poussée beaucoup plus loin, par Mme Kowalewski et par M. Poincaré. Enfin, je crois avoir rendu plus facile la lecture du travail de Maxwell sur l'anneau de Saturne, considéré comme formé d'un grand nombre de satellites.

L'hypothèse de l'homogénéité s'éloigne beaucoup de la réalité. Quand on veut déterminer la figure des corps célestes en tenant compte de la condensation graduelle vers le centre, on peut suivre deux voies ouvertes, l'une par Clairaut, l'autre par Laplace. Chacune a ses avantages et ses inconvénients. Dans la première, on suppose immédiatement que les surfaces de niveau sont des ellipsoïdes de révolution; mais on n'a recours qu'aux formules très simples qui expriment l'attraction de ces corps, et l'on arrive à quelques théorèmes d'une grande généralité, car ils ont lieu quelle que soit la loi de variation des densités, continue ou non. La méthode de Laplace exige des développements analytiques beaucoup plus étendus; la constitution intérieure peut être plus complexe, les surfaces de niveau n'étant pas supposées de révolution; mais elle donne lieu, relativement à la convergence des séries employées, à des difficultés qui n'ont pas encore été entièrement surmontées.

Je partage finalement l'opinion de M. Airy, qui préfère la théorie de Clairaut; j'ai exposé néanmoins celle de Laplace, avec tous les développements qu'elle comporte.

J'ai jugé utile de présenter un aperçu des théories géodésiques les plus importantes, et, pour la réduction des observations du pendule, j'ai cherché à donner une idée de la méthode de la condensation, proposée par M. Helmert.

Dans l'étude des mouvements de rotation, j'ai employé, d'après

Poisson, la méthode de la variation des constantes arbitraires, qui permet de traiter de la même façon les deux problèmes principaux de la Mécanique céleste et d'établir entre eux des analogies intéressantes. J'ai suivi toutefois, pour l'intégration des équations du mouvement non troublé, la méthode de Hamilton-Jacobi, parce qu'elle conduit immédiatement aux formules différentielles qui font connaître les variations des constantes arbitraires dans le mouvement troublé.

Je crois avoir discuté avec soin les expressions des petits déplacements des pôles à la surface de la Terre, et les très faibles inégalités de la vitesse de rotation.

Les résultats principaux auraient pu sans doute être obtenus plus rapidement par une autre voie. Je pense néanmoins que, en raison de sa simplicité théorique, la méthode de la variation des constantes arbitraires présente ici des avantages réels; l'instrument qu'elle met à la disposition du calculateur est d'un maniement facile et uniforme, et se prête sans effort à la solution de tous les problèmes qui peuvent être soulevés.

La question de la libration de la Lune a été traitée, je l'espère du moins, avec toute l'étendue désirable.

Me trouvant absorbé par la préparation du Tome III de mon Ouvrage, j'ai prié M. Radau de rédiger les deux derniers Chapitres, XXIX et XXX, qui se rapportent à des travaux récents, ou encore peu connus, de divers géomètres, ayant pour but de déterminer les petites influences que peuvent avoir sur la rotation de la Terre les actions géologiques ou météorologiques et les marées. Ces Mémoires sont très nombreux; M. Radau a réussi à les embrasser dans une synthèse claire et élégante, qui fournira sans doute aux jeunes astronomes des sujets de recherches intéressantes. Je le prie d'agréer mes remerciements sincères. M. Radau m'a d'ailleurs aidé de ses conseils dans la revision des épreuves. M. Callandreau a bien voulu aussi me continuer son précieux concours, comme il l'avait fait pour le Tome I. On verra, du reste, en parcourant le présent Volume, que MM. Callandreau et Radau ont contribué, pour une part importante, aux progrès réalisés par la théorie dans ces dernières années.

Le Tome I a reçu du public scientifique un excellent accueil; s'il en est de même pour le Tome II, ce sera un encouragement puissant dans la tâche longue et difficile que j'ai entreprise, et que j'espère mener promptement à bonne fin.

6 septembre 1890.

TABLE DES MATIÈRES

DU TOME II.

CHAPITRE I.

CHAPITRE II.

CHAPITRE III.

CHAPITRE IV.

CHAPITRE V.

CHAPITRE VI.

CHAPITRE VII.

CHAPITRE VIII.

CHAPITRE IX.

CHAPITRE X.

CHAPITRE XI.

CHAPITRE XII.

CHAPITRE XIII.

CHAPITRE XIV.

CHAPITRE XV.

CHAPITRE XVI.

CHAPITRE XVII.

CHAPITRE XVIII.

CHAPITRE XIX.

CHAPITRE XX.

CHAPITRE XXI.

CHAPITRE XXII.

CHAPITRE XXIII.

CHAPITRE XXIV.

CHAPITRE XXV.

CHAPITRE XXVI.

CHAPITRE XXVII.

CHAPITRE XXVIII.

CHAPITRE XXIX.

CHAPITRE XXX.

FIN DE LA TABLE DES MATIÈRES DU TOME II.

TRAITÉ

DE

MÉCANIQUE CÉLESTE.

TOME II.

CHAPITRE I.

THÉORÈMES GÉNÉRAUX SUR L'ATTRACTION.

Dans le Chapitre II du tome I, nous avons déjà esquissé quelques points de la théorie; nous allons les reprendre rapidement dans une étude d'ensemble.

1. Considérons un corps P dont nous voulons déterminer l'attraction sur le point M qui ne fait pas partie de sa masse.

Soient x, y, z les coordonnées du point M, μ sa masse, a, b, c les coordonnées d'un point quelconque A du corps, ρ la densité en A, dm l'élément de masse correspondant, u la distance AM; on aura, pour les composantes X, Y, Z, parallèles aux axes de coordonnées, de l'attraction cherchée

$$(\mathrm{A})\quad \left\{\begin{aligned} X &= f\mu\int\frac{a-x}{u^3}\,dm = f\mu\int\int\int\rho\,\frac{a-x}{u^3}\,da\,db\,dc,\\ Y &= f\mu\int\frac{b-y}{u^3}\,dm = f\mu\int\int\int\rho\,\frac{b-y}{u^3}\,da\,db\,dc,\\ Z &= f\mu\int\frac{c-z}{u^3}\,dm = f\mu\int\int\int\rho\,\frac{c-z}{u^3}\,da\,db\,dc,\\ u^2 &= (x-a)^2+(y-b)^2+(z-c)^2,\\ \rho &= F(a, b, c). \end{aligned}\right.$$

La fonction F, qui exprime la densité du corps, étant supposée connue, on voit que X, Y, Z sont donnés par trois intégrales triples étendues à tout le volume du corps.

Lorsque la densité ρ est constante, le corps étant supposé homogène, on peut effectuer immédiatement l'une de ces trois intégrations, de manière que les composantes X, Y, Z dépendent chacune d'une intégrale double.

On a, en effet,

$$X = f\mu\rho \int \frac{a-x}{u^3}\, da\, db\, dc = -f\mu\rho \int\int\int \frac{\partial \frac{1}{u}}{\partial a}\, da\, db\, dc.$$

Le parallélépipède dont la base est $db\, dc$ entre dans le corps en un certain point A_1, en ressort en A_2, y rentre en A_3 pour en sortir de nouveau en A_4, ... Si l'on représente par u_1, u_2, ... les distances du point attiré aux points A_1, A_2, ..., on aura

$$\int \frac{\partial \frac{1}{u}}{\partial a}\, da = \frac{1}{u_2} - \frac{1}{u_1} + \frac{1}{u_4} - \frac{1}{u_3} + \ldots,$$

(1) $$X = f\mu\rho \int\int \left(\frac{1}{u_1} - \frac{1}{u_2} + \frac{1}{u_3} - \frac{1}{u_4} + \ldots\right) db\, dc.$$

Soient $d\sigma_1$, $d\sigma_2$, ... les éléments de la surface du corps interceptés par le parallélépipède en A_1, A_2, ...; (N_1, x), (N_2, x), ... les angles que la normale *extérieure* au corps en chacun de ces points forme avec la partie positive de l'axe des x; $db\, dc$ étant la projection de l'un quelconque des éléments $d\sigma_1$, $d\sigma_2$, ... sur le plan des yz; on a

$$db\, dc = -d\sigma_1 \cos(N_1, x) = +d\sigma_2 \cos(N_2, x) = -d\sigma_3 \cos(N_3, x) = + \ldots,$$

et la formule (1) devient

$$X = -f\mu\rho \int\int \left[\frac{d\sigma_1}{u_1}\cos(N_1, x) + \frac{d\sigma_2}{u_2}\cos(N_2, x) + \ldots\right]$$

ou, plus simplement,

(B) $$X = -f\mu\rho \int \frac{\cos(N, x)}{u}\, d\sigma;$$

u désigne maintenant la distance du point attiré à l'un quelconque $d\sigma$ des éléments de la surface du corps, (N, x) l'angle que fait avec la partie positive de l'axe des x la normale extérieure au corps menée par un des points de l'élément $d\sigma$; enfin les intégrations s'étendent à toute la surface du corps.

2. En supposant toujours le corps homogène, on peut trouver pour X une autre expression qui nous servira bientôt.

Considérons un cône infiniment petit, d'angle $d\omega$, ayant son sommet en M au point attiré et pénétrant dans le corps en A_1, pour en sortir en A_2, y rentrer en A_3, en ressortir en A_4, ... Soient u la distance d'un point quelconque A du cône à son sommet, u_1, u_2, ... les distances MA_1, MA_2, ... L'action S exercée sur le point M par la portion du corps située à l'intérieur du cône est facile à calculer, si l'on remarque que l'élément de volume est $u^2\,d\omega\,du$; on trouve

$$(2)\qquad S = f\mu\int\frac{\rho u^2\,d\omega\,du}{u^2} = f\mu\rho\,d\omega\int du = f\mu\rho\,d\omega(u_2 - u_1 + u_4 - u_3 + \ldots).$$

Soient $d\sigma_1$, $d\sigma_2$, ... les éléments interceptés par le cône sur la surface du corps aux points A_1, A_2, ... : (N_1, u), (N_2, u), ... les angles formés avec le prolongement de la droite MA_1 par les normales extérieures à la surface du corps en A_1, A_2, ... Comme $d\omega$ est la surface découpée par le petit cône sur la sphère de rayon 1, $u_1^2\,d\omega$ sera la surface découpée sur la sphère de rayon u_1, les deux sphères ayant leur centre en M; on aura

$$(3)\qquad \begin{cases} u_1^2\,d\omega = -\,d\sigma_1\cos(N_1, u),\\ u_2^2\,d\omega = +\,d\sigma_2\cos(N_2, u),\\ \ldots\ldots\ldots\ldots\ldots\ldots\ldots\ldots, \end{cases}$$

et la formule (2) donnera

$$S = f\mu\rho\left[\frac{\cos(N_1, u)}{u_1}\,d\sigma_1 + \frac{\cos(N_2, u)}{u_2}\,d\sigma_2 + \ldots\right].$$

Pour avoir la composante parallèle à l'axe des x de la résultante partielle qui vient d'être trouvée, il faut multiplier S par le cosinus de l'angle (u, x) que fait la droite MA avec la partie positive de l'axe des x. On pourra donc écrire

$$(C)\qquad X = f\mu\rho\int\frac{\cos(N, u)\cos(u, x)}{u}\,d\sigma.$$

(u, x) désigne l'angle formé avec Ox par le rayon MA mené du point attiré à un point A d'un élément quelconque $d\sigma$ de la surface du corps; (N, u) est l'angle formé avec le prolongement de MA par la normale extérieure au corps en A; enfin u représente la distance MA et les intégrations s'étendent à toute la surface du corps.

Gauss a fait, comme nous le verrons bientôt, un emploi très heureux des formules (B) et (C).

3. Revenons au cas général, où la densité n'est pas nécessairement la même en tous les points du corps.

On peut faire dépendre d'une seule les trois intégrales triples qui représentent X, Y, Z. Si l'on pose, en effet,

$$\text{(D)} \qquad V = \int \frac{dm}{u} = \int\int\int \frac{\rho}{u}\, da\, db\, dc,$$

V sera une certaine fonction de x, y, z, donnée par une intégrale triple étendue à tout le volume du corps P. Les limites des intégrations sont indépendantes de x, y, z; l'élément différentiel ne devient pas infini, puisque, le point attiré étant supposé jusqu'ici ne pas faire partie de la masse du corps, u ne peut pas être nul. On peut donc différentier sous le signe $\int\int\int$ dans la formule (D), et l'on trouve ainsi

$$\text{(E)} \qquad X = f\mu \frac{\partial V}{\partial x}, \qquad Y = f\mu \frac{\partial V}{\partial y}, \qquad Z = f\mu \frac{\partial V}{\partial z};$$

V est le potentiel.

Soient r, θ, ψ les coordonnées polaires du point attiré, de manière que l'on ait

$$x = r\cos\theta, \qquad y = r\sin\theta\sin\psi, \qquad z = r\sin\theta\cos\psi.$$

V deviendra une fonction de r, θ et ψ, et l'on peut se proposer de trouver les formules analogues à (E), faisant connaître au moyen de $\frac{\partial V}{\partial r}$, $\frac{\partial V}{\partial \theta}$ et $\frac{\partial V}{\partial \psi}$ les projections R, R′ et R″ de l'attraction sur les trois droites rectangulaires suivantes : le rayon vecteur r, la perpendiculaire à r menée dans le plan de l'angle θ, et la perpendiculaire à ce plan ; on regardera les composantes comme positives quand elles tendront à augmenter les coordonnées r, θ, ψ, et comme négatives dans le cas contraire. Donnons au point attiré un déplacement virtuel infiniment petit δs ayant pour projections sur les axes δx, δy, δz; soient δr, $\delta\theta$, $\delta\psi$ les variations correspondantes des coordonnées polaires. Les projections de δs sur les trois droites rectangulaires définies ci-dessus seront

$$\delta r, \quad r\,\delta\theta, \quad r\sin\theta\,\delta\psi.$$

Donc le moment virtuel de l'attraction sera

$$R\,\delta r + R' r\,\delta\theta + R'' r\sin\theta\,\delta\psi;$$

mais il a aussi pour valeur

$$\begin{aligned} X\,\delta x + Y\,\delta y + Z\,\delta z &= f\mu\left(\frac{\partial V}{\partial x}\delta x + \frac{\partial V}{\partial y}\delta y + \frac{\partial V}{\partial z}\delta z\right) = f\mu\,\delta V \\ &= f\mu\left(\frac{\partial V}{\partial r}\delta r + \frac{\partial V}{\partial \theta}\delta\theta + \frac{\partial V}{\partial \psi}\delta\psi\right). \end{aligned}$$

Si l'on compare les deux expressions du moment virtuel et qu'on égale les coefficients de δr, de $\delta\theta$ et de $\delta\psi$, il vient

$$(\mathrm{E}') \qquad \mathrm{R} = f\mu\frac{\partial \mathrm{V}}{\partial r}, \qquad \mathrm{R}' = \frac{f\mu}{r}\frac{\partial \mathrm{V}}{\partial \theta}, \qquad \mathrm{R}'' = \frac{f\mu}{r\sin\theta}\frac{\partial \mathrm{V}}{\partial \psi}.$$

Ce sont les formules cherchées.

La première des formules (E) ou (E') montre que, si ∂n est un segment infiniment petit porté dans une direction donnée, $f\mu\frac{\partial \mathrm{V}}{\partial n}$ représentera la projection de l'attraction sur cette direction. Mais, pour connaître $\frac{\partial \mathrm{V}}{\partial n}$, il n'est pas nécessaire de considérer V comme fonction de trois coordonnées dont l'une serait la longueur n comptée à partir d'un point fixe de la direction donnée; il suffit, en effet, de considérer les valeurs V et $\mathrm{V}+\partial\mathrm{V}$ du potentiel aux deux extrémités du petit segment considéré, et de prendre la limite du rapport $\frac{\partial \mathrm{V}}{\partial n}$ quand ∂n tend vers zéro.

Lorsque le corps est homogène, on peut effectuer immédiatement l'une des trois intégrations et faire dépendre V d'une intégrale double.

Reprenons, en effet, le cône infinitésimal considéré au n° 2; nous aurons pour le potentiel correspondant à la portion du corps renfermée dans ce cône

$$(4) \qquad \int\int \frac{\rho u^2 d\omega\, du}{u} = \rho\, d\omega \int u\, du = \frac{1}{2}\rho\, d\omega(u_2^2 - u_1^2 + u_4^2 - u_3^2 + \ldots),$$

ou bien, en vertu des relations (3),

$$\frac{1}{2}\rho[d\sigma_1\cos(\mathrm{N}_1, u) + d\sigma_2\cos(\mathrm{N}_2, u) + \ldots].$$

On pourra donc écrire

$$(\mathrm{F}) \qquad \mathrm{V} = \frac{1}{2}\rho\int\cos(\mathrm{N}, u)\, d\sigma,$$

A désignant un point quelconque de la surface du corps, $d\sigma$ l'élément superficiel correspondant, (N, u) est l'angle formé par la direction MA avec la normale extérieure au corps au point A.

Dans ses études relatives à l'anneau de Saturne, Mme Sophie Kowalewski a tiré un excellent parti de la formule (F), qui est due à Gauss.

4. En supposant toujours que le point attiré ne fait pas partie de la masse du corps, V, X, Y, Z sont des fonctions finies et continues de x, y, z. C'est une conséquence immédiate des formules (A) et (D).

Lorsque le point attiré s'éloigne à l'infini, V tend vers zéro. En effet, pour une position donnée de ce point, désignons par u_1 et u_2 sa plus petite et sa plus grande distance au corps P. On aura constamment, dans la formule (D),

$$\frac{1}{u_2} < \frac{1}{u} < \frac{1}{u_1},$$

d'où

$$\frac{1}{u_1}\int dm < V < \frac{1}{u_1}\int dm.$$

Si donc on désigne par M la masse du corps, on aura

$$\frac{M}{u_2} < V < \frac{M}{u_1}.$$

Lorsque le point attiré s'éloigne à l'infini, u_1 et u_2 croissent au delà de toute limite; V tend donc vers zéro. Cherchons la limite de

$$V\sqrt{x^2+y^2+z^2} = Vr.$$

On a

$$\lim \frac{r}{u_1} = \lim \frac{r}{u_2} = 1,$$

donc

$$\lim Vr = M. \tag{5}$$

5. Dans les conditions spécifiées, on a

$$\Delta_2 V = \frac{\partial^2 V}{\partial x^2} + \frac{\partial^2 V}{\partial y^2} + \frac{\partial^2 V}{\partial z^2} = 0, \tag{G}$$

ou l'équation de Laplace.

On en a déduit bien simplement, dans le n° 11 du tome I, les deux théorèmes de Newton relatifs à l'attraction des sphères homogènes, ou composées de couches concentriques homogènes.

Il est très utile de transformer l'équation (G) quand on substitue d'autres variables aux coordonnées x, y, z, notamment des coordonnées orthogonales.

Soient les équations

$$\rho_1 = f(x, y, z), \qquad \rho_2 = \varphi(x, y, z), \qquad \rho_3 = \psi(x, y, z), \tag{6}$$

dans lesquelles ρ_1, ρ_2, ρ_3 désignent trois paramètres variables indépendants; on a ainsi les équations de trois familles de surfaces. Nous les supposerons orthogonales.

L'une quelconque des surfaces d'une famille coupera donc à angle droit l'une quelconque des surfaces des deux autres familles. On tire des équations ci-dessus

$$(7) \qquad x = F(\rho_1, \rho_2, \rho_3), \qquad y = \Phi(\rho_1, \rho_2, \rho_3), \qquad z = \Psi(\rho_1, \rho_2, \rho_3).$$

ρ_1, ρ_2, ρ_3 sont les coordonnées orthogonales qu'il s'agit de substituer aux coordonnées x, y, z.

Soit ds la distance de deux points infiniment voisins; on a

$$ds^2 = dx^2 + dy^2 + dz^2.$$

Si l'on remplace dx, dy, dz par leurs valeurs tirées des formules (7), on a, à cause de l'orthogonalité, une expression de la forme

$$(8) \qquad ds^2 = H_1^2\,d\rho_1^2 + H_2^2\,d\rho_2^2 + H_3^2\,d\rho_3^2,$$

où H_1, H_2 et H_3 désignent certaines fonctions de ρ_1, ρ_2 et ρ_3. Supposons que, dans chaque cas particulier, on ait calculé ces fonctions. Alors on aura pour le $\Delta_2 V$ cette transformation très simple

$$(H) \qquad \Delta_2 V = \frac{1}{H_1 H_2 H_3}\left[\frac{\partial}{\partial\rho_1}\left(\frac{H_2 H_3}{H_1}\frac{\partial V}{\partial\rho_1}\right) + \frac{\partial}{\partial\rho_2}\left(\frac{H_3 H_1}{H_2}\frac{\partial V}{\partial\rho_2}\right) + \frac{\partial}{\partial\rho_3}\left(\frac{H_1 H_2}{H_3}\frac{\partial V}{\partial\rho_3}\right)\right].$$

C'est là un théorème important dû à Lamé (*Leçons sur les coordonnées curvilignes*), et dont on trouvera une démonstration simple dans le *Calcul différentiel* de M. Bertrand, p. 183. Jacobi a donné aussi du même théorème une démonstration élégante fondée sur le calcul des variations (*voir* JORDAN, *Cours d'Analyse*, t. III, p. 545). Nous appliquerons le théorème précédent à deux cas particuliers.

Remplaçons d'abord x, y, z par les coordonnées polaires, au moyen des formules

$$x = r\cos\theta, \qquad y = r\sin\theta\sin\psi, \qquad z = r\sin\theta\cos\psi.$$

On a ici

$$\rho_1 = r, \qquad \rho_2 = \theta, \qquad \rho_3 = \psi,$$

et les surfaces orthogonales (6) sont des sphères concentriques à l'origine, des cônes de révolution ayant le point O pour sommet et Ox pour axe, enfin des plans passant par Ox. On a, comme on sait,

$$ds^2 = dr^2 + r^2\,d\theta^2 + r^2\sin^2\theta\,d\psi^2;$$

donc, ici, H_1, H_2 et H_3 ont les valeurs suivantes :

$$H_1 = 1, \qquad H_2 = r, \qquad H_3 = r\sin\theta.$$

La formule (H) donnera donc

$$\Delta_2 V = \frac{1}{r^2 \sin\theta}\left[\frac{\partial}{\partial r}\left(r^2 \sin\theta \frac{\partial V}{\partial r}\right) + \frac{\partial}{\partial\theta}\left(\sin\theta \frac{\partial V}{\partial\theta}\right) + \frac{\partial}{\partial\psi}\left(\frac{1}{\sin\theta}\frac{\partial V}{\partial\psi}\right)\right].$$

On en conclut qu'avec les coordonnées polaires l'équation de Laplace sera

$$(I)\qquad \frac{\partial}{\partial r}\left(r^2 \frac{\partial V}{\partial r}\right) + \frac{1}{\sin\theta}\frac{\partial}{\partial\theta}\left(\sin\theta \frac{\partial V}{\partial\theta}\right) + \frac{1}{\sin^2\theta}\frac{\partial^2 V}{\partial\psi^2} = 0.$$

Considérons, en second lieu, au lieu des surfaces générales (6), les surfaces particulières suivantes

$$(9)\qquad \frac{x}{x^2+y^2+z^2} = x', \qquad \frac{y}{x^2+y^2+z^2} = y', \qquad \frac{z}{x^2+y^2+z^2} = z',$$

dans lesquelles x', y', z' ont été mis à la place de ρ_1, ρ_2, ρ_3.

Ce sont trois familles de sphères orthogonales passant par l'origine et ayant leurs centres sur chacun des axes de coordonnées.

Si l'on fait

$$x^2+y^2+z^2 = r^2, \qquad x'^2+y'^2+z'^2 = r'^2,$$

on trouve aisément, en partant des formules (9),

$$(10)\qquad rr' = 1,$$

$$x = \frac{x'}{r'^2}, \qquad y = \frac{y'}{r'^2}, \qquad z = \frac{z'}{r'^2};$$

d'où

$$dx = \frac{dx'}{r'^2} - \frac{2x'}{r'^4}(x'dx' + y'dy' + z'dz'),$$

$$dy = \frac{dy'}{r'^2} - \frac{2y'}{r'^4}(x'dx' + y'dy' + z'dz'),$$

$$dz = \frac{dz'}{r'^2} - \frac{2z'}{r'^4}(x'dx' + y'dy' + z'dz').$$

Si l'on forme ds^2, il y a des simplifications, et il reste seulement

$$ds^2 = \frac{dx'^2 + dy'^2 + dz'^2}{r'^4}.$$

On a donc, dans le cas actuel,

$$H_1 = H_2 = H_3 = \frac{1}{r'^2},$$

et la formule (H) donne

$$(11)\qquad \Delta_2 V = r'^6\left[\frac{\partial}{\partial x'}\left(\frac{1}{r'^2}\frac{\partial V}{\partial x'}\right) + \frac{\partial}{\partial y'}\left(\frac{1}{r'^2}\frac{\partial V}{\partial y'}\right) + \frac{\partial}{\partial z'}\left(\frac{1}{r'^2}\frac{\partial V}{\partial z'}\right)\right],$$

ce qui peut aussi s'écrire, comme on s'en assure aisément,

$$(11') \qquad \Delta_2 V = r'^5 \left[\frac{\partial^2 \frac{V}{r'}}{\partial x'^2} + \frac{\partial^2 \frac{V}{r'}}{\partial y'^2} + \frac{\partial^2 \frac{V}{r'}}{\partial z'^2} \right].$$

Remarque. — Les formules (9) représentent la *transformation par rayons vecteurs réciproques*. Elles montrent que, si M et M′ désignent les points ayant pour coordonnées x, y, z, x', y', z', ces points et l'origine O sont en ligne droite, et la relation (10) indique que l'on a

$$OM \times OM' = 1.$$

A une figure donnée, formée par un ensemble de points $M, M_1, M_2, \ldots$, on peut faire ainsi correspondre une figure $M', M'_1, M'_2, \ldots$, qui est dite la transformée de la première par rayons vecteurs réciproques.

6. **Définition de V et de X, Y, Z, dans le cas où le point attiré fait partie de la masse du corps.** — On ne peut pas employer, immédiatement et sans explication, les formules (A) et (D) pour définir X, Y, Z et V, parce que les éléments différentiels qui y figurent deviennent infinis pour $u = 0$. Du point M comme centre, avec un petit rayon ε, décrivons une sphère, et représentons par V′, X′, Y′, Z′ le potentiel et les composantes de l'attraction exercée sur le point M par le corps P dont on aurait enlevé la petite sphère. Nous pourrons exprimer V′, X′, Y′, Z′ par les formules (A) et (D), puisque, dans notre hypothèse, les éléments différentiels ne deviennent pas infinis. Nous prendrons en même temps des coordonnées polaires u, θ, ψ, ayant leur origine en M; pour des valeurs données de θ et ψ, u variera de ε à u_1, u_1 étant la valeur qui répond à la surface du corps. On aura

$$dm = u^2 du \sin\theta \, d\theta \, d\psi, \qquad \frac{a - x}{u} = \cos\theta,$$

et les formules (A) et (D) donneront

$$(12) \qquad \begin{cases} V' = \int_0^{2\pi} d\psi \int_0^{\pi} \sin\theta \, d\theta \int_{\varepsilon}^{u_1} \rho u \, du, \\ X' = f\mu \int_0^{2\pi} d\psi \int_0^{\pi} \sin\theta \cos\theta \, d\theta \int_{\varepsilon}^{u_1} \rho \, du; \end{cases}$$

ρ est une fonction connue de u, θ et ψ; u_1 dépend seulement de θ et de ψ.

Cela posé, supposons que ε tende vers zéro; V′ et X′ tendront vers des limites finies V et X, car les éléments différentiels ayant perdu le diviseur u ne deviendront plus infinis pour $u = 0$. Ces limites seront, par définition, le potentiel et les composantes de l'attraction du corps sur le point M qui fait partie de sa masse. Ainsi l'on aura

$$(13)\quad \begin{cases} V = \int_0^{2\pi} d\psi \int_0^{\pi} \sin\theta\, d\theta \int_0^{u_1} \rho\, u\, du, \\ X = f\mu \int_0^{2\pi} d\psi \int_0^{\pi} \sin\theta \cos\theta\, d\theta \int_0^{u_1} \rho\, du. \end{cases}$$

Nous avons omis, pour abréger, les expressions de Y et de Z.

Les formules (13) montrent que dans tous les cas, que le point attiré fasse partie ou non de la masse du corps, V, X, Y et Z sont des fonctions finies et continues de x, y, z. Il suffit, en effet, pour s'en convaincre, de rapprocher ces formules de celles que l'on obtiendrait pour une position M' du point attiré, infiniment voisine de M.

7. Pour terminer ce Chapitre, nous démontrerons un théorème de Géométrie dû à Gauss, qui nous servira bientôt.

Considérons l'intégrale

$$J = \int \frac{\cos(N, u)}{u^2} d\sigma,$$

dans laquelle $d\sigma$ désigne l'élément de la surface d'un corps quelconque P, u la distance d'un point A de $d\sigma$ à un point fixe M, (N, u) l'angle que fait la normale extérieure au corps en A avec la direction MA. Le théorème en question s'énonce ainsi :

L'intégrale J *est nulle, égale à* 4π, *ou égale à* 2π, *suivant que le point* M *est extérieur au corps, intérieur au corps, ou situé sur sa surface.*

Considérons, en effet, comme au n° 2, un cône infinitésimal, d'angle $d\omega$, ayant son sommet en M, et qui rencontre la surface du corps aux points A_1, A_2, ..., auxquels correspondent les valeurs u_1, u_2, ... de u, $d\sigma_1$, $d\sigma_2$, ... de $d\sigma$, et les normales extérieures A_1N_1, A_2N_2, ... Prenons d'abord la portion J_1 de J, qui correspond aux éléments $d\sigma_1$, $d\sigma_2$, ... Nous aurons

$$J_1 = \frac{\cos(N_1, u)}{u_1^2} d\sigma_1 + \frac{\cos(N_2, u)}{u_2^2} d\sigma_2 + \ldots,$$

$$J = \sum J_1.$$

D'après les formules (3), si le point M est extérieur à la surface, les divers termes de J_1 sont égaux alternativement à $-d\omega$ et à $+d\omega$; le cône entrera d'ailleurs dans le corps et en sortira un même nombre de fois. Les termes qui composent J_1 seront donc en nombre pair et se détruiront mutuellement. On aura ainsi

$$J_1 = 0, \qquad J = 0.$$

Si le point M est intérieur au corps, le cône sortira une fois de plus qu'il n'entrera. J_1 se réduira donc à son premier terme $+ d\omega$, et l'on aura

$$J = \int d\omega.$$

Or cette intégrale représente la surface de la sphère de rayon 1, laquelle est égale à 4π; donc $J = 4\pi$.

Si le point M est situé sur la surface, ce point peut être considéré comme extérieur relativement à la partie du corps qui est située du côté de la normale extérieure au point M par rapport au plan tangent; il peut être considéré comme intérieur relativement à l'autre partie du corps. Par suite, l'intégrale $\int d\omega$ représentera la moitié de la surface de la sphère située du même côté du plan tangent que la normale intérieure. On aura donc $J = 2\pi$.

Remarque. — Les théorèmes exprimés par les formules (B), (C) et (F) ont encore lieu, comme on s'en assurera aisément, lorsque le point attiré fait partie de la masse du corps attirant.

CHAPITRE II.

TRANSFORMATION DES DÉRIVÉES PREMIÈRES DU POTENTIEL. — EXPRESSIONS DES DÉRIVÉES SECONDES. — ÉQUATION DE POISSON. — POTENTIEL DES SURFACES. — POTENTIEL LOGARITHMIQUE.

8. Nous commencerons par démontrer que les formules

$$(1) \qquad X = f\mu \frac{\partial V}{\partial x}, \qquad Y = f\mu \frac{\partial V}{\partial y}, \qquad Z = f\mu \frac{\partial V}{\partial z}$$

subsistent lorsque le point attiré M fait partie de la masse du corps.

On ne peut pas le faire en différentiant sous le signe $\int$ l'expression générale de V donnée par la formule (D) du n° 3, puisque l'élément différentiel est infini pour $u = 0$. Nous allons partir de l'expression transformée de V, formule (13) du n° 6; nous l'écrirons ainsi

$$V = \int\int \rho u \, du \, d\omega,$$

en représentant par $d\omega$ l'angle d'un cône infinitésimal ayant son sommet en M. Ce cône perce la surface en des points A_1, A_2, A_3, ..., auxquels correspondent les valeurs u_1, u_2, u_3 ..., de u. On aura

$$(2) \qquad V = \int d\omega \left(\int_0^{u_1} \rho u \, du + \int_{u_2}^{u_3} \rho u \, du + \ldots \right).$$

Nous commencerons par en déduire une expression remarquable de $\frac{\partial V}{\partial x}$. Soient a, b, c les coordonnées d'un point quelconque du corps et

$$\varphi(a, b, c) = 0$$

l'équation de sa surface. La densité ρ a une expression générale de la forme

$$\rho = F(a, b, c).$$

Soient α, β, γ les cosinus directeurs de la droite $MA_1A_2 \ldots$. On a

$$a = x + u\alpha, \qquad b = y + u\beta, \qquad c = z + u\gamma,$$

et l'on en conclut

$$\frac{\partial\rho}{\partial x} = \frac{\partial\rho}{\partial a}. \tag{3}$$

Soient a_1, b_1, c_1; a_2, b_2, c_2; .... les coordonnées des points A_1, A_2, ...; on devra avoir

$$\varphi(a_1, b_1, c_1) = \varphi(x + u_1\alpha, y + u_1\beta, z + u_1\gamma) = 0.$$

La valeur de u_1 qui résulte de cette équation est une fonction de $x, y, z, \alpha, \beta, \gamma$; on aura évidemment, en différentiant par rapport à x,

$$\frac{\partial\varphi}{\partial a_1} + \left(\alpha\frac{\partial\varphi}{\partial a_1} + \beta\frac{\partial\varphi}{\partial b_1} + \gamma\frac{\partial\varphi}{\partial c_1}\right)\frac{\partial u_1}{\partial x} = 0;$$

d'où, en remarquant que $\frac{\partial\varphi}{\partial a_1}, \frac{\partial\varphi}{\partial b_1}, \frac{\partial\varphi}{\partial c_1}$ sont proportionnels aux cosinus directeurs de la normale à la surface au point A_1,

$$\cos(N_1, x) + \cos(N_1, u)\frac{\partial u_1}{\partial x} = 0, \tag{4}$$

en représentant par (N_1, x) et (N_1, u) les angles que la normale extérieure au point A_1 fait avec l'axe des x et avec la direction MA_1. On aura de même

$$\begin{cases} \cos(N_2, x) + \cos(N_2, u)\dfrac{\partial u_2}{\partial x} = 0, \\ \ldots\ldots\ldots\ldots\ldots\ldots\ldots\ldots \end{cases} \tag{5}$$

Cela posé, différentions l'expression (2) de V relativement à x, en remarquant que x entre par ρ d'une part, par u_1, u_2, ... d'autre part.

On peut différentier sous le signe $\int$, car l'élément différentiel n'est jamais infini; mais il faut aussi avoir égard à ce que les limites des intégrales contiennent x. On trouvera, en tenant compte de la relation (3) et représentant par ρ_1, ρ_2, ... les valeurs de la densité aux points A_1, A_2, ...

$$\begin{cases} \dfrac{\partial V}{\partial x} = \displaystyle\int d\omega\left(\int_0^{u_1}\frac{\partial\rho}{\partial a}u\,du + \rho_1 u_1\frac{\partial u_1}{\partial x}\right) \\ \quad + \displaystyle\int d\omega\left(\int_{u_2}^{u_3}\frac{\partial\rho}{\partial a}u\,du + \rho_3 u_3\frac{\partial u_3}{\partial x} - \rho_2 u_2\frac{\partial u_2}{\partial x}\right) \\ \quad + \ldots\ldots\ldots\ldots\ldots\ldots\ldots\ldots \end{cases} \tag{6}$$

Or les relations (3) du n° 2, étant combinées avec les formules (4) et (5) du présent Chapitre, donnent

$$(7)\quad \begin{cases} \rho_1 u_1 \dfrac{\partial u_1}{\partial x} d\omega = -\dfrac{\rho_1}{u_1}\dfrac{\partial u_1}{\partial x}\cos(N_1, u)\,d\sigma_1 = +\dfrac{\rho_1}{u_1}\cos(N_1, x)\,d\sigma_1, \\ \rho_2 u_2 \dfrac{\partial u_2}{\partial x} d\omega = +\dfrac{\rho_2}{u_2}\dfrac{\partial u_2}{dx}\cos(N_2, u)\,d\sigma_2 = -\dfrac{\rho_2}{u_2}\cos(N_2, x)\,d\sigma_2, \\ \dots\dots\dots\dots\dots\dots, \end{cases}$$

et dès lors la formule (6) devient

$$\frac{\partial V}{\partial x} = \int d\omega\left(\int_0^{u_1}\frac{\partial \rho}{\partial a}u\,du + \int_{u_2}^{u_3}\frac{\partial \rho}{\partial a}u\,du + \dots\right) + \int\left[\frac{\rho_1}{u_1}\cos(N_1, x)\,d\sigma_1 + \frac{\rho_2}{u_2}\cos(N_2, x)\,d\sigma_2 \dots\right].$$

On peut écrire ce résultat d'une façon plus concise, en même temps qu'on introduit l'élément de volume $dv = u^2\,du\,d\omega$. Il vient ainsi

$$(8)\qquad \frac{\partial V}{\partial x} = \int \frac{1}{u}\frac{\partial \rho}{\partial a}\,dv + \int \frac{\rho}{u}\cos(N, x)\,d\sigma.$$

La première intégrale s'étend à tout le volume du corps, la deuxième à toute sa surface. L'élément de la première intégrale, $\frac{1}{u}\frac{\partial \rho}{\partial a}\,dv = u\frac{\partial \rho}{\partial a}\,d\omega\,du$, reste toujours fini, si $\frac{\partial \rho}{\partial a}$ est fini lui-même. L'élément de la seconde intégrale reste fini, lui aussi, car u, représentant la distance de l'un quelconque des points de la surface à un point intérieur, ne s'annule jamais.

L'expression (8) de $\frac{\partial V}{\partial x}$ convient encore lorsque le point attiré est extérieur au corps; on voit en effet aisément que, dans ce cas, les formules (6) et (7) doivent être remplacées par les suivantes

$$\frac{\partial V}{\partial x} = \int d\omega\left(\int_{u_1}^{u_2}\frac{\partial \rho}{\partial a}u\,du + \rho_2 u_2\frac{\partial u_2}{\partial x} - \rho_1 u_1\frac{\partial u_1}{\partial x}\right) + \dots,$$

$$\rho_1 u_1 \frac{\partial u_1}{\partial x} d\omega = +\frac{\rho_1}{u_1}\frac{\partial u_1}{\partial x}\cos(N_1, u)\,d\sigma_1 = -\frac{\rho_1}{u_1}\cos(N_1, x)\,d\sigma_1,$$

$$\rho_2 u_2 \frac{\partial u_2}{\partial x} d\omega = -\frac{\rho_2}{u_2}\frac{\partial u_2}{\partial x}\cos(N_2, u)\,d\sigma_2 = +\frac{\rho_2}{u_2}\cos(N_2, x)\,d\sigma_2,$$

$$\dots\dots\dots\dots\dots\dots,$$

et l'on en conclut encore la formule (8).

Nous pouvons donc écrire

$$(a)\quad \left\{\begin{aligned} \frac{\partial V}{\partial x} &= \int \frac{1}{u}\frac{\partial \rho}{\partial a}\,dv + \int \frac{\rho}{u}\cos(N,x)\,d\sigma,\\ \frac{\partial V}{\partial y} &= \int \frac{1}{u}\frac{\partial \rho}{\partial b}\,dv + \int \frac{\rho}{u}\cos(N,y)\,d\sigma,\\ \frac{\partial V}{\partial z} &= \int \frac{1}{u}\frac{\partial \rho}{\partial c}\,dv + \int \frac{\rho}{u}\cos(N,z)\,d\sigma,\\ u^2 &= (x-a)^2+(y-b)^2+(z-c)^2, \end{aligned}\right.$$

et ces relations ont lieu quelle que soit la position du point attiré, extérieur ou intérieur, pourvu que la densité ρ soit une fonction continue de a, b, c et que ses trois dérivées premières ne deviennent infinies en aucun des points du corps.

Il s'agit maintenant de démontrer que les formules (1) subsistent lorsque le point attiré est intérieur au corps. Pour y arriver, décrivons de ce point comme centre une petite sphère de rayon ε, dont nous représenterons le volume par w'' et la surface par s''; le volume et la surface du corps seront désignés par w et s. Nous représenterons par w' le volume $w - w''$, et par V', X', Y', Z' le potentiel et les composantes de l'attraction de w' sur le point M.

Puisque le point attiré ne fait pas partie du volume w', on a

$$X' = f\mu \frac{\partial V'}{\partial x}$$

et, puisque les formules (a) conviennent à tous les cas, on peut écrire

$$\frac{\partial V'}{\partial x} = \int_{w'} \frac{1}{u}\frac{\partial \rho}{\partial a}\,dv + \int_{s} \frac{\rho}{u}\cos(N,x)\,d\sigma + \int_{s''} \frac{\rho}{u}\cos(N,x)\,d\sigma,$$

où l'on a indiqué par les lettres w', s, s'', placées au bas des signes $\int$, que les intégrations s'étendent, la première au volume w', les deux autres aux surfaces s et s'' qui limitent ce volume. L'élimination de $\frac{\partial V'}{\partial x}$ entre les deux dernières équations donne

$$(9)\qquad \frac{X'}{f\mu} = \int_{w} \frac{1}{u}\frac{\partial \rho}{\partial a}\,dv + \int_{s} \frac{\rho}{u}\cos(N,x)\,d\sigma + \int_{s''} \frac{\rho}{u}\cos(N,x)\,d\sigma - \int_{w''} \frac{1}{u}\frac{\partial \rho}{\partial a}\,dv.$$

Quand on fait tendre ε vers zéro, l'expression

$$\int_{s''} \frac{\rho}{u}\cos(N,x)\,d\sigma = \int \rho\cos(N,x)\,u\,d\omega,$$

qui est de l'ordre de ε à cause du facteur $u = \varepsilon$, tend vers zéro. Il en est de même de la quantité

$$\int_{w''} \frac{1}{u} \frac{\partial \rho}{\partial a} dv = \int\int u \frac{\partial \rho}{\partial a} du\, d\omega,$$

qui est de l'ordre de ε^2. Donc le second membre de la formule (9) tend vers la somme de ses deux premiers termes, c'est-à-dire vers $\frac{\partial V}{\partial x}$, d'après ($a$). On a vu d'ailleurs au n° 6 que X' tend vers une limite qui n'est autre chose que X. On a donc bien encore

$$X = f\mu \frac{\partial V}{\partial x}.$$

9. Reprenons l'expression

$$V = \int \frac{dm}{u}, \qquad u = \sqrt{(x-a)^2 + (y-b)^2 + (z-c)^2}.$$

On en conclut, en supposant que le point attiré ne fait pas partie de la masse et différentiant sous le signe $\int$,

$$\frac{\partial V}{\partial x} = \int \frac{a-x}{u^3} dm, \qquad \frac{\partial^2 V}{\partial x^2} = \int \left[3\left(\frac{a-x}{u}\right)^2 - 1 \right] \frac{dm}{u^3};$$

en remplaçant dm par $\rho u^2 d\omega du$, $\frac{a-x}{u}$ par $\cos\theta$, il vient

$$V = \int\int \rho u\, d\omega\, du, \qquad \frac{\partial V}{\partial x} = \int\int \rho \cos\theta\, d\omega\, du,$$

$$\frac{\partial^2 V}{\partial x^2} = \int\int \rho \frac{3\cos^2\theta - 1}{u} d\omega\, du.$$

Les éléments différentiels des deux premières intégrales restent finis dans le cas où le point attiré fait partie de la masse ; il n'en est pas de même de celui de la troisième, qui devient infini pour $u = 0$. En intégrant d'abord relativement à u, l'intégrale $\int \frac{\rho}{u} du$ devient infinie comme $\log u$, pour $u = 0$; d'ailleurs, $3\cos^2\theta - 1$ prend des valeurs positives et négatives ; il en résulte donc que l'intégrale qui représente $\frac{\partial^2 V}{\partial x^2}$ comprendra des termes infinis affectés de signes contraires ; elle sera essentiellement indéterminée. Ce qui ne veut pas dire qu'il en soit réellement de même de la valeur de $\frac{\partial^2 V}{\partial x^2}$ dans le cas du point intérieur ; cela prouve qu'on ne peut pas arriver à obtenir cette valeur par voie de différentiation sous le signe $\int$.

Il convient d'avoir recours aux formules (a). Nous supposerons essentiellement que le point attiré ne soit pas situé à la surface même du corps; alors les éléments différentiels qui figurent dans les formules (a) sont finis. Les intégrales triples ont leurs éléments différentiels infinis, mais en apparence seulement, pour $u = 0$; ces intégrales triples représentent d'ailleurs des potentiels dans lesquels la densité, au lieu d'être égale à ρ, serait remplacée par $\frac{\partial\rho}{\partial a}, \frac{\partial\rho}{\partial b}$ ou $\frac{\partial\rho}{\partial c}$. On a vu que les dérivées premières de ces potentiels sont des fonctions finies et qu'on peut les obtenir en différentiant sous le signe $\int$. On trouvera donc, en différentiant les formules (a), respectivement par rapport à x, y, z,

$$(b)\quad \left\{\begin{aligned} \frac{\partial^2 V}{\partial x^2} &= \int \frac{a-x}{u^3}\frac{\partial\rho}{\partial a}\,dv + \int \frac{a-x}{u^3}\rho\cos(N,x)\,d\sigma,\\ \frac{\partial^2 V}{\partial y^2} &= \int \frac{b-y}{u^3}\frac{\partial\rho}{\partial b}\,dv + \int \frac{b-y}{u^3}\rho\cos(N,y)\,d\sigma,\\ \frac{\partial^2 V}{\partial z^2} &= \int \frac{c-z}{u^3}\frac{\partial\rho}{\partial c}\,dv + \int \frac{c-z}{u^3}\rho\cos(N,z)\,d\sigma,\end{aligned}\right.$$

et ces formules conviennent aux points intérieurs ou extérieurs, mais non à ceux situés sur la surface même du corps.

10. Équation de Poisson. — En faisant la somme des équations (b), on trouvera

$$(10)\qquad \Delta_2 V = \frac{\partial^2 V}{\partial x^2} + \frac{\partial^2 V}{\partial y^2} + \frac{\partial^2 V}{\partial z^2} = L + P,$$

en posant, pour un moment,

$$L = \int \left[\frac{a-x}{u}\cos(N,x) + \frac{b-y}{u}\cos(N,y) + \frac{c-z}{u}\cos(N,z)\right]\frac{\rho}{u^2}\,d\sigma,$$

$$P = \int \left(\frac{a-x}{u}\frac{\partial\rho}{\partial a} + \frac{b-y}{u}\frac{\partial\rho}{\partial b} + \frac{c-z}{u}\frac{\partial\rho}{\partial c}\right)\frac{dv}{u^2}.$$

On peut transformer ces expressions de L et de P; on a d'abord, en adoptant une notation déjà employée (n° 2),

$$\frac{a-x}{u}\cos(N,x) + \frac{b-y}{u}\cos(N,y) + \frac{c-z}{u}\cos(N,z) = \cos(N,u);$$

il en résulte

$$(11)\qquad L = \int \frac{\rho}{u^2}\cos(N,u)\,d\sigma.$$

On a ensuite, en désignant par α, β, γ les cosinus directeurs du rayon MA,

$$a - x = u\alpha, \qquad b - y = u\beta, \qquad c - z = u\gamma,$$

$$\frac{\partial a}{\partial u} = \alpha, \qquad \frac{\partial b}{\partial u} = \beta, \qquad \frac{\partial c}{\partial u} = \gamma,$$

$$\rho = F(a, b, c),$$

$$\frac{\partial \rho}{\partial u} = \frac{\partial \rho}{\partial a}\frac{\partial a}{\partial u} + \frac{\partial \rho}{\partial b}\frac{\partial b}{\partial u} + \frac{\partial \rho}{\partial c}\frac{\partial c}{\partial u}$$
$$= \frac{a-x}{u}\frac{\partial \rho}{\partial a} + \frac{b-y}{u}\frac{\partial \rho}{\partial b} + \frac{c-z}{u}\frac{\partial \rho}{\partial c},$$

ce qui permet d'écrire

$$(12) \qquad P = \int \frac{\partial \rho}{\partial u}\frac{dv}{u^2}.$$

Il importe de bien fixer la signification de la dérivée $\frac{\partial \rho}{\partial u}$: prenons sur le rayon MA un point A′ voisin de A, et désignons par ρ et ρ' les valeurs de la densité en A et A′; nous aurons, lorsque la distance AA′ tendra vers zéro,

$$\frac{\partial \rho}{\partial u} = \lim \frac{\rho' - \rho}{AA'};$$

on a ensuite

$$dv = u^2 \, d\omega \, du,$$

et la formule (12) pourra s'écrire

$$P = \int d\omega \int \frac{\partial \rho}{\partial u} du.$$

Si le point M fait partie du corps et qu'on désigne par A_1, A_2, ... les points où le rayon MA rencontre la surface du corps, et par ρ_0, ρ_1, ρ_2, ... les valeurs de la densité en M, A_1, A_2, ..., on aura

$$\int \frac{\partial \rho}{\partial u} du = \rho_1 - \rho_0 + \rho_3 - \rho_2 + \dots$$

et, par suite,

$$P = -\rho_0 \int d\omega + \int (\rho_1 - \rho_2 + \rho_3 - \dots) \, d\omega,$$

$$(13) \qquad P = -4\pi\rho_0 + \int (\rho_1 - \rho_2 + \rho_3 - \dots) \, d\omega,$$

ou encore, en ayant recours aux formules (3) du n° 2,

$$P = -4\pi\rho_0 - \int \left[\frac{\rho_1}{u_1^2} \cos(N_1, u) \, d\sigma_1 + \frac{\rho_2}{u_2^2} \cos(N_2, u) \, d\sigma_2 + \dots \right]$$

ou, plus simplement,

$$P = -4\pi\rho_0 - \int \frac{\rho}{u^2}\cos(N, u)\,d\sigma = -4\pi\rho_0 - L.$$

En ayant égard à la relation (10), il vient

$$(c) \qquad \Delta_2 V = -4\pi\rho_0.$$

C'est l'équation de Poisson, dans laquelle ρ_0 désigne, comme nous l'avons dit, la densité au point attiré, lequel est supposé faire partie de la masse du corps, sans toutefois qu'il puisse se trouver sur la surface elle-même.

Lorsque le point M est extérieur au corps, on a

$$\int \frac{\partial\rho}{\partial u}\,du = \rho_2 - \rho_1 + \rho_4 - \rho_3 + \ldots,$$

$$P = \int(\rho_2 - \rho_1 + \ldots)\,d\omega;$$

cette formule ne diffère de la formule (13) qu'en ce que ρ_0 est remplacé par zéro, $\rho_1, \rho_2, \ldots$ par $-\rho_1, -\rho_2, \ldots$. Si l'on tient compte de ce que le rayon MA_1 pénètre maintenant dans le corps en A_1, au lieu d'en sortir, ce qui change le sens de la normale extérieure, les formules (3) du n° 2 donneront

$$P = -\int \frac{\rho}{u^2}\cos(N, u)\,d\sigma = -L$$

et, par suite,

$$(d) \qquad \Delta_2 V = 0.$$

On retrouve ainsi l'équation de Laplace.

On voit que $\Delta_2 V$ a deux valeurs essentiellement différentes suivant que le point attiré fait ou ne fait pas partie de la masse du corps. S'il était placé à la surface même, $\Delta_2 V$ n'aurait pas de valeur déterminée; on trouverait zéro ou $-4\pi\rho_0$ suivant qu'on atteindrait la surface en partant de l'extérieur ou de l'intérieur. Du reste, on a eu soin de dire que les formules (b) ne sont plus démontrées dans ce cas particulier.

Remarque. — Nous avons dit que les formules (a) donnant $\frac{\partial V}{\partial x}$, $\frac{\partial V}{\partial y}$ et $\frac{\partial V}{\partial z}$ supposent que ρ est une fonction continue de a, b, c, et que les dérivées premières $\frac{\partial\rho}{\partial a}$, $\frac{\partial\rho}{\partial b}$, $\frac{\partial\rho}{\partial c}$ ne deviennent infinies en aucun point du corps. Nous avons considéré ensuite les expressions

$$\int \frac{1}{u}\frac{\partial\rho}{\partial a}\,dv, \quad \int \frac{1}{u}\frac{\partial\rho}{\partial b}\,dv, \quad \int \frac{1}{u}\frac{\partial\rho}{\partial c}\,dv$$

comme des potentiels correspondant aux densités $\frac{\partial\rho}{\partial a}, \frac{\partial\rho}{\partial b}, \frac{\partial\rho}{\partial c}$, et nous avons ainsi calculé $\frac{\partial^2 V}{\partial x^2}, \frac{\partial^2 V}{\partial y^2}, \frac{\partial^2 V}{\partial z^2}$, ce qui nous a donné les formules (b). Il faut donc, pour que ces formules soient valables, que $\frac{\partial\rho}{\partial a}, \frac{\partial\rho}{\partial b}, \frac{\partial\rho}{\partial c}$ soient des fonctions continues, et que leurs dérivées premières, c'est-à-dire les dérivées secondes de ρ, ne deviennent infinies en aucun point du corps.

Il est facile de s'affranchir de cette restriction : supposons, en effet, qu'une ou plusieurs de ces singularités se trouvent réalisées en certains points du corps; mais que cela n'ait pas lieu à l'intérieur d'une petite sphère renfermant le point attiré. Soit V′ le potentiel de cette sphère, V″ celui du reste du corps; on aura

$$\Delta_2 V' = -4\pi\rho_0,$$

puisque les singularités mentionnées n'existent pas à l'intérieur de la sphère. On a, d'ailleurs,

$$\Delta_2 V'' = 0,$$

parce que le point attiré ne fait pas partie de la masse à laquelle répond le potentiel V″. On en conclut

$$\Delta_2 V = \Delta_2 (V' + V'') = -4\pi\rho_0.$$

L'équation de Poisson ne peut donc être en défaut que pour les points autour desquels on ne peut pas tracer la sphère dont on a parlé plus haut; mais ces points ne peuvent être que des points isolés, ou former des lignes ou des surfaces, mais pas de volumes continus.

11. La comparaison des équations (c) et (d) montre que l'une au moins des quantités $\frac{\partial^2 V}{\partial x^2}, \frac{\partial^2 V}{\partial y^2}, \frac{\partial^2 V}{\partial z^2}$ doit devenir discontinue quand le point attiré traverse la surface. Il est facile de le constater dans un cas simple, celui d'une sphère homogène de rayon R et de densité ρ.

On aura, en effet, d'après un théorème de Newton (t. I, n° 11), pour le potentiel V_e de la sphère sur un point extérieur,

$$V_e = \frac{4\pi\rho R^3}{3r}.$$

Si le point attiré est intérieur à la sphère, on pourra calculer le potentiel V_i en tenant compte d'abord de l'attraction d'une sphère de rayon r sur un point de sa surface (c'est une position particulière du point extérieur), puis de l'attraction d'une couche sphérique de rayons r et R sur un point de sa surface intérieure. On décomposera cette couche en couches d'épaisseurs infiniment petites, dont les rayons varieront d'une manière continue, de r à R. Le potentiel de chacune de ces couches infinitésimales sera le même que si le point attiré était situé au centre; on trouvera ainsi

$$V_i = \frac{4\pi\rho r^3}{3r} + \int_r^R \frac{4\pi\rho r^2 dr}{r} = 2\pi\rho R^2 - \frac{2\pi\rho r^2}{3}.$$

On aura donc, en remplaçant r^2 par $x^2 + y^2 + z^2$,

$$V_e = -\frac{4\pi\rho R^3}{3\sqrt{x^2+y^2+z^2}},$$

$$V_i = 2\pi\rho R^2 - \frac{2\pi\rho}{3}(x^2+y^2+z^2).$$

On en conclut

$$\frac{\partial V_e}{\partial x} = -\frac{4\pi\rho R^3 x}{3r^3}, \qquad \frac{\partial V_i}{\partial x} = -\frac{4\pi\rho x}{3},$$

$$\frac{\partial V_e}{\partial y} = -\frac{4\pi\rho R^3 y}{3r^3}, \qquad \frac{\partial V_i}{\partial y} = -\frac{4\pi\rho y}{3},$$

$$\frac{\partial V_e}{\partial z} = -\frac{4\pi\rho R^3 z}{3r^3}, \qquad \frac{\partial V_i}{\partial z} = -\frac{4\pi\rho z}{3};$$

$$\frac{\partial^2 V_e}{\partial x^2} = -\frac{4\pi\rho R^3}{3r^3}\left(1 - \frac{3x^2}{r^2}\right), \qquad \frac{\partial^2 V_i}{\partial x^2} = -\frac{4\pi\rho}{3},$$

$$\frac{\partial^2 V_e}{\partial y^2} = -\frac{4\pi\rho R^3}{3r^3}\left(1 - \frac{3y^2}{r^2}\right), \qquad \frac{\partial^2 V_i}{\partial y^2} = -\frac{4\pi\rho}{3},$$

$$\frac{\partial^2 V_e}{\partial z^2} = -\frac{4\pi\rho R^3}{3r^3}\left(1 - \frac{3z^2}{r^2}\right), \qquad \frac{\partial^2 V_i}{\partial z^2} = -\frac{4\pi\rho}{3}.$$

Si, dans les deux séries de formules, on suppose $r = R$, de manière que le point attiré se trouve à la surface de la sphère, on trouve bien que V_e et ses dérivées partielles du premier ordre prennent les mêmes valeurs que V_i et les dérivées correspondantes. Mais il n'en est pas de même des dérivées secondes; on trouve, en effet,

$$\frac{\partial^2 V_e}{\partial x^2} = -\frac{4\pi\rho}{3}\left(1 - \frac{3x^2}{r^2}\right), \qquad \frac{\partial^2 V_i}{\partial x^2} = -\frac{4\pi\rho}{3}.$$

On constaterait aisément la même discontinuité pour $\frac{\partial^2 V}{\partial y\, \partial z}$, $\frac{\partial^2 V}{\partial z\, \partial x}$ et $\frac{\partial^2 V}{\partial x\, \partial y}$.

12. **Attraction d'une masse distribuée sur une surface.** — On peut concevoir qu'une masse finie M soit distribuée sur une surface S; soit dm la portion de masse qui recouvre l'élément $d\sigma$. Si l'on pose

$$dm = \rho\, d\sigma,$$

on dira que ρ est la densité qui correspond à l'élément $d\sigma$. Le potentiel V aura toujours pour définition

$$V = \int \frac{dm}{u},$$

et les composantes de l'attraction seront encore données par les formules

$$X = f\mu \frac{\partial V}{\partial x}, \qquad Y = f\mu \frac{\partial V}{\partial y}, \qquad Z = f\mu \frac{\partial V}{\partial z}.$$

Lorsque le point attiré n'est pas situé sur la surface, le potentiel vérifie l'équation $\Delta_2 V = 0$.

En partant des théorèmes concernant le potentiel d'une couche sphérique homogène d'épaisseur finie (t. I, n° 11), et faisant tendre l'épaisseur de la couche vers zéro, on aura, pour le potentiel V_e d'une surface sphérique homogène sur les points extérieurs,

$$V_e = \frac{M}{r}$$

et, pour le potentiel V_i sur les points intérieurs,

$$V_i = \frac{M}{R};$$

M désigne la masse répartie uniformément sur la sphère de rayon R. On en conclut

$$\frac{\partial V_e}{\partial r} = -\frac{M}{r^2}, \qquad \frac{\partial V_i}{\partial r} = 0;$$

V varie d'une manière continue quand le point attiré traverse la surface; mais la composante normale de l'attraction est discontinue et varie brusquement de $\frac{M}{R^2} = 4\pi\rho$.

Cherchons le potentiel d'un cercle homogène sur un point de son axe.

Prenons l'axe du cercle pour axe des z, les axes des x et des y étant dans le plan du cercle. Soient z l'ordonnée du point attiré, $d\sigma = r'\,dr'\,d\theta'$ l'élément de surface du cercle, R son rayon, ρ la densité : on aura

$$V = \int \frac{\rho\, d\sigma}{\sqrt{z^2 + r'^2}} = \rho \int\int \frac{r'\,dr'\,d\theta'}{\sqrt{z^2 + r'^2}} = 2\pi\rho \int_0^R \frac{r'\,dr'}{\sqrt{z^2 + r'^2}},$$

$$V = 2\pi\rho\left(\sqrt{z^2 + R^2} - \sqrt{z^2}\right),$$

$$\frac{\partial V}{\partial z} = 2\pi\rho\left(\frac{z}{\sqrt{z^2 + R^2}} - \frac{z}{\sqrt{z^2}}\right).$$

Si l'on fait tendre z vers zéro par des valeurs positives, $\frac{z}{\sqrt{z^2}}$ doit être remplacé par $+1$, et l'on a

$$\lim \frac{\partial V}{\partial z} = \left(\frac{\partial V}{\partial z}\right)_{+0} = -2\pi\rho.$$

Si, au contraire, on fait tendre z vers zéro par des valeurs négatives, le point attiré étant placé en dessous du cercle, $\frac{z}{\sqrt{z^2}}$ doit être remplacé par -1;

$$\lim \frac{\partial V}{\partial z} = \left(\frac{\partial V}{\partial z}\right)_{-0} = +2\pi\rho.$$

On aura donc

$$\left(\frac{\partial V}{\partial z}\right)_{+0} - \left(\frac{\partial V}{\partial z}\right)_{-0} = -4\pi\rho; \qquad V_{+0} = V_{-0} = 2\pi\rho R.$$

Ainsi V varie d'une manière continue quand le point attiré traverse le plan du cercle; $\frac{\partial V}{\partial z}$, au contraire, devient discontinu et varie brusquement de $4\pi\rho$. La même chose a lieu pour une surface quelconque; en désignant un élément de la normale en un point de la surface où la densité est égale à ρ, on a

$$\left(\frac{\partial V}{\partial n}\right)_{+0} - \left(\frac{\partial V}{\partial n}\right)_{-0} = -4\pi\rho.$$

Je renvoie, pour la démonstration, à l'Ouvrage de Clausius : *De la fonction potentielle et du potentiel.*

Le potentiel des surfaces joue un rôle considérable en Électrostatique.

13. Potentiel logarithmique. — Considérons l'attraction exercée par un cylindre droit sur un point M de sa section moyenne qui sera prise pour plan des xy, l'axe des z étant parallèle aux génératrices. Nous supposerons que la densité soit constante tout le long d'une parallèle à Oz; l'attraction sera évidemment dirigée dans le plan des xy. Nous allons chercher ce que deviennent ses composantes X et Y, quand on fait tendre vers l'infini la hauteur du cylindre, mais de manière qu'il reste toujours symétrique par rapport au plan des xy.

Soient x, y les coordonnées du point M, a, b celles d'un point A de la section droite, $d\sigma$ l'élément de surface correspondant, r la distance AM. Commençons par chercher l'attraction exercée sur le point M par le prisme indéfini dont la base est $d\sigma$, et dont les arêtes sont parallèles à Oz. L'élément de masse est $\rho\, d\sigma\, dz$, son attraction sur le point M a pour intensité $\frac{f\mu\rho\, d\sigma\, dz}{z^2 + r^2}$, sa projection sur le plan des xy sera

$$\frac{f\mu\rho\, d\sigma\, dz}{z^2 + r^2}\, \frac{r}{\sqrt{z^2 + r^2}}.$$

On aura donc, pour l'attraction exercée par le prisme,

$$H = f\mu\rho r\,d\sigma \int_{-\infty}^{+\infty} \frac{dz}{(z^2+r^2)^{\frac{3}{2}}} = \frac{2f\mu\rho}{r}\,d\sigma.$$

Le point M est soumis maintenant à la force H dirigée suivant la droite MA, et dont les composantes parallèles aux axes sont

$$H\frac{a-x}{r},\quad H\frac{b-y}{r}.$$

On aura donc

$$X = 2f\mu \int \frac{\rho}{r}\,\frac{a-x}{r}\,d\sigma,\qquad Y = 2f\mu \int \frac{\rho}{r}\,\frac{b-y}{r}\,d\sigma,$$

$$r^2 = (a-x)^2 + (b-y)^2;\qquad \rho = F(a, b).$$

Les intégrations s'étendent à toute la section droite. Considérons l'intégrale

$$U = \int \rho \log\frac{1}{r}\,d\sigma;$$

c'est une fonction de x et y. Si l'on suppose le point M extérieur au cylindre, on peut différentier sous le signe $\int$, et l'on trouve

$$\frac{\partial U}{\partial x} = \int \frac{\rho}{r}\,\frac{a-x}{r}\,d\sigma,\qquad \frac{\partial U}{\partial y} = \int \frac{\rho}{r}\,\frac{b-y}{r}\,d\sigma.$$

Il en résulte

$$X = 2f\mu\,\frac{\partial U}{\partial x},\qquad Y = 2f\mu\,\frac{\partial U}{\partial y}.$$

M. C. Neumann appelle U le *potentiel logarithmique*. On a, comme on le vérifie aisément, l'équation

$$\frac{\partial^2 U}{\partial x^2} + \frac{\partial^2 U}{\partial y^2} = 0.$$

On démontre que, si le point attiré est situé à l'intérieur du cylindre, on doit remplacer l'équation précédente par la suivante :

$$\frac{\partial^2 U}{\partial x^2} + \frac{\partial^2 U}{\partial y^2} = -4\pi\rho.$$

Donc, pour les cylindres indéfinis, la fonction U peut remplacer le potentiel ordinaire V dont on ne peut pas faire usage parce qu'il est infini, comme l'intégrale

$$\int_{-\infty}^{+\infty} \frac{dz}{\sqrt{z^2+r^2}}.$$

CHAPITRE III.

SURFACES ET COUCHES DE NIVEAU. — THÉORÈMES DE CHASLES ET DE GREEN.

14. **Surfaces de niveau.** — Les surfaces de niveau qui correspondent à l'attraction d'un corps ou d'un système de corps sont des surfaces telles qu'en chacun de leurs points le potentiel conserve la même valeur. On obtiendra donc l'ensemble des surfaces de niveau par l'équation

$$V = c, \tag{1}$$

en donnant à la constante c toutes les valeurs positives inférieures à une certaine limite, puisque le potentiel reste toujours fini.

Une surface de niveau est normale en chacun de ses points à la résultante de l'attraction.

On a, en effet, tout le long de la surface, en vertu de l'équation (1),

$$\frac{\partial V}{\partial x}dx + \frac{\partial V}{\partial y}dy + \frac{\partial V}{\partial z}dz = 0;$$

d'où, en remplaçant $\frac{\partial V}{\partial x}$, $\frac{\partial V}{\partial y}$ et $\frac{\partial V}{\partial z}$ par des quantités proportionnelles, les composantes X, Y, Z de l'attraction,

$$X\,dx + Y\,dy + Z\,dz = 0,$$

ce qui prouve que la résultante est perpendiculaire à toutes les tangentes de la surface de niveau.

Les surfaces de niveau relatives à l'attraction d'un corps sont des surfaces fermées : les unes lui sont intérieures, d'autres le traversent; d'autres, enfin, lui sont extérieures et grandissent indéfiniment en s'approchant de la forme sphérique, ainsi que cela résulte de la formule

$$\lim Vr = M,$$

démontrée au n° 4; dans ce dernier cas, la constante c de l'équation (1) tend vers zéro.

Considérons deux surfaces de niveau infiniment voisines S et S'. Soit M un point quelconque de S; la normale à S en ce point rencontre S' en un point M' infiniment voisin de M. Soient $MM' = \partial n$, $V + \partial V$ la valeur du potentiel en M' : l'attraction exercée par le corps sur une molécule de masse μ placée en M aura pour intensité $f\mu \frac{\partial V}{\partial n}$. En effet, nous savons déjà que $f\mu \frac{\partial V}{\partial n}$ représente la projection de l'attraction sur la droite MM'; or, ici, l'attraction est dirigée suivant cette droite; le théorème est donc démontré.

On voit en même temps, ∂V étant constant, que, le long de la surface S, l'attraction est inversement proportionnelle à MM'.

15. **Théorème de Gauss.** — *Si l'on considère l'attraction d'un corps et une surface fermée quelconque* S *contenant dans son intérieur tout ou partie du corps, que l'on multiplie chaque élément $d\sigma$ de* S *par la composante suivant la normale extérieure à la surface de l'attraction qui serait exercée sur une molécule de masse-unité recouvrant $d\sigma$, la somme de ces produits, représentée par une intégrale double, est le produit de* $-4\pi f$ *par la portion de masse attirante située dans l'intérieur de* S.

Soient, en effet, A un point de $d\sigma$, u sa distance à un point M de l'élément de masse dm du corps attirant, et (N, u) l'angle que fait la normale extérieure en A avec la direction MA. L'action de la molécule dm sur l'unité de masse placée en A, estimée suivant la normale extérieure et multipliée par $d\sigma$, sera

$$-f \frac{dm}{u^2} \cos(N, u)\, d\sigma;$$

la somme de ces quantités pour tous les éléments $d\sigma$ sera

$$-f\, dm \int \frac{\cos(N, u)}{u^2}\, d\sigma.$$

Or, d'après le théorème du n° 7, l'expression $\int \frac{\cos(N, u)}{u^2} d\sigma$ est égale à zéro, ou à 4π, suivant que la molécule dm est extérieure ou intérieure à la surface. On aura donc ensuite à faire la somme de $-4\pi f\, dm$ pour tous les éléments dm du corps attirant, situés à l'intérieur de S. Le théorème de Gauss en résulte immédiatement; on peut le traduire par la formule

$$\int \frac{\partial V}{\partial n}\, d\sigma = -4\pi M. \tag{2}$$

Lorsque les masses attirantes sont toutes extérieures à la surface S, on a

$$\int \frac{\partial V}{\partial n} d\sigma = 0.$$

16. **Théorème de Chasles.** — *La différence des forces qui s'exercent sur deux éléments correspondants de deux surfaces de niveau est égale à la masse agissante contenue dans le canal orthogonal compris entre ces éléments, multipliée par le facteur constant* $4\pi f$.

Soient S_1 et S_2 deux surfaces de niveau; prenons sur la première un élément $d\sigma_1$, et, par chaque point du contour de cet élément, menons une ligne orthogonale aux surfaces de niveau comprises entre S_1 et S_2. Le canal curviligne ainsi formé découpera sur la surface S_2 un *élément correspondant* $d\sigma_2$. Appliquons le théorème précédent au volume enveloppé par ce canal et les deux éléments qui le terminent. Il faudra étendre l'intégrale à toute la surface du canal; or, en chaque point de sa surface latérale, la force est tangente à la ligne orthogonale et sa composante normale est nulle. L'intégrale se réduira donc aux termes fournis par les deux bases $d\sigma_1$ et $d\sigma_2$. Si l'on remarque que la normale extérieure de S_2 est la normale intérieure du petit canal considéré plus haut, la formule (2) donnera donc

$$\left(\frac{\partial V}{\partial n}\right)_1 d\sigma_1 - \left(\frac{\partial V}{\partial n}\right)_2 d\sigma_2 = -4\pi m; \tag{3}$$

m désigne la portion de masse du corps contenue dans le canal. Si l'on multiplie par f l'équation précédente, on a le théorème annoncé.

Lorsqu'il n'y a aucune masse agissante entre les deux surfaces de niveau, on a

$$\left(\frac{\partial V}{\partial n}\right)_1 d\sigma_1 = \left(\frac{\partial V}{\partial n}\right)_2 d\sigma_2;$$

par conséquent, les forces qui s'exercent sur les éléments correspondants des surfaces de niveau sont égales.

17. **Couches de niveau.** — Si l'on suppose qu'on distribue de la matière sur une surface de niveau, de façon qu'en chaque point la densité soit égale à l'intensité de l'attraction qui serait exercée en ce point sur une molécule de masse-unité, divisée par $4\pi f$, on forme une couche infiniment mince de masse finie, que l'on nomme *couche de niveau*. On peut se proposer d'étudier l'attraction d'une telle couche sur les points de l'espace : c'est ce qu'a fait Chasles; nous donnerons quelques-uns des résultats auxquels il est arrivé.

Remarquons d'abord que :

La masse d'une couche est égale à la masse de la portion du corps attirant qui lui est intérieure;

Toutes les couches qui enveloppent entièrement le corps ont la même masse;

Les portions correspondantes de deux couches extérieures au corps attirant ont toujours une même masse, et, lorsque deux couches comprennent entre elles une portion de la masse attirante, la différence des masses de deux portions correspondantes sur ces deux couches est égale à la partie de masse attirante comprise dans l'intérieur du canal orthogonal aux couches de niveau qui réunit les deux portions considérées.

Les deux premières de ces propositions auxiliaires sont une conséquence de la troisième, qui n'est elle-même qu'une représentation du théorème exprimé par l'équation (3). La première répond à l'équation (2).

18. Théorème. — *Une couche quelconque n'exerce aucune action sur les points de son intérieur, pourvu que cette couche soit entièrement extérieure au corps attirant.*

Dans le cas contraire, elle exerce sur les points intérieurs une action égale et de signe contraire à celle de la portion du corps attirant qui lui est extérieure.

Soient, en effet (*fig.* 1), S l'une des couches; U son potentiel pour un point

Fig. 1.

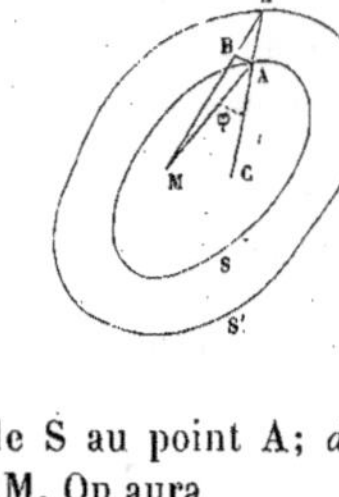

intérieur M; $d\sigma$ l'élément de S au point A; dm l'élément de masse qui doit recouvrir $d\sigma$; u la distance AM. On aura

$$U = \int \frac{dm}{u}. \tag{4}$$

Considérons une seconde couche de niveau S' infiniment voisine de S et l'enveloppant. Soit $U + dU$ son potentiel pour le point M; il faut, pour l'obtenir, remplacer chaque élément dm de la couche S par l'élément correspondant de la couche S'. D'après le n° 16, il faut accroître *dm* de $d\mu$, la portion de masse attirante comprise entre les éléments $d\sigma$, $d\sigma'$ et le canal orthogonal qui les relie. D'autre part, la normale en A à S rencontre S' en A'; on a

$$AA' = dn, \qquad A'B = du = AA' \cos\varphi = \cos\varphi\, dn.$$

Il faut donc différentier la formule (4) en augmentant *dm* de $d\mu$ et *du* de $\cos\varphi\, dn$, ce qui donnera

$$dU = \int \frac{d\mu}{u} - \int \frac{\cos\varphi}{u^2}\, dm\, dn.$$

Mais on a, par définition,

$$dm = -\frac{1}{4\pi} \frac{\partial V}{\partial n} d\sigma;$$

il en résulte, en remarquant que

$$\frac{\partial V}{\partial n} dn = dV$$

est constant en tous les points de S,

$$dU = \int \frac{d\mu}{u} + \frac{dV}{4\pi} \int \frac{\cos\varphi}{u^2} d\sigma.$$

Or, d'après le n° 7, on a, le point M étant intérieur à S,

$$\int \frac{\cos\varphi}{u^2} d\sigma = 4\pi.$$

Il vient ainsi

$$dU = dV + \int \frac{d\mu}{u}; \tag{5}$$

$\int \frac{d\mu}{u}$ est le potentiel de la portion de masse attirante comprise entre les deux couches infiniment voisines.

Désignons maintenant par S_1 et S_2 deux couches de niveau, toutes deux extérieures au point M, et situées à une distance *finie* quelconque; par W le potentiel relatif à la portion du corps attirant comprise entre ces deux couches; enfin, par V_1 et V_2 les valeurs constantes de V le long de S_1 et de S_2; la formule (5) donnera par l'intégration

$$U_1 - U_2 = V_1 - V_2 - W. \tag{6}$$

Supposons d'abord que les deux couches soient extérieures au corps; nous aurons $W = 0$ et, par suite,

$$U_1 - V_1 = U_2 - V_2.$$

On aurait de même

$$U_2 - V_2 = U_3 - V_3 = \ldots = U_\infty - V_\infty;$$

mais $U_\infty = 0$, parce que la masse attirante finie est répartie sur une surface dont tous les éléments sont à des distances infinies de M; d'ailleurs, on a évidemment $V_\infty = 0$, et il en résulte, pour une couche quelconque S_1,

$$U_1 = V_1.$$

Donc, lorsque le point attiré M occupe toutes les positions possibles à l'intérieur de S_1, V_1 demeurant constant, il en est de même de U_1. Le potentiel de la couche S_1 est donc constant, et la couche S_1 n'exerce aucune action sur les points de son intérieur : c'est la première partie du théorème énoncé.

Chasles fait remarquer qu'on a ainsi le moyen de former une infinité de couches infiniment minces qui soient sans action sur les points de leur intérieur. On ne connaissait autrefois, pour être dans ce cas, que la couche sphérique et la couche elliptique, dont nous parlerons bientôt.

Supposons, en second lieu, que la surface S_2 soit encore extérieure au corps attirant, dont une partie se trouvera comprise entre S_1 et S_2; on aura, par ce qui précède, $U_2 = V_2$, et la formule (6) donnera

$$U_1 = V_1 - W. \tag{7}$$

En différentiant par rapport aux coordonnées x, y, z du point attiré et remarquant que V_1 ne dépend pas de ces coordonnées, on trouvera

$$\frac{\partial U_1}{\partial x} = -\frac{\partial W}{\partial x}, \quad \frac{\partial U_1}{\partial y} = -\frac{\partial W}{\partial y}, \quad \frac{\partial U_1}{\partial z} = -\frac{\partial W}{\partial z},$$

ce qui démontre la seconde partie du théorème.

19. Théorème. — *Une couche quelconque exerce sur les points extérieurs une attraction égale à celle de la portion du corps attirant qui lui est intérieure.*

Reprenons, en effet, nos deux couches infiniment voisines S et S′, en dehors desquelles se trouve le point attiré M. Soient U et $U + dU$ leurs potentiels; on arrivera comme précédemment à l'équation

$$dU = \int \frac{d\mu}{u} + \frac{dV}{4\pi} \int \frac{\cos\varphi}{u^2} d\sigma;$$

mais ici le théorème du n° 7 donne

$$\int \frac{\cos\varphi}{u^2} d\sigma = 0,$$

d'où

$$dU = \int \frac{d\mu}{u}.$$

En intégrant, il vient

(8) $$U_2 - U_1 = W',$$

W' désignant le potentiel relatif à la portion du corps attirant comprise entre les deux couches quelconques S_1 et S_2 situées en deçà de M, auxquelles répondent les potentiels U_1 et U_2.

Si l'on fait passer la surface S_2 par le point M, on trouvera, d'après la relation (7),

(9) $$U_2 = V_2 - W,$$

W désignant le potentiel relatif à la partie du corps qui est extérieure à la surface S_2; on tirera ensuite des formules (8) et (9)

$$U_1 = V_2 - W - W'$$

ou bien encore

(10) $$U_1 = V_2 - W'',$$

en désignant par $W'' = W + W'$ le potentiel relatif à la partie du corps attirant qui est extérieure à S_1. V_2 est d'ailleurs le potentiel qui répond à l'attraction du corps tout entier, de sorte que $V_2 - W''$ correspond à la portion du corps renfermée à l'intérieur de S_1. Ce dernier potentiel étant toujours égal à celui de la couche S_1, le théorème est ainsi démontré.

On ne manquera pas de remarquer que :

Si une couche de niveau enveloppe entièrement le corps, son attraction sur tous les points extérieurs est toujours égale à celle du corps, en grandeur et en direction.

20. **Théorèmes de George Green.** — Les belles propriétés des surfaces de niveau que nous venons de démontrer d'après Chasles avaient été découvertes antérieurement par une voie toute différente par Green; mais Chasles ignorait le Mémoire du géomètre anglais.

Les théorèmes en question reposent sur une formule importante de Calcul intégral : soient T un espace fini, limité par une ou plusieurs surfaces, et F une fonction de x, y, z, qui reste finie et continue pour tous les points de l'espace T. On va considérer l'intégrale

$$I = \int\int\int \frac{\partial F}{\partial x}\, dx\, dy\, dz = \int\int dy\, dz \int \frac{\partial F}{\partial x}\, dx,$$

étendue à tous les points de l'espace T.

Un prisme parallèle à Ox, ayant pour base $dy\,dz$, coupe la surface par une de ses arêtes en un nombre pair de points $A_1, A_2, \ldots$, ayant pour abscisses x_1, $x_2, \ldots$. Si l'on désigne par $F_1, F_2, \ldots$ les valeurs que prend $F(x, y, z)$ quand on y remplace x par $x_1, x_2, \ldots$, on aura

$$\int \frac{\partial F}{\partial x} dx = (F_2 - F_1) + (F_3 - F_2) + \ldots.$$

Soient $d\sigma_1, d\sigma_2, \ldots$ les éléments détachés par le prisme en $A_1, A_2, \ldots$ sur la surface S qui limite l'espace T, $(N_1, x), (N_2, x), \ldots$ les angles que font avec la partie positive de l'axe des x les normales *intérieures* à S en ces divers points. On a

$$dy\,dz = +\,d\sigma_1 \cos(N_1, x) = -\,d\sigma_2 \cos(N_2, x) = + \ldots;$$

il en résulte

$$I = \int\int (-F_1 + F_2 - F_3 + F_4 - \ldots)\,dy\,dz = -\int [F_1 \cos(N_1, x)\,d\sigma_1 + F_2 \cos(N_2, x)\,d\sigma_2 + \ldots]$$

ou, plus simplement,

$$I = -\int F \cos(N, x)\,d\sigma,$$

l'intégrale s'étendant à toute la surface S. Soit ∂n la longueur d'un élément de la normale intérieure au point A auquel correspond l'élément $d\sigma$, comprise entre ce point et le point infiniment voisin $(x + dx,\ y + dy,\ z + dz)$; on aura

$$\cos(N, x) = \frac{\partial x}{\partial n},$$

et la proposition préliminaire que nous venons de démontrer se traduira par la formule

$$(11) \qquad \int \frac{\partial F}{\partial x} dv = -\int F \frac{\partial x}{\partial n} d\sigma,$$

dans laquelle on a remplacé, pour abréger, $dx\,dy\,dz$ par l'élément de volume dv; l'intégrale du second membre est une intégrale double qui doit être étendue à toute la surface S. On remarquera que nous avons déjà rencontré un cas particulier de la formule précédente quand nous avons établi l'équation (B) du n° 1.

21. Soient U et V deux fonctions de x, y, z, qui restent finies et continues, ainsi que leurs dérivées premières, pour tous les points d'un espace limité T, terminé par la surface S. Considérons l'intégrale triple

$$J = \int \left(\frac{\partial U}{\partial x} \frac{\partial V}{\partial x} + \frac{\partial U}{\partial y} \frac{\partial V}{\partial y} + \frac{\partial U}{\partial z} \frac{\partial V}{\partial z} \right) dv,$$

étendue à tous les points de l'espace T. On a évidemment

$$J = -\int U\left(\frac{\partial^2 V}{\partial x^2}+\frac{\partial^2 V}{\partial y^2}+\frac{\partial^2 V}{\partial z^2}\right)dv$$
$$+\int \frac{\partial}{\partial x}\left(U\frac{\partial V}{\partial x}\right)dv+\int \frac{\partial}{\partial y}\left(U\frac{\partial V}{\partial y}\right)dv+\int \frac{\partial}{\partial z}\left(U\frac{\partial V}{\partial z}\right)dv;$$

d'où, en appliquant la formule (11) et faisant, suivant l'usage,

$$\frac{\partial^2 V}{\partial x^2}+\frac{\partial^2 V}{\partial y^2}+\frac{\partial^2 V}{\partial z^2}=\Delta_2 V,$$

$$J=-\int U\Delta_2 V\,dv-\int U\left(\frac{\partial V}{\partial x}\frac{\partial x}{\partial n}+\frac{\partial V}{\partial y}\frac{\partial y}{\partial n}+\frac{\partial V}{\partial z}\frac{\partial z}{\partial n}\right)d\sigma.$$

En remplaçant J par sa valeur et posant

$$(12)\qquad \frac{\partial V}{\partial x}\frac{\partial x}{\partial n}+\frac{\partial V}{\partial y}\frac{\partial y}{\partial n}+\frac{\partial V}{\partial z}\frac{\partial z}{\partial n}=\frac{\partial V}{\partial n},$$

il vient

$$(\alpha)\qquad \int U\Delta_2 V\,dv+\int\left(\frac{\partial U}{\partial x}\frac{\partial V}{\partial x}+\frac{\partial U}{\partial y}\frac{\partial V}{\partial y}+\frac{\partial U}{\partial z}\frac{\partial V}{\partial z}\right)dv=-\int U\frac{\partial V}{\partial n}d\sigma;$$

d'où, en permutant U et V,

$$(\beta)\qquad \int V\Delta_2 U\,dv+\int\left(\frac{\partial U}{\partial x}\frac{\partial V}{\partial x}+\frac{\partial U}{\partial y}\frac{\partial V}{\partial y}+\frac{\partial U}{\partial z}\frac{\partial V}{\partial z}\right)dv=-\int V\frac{\partial U}{\partial n}d\sigma;$$

on tire de (α) et (β), par soustraction,

$$(\gamma)\qquad \int(V\Delta_2 U-U\Delta_2 V)\,dv=\int\left(U\frac{\partial V}{\partial n}-V\frac{\partial U}{\partial n}\right)d\sigma.$$

Les formules (α), (β), (γ), qui ont une importance considérable à cause de leur grande généralité, constituent le premier théorème de Green.

La définition de $\frac{\partial U}{\partial n}$ et de $\frac{\partial V}{\partial n}$ résulte clairement de la formule (12).

22. Si l'une des fonctions U et V devenait infinie en l'un des points de l'espace T, la démonstration précédente tomberait en défaut, parce que les intégrations par parties sur lesquelles repose la formule (11) cesseraient d'être légitimes.

Nous allons voir comment il faut modifier le théorème lorsque, la fonction V restant finie et continue pour tous les points de T, ainsi que ses dérivées premières, la fonction U devient infinie en un seul point P de l'espace T, dans le voisinage duquel on suppose qu'elle se réduise à $\frac{1}{r}$, r désignant la distance au point P. Nous voulons dire par là qu'on aura

$$U = \frac{1}{r} + U_1,$$

U_1 désignant une fonction qui reste finie au point P, et demeure soumise aux mêmes restrictions que V.

Décrivons, de P comme centre, une petite sphère de rayon ε, dont nous désignerons la surface par S_1 et le volume par T_1. L'équation (γ) pourra être appliquée à l'espace $T - T_1$, dans lequel les fonctions U et V vérifient les conditions imposées; l'intégrale triple du premier membre s'étendra à tout cet espace et l'intégrale double du second membre aux deux surfaces S et S_1, qui le limitent. On trouvera ainsi

$$\int_T (U\,\Delta_2 V - V\,\Delta_2 U)\,dv - \int_{T_1} (U\,\Delta_2 V - V\,\Delta_2 U)\,dv$$
$$= \int_S \left(V\frac{\partial U}{\partial n} - V\frac{\partial V}{\partial n}\right) d\sigma + \int_{S_1} \left(V\frac{\partial U}{\partial n} - U\frac{\partial V}{\partial n}\right) d\sigma;$$

d'où, en remplaçant, dans $\int_{T_1}$ et $\int_{S_1}$, U par $\frac{1}{r} + U_1$, et remarquant que l'on a identiquement $\Delta_2 \frac{1}{r} = 0$,

$$(13)\quad \left\{ \begin{aligned} &\int_T (U\,\Delta_2 V - V\,\Delta_2 U)\,dv - \int_S \left(V\frac{\partial U}{\partial n} - U\frac{\partial V}{\partial n}\right) d\sigma \\ &= \int_{T_1} \left[\left(\frac{1}{r} + U_1\right)\Delta_2 V - V\,\Delta_2 U_1\right] dv - \int_{S_1} \left[\left(\frac{1}{r} + U_1\right)\frac{\partial V}{\partial n} - V\left(\frac{\partial \frac{1}{r}}{\partial n} + \frac{\partial U_1}{\partial n}\right)\right] d\sigma. \end{aligned} \right.$$

Si l'on remplace, dans le second membre, l'élément de volume dv par son expression $r^2 \sin\theta\, dr\, d\theta\, d\psi$ en coordonnées polaires ayant leur origine au point P, et $d\sigma$ par $\varepsilon^2 \sin\theta\, d\theta\, d\psi$, on voit que

$$\int_{T_1} (U_1\,\Delta_2 V - V\,\Delta_2 U_1)\,dv$$

est de l'ordre de ε^3; les quantités

$$\int_{T_1} \frac{1}{r}\Delta_2 V\,dv \qquad \text{et} \qquad \int_{S_1} \left(U_1\frac{\partial V}{\partial n} - V\frac{\partial U_1}{\partial n}\right) d\sigma$$

sont de l'ordre de ε^2;

$$\int \frac{1}{r}\frac{\partial V}{\partial n}\,d\sigma$$

est de l'ordre de ε. On a d'ailleurs, en remarquant que la normale extérieure à la surface S_1, considérée comme limitant l'espace $T - T_1$, est dirigée en sens inverse du rayon vecteur r,

$$\frac{\partial \frac{1}{r}}{\partial n} = -\frac{\partial \frac{1}{r}}{\partial r} = +\frac{1}{r^2}, \qquad \frac{\partial \frac{1}{r}}{\partial n} d\sigma = \sin\theta \, d\theta \, d\psi.$$

Il viendra donc

$$\int_{S_1} V \frac{\partial \frac{1}{r}}{\partial n} d\sigma = \int_0^\pi \int_0^{2\pi} V \sin\theta \, d\theta \, d\psi,$$

dont la limite, pour $\varepsilon = 0$, est

$$V' \int_0^\pi \int_0^{2\pi} \sin\theta \, d\theta \, d\psi = 4\pi V',$$

en représentant par V' la valeur que prend la fonction V au point P.

Si donc, dans l'équation (13), on fait tendre ε vers zéro, il viendra

$$(\gamma') \qquad \int (V \Delta_2 U - U \Delta_2 V) \, dv = 4\pi V' + \int \left(U \frac{\partial V}{\partial n} - V \frac{\partial U}{\partial n} \right) d\sigma;$$

les intégrales s'étendent maintenant, la première au volume T, la seconde à la surface S, qui le limite.

La formule (γ') constitue le second théorème de Green; elle ne diffère de la formule (γ) que par l'introduction, dans le second membre, du produit par 4π de la valeur V', que prend la fonction V au point P, où l'autre fonction U devient infinie comme $\frac{1}{r}$.

23. Application du premier théorème de Green. — Supposons la fonction U constante dans tout l'espace T; on aura donc

$$\Delta_2 U = 0, \qquad \frac{\partial U}{\partial n} = 0;$$

l'équation (γ) deviendra simplement

$$(14) \qquad \int \Delta_2 V \, dv = -\int \frac{\partial V}{\partial n} d\sigma.$$

Cette formule, dans laquelle les intégrations s'étendent à tout le volume T et à la surface S qui le limite, suppose seulement que V et ses dérivées premières sont finies et continues pour tous les points de l'espace T. Ces conditions seront remplies si la fonction V représente le potentiel de masses attirantes qui pourront être situées, les unes à l'intérieur, les autres à l'extérieur de l'espace T. Soit M la somme des masses intérieures; dans l'espace T, on aura

$$\Delta_2 V = 0 \qquad \text{ou} \qquad \Delta_2 V = -4\pi\rho,$$

ρ désignant la densité de la matière qui occupe l'élément dv. On aura d'ailleurs

$$\int \rho\, dv = M,$$

et l'équation (14) donnera

$$\int \frac{\partial V}{\partial n}\, d\sigma = 4\pi M.$$

On retrouve le théorème du n° 15; le changement de signe provient de ce que ∂n désigne, dans un cas, l'élément de la normale extérieure; dans l'autre, l'élément de la normale intérieure.

24. Les formules de Green donnent très facilement, comme on va voir, les théorèmes des n°s 18 et 19.

Soit, en effet, V_1 une fonction finie et continue des coordonnées x, y, z d'un point de l'espace, donnée pour tous les points intérieurs à une surface fermée S et satisfaisant, dans tout cet espace, à l'équation

$$\Delta_2 V_1 = 0.$$

Soit, de même, V_2 une fonction finie et continue de x, y, z, donnée pour tous les points extérieurs à S et satisfaisant, dans tout cet espace, à l'équation

$$\Delta_2 V_2 = 0.$$

Supposons que les fonctions V_1 et V_2 prennent la même valeur en chaque point de S. Admettons enfin que, pour les points situés à une distance infinie, V_2 soit un infiniment petit du même ordre que l'inverse $\frac{1}{r}$ de la distance à l'origine et que $\frac{\partial V_2}{\partial x}, \frac{\partial V_2}{\partial y}, \frac{\partial V_2}{\partial z}$ soient de même ordre que $\frac{1}{r^2}$. Nous allons démontrer que l'on peut attribuer à chaque élément $d\sigma$ de S une masse $\rho\, d\sigma$, telle que le potentiel de la couche ainsi obtenue soit égal à V_2 pour les points extérieurs et à V_1 pour les points intérieurs, la densité ρ étant

$$\rho = -\frac{1}{4\pi}\left(\frac{\partial \overline{V}_1}{\partial n} + \frac{\partial \overline{V}_2}{\partial n}\right), \tag{15}$$

$\overline{V}_1$ et $\overline{V}_2$ désignant ce que deviennent les fonctions V_1 et V_2 sur la surface S,

$\frac{\partial \overline{V}_1}{\partial n}$ et $\frac{\partial V_2}{\partial n}$ ayant la signification qui résulte de la formule (12); dans $\frac{\partial V_1}{\partial n}$, ∂n désigne l'élément de la normale intérieure; c'est, au contraire, l'élément de la normale extérieure dans $\frac{\partial \overline{V}_2}{\partial n}$.

Pour démontrer ce théorème, nous appliquerons d'abord la formule (γ') en y prenant

$$V = V_1, \qquad U = \frac{1}{r},$$

r étant la distance à un point M intérieur à S. Nous étendrons les intégrales triples à tout l'espace intérieur à S. Nous avons, par hypothèse, $\Delta_2 V_1 = 0$; d'ailleurs $\Delta_2 \frac{1}{r}$ est nul aussi. Les intégrales triples de la formule (γ') disparaissent donc, et il reste

$$(16) \qquad \int \frac{1}{r} \frac{\partial \overline{V}_1}{\partial n} d\sigma = \int \overline{V}_1 \frac{\partial \frac{1}{r}}{\partial n} d\sigma - 4\pi V'_1,$$

en désignant par V'_1 la valeur que prend V_1 au point M.

Appliquons, en second lieu, la formule (γ) à la portion de l'espace compris entre la surface S et la surface S_1 d'une sphère de très grand rayon R ayant pour centre le point M. Nous prenons $V = V_2$ et $U = \frac{1}{r}$; les intégrales triples disparaissent encore, et la formule (γ) donne

$$(17) \qquad \int_S \left(\overline{V}_2 \frac{\partial \frac{1}{r}}{\partial n} - \frac{1}{r} \frac{\partial \overline{V}_2}{\partial n} \right) d\sigma + \int_{S_1} \left(V_2 \frac{\partial \frac{1}{r}}{\partial n} - \frac{1}{r} \frac{\partial V_2}{\partial n} \right) d\sigma = 0,$$

la première intégrale s'étendant à S et la seconde à S_1; or cette dernière intégrale tend vers zéro avec $\frac{1}{R}$, car, le long de S_1, d'après l'hypothèse, V_2 et $\frac{\partial V_2}{\partial n}$ sont respectivement de l'ordre de $\frac{1}{R}$ et de $\frac{1}{R^2}$; $\frac{\partial \frac{1}{r}}{\partial n}$ est d'ailleurs de l'ordre de $\frac{1}{R^2}$ et $d\sigma$ contient R^2 en facteur, de sorte que, finalement, la seconde intégrale reste de l'ordre de $\frac{1}{R}$. La formule (17) donne donc

$$(18) \qquad \int \frac{1}{r} \frac{\partial \overline{V}_2}{\partial n} d\sigma = \int \overline{V}_2 \frac{\partial \frac{1}{r}}{\partial n} d\sigma.$$

Si l'on ajoute les équations (16) et (18), qu'on tienne compte de la relation

$\overline{V}_1 = \overline{V}_2$ et qu'on remarque que ∂n est pris avec des signes contraires dans les deux valeurs de $\dfrac{\partial \frac{1}{r}}{\partial n}$, il vient

$$\int \frac{1}{r}\left(\frac{\partial \overline{V}_1}{\partial n} + \frac{\partial \overline{V}_2}{\partial n}\right) d\sigma = -4\pi V'_1,$$

c'est-à-dire, d'après la formule (15),

$$\int \frac{\rho\, d\sigma}{r} = V'_1.$$

Donc le potentiel de la couche de densité ρ sur le point quelconque M de son intérieur est égal à la valeur V'_1 que prend en ce point la fonction V_1.

On prouvera de la même manière, en supposant le point M extérieur à S, que le potentiel de la même couche pour les points extérieurs est représenté par V'_2.

En effet, on tire des formules (γ) et (γ')

$$\int \frac{1}{r}\frac{\partial \overline{V}_1}{\partial n} d\sigma = \int \overline{V}_1 \frac{\partial \frac{1}{r}}{\partial n} d\sigma,$$

$$\int \frac{1}{r}\frac{\partial \overline{V}_2}{\partial n} d\sigma = \int \overline{V}_2 \frac{\partial \frac{1}{r}}{\partial n} d\sigma - 4\pi V'_2.$$

d'où, en ajoutant,

$$\int \frac{1}{r}\left(\frac{\partial \overline{V}_1}{\partial n} + \frac{\partial \overline{V}_2}{\partial n}\right) d\sigma = -4\pi V'_2,$$

$$\int \frac{\rho\, d\sigma}{r} = V'_2.$$

25. Considérons actuellement un corps attirant quelconque et une de ses surfaces de niveau S à laquelle répond la valeur constante C du potentiel V. Soient V′ le potentiel de la portion du corps qui est extérieure à S, V″ celui de la partie intérieure. On aura

$$V' + V'' = V, \qquad \overline{V}' + \overline{V}'' = C.$$

Appliquons le théorème précédent en prenant

$$V_2 = V'', \qquad V_1 = C - V'.$$

Les conditions imposées aux fonctions V_1 et V_2 se trouveront bien remplies; ainsi l'on aura $\Delta_2 V_2 = 0$ à l'extérieur de S, $\Delta_2 V_1 = 0$ à l'intérieur de S. On voit enfin immédiatement que V_2 et ses dérivées premières sont bien des ordres voulus de petitesse quand le point attiré s'éloigne à l'infini. La formule (15) donnera

$$(19)\qquad \rho = \frac{1}{4\pi}\left(\frac{\partial \overline{V}'}{\partial n} - \frac{\partial \overline{V}''}{\partial n}\right).$$

Avec cette densité, on obtiendra une couche dont le potentiel sur les points extérieurs sera V″, et sur les points intérieurs C — V′. Cette couche attirera, par conséquent, les points extérieurs comme la portion du corps qui lui est intérieure, et son action sur les points intérieurs sera égale et contraire à celle de la portion du corps qui lui est extérieure.

Remarquons que, dans la formule (19), l'élément ∂n de la normale a, dans les deux termes, une direction opposée. Si l'on adopte pour les deux dérivées la direction de la normale intérieure, on aura

$$\rho = \frac{1}{4\pi}\left(\frac{\partial \overline{V}'}{\partial n} + \frac{\partial \overline{V}''}{\partial n}\right) = \frac{1}{4\pi}\frac{\partial \overline{V}}{\partial n};$$

la densité est, comme on le voit, proportionnelle à l'intensité de l'attraction en chaque point de S. La constitution de la couche est bien la même que celle qui a été indiquée au n° 17.

CHAPITRE IV.

ATTRACTION D'UN ELLIPSOÏDE HOMOGÈNE SUR UN POINT MATÉRIEL. ANALYSE DE LAGRANGE. — THÉORÈME D'IVORY. ATTRACTION D'UN CYLINDRE ELLIPTIQUE INDÉFINI. — MÉTHODE DE GAUSS.

---

26. **Attraction d'un ellipsoïde homogène sur un point intérieur. — Analyse de Lagrange.** — Soient $2a$, $2b$, $2c$ les longueurs des axes de l'ellipsoïde, ρ sa densité supposée constante dans tout l'intérieur. Prenons pour axes de coordonnées les axes mêmes de l'ellipsoïde, et désignons par α, β, γ les coordonnées du point attiré A, par μ sa masse, par x, y, z les coordonnées d'un point quelconque M du volume de l'ellipsoïde, par dm et dv les éléments de masse et de volume en ce point, enfin par X, Y, Z les composantes de l'attraction totale, parallèles aux axes, et par r la distance AM. Nous aurons

$$X = f\mu \int \frac{x-\alpha}{r^3}\, dm = f\mu\rho \int \frac{x-\alpha}{r^3}\, dv.$$

Introduisons les coordonnées polaires r, θ, ψ du point M, rapportées à l'origine A, et à des axes menés par ce point parallèlement à Ox, Oy, Oz. Nous aurons

$$x = \alpha + r\cos\theta, \qquad y = \beta + r\sin\theta\cos\psi, \qquad z = \gamma + r\sin\theta\sin\psi,$$
$$dv = r^2 dr \sin\theta\, d\theta\, d\psi,$$
$$X = f\mu\rho \int\int\int \sin\theta\cos\theta\, dr\, d\theta\, d\psi.$$

Pour des valeurs données de θ et ψ, r varie de o à r', en désignant par r' la distance du point A au point M', où le rayon vecteur AM perce la surface de l'ellipsoïde; on a

$$\int dr = r';$$

θ varie d'ailleurs de o à π, et ψ de o à 2π ; on peut donc écrire

$$\frac{X}{f\mu\rho} = \int_0^\pi \sin\theta\cos\theta\,d\theta \int_0^{2\pi} r'\,d\psi. \tag{1}$$

En exprimant que les coordonnées du point M vérifient l'équation de la surface de l'ellipsoïde, il vient

$$\frac{(\alpha + r'\cos\theta)^2}{a^2} + \frac{(\beta + r'\sin\theta\cos\psi)^2}{b^2} + \frac{(\gamma + r'\sin\theta\sin\psi)^2}{c^2} = 1$$

ou bien

$$\mathcal{L}\,r'^2 + 2\,\mathfrak{M}\,r' + \mathfrak{N} = 0, \tag{2}$$

en posant

$$\left\{\begin{aligned} \mathcal{L} &= \frac{\cos^2\theta}{a^2} + \frac{\sin^2\theta\cos^2\psi}{b^2} + \frac{\sin^2\theta\sin^2\psi}{c^2}, \\ \mathfrak{M} &= \frac{\alpha\cos\theta}{a^2} + \frac{\beta\sin\theta\cos\psi}{b^2} + \frac{\gamma\sin\theta\sin\psi}{c^2}, \\ \mathfrak{N} &= \frac{\alpha^2}{a^2} + \frac{\beta^2}{b^2} + \frac{\gamma^2}{c^2} - 1. \end{aligned}\right. \tag{3}$$

$\mathcal{L}$ est essentiellement positif; $\mathfrak{N}$ est négatif parce que le point A est intérieur à l'ellipsoïde. Les deux racines de l'équation (2) du second degré en r' sont réelles et de signes contraires ; nous devons prendre la racine positive

$$r' = -\frac{\mathfrak{M}}{\mathcal{L}} + \frac{\sqrt{\mathfrak{M}^2 - \mathcal{L}\mathfrak{N}}}{\mathcal{L}}.$$

Portons-la dans l'expression (1) de X, et il viendra

$$\frac{X}{f\mu\rho} = -\int_0^\pi\int_0^{2\pi} \frac{\mathfrak{M}}{\mathcal{L}} \sin\theta\cos\theta\,d\theta\,d\psi + \int_0^\pi\int_0^{2\pi} \frac{\sqrt{\mathfrak{M}^2 - \mathcal{L}\mathfrak{N}}}{\mathcal{L}} \sin\theta\cos\theta\,d\theta\,d\psi.$$

Dans la dernière intégrale, considérons les éléments différentiels qui correspondent aux valeurs

$$\theta = \theta_1, \quad \psi = \psi_1; \qquad \theta = \pi - \theta_1, \quad \psi = \pi + \psi_1$$

de θ et ψ. Les valeurs correspondantes de $\mathcal{L}$ et $\mathfrak{N}$ seront les mêmes; mais celles de $\mathfrak{M}$ seront égales et de signes contraires, ainsi que cela résulte des expressions (3); $\frac{\sqrt{\mathfrak{M}^2 - \mathcal{L}\mathfrak{N}}}{\mathcal{L}}$ sera le même, $\frac{\sqrt{\mathfrak{M}^2 - \mathcal{L}\mathfrak{N}}}{\mathcal{L}} \sin\theta\cos\theta$ prendra dans les deux cas des valeurs égales et de signes contraires. Donc la seconde intégrale qui figure dans l'expression de X est nulle, et il reste

$$\frac{X}{f\mu\rho} = -\int_0^{\pi}\int_0^{2\pi} \frac{\mathfrak{M}}{\mathfrak{L}} \sin\theta\cos\theta\, d\theta\, d\psi$$

ou bien, en remplaçant $\mathfrak{M}$ par sa valeur,

$$-\frac{X}{f\mu\rho} = \frac{\alpha}{a^2}\int_0^{\pi}\int_0^{2\pi} \frac{\cos^2\theta\sin\theta}{\mathfrak{L}}\, d\theta\, d\psi + \frac{\beta}{b^2}\int_0^{\pi}\int_0^{2\pi} \frac{\cos\theta\sin^2\theta\cos\psi}{\mathfrak{L}}\, d\theta\, d\psi + \frac{\gamma}{c^2}\int_0^{\pi}\int_0^{2\pi} \frac{\cos\theta\sin^2\theta\sin\psi}{\mathfrak{L}}\, d\theta\, d\psi.$$

Les deux dernières intégrales sont nulles, comme on le voit en considérant les valeurs des éléments différentiels qui correspondent à

$$\theta = \theta_1, \quad \psi = \psi_1; \qquad \theta = \theta_1, \quad \psi = \pi + \psi_1.$$

Il reste donc seulement

$$(4) \qquad X = -f\mu\rho\,\frac{\alpha}{a^2}\int_0^{\pi}\int_0^{2\pi} \frac{\cos^2\theta\sin\theta}{\dfrac{\cos^2\theta}{a^2} + \dfrac{\sin^2\theta\cos^2\psi}{b^2} + \dfrac{\sin^2\theta\sin^2\psi}{c^2}}\, d\theta\, d\psi.$$

Cette expression de X est proportionnelle à α et indépendante de β et γ, de sorte que la composante X reste la même quand le point attiré se déplace dans un plan perpendiculaire à Ox. La même expression est une fonction homogène et de degré zéro de a, b, c; si donc on considère un second ellipsoïde homothétique au premier et l'enveloppant, et qu'on le suppose rempli d'une matière homogène de densité ρ, les composantes de son attraction sur le point A seront les mêmes que celles du premier ellipsoïde. De là ce théorème :

Une couche homogène comprise entre les surfaces de deux ellipsoïdes homothétiques n'exerce aucune action sur les points situés à l'intérieur de cette couche.

Il est facile de démontrer géométriquement ce théorème.

Soit (*fig.* 2) un cône d'angle infiniment petit ω, ayant son sommet en M, qui détache dans la couche deux segments infinitésimaux représentés par ABCD, A'B'C'D'; soit encore *abcd* la portion qui, dans le cône supérieur, est comprise entre les sphères de rayons r et $r + dr$, ayant leur centre en M. L'attraction de cette portion sur le point M est

$$f\mu\rho\,\frac{\omega r^2 dr}{r^2} = f\mu\rho\omega\, dr;$$

l'attraction du segment ABCD sera donc

$$f\mu\rho\omega\int dr = f\mu\rho\omega \times AB.$$

De même, l'attraction du segment A'B'C'D' sera $f\mu\rho\omega \times A'B'$. Or, les ellipsoïdes étant homothétiques, on a $A'B' = AB$. Donc les deux segments exercent

Fig. 2.

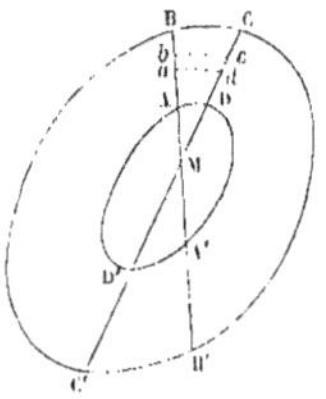

sur le point M des attractions de même intensité; les directions de ces deux attractions sont d'ailleurs égales et opposées; donc elles se détruisent. Il en est de même pour tous les cônes élémentaires ayant leurs sommets en M; par suite, la résultante des attractions de la couche sur le point intérieur M est bien égale à zéro.

Si l'on pose

$$A = \frac{\cos^2\theta}{a^2} + \frac{\sin^2\theta}{b^2},$$

$$B = \frac{\cos^2\theta}{a^2} + \frac{\sin^2\theta}{c^2},$$

l'expression (4) pourra s'écrire

$$X = -8f\mu\rho\frac{\alpha}{a^2}\int_0^{\frac{\pi}{2}}\cos^2\theta\sin\theta\,d\theta\int_0^{\frac{\pi}{2}}\frac{d\psi}{A\cos^2\psi + B\sin^2\psi}.$$

Or, A et B étant positifs, on a, comme on sait,

$$\int_0^{\frac{\pi}{2}}\frac{d\psi}{A\cos^2\psi + B\sin^2\psi} = \frac{\pi}{2\sqrt{AB}}.$$

On trouvera ainsi la première des formules ci-dessous (les autres s'en déduisent par des permutations de lettres) :

$$
(\mathrm{A})\quad\left\{
\begin{aligned}
X &= -4\pi f\mu\rho\, bc\alpha\int_0^{\frac{\pi}{2}}\frac{\cos^2\theta\sin\theta}{\sqrt{(a^2\sin^2\theta+b^2\cos^2\theta)(a^2\sin^2\theta+c^2\cos^2\theta)}}\,d\theta,\\
Y &= -4\pi f\mu\rho\, ca\beta\int_0^{\frac{\pi}{2}}\frac{\cos^2\theta\sin\theta}{\sqrt{(b^2\sin^2\theta+c^2\cos^2\theta)(b^2\sin^2\theta+a^2\cos^2\theta)}}\,d\theta,\\
Z &= -4\pi f\mu\rho\, ab\gamma\int_0^{\frac{\pi}{2}}\frac{\cos^2\theta\sin\theta}{\sqrt{(c^2\sin^2\theta+a^2\cos^2\theta)(c^2\sin^2\theta+b^2\cos^2\theta)}}\,d\theta.
\end{aligned}\right.
$$

Il convient de donner l'expression du potentiel V. On aura évidemment

$$V = \mathcal{A}\alpha^2 + \mathcal{B}\beta^2 + \mathcal{C}\gamma^2 + V_0,$$

où $\mathcal{A}$, $\mathcal{B}$, $\mathcal{C}$ sont égaux respectivement aux moitiés des coefficients de $f\mu\alpha$, $f\mu\beta$, $f\mu\gamma$, dans les expressions (A) de X, Y, Z, et V_0 désigne une constante qui n'est autre chose que le potentiel de l'ellipsoïde relativement à son centre; on peut donc écrire

$$
\begin{aligned}
V_0 &= \rho\iiint\frac{r^2\sin\theta\,dr\,d\theta\,d\psi}{r} = \frac{1}{2}\rho\iint r^2\sin\theta\,d\theta\,d\psi\\
&= \frac{1}{2}\rho\iint\frac{\sin\theta\,d\theta\,d\psi}{\dfrac{\cos^2\theta}{a^2}+\dfrac{\sin^2\theta\cos^2\psi}{b^2}+\dfrac{\sin^2\theta\sin^2\psi}{c^2}};
\end{aligned}
$$

d'où, en intégrant relativement à ψ entre les limites o et 2π,

$$V_0 = 2\pi\rho a^2 bc\int_0^{\frac{\pi}{2}}\frac{\sin\theta\,d\theta}{\sqrt{(a^2\sin^2\theta+b^2\cos^2\theta)(a^2\sin^2\theta+c^2\cos^2\theta)}}.$$

L'expression cherchée pour le potentiel sera donc

$$
(\mathrm{B})\quad\left\{
\begin{aligned}
V = 2\pi\rho\Bigg[\quad & bc\,a^2\int_0^{\frac{\pi}{2}}\frac{\sin\theta\,d\theta}{\sqrt{(a^2\sin^2\theta+b^2\cos^2\theta)(a^2\sin^2\theta+c^2\cos^2\theta)}}\\
& -bc\,\alpha^2\int_0^{\frac{\pi}{2}}\frac{\cos^2\theta\sin\theta\,d\theta}{\sqrt{(a^2\sin^2\theta+b^2\cos^2\theta)(a^2\sin^2\theta+c^2\cos^2\theta)}}\\
& -ca\beta^2\int_0^{\frac{\pi}{2}}\frac{\cos^2\theta\sin\theta\,d\theta}{\sqrt{(b^2\sin^2\theta+c^2\cos^2\theta)(b^2\sin^2\theta+a^2\cos^2\theta)}}\\
& -ab\gamma^2\int_0^{\frac{\pi}{2}}\frac{\cos^2\theta\sin\theta\,d\theta}{\sqrt{(c^2\sin^2\theta+a^2\cos^2\theta)(c^2\sin^2\theta+b^2\cos^2\theta)}}\Bigg].
\end{aligned}\right.
$$

Jacobi transforme élégamment les expressions précédentes de X, Y, Z et V, en posant

$$\cos\theta = \frac{a}{\sqrt{s+a^2}};$$

aux limites o et $\frac{\pi}{2}$ de θ répondent les limites o et ∞ de s, et l'on trouve sans peine

$$(\mathrm{A}')\quad \left\{\begin{aligned} X &= -2\pi f\mu\rho\frac{\alpha}{a^2}\int_0^\infty \frac{ds}{\left(1+\frac{s}{a^2}\right)\sqrt{\left(1+\frac{s}{a^2}\right)\left(1+\frac{s}{b^2}\right)\left(1+\frac{s}{c^2}\right)}},\\ Y &= -2\pi f\mu\rho\frac{\beta}{b^2}\int_0^\infty \frac{ds}{\left(1+\frac{s}{b^2}\right)\sqrt{\left(1+\frac{s}{a^2}\right)\left(1+\frac{s}{b^2}\right)\left(1+\frac{s}{c^2}\right)}},\\ Z &= -2\pi f\mu\rho\frac{\gamma}{c^2}\int_0^\infty \frac{ds}{\left(1+\frac{s}{c^2}\right)\sqrt{\left(1+\frac{s}{a^2}\right)\left(1+\frac{s}{b^2}\right)\left(1+\frac{s}{c^2}\right)}},\end{aligned}\right.$$

$$(\mathrm{B}')\quad V = \pi\rho\int_0^\infty\left(1-\frac{\alpha^2}{a^2+s}-\frac{\beta^2}{b^2+s}-\frac{\gamma^2}{c^2+s}\right)\frac{ds}{\sqrt{\left(1+\frac{s}{a^2}\right)\left(1+\frac{s}{b^2}\right)\left(1+\frac{s}{c^2}\right)}}.$$

Enfin nous allons donner une autre transformation des formules (A), laquelle nous sera très utile dans la suite. Faisons

$$(5)\qquad b^2 = a^2(1+\lambda^2),\qquad c^2 = a^2(1+\lambda'^2),\qquad \mathrm{M} = \frac{4}{3}\pi\rho abc;$$

M désignera donc la masse de l'ellipsoïde. On pose ensuite :

dans l'expression (A) de X, $\cos\theta = \zeta$,

» » de Y, $\cos\theta = \frac{b}{a}\frac{\zeta}{\sqrt{1+\lambda^2\zeta^2}}$,

» » de Z, $\cos\theta = \frac{c}{a}\frac{\zeta}{\sqrt{1+\lambda'^2\zeta^2}}$;

dans les trois cas, les limites de ζ sont o et 1, et il vient

$$(\mathrm{A}'')\quad \left\{\begin{aligned} X &= -\frac{3f\mu\mathrm{M}}{a^3}\alpha\int_0^1\frac{\zeta^2 d\zeta}{(1+\lambda^2\zeta^2)^{\frac{1}{2}}(1+\lambda'^2\zeta^2)^{\frac{1}{2}}},\\ Y &= -\frac{3f\mu\mathrm{M}}{a^3}\beta\int_0^1\frac{\zeta^2 d\zeta}{(1+\lambda^2\zeta^2)^{\frac{3}{2}}(1+\lambda'^2\zeta^2)^{\frac{1}{2}}},\\ Z &= -\frac{3f\mu\mathrm{M}}{a^3}\gamma\int_0^1\frac{\zeta^2 d\zeta}{(1+\lambda^2\zeta^2)^{\frac{1}{2}}(1+\lambda'^2\zeta^2)^{\frac{3}{2}}},\\ \lambda^2 &= \frac{b^2-a^2}{a^2},\qquad \lambda'^2 = \frac{c^2-a^2}{a^2}.\end{aligned}\right.$$

Sous cette forme, on voit que X, Y, Z sont des intégrales elliptiques dépendant de λ^2 et de λ'^2.

27. Cas du point extérieur. — Théorème d'Ivory. — On ne peut pas suivre la même marche que précédemment; en effet, soient r' et r'' les deux racines de l'équation (2); on devra intégrer relativement à r de r'' jusqu'à r', et l'on aura

$$\int dr = r' - r'' = \frac{2\sqrt{\mathfrak{M}^2 - \mathfrak{L}\mathfrak{N}}}{\mathfrak{L}},$$

$$X = 2\int\int \frac{\sqrt{\mathfrak{M}^2 - \mathfrak{L}\mathfrak{N}}}{\mathfrak{L}} \sin\theta \cos\theta \, d\theta \, d\psi.$$

On voit que le radical ne disparaît plus; l'élément différentiel est moins simple. Les limites sont plus compliquées aussi; on les déterminerait par la condition que l'intégration doit s'étendre à toutes les valeurs de θ et ψ satisfaisant à l'inégalité

$$\mathfrak{M}^2 - \mathfrak{L}\mathfrak{N} > 0.$$

Mais le théorème d'Ivory permet de ramener très simplement le cas du point extérieur à celui du point intérieur. Soient (*fig.* 2) A' le point attiré, α', β', γ'

Fig. 3.

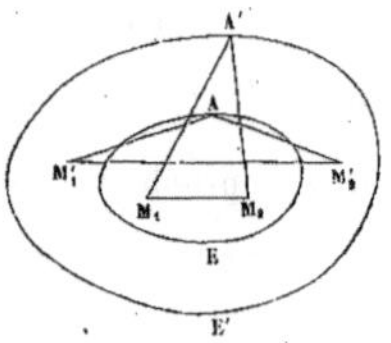

ses coordonnées, r sa distance à un point quelconque M du volume de l'ellipsoïde donné; on a

$$X = f\mu\rho \int\int\int \frac{x - \alpha'}{r^3} \, dx \, dy \, dz,$$

$$\frac{x - \alpha'}{r^3} = \frac{\partial \frac{1}{r}}{\partial \alpha'} = -\frac{\partial \frac{1}{r}}{\partial x},$$

(6) $$X = -f\mu\rho \int\int dy \, dz \int \frac{\partial \frac{1}{r}}{\partial x} \, dx.$$

Soient donc M_1 et M_2 les points où la surface E de l'ellipsoïde est percée par la parallèle à l'axe des x menée par M, $r_1 = M_1A'$, $r_2 = M_2A'$, on aura

(7) $$X = f\mu\rho \int\int \left(\frac{1}{r_1} - \frac{1}{r_2}\right) dy \, dz;$$

l'intégration s'étend à toute la surface E. La formule (7) convient évidemment aussi au cas du point intérieur.

Cela posé, soient x, y, z les coordonnées d'un point quelconque N de E; faisons-lui correspondre un point N'(x', y', z'), par les formules

$$x' = \frac{a'}{a} x, \qquad y' = \frac{b'}{b} y, \qquad z' = \frac{c'}{c} z,$$

où l'on a

(8) $$a' = \sqrt{a^2 + \nu}, \qquad b' = \sqrt{b^2 + \nu}, \qquad c' = \sqrt{c^2 + \nu}.$$

On trouve immédiatement

$$\frac{x'^2}{a^2 + \nu} + \frac{y'^2}{b^2 + \nu} + \frac{z'^2}{c^2 + \nu} = 1,$$

de sorte que, quand le point N décrit la surface E, le point N' décrit la surface E' d'un ellipsoïde homofocal au premier. Ce mode de transformation jouit d'une propriété importante. Soient N et N_1 deux points quelconques de E, N' et N'_1 les points correspondants de E'; on a

$$NN'_1 = N_1N'.$$

En effet, soient x_1, y_1, z_1, x'_1, y'_1, z'_1 les coordonnées des points N_1 et N'_1; on aura

$$x'_1 = \frac{a'}{a} x_1, \qquad y'_1 = \frac{b'}{b} y_1, \qquad z'_1 = \frac{c'}{c} z_1,$$

$$\overline{NN'_1}^2 = \left(x - \frac{a'}{a} x_1\right)^2 + \left(y - \frac{b'}{b} y_1\right)^2 + \left(z - \frac{c'}{c} z_1\right)^2,$$

$$\overline{N_1N'}^2 = \left(x_1 - \frac{a'}{a} x\right)^2 + \left(y_1 - \frac{b'}{b} y\right)^2 + \left(z_1 - \frac{c'}{c} z\right)^2,$$

d'où, en ayant égard aux relations (8),

$$\overline{NN'_1}^2 - \overline{N_1N'}^2 = \nu\left(\frac{x_1^2}{a^2} + \frac{y_1^2}{b^2} + \frac{z_1^2}{c^2}\right) - \nu\left(\frac{x^2}{a^2} + \frac{y^2}{b^2} + \frac{z^2}{c^2}\right),$$

ce qui se réduit bien à zéro, puisque, les points N et N_1 étant sur l'ellipsoïde E, on a

$$\frac{x^2}{a^2} + \frac{y^2}{b^2} + \frac{z^2}{c^2} = 1, \qquad \frac{x_1^2}{a^2} + \frac{y_1^2}{b^2} + \frac{z_1^2}{c^2} = 1.$$

Si nous assujettissons l'ellipsoïde E' à passer par le point A', nous aurons la relation

(9) $$\frac{\alpha'^2}{a^2 + \nu} + \frac{\beta'^2}{b^2 + \nu} + \frac{\gamma'^2}{c^2 + \nu} - 1 = 0.$$

C'est une équation du troisième degré en ν, qui a deux racines négatives comprises, la première entre $-a^2$ et $-b^2$, la seconde entre $-b^2$ et $-c^2$; elle a sa troisième racine positive, comme on le voit en substituant dans son premier membre o et $+\infty$, et tenant compte de l'inégalité

$$\frac{\alpha'^2}{a^2}+\frac{\beta'^2}{b^2}+\frac{\gamma'^2}{c^2}-1>0,$$

qui exprime que le point A' est extérieur à l'ellipsoïde E; ν désignera désormais cette racine positive.

Soient maintenant, sur le premier ellipsoïde, A le point qui correspond à A', α, β, γ ses coordonnées; on aura

$$(10)\qquad \alpha=\frac{a}{a'}\alpha', \qquad \beta=\frac{b}{b'}\beta', \qquad \gamma=\frac{c}{c'}\gamma'.$$

Supposons, en outre, l'ellipsoïde E' rempli d'une matière homogène de densité ρ, et cherchons les composantes X', Y', Z' de son attraction sur le point intérieur A auquel nous attribuons la masse μ. La formule (7) sera applicable et donnera

$$(11)\qquad X'=f\mu\rho\int\int\left(\frac{1}{r'_1}-\frac{1}{r'_2}\right)dy'\,dz',$$

en représentant par r'_1 et r'_2 les distances du point A aux deux points M'_1 et M'_2, où la surface E' est percée par une parallèle $M'_1M'_2$ à l'axe des x, y' et z' désignant les coordonnées qui déterminent cette parallèle.

Or on peut faire en sorte que le point M'_1 de E' corresponde au point M_1 de E; M'_2 correspondra de même à M_2. D'après ce qui a été dit plus haut, on aura

$$M_1A'=M'_1A, \quad M_2A'=M'_2A, \qquad \text{ou bien} \qquad r_1=r'_1, \quad r_2=r'_2;$$

on a aussi

$$dy'=\frac{b'}{b}dy, \qquad dz'=\frac{c'}{c}dz,$$

et la formule (11) donne

$$X'=f\mu\rho\,\frac{b'c'}{bc}\int\int\left(\frac{1}{r_1}-\frac{1}{r_2}\right)dy\,dz,$$

d'où, en comparant cette valeur de X' à l'expression (7) de X,

$$(12)\qquad X=\frac{bc}{b'c'}X', \qquad Y=\frac{ca}{c'a'}Y', \qquad Z=\frac{ab}{a'b'}Z'.$$

Le calcul des composantes X, Y, Z de l'attraction de l'ellipsoïde E sur le point extérieur $A'(\alpha', \beta', \gamma')$ est ainsi ramené au calcul des composantes X', Y', Z' de l'attraction de l'ellipsoïde E' sur le point intérieur A dont les coordonnées sont données par les formules (10).

Or ce dernier problème est résolu par les formules (A) et (A'). C'est dans cette réduction de l'un des cas à l'autre que consiste le beau théorème d'Ivory; ajoutons que ce théorème a lieu pour toutes les lois dans lesquelles l'attraction ne dépend que de la distance.

On devra donc remplacer, dans les formules (A), a, b, c, α, β, γ, X, Y, Z, respectivement par

$$a' = \sqrt{a^2+\nu}, \qquad b' = \sqrt{b^2+\nu}, \qquad c' = \sqrt{c^2+\nu},$$

$$\alpha = \frac{a}{a'}\alpha', \qquad \beta = \frac{b}{b'}\beta', \qquad \gamma = \frac{c}{c'}\gamma',$$

$$X', \quad Y', \quad Z',$$

ce qui donnera

$$X' = -4\pi f\mu\rho b'c' \frac{a}{\sqrt{a^2+\nu}}\alpha' \int_0^{\frac{\pi}{2}} \frac{\cos^2\theta \sin\theta \, d\theta}{\sqrt{(a^2+\nu)\sin^2\theta + (b^2+\nu)\cos^2\theta}\sqrt{(a^2+\nu)\sin^2\theta + (c^2+\nu)\cos^2\theta}}.$$

Il n'y aura plus qu'à porter cette valeur de X' dans la première des formules (12); on trouvera ainsi

$$X = -4\pi f\mu\rho abc \frac{\alpha'}{\sqrt{a^2+\nu}} \int_0^{\frac{\pi}{2}} \frac{\cos^2\theta \sin\theta \, d\theta}{\sqrt{(a^2+\nu)\sin^2\theta + (b^2+\nu)\cos^2\theta}\sqrt{(a^2+\nu)\sin^2\theta + (c^2+\nu)\cos^2\theta}}.$$

Nous avons dit déjà que ν désigne la racine positive de l'équation (9). De la valeur précédente de X, nous conclurons celles de Y et Z, par des permutations de lettres; en supprimant les accents des lettres α', β', γ', nous aurons les formules suivantes.

Composantes X, Y, Z de l'attraction exercée par l'ellipsoïde E(a, b, c) sur le point extérieur ayant pour coordonnées α, β, γ :

$$(\text{A}_1)\quad\left\{\begin{aligned}
X &= -4\pi f\mu\rho abc \frac{\alpha}{\sqrt{a^2+\nu}} \int_0^{\frac{\pi}{2}} \frac{\cos^2\theta \sin\theta \, d\theta}{\sqrt{(a^2+\nu)\sin^2\theta + (b^2+\nu)\cos^2\theta}\sqrt{(a^2+\nu)\sin^2\theta + (c^2+\nu)\cos^2\theta}},\\
Y &= -4\pi f\mu\rho abc \frac{\beta}{\sqrt{b^2+\nu}} \int_0^{\frac{\pi}{2}} \frac{\cos^2\theta \sin\theta \, d\theta}{\sqrt{(b^2+\nu)\sin^2\theta + (c^2+\nu)\cos^2\theta}\sqrt{(b^2+\nu)\sin^2\theta + (a^2+\nu)\cos^2\theta}},\\
Z &= -4\pi f\mu\rho abc \frac{\gamma}{\sqrt{c^2+\nu}} \int_0^{\frac{\pi}{2}} \frac{\cos^2\theta \sin\theta \, d\theta}{\sqrt{(c^2+\nu)\sin^2\theta + (a^2+\nu)\cos^2\theta}\sqrt{(c^2+\nu)\sin^2\theta + (b^2+\nu)\cos^2\theta}},\\
&\frac{\alpha^2}{a^2+\nu} + \frac{\beta^2}{b^2+\nu} + \frac{\gamma^2}{c^2+\nu} = 1.
\end{aligned}\right.$$

Nous remarquerons que, dans le cas où le point attiré se trouve à la surface même de l'ellipsoïde, on a $\nu = 0$, et les formules (A) et (A_1) coïncident, comme cela devait être.

Remplaçons, dans la première formule (A_1), la variable d'intégration θ par une autre s, définie par la relation

$$\cos\theta = \frac{\sqrt{a^2+\nu}}{\sqrt{a^2+s}};$$

aux limites o et $\frac{\pi}{2}$ de θ correspondront les limites ν et $+\infty$ de s, et les formules (A_1) deviendront

$$(A'_1)\quad \begin{cases} X = -2\pi f\mu\rho\,\dfrac{\alpha}{a^2}\displaystyle\int_\nu^\infty \frac{ds}{\left(1+\frac{s}{a^2}\right)\sqrt{\left(1+\frac{s}{a^2}\right)\left(1+\frac{s}{b^2}\right)\left(1+\frac{s}{c^2}\right)}},\\ Y = -2\pi f\mu\rho\,\dfrac{\beta}{b^2}\displaystyle\int_\nu^\infty \frac{ds}{\left(1+\frac{s}{b^2}\right)\sqrt{\left(1+\frac{s}{a^2}\right)\left(1+\frac{s}{b^2}\right)\left(1+\frac{s}{c^2}\right)}},\\ Z = -2\pi f\mu\rho\,\dfrac{\gamma}{c^2}\displaystyle\int_\nu^\infty \frac{ds}{\left(1+\frac{s}{c^2}\right)\sqrt{\left(1+\frac{s}{a^2}\right)\left(1+\frac{s}{b^2}\right)\left(1+\frac{s}{c^2}\right)}}, \end{cases}$$

les deux dernières se déduisant de la première par des permutations de lettres.

Les formules (A'_1) ne diffèrent des formules (A') qu'en ce que la limite inférieure des intégrales, au lieu d'être zéro, est la racine positive ν de l'équation

$$(13)\qquad \frac{\alpha^2}{a^2+\nu} + \frac{\beta^2}{b^2+\nu} + \frac{\gamma^2}{c^2+\nu} = 1.$$

Si l'on fait ce changement dans la formule (B'), on est amené à l'expression suivante pour le potentiel d'un ellipsoïde relativement à un point extérieur :

$$(B'_1)\qquad V = \pi\rho\int_\nu^\infty \left(1 - \frac{\alpha^2}{a^2+s} - \frac{\beta^2}{b^2+s} - \frac{\gamma^2}{c^2+s}\right)\frac{ds}{\sqrt{\left(1+\frac{s}{a^2}\right)\left(1+\frac{s}{b^2}\right)\left(1+\frac{s}{c^2}\right)}};$$

mais il faut le démontrer. Différentions cette expression par rapport à α qui figure directement dans l'élément différentiel, et indirectement dans la limite inférieure ν de l'intégrale. Nous trouverons

$$\frac{\partial V}{\partial\alpha} = -2\pi\rho\,\frac{\alpha}{a^2}\int_\nu^\infty \frac{ds}{\left(1+\frac{s}{a^2}\right)\sqrt{\left(1+\frac{s}{a^2}\right)\left(1+\frac{s}{b^2}\right)\left(1+\frac{s}{c^2}\right)}}$$
$$-\pi\rho\left(1 - \frac{\alpha^2}{a^2+\nu} - \frac{\beta^2}{b^2+\nu} - \frac{\gamma^2}{c^2+\nu}\right)\frac{\frac{\partial\nu}{\partial\alpha}}{\sqrt{\left(1+\frac{\nu}{a^2}\right)\left(1+\frac{\nu}{b^2}\right)\left(1+\frac{\nu}{c^2}\right)}}$$

ou bien, en vertu des formules (13) et (A'_1),

$$\frac{\partial V}{\partial \alpha} = \frac{X}{f\mu}; \qquad \text{de même,} \qquad \frac{\partial V}{\partial \beta} = \frac{Y}{f\mu}, \qquad \frac{\partial V}{\partial \gamma} = \frac{Z}{f\mu}.$$

Il en résulte que la fonction V, ayant les mêmes dérivées partielles que le potentiel, n'en peut différer que par une constante. Il suffit donc de prouver l'égalité des deux quantités pour une position donnée du point attiré; or cette égalité a évidemment lieu quand le point attiré est à la surface même de l'ellipsoïde, car on a alors $\nu = 0$, et l'expression (B'_1) coïncide alors avec la valeur (B_1) du potentiel. On trouve encore, en exécutant l'intégration et ayant égard aux relations (8),

$$\frac{X}{\alpha} + \frac{Y}{\beta} + \frac{Z}{\gamma} = -4\pi f\mu\rho \frac{abc}{a'b'c'},$$

expression qui se réduit à $-4\pi f\mu\rho$ pour le point intérieur.

D'autre part, si, dans les expressions (A_1) de X, Y, Z, on opère successivement les substitutions

$$\cos\theta = \frac{\sqrt{a^2+\nu}}{a}\zeta,$$

$$\cos\theta = \frac{\sqrt{b^2+\nu}}{a}\frac{\zeta}{\sqrt{1+\lambda^2\zeta^2}}, \qquad \lambda^2 = \frac{b^2-a^2}{a^2},$$

$$\cos\theta = \frac{\sqrt{c^2+\nu}}{a}\frac{\zeta}{\sqrt{1+\lambda'^2\zeta^2}}, \qquad \lambda'^2 = \frac{c^2-a^2}{a^2},$$

on trouve aisément les formules suivantes :

$$(A''_1) \quad \begin{cases} X = -\dfrac{3f\mu M}{a^3}\alpha \displaystyle\int_0^{\frac{a}{\sqrt{a^2+\nu}}} \frac{\zeta^2\, d\zeta}{(1+\lambda^2\zeta^2)^{\frac{1}{2}}(1+\lambda'^2\zeta^2)^{\frac{1}{2}}}, \\[2ex] Y = -\dfrac{3f\mu M}{a^3}\beta \displaystyle\int_0^{\frac{a}{\sqrt{a^2+\nu}}} \frac{\zeta^2\, d\zeta}{(1+\lambda^2\zeta^2)^{\frac{3}{2}}(1+\lambda'^2\zeta^2)^{\frac{1}{2}}}, \\[2ex] Z = -\dfrac{3f\mu M}{a^3}\gamma \displaystyle\int_0^{\frac{a}{\sqrt{a^2+\nu}}} \frac{\zeta^2\, d\zeta}{(1+\lambda^2\zeta^2)^{\frac{1}{2}}(1+\lambda'^2\zeta^2)^{\frac{3}{2}}}, \\[2ex] \dfrac{\alpha^2}{a^2+\nu} + \dfrac{\beta^2}{b^2+\nu} + \dfrac{\gamma^2}{c^2+\nu} = 1. \end{cases}$$

28. Le théorème d'Ivory est contenu dans les formules (12). On peut l'énoncer ainsi :

Les composantes, parallèles aux axes, des attractions que deux ellipsoïdes homo-

gènes homofocaux, de même densité, exercent sur deux points correspondants placés sur leurs surfaces respectives, sont entre elles comme les produits des deux axes perpendiculaires à chaque composante.

Soient, comme ci-dessus, X, Y, Z les composantes de l'attraction de l'ellipsoïde E sur le point extérieur A', et X', Y', Z' les composantes de l'attraction de l'ellipsoïde E' sur le point intérieur A qui correspond à A'. Désignons, en outre, par X'', Y'', Z'' les composantes de l'attraction de l'ellipsoïde E' sur le point A' de sa surface. D'après les formules (A), le rapport de X' à X'' est égal au rapport des coordonnées parallèles à Ox des points A et A', c'est-à-dire à $\frac{a}{a'}$. On a donc

$$\frac{X'}{X''} = \frac{a}{a'}.$$

Le théorème d'Ivory donne d'ailleurs

$$\frac{X}{X'} = \frac{bc}{b'c'}.$$

On conclut de là

$$\frac{X}{X''} = \frac{Y}{Y''} = \frac{Z}{Z''} = \frac{abc}{a'b'c'} = \frac{M}{M'},$$

en désignant par M et M' les masses des ellipsoïdes E et E'. On peut donc énoncer le théorème suivant :

L'attraction d'un ellipsoïde homogène sur un point extérieur a la même direction que celle qu'exercerait un ellipsoïde homofocal passant par ce point, et les intensités des attractions sont entre elles comme les masses des deux corps.

Considérons en dernier lieu les attractions exercées par deux ellipsoïdes homofocaux E et E' de masses M et M' sur un même point extérieur A, et soient X, Y, Z, X', Y', Z' les composantes de ces attractions. Par le point A faisons passer un ellipsoïde E'' homofocal à E et E'; soient M'' sa masse, et X'', Y'', Z'' les composantes de son attraction sur le point A. On aura, d'après le théorème précédent,

$$\frac{X}{X''} = \frac{M}{M''}, \qquad \frac{X''}{X'} = \frac{M''}{M'}.$$

On en conclut

$$\frac{X}{X'} = \frac{Y}{Y'} = \frac{Z}{Z'} = \frac{M}{M'}.$$

De là ce beau théorème démontré, pour la première fois, dans toute sa généralité, par Laplace :

Deux ellipsoïdes homogènes homofocaux exercent, sur un point quelconque exté-

rieur aux deux, des attractions de même direction, et dont les intensités sont proportionnelles aux masses de ces corps.

Ce théorème, trouvé d'abord par Maclaurin, dans le cas où les ellipsoïdes sont de révolution et où le point attiré se trouve sur l'axe de révolution, avait été étendu par Legendre à toutes les positions du point attiré, mais en supposant toujours l'ellipsoïde de révolution.

29. **Attraction exercée sur un point matériel extérieur par un cylindre homogène indéfini dont la section droite est une ellipse.** — Nous considérerons le cylindre comme étant la limite vers laquelle tend un ellipsoïde dont l'axe $2c$ croît indéfiniment, et nous supposerons le point attiré situé dans le plan des deux autres axes; ses coordonnées seront α, β, o. Si l'on remplace, dans la première des formules (A''_1), M par $\frac{4}{3}\pi\rho a^3\sqrt{1+\lambda^2}\sqrt{1+\lambda'^2}$, on pourra l'écrire ainsi

$$X = -4\pi f\mu\rho\alpha\sqrt{1+\lambda^2}\int_0^{\frac{a}{\sqrt{a^2+\nu}}}\frac{\left(1+\frac{1}{\lambda'^2}\right)^{\frac{1}{2}}\zeta^2\,d\zeta}{\left(\zeta^2+\frac{1}{\lambda'^2}\right)^{\frac{1}{2}}(1+\lambda^2\zeta^2)^{\frac{1}{2}}};$$

il n'y a plus qu'à faire tendre vers l'infini c et, par suite, λ', ce qui donne

$$X = -4\pi f\mu\rho\alpha\sqrt{1+\lambda^2}\int_0^{\frac{a}{\sqrt{a^2+\nu}}}\frac{\zeta\,d\zeta}{(1+\lambda^2\zeta^2)^{\frac{1}{2}}}.$$

L'intégration s'effectue immédiatement, et il vient

$$X = -4\pi f\mu\rho\frac{a^2}{a^2+\nu}\alpha\frac{\sqrt{1+\lambda^2}}{1+\sqrt{1+\frac{\lambda^2a^2}{a^2+\nu}}},$$

ou bien, en réduisant et formant Y par des permutations de lettres,

$$(A'''_1)\qquad\begin{cases} X = -\dfrac{4\pi f\mu\rho ab\alpha}{a^2+\nu+\sqrt{(a^2+\nu)(b^2+\nu)}},\\[2ex] Y = -\dfrac{4\pi f\mu\rho ab\beta}{b^2+\nu+\sqrt{(a^2+\nu)(b^2+\nu)}},\\[2ex] Z = 0.\end{cases}$$

On a d'ailleurs, pour déterminer ν, l'équation

$$(14)\qquad \frac{\alpha^2}{a^2+\nu}+\frac{\beta^2}{b^2+\nu}=1.$$

Lorsque le point attiré est à l'intérieur, ou sur la surface même du cylindre, il suffit de faire $\nu = 0$, ce qui donne

$$(A''')\quad \begin{cases} X = -4\pi f\mu\rho\alpha \dfrac{b}{a+b}, \\ Y = -4\pi f\mu\rho\beta \dfrac{a}{a+b}, \\ Z = 0. \end{cases}$$

Il est entendu, d'ailleurs, que l'équation de la section droite du cylindre est

$$\frac{x^2}{a^2} + \frac{y^2}{b^2} = 1.$$

En faisant $b = a$ dans les formules précédentes, on aura l'attraction d'un cylindre circulaire droit, homogène, indéfini. On trouve ainsi, pour le point intérieur,

$$(A^{\text{IV}})\qquad X = -2\pi f\mu\rho\alpha, \qquad Y = -2\pi f\mu\rho\beta, \qquad Z = 0.$$

Lorsque le point est extérieur, l'équation (14) donne

$$a^2 + \nu = \alpha^2 + \beta^2.$$

On a ensuite

$$(A_1^{\text{IV}})\quad \begin{cases} X = -2\pi f\mu\rho\alpha \dfrac{a^2}{\alpha^2+\beta^2}, \\ Y = -2\pi f\mu\rho\beta \dfrac{a^2}{\alpha^2+\beta^2}, \\ Z = 0; \end{cases}$$

a désigne le rayon du cylindre.

30. Méthode de Gauss pour l'attraction d'un ellipsoïde. — Cette méthode élégante repose sur trois propositions préliminaires démontrées dans le Chapitre I et dont nous allons rappeler les énoncés.

Soient M un point fixe, A un point quelconque d'une surface fermée S; $d\sigma$ l'élément de surface en ce point; u la distance MA; (N, u) l'angle que fait avec la direction MA la normale extérieure AN à S au point A; on a

$$(a)\qquad \int \frac{\cos(N, u)}{u^2}\, d\sigma = 0 \quad \text{ou} \quad 4\pi,$$

suivant que le point M est extérieur ou intérieur à la surface.

Concevons la surface S remplie d'une matière homogène de densité ρ, exerçant son attraction sur une masse μ placée en M, conformément à la loi de Newton, et soient X, Y, Z les composantes parallèles aux axes de l'attraction résultante. Désignons en outre par (N, x) et (u, x) les angles que font avec la partie positive de l'axe des x les directions AN et MA; nous aurons ces deux expressions de X

$$(b)\qquad \frac{X}{f\mu\rho} = -\int \frac{\cos(N, x)}{u}\, d\sigma,$$

$$(c)\qquad \frac{X}{f\mu\rho} = \int \frac{\cos(N, u)\cos(u, x)}{u}\, d\sigma.$$

Les formules (b) et (c), et les analogues pour Y et Z, ramènent à des intégrales doubles les intégrales triples dont dépend la connaissance de l'attraction. Désignons maintenant par A, B, C les longueurs des demi-axes de l'ellipsoïde donné, par ρ sa densité, par a, b, c les coordonnées du point attiré M, par x, y z les coordonnées d'un point quelconque de la surface, les axes de coordonnées coïncidant avec les axes mêmes de l'ellipsoïde. Nous aurons

$$\frac{x^2}{A^2} + \frac{y^2}{B^2} + \frac{z^2}{C^2} = 1,$$

$$\cos(N, x) = \frac{x}{A^2 R}, \qquad \cos(N, y) = \frac{y}{B^2 R}, \qquad \cos(N, z) = \frac{z}{C^2 R},$$

$$R = \sqrt{\frac{x^2}{A^4} + \frac{y^2}{B^4} + \frac{z^2}{C^4}};$$

$$\cos(u, x) = \frac{x-a}{u}, \qquad \cos(u, y) = \frac{y-b}{u}, \qquad \cos(u, z) = \frac{z-c}{u},$$

$$u = \sqrt{(x-a)^2 + (y-b)^2 + (z-c)^2}.$$

On en conclut

$$\cos(N, u) = \frac{\psi}{uR},$$

en posant

$$\psi = \frac{x(x-a)}{A^2} + \frac{y(y-b)}{B^2} + \frac{z(z-c)}{C^2}.$$

31. Cela posé, faisons

$$x = A\cos p, \qquad y = B\sin p\cos q, \qquad z = C\sin p\sin q;$$

ces expressions satisfont à l'équation de l'ellipsoïde, quelles que soient les quantités p et q; on obtiendra tous les points de la surface en faisant varier p de o à π et q de o à 2π.

La formule bien connue

$$d\sigma = \sqrt{\left(\frac{\partial x}{\partial p}\frac{\partial y}{\partial q} - \frac{\partial x}{\partial q}\frac{\partial y}{\partial p}\right)^2 + \left(\frac{\partial y}{\partial p}\frac{\partial z}{\partial q} - \frac{\partial y}{\partial q}\frac{\partial z}{\partial p}\right)^2 + \left(\frac{\partial z}{\partial p}\frac{\partial x}{\partial q} - \frac{\partial z}{\partial q}\frac{\partial x}{\partial p}\right)^2}\, dp\, dq$$

donne ici, par un calcul facile,

$$d\sigma = \sqrt{A^2B^2\sin^4 p \sin^2 q + A^2C^2\sin^4 p\cos^2 q + B^2C^2\sin^2 p\cos^2 p}\, dp\, dq,$$

ce que l'on peut écrire, en se reportant à la définition de R,

$$d\sigma = \text{ABCR} \sin p\, dp\, dq.$$

Si nous posons encore

$$X = f\mu\rho\text{ABC}\xi, \tag{15}$$

les formules (a), (b), (c) deviendront

$$\iint \frac{\psi \sin p}{u^3}\, dp\, dq = 0 \quad \text{ou} \quad \frac{4\pi}{\text{ABC}}, \tag{a'}$$

$$\iint \frac{\sin p \cos p}{u}\, dp\, dq = -\text{A}\xi, \tag{b'}$$

$$\iint \psi \sin p \frac{x-a}{u^3}\, dp\, dq = \xi. \tag{c'}$$

Nous allons considérer maintenant une série d'ellipsoïdes homofocaux, dont les demi-axes α, β, γ vérifient les relations

$$\alpha^2 - \beta^2 = \text{A}^2 - \text{B}^2, \qquad \alpha^2 - \gamma^2 = \text{A}^2 - \text{C}^2;$$

β et γ seront ainsi des fonctions connues de α. On aura, en différentiant et représentant les différentielles par la caractéristique δ,

$$\alpha\,\delta\alpha = \beta\,\delta\beta = \gamma\,\delta\gamma.$$

On voit que nous avons fait entrer l'ellipsoïde donné dans une famille d'ellipsoïdes homofocaux. Remplaçons, dans (b'), A, B, C par α, β, γ et différentions; nous trouverons

$$\xi\,\delta\alpha + \alpha\,\delta\xi = \iint \frac{\sin p \cos p}{u^2}\,\delta u\, dp\, dq. \tag{16}$$

Or on a, d'après la définition de u,

$$u\,\delta u = (x-a)\,\delta x + (y-b)\,\delta y + (z-c)\,\delta z.$$

On a d'ailleurs

$$x = \alpha \cos p, \qquad y = \beta \sin p \cos q, \qquad z = \gamma \sin p \sin q;$$

d'où

$$\delta x = \frac{x}{\alpha}\,\delta\alpha = \frac{x}{\alpha^2}\,\alpha\,\delta\alpha,$$

$$\delta y = \frac{y}{\beta}\,\delta\beta = \frac{y}{\beta^2}\,\alpha\,\delta\alpha,$$

$$\delta z = \frac{z}{\gamma}\,\delta\gamma = \frac{z}{\gamma^2}\,\alpha\,\delta\alpha,$$

$$u\,\delta u = \left[\frac{x(x-a)}{\alpha^2} + \frac{y(y-b)}{\beta^2} + \frac{z(z-c)}{\gamma^2}\right]\alpha\,\delta\alpha = \psi\alpha\,\delta\alpha.$$

Pour simplifier, nous avons conservé la lettre ψ, bien que dans la formule qui définissait ψ nous ayons changé A, B, C en α, β, γ. Avec la valeur précédente de δu, la formule (16) devient

$$\xi\,\delta\alpha + \alpha\,\delta\xi = \delta\alpha \int\!\!\int \frac{\alpha\psi \sin p \cos p}{u^3}\,dp\,dq;$$

d'où, en remplaçant ξ par sa valeur (c'),

$$\alpha\,\delta\xi + \delta\alpha \int\!\!\int \psi \sin p\,\frac{\alpha \cos p - a}{u^3}\,dp\,dq = \delta\alpha \int\!\!\int \frac{\alpha\psi \sin p \cos p}{u^3}\,dp\,dq.$$

Il y a une simplification, et il reste seulement

$$\alpha\,\delta\xi = a\,\delta\alpha \int\!\!\int \frac{\psi \sin p}{u^3}\,dp\,dq$$

ou, en vertu de la relation (a'),

(17) $$\delta\xi = 0$$

si le point attiré est extérieur à l'ellipsoïde, et

(18) $$\delta\xi = \frac{4\pi a}{\alpha^2\beta\gamma}\,\delta\alpha$$

si le point attiré est intérieur à l'ellipsoïde.

On voit, d'après la formule (17), que ξ reste le même pour tous les ellipsoïdes homofocaux par rapport auxquels le point M reste extérieur. En ayant égard à la relation (15), on peut donc dire que :

Deux ellipsoïdes homogènes homofocaux exercent sur un même point extérieur des attractions de même direction et dont les intensités sont proportionnelles aux masses des ellipsoïdes.

C'est le théorème de Laplace, déjà démontré au nº 28.

La détermination de l'attraction d'un ellipsoïde sur un point extérieur se réduit donc à celle de l'attraction exercée par un autre ellipsoïde homofocal passant par le point attiré. Pour trouver cette dernière, nous allons considérer maintenant le cas du point intérieur, auquel correspond la formule (18); remplaçons-y β et γ par leurs valeurs

$$\beta^2 = \alpha^2 - A^2 + B^2, \qquad \gamma^2 = \alpha^2 - A^2 + C^2,$$

et, au lieu de $\frac{\delta\xi}{\delta\alpha}$, mettons $\frac{d\xi}{d\alpha}$; nous trouverons

$$\frac{d\xi}{d\alpha} = \frac{4\pi a}{\alpha^2\sqrt{\alpha^2 - A^2 + B^2}\sqrt{\alpha^2 - A^2 + C^2}}.$$

Faisons un changement de variable, en remplaçant α par

(19) $$\alpha = \frac{A}{t};$$

il viendra

$$d\xi = -\frac{4\pi a}{A^3}\frac{t^2\,dt}{\sqrt{1 - \frac{A^2 - B^2}{A^2}t^2}\sqrt{1 - \frac{A^2 - C^2}{A^2}t^2}}.$$

Puisqu'on a l'expression générale de $\frac{d\xi}{dt}$, il suffira de connaître la valeur de ξ pour une valeur déterminée de t, pour que ξ soit connu complètement. Or, d'après la formule (b'), ξ est nul pour $\alpha = \infty$, c'est-à-dire pour $t = 0$; on aura donc

$$\xi = -\frac{4\pi a}{A^3}\int_0^t \frac{t^2\,dt}{\sqrt{1 - \frac{A^2 - B^2}{A^2}t^2}\sqrt{1 - \frac{A^2 - C^2}{A^2}t^2}}.$$

On trouvera ainsi l'attraction de l'ellipsoïde (α, β, γ) sur un point intérieur; si l'on veut l'attraction de l'ellipsoïde (A, B, C), il faudra faire dans (19)

$$\alpha = A, \qquad t = 1,$$

ce qui donnera

(20) $$\xi = -\frac{4\pi a}{A^3}\int_0^1 \frac{t^2\,dt}{\sqrt{1 - \frac{A^2 - B^2}{A^2}t^2}\sqrt{1 - \frac{A^2 - C^2}{A^2}t^2}}.$$

On aura ensuite, en tenant compte de la relation (15),

$$X = -4\pi f\mu\rho\frac{BC}{A^2}a\int_0^1 \frac{t^2\,dt}{\sqrt{1 - \frac{A^2 - B^2}{A^2}t^2}\sqrt{1 - \frac{A^2 - C^2}{A^2}t^2}}.$$

En y faisant $\iota = \zeta$, on retrouve bien la première des formules (A″) du nº 26.

32. La méthode de Gauss se prête aussi très facilement à la recherche du potentiel V. On a, en effet, d'après la formule (F) du nº 3,

$$V = \frac{1}{2}\rho \int \cos(N, u)\, d\sigma;$$

d'où, en remplaçant $\cos(N, u)$ par sa valeur ci-dessus et posant

$$(21) \qquad V = \rho ABCW,$$

$$\begin{aligned} 2W &= \int\int \left[\frac{x(a-x)}{A^2} + \frac{y(b-y)}{B^2} + \frac{z(c-z)}{C^2}\right] \frac{\sin p}{u}\, dp\, dq \\ &= \frac{a}{A^2}\int\int \frac{x \sin p}{u}\, dp\, dq + \frac{b}{B^2}\int\int \frac{y \sin p}{u}\, dp\, dq \\ &\quad + \frac{c}{C^2}\int\int \frac{z \sin p}{u}\, dp\, dq - \int\int \frac{\sin p}{u}\, dp\, dq. \end{aligned}$$

Or on a, en tenant compte de la relation (b'),

$$\int\int \frac{x \sin p}{u}\, dp\, dq = -A^2\xi,$$

et il en résulte

$$2W = -a\xi - b\eta - c\zeta - \int\int \frac{\sin p}{u}\, dp\, dq;$$

d'où

$$2\,\delta W = -a\,\delta\xi - b\,\delta\eta - c\,\delta\zeta + \int\int \frac{\sin p}{u^2}\,\delta u\, dp\, dq$$

et, en remplaçant δu par sa valeur,

$$2\,\delta W = -a\,\delta\xi - b\,\delta\eta - c\,\delta\zeta + \alpha\,\delta\alpha \int\int \frac{\psi \sin p}{u^3}\, dp\, dq.$$

Si l'on a égard aux formules (a'), (17) et (18), cela donne

$$\delta W = 0$$

pour le cas du point extérieur, et

$$\delta W = \frac{2\pi}{\alpha\beta\gamma}\left(1 - \frac{a^2}{\alpha^2} - \frac{b^2}{\beta^2} - \frac{c^2}{\gamma^2}\right)\alpha\,\delta\alpha,$$

pour le point intérieur. La première de ces relations montre que W est le même pour tous les ellipsoïdes homofocaux par rapport auxquels le point M est extérieur. La seconde donne, en introduisant t au lieu de α,

$$\frac{dW}{dt} = -\frac{2\pi}{A\sqrt{1-\frac{A^2-B^2}{A^2}t^2}\sqrt{1-\frac{A^2-C^2}{A^2}t^2}}\left[1-\frac{a^2t^2}{A^2}-\frac{b^2t^2}{A^2-(A^2-B^2)t^2}-\frac{c^2t^2}{A^2-(A^2-C^2)t^2}\right].$$

En intégrant entre 0 et 1, on trouvera la valeur de W qui répond à l'ellipsoïde donné; la relation (21) fera connaître ensuite V.

Ce serait ici le lieu de donner la liste chronologique des Mémoires relatifs à l'attraction en général, et à l'attraction des ellipsoïdes en particulier; mais leur nombre est si considérable que la chose est difficile, et nous nous bornerons à renvoyer le lecteur aux deux Volumes de l'excellent Ouvrage de Todhunter [*History of the theories of attraction and the figure of the Earth* (Londres, 1873)]. Nous mentionnerons cependant la méthode géométrique ingénieuse de Chasles (*Mémoires des Savants étrangers*, t. IX) et le procédé élégant de Lejeune-Dirichlet qui, par l'emploi d'un facteur discontinu, permet d'embrasser dans une même analyse le cas du point extérieur et celui du point intérieur (*Journal de Liouville*, t. IV).

CHAPITRE V.

ATTRACTION DES ELLIPSOÏDES DE RÉVOLUTION. — DÉVELOPPEMENTS EN SÉRIES. — ATTRACTION DE QUELQUES SOLIDES SIMPLES.

Nous réunissons dans ce Chapitre un certain nombre de cas simples où l'on peut calculer l'attraction à l'aide des fonctions élémentaires.

33. **Attraction d'un ellipsoïde homogène de révolution.** — Dans ce cas, on peut effectuer les intégrations à l'aide des fonctions circulaires.

Supposons que l'ellipsoïde soit de révolution autour de Ox; nous aurons donc $b = c$.

Les formules (A_1) du n° 27 donneront, pour les composantes de l'attraction exercée sur un point extérieur $M(\alpha, \beta, \gamma)$,

$$(1) \qquad \frac{X}{\alpha} = -4\pi f\mu\rho \frac{ab^2}{\sqrt{a^2+\nu}} \int_0^{\frac{\pi}{2}} \frac{\cos^2\theta \sin\theta \, d\theta}{(a^2+\nu)\sin^2\theta + (b^2+\nu)\cos^2\theta},$$

$$(2) \qquad \frac{Y}{\beta} = \frac{Z}{\gamma} = -4\pi f\mu\rho \frac{ab^2}{b^2+\nu} \int_0^{\frac{\pi}{2}} \frac{\cos^2\theta \sin\theta \, d\theta}{\sqrt{(b^2+\nu)\sin^2\theta + (a^2+\nu)\cos^2\theta}};$$

ν est la racine positive de l'équation

$$(\alpha) \qquad \frac{\alpha^2}{a^2+\nu} + \frac{\beta^2+\gamma^2}{b^2+\nu} - 1 = 0.$$

On obtiendra l'attraction sur un point intérieur en remplaçant dans (1) et (2) ν par zéro. Les formules (2) montrent, comme on devait s'y attendre, que la résultante de l'attraction est située dans le plan qui passe par l'axe Ox et le point attiré.

Pour effectuer les intégrations, on pose, dans (1),

$$\cos\theta = \frac{\sqrt{a^2+\nu}}{\sqrt{b^2-a^2}} \operatorname{tang}\varphi$$

et, dans (2),

$$\cos\theta = \frac{\sqrt{b^2+\nu}}{\sqrt{b^2-a^2}} \sin\varphi.$$

On trouve sans peine

$$\int_0^{\frac{\pi}{2}} \frac{\cos^2\theta \sin\theta \, d\theta}{(a^2+\nu)\sin^2\theta + (b^2+\nu)\cos^2\theta} = \frac{\sqrt{a^2+\nu}}{(b^2-a^2)^{\frac{3}{2}}} \int_0^{\operatorname{arc\,tang}\frac{\sqrt{b^2-a^2}}{\sqrt{a^2+\nu}}} \left(\frac{1}{\cos^2\varphi} - 1\right) d\varphi$$

$$= \frac{1}{(a^2+\nu)\, l^3}(l - \operatorname{arc\,tang} l),$$

$$\int_0^{\frac{\pi}{2}} \frac{\cos^2\theta \sin\theta \, d\theta}{\sqrt{(b^2+\nu)\sin^2\theta + (a^2+\nu)\cos^2\theta}} = \frac{b^2+\nu}{2(b^2-a^2)^{\frac{3}{2}}} \int_0^{\operatorname{arc\,tang}\frac{\sqrt{b^2-a^2}}{\sqrt{a^2+\nu}}} (1-\cos 2\varphi)\, d\varphi$$

$$= \frac{b^2+\nu}{2(a^2+\nu)^{\frac{3}{2}} l^3}\left(\operatorname{arc\,tang} l - \frac{l}{1+l^2}\right),$$

où l'on a fait, pour abréger,

$$(\beta) \qquad l = \frac{\sqrt{b^2-a^2}}{\sqrt{a^2+\nu}}.$$

On trouvera ainsi, pour le cas du point extérieur,

$$(\gamma) \qquad \begin{cases} \dfrac{X}{\alpha} = -4\pi f\mu\rho \dfrac{ab^2}{(a^2+\nu)^{\frac{3}{2}}} \dfrac{1}{l^3}(l - \operatorname{arc\,tang} l), \\[2ex] \dfrac{Y}{\beta} = \dfrac{Z}{\gamma} = -2\pi f\mu\rho \dfrac{ab^2}{(a^2+\nu)^{\frac{3}{2}}} \dfrac{1}{l^3}\left(\operatorname{arc\,tang} l - \dfrac{l}{1+l^2}\right); \end{cases}$$

l et ν sont donnés par les formules (α) et (β).

Si nous supposons $\nu = 0$ et si nous désignons par λ la valeur correspondante de l, nous obtiendrons, pour le cas du point intérieur,

$$(\beta') \qquad \lambda = \frac{\sqrt{b^2-a^2}}{a},$$

$$(\gamma') \qquad \begin{cases} \dfrac{X}{\alpha} = -4\pi f\mu\rho \dfrac{1+\lambda^2}{\lambda^3}(\lambda - \operatorname{arc\,tang}\lambda), \\[2ex] \dfrac{Y}{\beta} = \dfrac{Z}{\gamma} = -2\pi f\mu\rho \cdot \dfrac{1+\lambda^2}{\lambda^3}\left(\operatorname{arc\,tang}\lambda - \dfrac{\lambda}{1+\lambda^2}\right). \end{cases}$$

Les formules précédentes ne sont réelles que si l'on a $b > a$; l'ellipsoïde doit donc être aplati suivant l'axe de révolution.

Faisons une application des formules (γ') en calculant l'attraction F exercée par un ellipsoïde homogène de révolution aplati sur un point matériel de masse μ placé au sommet du petit axe. Il suffira de faire $\alpha = a$, $\beta = \gamma = 0$, et l'on trouvera

$$F = 4\pi f\mu\rho a \frac{1+\lambda^2}{\lambda^3}(\lambda - \operatorname{arctang}\lambda),$$

ou bien, en introduisant, au lieu de a, le volume v de l'ellipsoïde par la formule

$$v = \frac{4}{3}\pi a^3(1+\lambda^2),$$

$$F = 4\pi f\mu\rho\sqrt[3]{\frac{3v}{4\pi}}(1+\lambda^2)^{\frac{2}{3}}\frac{\lambda - \operatorname{arctang}\lambda}{\lambda^3}.$$

Soit F′ l'attraction qu'exercerait sur le même point placé à sa surface une sphère homogène de même volume et de même densité; on aura, en faisant $\lambda = 0$,

$$F' = 4\pi f\mu\rho\sqrt[3]{\frac{3v}{4\pi}}\frac{1}{3}$$

et, par suite,

$$\frac{F}{F'} = 3(1+\lambda^2)^{\frac{2}{3}}\frac{\lambda - \operatorname{arctang}\lambda}{\lambda^3}.$$

Le maximum du second membre a lieu pour la valeur de λ déterminée par l'équation

$$\operatorname{arctang}\lambda - \lambda\frac{9+2\lambda^2}{9+5\lambda^2} = 0.$$

On trouve

$$\lambda = 0,966\ldots,$$

donc $\frac{b}{a}$ voisin de $\sqrt{2}$, et

$$\frac{F}{F'} = 1,022 \text{ environ}.$$

L'attraction exercée par l'ellipsoïde surpasse ainsi d'environ $\frac{1}{45}$ celle de la sphère.

34. **Attraction d'un ellipsoïde de révolution allongé.** — Nous nous bornerons à considérer le cas où le point attiré est intérieur à l'ellipsoïde.

On a ici $a > b$, et il convient de faire

$$h^2 = \frac{a^2 - b^2}{a^2}, \qquad \text{d'où} \qquad h^2 < 1 \qquad \text{et} \qquad \lambda = h\sqrt{-1}.$$

Les formules (γ') donneront

$$\frac{X}{\alpha} = -4\pi f\mu\rho\frac{1-h^2}{h^3}\left[\frac{1}{\sqrt{-1}}\operatorname{arctang}(h\sqrt{-1}) - h\right],$$

$$\frac{Y}{\beta} = \frac{Z}{\gamma} = -2\pi f\mu\rho\frac{1-h^2}{h^3}\left[\frac{h}{1-h^2} - \frac{1}{\sqrt{-1}}\operatorname{arctang}(h\sqrt{-1})\right].$$

Or on a

$$\operatorname{arctang}\lambda = \int_0^\lambda \frac{d\lambda}{1+\lambda^2}$$

et, en faisant $\lambda = h\sqrt{-1}$,

$$\frac{1}{\sqrt{-1}}\operatorname{arctang}(h\sqrt{-1}) = \int_0^h \frac{dh}{1-h^2} = \frac{1}{2}\log\frac{1+h}{1-h}.$$

En portant cette expression dans les valeurs de X, Y, Z, elles deviennent

$$(\delta)\quad\begin{cases} \dfrac{X}{\alpha} = -4\pi f\mu\rho\dfrac{1-h^2}{h^3}\left(\dfrac{1}{2}\log\dfrac{1+h}{1-h} - h\right), \\ \dfrac{Y}{\beta} = \dfrac{Z}{\gamma} = -2\pi f\mu\rho\dfrac{1-h^2}{h^3}\left(\dfrac{h}{1-h^2} - \dfrac{1}{2}\log\dfrac{1+h}{1-h}\right), \\ h = \dfrac{\sqrt{a^2-b^2}}{a}. \end{cases}$$

35. **Cas où l'aplatissement est petit. — Formules approchées pour le point intérieur.** — Lorsque l'aplatissement est petit, il est utile, dans la pratique, de substituer aux formules rigoureuses des formules approchées qui se prêtent mieux au calcul. Nous ne considérerons que le cas de l'ellipsoïde de révolution aplati, et nous supposerons petite la fraction λ définie par l'équation (β').

On aura, par des développements connus,

$$\operatorname{arctang}\lambda = \lambda - \frac{\lambda^3}{3} + \frac{\lambda^5}{5} - \ldots,$$

$$\frac{\lambda}{1+\lambda^2} = \lambda - \lambda^3 + \lambda^5 - \ldots,$$

$$(3)\quad\begin{cases} \dfrac{1}{\lambda^3}(\lambda - \operatorname{arctang}\lambda) = \dfrac{1}{3} - \dfrac{\lambda^2}{5} + \ldots, \\ \dfrac{1}{\lambda^3}\left(\operatorname{arctang}\lambda - \dfrac{\lambda}{1+\lambda^2}\right) = \dfrac{2}{3} - \dfrac{4\lambda^2}{5} + \ldots, \end{cases}$$

et les formules (γ') deviendront

$$(\varepsilon)\quad\begin{cases} \dfrac{X}{\alpha} = -\dfrac{4}{3}\pi f\mu\rho\left(1 + \dfrac{2\lambda^2}{5} + \ldots\right), \\ \dfrac{Y}{\beta} = \dfrac{Z}{\gamma} = -\dfrac{4}{3}\pi f\mu\rho\left(1 - \dfrac{\lambda^2}{5} + \ldots\right). \end{cases}$$

Il convient de calculer aussi l'expression approchée de l'attraction G exercée par l'ellipsoïde sur l'unité de masse placée en un point M de sa surface, ayant une latitude égale à ψ.

On aura

$$\mu G = \sqrt{X^2 + Y^2 + Z^2};$$

en remplaçant X, Y et Z par leurs valeurs (ε) et négligeant λ^4,

$$(4) \qquad G = \frac{4}{3}\pi f \rho \sqrt{\alpha^2\left(1 + \frac{4\lambda^2}{5}\right) + (\beta^2 + \gamma^2)\left(1 - \frac{2\lambda^2}{5}\right)}.$$

Or, puisque le point attiré est situé à la surface de l'ellipsoïde, on a

$$\alpha^2 + \frac{\beta^2 + \gamma^2}{1 + \lambda^2} = a^2,$$

et, puisque ψ est l'angle formé avec le plan des yz par la normale à la surface au point M, on a aussi

$$\sin\psi = \frac{\alpha}{\sqrt{\alpha^2 + \frac{\beta^2 + \gamma^2}{(1 + \lambda^2)^2}}}.$$

On tire des deux dernières formules

$$\alpha^2 = \frac{a^2 \sin^2\psi}{1 + \lambda^2 \cos^2\psi}, \qquad \beta^2 + \gamma^2 = \frac{a^2(1 + \lambda^2)^2 \cos^2\psi}{1 + \lambda^2 \cos^2\psi};$$

d'où, avec la même précision,

$$(5) \quad \alpha^2 = a^2 \sin^2\psi(1 - \lambda^2 \cos^2\psi + \ldots), \qquad \beta^2 + \gamma^2 = a^2 \cos^2\psi(1 + 2\lambda^2 - \lambda^2 \cos^2\psi + \ldots);$$

en portant ces expressions dans la valeur (4) de G, et simplifiant, on trouve

$$(6) \qquad G = \frac{4}{3}\pi f \rho a\left(1 + \frac{3 + \sin^2\psi}{10}\lambda^2 + \ldots\right).$$

Soit r la distance du point M au centre de l'ellipsoïde; on aura, en vertu des relations (5),

$$r^2 = \alpha^2 + \beta^2 + \gamma^2 = a^2(1 + \lambda^2 \cos^2\psi + \ldots), \qquad \frac{a}{r} = 1 - \frac{1}{2}\lambda^2 \cos^2\psi + \ldots.$$

La formule (6) pourra s'écrire

$$G = \frac{4}{3}\pi f \rho r\left(1 - \frac{1}{2}\lambda^2 \cos^2\psi + \ldots\right)\left(1 + \frac{3 + \sin^2\psi}{10}\lambda^2 + \ldots\right),$$

$$(\zeta) \qquad G = \frac{4}{3}\pi f \rho r\left(1 + 3\,\frac{\sin^2\psi - \frac{1}{3}}{5}\lambda^2 + \ldots\right).$$

Si l'on a

$$\sin\psi = \frac{1}{\sqrt{3}},$$

d'où

$$\psi = 35^\circ 15' 52'',$$

il vient

$$(\eta) \qquad G = \frac{4}{3}\pi f \rho r,$$

ce qui est précisément l'attraction qu'exercerait une sphère homogène de rayon r et de densité ρ sur l'unité de masse placée en un point de sa surface. De là ce théorème :

Un ellipsoïde homogène, de révolution, et très peu aplati, exerce sur un point situé à sa surface, sur le parallèle où le sinus de la latitude est $\frac{1}{\sqrt{3}}$, *une attraction sensiblement égale à celle que produirait une sphère de même matière, ayant son centre au centre de l'ellipsoïde et passant par le point attiré.*

Si l'on donne à ψ la valeur précédente, on trouve

$$\cos^2\psi = \frac{2}{3}, \qquad r^2 = a^2\left(1 + \frac{2\lambda^2}{3}\right), \qquad r^3 = a^3(1 + \lambda^2);$$

la sphère de rayon r a donc pour volume

$$\frac{4}{3}\pi a^3(1+\lambda^2) = \frac{4}{3}\pi a b^2,$$

c'est-à-dire le volume même de l'ellipsoïde. On peut donc dire que, sur les points du parallèle où le sinus de la latitude est $\frac{1}{\sqrt{3}}$, l'intensité de l'attraction de l'ellipsoïde est à fort peu près la même que si toute sa masse était réunie à son centre.

36. **Formules approchées pour le point extérieur.** — Il faut se reporter aux formules (γ) et aux développements (3) ; ces derniers donnent d'abord, en remplaçant λ par $l = \frac{a}{\sqrt{a^2+\nu}}\lambda$,

$$\frac{1}{l^3}(l - \operatorname{arc\,tang} l) = \frac{1}{3} - \frac{1}{5}\frac{a^2}{a^2+\nu}\lambda^2 + \ldots,$$

$$\frac{1}{l^3}\left(\operatorname{arc\,tang} l - \frac{l}{1+l^2}\right) = \frac{2}{3} - \frac{4}{5}\frac{a^2}{a^2+\nu}\lambda^2 + \ldots.$$

Il en résulte

$$(7)\quad\begin{cases}\dfrac{X}{\alpha}=-\dfrac{4}{3}\pi f\mu\rho ab^2\left[(a^2+\nu)^{-\frac{3}{2}}-\dfrac{3}{5}a^2(a^2+\nu)^{-\frac{5}{2}}\lambda^2+\ldots\right],\\[2mm] \dfrac{Y}{\beta}=\dfrac{Z}{\gamma}=-\dfrac{4}{3}\pi f\mu\rho ab^2\left[(a^2+\nu)^{-\frac{3}{2}}-\dfrac{6}{5}a^2(a^2+\nu)^{-\frac{5}{2}}\lambda^2+\ldots\right].\end{cases}$$

Il faut maintenant tirer la valeur de $a^2+\nu$ de l'équation (α), qui peut s'écrire

$$(\mathfrak{S})\qquad \frac{\alpha^2}{a^2+\nu}+\frac{\beta^2+\gamma^2}{a^2+\nu+\lambda^2a^2}-1=0.$$

Si λ était nul, on aurait

$$a^2+\nu=\alpha^2+\beta^2+\gamma^2.$$

On peut poser, en développant suivant les puissances de λ^2,

$$a^2+\nu=\alpha^2+\beta^2+\gamma^2-A\lambda^2+\ldots,$$

A, ... désignant des coefficients indéterminés. Si l'on substitue dans ($\mathfrak{S}$) et qu'on égale à zéro le coefficient de λ^2, il vient

$$A=a^2\frac{\beta^2+\gamma^2}{\alpha^2+\beta^2+\gamma^2}.$$

On a donc

$$a^2+\nu=(\alpha^2+\beta^2+\gamma^2)\left[1-a^2\frac{\beta^2+\gamma^2}{(\alpha^2+\beta^2+\gamma^2)^2}\lambda^2+\ldots\right].$$

On en conclut

$$(a^2+\nu)^{-\frac{3}{2}}=(\alpha^2+\beta^2+\gamma^2)^{-\frac{3}{2}}\left[1+\frac{3}{2}a^2\frac{\beta^2+\gamma^2}{(\alpha^2+\beta^2+\gamma^2)^2}\lambda^2+\ldots\right],$$

$$(a^2+\nu)^{-\frac{5}{2}}=(\alpha^2+\beta^2+\gamma^2)^{-\frac{5}{2}}\left[1+\ldots\ldots\ldots\ldots\ldots\ldots\right],$$

et, en substituant dans les formules (7), il vient

$$(\iota)\quad\begin{cases}\dfrac{X}{\alpha}=-\dfrac{4}{3}\pi f\mu\rho\dfrac{ab^2}{(\alpha^2+\beta^2+\gamma^2)^{\frac{3}{2}}}\left[1+\dfrac{3}{10}a^2\dfrac{3(\beta^2+\gamma^2)-2\alpha^2}{(\alpha^2+\beta^2+\gamma^2)^2}\lambda^2+\ldots\right],\\[2mm] \dfrac{Y}{\beta}=\dfrac{Z}{\gamma}=-\dfrac{4}{3}\pi f\mu\rho\dfrac{ab^2}{(\alpha^2+\beta^2+\gamma^2)^{\frac{3}{2}}}\left[1+\dfrac{3}{10}a^2\dfrac{\beta^2+\gamma^2-4\alpha^2}{(\alpha^2+\beta^2+\gamma^2)^2}\lambda^2+\ldots\right].\end{cases}$$

L'expression du potentiel est, au même degré d'approximation,

$$(\kappa)\qquad V=\frac{4}{3}\pi\rho\frac{ab^2}{\sqrt{\alpha^2+\beta^2+\gamma^2}}\left[1+\frac{1}{10}a^2\frac{\beta^2+\gamma^2-2\alpha^2}{(\alpha^2+\beta^2+\gamma^2)^2}\lambda^2+\ldots\right];$$

on s'en assure aisément, soit par le calcul direct, soit en formant les dérivées $\frac{\partial V}{\partial\alpha}$, $\frac{\partial V}{\partial\beta}$, $\frac{\partial V}{\partial\gamma}$, et les comparant aux expressions (ι) de X, Y, Z.

On peut remplacer $\frac{4}{3}\pi\rho ab^2$ par la masse M de l'ellipsoïde, et si l'on désigne par R la distance du point attiré au centre de l'ellipsoïde et par ψ l'angle que fait le rayon R avec le plan de l'équateur, la formule ($\varkappa$) donne aisément

$$(\varkappa') \qquad V = \frac{M}{R}\left[1 + \frac{1}{10}\lambda^2\frac{a^2}{R^2}(1 - 3\sin^2\psi) + \ldots\right].$$

Nous allons donner, pour terminer, quelques exemples dans lesquels on peut calculer facilement l'attraction d'un corps : cela peut être utile en Géodésie.

37. Attraction d'une pyramide homogène sur son sommet. — Soient M le sommet, h la hauteur, ds un élément de surface de la base au point A, p la pyramide infinitésimale ayant ds pour base et M pour sommet, $d\omega$ la mesure de l'angle solide de cette pyramide au point M. Les considérations employées au n° 2 montrent que l'attraction exercée par p sur son sommet est égale à $f\mu\rho\, d\omega \times AM$, ce qui peut s'écrire aussi $\frac{f\mu\rho\, ds'}{AM}$, en désignant par ds' l'aire de la section faite dans p par un plan perpendiculaire à AM au point A. On a d'ailleurs $\frac{ds'}{ds} = \frac{h}{AM}$, et l'attraction élémentaire devient

$$\frac{f\mu\rho h\, ds}{\overline{AM}^2} = \frac{3f\mu\, dm}{\overline{AM}^2},$$

en représentant par dm la masse de p. Donc l'attraction résultante exercée sur son sommet par une pyramide homogène sera égale à celle qui résulterait de l'action exercée sur le même point par une couche recouvrant la base, de manière que chaque élément de cette base reçoive une masse triple de celle de la pyramide élémentaire correspondante.

La composante perpendiculaire à la base est $f\mu\rho h\, d\omega$; pour la pyramide entière, elle devient $f\mu\rho h\omega$, ω étant la mesure de l'angle solide M.

L'attraction d'une pyramide homogène sur un point autre que son sommet, ou celle d'un polyèdre homogène, se ramène au calcul des attractions exercées par diverses pyramides ayant leur sommet commun au point attiré ; les bases des pyramides sont les faces du polyèdre, et les pyramides extérieures au polyèdre doivent être supposées remplies d'une matière homogène de même densité que le polyèdre, mais exerçant une répulsion au lieu d'une attraction.

38. Attraction exercée sur un point matériel par un prisme homogène très mince. — Soient c la longueur, σ la section, ρ la densité, m la masse du prisme AB, μ celle du point attiré M; on aura $m = \rho\sigma c$.

Prenons un élément de masse au point D du prisme, et posons $AD = z$, $MD = u$; l'attraction de l'élément $\frac{m}{c}dz$ sur le point M sera $\frac{f\mu m}{c}\frac{dz}{u^2}$, et sa projection sur une droite Mx, située dans le plan AMB, $\frac{f\mu m}{c}\cos\varphi\frac{dz}{u^2}$, en désignant par φ l'angle DMx. Mais le triangle qui a pour base dz, pour sommet M, pour hauteur la distance h du point M à AB, nous donne

$$(\lambda) \qquad h\,dz = -u^2\,d\varphi;$$

il s'ensuit que la composante de l'attraction du prisme suivant Mx sera

$$X = -\frac{f\mu m}{ch}\int\cos\varphi\,d\varphi \qquad \text{ou bien} \qquad X = \frac{f\mu m}{ch}(\sin\varphi_a - \sin\varphi_b),$$

φ_a, φ_b étant les angles que font avec Mx les droites $MA = a$, $MB = b$.

Si Mx coïncide avec l'une de ces droites, l'un des deux angles s'annule, l'autre est égal à $\pm(AMB)$; par conséquent, les composantes de l'attraction suivant MA et MB ont l'une et l'autre pour expression

$$\frac{f\mu m}{ch}\sin(AMB) = \frac{f\mu m}{ab}.$$

La résultante F de l'attraction du prisme est dirigée suivant la bissectrice de l'angle AMB, et l'on trouve

$$F = \frac{2f\mu m}{ch}\sin\frac{AMB}{2} = \frac{2f\mu\rho\sigma}{h}\sin\frac{AMB}{2}.$$

Cette attraction est égale à celle qu'exercerait un arc circulaire, décrit du point M avec le rayon h et l'ouverture AMB, en lui donnant la section σ et la densité ρ; cela résulte de la relation (λ). AB est une projection centrale de cet arc sur une tangente du cercle; la résultante F appartient à toutes les projections analogues, c'est-à-dire à tout segment AB d'une tangente compris entre les côtés de l'angle AMB.

Si Mx était parallèle à AB, on aurait $h = a\sin\varphi_a = b\sin\varphi_b$, par conséquent

$$X = \frac{f\mu m}{c}\left(\frac{1}{a} - \frac{1}{b}\right) = f\mu\rho\sigma\left(\frac{1}{a} - \frac{1}{b}\right),$$

résultat qui découle aussi directement de la formule (1) du n° 1.

On voit que, pour obtenir la composante longitudinale de l'attraction du prisme élementaire AB, on n'a qu'à multiplier par $f\mu$ la différence des potentiels des deux bases A, B, en attribuant à l'unité de surface la masse ρ,

$$(8) \qquad X_{AB} = f\mu(V_A - V_B).$$

Pour avoir le potentiel du prisme AB sur le point M, remarquons que, en désignant par θ l'angle (u, dz), le triangle déjà considéré donne encore

$$\sin\theta\,dz = -u\,d\theta,$$

d'où

$$V_{AB} = \rho\sigma \int \frac{dz}{u} = -\rho\sigma \int \frac{d\theta}{\sin\theta},$$

$$(9) \qquad V_{AB} = \rho\sigma \log \frac{\tang\frac{1}{2}\theta_a}{\tang\frac{1}{2}\theta_b},$$

θ_a, θ_b étant les angles que font les droites a, b avec AB.

39. **Attraction d'un parallélépipède droit rectangle, homogène, de hauteur infiniment petite, sur un point extérieur.** — Soit ε la hauteur du parallélépipède (*fig.* 4) qui a pour base le rectangle ABCD. Par le point attiré M,

Fig. 4.

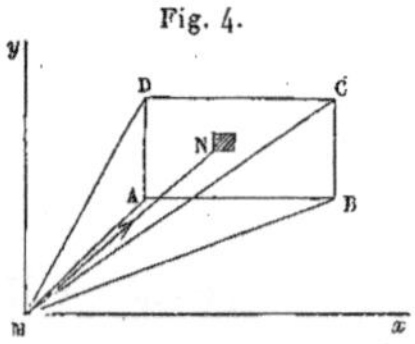

menons les axes Mx, My, parallèles aux côtés du rectangle, et décomposons le parallélépipède en prismes parallèles au côté AB.

La formule (8) nous apprend que la composante longitudinale de l'attraction d'un prisme élémentaire est donnée par la différence des potentiels des deux bases. Il s'ensuit que, pour avoir la composante X de l'attraction du parallélépipède suivant Mx, on n'aura qu'à prendre la différence des potentiels des deux faces AD, BC, en attribuant à l'unité de surface la masse ρ,

$$X_{ABCD} = f\mu(V_{AD} - V_{BC}).$$

Or ces potentiels sont ceux des prismes AD, BC, en faisant les sections σ égales à ε; ils sont donnés par la formule (9). Par conséquent, si l'on représente par θ_a, θ_b, θ_c, θ_d les angles que font avec My les droites MA, MB, MC, MD,

$$X = f\mu\rho\varepsilon \log \frac{\tang\frac{1}{2}\theta_a \tang\frac{1}{2}\theta_c}{\tang\frac{1}{2}\theta_b \tang\frac{1}{2}\theta_d}.$$

On aura la composante Y en rapportant les angles θ à Mx.

La composante Z et le potentiel V sont donnés par les formules

$$V = \rho\varepsilon \int_{x_1}^{x_2} \int_{y_1}^{y_2} \frac{dx\,dy}{u}, \qquad Z = f\mu\rho\varepsilon z \int_{x_1}^{x_2} \int_{y_1}^{y_2} \frac{dx\,dy}{u^3},$$

où x_1, y_1, x_2, y_2, z sont les coordonnées des sommets par rapport à M. En faisant $u^2 = x^2 + y^2 + z^2$ et en intégrant par parties, on trouve

$$2\int_{x_1}^{x_2}\int_{y_1}^{y_2} \frac{dx\,dy}{u} = \Big[y\int_{x_1}^{x_2}\frac{dx}{u}\Big]_{y_1}^{y_2} + \Big[x\int_{y_1}^{y_2}\frac{dy}{u}\Big]_{x_1}^{x_2} + \int_{x_1}^{x_2}\int_{y_1}^{y_2}\frac{x^2+y^2}{u^3}\,dx\,dy,$$

d'où

$$\mathrm{V} + \frac{z\mathrm{Z}}{f\mu} = y_2\mathrm{V}_{\mathrm{CD}} - y_1\mathrm{V}_{\mathrm{AB}} + x_2\mathrm{V}_{\mathrm{BC}} - x_1\mathrm{V}_{\mathrm{AD}}.$$

On trouve enfin, en désignant par a, b, c, d les distances MA, MB, MC, MD,

$$\mathrm{Z} = f\mu\rho\varepsilon\left(\operatorname{arc\,tang}\frac{x_1 y_1}{az} + \operatorname{arc\,tang}\frac{x_2 y_2}{cz} - \operatorname{arc\,tang}\frac{x_2 y_1}{bz} - \operatorname{arc\,tang}\frac{x_1 y_2}{dz}\right).$$

La parenthèse représente la surface du quadrilatère sphérique découpé par la pyramide MABCD. On aurait plus directement (n° 2) $d\mathrm{Z} = f\mu\rho\varepsilon\, d\omega$, d'où $\mathrm{Z} = f\mu\rho\varepsilon\omega$, en désignant par ω l'angle solide M, pour un contour ABCD quelconque.

40. **Attraction d'un disque circulaire homogène infiniment mince sur un point de son axe.** — Soient r le rayon du disque, ds son épaisseur, ρ sa densité. L'élément de masse du disque sera $\rho r'\,dr'\,d\theta'\,ds$. Si l'on désigne par s la distance du point attiré au disque, la projection sur l'axe de l'attraction élémentaire sera

$$\frac{f\mu\rho\, r'\,dr'\,d\theta'\,ds}{r'^2 + s^2}\,\frac{s}{\sqrt{r'^2+s^2}}.$$

Si donc on représente l'attraction résultante par $\varphi\, ds$, on aura

$$\varphi = f\mu\rho s\int_0^r\int_0^{2\pi}\frac{r'\,dr'\,d\theta'}{(r'^2+s^2)^{\frac{3}{2}}} = 2\pi f\mu\rho s\int_0^r \frac{r'\,dr'}{(r'^2+s^2)^{\frac{3}{2}}},$$

(10) $$\varphi = 2\pi f\mu\rho\left(1 - \frac{s}{\sqrt{s^2+r^2}}\right).$$

Lorsque, s restant fini et déterminé, on fait croître r indéfiniment, cette expression tend vers $2\pi f\mu\rho$. Si donc on remplace ds par ε, on peut dire que l'attraction exercée sur un point par une couche plane, homogène, indéfinie et infiniment mince, d'épaisseur ε, est égale à $\mathrm{F} = 2\pi f\mu\rho\varepsilon$.

Cette attraction est indépendante de la position du point attiré. Soit F′ l'attraction exercée sur un point de sa surface par une sphère homogène de densité ρ et de diamètre ε; on a $\mathrm{F}' = \frac{2}{3}\pi f\mu\rho\varepsilon$. On a donc ce résultat simple, $\mathrm{F} = 3\mathrm{F}'$.

41. *Attraction d'un cylindre homogène sur un point de son axe.* — Supposons le point attiré extérieur et à une distance s_1 de la base supérieure; soient r le rayon du cylindre, h sa hauteur; l'attraction résultante F aura pour valeur

$$\mathrm{F} = \int_{s_1}^{s_1+h}\varphi\, ds,$$

ou bien, en remplaçant φ par sa valeur (10),

$$F = 2\pi f\mu\rho\left(h - \int_{s_1}^{s_1+h} \frac{s\,ds}{\sqrt{s^2+r^2}}\right),$$

$$(11)\qquad F = 2\pi f\mu\rho\left[h + \sqrt{r^2+s_1^2} - \sqrt{r^2+(s_1+h)^2}\right].$$

Lorsque le point attiré se trouve sur la surface du cylindre, on a $s_1 = 0$, et

$$(12)\qquad F = 2\pi f\mu\rho\left(h + r - \sqrt{h^2+r^2}\right).$$

Soient r' le rayon d'une sphère ayant même volume que le cylindre, F' l'attraction qu'exercerait cette sphère remplie de matière de densité ρ sur un point de masse μ placé à sa surface. On aura

$$\frac{4}{3}r'^3 = r^2 h, \qquad F' = \frac{4}{3}\pi f\mu\rho r',$$

$$\frac{F}{F'} = \frac{3}{2}\,\frac{h + r - \sqrt{h^2+r^2}}{r'} = \frac{\sqrt[3]{36h^2 r}}{h + r + \sqrt{h^2+r^2}},$$

ou bien

$$\frac{F}{F'} = \frac{\sqrt[3]{36\alpha^2}}{1 + \alpha + \sqrt{1+\alpha^2}}, \qquad \text{avec} \qquad \alpha = \frac{h}{r}.$$

On trouve aisément

$$\left(1 + \alpha + \sqrt{1+\alpha^2}\right)^2 \frac{d\left(\frac{F}{F'}\right)}{d\alpha} = \sqrt[3]{\frac{4}{3\alpha}}\left(2 - \alpha + \frac{2-\alpha^2}{\sqrt{1+\alpha^2}}\right).$$

$\frac{F}{F'}$ sera donc un maximum ou un minimum quand α vérifiera l'équation

$$(13)\qquad 2 - \alpha + \frac{2-\alpha^2}{\sqrt{1+\alpha^2}} = 0;$$

d'où, en chassant le radical et réduisant,

$$\alpha^2 - \frac{9}{4}\alpha + 1 = 0.$$

Cette équation a ses deux racines réelles; l'une plus petite que 1 ne vérifie pas l'équation (13), car elle rend son premier membre positif; c'est une solution étrangère introduite par l'élévation au carré. L'autre racine $\alpha_1 = 1,6404$ répond à un maximum de $\frac{F}{F'}$; car la dérivée de $\frac{F}{F'}$ est positive pour $\alpha < \alpha_1$, et négative pour $\alpha > \alpha_1$. On trouve pour ce maximum $\frac{F}{F'} = 1,0068$.

M. Radau a cherché à déterminer le cylindre par la condition qu'il exerce sur le centre de sa base une attraction égale à celle d'une sphère de même volume sur un point de sa surface. Il faut alors déterminer α par l'équation

$$1 + \alpha + \sqrt{1+\alpha^2} = \sqrt[3]{36\alpha^2};$$

l'une des racines est égale à $\frac{4}{3}$, une autre à 2,0352; on a donc deux cylindres qui répondent à la question.

42. **Attraction exercée sur un point de son axe par un corps homogène de révolution, limité par deux parallèles donnés.** — Soit (*fig.* 5) AA' l'arc de courbe plane qui, en tournant autour de OM, engendre la surface de révolu-

Fig. 5.

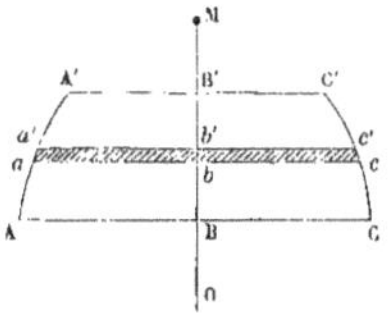

tion qui, avec les parallèles AC et A'C', limite le corps. Soient encore ac un parallèle quelconque, $a'c'$ le parallèle infiniment voisin,

$$MB' = s_1, \qquad MB = s_1 + h, \qquad Mb = s, \qquad r = bc.$$

On aura, pour l'attraction résultante,

$$F = \int_{s_1}^{s_1+h} \varphi\, ds$$

ou, en remplaçant φ par sa valeur (10),

$$(14) \qquad F = 2\pi f \mu \rho \left(h - \int_{s_1}^{s_1+h} \frac{s\, ds}{\sqrt{s^2 + r^2}} \right),$$

où r se détermine par l'équation de la courbe méridienne,

$$(15) \qquad r = \psi(s).$$

La formule (14) donne lieu à de nombreuses applications :

Attraction d'un tronc de cône homogène sur le sommet commun des deux cônes dont le tronc de cône est la différence. — Soit 2γ l'angle au sommet qui est le même pour les deux cônes; la courbe AA' est ici une ligne droite qui passe par le point M. L'équation (15) se réduit à

$$r = s \tang \gamma.$$

et la formule (14) donne

$$(16) \qquad F = 2\pi f\mu\rho h(1-\cos\gamma);$$

h est la hauteur du tronc.

La même formule donne *l'attraction d'un cône homogène de densité ρ, de hauteur h, et d'angle 2γ, sur un point matériel de masse μ placé à son sommet.*

Fig. 6.

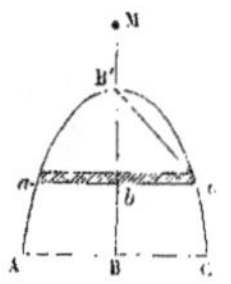

Cherchons maintenant *l'attraction d'un segment de paraboloïde de révolution sur un point de son axe.*

Soient (*fig.* 6) B' le sommet, AC la base du segment, p le paramètre de la parabole,

$$MB' = s_1, \qquad Mb = s, \qquad MB = s_1 + h, \qquad r = bc.$$

On a ici

$$r^2 = 2p(s - s_1),$$

et la formule (14) donne

$$F = 2\pi f\mu\rho\left(h - \int_{s_1}^{s_1+h} \frac{s\,ds}{\sqrt{s^2+2ps-2ps_1}}\right);$$

or on a

$$\int \frac{s\,ds}{\sqrt{s^2+2ps-2ps_1}} = \sqrt{s^2+2ps-2ps_1} - p\log\left(s+p+\sqrt{s^2+2ps-2ps_1}\right) + \text{const.},$$

et il en résulte

$$(17) \quad F = 2\pi f\mu\rho\left[s_1 + h - \sqrt{(s_1+h)^2+2ph} + p\log\frac{s_1+h+p+\sqrt{(s_1+h)^2+2ph}}{2s_1+p}\right].$$

Lorsque le point attiré coïncide avec le sommet du segment, on a $s_1 = 0$, et il vient

$$(18) \qquad F = 2\pi f\mu\rho\left[h - \sqrt{h^2+2ph} + p\log\frac{h+p+\sqrt{h^2+2ph}}{p}\right].$$

Attraction exercée sur son sommet par un segment sphérique à une base. — On a ici, en désignant par a le rayon de la sphère,

$$r^2 = s(2a - s),$$

$$F = 2\pi f\mu\rho\left(h - \frac{1}{\sqrt{2a}}\int_0^h s^{\frac{1}{2}}\,ds\right),$$

$$F = 2\pi f\mu\rho h\left(1 - \frac{2}{3}\sqrt{\frac{h}{2a}}\right).$$

Soit posé $h = 2a\alpha$; on trouvera

$$F = \frac{4}{3}\pi f\mu\rho a\alpha(3 - 2\sqrt{\alpha}). \tag{19}$$

Le rayon r' de la sphère ayant même volume que le segment est

$$r' = a\sqrt[3]{\alpha^2(3 - 2\alpha)};$$

cette sphère exercera sur le point de masse μ, placé à sa surface, l'attraction

$$F' = \frac{4}{3}\pi f\mu\rho a\sqrt[3]{\alpha^2(3 - 2\alpha)}.$$

On trouve aisément

$$\frac{F}{F'} = (3 - 2\sqrt{\alpha})\sqrt[3]{\frac{\alpha}{3 - 2\alpha}}.$$

La dérivée de cette expression, par rapport à α, est

$$\frac{d\left(\frac{F}{F'}\right)}{d\alpha} = \frac{3 - \sqrt{\alpha}(5 - 2\alpha)}{\sqrt[3]{\alpha(3 - 2\alpha)^5}}.$$

Elle s'annule pour les valeurs de α qui satisfont à la relation

$$\sqrt{\alpha}(5 - 2\alpha) = 3.$$

En élevant au carré, on a une équation du troisième degré dont les racines sont

$$\alpha_1 = 2 - \frac{\sqrt{7}}{2} = 0{,}67713; \qquad \alpha_2 = 1; \qquad \alpha_3 = 2 + \frac{\sqrt{7}}{2}.$$

La racine α_3 ne convient pas, car $\alpha = \frac{h}{2a}$ doit être au plus égal à 1. Le rapport $\frac{F}{F'}$ est un maximum pour $\alpha = \alpha_1$, et un minimum pour $\alpha = 1$; le minimum a pour valeur 1, et le maximum est

$$\sqrt[3]{\frac{(\sqrt{7}-1)^7}{32}} = 1,00724.$$

Attraction exercée par un segment sphérique à une base sur le centre de sa base. — On a ici, en comptant s à partir de la base,

$$r^2 = (h-s)(2a-h+s),$$

$$\varphi = 2\pi f\mu\rho\left[1 - \frac{s}{\sqrt{h(2a-h)+2(h-a)s}}\right],$$

$$F = \int_0^h \varphi\, ds,$$

$$\int \frac{s\,ds}{\sqrt{h(2a-h)+2(h-a)s}} = \frac{1}{3(h-a)^2}[(h-a)s - h(2a-h)][h(2a-h)+2(h-a)s]^{\frac{1}{2}} + \text{const.};$$

d'où, par un calcul facile,

$$F = \frac{2}{3}\pi f\mu\rho h \frac{h^2 - 3ha + 3a^2 - (2a-h)\sqrt{h(2a-h)}}{(h-a)^2}.$$

En faisant

$$h = a(1+\beta),$$

on trouve

$$F = \frac{2}{3}\pi f\mu\rho a(1+\beta)\frac{1-\beta+\beta^2-(1-\beta)\sqrt{1-\beta^2}}{\beta^2}$$

ou bien

$$F = \frac{2}{3}\pi f\mu\rho a(1+\beta)\frac{2+\sqrt{1-\beta^2}-\beta}{1+\sqrt{1-\beta^2}}.$$

L'attraction F′ exercée par une sphère de même volume que le segment, sur un point de masse μ placé à sa surface, est

$$F' = \frac{4}{3}\pi f\mu\rho a\sqrt[3]{\frac{(1+\beta)^2(2-\beta)}{4}}.$$

On en tire

$$\frac{F}{F'} = \left(1 + \frac{1-\beta}{1+\sqrt{1-\beta^2}}\right)\sqrt[3]{\frac{1+\beta}{2(2-\beta)}}.$$

On trouve sans trop de peine

$$\frac{d\frac{F}{F'}}{d\beta} = \frac{\sqrt{1-\beta^2}+1-2\beta}{(1+\sqrt{1-\beta^2})^2\sqrt[3]{2(1+\beta^4)(2-\beta)^4}}.$$

Cette dérivée s'annule si l'on a

$$\sqrt{1-\beta^2}=2\beta-1.$$

En élevant au carré, on a une équation du second degré dont les racines sont o et $+\frac{4}{5}$; la première est une solution étrangère. Il reste donc seulement

$$\beta=\frac{4}{5},\qquad h=\frac{9}{5}a;$$

cette valeur correspond au maximum de $\frac{F}{F'}$, lequel est

$$\frac{9}{8}\sqrt[3]{\frac{3}{4}}=1,02213.$$

Je dois à M. Radau la communication des résultats particuliers concernant les maxima de $\frac{F}{F'}$.

43. Les exemples précédents montrent que, à égalité de volume, la sphère n'exerce pas sur un de ses points la plus grande attraction. Cela nous conduit à résoudre la question suivante :

Trouver la forme que doit prendre, sous un volume donné, un corps homogène de révolution, pour qu'il exerce la plus grande attraction possible sur le point où l'axe de révolution perce sa surface.

Reportons-nous à la *fig.* 6; soient B′ le point attiré, μ sa masse, AB′C la section méridienne du corps, $B'b=s$, $bc=r$, $B'B=h$, $BC=b$,

$$r=\psi(s)$$

l'équation de la courbe B′C.

On aura, en écrivant que l'attraction doit être un maximum et que le volume doit rester constant,

$$\int_0^h\left(1-\frac{s}{\sqrt{s^2+r^2}}\right)ds=\text{maximum},$$

$$\int_0^h r^2\,ds=\text{const.}$$

On en conclut, en faisant varier h et r,

$$\int_0^h\frac{rs\,\delta r\,ds}{(s^2+r^2)^{\frac{3}{2}}}+\left(1-\frac{h}{\sqrt{h^2+b^2}}\right)\delta h=0,$$

$$\int_0^h 2r\,\delta r\,ds+b^2\delta h=0.$$

Il vient, si l'on ajoute ces deux équations après les avoir multipliées respectivement par $-\lambda$ et 1,

$$\int_0^h \left[2 - \frac{\lambda s}{(s^2+r^2)^{\frac{3}{2}}}\right] r\,\delta r\,ds + \delta h\left[b^2 - \lambda\left(1 - \frac{h}{\sqrt{h^2+b^2}}\right)\right] = 0.$$

On peut disposer du facteur indéterminé λ de manière à annuler le coefficient de δh, et l'on sait qu'on doit ensuite annuler le coefficient de $r\,\delta r\,ds$ sous le signe $\int$. On aura donc

$$\frac{\lambda s}{(s^2+r^2)^{\frac{3}{2}}} = 2, \tag{20}$$

$$b^2 = \lambda\left(1 - \frac{h}{\sqrt{h^2+b^2}}\right). \tag{21}$$

L'équation (20) est l'équation de la courbe méridienne. Si l'on désigne par u la distance $B'c$ et par θ l'angle $BB'c$, elle devient, en coordonnées polaires,

$$\frac{\lambda\cos\theta}{u^2} = 2,$$

$$u = k\sqrt{\cos\theta}, \quad \text{où} \quad k^2 = \frac{\lambda}{2}. \tag{22}$$

L'équation (20) donne, pour le point C,

$$\frac{\lambda h}{(h^2+b^2)^{\frac{3}{2}}} = 2.$$

Si l'on tire de là la valeur de λ pour la porter dans la relation (21), il vient, après réduction,

$$2(b^2+h^2)^{\frac{3}{2}} = h(3b^2+2h^2).$$

En élevant au carré, on arrive à

$$b^4(4b^2+3h^2) = 0, \quad \text{d'où} \quad b = 0.$$

Ainsi la courbe méridienne doit passer au point B, et il en résulte $h = k$.

S'il l'on écrit comme il suit la formule (20),

$$\frac{1}{s^2+r^2}\,\frac{s}{\sqrt{s^2+r^2}} = \frac{2}{\lambda},$$

on pourra dire que deux éléments quelconques de même masse, placés sur la surface du corps, exercent sur le point B' des attractions dont les composantes, dans le sens de la résultante totale, ont la même valeur.

Cherchons à déterminer la constante k de manière que le volume du corps soit égal à celui d'une sphère de rayon r'; nous devrons avoir

$$\int_0^{\frac{\pi}{2}} \int_0^{2\pi} \int_0^{k\sqrt{\cos\theta}} u^2 \sin\theta \, d\theta \, d\psi \, du = \frac{4}{3} \pi r'^3,$$

d'où

$$k^3 \int_0^{\frac{\pi}{2}} \cos^{\frac{3}{2}}\theta \sin\theta \, d\theta = \frac{2}{5} k^3 = 2 r'^3,$$

$$k = r' \sqrt[3]{5}.$$

Calculons, d'autre part, l'attraction résultante F. Nous avons

$$F = 2\pi f \mu \rho \left(h - \int_0^h \frac{s}{\sqrt{s^2 + r^2}} ds \right);$$

en remplaçant h par k, $\frac{s}{\sqrt{s^2+r^2}}$ par $\cos\theta$, et s par $u \cos\theta = k \cos^{\frac{3}{2}}\theta$, il vient

$$F = 2\pi f \mu \rho r' \sqrt[3]{5} \left[1 - \frac{3}{2} \int_0^{\frac{\pi}{2}} \cos^{\frac{3}{2}}\theta \sin\theta \, d\theta \right],$$

$$F = \frac{4}{5} \pi f \mu \rho r' \sqrt[3]{5}.$$

Telle est la plus grande attraction que puisse exercer la masse, lorsque son volume demeure égal à celui d'une sphère de rayon r'. L'attraction F' de cette sphère sur un point de masse μ placé à sa surface est, d'ailleurs,

$$F' = \frac{4}{3} \pi f \mu \rho r'.$$

On en conclut

$$\frac{F}{F'} = \frac{3}{\sqrt[3]{25}} = 1,0260 = \frac{39}{38} \text{ environ.}$$

L'attraction maxima dépasse donc celle de la sphère d'environ $\frac{1}{38}$ de sa valeur. Mais l'on obtiendrait l'attraction F avec une sphère de même masse et de volume plus petit, dont la densité serait $\frac{3\sqrt{3}}{5}\rho = 1,0392\rho$.

Le problème que nous venons de traiter est bien connu; il a été résolu, pour la première fois, par Saint-Jacques de Silvabelle, astronome marseillais.

CHAPITRE VI.

FIGURE D'UNE MASSE FLUIDE HOMOGÈNE ANIMÉE D'UN MOUVEMENT DE ROTATION ET DONT TOUTES LES PARTIES S'ATTIRENT MUTUELLEMENT SUIVANT LA LOI DE NEWTON. — ELLIPSOÏDES DE RÉVOLUTION DE MACLAURIN.

44. Commençons par rappeler quelques propositions d'Hydrostatique.

Soient x, y, z les coordonnées d'un point quelconque M d'une masse fluide en équilibre, X, Y, Z les composantes de la force rapportée à l'unité de masse, qui agit sur le point M, ρ la densité et p la pression au même point, cette dernière étant rapportée à l'unité de surface. On a, comme on sait, les équations

$$\frac{\partial p}{\partial x} = \rho X, \quad \frac{\partial p}{\partial y} = \rho Y, \quad \frac{\partial p}{\partial z} = \rho Z,$$

$$dp = \rho(X\,dx + Y\,dy + Z\,dz). \tag{1}$$

X, Y, Z et ρ sont des fonctions connues de x, y, z; il faudra que le produit $\rho(X\,dx + Y\,dy + Z\,dz)$ soit une différentielle exacte.

Supposons que, sur toute la surface du fluide, on exerce une pression constante, qui peut être nulle; on aura donc $dp = 0$, et l'équation (1) montre que, tout le long de cette surface, on devra avoir

$$X\,dx + Y\,dy + Z\,dz = 0. \tag{2}$$

Cette relation nous dit que la surface est normale en chacun de ses points à la force dont les composantes sont X, Y, Z. Il en sera de même en chacun des points de l'une quelconque des surfaces définies par l'équation $p =$ const., qui sont les *surfaces de niveau*.

Si la pression exercée aux divers points de la surface extérieure du fluide était variable, on aurait, en la désignant par $F(x, y, z)$,

$$\rho(X\,dx + Y\,dy + Z\,dz) = d\,F(x, y, z),$$

au lieu de l'équation (2).

S'il existe un potentiel, de sorte que l'on ait

$$X = \frac{\partial V}{\partial x}, \qquad Y = \frac{\partial V}{\partial y}, \qquad Z = \frac{\partial V}{\partial z},$$

on pourra traduire l'équation (2) en disant que, tout le long de la surface extérieure du fluide, on doit avoir

$$V = \text{const.}$$

Dans le cas où la masse fluide est animée d'un mouvement de rotation uniforme autour d'une droite fixe, il faut joindre aux forces données une force fictive, la force centrifuge, dont les composantes parallèles aux axes sont

$$0, \quad +\omega^2 y, \quad +\omega^2 z,$$

quand on prend l'axe de rotation pour axe des x et qu'on désigne par ω la vitesse angulaire de rotation. On aura donc alors, au lieu de l'équation (2),

$$X\,dx + (Y + \omega^2 y)\,dy + (Z + \omega^2 z)\,dz = 0, \tag{3}$$

et cette relation devra être vérifiée pour tous les points de la surface extérieure du fluide.

On peut, dans le cas où il existe un potentiel, la remplacer par la formule

$$V + \frac{1}{2}\omega^2(y^2 + z^2) = \text{const.}$$

45. Il y aurait lieu de résoudre le problème suivant :

On donne la masse totale M d'un fluide homogène et incompressible, de densité ρ, animé d'un mouvement de rotation uniforme, de vitesse angulaire ω autour de Ox, et dont toutes les parties s'attirent mutuellement suivant la loi de Newton.

On demande de trouver la figure d'équilibre relatif de la masse fluide; on suppose qu'on exerce en tous les points de la surface une pression constante.

Soit

$$\Phi(x, y, z) = 0$$

l'équation de la surface du fluide; on aurait pour tous ses points

$$\frac{\partial \Phi}{\partial x}dx + \frac{\partial \Phi}{\partial y}dy + \frac{\partial \Phi}{\partial z}dz = 0, \tag{4}$$

et, en comparant les équations (3) et (4), il viendrait

$$(5)\qquad \frac{X}{\frac{\partial\Phi}{\partial x}} = \frac{Y+\omega^2 y}{\frac{\partial\Phi}{\partial y}} = \frac{Z+\omega^2 z}{\frac{\partial\Phi}{\partial z}}.$$

La fonction Φ devrait donc être déterminée de manière à vérifier ces deux conditions; mais les composantes X, Y, Z de l'attraction dépendent de cette fonction Φ, et d'une manière très compliquée, comme le montre la formule (B) du n° 1. On n'est pas encore arrivé à résoudre la question d'une manière générale, bien que, tout récemment, M. Poincaré lui ait fait faire un pas important, comme nous aurons occasion de le dire plus loin.

Nous nous bornerons pour le moment à vérifier que, pour des valeurs de ω comprises entre certaines limites, la masse fluide peut affecter la forme d'un ellipsoïde dont un axe principal Ox coïncide avec l'axe de rotation. Prenons pour axes des y et des z les deux autres axes de l'ellipsoïde; l'équation de sa surface sera

$$\Phi = \frac{x^2}{a^2}+\frac{y^2}{b^2}+\frac{z^2}{c^2}-1=0.$$

Si l'on fait

$$(6)\quad\left\{\begin{aligned}
&\lambda^2=\frac{b^2-a^2}{a^2},\qquad \lambda'^2=\frac{c^2-a^2}{a^2},\qquad \Delta=\sqrt{\left(1+\frac{s}{a^2}\right)\left(1+\frac{s}{b^2}\right)\left(1+\frac{s}{c^2}\right)},\\
&M=\frac{4}{3}\pi abc\rho=\frac{4}{3}\pi a^3\rho\sqrt{1+\lambda^2}\sqrt{1+\lambda'^2},\\
&P=\frac{3fM}{a^3}\int_0^1\frac{\zeta^2\,d\zeta}{(1+\lambda^2\zeta^2)^{\frac{1}{2}}(1+\lambda'^2\zeta^2)^{\frac{1}{2}}}=2\pi f\rho\int_0^\infty\frac{ds}{(a^2+s)\Delta},\\
&Q=\frac{3fM}{a^3}\int_0^1\frac{\zeta^2\,d\zeta}{(1+\lambda^2\zeta^2)^{\frac{3}{2}}(1+\lambda'^2\zeta^2)^{\frac{1}{2}}}=2\pi f\rho\int_0^\infty\frac{ds}{(b^2+s)\Delta},\\
&R=\frac{3fM}{a^3}\int_0^1\frac{\zeta^2\,d\zeta}{(1+\lambda^2\zeta^2)^{\frac{1}{2}}(1+\lambda'^2\zeta^2)^{\frac{3}{2}}}=2\pi f\rho\int_0^\infty\frac{ds}{(c^2+s)\Delta},
\end{aligned}\right.$$

les composantes de l'attraction exercée par l'ellipsoïde sur un point quelconque (x, y, z) de sa surface seront, d'après les formules (A′) et (A″) du n° 26, relatives au point intérieur, et qui conviennent aussi à la surface,

$$X=-Px,\qquad Y=-Qy,\qquad Z=-Rz,$$

et les relations (5) deviendront

$$-\frac{Px}{\left(\frac{x}{a^2}\right)}=\frac{\omega^2 y-Qy}{\left(\frac{y}{b^2}\right)}=\frac{\omega^2 z-Rz}{\left(\frac{z}{c^2}\right)}$$

ou

(7) $$\mathrm{P}a^2 = (\mathrm{Q} - \omega^2)b^2 = (\mathrm{R} - \omega^2)c^2;$$

d'où

(8) $$\left\{\begin{aligned} \omega^2 &= \mathrm{Q} - \frac{a^2}{b^2}\mathrm{P} = \mathrm{R} - \frac{a^2}{c^2}\mathrm{P} = \frac{c^2\mathrm{R} - b^2\mathrm{Q}}{c^2 - b^2},\\ \omega^2 &= \mathrm{Q} - \frac{\mathrm{P}}{1+\lambda^2} = \mathrm{R} - \frac{\mathrm{P}}{1+\lambda'^2} = \frac{(1+\lambda'^2)\mathrm{R} - (1+\lambda^2)\mathrm{Q}}{\lambda'^2 - \lambda^2},\\ \mathrm{P} &= \frac{b^2c^2}{a^2}\,\frac{\mathrm{Q}-\mathrm{R}}{c^2-b^2} = (1+\lambda^2)(1+\lambda'^2)\,\frac{\mathrm{Q}-\mathrm{R}}{\lambda'^2-\lambda^2}.\end{aligned}\right.$$

Ces formules exigent que $a^2\mathrm{P}$ soit $< b^2\mathrm{Q}$ et $< c^2\mathrm{R}$; par conséquent, à cause des relations (6), $a^2 < b^2$ et $< c^2$. L'axe de rotation est donc le plus petit axe de l'ellipsoïde, et les quantités λ^2 et λ'^2 sont positives.

Les formules (8) donnent enfin

(9) $$\frac{\omega^2}{4\pi f\rho\sqrt{1+\lambda^2}\sqrt{1+\lambda'^2}} = \int_0^1 \frac{\zeta^2(1-\zeta^2)\,d\zeta}{(1+\lambda^2\zeta^2)^{\frac{3}{2}}(1+\lambda'^2\zeta^2)^{\frac{3}{2}}},$$

$$(\lambda^2 - \lambda'^2)\int_0^1 \frac{\zeta^2(1-\zeta^2)(1-\lambda^2\lambda'^2\zeta^2)\,d\zeta}{(1+\lambda^2\zeta^2)^{\frac{3}{2}}(1+\lambda'^2\zeta^2)^{\frac{3}{2}}} = 0.$$

Cette dernière condition se décompose en deux autres

(10)
1° $$\lambda^2 = \lambda'^2,$$
2° $$\int_0^1 \frac{\zeta^2(1-\zeta^2)(1-\lambda^2\lambda'^2\zeta^2)}{(1+\lambda^2\zeta^2)^{\frac{3}{2}}(1+\lambda'^2\zeta^2)^{\frac{3}{2}}}\,d\zeta = 0.$$

Dans le premier cas, on a $b = c$, et l'ellipsoïde est de révolution autour de l'axe de rotation. L'équation (10) correspond à des ellipsoïdes à trois axes inégaux; nous la discuterons plus loin.

46. L'ellipsoïde de révolution comme figure d'équilibre. — En remplaçant, dans les formules (8), P et Q par leurs expressions déduites des formules (γ') du n° 33, savoir

(11) $$\left\{\begin{aligned} \mathrm{P} &= 4\pi f\rho\,\frac{1+\lambda^2}{\lambda^3}(\lambda - \operatorname{arc\,tang}\lambda),\\ \mathrm{Q} &= 2\pi f\rho\,\frac{1+\lambda^2}{\lambda^3}\left(\operatorname{arc\,tang}\lambda - \frac{\lambda}{1+\lambda^2}\right),\end{aligned}\right.$$

je trouve

$$(a) \qquad U = \frac{\omega^2}{2\pi f\rho} = \frac{3+\lambda^2}{\lambda^3}\,\text{arc tang}\,\lambda - \frac{3}{\lambda^2};$$

j'aurai d'ailleurs

$$(b) \qquad b^2 = a^2(1+\lambda^2), \qquad a^3 = \frac{3M}{4\pi\rho(1+\lambda^2)},$$

et l'équation de la surface du fluide sera

$$(c) \qquad x^2 + \frac{y^2+z^2}{1+\lambda^2} = a^2.$$

Les données sont ω, f, ρ, M; l'équation transcendante (a) fera connaître l'inconnue λ, et les relations (b) donneront a et b.

47. **Discussion de l'équation** (a). — Nous pourrons écrire

$$(12) \qquad U = \frac{\omega^2}{2\pi f\rho} = \Psi(\lambda),$$

$$(13) \qquad \Psi(\lambda) = \frac{3+\lambda^2}{\lambda^3}\,\text{arc tang}\,\lambda - \frac{3}{\lambda^2}.$$

En remplaçant arc tangλ par son développement suivant les puissances de λ, on aura en série convergente, pour les valeurs de λ inférieures à l'unité,

$$(14) \qquad \Psi(\lambda) = \sum_1^\infty (-1)^{n-1}\frac{4n}{(2n+1)(2n+3)}\lambda^{2n}.$$

On vérifie aisément qu'on peut écrire encore, en introduisant la série hypergéométrique,

$$\Psi(\lambda) = \frac{4}{15}\lambda^2 F\left(2, \frac{3}{2}, \frac{7}{2}, -\lambda^2\right).$$

Si l'ellipsoïde était allongé suivant l'axe de révolution, on aurait

$$a^2 > b^2, \qquad \lambda^2 = -\frac{a^2-b^2}{a^2} = -h^2, \qquad h^2 < 1,$$

$$\Psi(\lambda) = -\sum_1^\infty \frac{4n}{(2n+1)(2n+3)}h^{2n};$$

$\Psi(\lambda)$ étant essentiellement négatif, l'équation (12) serait impossible.

Ainsi, *l'ellipsoïde allongé ne peut pas être une figure d'équilibre.*

Le développement (14) montre que

$$\Psi(\lambda) = 0, \qquad \text{pour } \lambda = 0;$$

on voit directement, sur l'expression (13), que

$$\Psi(\lambda) = 0, \qquad \text{pour } \lambda = \infty.$$

La même expression (13) donne d'ailleurs, par un calcul facile,

$$(15)\quad \left\{\begin{array}{l} \Psi'(\lambda) = \dfrac{\lambda^2+9}{\lambda^4}\,\Theta(\lambda), \\ \quad\text{en posant} \\ \Theta(\lambda) = \dfrac{7\lambda^3+9\lambda}{(\lambda^2+1)(\lambda^2+9)} - \text{arc tang}\lambda. \end{array}\right.$$

Nous montrerons dans un moment que l'équation $\Theta(\lambda) = 0$ admet une racine positive λ', et rien qu'une, et que l'on a

$$\Theta(\lambda) > 0, \qquad \text{pour } \lambda < \lambda',$$
$$\Theta(\lambda) < 0, \qquad \text{pour } \lambda > \lambda'.$$

En admettant cette conclusion, on voit que la dérivée $\Psi'(\lambda)$ est positive pour λ compris entre 0 et λ', et négative après. Donc la fonction $\Psi(\lambda)$, qui s'annule

Fig. 7.

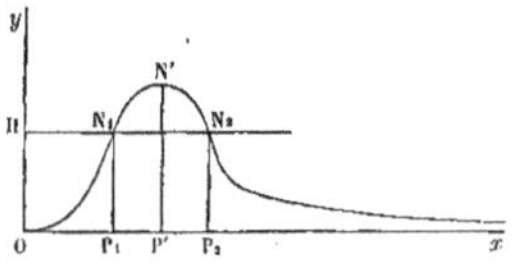

pour $\lambda = 0$, commence par croître, atteint un maximum positif pour $\lambda = \lambda'$, décroît ensuite sans cesse et s'annule pour $\lambda = \infty$. Si donc on construit une courbe avec λ pour abscisse et $\Psi(\lambda)$ pour ordonnée, on aura la *fig.* 7. Soit $OH = \dfrac{\omega^2}{2\pi f\rho}$; si l'on a

$$OH > P'N' \qquad \text{ou} \qquad \frac{\omega^2}{2\pi f\rho} > \Psi(\lambda'),$$

l'équation (a) n'aura pas de racines réelles. Si, au contraire,

$$OH < P'N' \qquad \text{ou} \qquad \frac{\omega^2}{2\pi f\rho} < \Psi(\lambda'),$$

cette équation aura deux racines positives

$$\lambda_1 = OP_1 < \lambda', \qquad \lambda_2 = OP_2 > \lambda'.$$

Il nous reste donc seulement à démontrer que l'équation $\Theta(\lambda) = 0$ admet une racine positive et une seule. Or l'expression (15) de $\Theta(\lambda)$ montre que

$$\Theta(\lambda) = 0, \qquad \text{pour } \lambda = 0,$$

$$\Theta(\lambda) = -\frac{\pi}{2}, \qquad \text{pour } \lambda = \infty.$$

Le calcul direct donne, après réduction,

$$\Theta'(\lambda) = \frac{8\lambda^4(3-\lambda^2)}{(\lambda^2+1)^2(\lambda^2+9)^2}.$$

On voit que cette dérivée est positive pour λ compris entre 0 et $\sqrt{3}$, et négative ensuite. Donc la fonction $\Theta(\lambda)$, qui est nulle pour $\lambda = 0$, commence à prendre des valeurs positives croissantes, atteint son maximum pour $\lambda = \sqrt{3}$, et diminue sans cesse jusqu'à $-\frac{\pi}{2}$ quand λ croît de $\sqrt{3}$ à l'infini. L'équation $\Theta(\lambda) = 0$ admet donc bien une racine positive λ' et rien qu'une; son premier membre est positif avant de s'annuler, et négatif ensuite, comme nous l'avions annoncé.

Le calcul numérique donne, d'ailleurs,

$$\lambda' = 2,5293\ldots, \qquad \Psi(\lambda') = 0,22467\ldots.$$

Voici donc la conclusion de la discussion :

Si l'on a

$$\frac{\omega^2}{2\pi f\rho} > 0,22467\ldots,$$

il n'y a pas de valeur réelle de λ satisfaisant à l'équation (a). Ainsi, quand le mouvement de rotation est trop rapide, l'équilibre est impossible avec un ellipsoïde de révolution.

Dans le cas de

$$(16) \qquad \frac{\omega^2}{2\pi f\rho} < 0,22467\ldots,$$

l'équation (a) aura deux racines réelles λ_1 et λ_2. Il en résultera donc, comme figures d'équilibre, deux ellipsoïdes de révolution aplatis.

On a, comme on l'a vu, $\lambda_2 > \lambda'$; en tenant compte de la valeur numérique de λ' et de la formule

$$b^2 = a^2(1+\lambda^2),$$

on trouve que la racine λ_2 donnerait

$$b > 2.72a;$$

l'ellipsoïde correspondant serait donc très aplati. Ce cas ne se présente pas dans notre système planétaire, et il n'y aura à considérer que l'ellipsoïde qui correspond à la plus petite racine positive λ_1 de l'équation (a).

On voit sur la *fig.* 7 que, si OH tend vers zéro, il en est de même de λ_1, tandis que λ_2 tend vers l'infini. Dans ce dernier cas, les formules

$$a = \left[\frac{3M}{4\pi\rho(1+\lambda_2^2)}\right]^{\frac{1}{3}}, \qquad b = \left(\frac{3M}{4\pi\rho}\right)^{\frac{1}{3}}(1+\lambda_2^2)^{\frac{1}{6}}$$

montrent que a tend vers zéro, et b vers l'infini.

Donc, quand la vitesse angulaire de rotation décroît indéfiniment, l'une des figures d'équilibre tend vers une sphère, et l'autre vers un disque circulaire d'épaisseur nulle et de rayon infini. C'est Maclaurin qui le premier a démontré rigoureusement que l'ellipsoïde de révolution est une figure d'équilibre. D'Alembert a fait voir ensuite qu'il y a au moins deux ellipsoïdes répondant à la question. Laplace a complété la discussion et lui a donné sa forme définitive.

48. **Calcul de la pesanteur en un point de la surface de l'ellipsoïde.** — Cherchons l'expression de la pesanteur apparente g en un point quelconque $M(x, y, z)$ de la surface de l'une ou de l'autre des figures d'équilibre. C'est la résultante de l'attraction exercée par l'ellipsoïde sur l'unité de masse placée en M, et de la force centrifuge. On aura donc

$$g^2 = X^2 + (Y + \omega^2 y)^2 + (Z + \omega^2 z)^2$$

ou bien, en remplaçant X, Y, Z par leurs expressions (7) et tenant compte des relations (8), et aussi de $b = c$,

$$(17) \qquad g^2 = P^2 x^2 + (Q - \omega^2)^2 (y^2 + z^2) = P^2 \left[x^2 + \frac{y^2 + z^2}{(1+\lambda^2)^2}\right].$$

On a d'ailleurs

$$(18) \qquad x^2 + \frac{y^2 + z^2}{1+\lambda^2} = a^2.$$

La distance δ du centre de l'ellipsoïde au plan tangent en M a pour expression

$$\delta = \frac{a^2}{\sqrt{x^2 + \frac{y^2 + z^2}{(1+\lambda^2)^2}}};$$

il en résulte donc

$$(19)\qquad g = \frac{Pa^2}{\delta};$$

P est une constante dont la valeur est déterminée par la première des formules (11); la relation précédente montre donc qu'en un point quelconque de la surface de l'ellipsoïde la pesanteur apparente est inversement proportionnelle à la distance du centre au plan tangent au point considéré.

On a ainsi une représentation géométrique simple de l'intensité de la pesanteur aux divers points de la surface; quant à la direction, elle est, comme on l'a vu, toujours normale à la surface. Si l'on élimine $y^2 + z^2$ entre les équations (17) et (18), il vient

$$(20)\qquad g = \frac{P\sqrt{a^2 + \lambda^2 x^2}}{\sqrt{1+\lambda^2}}.$$

49. Détermination de la pression p en un point quelconque de la masse fluide. — On a

$$dp = \rho\,[X\,dx + (Y + \omega^2 y)\,dy + (Z + \omega^2 z)\,dz];$$

pour tous les points de l'intérieur, les formules (7) ont lieu ; donc

$$dp = -\rho\,[Px\,dx + (Q - \omega^2)(y\,dy + z\,dz)] = -\frac{1}{2}P\rho\,d\left(x^2 + \frac{y^2+z^2}{1+\lambda^2}\right);$$

d'où, en désignant par ϖ la pression à la surface, laquelle est supposée constante,

$$p = \varpi + \frac{1}{2}P\rho\left[a^2 - \left(x^2 + \frac{y^2+z^2}{1+\lambda^2}\right)\right].$$

Les surfaces de niveau sont des ellipsoïdes homothétiques

$$x^2 + \frac{y^2+z^2}{1+\lambda^2} = a'^2,$$

et sur l'une quelconque de ces surfaces on aura

$$(21)\qquad p = \varpi + \frac{1}{2}P\rho(a^2 - a'^2).$$

50. Calcul approché de la racine λ_1 lorsque ω est petit. — Soit posé

$$(22)\qquad \nu = \frac{\omega^2}{4\pi f\rho};$$

les formules (12) et (14) donneront

$$(23)\qquad \nu = \frac{2}{15}\lambda^2 - \frac{4}{35}\lambda^4 + \frac{6}{63}\lambda^6 - \ldots;$$

ν étant supposé très petit, d'après sa définition même, on est conduit à poser

$$\lambda^2 = A_1 \nu + A_2 \nu^2 + A_3 \nu^3 + \ldots,$$

$A_1, A_2, A_3, \ldots$ étant des coefficients indéterminés. On substituera cette expression dans la formule (23), et, en égalant dans les deux membres les coefficients des diverses puissances de ν, on aura des équations propres à déterminer $A_1, A_2, A_3, \ldots$.

On trouve ainsi

$$(24) \qquad \lambda^2 = \frac{15}{2}\nu + \frac{6}{7}\left(\frac{15}{2}\nu\right)^2 + \frac{37}{49}\left(\frac{15}{2}\nu\right)^3 + \ldots.$$

Si ω est un nombre très petit, cette série convergera rapidement, et les deux premiers termes suffiront le plus souvent, quelquefois même le premier.

Il convient d'introduire ici la pesanteur g_0 à l'équateur; si l'on fait $x = 0$ dans la formule (20), elle donne, en remplaçant P par sa valeur (11),

$$g_0 = 4\pi f\rho a \frac{\sqrt{1+\lambda^2}}{\lambda^3}(\lambda - \operatorname{arc\,tang}\lambda).$$

En éliminant $f\rho$ entre cette équation et l'équation (22), il vient

$$\frac{\omega^2 b}{g_0} = \frac{\lambda^3}{\lambda - \operatorname{arc\,tang}\lambda}\nu = \frac{\lambda^3}{\frac{\lambda^3}{3} - \frac{\lambda^5}{5} + \ldots}\nu;$$

$\omega^2 b$ est la force centrifuge à l'équateur; soit φ le rapport de cette force centrifuge équatoriale à la pesanteur correspondante, on aura

$$\varphi = \frac{\omega^2 b}{g_0} = \frac{\nu}{\frac{1}{3} - \frac{1}{5}\lambda^2 + \ldots} = 3\nu\left(1 + \frac{3}{5}\lambda^2 + \ldots\right),$$

ou bien, en remplaçant ν par son développement (23),

$$\varphi = \frac{2}{5}\lambda^2 - \frac{18}{175}\lambda^4 + \ldots.$$

On en tire inversement

$$(25) \qquad \lambda^2 = \frac{5}{2}\varphi + \frac{45}{28}\varphi^2 + \ldots.$$

L'aplatissement de la surface de l'ellipsoïde est

$$\frac{b-a}{b} = \frac{\sqrt{1+\lambda^2} - 1}{\sqrt{1+\lambda^2}} = \frac{1}{2}\lambda^2 - \frac{3}{8}\lambda^4 + \ldots;$$

si donc on néglige les quantités de l'ordre de φ^2, la formule (25) montre que l'aplatissement ε est égal à $\frac{5}{4}\varphi$. De là ce théorème important :

L'aplatissement de la surface d'une masse fluide, homogène et incompressible, qui a pris dans son équilibre la figure d'un ellipsoïde de révolution très peu aplati, est sensiblement égal aux cinq quarts du rapport de la force centrifuge équatoriale à la pesanteur correspondante.

51. **Application numérique des formules à la Terre.** — Nous supposons que la Terre a été primitivement fluide. La Géodésie prouve que la surface des mers, prolongée à travers les continents, diffère très peu d'un ellipsoïde de révolution; c'est cet ellipsoïde qui est censé reproduire la figure initiale d'équilibre. La vitesse angulaire de rotation ω est liée à la durée T de la rotation de la Terre autour de son axe, par la formule

$$\omega = \frac{2\pi}{T}.$$

On prend pour unité la seconde sexagésimale de temps moyen, et, en tenant compte du rapport du jour sidéral au jour solaire moyen, on a

$$T = 86164.$$

La longueur b du rayon terrestre équatorial résulte des mesures géodésiques; d'après M. Clarke, en prenant le mètre pour unité de longueur,

$$b = 6378253.$$

D'autre part, la pesanteur g_0 se déduit de la longueur l du pendule simple qui bat la seconde de temps moyen à l'équateur, par la relation

$$1 = \pi\sqrt{\frac{l}{g_0}}, \qquad \text{d'où} \qquad g_0 = \pi^2 l.$$

On a enfin, pour le rapport φ de la force centrifuge équatoriale à la pesanteur g_0 correspondante,

$$(26) \qquad \varphi = \frac{\omega^2 b}{g_0} = \left(\frac{2\pi}{T}\right)^2 \frac{b}{\pi^2 l} = \frac{4b}{T^2 l}.$$

Les nombreuses déterminations du pendule faites à la surface de la Terre, étant reliées entre elles par une formule convenable, on en conclut (*voir* Faye, *Cours d'Astronomie*, t. I, p. 330),

$$l = 0,991006.$$

Avec les valeurs numériques qu'on vient de rapporter, les formules (26), (25), (23) et (22) donnent successivement

$$\varphi = \frac{1}{288,38} = 0,003468, \qquad \lambda^2 = 0.008688,$$

$$v = 0,001150, \qquad \frac{\omega^2}{2\pi f \rho} = 0,002300;$$

cette valeur de $\frac{\omega^2}{2\pi f \rho}$ est de beaucoup inférieure à la limite 0,22467 donnée par la formule (16). Il y a donc bien deux figures ellipsoïdales de révolution possibles pour l'équilibre. On trouve, d'ailleurs, en cherchant la seconde racine positive de l'équation (a),

$$\lambda_2 = 681;$$

le rapport des axes, $\frac{b}{a} = \sqrt{1+\lambda_2^2}$, serait à peu près égal à 681, et cette solution est évidemment impossible.

Calculons l'aplatissement ε par la formule

$$\varepsilon = \frac{1}{2}\lambda^2 - \frac{3}{8}\lambda^4 + \ldots;$$

nous trouverons

$$\varepsilon = \frac{1}{231,7}.$$

Or la discussion de l'ensemble des mesures géodésiques a donné à M. Clarke

$$\varepsilon = \frac{1}{293,5}.$$

Nous trouvons donc un aplatissement beaucoup trop fort, et nous devons en conclure que la Terre n'est pas homogène. C'est, du reste, ce que nous savons d'autre part ; la densité moyenne a été déterminée par des mesures précises, et trouvée égale au double environ de la densité superficielle.

Nous reprendrons plus loin l'étude théorique de la figure de la Terre, en ne la supposant plus homogène.

Cherchons à nous faire une idée de la grandeur des pressions dans l'intérieur de la Terre supposée fluide et homogène. La formule (20) donne

$$g_0 = \frac{Pa}{\sqrt{1+\lambda_1^2}},$$

après quoi on trouve, par la relation (21),

$$p = \varpi \left[1 + \frac{1}{2} \frac{g_0}{\varpi} b\rho \left(1 - \frac{a'^2}{a^2} \right) \right].$$

La pression ϖ est la pression atmosphérique : soient D la densité du mercure, H la hauteur moyenne du baromètre à l'équateur ; on aura

$$\varpi = \mathrm{HD}g_0,$$

et l'expression précédente de p pourra s'écrire

$$(27) \qquad p = \varpi \left[1 + \frac{1}{2} \frac{\rho}{\mathrm{D}} \frac{b}{\mathrm{H}} \left(1 - \frac{a'^2}{a^2} \right) \right].$$

D'après les résultats de l'expérience célèbre de Cavendish, reprise récemment par MM. Cornu et Baille, $\rho = 5,56$, en prenant la densité de l'eau pour unité ; on a, d'ailleurs,

$$\mathrm{D} = 13,6, \qquad b = 6\,378\,253, \qquad \mathrm{H} = 0,76.$$

En substituant ces nombres dans la formule (27), on trouve

$$(28) \qquad p = \varpi \left[1 + (6,23439) \left(1 - \frac{a'^2}{a^2} \right) \right],$$

où le nombre placé entre parenthèses désigne un logarithme.

Pour $a' = 0$, ce qui correspond au centre de la Terre, la formule précédente donne

$$p = 1\,716\,000\,\varpi ;$$

ainsi, de la surface au centre, la pression croîtrait de 1^{atm} au chiffre énorme de $1\,716\,000^{\text{atm}}$. Cela prouve qu'alors même qu'on supposerait la Terre fluide et formée d'une seule substance, de la lave en fusion par exemple, malgré le faible coefficient de compressibilité des liquides, il faudrait tenir compte de la compression, et qu'on ne pourrait pas considérer la Terre comme homogène.

52. Application numérique des formules au Soleil et aux planètes. — Nous continuons à nous placer dans l'hypothèse de l'homogénéité. Nous mettrons des accents aux quantités qui se rapportent soit au Soleil, soit à l'une des planètes ; les lettres sans accents se rapporteront à la Terre. Nous aurons

$$\nu' = \frac{\omega'^2}{4\pi f\rho'} = \frac{\pi}{f\rho' \mathrm{T}'^2}, \qquad \nu = \frac{\pi}{f\rho \mathrm{T}^2} = 0,001\,150,$$

d'où

$$(29) \qquad \nu' = 0,001\,150 \left(\frac{\mathrm{T}}{\mathrm{T}'} \right)^2 \frac{\rho}{\rho'}.$$

Pour que l'équilibre soit possible, on doit avoir, d'après la condition (16),

$$\upsilon' < 0,112\,33,$$

d'où, en remplaçant υ' par sa valeur (29),

$$T' > T\sqrt{\frac{\rho}{\rho'}}\sqrt{\frac{0,001\,15}{0,112\,33}},$$

ou bien, en mettant pour T sa valeur en heures de temps moyen,

$$T = 24^h \times \frac{86164}{86400} = 23^h 56^m 4^s,$$

$$(30) \qquad T' > 2^h 25^m \times \sqrt{\frac{\rho}{\rho'}}.$$

En supposant $\rho' = \rho$, on a ce théorème :

Une masse fluide homogène, de même densité que la Terre, ne peut affecter dans sa position d'équilibre la figure d'un ellipsoïde de révolution, si elle tourne sur elle-même en moins de $2^h 25^m$. Pour Saturne, on a $\frac{\rho'}{\rho} = 0,128$, et la condition (30) devient

$$T' > 6^h 45^m;$$

or Saturne tourne sur lui-même en $10^h 14^m$; l'inégalité précédente est donc satisfaite; mais on voit que, si la rotation devenait deux fois plus rapide, l'équilibre serait impossible avec une figure ellipsoïdale de révolution. C'est pour cette planète qu'on est le moins éloigné de cette destruction d'équilibre.

Hâtons-nous de dire que, quand on substitue pour $\frac{\rho'}{\rho}$ et T' les valeurs qui correspondent au Soleil ou aux planètes dont on a pu déterminer les mouvements de rotation, la condition (30) est toujours vérifiée.

Pour ces divers corps, on calculera υ' par la formule (29), en remplaçant T' et $\frac{\rho'}{\rho}$ par leurs valeurs telles que les donne l'*Annuaire du Bureau des Longitudes*. On calculera ensuite λ' et ε' par les formules

$$\lambda'^2 = \frac{15}{2}\upsilon' + \frac{6}{7}\left(\frac{15}{2}\upsilon'\right)^2 + \frac{37}{49}\left(\frac{15}{2}\upsilon'\right)^3 + \ldots,$$

$$\varepsilon' = \frac{1}{2}\lambda'^2 - \frac{3}{8}\lambda'^4 + \frac{5}{16}\lambda'^6 - \ldots.$$

On obtient ainsi les nombres contenus dans le Tableau suivant :

	T'.	$\frac{\rho'}{\rho}$.	ν'.	ε'.
Soleil............	25^j. 4^h. 0^m	0,253	0,000 007 14	$\frac{1}{37500}$
Mercure.........	0.24. 1	1,173	0,000 97	$\frac{1}{273}$
Vénus...........	0.23.21	0,807	0,001 50	$\frac{1}{178}$
Mars.............	0.24.37	0,711	0,001 53	$\frac{1}{171}$
Jupiter..........	0. 9.56	0,242	0,027 59	$\frac{1}{9,4}$
Saturne..........	0.10.14	0,128	0,049 15	$\frac{1}{5,1}$

Les aplatissements de Mercure, Vénus et Mars n'ont pu être jusqu'ici déterminés par l'observation ; celui du Soleil a été trouvé nul, ou du moins au-dessous des erreurs des observations. Les mesures faites sur les disques de Jupiter et de Saturne ont donné, pour les aplatissements de ces deux planètes, les fractions $\frac{1}{17,1}$ et $\frac{1}{9,2}$; elles sont plus petites que les valeurs de ε' que nous avons calculées. Il faut en conclure que Jupiter et Saturne ne sont pas homogènes, pas plus que la Terre.

On démontrera plus loin que la valeur de ε' calculée dans l'hypothèse de l'homogénéité est une limite supérieure de l'aplatissement réel, quelle que soit la constitution intérieure de la planète. En admettant ce résultat, on voit que les valeurs de ε' trouvées pour Jupiter et Saturne ne sont pas en contradiction avec les observations. Les valeurs très petites calculées pour le Soleil, Mercure, Vénus et Mars expliquent qu'on ne soit pas encore arrivé à déterminer les aplatissements réels de ces corps par des mesures faites sur leurs disques.

53. **Discussion relative au moment de rotation.** — On a vu que, si la masse fluide est animée d'un mouvement de rotation trop rapide, l'équilibre ne peut pas avoir lieu sous la forme d'un ellipsoïde de révolution, avec cette vitesse de rotation. Il ne faut pas en conclure que le fluide n'arrivera pas à prendre, dans sa position d'équilibre, la figure d'un ellipsoïde de révolution ; car on conçoit que la masse ne se trouvant pas en équilibre actuellement va changer de forme, ce qui entrainera une variation correspondante de ω, qui pourra arriver à être inférieur à la limite fixée plus haut,

$$\frac{\omega^2}{2\pi f \rho} < 0,22467;$$

alors l'équilibre sera possible avec un ellipsoïde de révolution.

Il est intéressant de savoir s'il y a deux états d'équilibre réellement compatibles avec les données initiales. Ce qui précède montre que ω ne peut être considéré comme une donnée initiale. Reportons-nous par la pensée à l'origine du mouvement; la masse fluide vient d'être abandonnée à elle-même; des vitesses quelconques ont été communiquées à ses diverses molécules : elle constitue un système qui n'est soumis qu'à des forces intérieures. Par son centre de gravité O, menons trois axes rectangulaires dont l'un Ox coïncide à l'origine avec l'axe du couple résultant des moments des quantités de mouvement. On aura donc, en désignant par μ le moment de ce couple,

$$\mu = \sum m\left(y\frac{dz}{dt} - z\frac{dy}{dt}\right),$$

et cette relation se maintient pendant toute la suite du mouvement. Si nous supposons que la masse arrive à prendre son équilibre, avec la figure d'un ellipsoïde de révolution, en tournant d'un mouvement uniforme autour d'un axe fixe passant par le point O, le plan perpendiculaire à cet axe sera évidemment le plan du maximum des aires, ou le plan du couple résultant; ce sera donc notre plan yOz. On aura, d'ailleurs,

$$\frac{dy}{dt} = -\omega z, \qquad \frac{dz}{dt} = +\omega y;$$

donc

$$\mu = \omega \sum m(y^2 + z^2).$$

Ainsi, le moment d'inertie de la masse, quand elle a affecté la forme d'un ellipsoïde de révolution, est égal à la quantité μ, que nous appellerons, pour abréger, le moment de rotation, et qui est une donnée initiale. Soient M la masse, ρ la densité; on a

$$\sum m(y^2 + z^2) = \mathrm{M}\frac{b^2 + c^2}{5} = \frac{2}{5}\mathrm{M}b^2 = \frac{2}{5}\mathrm{M}a^2(1 + \lambda^2) = \frac{\mu}{\omega},$$

$$\mathrm{M} = \frac{4}{3}\pi\rho a^3(1 + \lambda^2).$$

On tire de là les valeurs de a et ω,

$$a = \left[\frac{3\mathrm{M}}{4\pi\rho(1 + \lambda^2)}\right]^{\frac{1}{3}},$$

$$\frac{\omega^2}{2\pi f\rho} = \frac{25\mu^2}{6f\mathrm{M}^3}\left(\frac{4\pi\rho}{3\mathrm{M}}\right)^{\frac{1}{3}}(1 + \lambda^2)^{-\frac{2}{3}}.$$

Il n'y a plus maintenant qu'à porter cette valeur de $\frac{\omega^2}{2\pi f\rho}$ dans l'équation (a), qui deviendra

$$(a') \qquad (1+\lambda^2)^{\frac{2}{3}}\left(\frac{3+\lambda^2}{\lambda^3}\operatorname{arc\,tang}\lambda - \frac{3}{\lambda^2}\right) = \frac{25\mu^2}{6fM^3}\left(\frac{4\pi\rho}{3M}\right)^{\frac{1}{3}}.$$

Cette équation servira à déterminer λ; le premier membre est nul et infini en même temps que λ; donc il devient égal au moins une fois à la constante positive qui représente le second membre, quand on fait croître λ de 0 à $+\infty$. Ainsi l'équation (a) a toujours une racine : je dis qu'elle n'en a qu'une. Pour le prouver, il suffit de faire voir que la dérivée de son premier membre par rapport à λ est constamment positive. Or on met sans peine cette dérivée sous la forme suivante :

$$\frac{1}{3}(1+\lambda^2)^{-\frac{1}{3}}\left[\operatorname{arc\,tang}\lambda + 9\,\frac{2\lambda^2+3}{\lambda^4}\left(\frac{\lambda^3+3\lambda}{2\lambda^2+3} - \operatorname{arc\,tang}\lambda\right)\right].$$

Il suffira donc de montrer que la fonction

$$\frac{\lambda^3+3\lambda}{2\lambda^2+3} - \operatorname{arc\,tang}\lambda,$$

qui s'annule avec λ, est toujours positive; or il en est ainsi, car la dérivée de cette fonction a pour expression

$$\lambda^4\,\frac{2\lambda^2+1}{(\lambda^2+1)(2\lambda^2+3)^2}$$

et reste, par conséquent, toujours positive.

Donc, si l'on prend pour données initiales μ et M, il ne peut y avoir comme figure d'équilibre qu'un seul ellipsoïde de révolution.

CHAPITRE VII.

ELLIPSOÏDES A TROIS AXES INÉGAUX DE JACOBI. THÉORÈME DE M. POINCARÉ.

54. **L'ellipsoïde à trois axes inégaux comme figure d'équilibre.** — Jacobi a reconnu le premier qu'une masse liquide homogène, douée d'un mouvement de rotation uniforme autour d'un axe fixe, et dont les molécules s'attirent mutuellement suivant la loi de Newton, peut se maintenir elle-même en équilibre sous la forme d'un ellipsoïde à trois axes inégaux. Il suffit pour cela que les axes de l'ellipsoïde soient déterminés en fonction de la masse M et de la vitesse angulaire de rotation ω, supposées connues, par l'ensemble des formules suivantes qui ont été démontrées au n° 45,

$$\int_0^1 \frac{\zeta^2(1-\zeta^2)(1-\lambda^2\lambda'^2\zeta^2)}{(1+\lambda^2\zeta^2)^{\frac{3}{2}}(1+\lambda'^2\zeta^2)^{\frac{3}{2}}}\,d\zeta = 0, \tag{1}$$

$$\int_0^1 \frac{\zeta^2(1-\zeta^2)}{(1+\lambda^2\zeta^2)^{\frac{3}{2}}(1+\lambda'^2\zeta^2)^{\frac{3}{2}}}\,d\zeta = \frac{\omega^2}{4\pi f\rho\sqrt{1+\lambda^2}\sqrt{1+\lambda'^2}}, \tag{2}$$

$$a = \left(\frac{3M}{4\pi\rho\sqrt{1+\lambda^2}\sqrt{1+\lambda'^2}}\right)^{\frac{1}{3}},$$

$$b^2 = a^2(1+\lambda^2), \qquad c^2 = a^2(1+\lambda'^2).$$

La discussion des équations transcendantes (1) et (2), dont dépendent les valeurs des inconnues λ et λ', a été faite d'abord par Otto Meyer (*Journal de Crelle*, t. 24); elle a été reprise et complétée par Liouville ([1]), dont nous allons reproduire l'analyse.

([1]) *Journal de Mathématiques*, 1re série, t. XVI.

Commençons par remarquer que l'on doit avoir $\lambda^2\lambda'^2 > 1$, sans quoi tous les éléments de l'intégrale (1) seraient positifs, et cette intégrale ne pourrait pas s'annuler. Donc, l'une au moins des quantités λ^2 et λ'^2, que nous savons être positives (n° 45), sera supérieure à l'unité, et, par suite, l'un des rapports $\frac{b}{a}$ et $\frac{c}{a}$ sera plus grand que $\sqrt{2}$. Les ellipsoïdes cherchés seront donc nécessairement très éloignés de la forme sphérique, et ce n'est pas dans notre système planétaire qu'on peut les trouver représentés. Remarquons encore que, l'équation (1) étant symétrique, on a $d\lambda + d\lambda' = 0$ pour $\lambda = \lambda'$, et, par suite, toute fonction symétrique des quantités λ et λ', telle que ω^2, a, en général, un maximum ou un minimum pour $\lambda = \lambda'$, sa dérivée étant alors nulle. Pour aller plus loin, il convient de faire un changement de variable.

55. Nous ferons

$$\zeta = \frac{1}{\sqrt{1+x}},$$

$$1+\lambda^2 = \frac{b^2}{a^2} = \frac{1}{s}, \qquad 1+\lambda'^2 = \frac{c^2}{a^2} = \frac{1}{t},$$

et les équations (1) et (2) deviendront

$$(a) \qquad (1-s-t)\int_0^\infty \frac{x\,dx}{\Delta^3} - st\int_0^\infty \frac{x^2\,dx}{\Delta^3} = 0,$$

$$(b) \qquad \frac{\omega^2}{2\pi f\rho} = st\int_0^\infty \frac{x\,dx}{(1+sx)(1+tx)\Delta},$$

en posant

$$(c) \qquad \Delta = \sqrt{(1+x)(1+sx)(1+tx)}.$$

La simple inspection de l'équation (a) montre que l'on doit avoir $s+t<1$, sans quoi, les deux parties du premier membre étant négatives, leur somme ne pourrait être nulle; ainsi, on a $s<1$ $t<1$ et, par suite, $a<b$, $a<c$, en sorte que l'axe autour duquel le corps tourne est le petit axe de l'ellipsoïde, ce que nous savions déjà. L'équation (a) détermine s en fonction de t; nous commencerons par prouver que, t étant donné, entre 0 et 1, l'équation (a) donne toujours une valeur de s, et une seule, comprise entre les mêmes limites.

Représentons, en effet, par F le premier membre de l'équation (a), nous trouverons sans peine, en remarquant que s figure directement dans F et indirectement par Δ,

$$\frac{\partial F}{\partial s} = \frac{1}{2}\int_0^\infty \frac{x(1+x)(1+tx)}{\Delta^5}\,[2+(3-s-t)x - stx^2]\,dx$$

ou bien

$$(3)\qquad \frac{\partial F}{\partial s} = -A_0 - A_1 t,$$

en faisant

$$(4)\qquad A_0 = \frac{1}{2}\int_0^\infty \frac{x(1+x)}{\Delta^5}\left[2 + (3-s-t)x - stx^2\right]dx,$$

$$(5)\qquad A_1 = \frac{1}{2}\int_0^\infty \frac{x^2(1+x)}{\Delta^5}\left[2 + (3-s-t)x - stx^2\right]dx;$$

on aura de même, en remarquant que A_0 et A_1 sont des fonctions symétriques de s et t,

$$(6)\qquad \frac{\partial F}{\partial t} = -A_0 - A_1 s.$$

On va prouver que A_0 et $2A_0 + 3A_1$ sont positifs.

On trouve d'abord sans peine

$$\frac{d}{dx}\left[\frac{x^2(1+x)}{\Delta^3}\right] = \frac{x(1+x)\left[4 + (3+s+t)x - 2stx^2 - 3stx^3\right]}{2\Delta^5};$$

d'où, en intégrant entre les limites o et ∞,

$$(7)\qquad 0 = \int_0^\infty \frac{x(1+x)}{\Delta^5}\left[4 + (3+s+t)x - 2stx^2 - 3stx^3\right]dx.$$

Si l'on divise cette équation par 4 et qu'on la retranche de l'expression (4) de A_0, on trouve, après réduction,

$$(8)\qquad A_0 = \frac{3}{4}\int_0^\infty \frac{x^2(1+x)}{\Delta^5}(1 - s - t + stx^2)\,dx;$$

$1 - s - t$ étant positif, il en est de même du second membre et, par suite, de A_0. On tire ensuite des formules (5) et (8)

$$2A_0 + 3A_1 = \frac{3}{2}(3 - s - t)\int_0 \frac{x^2(1+x)^2}{\Delta^5}\,dx;$$

le second membre de cette équation étant essentiellement positif, il en est de même de $2A_0 + 3A_1$. Si l'on écrit ainsi les expressions (3) et (6) de $\frac{\partial F}{\partial s}$ et $\frac{\partial F}{\partial t}$,

$$\frac{\partial F}{\partial s} = -A_0\left(1 - \frac{2}{3}t\right) - \frac{t}{3}(2A_0 + 3A_1),$$

$$\frac{\partial F}{\partial t} = -A_0\left(1 - \frac{2}{3}s\right) - \frac{s}{3}(2A_0 + 3A_1),$$

on voit qu'elles sont négatives, parce que les quantités A_0, $2A_0+3A_1$, $1-\frac{2}{3}s$, $1-\frac{2}{3}t$, s et t sont positives; F est donc une fonction décroissante de s et de t.

Cela posé, t ayant une valeur déterminée entre o et 1, calculons les valeurs de F quand on y remplace s par o, puis par 1; nous trouverons

$$(1-t)\int_0^\infty \frac{x\,dx}{(1+x)^{\frac{3}{2}}(1+tx)^{\frac{3}{2}}} \quad \text{et} \quad -t\int_0^\infty \frac{x\,dx}{(1+x)^2(1+tx)^{\frac{3}{2}}};$$

le premier de ces résultats est positif, le second négatif. Lors donc que l'on fait croître s de o à 1, F passe du positif au négatif, et, comme on a toujours $\frac{\partial F}{\partial s}<0$, il en résulte qu'il y a entre o et 1 une valeur de s et une seule qui annule F. Donc l'équation (a) admet toujours une racine s comprise entre o et 1, et rien qu'une. Considérons dans cette équation s comme une fonction de t; nous aurons

$$(9) \qquad \frac{\partial F}{\partial s}\frac{ds}{dt}=-\frac{\partial F}{\partial t},$$

$\frac{ds}{dt}$ sera donc négatif, puisque $\frac{\partial F}{\partial t}$ et $\frac{\partial F}{\partial s}$ ont tous les deux le signe moins; ainsi, quand on fera croître t de o à 1, s décroîtra constamment; or, pour $t=0$, $s=1$, et pour $t=1$, $s=0$, comme on s'en assure par la substitution directe dans l'équation (a). Donc, t croissant de o à 1, s décroîtra constamment de 1 à o. Il arrivera donc un moment où l'on aura $s=t$; soit τ la valeur commune de ces quantités. On pourra dresser le Tableau suivant :

$$(10) \qquad \left\{\begin{array}{lllll} t=0, & t<\tau, & t=\tau, & t>\tau, & t=1,\\ s=1, & s>\tau, & s=\tau, & s<\tau, & s=0. \end{array}\right.$$

La valeur de τ s'obtiendra d'ailleurs en faisant $s=t=\tau$ dans l'équation (a), qui deviendra

$$(11) \qquad (1-2\tau)\int_0^\infty \frac{x\,dx}{(1+x)^{\frac{3}{2}}(1+\tau x)^3}=\tau^2\int_0^\infty \frac{x^2\,dx}{(1+x)^{\frac{3}{2}}(1+\tau x)^3}.$$

56. Considérons maintenant l'équation (b), et posons

$$(12) \qquad U=st\int_0^\infty \frac{x\,dx}{(1+sx)(1+tx)\Delta};$$

s étant considéré comme une fonction de t définie par l'équation (a), U deviendra une fonction de t, et l'on aura

$$\frac{dU}{dt}=\frac{\partial U}{\partial t}+\frac{\partial U}{\partial s}\frac{ds}{dt}$$

ou bien, à cause de la relation (9),

$$(13)\qquad \frac{\partial F}{\partial s}\frac{dU}{dt} = \frac{\partial F}{\partial s}\frac{\partial U}{\partial t} - \frac{\partial F}{\partial t}\frac{\partial U}{\partial s}.$$

Or on tire de (12)

$$\frac{\partial U}{\partial s} = t\int_0^{\infty} \frac{x\left(1 - \frac{1}{2}sx\right)dx}{(1+x)^{\frac{1}{2}}(1+sx)^{\frac{3}{2}}(1+tx)^{\frac{3}{2}}},$$

$$\frac{\partial U}{\partial s} = t\int_0^{\infty} \frac{x(1+x)^2}{\Delta^5}\left[1 + \left(t - \frac{1}{2}s\right)x - \frac{1}{2}stx^2\right]dx.$$

Posons

$$(14)\qquad B_0 = \int_0^{\infty} \frac{x(1+x)^2}{\Delta^5}\left(1 - \frac{1}{2}stx^2\right)dx,$$

$$(15)\qquad B_1 = \int_0^{\infty} \frac{x^2(1+x)^2}{\Delta^5}dx,$$

et il viendra

$$(16)\qquad \frac{\partial U}{\partial s} = t\left[B_0 + B_1\left(t - \frac{1}{2}s\right)\right].$$

On aura de même

$$(17)\qquad \frac{\partial U}{\partial t} = s\left[B_0 + B_1\left(s - \frac{1}{2}t\right)\right].$$

La formule (13) donnera ensuite, en ayant égard aux relations (3), (6), (16) et (17),

$$-\frac{\partial F}{\partial s}\frac{dU}{dt} = s(A_0 + A_1 t)\left[B_0 + B_1\left(s - \frac{1}{2}t\right)\right] - t(A_0 + A_1 s)\left[B_0 + B_1\left(t - \frac{1}{2}s\right)\right]$$

ou, en réduisant,

$$-\frac{\partial F}{\partial s}\frac{dU}{dt} = (s-t)\left[A_0B_0 + A_0B_1(s+t) + \frac{3}{2}A_1B_1st\right],$$

ou encore

$$(18)\qquad -\frac{\partial F}{\partial s}\frac{dU}{dt} = (s-t)\left\{A_0B_0 + A_0B_1[s + (1-s)t] + \frac{1}{2}B_1(2A_0 + 3A_1)st\right\}.$$

L'expression (15) de B_1 est essentiellement positive, et si, de l'expression (14) de B_0, on retranche le $\frac{1}{4}$ de l'équation (7), on trouve $3B_0 = A_0$; donc B_0 est essentiellement positif. Cela posé, on voit que le multiplicateur de $s - t$ dans le second membre de la formule (18) est positif; car il en est ainsi des quantités A_0B_0, A_0B_1, $s+(1-s)t$, B_1, $2A_0+3A_1$, st; d'ailleurs, $-\frac{\partial F}{\partial s}$ est positif. Donc $\frac{dU}{dt}$ a le même signe que $s-t$; d'après le Tableau (10), $s-t$ est positif pour $t<\tau$, et négatif pour $t>\tau$. Donc U atteint son maximum pour $t=\tau$. Soit U_1 ce maximum; la formule (12) montre que U s'annule pour $t=0$, et pour $t=1$; dans ces limites U est maximum et égal à U_1 pour $t=\tau$. Si donc on a $\frac{\omega^2}{2\pi f\rho}>U_1$, l'équation (*b*) est impossible. Si l'on a, au contraire,

$$\frac{\omega^2}{2\pi f\rho}<U_1, \tag{19}$$

l'équation (*b*) sera vérifiée par deux valeurs de t, l'une $t'<\tau$, l'autre $t''>\tau$. Soient s' et s'' les valeurs correspondantes de s; les équations (*a*) et (*b*) étant symétriques par rapport à s et t, si $s=s'$, $t=t'$ constitue une solution, $s=t'$, $t=s'$ en constituera une autre. On aura donc $s''=t'$, $t''=s'$, et il n'y aura en somme qu'un ellipsoïde à trois axes inégaux répondant à la question. Dans le cas de $\frac{\omega^2}{2\pi f\rho}=U_1$, on a $s'=t'=\tau$; l'ellipsoïde de Jacobi est de révolution.

Remarque. — M. Radau a apporté aux calculs précédents une simplification notable. Il introduit les fonctions symétriques $p=s+t$, $q=st$, $r=(s-t)^2$, et observe que dp, dq, dr, dU_1 s'annulent pour $s=t$, parce que l'équation $F=0$ donne alors $ds+dt=0$; r est minimum pour $s=t$. Ensuite

$$p^2=r+4q, \qquad \Delta^2=(1+x)(1+px+qx^2).$$

Posons

$$A=\int_0^\infty \frac{x\,dx}{\Delta^3}, \qquad B=\int_0^\infty \frac{x^2\,dx}{\Delta^3}, \qquad B_1=\int_0^\infty \frac{x^2(1+x)^2}{\Delta^5}\,dx,$$

$$\frac{4}{3}A_0=B-pB_1=\int_0^\infty \frac{x^2(1+x)(1-p+qx^2)}{\Delta^5}\,dx;$$

A, B, B_1 seront des quantités positives, et nous aurons

$$F=(1-p)A-qB=0, \qquad U=q(A+B),$$

par suite $p<1$ et $A_0>0$. En prenant pour variables q, r et tenant compte de la relation (7), qui peut s'écrire

$$A_0+\frac{\partial F}{\partial p}=0,$$

on trouve d'abord

$$-2p\,dF=A_0\,dr+(3-p)B\,dq=0,$$

d'où $dq < 0$, puisque $dr > 0$ à partir de $r = 0$. Pour une valeur donnée de r, l'équation $F = 0$ a une racine et une seule, entre $q = 0$ et $p = 1$. En faisant encore $V = p^2 q^{-\frac{4}{3}} U$, on trouve

$$-4p\,dU = 3B_1(q\,dr - r\,dq) - Bp\,dq,$$

$$q^{\frac{4}{3}}dV = A_0(q\,dr - r\,dq) + (4A + B)\left(\frac{q\,dr}{4} - \frac{q+r}{3}dq\right),$$

donc $dU < 0$, $dV > 0$, puisque $dq < 0$ et $dr > 0$ depuis $r = 0$. U et q sont maximum et V minimum pour $r = 0$. Nous verrons plus loin (n° 58) la signification de V.

57. **Calcul numérique de τ et de U_1.** — Ces quantités sont données par les équations (a) et (b) quand on y fait $s = t = \tau$; mais il est préférable de remonter aux équations (1) et (2), qui donnent alors $\lambda^2 = \lambda'^2 = \frac{1}{\tau} - 1$,

$$\int_0^1 \frac{\zeta^2(1-\zeta^2)(1-\lambda^4\zeta^4)}{(1+\lambda^2\zeta^2)^3}\,d\zeta = 0, \tag{20}$$

$$U_1 = 2(1+\lambda^2)\int_0^1 \frac{\zeta^2(1-\zeta^2)}{(1+\lambda^2\zeta^2)^3}\,d\zeta. \tag{21}$$

Les coefficients de $d\zeta$ dans ces deux formules étant des fractions rationnelles, on pourrait les décomposer en fractions simples et effectuer les intégrations par la méthode connue. Toutefois on arrivera plus rapidement au but en procédant comme il suit : en représentant par Φ le premier membre de l'équation (20), on vérifie aisément l'identité

$$\frac{1+3\lambda^2}{2}U_1 - (1-\lambda^2)\Phi = 2\lambda^2\int_0^1 \frac{\zeta^2\,d\zeta}{1+\lambda^2\zeta^2} + \lambda^2(1+\lambda^2)\int_0^1 \frac{3\zeta^2 - (5+\lambda^2)\zeta^4 - \lambda^2\zeta^6}{(1+\lambda^2\zeta^2)^3}\,d\zeta;$$

la dernière intégrale est nulle, car elle a pour valeur $\left[\frac{\zeta^3(1-\zeta^2)}{(1+\lambda^2\zeta^2)^2}\right]_0^1$. Comme on a aussi $\Phi = 0$, il vient

$$\frac{1+3\lambda^2}{4\lambda^2}U_1 = \int_0^1 \frac{\zeta^2\,d\zeta}{1+\lambda^2\zeta^2} = \frac{\lambda - \operatorname{arc\,tang}\lambda}{\lambda^3}.$$

D'autre part, l'ellipsoïde de Jacobi étant actuellement de révolution, on peut appliquer la formule (a) du n° 46, ce qui donne

$$1 - U_1 = (3+\lambda^2)\frac{\lambda - \operatorname{arc\,tang}\lambda}{\lambda^3}.$$

De ces deux relations, on tire

$$\text{(22)} \qquad \operatorname{arc\,tang}\lambda - \frac{13\lambda^3 + 3\lambda}{3\lambda^4 + 14\lambda^2 + 3} = 0,$$

$$\text{(23)} \qquad U_1 = \frac{4\lambda^2}{3\lambda^4 + 14\lambda^2 + 3}.$$

Le premier membre de l'équation (22), qui s'annule pour $\lambda = 0$, a pour dérivée par rapport à λ

$$\frac{16\lambda^4(\lambda^2 - 1)(3\lambda^2 + 1)}{(1 + \lambda^2)(3\lambda^4 + 14\lambda^2 + 3)^2};$$

il est donc négatif et décroissant quand λ varie de 0 à 1, et croît ensuite sans cesse jusqu'à la valeur $+\frac{\pi}{2}$ qu'il atteint pour $\lambda = \infty$. Donc l'équation admet une racine positive et une seule, laquelle est plus grande que 1. On trouve aisément pour cette racine

$$\lambda = 1{,}395\ldots, \qquad \text{d'où} \qquad \tau = \frac{1}{1 + \lambda^2} = 0{,}3396\ldots,$$

et, en portant cette valeur de λ dans la formule (23), il vient

$$U_1 = 0{,}18709\ldots.$$

On peut maintenant résumer les résultats de la discussion relative aux ellipsoïdes de révolution et aux ellipsoïdes de Jacobi :

$\frac{\omega^2}{2\pi f\rho} > 0{,}22467$, aucun ellipsoïde de révolution ou non,

$0{,}18709 < \frac{\omega^2}{2\pi f\rho} < 0{,}22467$, deux ellipsoïdes de révolution,

$\frac{\omega^2}{2\pi f\rho} < 0{,}18709$, deux ellipsoïdes de révolution, et un ellipsoïde à trois axes inégaux.

Remarque. — Si l'on fait $\omega = 0$, l'équation (b) donne $st = 0$: l'une ou l'autre des quantités s et t est nulle ; supposons que ce soit t. Lorsque ω, au lieu d'être nul, sera seulement très petit, t sera voisin de 0 et s de 1. Les formules $b = \frac{a}{\sqrt{s}}$, $c = \frac{a}{\sqrt{t}}$ montrent que $\frac{b}{a}$ différera peu de 1, tandis que $\frac{c}{a}$ sera très grand. On a, d'ailleurs,

$$M = \frac{4}{3}\pi\rho abc = \frac{4}{3}\pi\rho\frac{a^3}{\sqrt{st}},$$

d'où

$$\text{(24)} \qquad a = \left(\frac{3M}{4\pi\rho}\right)^{\frac{1}{3}} s^{\frac{1}{6}} t^{\frac{1}{6}}, \qquad b = \left(\frac{3M}{4\pi\rho}\right)^{\frac{1}{3}} s^{\frac{1}{3}} t^{\frac{1}{6}}, \qquad c = \left(\frac{3M}{4\pi\rho}\right)^{\frac{1}{3}} s^{\frac{1}{6}} t^{-\frac{1}{3}};$$

quand t tend vers zéro, il en est de même de a et de b, tandis que c croît indéfiniment. La figure ellipsoïdale à trois axes inégaux affecte donc alors la forme d'une aiguille très mince, très longue et à peu près ronde, qui tourne autour d'un axe perpendiculaire à sa direction. On a vu (n° 47) que, dans les mêmes conditions, les deux ellipsoïdes de Maclaurin se réduisent, l'un presque à une sphère, l'autre à un disque elliptique très mince.

58. **Discussion relative au moment de rotation.** — Prenons maintenant, comme véritable donnée initiale, le moment μ du couple résultant des quantités de mouvement; c'est ce que nous avons fait déjà pour les ellipsoïdes de révolution. Cette seconde partie de la discussion est due à Liouville. Puisque le moment μ se conserve, nous aurons, au moment où la masse affecte la forme d'un ellipsoïde à trois axes inégaux, tournant d'un mouvement uniforme autour de l'axe $2a$,

$$\mu = \omega \mathrm{M} \frac{b^2 + c^2}{5};$$

d'où, en ayant égard aux expressions (24) de b et c,

$$\omega^2 = \frac{25\mu^2}{\mathrm{M}^2} \left(\frac{4\pi\rho}{3\mathrm{M}}\right)^{\frac{4}{3}} \frac{(st)^{\frac{4}{3}}}{(s+t)^2}.$$

L'équation (b) va pouvoir s'écrire

$$(b') \qquad \mathrm{V} = k,$$

en faisant, pour abréger,

$$(25) \qquad k = \frac{50\mu^2}{3f\mathrm{M}^3} \left(\frac{4\pi\rho}{3\mathrm{M}}\right)^{\frac{1}{3}},$$

$$(26) \qquad \mathrm{V} = \frac{(s+t)^2}{(st)^{\frac{4}{3}}} \mathrm{U},$$

U continuant à avoir la signification précédemment indiquée.

Le problème dépend donc de la résolution des deux équations (a) et (b'), dans lesquelles les inconnues sont s et t. On a vu que l'équation (a) détermine toujours une valeur de s, et une seule, en fonction de t; V peut donc être considéré comme une fonction de t. On trouve aisément, en partant de l'expression (26) de V,

$$\frac{d\mathrm{V}}{dt} = \frac{(s+t)^2}{(st)^{\frac{4}{3}}} \left(\frac{\partial \mathrm{U}}{\partial t} + \frac{\partial \mathrm{U}}{\partial s} \frac{ds}{dt}\right) + \frac{2}{3} \mathrm{U} \frac{s+t}{(st)^{\frac{7}{3}}} \left[st - 2s^2 + (st - 2t^2) \frac{ds}{dt}\right];$$

d'où, en remplaçant $\frac{ds}{dt}$ par sa valeur (9),

$$-\frac{\partial F}{\partial s}\frac{dV}{dt}=\frac{(s+t)^2}{(st)^{\frac{4}{3}}}\left\{\frac{\partial F}{\partial t}\left[\frac{\partial U}{\partial s}+\frac{2s-4t}{3s(s+t)}U\right]-\frac{\partial F}{\partial s}\left[\frac{\partial U}{\partial t}+\frac{2t-4s}{3t(s+t)}U\right]\right\}.$$

On peut mettre pour $\frac{\partial F}{\partial s}$, $\frac{\partial F}{\partial t}$, U, $\frac{\partial U}{\partial s}$ leurs valeurs (3), (6), (12), (14), et pour $\frac{\partial U}{\partial t}$ l'expression analogue; après des calculs qui n'ont rien de difficile, on trouve

$$(27)\qquad -\frac{\partial F}{\partial s}\frac{dV}{dt}=(t-s)\frac{(s+t)^2}{(st)^{\frac{4}{3}}}\int_0^{\infty}\frac{x(1+x)^2}{\Delta^5}(C_0+C_1x+C_2x^2)\,dx,$$

où l'on a posé, pour abréger,

$$C_0=\frac{1}{3}A_0+\frac{2st}{s+t}A_1,$$

$$C_1=\frac{1}{3}(s+t)A_0+\frac{1}{2}stA_1,$$

$$C_2=st\left(\frac{11}{6}A_0+\frac{2st}{s+t}A_1\right);$$

ce qui peut s'écrire encore

$$(28)\qquad \begin{cases} C_0=\frac{2}{3}\frac{st}{s+t}(2A_0+3A_1)+\frac{1}{3}\frac{s+t-4st}{s+t}A_0,\\ C_1=\frac{1}{4}(s+t)(A_0+C_0),\\ C_2=st\left(C_0+\frac{3}{2}A_0\right).\end{cases}$$

Or on a

$$s+t<1,\qquad (s+t)^2<s+t,\qquad s+t-4st>(s-t)^2>0;$$

les formules (28) donnent donc successivement

$$C_0>0,\qquad C_1>0,\qquad C_2>0,$$

après quoi la relation (27) montre que $\frac{dV}{dt}$ a le signe de $t-s$.

On en tire aisément, en se reportant au Tableau (10), que l'on a :

$$\text{Pour } t<\tau,\qquad \frac{dV}{dt}<0,$$

$$\text{Pour } t=\tau,\qquad \frac{dV}{dt}=0,$$

$$\text{Pour } t>\tau,\qquad \frac{dV}{dt}>0.$$

Or, d'après (26), on a :

$$\text{Pour } t = 0, \quad s = 1, \quad V = +\infty,$$
$$\text{Pour } t = 1, \quad s = 0, \quad V = +\infty.$$

Donc, t croissant de o à 1, V décroît de $+\infty$ à un minimum V_1 atteint pour $t = \tau$, pour croître ensuite de V_1 à $+\infty$. On est arrivé plus rapidement à la même conclusion dans la Remarque placée à la fin du n° 56.

L'équation (b') sera donc impossible si l'on a $k > V_1$; dans le cas de

$$(29) \qquad k < V_1,$$

il y aura deux solutions qui, à cause de la symétrie des équations, répondent à un seul et même ellipsoïde à trois axes inégaux.

Il reste à calculer la valeur numérique de V_1; or la relation (26) donne

$$V_1 = 4\tau^{-\frac{2}{3}} U_1,$$

et, si l'on remplace τ et U_1 par leurs valeurs trouvées plus haut, il vient

$$V_1 = 0,3643\ldots.$$

Rapprochons la discussion actuelle de la discussion correspondante faite pour les ellipsoïdes de révolution, et nous pouvons formuler la conclusion suivante :

Si la valeur numérique de la quantité k définie par la relation (25) est supérieure à 0,3643..., il existe un seul ellipsoïde comme figure d'équilibre, et il est de révolution. Si l'on a, au contraire, $k < 0,3643\ldots$, il existe deux figures ellipsoïdales pour l'équilibre : l'une est de révolution, l'autre a ses trois axes inégaux.

59. **Le cylindre elliptique homogène et indéfini, comme figure d'équilibre.** — Nous supposerons que la matière contenue dans le cylindre soit animée d'un mouvement de rotation uniforme autour de l'axe du cylindre qui sera pris pour axe des z. Les axes des x et des y entraînés dans le mouvement de rotation seront les axes de la section droite qui aura pour équation

$$\frac{x^2}{a^2} + \frac{y^2}{b^2} - 1 = 0.$$

D'après les formules du n° 29, les composantes X, Y, Z de l'attraction exercée par le cylindre sur un point x, y, o de sa surface ont pour expression

$$X = -4\pi f\rho x \frac{b}{a+b}, \qquad Y = -4\pi f\rho y \frac{a}{a+b}, \qquad Z = 0.$$

On doit avoir en tous les points de la surface

$$(X + \omega^2 x)\,dx + (Y + \omega^2 y)\,dy = 0,$$

ou bien

$$\left(\omega^2 - 4\pi f\rho \frac{b}{a+b}\right) x\,dx + \left(\omega^2 - 4\pi f\rho \frac{a}{a+b}\right) y\,dy = 0.$$

On a aussi

$$\frac{x\,dx}{a^2} + \frac{y\,dy}{b^2} = 0,$$

et il en résulte

$$a^2\left(\omega^2 - 4\pi f\rho \frac{b}{a+b}\right) = b^2\left(\omega^2 - 4\pi f\rho \frac{a}{a+b}\right),$$

d'où

$$\omega^2 = 4\pi f\rho \frac{ab}{(a+b)^2},$$

$$\frac{a-b}{a+b} = \sqrt{1 - \frac{\omega^2}{\pi f\rho}}.$$

Cette équation déterminera toujours pour $\frac{b}{a}$ une valeur admissible, si l'on a

$$\omega^2 < \pi f\rho.$$

Si cette inégalité n'était pas vérifiée, l'équilibre relatif du cylindre serait impossible.

60. Théorème de M. Poincaré. — Avec un cylindre elliptique indéfini, l'équilibre n'est possible que si la quantité $\frac{\omega^2}{2\pi f\rho}$ est inférieure à $\frac{1}{2}$; avec des ellipsoïdes, $\frac{\omega^2}{2\pi f\rho}$ doit être inférieur à 0,22467.... M. Poincaré a réussi à prouver [1] d'une manière générale que *l'équilibre relatif est impossible avec une figure quelconque, si l'on a* $\frac{\omega^2}{2\pi f\rho} > 1$; ou, du moins, il a fait voir que dans ce cas la résultante des forces, supposée être partout normale à la surface du fluide, serait en certains points dirigée, non pas vers l'intérieur, mais vers l'extérieur de la surface, de sorte que le fluide y serait projeté en dehors, à moins qu'une pression normale extérieure suffisante ne s'opposât à ce mouvement.

L'équation (14) du n° 23, qui découle du théorème de Green, donne

$$(30)\qquad \int \left(\frac{\partial^2 u}{\partial x^2} + \frac{\partial^2 u}{\partial y^2} + \frac{\partial^2 u}{\partial z^2}\right) dv = -\int \frac{\partial u}{\partial n}\,d\sigma.$$

---

[1] *Bulletin astronomique*, t. II, p. 117.

Nous appliquerons cette équation à une masse fluide homogène en équilibre relatif, tournant avec la vitesse angulaire constante ω autour de l'axe Ox, et soumise à l'attraction mutuelle de ses molécules; il peut y avoir aussi des attractions provenant de centres extérieurs à la surface, mobiles avec elle, de manière à conserver les mêmes positions relatives vis-à-vis des divers points de la masse fluide. Nous représenterons par W le potentiel en un point quelconque x, y, z de la masse; ce potentiel proviendra des attractions de toutes les molécules de la masse, et de celles des centres dont nous avons parlé. Nous ferons

$$u = fW + \frac{\omega^2}{2}(y^2 + z^2);$$

les composantes de la pesanteur en un point quelconque de la surface du fluide seront $\frac{\partial u}{\partial x}$, $\frac{\partial u}{\partial y}$, $\frac{\partial u}{\partial z}$, et la composante suivant la normale intérieure aura pour expression $\frac{\partial u}{\partial n}$. Nous appliquerons l'équation (30) en étendant l'intégrale triple à tout le volume de la masse fluide, et l'intégrale double à toute sa surface; nous aurons

$$(31) \qquad \frac{\partial^2 u}{\partial x^2} + \frac{\partial^2 u}{\partial y^2} + \frac{\partial^2 u}{\partial z^2} = f\left(\frac{\partial^2 W}{\partial x^2} + \frac{\partial^2 W}{\partial y^2} + \frac{\partial^2 W}{\partial z^2}\right) + 2\omega^2 = -4\pi f\rho + 2\omega^2,$$

parce qu'en tous les points de la masse la somme des dérivées secondes est nulle pour la partie du potentiel qui provient des centres extérieurs, et égale à $-4\pi\rho$ pour l'autre partie qui provient des attractions mutuelles. Les formules (30) et (31) nous donnent ensuite

$$2(\omega^2 - 2\pi f\rho)\int dv = -\int \frac{\partial u}{\partial n}\, d\sigma,$$

ou, en représentant la masse du fluide par M,

$$(32) \qquad \frac{2M}{\rho}(\omega^2 - 2\pi f\rho) = -\int \frac{\partial u}{\partial n}\, d\sigma.$$

Cette équation montre que, si l'on a $\omega^2 > 2\pi f\rho$, l'intégrale $\int \frac{\partial u}{\partial n}\, d\sigma$ étendue à toute la surface du fluide doit être négative. Donc $\frac{\partial u}{\partial n}$ est forcément négatif en certains points de cette surface, et la résultante des forces, c'est-à-dire la pesanteur, s'y trouve dirigée non pas vers l'intérieur, mais vers l'extérieur.

CHAPITRE VIII.

FIGURE D'ÉQUILIBRE D'UNE MASSE FLUIDE SOUMISE A L'ATTRACTION D'UN POINT ÉLOIGNÉ.

61. Nous considérons une masse fluide homogène, animée d'un mouvement de rotation uniforme autour d'un axe de direction fixe Ox, passant par son centre de gravité O, dont toutes les molécules s'attirent mutuellement suivant la loi de Newton, et sont soumises, en outre, à l'attraction d'un centre éloigné C, situé dans le plan de l'équateur; nous supposerons que, en vertu de cette dernière force, le point O décrit un cercle ayant son centre en C et que la durée de la révolution est égale à celle de la rotation de la masse fluide autour de Ox.

Soient x, y, z (*fig.* 8) les coordonnées d'un point quelconque M de la masse, rapportées à l'axe Ox, et à deux axes mobiles Oy et Oz entraînés avec la masse

Fig. 8.

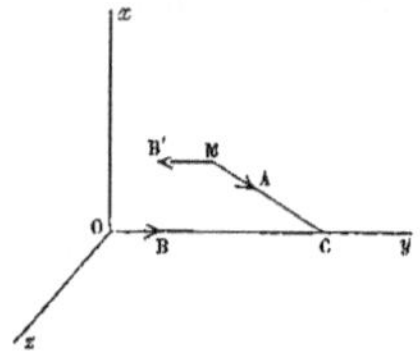

dans son mouvement de rotation. Par hypothèse, la droite OC conservera une position invariable relativement à la masse fluide; nous pourrons donc prendre cette droite pour axe des y. Nous ferons $OC = l$, et nous désignerons par M′ la masse du point C. Les forces physiques qui agissent sur l'unité de masse placée en M sont :

L'attraction de la masse fluide, dont nous représenterons les composantes par X, Y, Z;

L'attraction MA exercée par le point C, et dont les composantes seront X_1, Y_1, Z_1.

On ne pourra appliquer les équations ordinaires de l'équilibre, comme si les axes étaient fixes, qu'autant qu'on adjoindra aux deux forces qui agissent réellement sur le point M une force fictive égale et contraire à celle qui produirait le mouvement d'*entraînement* du point M. Or ce mouvement résulte de deux autres, le mouvement orbital du point O autour du point C, dont l'accélération

$$Y_2 = \frac{fM'}{l^2} = OB$$

est dirigée constamment suivant Oy, et le mouvement de rotation autour de Ox, auquel correspond l'accélération centripète. On devra donc adjoindre finalement aux forces qui agissent réellement sur l'unité de masse placée en M une force $MB' = -Y_2$, parallèle à Oy et de sens contraire à OB, et la force centrifuge dont les composantes sont o, $\omega^2 y$, $\omega^2 z$, en représentant par ω la vitesse angulaire de rotation. On aura ainsi, pour l'équilibre de la surface du fluide, l'équation

$$(1) \qquad (X + X_1)\,dx + (Y + Y_1 - Y_2 + \omega^2 y)\,dy + (Z + Z_1 + \omega^2 z)\,dz = 0.$$

Soit u la distance MC; on aura

$$X_1 = fM' \frac{\partial \frac{1}{u}}{\partial x}, \qquad Y_1 = fM' \frac{\partial \frac{1}{u}}{\partial y}, \qquad Z_1 = fM' \frac{\partial \frac{1}{u}}{\partial z},$$

$$Y_2 = \frac{fM'}{l^2}.$$

L'équation (1) pourra ainsi s'écrire

$$(2) \qquad X\,dx + (Y + \omega^2 y)\,dy + (Z + \omega^2 z)\,dz + fM'\,d\frac{1}{u} - \frac{fM'}{l^2}\,dy = 0.$$

Or on a

$$u^2 = (l - y)^2 + x^2 + z^2,$$

$$\frac{1}{u} = \frac{1}{l}\left(1 - \frac{2y}{l} + \frac{x^2 + y^2 + z^2}{l^2}\right)^{-\frac{1}{2}}.$$

On peut développer cette expression suivant les puissances ascendantes de $\frac{x}{l}$, $\frac{y}{l}$, $\frac{z}{l}$, qui sont de petites fractions, puisqu'on suppose que la distance l du centre C au point O est très grande par rapport aux dimensions de la masse fluide; on trouve, en négligeant les cubes de ces petites fractions,

$$\frac{1}{u} = \frac{1}{l}\left(1 + \frac{y}{l} + \frac{y^2}{l^2} - \frac{x^2 + z^2}{2l^2}\right),$$

$$d\frac{1}{u} = \frac{dy}{l^2} + \frac{2y\,dy}{l^3} - \frac{x\,dx + z\,dz}{l^3},$$

et l'équation (2) devient

$$X\,dx + (Y + \omega^2 y)\,dy + (Z + \omega^2 z)\,dz + \frac{fM'}{l^3}(2y\,dy - x\,dx - z\,dz) = 0.$$

On va chercher à voir si la masse peut prendre dans l'équilibre la figure d'un ellipsoïde dont les axes seraient dirigés suivant Ox, Oy, Oz. On a, dans cette hypothèse, par les formules du n° 26,

$$X = -Px, \qquad Y = -Qy, \qquad Z = -Rz;$$

il en résulte donc

$$(3) \qquad \left(P + \frac{fM'}{l^3}\right)x\,dx + \left(Q - \omega^2 - \frac{2fM'}{l^3}\right)y\,dy + \left(R - \omega^2 + \frac{fM'}{l^3}\right)z\,dz = 0.$$

L'équation de l'ellipsoïde,

$$\frac{x^2}{a^2} + \frac{y^2}{b^2} + \frac{z^2}{c^2} - 1 = 0,$$

donne

$$\frac{x\,dx}{a^2} + \frac{y\,dy}{b^2} + \frac{z\,dz}{c^2} = 0,$$

et, en comparant avec la formule (3), il vient

$$a^2\left(P + \frac{fM'}{l^3}\right) = b^2\left(Q - \omega^2 - \frac{2fM'}{l^3}\right) = c^2\left(R - \omega^2 + \frac{fM'}{l^3}\right).$$

Dans le mouvement circulaire et uniforme du point O, on a

$$f(M + M') = \frac{4\pi^2 l^3}{T^2} = \omega^2 l^3,$$

d'où

$$(4) \qquad \frac{fM'}{l^3} = \frac{\omega^2}{1+\mu}, \qquad \mu = \frac{M}{M'},$$

ce qui donne

$$(5) \qquad a^2\left(P + \frac{\omega^2}{1+\mu}\right) = b^2\left(Q - \omega^2 - \frac{2\omega^2}{1+\mu}\right) = c^2\left(R - \omega^2\frac{\mu}{1+\mu}\right),$$

$$\omega^2 = \frac{1+\mu}{3b^2 + \mu(b^2 - c^2)}(b^2 Q - c^2 R),$$

$$a^2 P[3b^2 + \mu(b^2 - c^2)] + b^2 Q(a^2 + \mu c^2) - c^2 R(a^2 + 3b^2 + \mu b^2) = 0;$$

ou bien, en faisant, comme précédemment,

$$(6)\qquad \begin{cases} b^2 = \dfrac{a^2}{s} = a^2(1+\lambda^2), \\ c^2 = \dfrac{a^2}{t} = a^2(1+\lambda'^2), \end{cases}$$

$$(7)\qquad \begin{cases} \omega^2 = \dfrac{1+\mu}{(3+\mu)t-\mu s}(Qt - Rs), \\ P[(3+\mu)t-\mu s] + Q(t+\mu) - R(3+s+\mu) = 0. \end{cases}$$

Or les formules (6) du n° 45 donnent, quand on y remplace s par $a^2 x$,

$$P = 2\pi f\rho \int_0^\infty \frac{dx}{(1+x)\Delta},$$

$$Q = 2\pi f\rho s \int_0^\infty \frac{dx}{(1+sx)\Delta},$$

$$R = 2\pi f\rho t \int_0^\infty \frac{dx}{(1+tx)\Delta};$$

$$\Delta = \sqrt{(1+x)(1+sx)(1+tx)}.$$

En portant ces nouvelles expressions dans les formules (7), elles deviennent

$$(8)\qquad \frac{\omega^2}{2\pi f\rho} = \frac{(1+\mu)st(t-s)}{3t+\mu(t-s)} \int_0^\infty \frac{x\,dx}{(1+sx)(1+tx)\Delta},$$

$$(9)\qquad \begin{cases} [t(3-3t+s^2-st)+\mu(t-s)(1-s-t)]\displaystyle\int_0^\infty \frac{x\,dx}{\Delta^3} \\ \qquad + st[s-4t+3-\mu(t-s)]\displaystyle\int_0^\infty \frac{x^2\,dx}{\Delta^3} = 0. \end{cases}$$

Ces deux équations donneront les valeurs des inconnues s et t. M. Roche a publié, dans les Mémoires de l'Académie de Montpellier pour 1849, les résultats de la discussion, qui est analogue à celle que l'on a faite dans le Chapitre VII, bien qu'un peu plus compliquée.

62. Le problème précédent se trouve à très peu près réalisé par la Terre et la Lune; dans son mouvement apparent autour de la Lune, la Terre a une vitesse angulaire moyenne égale à la vitesse de rotation de la Lune autour de son axe; son orbite fait un angle peu considérable avec l'équateur de la Lune; enfin l'excentricité de l'orbite est assez faible. On pourra donc admettre, au moins dans une première approximation, que la Terre reste constamment en C sur l'axe des y, à la distance $l = OC$ du centre de la Lune.

Mais, la figure de la Lune différant très peu de celle d'une sphère, les quantités λ et λ' sont petites, et il vaut mieux faire un calcul approché au lieu d'une détermination rigoureuse. Les équations (5) donneront, en négligeant μ,

$$(10) \qquad P + \frac{fM'}{l^3} = (1+\lambda^2)\left(Q - \frac{3fM'}{l^3}\right) = (1+\lambda'^2)R.$$

Nous allons porter dans ces formules les expressions de P, Q, R,

$$P = \frac{3fM}{a^3}\int_0^1 \frac{\zeta^2\,d\zeta}{(1+\lambda^2\zeta^2)^{\frac{1}{2}}(1+\lambda'^2\zeta^2)^{\frac{1}{2}}},$$

$$Q = \frac{3fM}{a^3}\int_0^1 \frac{\zeta^2\,d\zeta}{(1+\lambda^2\zeta^2)^{\frac{3}{2}}(1+\lambda'^2\zeta^2)^{\frac{1}{2}}},$$

$$R = \frac{3fM}{a^3}\int_0^1 \frac{\zeta^2\,d\zeta}{(1+\lambda^2\zeta^2)^{\frac{1}{2}}(1+\lambda'^2\zeta^2)^{\frac{3}{2}}}.$$

Mais il faut les développer suivant les puissances de λ^2 et λ'^2; or on a

$$\frac{1}{(1+\lambda^2\zeta^2)^{\frac{1}{2}}(1+\lambda'^2\zeta^2)^{\frac{1}{2}}} = 1 - \frac{1}{2}(\lambda^2+\lambda'^2)\zeta^2 + \ldots,$$

$$\frac{1}{(1+\lambda^2\zeta^2)^{\frac{3}{2}}(1+\lambda'^2\zeta^2)^{\frac{1}{2}}} = 1 - \frac{1}{2}(3\lambda^2+\lambda'^2)\zeta^2 + \ldots,$$

$$\frac{1}{(1+\lambda^2\zeta^2)^{\frac{1}{2}}(1+\lambda'^2\zeta^2)^{\frac{3}{2}}} = 1 - \frac{1}{2}(\lambda^2+3\lambda'^2)\zeta^2 + \ldots;$$

d'où

$$P = \frac{fM}{a^3}\left(1 - \frac{3}{10}\lambda^2 - \frac{3}{10}\lambda'^2\right),$$

$$Q = \frac{fM}{a^3}\left(1 - \frac{9}{10}\lambda^2 - \frac{3}{10}\lambda'^2\right),$$

$$R = \frac{fM}{a^3}\left(1 - \frac{3}{10}\lambda^2 - \frac{9}{10}\lambda'^2\right).$$

Les formules (10) deviennent ainsi, en remplaçant ω^2 par $\frac{fM'}{l^3}$, et divisant par $\frac{fM}{a^3}$,

$$\frac{M'a^3}{Ml^3} + 1 - \frac{3}{10}\lambda^2 - \frac{3}{10}\lambda'^2 = (1+\lambda^2)\left(-3\frac{M'a^3}{Ml^3} + 1 - \frac{9}{10}\lambda^2 - \frac{3}{10}\lambda'^2\right)$$
$$= (1+\lambda'^2)\left(1 - \frac{3}{10}\lambda^2 - \frac{9}{10}\lambda'^2\right).$$

La quantité $\frac{M'a^3}{M l^3}$ est petite $\left(\frac{81}{221^3}\text{ environ}\right)$; on peut négliger $\lambda^2 \frac{M'a^3}{M l^3}$, et laisser aussi de côté λ^4, $\lambda^2\lambda'^2$ et λ'^4; les équations précédentes donnent

$$\lambda^2 = 10 \frac{M'a^3}{M l^3}, \qquad \lambda'^2 = \frac{5}{2} \frac{M'a^3}{M l^3}.$$

On a, d'ailleurs,

$$\lambda^2 = \frac{b^2 - a^2}{a^2} = \frac{b-a}{a}\frac{b+a}{a} = 2\frac{b-a}{a} \quad \text{à fort peu près;}$$

il en résultera donc

$$\left.\begin{aligned} \frac{b-a}{a} &= 5 \frac{M'a^3}{M l^3} = 0{,}000\,0375 \\ \frac{c-a}{a} &= \frac{5}{4} \frac{M'a^3}{M l^3} = 0{,}000\,0094 \end{aligned}\right\} \quad b - a = 4(c-a).$$

Ainsi l'équilibre de la Lune, supposée fluide et homogène, est possible avec un ellipsoïde à trois axes inégaux; l'axe de rotation est le plus petit; l'axe dirigé vers la Terre est le plus grand, et l'aplatissement de la section xOy tournée vers la Terre est quatre fois plus grand que l'aplatissement de la section perpendiculaire xOz.

CHAPITRE IX.

FIGURE DE L'ANNEAU DE SATURNE. — RECHERCHES DE LAPLACE. CALCULS DE MAXWELL.

63. **Figure de l'anneau de Saturne. Recherches de Laplace.** — L'anneau de Saturne est une couronne circulaire d'une très faible épaisseur, dont le centre coïncide avec celui de la planète. Les rayons des cercles qui limitent l'anneau sont égaux respectivement au rayon équatorial de Saturne multiplié par 1,48 et 2,23. Cet anneau présente un vide nommé *division de Cassini*. Entre ce vide et la limite extérieure, on a signalé aussi la *division d'Encke*, qui n'est pas toujours visible. Enfin, dans des conditions exceptionnelles, certains observateurs, Bond en particulier, ont aperçu un grand nombre de divisions très fines. Il est donc probable que l'anneau de Saturne se compose d'une multitude d'anneaux partiels, que l'irradiation empêche généralement de voir.

Nous supposerons, dans ce qui suit, que chaque anneau partiel est fluide et homogène, ou bien solide et recouvert d'une mince couche fluide en équilibre sous l'action des forces auxquelles elle est soumise, et que la distance de deux anneaux partiels est assez grande par rapport à leurs dimensions pour que, en raison de leurs faibles masses, on puisse négliger leurs actions mutuelles; nous admettrons que cet anneau est animé d'un mouvement de rotation uniforme autour d'un axe passant par son centre, et perpendiculaire à sa section moyenne. Chacun des points de sa surface devra donc être en équilibre sous l'action :

De l'attraction de Saturne;

De l'attraction de l'anneau;

Et de la force centrifuge.

Laplace admet que la section méridienne de l'anneau est une petite ellipse ayant son centre en C, et dont les demi-axes CA et CB seront représentés par a et b. Soient Ox l'axe de rotation parallèle à CA, et passant par le centre O de Saturne, l la distance OC, $\xi = OP$ et $\eta = PN$ les coordonnées d'un point quelconque N de la surface de l'anneau, $x = CQ$ et $y = QN$. On aura

$$\xi = x, \qquad \eta = l + y.$$

Soient X_1 et Y_1 les composantes de l'attraction du corps de Saturne sur le

Fig. 9.

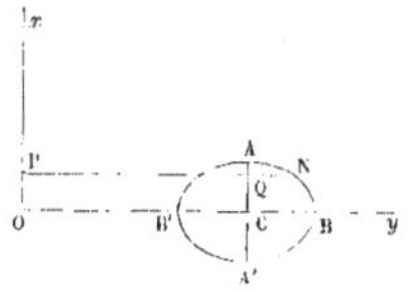

point N, X_2 et Y_2 les composantes de l'attraction de l'anneau sur le même point N; on devra avoir, tout le long de l'ellipse, section méridienne, l'équation

$$(1) \qquad (X_1 + X_2)\, d\xi + (Y_1 + Y_2 + \omega^2 \eta)\, d\eta = 0.$$

On pourra négliger l'aplatissement de Saturne et, par suite, supposer sa masse M concentrée en O; on aura donc

$$X_1\, d\xi + Y_1\, d\eta = fM\, d\frac{1}{r},$$

en représentant par r la distance ON, et

$$r^2 = (l + y)^2 + x^2,$$

d'où

$$\frac{1}{r} = \frac{1}{l}\left(1 + \frac{2y}{l} + \frac{x^2 + y^2}{l^2}\right)^{-\frac{1}{2}}.$$

Les dimensions transversales de l'anneau sont de petites fractions de l; on pourra donc développer en série l'expression précédente de $\frac{1}{r}$, et, en négligeant les quantités de l'ordre de $\left(\frac{a}{l}\right)^3$ et $\left(\frac{b}{l}\right)^3$, et, *a fortiori* $\left(\frac{x}{l}\right)^3$, $\left(\frac{y}{l}\right)^3$, on trouvera

$$\frac{1}{r} = \frac{1}{l} - \frac{y}{l^2} + \frac{y^2}{l^3} - \frac{x^2}{2l^3},$$

$$d\frac{1}{r} = -\frac{dy}{l^2} + \frac{2y\,dy}{l^3} - \frac{x\,dx}{l^3},$$

$$(2) \qquad X_1\, d\xi + Y_1\, d\eta = fM\left[\left(\frac{2y}{l^3} - \frac{1}{l^2}\right)dy - \frac{x\,dx}{l^3}\right].$$

Pour calculer X_2 et Y_2, Laplace considère l comme très grand par rapport à a

et b, et il remplace l'attraction de l'anneau sur le point N par l'attraction exercée sur le même point par un cylindre droit indéfini dans les deux sens, ayant pour base l'ellipse AB, et pour densité constante la densité ρ de l'anneau. Quelques mots d'explication sont nécessaires, et même il convient de faire une figure. Représentons la projection sur le plan de l'équateur; le cylindre LML'M' ayant pour base la section droite BB' est tangent à l'anneau en B et en B'; me-

Fig. 10.

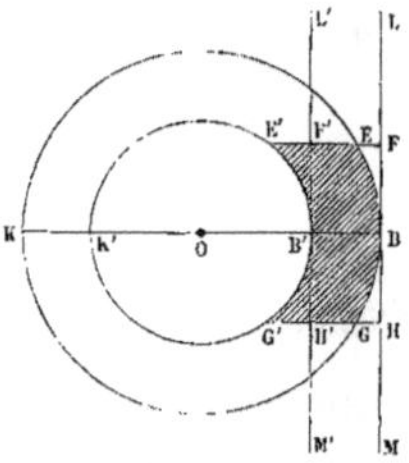

nons des plans FF' et HH' parallèles à cette section droite, et à égale distance de part et d'autre, cette distance étant assez petite. Les plans en question détacheront dans l'anneau des parties qui ont été marquées par des hachures, et dont les attractions sur les divers points de la section droite différeront fort peu, en grandeur et en direction, des attractions exercées par les parties correspondantes B'BFF', B'BHH' du cylindre. Laplace néglige donc l'attraction exercée par le reste de l'anneau, attraction qui diminue rapidement avec la distance; cela sera d'autant plus exact que BB' sera plus petit par rapport à OK'. En même temps, il étend le cylindre à l'infini de part et d'autre, pour avoir des résultats plus simples. C'est, en somme, une première approximation assez grossière, qui sera complétée plus loin. Quoi qu'il en soit, on a vu au n° 29 que les composantes X_2 et Y_2 de l'attraction de ce cylindre sur le point (x, y) de sa section droite ont pour expressions

$$X_2 = -4\pi f\rho x \frac{b}{a+b}, \qquad Y_2 = -4\pi f\rho y \frac{a}{a+b};$$

on aura donc, en remarquant que $d\xi = dx$ et $d\eta = dy$,

$$X_2 d\xi + Y_2 d\eta = -4\pi f\rho \frac{b}{a+b} x\,dx - 4\pi f\rho \frac{a}{a+b} y\,dy. \tag{3}$$

On a, du reste,

$$\omega^2 \eta\, d\eta = \omega^2 (l + y)\, dy. \tag{4}$$

Grâce aux formules (2), (3) et (4), l'équation (1) devient

$$(5)\qquad \left(\frac{fM}{l^3} + 4\pi f\rho \frac{b}{a+b}\right) x\,dx + \left[\frac{fM}{l^2} - \omega^2 l + y\left(4\pi f\rho \frac{a}{a+b} - \frac{2fM}{l^3} - \omega^2\right)\right] dy = 0.$$

On a, d'ailleurs,

$$\frac{x^2}{a^2} + \frac{y^2}{b^2} = 1,$$

d'où

$$(6)\qquad \frac{x\,dx}{a^2} + \frac{y\,dy}{b^2} = 0.$$

La comparaison des équations (5) et (6) donne

$$a^2\left(\frac{M}{l^3} + 4\pi\rho \frac{b}{a+b}\right) = b^2\left[\left(\frac{M}{l^2} - \frac{\omega^2}{f}\right)\frac{l}{y} + 4\pi\rho \frac{a}{a+b} - \frac{2M}{l^3} - \frac{\omega^2}{f}\right].$$

Cette relation devant avoir lieu, quel que soit y, il en résulte

$$(7)\qquad \omega^2 = \frac{fM}{l^3},$$

$$a^2\left(\frac{M}{l^3} + 4\pi\rho \frac{b}{a+b}\right) = b^2\left(4\pi\rho \frac{a}{a+b} - \frac{3M}{l^3}\right)$$

ou bien

$$\frac{M}{4\pi\rho l^3} = \frac{ab(b-a)}{(a+b)(a^2+3b^2)}$$

ou encore

$$(8)\qquad \frac{M}{4\pi\rho l^3} = \frac{u(u-1)}{(u+1)(3u^2+1)} = U,$$

$$u = \frac{b}{a}.$$

Le premier membre de l'équation (8) étant positif, il doit en être de même du second; ainsi, on doit avoir

$$u > 1, \qquad b > a,$$

et l'anneau est nécessairement aplati.

U s'annule pour $u = 1$ et pour $u = +\infty$; dans ces limites, U reste toujours positif et a, par conséquent, au moins un maximum; on trouve, d'ailleurs,

$$\frac{dU}{du} = \frac{-3u^4 + 6u^3 + 4u^2 + 2u - 1}{(u+1)^2(3u^2+1)^2};$$

l'équation

$$3u^4 - 6u^3 - 4u^2 - 2u + 1 = 0$$

n'a que deux racines positives, l'une plus petite que 1, l'autre plus grande que 1; cette dernière a pour valeur 2,594...; elle correspond à un maximum du second membre de l'équation (8); ce maximum est 0,0543. Si donc on a

$$\frac{M}{4\pi\rho l^3} > 0,0543,$$

l'équation (8) n'aura pas de racine positive; elle en aura deux dans le cas de

$$(9) \qquad \frac{M}{4\pi\rho l^3} < 0,0543;$$

on pourra prendre la plus grande racine, qui est supérieure à 2,594, et correspondra à un anneau plus aplati, afin de se rapprocher des données de l'observation.

Soient ρ_0 la densité moyenne de Saturne, R son rayon; la condition (9) donnera

$$(10) \qquad \frac{\rho}{\rho_0} > 6,14\left(\frac{R}{l}\right)^3;$$

on trouvera ainsi :

Pour la limite intérieure des anneaux brillants.	$l = 1,48\,R$,	$\frac{\rho}{\rho_0} > 1,89$,
Pour la division de Cassini	$l = 1,94\,R$,	$\frac{\rho}{\rho_0} > 0,84$,
Pour la limite extérieure des anneaux brillants.	$l = 2,23\,R$,	$\frac{\rho}{\rho_0} > 0,55$.

Ainsi donc, pour l'équilibre d'un anneau élémentaire placé à la limite intérieure des anneaux brillants, sa densité devrait être presque le double de celle de Saturne; à la limite extérieure, une densité égale à la moitié de celle de Saturne suffit presque à assurer l'équilibre.

Il convient de remarquer la formule (7), qui montre que la vitesse de rotation de l'anneau doit être la même que celle d'un satellite placé à une distance moyenne du centre de Saturne égale au rayon de l'anneau.

64. La densité de l'anneau nous est inconnue; il est néanmoins peu probable qu'elle soit aussi considérable, surtout à la limite intérieure. S'il en était ainsi, l'équilibre d'un anneau fluide serait impossible sous la forme géométrique considérée par Laplace.

L'application du théorème de M. Poincaré (n° 60) permet d'énoncer une conclusion plus générale. En effet, d'après ce théorème, si l'anneau fluide tourne tout d'une pièce, et s'il est en équilibre, on doit avoir, quelle que soit la figure d'équilibre,

$$\omega^2 < 2\pi f\rho;$$

d'où, en vertu de la relation (7),

$$\rho > \frac{M}{2\pi l^3}$$

ou bien, en introduisant la densité moyenne et le rayon de Saturne,

$$\frac{\rho}{\rho_0} > \frac{2}{3}\left(\frac{R}{l}\right)^3.$$

Cela donne :

Pour la limite intérieure des anneaux brillants... $\rho > \frac{\rho_0}{4,9}$

Pour la limite extérieure des anneaux brillants... $\rho > \frac{\rho_0}{16,6}$

de telle sorte que, s'il était prouvé que la densité de l'anneau est, à la partie intérieure ou à la partie extérieure, inférieure à $\frac{\rho_0}{4,9}$ ou à $\frac{\rho_0}{16,6}$, cet anneau ne pourrait rester en équilibre sous aucune figure. Il devrait forcément se diviser en fragments se mouvant autour de Saturne, indépendamment les uns des autres. On se trouverait ainsi amené à une hypothèse émise par Cassini en 1715 et reprise par Maxwell en 1856, d'après laquelle les anneaux de Saturne seraient formés d'une multitude de satellites très rapprochés, circulant autour de la planète. Nous reviendrons sur ce point dans un Chapitre spécial.

65. Laplace a fait la remarque que, si l'anneau de Saturne avait la régularité supposée au n° 63, son équilibre serait essentiellement instable; il serait troublé par la force la plus légère, l'attraction d'un satellite par exemple, de sorte que l'anneau finirait par se précipiter sur la surface de Saturne. Pour le montrer,

Fig. 11.

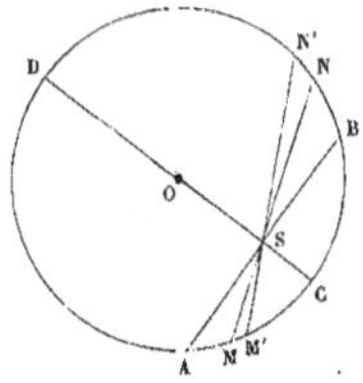

imaginons (*fig.* 11) que l'anneau soit simplement une ligne circulaire homogène CD, et que le centre S de Saturne soit dans le plan du cercle, à une certaine distance de son centre O. Menons la corde AB perpendiculaire sur OS, et traçons deux droites infiniment voisines par le point S, qui découperont sur la circonférence les arcs MM' et NN'. Les attractions de Saturne sur ces petits arcs seront entre elles dans le rapport

$$\frac{MM'}{\overline{SM}^2} : \frac{NN'}{\overline{SN}^2} = \frac{SN}{SM}.$$

L'attraction de Saturne est donc plus grande sur MM' que sur NN'; si l'on prend les composantes de ces deux attractions suivant la droite OS, la première sera plus grande que la seconde. Or on peut transporter ces forces au point O; la première tendra à éloigner O de S, la seconde tendra à l'en rapprocher. On pourra en dire autant pour tous les arcs, tels que MM' et NN', dans lesquels on peut décomposer la circonférence, et l'on voit que la résultante générale des attractions de Saturne sur tous les points de l'anneau tendra à éloigner le point O du centre de Saturne. Les choses se passent comme si le centre de Saturne repoussait celui de l'anneau; l'anneau finirait par se précipiter sur la planète.

Laplace en conclut que, puisque les anneaux se maintiennent, ils doivent avoir une forme un peu irrégulière. Herschel avait déjà constaté certaines inégalités dans les figures des anneaux; d'après Laplace, la stabilité pouvait être déterminée par les irrégularités en question.

Maxwell a étudié la chose de près, par le calcul, et le résultat auquel il est arrivé est contraire aux prévisions de Laplace.

66. **Calculs de Maxwell sur le mouvement d'un anneau rigide autour de Saturne.** — Nous supposerons (*fig.* 12) cet anneau symétrique par rapport

Fig. 12.

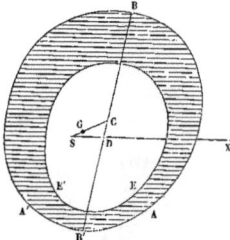

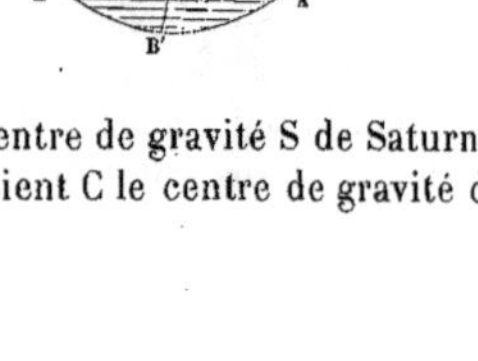

à un plan passant par le centre de gravité S de Saturne, et que nous prendrons pour plan de la figure. Soient C le centre de gravité de l'anneau, M' sa masse,

M celle de Saturne, G le centre de gravité de l'ensemble. Les trois points S, G, C seront toujours en ligne droite, et, si l'on représente par r la distance SC, on aura

$$SC = r, \qquad SG = \frac{M'}{M+M'}\,r, \qquad CG = \frac{M}{M+M'}\,r.$$

Soient BCB′ une droite liée invariablement à l'anneau, SX une direction invariable,

$$XSC = \theta, \qquad DCS = \varphi, \qquad \text{d'où} \qquad XDC = \theta + \varphi.$$

Cherchons l'expression de la force vive 2T de l'ensemble de la planète et de l'anneau, dans le mouvement relatif autour du point G, ce mouvement étant rapporté à deux axes rectangulaires Gx, Gy, de directions invariables, dont le premier est parallèle à SX. Cette force vive se composera de trois parties :

Celle de la masse M, laquelle est

$$M\left[\left(\frac{d\dfrac{M'r}{M+M'}}{dt}\right)^2 + \left(\frac{M'r}{M+M'}\right)^2\frac{d\theta^2}{dt^2}\right];$$

celle de la masse M′ supposée concentrée en C, laquelle est

$$M'\left[\left(\frac{d\dfrac{Mr}{M+M'}}{dt}\right)^2 + \left(\frac{Mr}{M+M'}\right)^2\frac{d\theta^2}{dt^2}\right];$$

enfin la force vive de l'anneau dans son mouvement relatif autour de son centre de gravité C; ce mouvement consiste en une rotation autour d'un axe mené par le point C perpendiculairement au plan de la figure. Si l'on représente par $M'k^2$ le moment d'inertie de l'anneau par rapport à cet axe, la force vive dont il s'agit est

$$M'k^2\left(\frac{d\theta}{dt} + \frac{d\varphi}{dt}\right)^2.$$

On aura, en réunissant les trois parties ci-dessus,

$$2T = \frac{MM'}{M+M'}\left(\frac{dr^2}{dt^2} + r^2\frac{d\theta^2}{dt^2}\right) + M'k^2\left(\frac{d\theta}{dt} + \frac{d\varphi}{dt}\right)^2.$$

Désignons par fMV la fonction des forces; elle provient des actions de la masse M concentrée en S sur les divers éléments de l'anneau, et des attractions mutuelles de l'anneau; V ne dépend donc que de r et φ, quantités qui suffisent à déterminer la position du point S par rapport à l'anneau; ainsi V est indépendant de θ, et les équations de Lagrange (*voir* le n° 3 de l'Introduction du tome I) donneront, en tenant compte de l'expression trouvée plus haut pour T,

$$\frac{MM'}{M+M'}\frac{d^2r}{dt^2}-\frac{MM'}{M+M'}r\frac{d\theta^2}{dt^2}=fM\frac{\partial V}{\partial r},$$

$$M'k^2\frac{d^2(\theta+\varphi)}{dt^2}=fM\frac{\partial V}{\partial\varphi},$$

$$\frac{d}{dt}\left[\frac{MM'}{M+M'}r^2\frac{d\theta}{dt}+M'k^2\left(\frac{d\theta}{dt}+\frac{d\varphi}{dt}\right)\right]=0,$$

ou bien

$$(11)\quad\begin{cases} M'k^2\dfrac{d^2(\theta+\varphi)}{dt^2} = fM\dfrac{\partial V}{\partial\varphi},\\ M'\dfrac{d}{dt}\left(r^2\dfrac{d\theta}{dt}\right) = -f(M+M')\dfrac{\partial V}{\partial\varphi},\\ M'\left(\dfrac{d^2r}{dt^2}-r\dfrac{d\theta^2}{dt^2}\right) = f(M+M')\dfrac{\partial V}{\partial r}.\end{cases}$$

On n'aura à considérer, dans la fonction des forces fMV, que la partie qui se rapporte à l'attraction du point S sur les divers éléments de l'anneau; la portion qui provient des attractions mutuelles de l'anneau est en effet constante, indépendante de r et φ; V se trouvera ainsi représenter le potentiel de l'anneau sur le point S.

67. Cherchons d'abord les conditions sous lesquelles le mouvement peut avoir lieu, de façon que le centre de Saturne conserve toujours la même position par rapport à l'anneau. On devra donc avoir

$$r=\text{const.}=r_0,\qquad \varphi=\text{const.}=\varphi_0;$$

$\frac{\partial V}{\partial r}$ et $\frac{\partial V}{\partial\varphi}$ auront aussi des valeurs constantes que nous représenterons par $\left(\frac{\partial V}{\partial r}\right)_0$ et $\left(\frac{\partial V}{\partial\varphi}\right)_0$. Les équations (11) donneront alors

$$M'k^2\frac{d^2\theta}{dt^2}= fM\left(\frac{\partial V}{\partial\varphi}\right)_0,$$

$$M'r_0^2\frac{d^2\theta}{dt^2}=-f(M+M')\left(\frac{\partial V}{\partial\varphi}\right)_0,$$

$$-M'r_0\frac{d\theta^2}{dt^2}= f(M+M')\left(\frac{\partial V}{\partial r}\right)_0.$$

On en conclut

$$(12)\quad\begin{cases}\dfrac{d\theta}{dt}=\text{const.}=\omega,\qquad \omega^2=-f\dfrac{M+M'}{M'r_0}\left(\dfrac{\partial V}{\partial r}\right)_0,\qquad \left(\dfrac{\partial V}{\partial\varphi}\right)_0=0,\\ \theta=\omega t.\end{cases}$$

On voit que, dans le mouvement en question, le rayon SC tournera d'un mouvement uniforme autour du point S, entraînant avec lui l'anneau rigide dont chaque point restera à une distance constante de S.

Si les conditions (12) ne sont remplies qu'à peu près, le mouvement réel s'écartera du mouvement simple considéré. Les écarts pourront être périodiques et rester toujours très petits, auquel cas le mouvement sera stable dynamiquement. Il pourra arriver au contraire que le dérangement aille en croissant de plus en plus, de manière à altérer profondément le système.

Nous allons étudier les conditions de stabilité. Dans le mouvement troublé, nous supposerons

$$r = r_0 + r_1, \qquad \theta = \omega t + \theta_1, \qquad \varphi = \varphi_0 + \varphi_1, \tag{13}$$

r_0, ω, φ_0 désignant des constantes, r_1, θ_1 et φ_1 des fonctions inconnues de t. Le système étant supposé écarté très peu de la position qui répond au mouvement simple considéré d'abord, r_1, θ_1 et φ_1 commenceront par être de petites quantités dont nous négligerons les carrés et les produits de deux dimensions; nous supposerons aussi que $\frac{dr_1}{dt}$, $\frac{d\theta_1}{dt}$ et $\frac{d\varphi_1}{dt}$ sont de petites quantités de même ordre que r_1, θ_1 et φ_1. Nous aurons dans ces conditions

$$\frac{\partial V}{\partial r} = \left(\frac{\partial V}{\partial r}\right)_0 + r_1\left(\frac{\partial^2 V}{\partial r^2}\right)_0 + \varphi_1\left(\frac{\partial^2 V}{\partial r\,\partial\varphi}\right)_0,$$
$$\frac{\partial V}{\partial \varphi} = \left(\frac{\partial V}{\partial \varphi}\right)_0 + r_1\left(\frac{\partial^2 V}{\partial r\,\partial\varphi}\right)_0 + \varphi_1\left(\frac{\partial^2 V}{\partial \varphi^2}\right)_0,$$

ou bien, en posant

$$\left(\frac{\partial^2 V}{\partial r^2}\right)_0 = \mathcal{L}, \qquad \left(\frac{\partial^2 V}{\partial r\,\partial\varphi}\right)_0 = \mathcal{M}, \qquad \left(\frac{\partial^2 V}{\partial \varphi^2}\right)_0 = \mathcal{N} \tag{14}$$

et ayant égard aux relations (12),

$$\frac{\partial V}{\partial r} = -\frac{\omega^2 M' r_0}{f(M+M')} + \mathcal{L} r_1 + \mathcal{M}\varphi_1,$$
$$\frac{\partial V}{\partial \varphi} = \mathcal{M} r_1 + \mathcal{N}\varphi_1.$$

Les équations (11) donneront ensuite

$$\left\{\begin{aligned} &M'\left(2\omega r_0\frac{dr_1}{dt} + r_0^2\frac{d^2\theta_1}{dt^2}\right) + f(M+M')(\mathcal{M} r_1 + \mathcal{N}\varphi_1) = 0,\\ &M'\left(\frac{d^2 r_1}{dt^2} - \omega^2 r_1 - 2\omega r_0\frac{d\theta_1}{dt}\right) - f(M+M')(\mathcal{L} r_1 + \mathcal{M}\varphi_1) = 0,\\ &M'k^2\left(\frac{d^2\theta_1}{dt^2} + \frac{d^2\varphi_1}{dt^2}\right) - fM(\mathcal{M} r_1 + \mathcal{N}\varphi_1) = 0;\end{aligned}\right. \tag{15}$$

c'est un système de trois équations linéaires du second ordre, à coefficients constants, pour déterminer les fonctions inconnues r_1, θ_1 et φ_1.

68. Pour les intégrer, nous supposerons, conformément à la méthode générale,

$$(16) \qquad r_1 = \mathcal{A} E^{\nu t}, \qquad \theta_1 = \mathcal{B} E^{\nu t}, \qquad \varphi_1 = \mathcal{C} E^{\nu t},$$

en désignant par $\mathcal{A}$, $\mathcal{B}$, $\mathcal{C}$, ν des constantes, et par E la base des logarithmes népériens. Si nous substituons ces expressions dans les équations (15), nous trouverons, après suppression du facteur $E^{\nu t}$,

$$(17) \quad \left\{ \begin{aligned} &\mathcal{A}[2\omega r_0 \nu M' + \mathfrak{f}(M+M')\mathcal{M}] + \mathcal{B} r_0^2 \nu^2 M' + \mathcal{C}\mathfrak{f}(M+M')\mathcal{N} = 0, \\ &\mathcal{A}[(\nu^2 - \omega^2)M' - \mathfrak{f}(M+M')\mathcal{L}] - 2\mathcal{B}\omega r_0 \nu M' - \mathcal{C}\mathfrak{f}(M+M')\mathcal{M} = 0, \\ -&\mathcal{A}\mathfrak{f}M\mathcal{M} + \mathcal{B}k^2\nu^2 M' + \mathcal{C}(k^2\nu^2 M' - \mathfrak{f}M\mathcal{N}) = 0. \end{aligned} \right.$$

L'élimination de $\mathcal{A}$, $\mathcal{B}$, $\mathcal{C}$ entre ces trois équations homogènes donne une équation du sixième degré en ν, dans laquelle les coefficients des puissances impaires sont identiquement nuls. Cette équation est donc de la forme

$$(18) \qquad \nu^2(A\nu^4 + B\nu^2 + C) = 0,$$

où l'on a posé, pour abréger,

$$(19) \quad \left\{ \begin{aligned} A &= M'^2 k^2 r_0^2, \\ B &= 3M'^2 k^2 r_0^2 \omega^2 - \mathfrak{f}M'(M+M')\mathcal{L}k^2 r_0^2 - \mathfrak{f}M'[(M+M')k^2 + M r_0^2]\mathcal{N}, \\ C &= M'[(M+M')k^2 - 3M r_0^2]\mathfrak{f}\mathcal{N}\omega^2 + \mathfrak{f}^2(M+M')[(M+M')k^2 + M r_0^2](\mathcal{L}\mathcal{N} - \mathcal{M}^2). \end{aligned} \right.$$

Nous apercevons, dans l'équation (18), la racine double $\nu = 0$, avec laquelle il faut prendre, comme on sait, au lieu des formules (16),

$$r_1 = \mathcal{A} + \mathcal{A}'t, \qquad \theta_1 = \mathcal{B} + \mathcal{B}'t, \qquad \varphi_1 = \mathcal{C} + \mathcal{C}'t.$$

Si l'on substitue ces expressions dans les équations différentielles (15), et qu'on égale à zéro les parties constantes et les coefficients de t, on trouve des relations d'où l'on tire aisément

$$\mathcal{A}' = 0, \qquad \mathcal{C}' = 0, \qquad \mathcal{C} = -\frac{\mathcal{M}}{\mathcal{N}}\mathcal{A},$$

$$\mathcal{B}' = \frac{\mathcal{A}}{2\omega r_0}\left(\mathfrak{f}\frac{M+M'}{M'}\frac{\mathcal{M}^2 - \mathcal{L}\mathcal{N}}{\mathcal{N}} - \omega^2\right).$$

Les expressions précédentes de r_1, θ_1 et φ_1 deviennent ainsi

$$(20) \quad \left\{ \begin{aligned} & r_1 = \mathcal{A}, \qquad \varphi_1 = -\frac{\mathfrak{M}}{\mathfrak{F}}\mathcal{A}, \\ & \theta_1 = \mathcal{B} + \frac{\mathcal{A}}{2\omega r_0}\left(f\frac{M + M'}{M'}\frac{\mathfrak{M}^2 - \mathfrak{L}\mathfrak{F}}{\mathfrak{F}} - \omega^2\right)t. \end{aligned} \right.$$

Ces formules contiennent les deux constantes arbitraires $\mathcal{A}$ et $\mathcal{B}$.

L'équation (18) donne ensuite

$$(21) \qquad A\nu^4 + B\nu^2 + C = 0;$$

soient ν_1, $\nu_2 = -\nu_1$, ν_3 et $\nu_4 = -\nu_3$ les racines de cette équation bicarrée, $\mathcal{A}_1$, $\mathcal{A}_2$, $\mathcal{A}_3$, $\mathcal{A}_4$, $\mathcal{B}_1$, ... les valeurs correspondantes de $\mathcal{A}$, $\mathcal{B}$, $\mathcal{C}$; les formules (17) déterminent les rapports

$$\frac{\mathcal{B}_i}{\mathcal{A}_i} = \lambda_i, \qquad \frac{\mathcal{C}_i}{\mathcal{A}_i} = \mu_i,$$

et l'on aura la solution

$$(22) \quad \left\{ \begin{aligned} r_1 &= \mathcal{A}_1 E^{\nu_1 t} + \mathcal{A}_2 E^{\nu_2 t} + \mathcal{A}_3 E^{\nu_3 t} + \mathcal{A}_4 E^{\nu_4 t}, \\ \theta_1 &= \lambda_1 \mathcal{A}_1 E^{\nu_1 t} + \lambda_2 \mathcal{A}_2 E^{\nu_2 t} + \lambda_3 \mathcal{A}_3 E^{\nu_3 t} + \lambda_4 \mathcal{A}_4 E^{\nu_4 t}, \\ \varphi_1 &= \mu_1 \mathcal{A}_1 E^{\nu_1 t} + \mu_2 \mathcal{A}_2 E^{\nu_2 t} + \mu_3 \mathcal{A}_3 E^{\nu_3 t} + \mu_4 \mathcal{A}_4 E^{\nu_4 t}, \end{aligned} \right.$$

qui contient les quatre constantes arbitraires $\mathcal{A}_1$, $\mathcal{A}_2$, $\mathcal{A}_3$, $\mathcal{A}_4$. En ajoutant respectivement les valeurs (20) et (22), on aura des expressions de r_1, θ_1 et φ_1 contenant six constantes arbitraires; ce sont les intégrales générales des équations (15). Il n'y aura pas à se préoccuper de $\mathcal{A}$ et de $\mathcal{B}$ qui, si l'on se reporte aux formules (13) et (20), ne feront que modifier les constantes r_0, θ_0, φ_0 et ω.

On déterminera les constantes arbitraires en écrivant que, pour $t = 0$, r, θ, φ, $\frac{dr}{dt}$, $\frac{d\theta}{dt}$, $\frac{d\varphi}{dt}$ ont des valeurs données supposées très petites; il en résultera, pour $\mathcal{A}_1$, $\mathcal{A}_2$, $\mathcal{A}_3$, $\mathcal{A}_4$, des valeurs très petites aussi, de sorte que r, θ et φ resteront toujours petits, si les racines ν_1 et ν_3 sont de la forme $b\sqrt{-1}$, auquel cas les exponentielles $E^{\nu_1 t}$, $E^{\nu_2 t}$, $E^{\nu_3 t}$, $E^{\nu_4 t}$ se changeront en des sinus ou des cosinus.

Si les racines étaient réelles, on aurait des exponentielles croissant au delà de toutes limites. Enfin, si les racines étaient imaginaires et de la forme $a + b\sqrt{-1}$, les expressions de r, θ et φ comprendraient des termes périodiques dont les coefficients iraient en croissant indéfiniment.

Donc, pour que les valeurs de r, θ, φ restent toujours très petites, il faut que les deux valeurs de ν^2 tirées de l'équation (21) soient réelles et négatives, c'est-à-dire que l'on ait

$$AB > 0, \qquad AC > 0, \qquad B^2 - 4AC > 0.$$

69. Application à un anneau circulaire hétérogène, de dimensions transversales infiniment petites. — Soient (*fig.* 13) O le centre de l'anneau, C son centre de gravité, $OC = h$, $s = OB$ le rayon, ψ l'angle que fait avec OC un

Fig. 13.

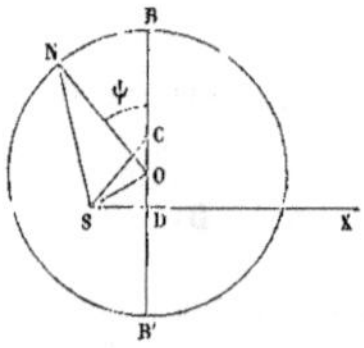

rayon quelconque ON, ρ la densité de l'anneau au point N. Le théorème de Fourier permet d'employer pour représenter ρ en fonction de ψ un développement de la forme

$$(23)\qquad \rho = \frac{M'}{2\pi s}\left(\alpha_0 + 2\alpha_1 \cos\psi + 2\beta_1 \sin\psi + \frac{2\alpha_2}{3}\cos 2\psi + \frac{2\beta_2}{3}\sin 2\psi + \ldots\right),$$

où α_i et β_i désignent des constantes. L'élément de masse en N est $\rho s\, d\psi$. On devra donc avoir

$$\int_0^{2\pi} \rho s\, d\psi = M',$$

et, en appliquant le théorème des moments par rapport à OC et à une droite menée par le point O perpendiculairement sur OC,

$$\int_0^{2\pi} s^2 \rho \cos\psi\, d\psi = M'h, \qquad \int_0^{2\pi} s^2 \rho \sin\psi\, d\psi = 0.$$

Si, dans les trois intégrales précédentes, on remplace ρ par son expression (23) et qu'on effectue les intégrations, on trouve

$$\alpha_0 = 1, \qquad \alpha_1 = \frac{h}{s}, \qquad \beta_1 = 0.$$

Le moment d'inertie de l'anneau par rapport à un axe perpendiculaire à son plan passant par le point O est évidemment $M's^2$; le moment relatif à un axe parallèle au précédent mené par le centre de gravité C a été désigné par $M'k^2$. Un théorème connu donne la relation

$$M's^2 = M'k^2 + M'h^2,$$

d'où

$$k^2 = s^2(1 - \alpha_1^2).$$

Cherchons le potentiel V de l'anneau sur le point S; faisons

$$OS = r', \qquad NS = \Delta, \qquad BOS = \psi'.$$

Nous aurons

$$\Delta^2 = s^2 + r'^2 - 2r's\cos(\psi' - \psi);$$

d'où, en développant suivant les puissances de la quantité $\frac{r'}{s}$, que nous supposerons petite, et négligeant son cube,

$$\frac{1}{\Delta} = \frac{1}{s}\left[1 + \frac{r'}{s}\cos(\psi' - \psi) + \frac{r'^2}{4s^2} + \frac{3r'^2}{4s^2}\cos 2(\psi' - \psi)\right].$$

On a ensuite

$$V = \int_0^{2\pi} \frac{\rho s\, d\psi}{\Delta},$$

d'où, en remplaçant ρ et $\frac{1}{\Delta}$ par leurs valeurs ci-dessus,

$$V = \frac{M'}{2\pi s}\int_0^{2\pi}\left[1 + \frac{r'}{s}\cos(\psi' - \psi) + \frac{r'^2}{4s^2} + \frac{3r'^2}{4s^2}\cos 2(\psi' - \psi)\right] \times \left(1 + 2\alpha_1\cos\psi + \frac{2}{3}\alpha_2\cos 2\psi + \frac{2}{3}\beta_2\sin 2\psi\right) d\psi.$$

Si l'on effectue les intégrations, il vient

$$V = \frac{M'}{s}\left[1 + \alpha_1\frac{r'}{s}\cos\psi' + \frac{r'^2}{4s^2}(1 + \alpha_2\cos 2\psi' + \beta_2\sin 2\psi')\right].$$

Soient φ l'angle SCD et r la distance SC; le triangle OSC de la *fig.* 13 donne immédiatement les relations

$$r'\cos\psi' = h - r\cos\varphi, \qquad r'\sin\psi' = r\sin\varphi.$$

Si l'on tire de là les valeurs de $r'\cos\psi'$, $r'^2\cos 2\psi'$, $r'^2\sin 2\psi'$ et r'^2, pour les porter dans l'expression précédente de V, elle devient

$$(24)\quad \left\{ \begin{aligned} V = \frac{M'}{s}\Bigg[1 &+ \alpha_1\frac{h - r\cos\varphi}{s} + \frac{h^2 + r^2 - 2hr\cos\varphi}{4s^2} \\ &+ \alpha_2\frac{h^2 - 2hr\cos\varphi + r^2\cos 2\varphi}{4s^2} + \beta_2\frac{2hr\sin\varphi - r^2\sin 2\varphi}{4s^2}\Bigg]. \end{aligned} \right.$$

Telle est l'expression de V, fonction de r et de φ, qui doit figurer dans les équations (11). Nous supposerons qu'à l'origine le centre de figure de l'anneau coïncidait avec le centre de Saturne, ce qui entraîne les relations $\varphi_0 = 0$, $r_0 = h$; nous aurons donc

$$\varphi_0 = 0, \qquad h = r_0 = \alpha_1 s, \qquad k^2 = s^2(1 - \alpha_1^2). \tag{25}$$

Nous tirerons ensuite aisément de la formule (24)

$$(26)\quad \begin{cases} \left(\dfrac{\partial V}{\partial r}\right)_0 = -\dfrac{M'\alpha_1}{s^2}, & \left(\dfrac{\partial V}{\partial \varphi}\right)_0 = 0, \\ \left(\dfrac{\partial^2 V}{\partial r^2}\right)_0 = \mathfrak{L} = \dfrac{M'}{2s^3}(1 + \alpha_2), \\ \left(\dfrac{\partial^2 V}{\partial r\, \partial \varphi}\right)_0 = \mathfrak{M} = -\dfrac{M'}{2s^3}\beta_2 r_0 = -\dfrac{M'}{2s^2}\alpha_1\beta_2, \\ \left(\dfrac{\partial^2 V}{\partial \varphi^2}\right)_0 = \mathfrak{N} = \dfrac{M'}{2s^3} r_0^2 \left(1 - \alpha_2 + \dfrac{2s}{r_0}\alpha_1\right) = \dfrac{M'}{2s}\alpha_1^2(3 - \alpha_2), \end{cases}$$

L'une des formules (12) donne d'ailleurs

$$\omega^2 = f\,\frac{M + M'}{s^3}. \tag{27}$$

Si maintenant, dans les formules (19), on remplace r_0, k^2, $\mathfrak{L}$, $\mathfrak{M}$, $\mathfrak{N}$ par leurs valeurs (25) et (26), et en même temps f par sa valeur tirée de la relation (27), on trouve

$$\frac{A}{M'^2 s^4 \alpha_1^2} = 1 - \alpha_1^2,$$

$$\frac{B}{M'^2 s^4 \alpha_1^2} = \omega^2\left[1 - \alpha_1^2 - \frac{1}{2}\,\frac{M}{M + M'}\,\alpha_1^2(3 - \alpha_2)\right],$$

$$\frac{C}{M'^2 s^4 \alpha_1^2} = \frac{1}{4}\,\omega^4\left[(1 - \alpha_1^2)(9 - \alpha_2^2 - \beta_2^2) + \frac{M}{M + M'}\,\alpha_1^2(-15 + 8\alpha_2 - \alpha_2^2 - \beta_2^2)\right].$$

Dans ces valeurs de A, B, C, on pourra remplacer $\dfrac{M}{M + M'}$ par l'unité, car le rapport $\dfrac{M'}{M}$ de la masse de l'anneau à celle de Saturne est certainement très petit. L'équation (21) deviendra ainsi

$$(1 - \alpha_1^2)\left(\frac{\nu}{\omega}\right)^4 + \left(1 - \frac{5}{2}\alpha_1^2 + \frac{1}{2}\alpha_1^2\alpha_2\right)\left(\frac{\nu}{\omega}\right)^2 + \frac{1}{4}(9 - 24\alpha_1^2 - \alpha_2^2 - \beta_2^2 + 8\alpha_1^2\alpha_2) = 0. \tag{28}$$

70. Rappelons-nous que l'expression de la densité est

$$\rho = \frac{M'}{2\pi s}\left(1 + 2\alpha_1\cos\psi + \frac{2\alpha_2}{3}\cos 2\psi + \frac{2\beta_2}{3}\sin 2\psi\right). \tag{29}$$

Si l'anneau est homogène, on a

$$\alpha_1 = 0, \quad \alpha_2 = 0, \quad \beta_2 = 0;$$

par suite, A = B = C = 0, et il faut remonter aux équations (17), qui donnent

$$\nu^2 = \omega^2 + f\frac{M + M'}{2s^3};$$

ainsi ν^2 serait réel et positif, ce qui démontre l'instabilité de l'anneau homogène.

Supposons, en second lieu,

$$\alpha_2 = 0, \quad \beta_2 = 0;$$

l'équation en ν se réduit à

$$(1 - \alpha_1^2)\left(\frac{\nu}{\omega}\right)^4 + \left(1 - \frac{5}{2}\alpha_1^2\right)\left(\frac{\nu}{\omega}\right)^2 + \frac{9}{4} - 6\alpha_1^2 = 0.$$

Les trois coefficients A, B, C devant avoir le même signe pour que les valeurs de ν^2 soient négatives, il faut d'abord que α_1^2 remplisse l'une des deux conditions

$$\alpha_1^2 < 0,375 \quad \text{ou bien} \quad \alpha_1^2 > 1;$$

pour que les valeurs de ν^2 soient réelles, il faut que l'on ait

$$71\alpha_1^4 - 112\alpha_1^2 + 32 < 0,$$

d'où

$$0,37473 < \alpha_1^2 < 1,20273.$$

Il faudra donc, pour la stabilité, que α_1^2 soit compris entre 0,37473 et 0,375, ou bien entre 1 et 1,20273; mais ces valeurs sont encore impossibles, car, la densité

$$\rho = \frac{M'}{2\pi s}(1 + 2\alpha_1 \cos\psi)$$

devant être positive pour toutes les valeurs de ψ et notamment pour $\psi = 180°$, on doit avoir

$$2\alpha_1 < 1, \quad \alpha_1^2 < 0,25.$$

Supposons, en troisième lieu, que α_2 et β_2 ne soient pas nuls, et cherchons s'il est possible de déterminer les trois constantes α_1, α_2 et β_2 de manière que les quatre racines de l'équation (28) soient de la forme $b\sqrt{-1}$, et que l'expression (29) de ρ reste positive pour toutes les valeurs de ψ. Maxwell n'a pas résolu la question; je l'avais signalée à M. Radau, qui en a donné la solution simple et complète que l'on va lire.

71. On peut toujours, en changeant au besoin le sens de l'axe des x, supposer $\alpha_1 > 0$. En écartant le cas où les coefficients A, B, C seraient négatifs, ce qui donnerait $\alpha_1 > 1$, condition incompatible avec $\rho > 0$, comme nous le verrons

bientôt, les conditions à remplir sont les suivantes

$$(a)\quad \begin{cases} 1-\alpha_1^2>0, \qquad 1-\frac{1}{2}\alpha_1^2(5-\alpha_2)>0, \\ \dfrac{\left[1-\frac{1}{2}\alpha_1^2(5-\alpha_2)\right]^2}{1-\alpha_1^2}>9-24\alpha_1^2-\alpha_2^2-\beta_2^2+8\alpha_1^2\alpha_2>0; \end{cases}$$

$$(b)\qquad 1+2\alpha_1\cos\psi+\frac{2}{3}\alpha_2\cos 2\psi+\frac{2}{3}\beta_2\sin 2\psi>0,$$

quel que soit ψ.

En attribuant à ψ les valeurs 90° et 180°, l'inégalité (b) donne

$$3-2\alpha_2>0, \qquad \alpha_1<\frac{3+2\alpha_2}{6}; \qquad \text{donc} \qquad 3+2\alpha_2>0.$$

On trouve, par la substitution $\psi=180°\pm 45°$,

$$\alpha_1\sqrt{2}+\frac{2}{3}\sqrt{\beta_2^2}<1,$$

d'où

$$\alpha_1<\frac{1}{\sqrt{2}};$$

en faisant enfin $\psi=180°\pm 60°$, et prenant la demi-somme des deux résultats, il vient

$$\alpha_1<1-\frac{1}{3}\alpha_2.$$

Cette condition, jointe à la seconde inégalité (a), donne

$$2\alpha_1^2+3\alpha_1^3<2, \qquad 2\alpha_1<1,397.$$

Il convient de faire

$$(c)\qquad 1-2\alpha_1^2=\alpha, \qquad 1-\alpha_2=4\beta, \qquad \alpha-\beta=\gamma.$$

On trouvera sans peine, en partant des résultats précédents,

$$(d)\quad \begin{cases} 0<\alpha<1, \quad \alpha^2<\alpha; \quad \frac{2}{3}\sqrt{\beta_2^2}<1-\sqrt{1-\alpha}=\dfrac{\alpha}{1+\sqrt{1-\alpha}}, \\ \frac{4}{9}\beta_2^2<\alpha^2<\alpha, \qquad \frac{4}{9}\beta_2^2<\dfrac{2\alpha^2}{1+\alpha}; \\ -\frac{1}{8}<\beta<\frac{5}{8}, \qquad 1+2\beta>\frac{3}{4}; \\ \alpha_1<\dfrac{5-8\beta}{6}, \qquad \alpha_1<\dfrac{2+4\beta}{3}, \\ \alpha>1-\dfrac{(5-8\beta)^2}{18}, \qquad \alpha>1-8\dfrac{(1+2\beta)^2}{9}. \end{cases}$$

Par l'introduction de α, β et γ, les inégalités (a) deviennent

(A) $$1+\alpha>0,$$

(B) $$\alpha\beta+\gamma>0,$$

(C) $$4\gamma(1+2\beta)>\frac{1}{2}\beta_2^2,$$

(D) $$\frac{(\alpha\beta+\gamma)^2}{1+\alpha}+\frac{1}{2}\beta_2^2>4\gamma(1+2\beta).$$

Puisque $1+2\beta>0$, l'inégalité (C) donne $\gamma>0$, donc $\alpha>\beta$. D'autre part, la formule (D) peut s'écrire

(E) $$4\beta+9\beta^2>\alpha(4+6\beta-6\beta^2)+\alpha^2(3+6\beta-\beta^2)-\frac{1+\alpha}{2}\beta_2^2;$$

d'où, en remplaçant β_2^2 par la quantité plus grande $\frac{9}{4}\alpha$,

$$4\beta+9\beta^2>\alpha\left(\frac{23}{8}+6\beta-6\beta^2\right)+\alpha^2\left(\frac{15}{8}+6\beta-\beta^2\right);$$

or il est aisé de vérifier que les coefficients de α et de α^2 sont positifs quand β demeure compris entre $-\frac{1}{8}$ et $+\frac{5}{8}$; on a donc

$$4\beta+9\beta^2>0, \qquad \text{d'où} \qquad \beta>0.$$

Si, dans la même inégalité (E), on remplace β_2^2 par la quantité plus grande $\frac{9}{2}\frac{\alpha^2}{1+\alpha}$, il vient

(F) $$4\beta+9\beta^2>\alpha(4+6\beta-6\beta^2)+\alpha^2\left(\frac{3}{4}+6\beta-\beta^2\right),$$

d'où, en remplaçant α^2 par $\alpha\beta$, ce qui est permis parce que le coefficient de α^2 reste positif dans les limites de variation de β,

$$4\beta+9\beta^2>\alpha\left(4+\frac{27}{4}\beta-\beta^3\right),$$

ou bien

$$\frac{4\beta+9\beta^2}{4+\frac{27}{4}\beta-\beta^3}>\alpha>1-\frac{(5-8\beta)^2}{18};$$

on déduit de cette inégalité $\beta<0,134$.

Reportons-nous maintenant à l'inégalité (F), et remplaçons-y β par $0,134$

dans le premier membre, et par o dans le second; nous trouverons

$$0,697 > 4\alpha + \frac{3}{4}\alpha^2,$$

d'où

$$\alpha < 0,169, \qquad \sqrt{1-\alpha} > 0,912, \qquad 1-\sqrt{1-\alpha} < 0,088,$$

et par suite, en vertu des formules (d),

$$\frac{4}{9}\beta_2^2 < 0,0077, \qquad \frac{1}{2}\beta_2^2(1+\alpha) < 0,0101.$$

Mais on peut écrire (E) comme il suit, en y remplaçant α par $\beta+\gamma$,

$$\text{(G)} \qquad \frac{1+\alpha}{2}\beta_2^2 + \beta^4 > 4\gamma(1+\beta)\left(1+2\beta-\frac{1}{2}\beta^2\right) + 3\gamma^2\left(1+2\beta-\frac{1}{3}\beta^2\right),$$

ou bien, en mettant pour β sa limite 0,134, dans le premier membre, et o dans le second,

$$0,0104 > 4\gamma + 3\gamma^2,$$

d'où

$$\gamma < 0,0026, \qquad \alpha = \beta+\gamma < 0,136, \qquad \sqrt{1-\alpha} > 0,929,$$

$$\frac{4}{9}\beta_2^2 < 0,0050, \qquad \frac{1}{2}\beta_2^2(1+\alpha) < 0,0064.$$

Mais (E) donne, en y remplaçant α^2 par $\alpha\beta$,

$$\text{(H)} \qquad 4\beta + 9\beta^2 + \frac{1+\alpha}{2}\beta_2^2 > \alpha(4+9\beta-\beta^3);$$

en remplaçant $\frac{1+\alpha}{2}\beta_2^2$ par 0,0064, et α par sa limite inférieure $1-\frac{(5-8\beta)^2}{18}$, on a une inégalité d'où l'on tire $\beta < 0,131$. La répétition du calcul pour γ conduit à

$$\gamma < 0,0013, \qquad \alpha < 0,132, \qquad \frac{4}{9}\beta_2^2 < 0,0047.$$

Si l'on introduit dans (H) l'autre limite inférieure de α, savoir $1-8\frac{(1+2\beta)^2}{9}$, on obtient

$$0,0060 + 4\beta + 9\beta^2 > \frac{1}{9}(1-32\beta-32\beta^2)(4+9\beta-\beta^3),$$

ce qui entraîne la condition $\beta > 0,024$. La même limite de α donne directement

$$1 < 9\alpha + 32\beta + 32\beta^2 < 41\alpha + 32\alpha^2,$$

d'où $\alpha > 0,024$. On obtient, en résumé, les limites

$$\text{(I)} \quad 0,024 < \alpha < 0,132; \quad 0.024 < \beta < 0,131; \quad \gamma < 0,0013, \quad \frac{4}{9}\beta_2^2 < 0,0047,$$

qui entraînent les suivantes

$$(\mathrm{J})\quad 1{,}317 < 2\alpha_1 < 1{,}397,\qquad 0{,}32 < \frac{2}{3}\alpha_2 < 0{,}60;\qquad \frac{2}{3}\sqrt{\beta_2^2} < 0{,}068;\qquad 0{,}66 < \frac{h}{s} < 0{,}70.$$

On voit que la valeur absolue du coefficient de $\sin 2\psi$ dans l'expression de ρ doit être très petite; celle du coefficient de $\cos 2\psi$ est plus élevée, mais elle ne dépasse guère le tiers du coefficient de $\cos\psi$. Il en résulte immédiatement que la densité ρ éprouvera des variations considérables aux divers points de l'anneau, ce qui est incompatible avec les observations.

Les inégalités (C) et (D) donnent, comme on le voit aisément, en négligeant γ^2,

$$(\mathrm{H})\qquad \frac{1}{4}\frac{\beta^4}{1+\beta} + \frac{1}{2}\gamma\beta^2 + \frac{1}{8}\beta_2^2 > \gamma(1+2\beta) > \frac{1}{8}\beta_2^2.$$

Lors donc qu'on aura choisi des valeurs de α, β et β_2 satisfaisant aux conditions (I), il restera à voir si elles vérifient aussi les inégalités (H); les limites des paramètres sont très resserrées, comme on le voit immédiatement pour α_1.

Prenons, par exemple,

$$2\alpha_1 = \frac{4}{3},\qquad \frac{2}{3}\alpha_2 = +0{,}370\,93,\qquad \frac{2}{3}\beta_2 = +0{,}030\,00,$$

d'où

$$\alpha = \frac{1}{9},\qquad \beta = 0{,}11090,\qquad \gamma = 0{,}000\,21;$$

les conditions (H) reviennent à

$$0{,}000\,288\,5 > 0{,}000\,256\,6 > 0{,}000\,253\,1,$$

lesquelles sont évidemment satisfaites. On a alors

$$\frac{2\pi s}{M'}\rho = 1 + 1{,}333\,33\cos\psi + 0{,}370\,93\cos 2\psi + 0{,}030\,00\sin 2\psi;$$

ρ a un minimum positif (0,00475) pour $\psi = 149°{,}5$; voici quelques valeurs de $\frac{2\pi s}{M'}\rho$:

ψ.	$\frac{2\pi s}{M'}\rho$.	ψ.	$\frac{2\pi s}{M'}\rho$.
0°	2,704	149°	0,004 77
90	0,629	149,5	0,004 75
130	0,048	150	0,004 79
140	0,014	160	0,011
147	0,005 24	180	0,038
148	0,004 91	270	0,629

Remarque. — Il convient peut-être de justifier, en quelques mots, le développement de V par rapport à r_1, φ_1, dont nous avons fait usage plus haut (p. 125).

Posons

$$r = r_0 + r_1, \qquad \varphi = \varphi_0 + \varphi_1, \qquad \theta = \theta_0 + \theta_1,$$

où r_1, φ_1, θ_1 désignent des termes périodiques, tandis que r_0, φ_0, θ_0 sont de la forme $a + bt$. Les équations (11) donnent alors

$$\left(\frac{\partial V}{\partial \varphi}\right)_0 = 0, \qquad \frac{dr_0}{dt} = 0, \qquad r_0\left(\frac{d\theta_0}{dt}\right)^2 = -f\frac{M+M'}{M'}\left(\frac{\partial V}{\partial r}\right)_0,$$

et les deux premières relations prouvent que r_0 et φ_0 sont nécessairement des constantes, de sorte que l'on retombe sur les conditions $\mathcal{A}' = 0$, $\mathcal{C}' = 0$ de la page 126, qui permettaient de considérer r_1, φ_1 comme des quantités qui restent très petites. Mais les constantes r_0, φ_0 et le coefficient de t dans θ_0 ne seront pas les mêmes dans le mouvement troublé et dans le mouvement primitif. Les constantes C, H de l'intégrale des aires et de celle des forces vives,

$$\left(\frac{M}{M+M'}r^2 + k^2\right)\frac{d\theta}{dt} + k^2\frac{d\varphi}{dt} = C, \qquad T = fMV + H,$$

pourront donc aussi être altérées. On trouverait des conditions de stabilité très différentes en limitant, par exemple, les variations à celles qui n'altèrent pas la constante C.

Maxwell a traité seulement le cas d'un anneau circulaire homogène surchargé d'une certaine masse en un de ses points. Il a trouvé que, pour assurer la stabilité, cette masse additionnelle devait être considérable; il faut en effet que le centre de gravité de l'ensemble soit à une distance du centre de figure comprise entre $0{,}8158\,s$ et $0{,}8279\,s$. Il remarque que l'apparence des anneaux n'indique en rien une irrégularité aussi grande, et que, par conséquent, l'hypothèse de la solidité des anneaux est tout à fait improbable. Il nous semble que la conclusion devient plus légitime quand on tient compte du complément apporté par M. Radau.

Maxwell fait remarquer, d'autre part, qu'à ne considérer que la grandeur des anneaux et leur minceur extrême, il est presque évident qu'ils ne peuvent pas être solides. Un anneau de fer placé dans de telles conditions deviendrait semi-fluide sous l'action des forces considérables auxquelles il serait soumis, et nous n'avons pas de raison de supposer que les matériaux qui constituent les anneaux résistent beaucoup plus à la compression que les corps que nous rencontrons à la surface de la Terre.

M. Hirn s'est placé à ce dernier point de vue de la résistance énorme que devrait offrir un anneau solide, dans un Mémoire, paru en 1872, *Sur les conditions d'équilibre et sur la nature probable des anneaux de Saturne*. M. Hirn, qui n'avait pas connaissance du travail de Maxwell, est arrivé aux mêmes conclusions.

CHAPITRE X.

ANNEAU DE SATURNE. — MÉMOIRE DE Mme KOWALEWSKI.

72. Nous avons fait ressortir dans le n° 63 l'approximation assez peu satisfaisante de la méthode de Laplace pour déterminer la figure des anneaux de Saturne; l'attraction exercée par un des anneaux sur un point de sa surface est remplacée par celle d'un cylindre elliptique indéfini, et l'on ne voit pas clairement l'influence des termes que l'on néglige ainsi.

Mme Sophie Kowalewski, déjà connue par de beaux travaux mathématiques, a apporté un complément heureux à l'œuvre de Laplace ([1]). Elle considère un anneau homogène engendré par une courbe plane ABA'B' (*fig.* 14) tournant

Fig. 14.

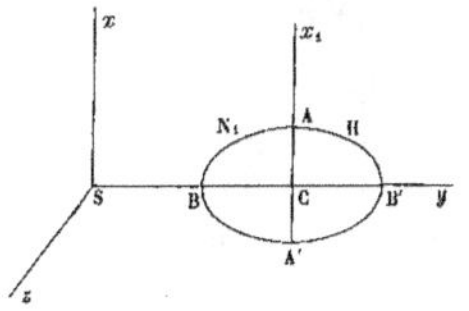

autour d'un axe Sx situé dans son plan et passant par le centre de S de Saturne. La courbe méridienne est supposée symétrique par rapport à l'axe Sy perpendiculaire à Sx, et peu différente d'une ellipse qui aurait pour axes AA' et BB'. Il s'agit de déterminer cette courbe de manière que le fluide soit en équilibre à la surface de l'anneau, sous l'influence :

De l'attraction de l'anneau,

([1]) *Zusätze und Bemerkungen zu Laplace's Untersuchung über die Gestalt der Saturnsringe.* (*Astronomische Nachrichten*, n° 2643; t. CXI, 1885).

De l'attraction de Saturne,

De la force centrifuge.

Soient N_1 un point quelconque de la courbe, ξ_1 et η_1 ses coordonnées par rapport aux axes Sx et Sy, V et V_1 les potentiels relatifs aux attractions exercées sur le point N_1 par l'anneau et par la planète, ω la vitesse angulaire de la rotation autour de Sx, vitesse supposée constante.

La condition d'équilibre s'exprimera en écrivant que la quantité

$$fV + fV_1 + \frac{1}{2}\omega^2\eta_1^2$$

est constante, quelle que soit la position du point N_1 sur la courbe méridienne. Pour calculer V_1, on peut supposer la masse M de Saturne concentrée en son centre de gravité O, ce qui donne

$$V_1 = \frac{M}{\sqrt{\xi_1^2 + \eta_1^2}};$$

il viendra donc

$$fV + \frac{fM}{\sqrt{\xi_1^2 + \eta_1^2}} + \frac{1}{2}\omega^2\eta_1^2 = \text{const.} \tag{1}$$

Mme Kowalewski emploie, pour le calcul du potentiel V, la formule (F) du n° 3, formule que nous écrivons ainsi

$$V = \frac{1}{2}\rho\int \cos i\, d\Sigma; \tag{2}$$

ρ désigne la densité de l'anneau, supposée constante, $d\Sigma$ l'élément de sa surface en un point quelconque N, i l'angle que forme avec la direction N_1N la normale extérieure à la surface de l'anneau au point N.

73. Soit l la distance du point S au milieu C de BB'. Il convient d'introduire les coordonnées de N_1 rapportées à des axes Cx_1 et Cy menés par le point C. Nous représenterons ces dernières coordonnées par $\sigma l x_1$ et $\sigma l y_1$, en désignant par σ un petit facteur numérique, parce que nous supposerons avec Laplace que les dimensions de la section méridienne de l'anneau sont petites par rapport à l; nous pourrons donc écrire

$$\xi_1 = \sigma l x_1, \qquad \eta_1 = l + \sigma l y_1. \tag{3}$$

Les coordonnées ξ, η, ζ du point N de l'anneau, dont le méridien fait l'angle ψ

avec xSy, auront pour expressions

$$(4) \qquad \xi = \sigma l x, \qquad \eta = l(1+\sigma y)\cos\psi, \qquad \zeta = l(1+\sigma y)\sin\psi,$$

de sorte que $\sigma l x$ et $\sigma l y$ seront les coordonnées du point H de la courbe méridienne, qui, après avoir tourné de l'angle ψ autour de Sx, vient coïncider avec N. On peut considérer x et y comme des fonctions d'une variable auxiliaire t qui variera de o à 2π quand le point H décrira toute la courbe méridienne d'un mouvement continu. Les formules (4) exprimeront donc les coordonnées d'un point quelconque N de la surface de l'anneau à l'aide des deux variables auxiliaires t et ψ, qui seront comprises toutes les deux entre o et 2π; pour le point N_1, on aura

$$t = t_1, \qquad \psi = 0.$$

Soient maintenant a, b, c les cosinus directeurs de la normale extérieure au point N, u la distance NN_1; on aura

$$\cos i = a\frac{\xi-\xi_1}{u} + b\frac{\eta-\eta_1}{u} + c\frac{\zeta}{u},$$

ou bien, en vertu des formules (3) et (4),

$$(5) \qquad \cos i = a\sigma l\frac{x-x_1}{u} + bl\frac{(1+\sigma y)\cos\psi - (1+\sigma y_1)}{u} + cl\frac{(1+\sigma y)\sin\psi}{u};$$

on trouvera d'ailleurs

$$\frac{u^2}{l^2} = \sigma^2(x-x_1)^2 + (1+\sigma y)^2 + (1+\sigma y_1)^2 - 2(1+\sigma y)(1+\sigma y_1)\cos\psi,$$

ce qui peut encore s'écrire

$$(6) \qquad \frac{u^2}{l^2} = \sigma^2(x-x_1)^2 + \sigma^2(y-y_1)^2 + 4(1+\sigma y)(1+\sigma y_1)\sin^2\frac{\psi}{2}.$$

Les formules bien connues de la théorie des surfaces donnent ensuite

$$\pm a\, d\Sigma = \left(\frac{\partial\eta}{\partial t}\frac{\partial\zeta}{\partial\psi} - \frac{\partial\eta}{\partial\psi}\frac{\partial\zeta}{\partial t}\right) dt\, d\psi,$$
$$\pm b\, d\Sigma = \left(\frac{\partial\zeta}{\partial t}\frac{\partial\xi}{\partial\psi} - \frac{\partial\zeta}{\partial\psi}\frac{\partial\xi}{\partial t}\right) dt\, d\psi,$$
$$\pm c\, d\Sigma = \left(\frac{\partial\xi}{\partial t}\frac{\partial\eta}{\partial\psi} - \frac{\partial\xi}{\partial\psi}\frac{\partial\eta}{dt}\right) dt\, d\psi,$$

où les signes supérieurs et inférieurs vont ensemble.

On tire du reste des formules (4)

$$\frac{\partial\xi}{\partial t} = \sigma l \frac{dx}{dt}, \qquad \frac{\partial\xi}{\partial\psi} = 0,$$

$$\frac{\partial\eta}{\partial t} = \sigma l \frac{dy}{dt}\cos\psi, \qquad \frac{\partial\eta}{\partial\psi} = -l(1+\sigma y)\sin\psi,$$

$$\frac{\partial\zeta}{\partial t} = \sigma l \frac{dy}{dt}\sin\psi, \qquad \frac{\partial\zeta}{\partial\psi} = +l(1+\sigma y)\cos\psi,$$

et il en résulte

$$\pm a\,d\Sigma = \sigma l^2(1+\sigma y)\frac{dy}{dt}\,dt\,d\psi,$$

$$\pm b\,d\Sigma = -\sigma l^2(1+\sigma y)\frac{dx}{dt}\cos\psi\,dt\,d\psi,$$

$$\pm c\,d\Sigma = -\sigma l^2(1+\sigma y)\frac{dx}{dt}\sin\psi\,dt\,d\psi.$$

Si l'on en tire les valeurs de a, b, c pour les porter dans la relation (5), on trouve

$$\mp\cos i\,d\Sigma = \frac{\sigma l^3}{u}\left[\sigma(y-y_1)\frac{dx}{dt} - \sigma(x-x_1)\frac{dy}{dt} + 2(1+\sigma y_1)\frac{dx}{dt}\sin^2\frac{\psi}{2}\right](1+\sigma y)\,dt\,d\psi,$$

d'où, par les formules (2) et (6),

$$\pm V = \frac{1}{2}\rho\sigma l^2\int_0^{2\pi} dt\int_{-\pi}^{+\pi}\frac{\sigma(x-x_1)\frac{dy}{dt} - \sigma(y-y_1)\frac{dx}{dt} - 2(1+\sigma y_1)\frac{dx}{dt}\sin^2\frac{\psi}{2}}{\sqrt{\sigma^2(x-x_1)^2+\sigma^2(y-y_1)^2+4(1+\sigma y)(1+\sigma y_1)\sin^2\frac{\psi}{2}}}(1+\sigma y)\,d\psi;$$

On peut faire $\psi = \pi - 2\theta$, ce qui donne

$$(7)\qquad \pm V = 2\rho l^2\int_0^{2\pi} dt\int_0^{\frac{\pi}{2}}\frac{\sigma^2(x-x_1)\frac{dy}{dt} - \sigma^2(y-y_1)\frac{dx}{dt} - 2\sigma(1+\sigma y_1)\frac{dx}{dt}\cos^2\theta}{\sqrt{\sigma^2(x-x_1)^2+\sigma^2(y-y_1)^2+4(1+\sigma y)(1+\sigma y_1)\cos^2\theta}}(1+\sigma y)\,d\theta.$$

Donc le calcul du potentiel d'un anneau quelconque de révolution, homogène, sur un de ses points, est ramené au calcul d'une intégrale double; la première intégration relative à θ dépend des deux intégrales elliptiques complètes de première et de seconde espèce, relatives au module

$$(8)\qquad k = \sqrt{\frac{4(1+\sigma y)(1+\sigma y_1)}{4(1+\sigma y)(1+\sigma y_1)+\sigma^2(x-x_1)^2+\sigma^2(y-y_1)^2}};$$

soit k' le module complémentaire : on aura

$$(9)\qquad k' = \sigma\sqrt{\frac{(x-x_1)^2+(y-y_1)^2}{4(1+\sigma y)(1+\sigma y_1)+\sigma^2(x-x_1)^2+\sigma^2(y-y_1)^2}}.$$

Dans les conditions que nous avons envisagées, σ étant petit, on voit que k'^2 est positif et très petit. Il faudra donc appliquer les formules données par Legendre pour ce cas spécial (*Exercices de Calcul intégral*, t. I, p. 68),

$$(10)\qquad \begin{cases} \displaystyle\int_0^{\frac{\pi}{2}} \frac{d\theta}{\sqrt{1-k^2\sin^2\theta}} = \left(1+\frac{1}{4}k'^2+\frac{9}{64}k'^4+\ldots\right)\log\frac{4}{k'}-\frac{1}{4}k'^2-\frac{21}{128}k'^4-\ldots, \\ \displaystyle\int_0^{\frac{\pi}{2}} \sqrt{1-k^2\sin^2\theta}\,d\theta = \left(\frac{1}{2}k'^2+\frac{3}{16}k'^4+\ldots\right)\log\frac{4}{k'}+1-\frac{1}{4}k'^2-\frac{13}{64}k'^4-\ldots. \end{cases}$$

Le signe ambigu $\pm$ qui figure dans la formule (7) sera fixé aisément une fois pour toutes. Quand on aura effectué la première intégration par les développements en séries qui viennent d'être indiqués, il faudra intégrer par rapport à t entre les limites 0 et 2π.

74. Mme Kowalewski choisit maintenant la fonction y de t, qu'elle prend égale à $-\cos t$, et elle adopte pour x une fonction arbitraire de t, qui suppose seulement que la courbe méridienne soit symétrique par rapport à Sy; elle pose

$$(11)\qquad \begin{cases} y = -\cos t, \qquad x = \varphi(t), \\ \varphi(t) = \alpha\sin t+\alpha'\sin 2t+\alpha''\sin 3t+\ldots, \end{cases}$$

$\alpha, \alpha', \alpha'', \ldots$ désignant des coefficients constants. Il faut aussi que la courbe méridienne ne coupe pas Sy entre les points B et B', c'est-à-dire que $\varphi(t)$ ne devienne nul que pour $\sin t = 0$. Les coordonnées d'un point quelconque H de la courbe méridienne, rapportées aux axes Sx et Sy, seront donc données par les formules

$$(12)\qquad \begin{cases} \xi = \sigma l(\alpha\sin t+\alpha'\sin 2t+\alpha''\sin 3t+\ldots), \\ \eta = l(1-\sigma\cos t). \end{cases}$$

On voit que l'équation $\eta = \text{const.}$ donne pour t deux valeurs dont la somme est égale à 2π; ainsi la restriction apportée par le choix de la fonction y revient à admettre que la courbe méridienne n'est rencontrée qu'en deux points par une parallèle à Sx; ces deux points sont d'ailleurs symétriques par rapport à Sy. D'une manière générale, quand on change t en $2\pi - t$, η reste le même, et ξ se change en $-\xi$.

Si l'on avait

$$\alpha' = 0, \qquad \alpha'' = 0, \qquad \ldots,$$

il en résulterait

$$\xi = \alpha\sigma l \sin t, \qquad \eta = l(1 - \sigma \cos t),$$

$$\frac{\xi^2}{\alpha^2} + (\eta - l)^2 = \sigma^2 l^2.$$

La courbe méridienne serait donc une ellipse dont les axes, dirigés suivant les droites CA et CB, auraient pour longueurs $2\alpha\sigma l$ et $2\sigma l$, t désignant l'anomalie excentrique. C'est la solution de Laplace, et, comme elle est déjà assez approchée, il est naturel de supposer que les rapports $\frac{\alpha'}{\alpha}, \frac{\alpha''}{\alpha}, \cdots$ sont petits; α lui-même sera notablement inférieur à l'unité, puisque l'ellipse de Laplace est très sensiblement aplatie. Nous aurons d'ailleurs

$$y_1 = -\cos t_1, \qquad x_1 = \varphi(t_1),$$

et la formule (7) donnera ensuite

$$\text{(13)} \qquad V = \rho l^3 \int_0^{2\pi} dt \int_0^{\frac{\pi}{2}} \frac{C - A\sigma\varphi'(t) + A\sigma\varphi'(t)\sin^2\theta}{\sqrt{A + B - A\sin^2\theta}}\, d\theta,$$

en posant, pour abréger,

$$\text{(14)} \qquad \begin{cases} A = 4(1 - \sigma\cos t)(1 - \sigma\cos t_1), \\ B = \sigma^2(\cos t - \cos t_1)^2 + \sigma^2[\varphi(t) - \varphi(t_1)]^2, \\ C = 2\sigma^2(1 - \sigma\cos t)\{(\cos t - \cos t_1)\varphi'(t) + \sin t[\varphi(t) - \varphi(t_1)]\}. \end{cases}$$

On a choisi le signe ambigu $\pm$ en partant de la relation

$$\pm\, a\, d\Sigma = \sigma l^2(1 + \sigma y)\frac{dy}{dt}\, dt\, d\psi,$$

qui donne

$$\pm\, a\, d\Sigma = \sigma l^2(1 - \sigma\cos t)\sin t\, dt\, d\psi.$$

On voit sur la figure que, sur la moitié de la courbe méridienne située au-dessus de Sy, la normale extérieure à la surface fait avec Sx un angle aigu; donc a doit être positif; d'ailleurs, $\sin t$ est positif. Donc il faut prendre les signes supérieurs.

On aura ensuite

$$\text{(15)} \qquad k^2 = \frac{A}{A + B}, \qquad k'^2 = \frac{B}{A + B},$$

et, si l'on pose

$$\text{(16)} \qquad W = \frac{1}{\sqrt{A + B}} \int_0^{\frac{\pi}{2}} \frac{C - A\sigma\varphi'(t) + A\sigma\varphi'(t)\sin^2\theta}{\sqrt{1 - k^2\sin^2\theta}}\, d\theta,$$

il viendra

$$(17)\qquad V = \rho l^2 \int_0^{2\pi} W\,dt.$$

Les quantités B et C sont du second ordre, tandis que A est fini et voisin de 4. L'expression (16) de W se met aisément sous la forme

$$W = \frac{C + B\sigma\varphi'(t)}{\sqrt{A+B}} \int_0^{\frac{\pi}{2}} \frac{d\theta}{\sqrt{1-k^2\sin^2\theta}} - \sqrt{A+B}\,\sigma\varphi'(t) \int_0^{\frac{\pi}{2}} \sqrt{1-k^2\sin^2\theta}\,d\theta,$$

et l'application des formules (10) donnera, en remplaçant $\log\frac{4}{k'}$ par $\frac{1}{2}\log\frac{16}{k'^2}$,

$$\begin{aligned} W = {} & \frac{C + B\sigma\varphi'(t)}{\sqrt{A+B}} \left[\frac{1}{2}\left(1 + \frac{1}{4}\frac{B}{A+B} + \ldots\right)\log\left(16\frac{A+B}{B}\right) - \frac{1}{4}\frac{B}{A+B} - \ldots\right] \\ & - \sqrt{A+B}\,\sigma\varphi'(t)\left[\frac{1}{2}\left(\frac{1}{2}\frac{B}{A+B} + \ldots\right)\log\left(16\frac{A+B}{B}\right) + 1 - \frac{1}{4}\frac{B}{A+B} - \ldots\right], \end{aligned}$$

d'où

$$(18)\qquad W = W_1 \log\left(16\frac{A+B}{B}\right) + W_2,$$

en posant

$$(19)\qquad \left\{\begin{aligned} W_1 &= \frac{C + B\sigma\varphi'(t)}{2\sqrt{A+B}}\left(1 + \frac{1}{4}\frac{B}{A+B} + \ldots\right) - \frac{\sqrt{A+B}}{2}\sigma\varphi'(t)\left(\frac{1}{2}\frac{B}{A+B} + \ldots\right), \\ W_2 &= -\frac{C + B\sigma\varphi'(t)}{\sqrt{A+B}}\left(\frac{1}{4}\frac{B}{A+B} + \ldots\right) - \sqrt{A+B}\,\sigma\varphi'(t)\left(1 - \frac{1}{4}\frac{B}{A+B} - \ldots\right). \end{aligned}\right.$$

La formule (17) donnera ensuite

$$(20)\qquad \frac{V}{\rho l^2} = \int_0^{2\pi} W_2\,dt + \int_0^{2\pi} W_1 \log[16(A+B)]\,dt - \int_0^{2\pi} W_1 \log B\,dt.$$

75. Les quantités W_1 et W_2 sont, d'après les formules (14) et (19), des fonctions périodiques de t dont la période est 2π; on pourra les développer en séries de sinus et de cosinus des multiples de t, et ces séries seront très rapidement convergentes à cause de la petitesse de σ et des rapports $\frac{\alpha'}{\alpha}$, $\frac{\alpha''}{\alpha}$, ... Nous supposons ces développements obtenus; il nous faut montrer maintenant comment on pourra calculer les trois intégrales définies qui figurent dans l'expression (20) de V.

Il n'y a pas de difficulté pour $\int_0^{2\pi} W_2\,dt$, car cette intégrale est égale au produit du terme non périodique multiplié par 2π.

La difficulté n'est pas grande non plus pour $\int_0^{2\pi} W_1 \log[16(A+B)]\,dt$, car on a

$$\log[16(A+B)] = \log 64 + \log\left\{1 - \sigma(\cos t + \cos t_1) + \frac{1}{4}\sigma^2(\cos t + \cos t_1)^2 + \frac{1}{4}\sigma^2[\varphi(t) - \varphi(t_1)]^2\right\},$$

et il sera bien facile de développer ce dernier logarithme suivant les puissances de σ; les coefficients seront des fonctions périodiques de t, de sorte qu'on sera ramené aux intégrales

$$\int_0^{2\pi} W_1\,dt, \quad \int_0^{2\pi} W_1 \cos nt\,dt, \quad \int_0^{2\pi} W_1 \sin nt\,dt,$$

dont on obtiendra immédiatement les valeurs, puisque le développement périodique de W_1 est supposé connu.

Le calcul de l'intégrale $\int_0^{2\pi} W_1 \log B\,dt$ est plus compliqué. Pour y arriver, nous remarquerons d'abord que l'expression

$$(21) \qquad B = \sigma^2(\cos t - \cos t_1)^2 + \sigma^2[\alpha(\sin t - \sin t_1) + \alpha'(\sin 2t - \sin 2t_1) + \ldots]^2$$

contient en facteur

$$2\sin^2\frac{t - t_1}{2} = 1 - \cos(t - t_1);$$

ce qui reste est développable en série de sinus et de cosinus des multiples de t. Nous observerons en second lieu que, si l'on suppose nulles pour un moment les quantités α', α'', ..., il vient, comme on s'en assure aisément,

$$B = \sigma^2[1 - \cos(t - t_1)][1 + \alpha^2 - (1 - \alpha^2)\cos(t + t_1)].$$

On peut donc poser

$$(22) \qquad B = \sigma^2[1 - \cos(t - t_1)][1 + \alpha^2 - (1 - \alpha^2)\cos(t + t_1)](1 + B_1);$$

B_1 contiendra en facteur, dans ses divers termes, au moins une des quantités α', α'', ..., et si ces quantités sont suffisamment petites, l'expression (22) de B ne s'annulera, entre les limites 0 et 2π, que pour la valeur réelle $t = t_1$. On aura ainsi

$$(23) \quad \left\{ \begin{aligned} \int_0^{2\pi} W_1 \log B\,dt &= \log\sigma^2 \int_0^{2\pi} W_1\,dt + \int_0^{2\pi} W_1 \log[1 + \alpha^2 - (1 - \alpha^2)\cos(t + t_1)]\,dt \\ &+ \int_0^{2\pi} W_1 \log[1 - \cos(t - t_1)]\,dt + \int_0^{2\pi} W_1 \log(1 + B_1)\,dt. \end{aligned} \right.$$

Rien à dire sur l'intégrale $\int_0^{2\pi} W_1\,dt$. Voyons comment on arrivera à déterminer les deux intégrales

$$(24)\qquad \begin{cases} \displaystyle\int_0^{2\pi} W_1 \log[1+\alpha^2-(1-\alpha^2)\cos(t+t_1)]\,dt = R, \\ \displaystyle\int_0^{2\pi} W_1 \log[1-\cos(t-t_1)]\,dt = S. \end{cases}$$

Si l'on pose

$$\beta = \frac{1-\alpha}{1+\alpha},$$

on a identiquement

$$1+\alpha^2-(1-\alpha^2)\cos(t+t_1) = \frac{(1+\alpha)^2}{2}[1+\beta^2-2\beta\cos(t+t_1)],$$

et, β étant plus petit que 1, une formule bien connue donne, en série convergente,

$$\log[1+\beta^2-2\beta\cos(t+t_1)] = -2\left[\beta\cos(t+t_1)+\frac{1}{2}\beta^2\cos 2(t+t_1)+\ldots\right].$$

Il viendra donc

$$R = \log\frac{(1+\alpha)^2}{2}\int_0^{2\pi} W_1\,dt - 2\sum_1^{\infty}\frac{1}{n}\left(\frac{1-\alpha}{1+\alpha}\right)^n\int_0^{2\pi} W_1\cos n(t+t_1)\,dt.$$

Écrivons le développement périodique de W_1, savoir

$$(25)\qquad W_1 = \mathcal{A}_0 + \sum_1^{\infty}(\mathcal{A}_n\cos nt + \mathcal{B}_n\sin nt);$$

en le portant dans l'expression précédente de R, on trouvera sans peine

$$(26)\qquad R = 2\pi\mathcal{A}_0\log\frac{(1+\alpha)^2}{2} - 2\pi\sum_1^{\infty}\frac{1}{n}\left(\frac{1-\alpha}{1+\alpha}\right)^n(\mathcal{A}_n\cos nt_1 - \mathcal{B}_n\sin nt_1);$$

ce développement convergera rapidement, parce que $\mathcal{A}_n$ et $\mathcal{B}_n$ contiennent des puissances de plus en plus élevées de la petite quantité σ.

L'examen des formules (24) montre que l'expression S se déduit de celle de R en y remplaçant α par zéro, et t_1 par $-t_1$, sans toucher aux $\mathcal{A}_n$ et $\mathcal{B}_n$. La formule (26) donnera donc immédiatement

$$(27)\qquad S = -2\pi\mathcal{A}_0 \log 2 - 2\pi \sum_1^\infty \frac{1}{n}(\mathcal{A}_n \cos nt_1 + \mathcal{B}_n \sin nt_1).$$

Il nous reste enfin à considérer l'intégrale $\int_0^{2\pi} W_1 \log(1 + B_1)\,dt$; la quantité B_1 est petite comme nous l'avons expliqué. On pourra développer $\log(1 + B_1)$ en série suivant les puissances de B_1, et l'on aura

$$(28)\qquad \int_0^{2\pi} W_1 \log(1 + B_1)\,dt = \int_0^{2\pi} W_1 \left(B_1 - \frac{1}{2} B_1^2 + \ldots\right) dt;$$

il sera facile de mettre $B_1 - \frac{1}{2} B_1^2 + \ldots$ sous la forme d'une série procédant suivant les sinus et cosinus des multiples de t, et d'effectuer l'intégration. On trouvera ainsi, comme résultat final, le développement du potentiel V suivant les cosinus des multiples entiers de t_1 : il n'y aura pas de sinus; car, à cause de la symétrie de l'anneau par rapport au plan des yz, V doit rester le même quand on change t_1 en $-t_1$, quel que soit t_1.

76. Nous allons effectuer les calculs, avec Mme Kowalewski, en prenant seulement le premier terme $\alpha' \sin 2t$ de $\varphi(t)$, qui modifie le plus l'ellipse de Laplace. Nous supposerons donc $\alpha'' = \alpha''' = \ldots = 0$. La suite du calcul montrerait que α' est de l'ordre de σ; nous supposerons donc immédiatement

$$\alpha' = \sigma\gamma,$$

γ étant fini. Nous développerons les formules précédentes suivant les puissances de σ en négligeant partout σ^4. Voici la base des calculs ultérieurs :

$$(29)\qquad \left\{\begin{aligned}
&\varphi(t) = \alpha \sin t + \gamma\sigma \sin 2t,\\
&A = 4[1 - \sigma(\cos t + \cos t_1) + \sigma^2 \cos t \cos t_1],\\
&B = \sigma^2(\cos t - \cos t_1)^2 + \alpha^2\sigma^2(\sin t - \sin t_1)^2\\
&\qquad + 2\alpha\gamma\sigma^3(\sin t - \sin t_1)(\sin 2t - \sin 2t_1),\\
&C = 2\alpha\sigma^2[1 - \cos(t - t_1)] - 2\alpha\sigma^3 \cos t[1 - \cos(t - t_1)]\\
&\qquad + 2\gamma\sigma^3[2\cos 2t(\cos t - \cos t_1) + \sin t(\sin 2t - \sin 2t_1)].
\end{aligned}\right.$$

Les formules (19) pourront ensuite être bornées à

$$W_1 = \frac{C + \alpha\sigma B \cos t}{2\sqrt{A}} - \frac{1}{4}\alpha\sigma \frac{B}{\sqrt{A}} \cos t,$$

$$W_2 = \sqrt{A + B}\,\sigma(\alpha \cos t + 2\gamma\sigma \cos 2t)\left(-1 + \frac{1}{4}\frac{B}{A}\right),$$

ou même à

$$(30)\quad \begin{cases} W_1 = \dfrac{C + \alpha\sigma B \cos t}{4\sqrt{1 - \sigma(\cos t + \cos t_1)}} - \dfrac{1}{8}\alpha\sigma B \cos t, \\ W_2 = \sigma(\alpha \cos t + 2\gamma\sigma \cos 2t)\left(-\sqrt{A+B} + \dfrac{1}{8}B\right). \end{cases}$$

On trouve d'ailleurs aisément

$$\sqrt{A+B} = 2 - \sigma(\cos t + \cos t_1) + \frac{1}{4}\alpha^2\sigma^2(\sin t - \sin t_1)^2;$$

il en résulte

$$W_2 = \sigma(\alpha\cos t + 2\gamma\sigma\cos 2t)\Big[-2 + \sigma(\cos t + \cos t_1) + \frac{1}{8}\sigma^2(\cos t - \cos t_1)^2 - \frac{1}{8}\alpha^2\sigma^2(\sin t - \sin t_1)^2\Big],$$

d'où l'on tire sans peine

$$(31)\quad \int_0^{2\pi} W_2\, dt = \pi\alpha\sigma^2\left(1 - \frac{1}{4}\sigma\cos t_1\right).$$

L'expression (30) de W_1 donnera ensuite

$$(32)\quad W_1 = \frac{1}{4}C + \frac{1}{8}\alpha\sigma B\cos t + \frac{1}{8}\sigma C(\cos t + \cos t_1);$$

or on a, d'après les relations (29),

$$C = 2\alpha\sigma^2[1 - \cos(t - t_1)] - 2\alpha\sigma^3\cos t\,[1 - \cos(t - t_1)] + \gamma\sigma^3(3\cos t - 2\sin 2t_1\sin t - 4\cos t_1\cos 2t + \cos 3t),$$

$$B = \sigma^2\Big[1 + \alpha^2 + \frac{1}{2}(1 - \alpha^2)\cos 2t_1 - 2\cos t_1\cos t - 2\alpha^2\sin t_1\sin t + \frac{1}{2}(1 - \alpha^2)\cos 2t\Big] + \ldots,$$

et l'expression (32) de W_1 devient ainsi

$$\begin{aligned} W_1 = {} & \frac{1}{2}\alpha\sigma^2(1 - \cos t_1\cos t - \sin t_1\sin t) \\ & + \gamma\sigma^3\left(\frac{3}{4}\cos t - \frac{1}{2}\sin 2t_1\sin t - \cos t_1\cos 2t + \frac{1}{4}\cos 3t\right) \\ & + \frac{1}{8}\alpha\sigma^3\Big[2\cos t_1 + \left(-\frac{7}{4} + \frac{3}{4}\alpha^2\right)\cos t - \frac{1}{2}(1 + \alpha^2)\cos 2t_1\cos t - \sin 2t_1\sin t \\ & \qquad + (1 - \alpha^2)\sin t_1\sin 2t + \frac{1}{4}(1 - \alpha^2)\cos 3t\Big]. \end{aligned}$$

On lit immédiatement sur cette formule les expressions des coefficients $\mathcal{A}_n$

et $\mathfrak{vb}_n$ du développement (25), savoir :

$$(33) \begin{cases} \mathcal{A}_0 = \frac{1}{2}\,\alpha\sigma^2 + \frac{1}{4}\,\alpha\sigma^3\cos t_1, \\[4pt] \mathcal{A}_1 = -\frac{1}{2}\,\alpha\sigma^2\cos t_1 + \sigma^3\left[-\frac{7}{32}\,\alpha + \frac{3}{32}\,\alpha^3 + \frac{3}{4}\,\gamma - \frac{1}{16}\,\alpha(1+\alpha^2)\cos 2t_1\right], \\[4pt] \mathfrak{vb}_1 = -\frac{1}{2}\,\alpha\sigma^2\sin t_1 - \sigma^3\left(\frac{1}{8}\,\alpha + \frac{1}{2}\,\gamma\right)\sin 2t_1, \\[4pt] \mathcal{A}_2 = -\gamma\sigma^3\cos t_1, \\[4pt] \mathfrak{vb}_2 = \frac{1}{8}\,\alpha(1-\alpha^2)\,\sigma^3\sin t_1, \\[4pt] \mathcal{A}_3 = \sigma^3\left[\frac{1}{32}\,\alpha(1-\alpha^2) + \frac{1}{4}\,\gamma\right], \\[4pt] \mathfrak{vb}_3 = 0. \end{cases}$$

On aura ensuite, avec une précision suffisante pour notre but,

$$\log[16(A+B)] = \log 64 - \sigma(\cos t_1 + \cos t),$$

$$(34) \qquad \int_0^{2\pi} W_1\, dt = 2\pi\,\mathcal{A}_0,$$

$$(35) \qquad \int_0^{2\pi} W_1 \log[16(A+B)]\, dt = 2\pi\,\mathcal{A}_0\log 64 - \pi\sigma(2\,\mathcal{A}_0\cos t_1 + \mathcal{A}_1).$$

Les formules (24), (26), (27) donneront

$$(36) \begin{cases} \displaystyle\int_0^{2\pi} W_1 \log[1 + \alpha^2 - (1-\alpha^2)\cos(t+t_1)]\, dt \\[6pt] = 2\pi\,\mathcal{A}_0 \log\dfrac{(1+\alpha)^2}{2} - 2\pi\left[\dfrac{1-\alpha}{1+\alpha}\,(\mathcal{A}_1\cos t_1 - \mathfrak{vb}_1\sin t_1)\right. \\[6pt] \qquad + \dfrac{1}{2}\left(\dfrac{1-\alpha}{1+\alpha}\right)^2(\mathcal{A}_2\cos 2t_1 - \mathfrak{vb}_2\sin 2t_1) \\[6pt] \qquad \left. + \dfrac{1}{3}\left(\dfrac{1-\alpha}{1+\alpha}\right)^3 \mathcal{A}_3\cos 3t_1\right], \end{cases}$$

$$(37) \begin{cases} \displaystyle\int_0^{2\pi} W_1 \log[1 - \cos(t - t_1)]\, dt \\[6pt] = -2\pi\,\mathcal{A}_0\log 2 - 2\pi\left[\mathcal{A}_1\cos t_1 + \mathfrak{vb}_1\sin t_1\right. \\[6pt] \qquad \left. + \dfrac{1}{2}(\mathcal{A}_2\cos 2t_1 + \mathfrak{vb}_2\sin 2t_1) + \dfrac{1}{3}\,\mathcal{A}_3\cos 3t_1\right]. \end{cases}$$

Il nous reste seulement à calculer l'intégrale (28).

L'expression (29) de B étant portée dans la formule (22), il vient, comme on s'en assure aisément,

$$B_1 = 8\alpha\gamma\sigma \, \frac{\cos\frac{t+t_1}{2}\cos\frac{t-t_1}{2}\cos(t+t_1)}{1+\alpha^2-(1-\alpha^2)\cos(t+t_1)},$$

$$B_1 = 2\alpha\gamma\sigma \, \frac{\cos t_1 + \cos t + \cos(t+2t_1) + \cos(2t+t_1)}{1+\alpha^2-(1-\alpha^2)\cos(t+t_1)}.$$

Or on a, en introduisant pour un moment la quantité β déjà considérée, et en vertu d'une formule bien connue,

$$\begin{aligned}\frac{2\alpha}{1+\alpha^2-(1-\alpha^2)\cos(t+t_1)} &= \frac{1-\beta^2}{1+\beta^2-2\beta\cos(t+t_1)}\\ &= 1+2\beta\cos(t+t_1)+2\beta^2\cos2(t+t_1)+2\beta^3\cos3(t+t_1)+\ldots,\end{aligned}$$

et il en résulte

$$\begin{aligned}B_1 &= \gamma\sigma[\cos t_1+\cos t+\cos(t+2t_1)+\cos(2t+t_1)]\\ &\quad\times\left[1+2\frac{1-\alpha}{1+\alpha}\cos(t+t_1)+2\left(\frac{1-\alpha}{1+\alpha}\right)^2\cos2(t+t_1)+\ldots\right],\end{aligned}$$

$$\frac{B_1}{4\gamma\sigma} = \frac{\cos t_1+\cos t}{(1+\alpha)^2}+(1+\alpha^2)\frac{\cos2t_1\cos t-\sin2t_1\sin t}{(1+\alpha)^3}+\ldots.$$

On peut d'ailleurs se borner à

$$\int_0^{2\pi} W_1 \log(1+B_1)\,dt = \int_0^{2\pi} B_1 W_1\,dt,$$

et, en tenant compte de l'expression qui vient d'être trouvée pour B_1 et du développement périodique de W_1, on obtient sans peine

$$(38)\quad \int_0^{2\pi} W_1\log(1+B_1)\,dt = \frac{4\pi\gamma}{(1+\alpha)^2}\sigma\left[2\mathcal{A}_0\cos t_1+\mathcal{A}_1+\frac{1+\alpha^2}{1+\alpha}(\mathcal{A}_1\cos2t_1-\mathcal{B}_1\sin2t_1)\right].$$

On n'a pas écrit les termes suivants en $\mathcal{A}_2, \mathcal{A}_3, \ldots, \mathcal{B}_2, \mathcal{B}_3, \ldots$ parce que, d'après les formules (33), ces termes contiennent σ^3 en facteur; cela revient donc à négliger σ^4, comme nous sommes convenus de le faire.

Il n'y a plus maintenant qu'à porter dans la formule (20) les expressions des intégrales qui résultent des relations (23), (31), (34), ..., (38). On trouve ainsi

$$
\begin{aligned}
\frac{V}{\pi\rho l^2} = {} & 2\mathcal{A}_0 \log \frac{256}{\sigma^2(1+\alpha)^2} + \alpha\sigma^2\left(1 - \frac{1}{4}\sigma\cos t_1\right) - \sigma(2\mathcal{A}_0 \cos t_1 + \mathcal{A}_1) \\
& + 2\,\frac{1-\alpha}{1+\alpha}(\mathcal{A}_1 \cos t_1 - \mathcal{B}_1 \sin t_1) \\
& + \left(\frac{1-\alpha}{1+\alpha}\right)^2 (\mathcal{A}_2 \cos 2t_1 - \mathcal{B}_2 \sin 2t_1) + \frac{2}{3}\left(\frac{1-\alpha}{1+\alpha}\right)^3 \mathcal{A}_3 \cos 3t_1 \\
& + 2(\mathcal{A}_1 \cos t_1 + \mathcal{B}_1 \sin t_1) + \mathcal{A}_2 \cos 2t_1 + \mathcal{B}_2 \sin 2t_1 + \frac{2}{3}\mathcal{A}_3 \cos 3t_1 \\
& - \frac{4\gamma\sigma}{(1+\alpha)^2}(2\mathcal{A}_0 \cos t_1 + \mathcal{A}_1) - 4\gamma\sigma\,\frac{1+\alpha^2}{(1+\alpha)^3}(\mathcal{A}_1 \cos 2t_1 - \mathcal{B}_1 \sin 2t_1).
\end{aligned}
$$

Si l'on remplace les coefficients $\mathcal{A}_n$ et $\mathcal{B}_n$ par leurs valeurs (33), il vient

$$
\begin{aligned}
\frac{V}{\pi\rho l^2} = {} & \left(\alpha\sigma^2 + \frac{1}{2}\alpha\sigma^3\cos t_1\right)\log\frac{256}{\sigma^2(1+\alpha)^2} + \alpha\sigma^2 - \frac{3}{4}\alpha\sigma^3\cos t_1 \\
& + \frac{1-\alpha}{1+\alpha}\left[\left(-\frac{3}{8}\alpha + \frac{1}{8}\alpha^3 + 2\gamma\right)\sigma^3\cos t_1 - \alpha\sigma^2\cos 2t_1 - \left(\frac{3}{16}\alpha + \frac{1}{16}\alpha^3 + \frac{1}{2}\gamma\right)\sigma^3\cos 3t_1\right] \\
& + \left(\frac{1-\alpha}{1+\alpha}\right)^2\left[\left(-\frac{1}{16}\alpha + \frac{1}{16}\alpha^3 - \frac{1}{2}\gamma\right)\sigma^3\cos t_1 + \left(\frac{1}{16}\alpha - \frac{1}{16}\alpha^3 - \frac{1}{2}\gamma\right)\sigma^3\cos 3t_1\right] \\
& + \left(\frac{1-\alpha}{1+\alpha}\right)^3\left(\frac{1}{48}\alpha - \frac{1}{48}\alpha^3 + \frac{1}{6}\gamma\right)\sigma^3\cos 3t_1 \\
& + \left[-\alpha\sigma^2 + \left(-\frac{5}{8}\alpha + \frac{1}{8}\alpha^3 + \gamma\right)\sigma^3\cos t_1 + \left(\frac{1}{16}\alpha - \frac{1}{16}\alpha^3 + \frac{1}{2}\gamma\right)\sigma^3\cos 3t_1\right] \\
& + \left[\left(\frac{1}{16}\alpha - \frac{1}{16}\alpha^3 - \frac{1}{2}\gamma\right)\sigma^3\cos t_1 + \left(-\frac{1}{16}\alpha + \frac{1}{16}\alpha^3 - \frac{1}{2}\gamma\right)\sigma^3\cos 3t_1\right] \\
& + \left(\frac{1}{48}\alpha - \frac{1}{48}\alpha^3 + \frac{1}{6}\gamma\right)\sigma^3\cos 3t_1 - \frac{2\alpha}{(1+\alpha)^2}\gamma\sigma^3\cos t_1 + 2\alpha\,\frac{1+\alpha^2}{(1+\alpha)^3}\gamma\sigma^3\cos 3t_1.
\end{aligned}
$$

Posons

$$
V = \pi\rho l^2\sigma^2(v_0 + v_1\cos t_1 + v_2\cos 2t_1 + v_3\cos 3t_1), \tag{39}
$$

et nous trouverons, sans trop de peine,

$$
\left\{
\begin{aligned}
v_0 &= \alpha\log\frac{256}{\sigma^2(1+\alpha)^2}, \\
v_1 &= \frac{1}{2}\alpha\sigma\log\frac{256}{\sigma^2(1+\alpha)^2} - \alpha\sigma\,\frac{7+3\alpha}{4(1+\alpha)} + 2\gamma\sigma\,\frac{1-\alpha}{1+\alpha}, \\
v_2 &= -\alpha\,\frac{1-\alpha}{1+\alpha}, \\
v_3 &= -\frac{\alpha(1-\alpha)(1+3\alpha)}{12(1+\alpha)^2}\sigma + 2\gamma\sigma\,\frac{-1+3\alpha+3\alpha^2+3\alpha^3}{3(1+\alpha)^3}.
\end{aligned}
\right. \tag{40}
$$

On trouve ensuite, en partant des formules (12) affectées de l'indice 1,

$$\begin{aligned}\xi_1^2+\eta_1^2 &= l^2(1-\sigma\cos t_1)^2+\sigma^2 l^2(\alpha\sin t_1+\gamma\sigma\sin 2t_1)^2,\\ &= l^2(1-2\sigma\cos t_1+\sigma^2\cos^2 t_1+\alpha^2\sigma^2\sin^2 t_1+2\alpha\gamma\sigma^3\sin t_1\sin 2t_1),\end{aligned}$$

$$\begin{aligned}\frac{1}{\sqrt{\xi_1^2+\eta_1^2}}=\frac{1}{l}\Big[&1+\sigma\cos t_1+\sigma^2\cos^2 t_1-\frac{1}{2}\alpha^2\sigma^2\sin^2 t_1\\ &+\sigma^3\cos^3 t_1-\frac{3}{2}\alpha^2\sigma^3\cos t_1\sin^2 t_1-\alpha\gamma\sigma^3\sin t_1\sin 2t_1\Big],\end{aligned}$$

et si l'on pose

$$\frac{M}{\sqrt{\xi_1^2+\eta_1^2}}=m_0+m_1\cos t_1+m_2\cos 2t_1+m_3\cos 3t_1, \tag{41}$$

on obtient

$$\left\{\begin{aligned}m_0&=\frac{M}{l}\left(1+\frac{1}{2}\sigma^2-\frac{1}{4}\alpha^2\sigma^2\right);\\ m_1&=\frac{M}{l}\left[1+\left(\frac{3}{4}-\frac{3}{8}\alpha^2-\frac{1}{2}\alpha\gamma\right)\sigma^2\right]\sigma,\\ m_2&=\frac{M}{l}\left(\frac{1}{2}+\frac{1}{4}\alpha^2\right)\sigma^2,\\ m_3&=\frac{M}{l}\left(\frac{1}{4}+\frac{3}{8}\alpha^2+\frac{1}{2}\alpha\gamma\right)\sigma^3.\end{aligned}\right. \tag{42}$$

On a d'ailleurs

$$\frac{1}{2}\omega^2\eta_1^2=\frac{1}{2}\omega^2 l^2\left(1+\frac{1}{2}\sigma^2-2\sigma\cos t_1+\frac{1}{2}\sigma^2\cos 2t_1\right). \tag{43}$$

77. Si l'on porte maintenant dans la formule (1) les valeurs (39), (41) et (43), on trouve

$$\begin{aligned}&\pi\rho l^2\sigma^2(v_0+v_1\cos t_1+v_2\cos 2t_1+v_3\cos 3t_1)\\ &\quad+m_0+m_1\cos t_1+m_2\cos 2t_1+m_3\cos 3t_1\\ &\quad+\frac{\omega^2 l^2}{2f}\left(1+\frac{1}{2}\sigma^2-2\sigma\cos t_1+\frac{1}{2}\sigma^2\cos 2t_1\right)=\text{const.}\end{aligned}$$

Cette équation devant avoir lieu quel que soit t_1, on en conclut

$$\left\{\begin{aligned}&\pi\rho l^2\sigma^2 v_1+m_1-\frac{\omega^2 l^2\sigma}{f}=0,\\ &\pi\rho l^2\sigma^2 v_2+m_2+\frac{\omega^2 l^2\sigma^2}{4f}=0,\\ &\pi\rho l^2\sigma^2 v_3+m_3 \qquad\qquad =0.\end{aligned}\right. \tag{44}$$

On peut éliminer ω^2 entre la première et la seconde de ces équations, ce qui donne

$$\pi\rho l^3\sigma^2(v_1\sigma + 4v_2) + m_1\sigma + 4m_2 = 0,$$

ou bien, en remplaçant v_1, v_2, m_1 et m_2 par leurs valeurs (40) et (42), divisant par $\pi\rho l^2\sigma^2$ et réduisant,

$$(45)\quad \left\{\begin{aligned} &\frac{M}{\pi\rho l^3}(3+\alpha^2) - 4\alpha\frac{1-\alpha}{1+\alpha} + \frac{1}{2}\alpha\sigma^2\log\frac{256}{\sigma^2(1+\alpha)^2} \\ &\qquad + \sigma^2\left(2\gamma\frac{1-\alpha}{1+\alpha} - \frac{1}{4}\alpha\frac{7+3\alpha}{1+\alpha}\right) + \frac{M}{\pi\rho l^3}\sigma^2\left(\frac{3}{4} - \frac{3}{8}\alpha^2 - \frac{1}{2}\alpha\gamma\right) = 0. \end{aligned}\right.$$

La dernière des équations (44) donne d'ailleurs

$$(46)\quad \frac{3M}{\pi\rho l^3}\left(1 + \frac{3}{2}\alpha^2 + 2\alpha\gamma\right) + 8\gamma\frac{-1+3\alpha+3\alpha^2+3\alpha^3}{(1+\alpha)^3} - \frac{\alpha(1-\alpha)(1+3\alpha)}{(1+\alpha)^2} = 0.$$

Les deux équations (45) et (46) détermineront les inconnues α et γ en fonction des données $\frac{M}{\rho l^3}$ et σ, après quoi la première des formules (44) donnera ω. Mais il vaut mieux procéder par approximations successives : l'équation (45) donne, quand on y néglige les petits termes en σ,

$$(47)\quad \frac{M}{\pi\rho l^3} = \frac{4\alpha(1-\alpha)}{(1+\alpha)(3+\alpha^2)};$$

c'est, en remplaçant α par $\frac{1}{u}$, l'équation de Laplace. On pourra porter cette valeur de $\frac{M}{\pi\rho l^3}$ dans la relation (46), et l'on en tirera

$$(48)\quad 8\gamma = \alpha(1-\alpha^2)\frac{9+3\alpha+17\alpha^2+15\alpha^3}{3-9\alpha-11\alpha^2-15\alpha^3}.$$

En remplaçant γ par cette valeur dans l'équation (45), on aura une équation plus approchée pour trouver α. On pourra ainsi procéder par des approximations successives.

La seconde des formules (44) donne d'ailleurs

$$(49)\quad \frac{\omega^2}{\pi f\rho} = 4\alpha\frac{1-\alpha}{1+\alpha} - \frac{M}{\pi\rho l^3}(2+\alpha^2).$$

L'équation (47) a deux racines positives α_1 et α_2, comme on l'a vu dans la théorie de Laplace ; l'une α_1 est inférieure, l'autre α_2 supérieure à $\frac{1}{2,594} = 0,39$. D'ailleurs, le numérateur de l'expression (48) de γ est essentiellement positif pour $\alpha < 1$, et le dénominateur l'est aussi pour $\alpha < 0,24$; il s'annule pour $\alpha = 0,24$, et est négatif pour $\alpha > 0,24$.

Donc à la racine α_2 correspond une valeur négative de γ; l'expression

$$\varphi(t) = \alpha \sin t + \gamma\sigma \sin 2t$$

est inférieure à $\alpha \sin t$, quand t est compris entre 0 et $\frac{\pi}{2}$; elle est supérieure à $\alpha \sin t$ pour t compris entre $\frac{\pi}{2}$ et π. La section méridienne a donc la forme représentée par la *fig.* 15.

Si la racine α_1 est supérieure à $0,24$, la section méridienne correspondante a

Fig. 15.

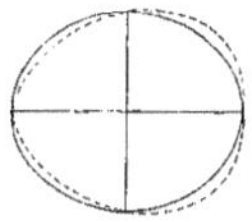

Fig. 16.

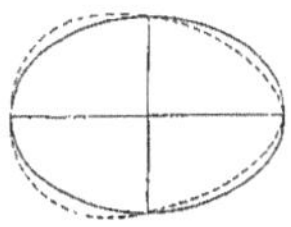

encore la même forme, tandis que, pour $\alpha_1 < 0,24$, elle a la forme indiquée par la *fig.* 16.

78. Nous allons chercher ce que deviennent les formules précédentes quand on suppose $M = 0$. Dans ce cas, l'anneau est soumis seulement aux attractions mutuelles de ses diverses parties et à la force centrifuge; on a

$$m_0 = m_1 = m_2 = m_3 = 0,$$

et les relations (44) deviennent

$$\pi\rho\sigma v_1 - \frac{\omega^2}{f} = 0,$$

$$\pi\rho v_2 + \frac{\omega^2}{4f} = 0,$$

$$v_3 = 0$$

ou bien

$$(50) \qquad \frac{\omega^2}{\pi f\rho} = \alpha\sigma^2 \left[\frac{1}{2}\log\frac{256}{\sigma^2(1+\alpha)^2} - \frac{1}{4}\,\frac{7+3\alpha}{1+\alpha} + \frac{2\gamma}{\alpha}\,\frac{1-\alpha}{1+\alpha}\right],$$

$$(51) \qquad \frac{\omega^2}{\pi f\rho} = 4\alpha\,\frac{1-\alpha}{1+\alpha},$$

$$(52) \qquad \frac{2\gamma}{\alpha} = \frac{(1-\alpha^2)(1+3\alpha)}{4(-1+3\alpha+3\alpha^2+3\alpha^3)}.$$

On voit que $\frac{\omega^2}{\pi f\rho}$, $\alpha(1-\alpha)$ et γ doivent être de petites quantités du même ordre; il en est de même de $1-\alpha$, car nous avons supposé α fini. La formule (50) donne, quand on y remplace α par 1 et γ par 0,

$$\frac{\omega^2}{\pi f \rho} = \sigma^2\left(\log\frac{8}{\sigma} - \frac{5}{4}\right).$$

Nous tirerons sans peine des équations (50), (51) et (52),

$$\alpha = 1 - h\sigma^2, \qquad h = \frac{1}{2}\left(\log\frac{8}{\sigma} - \frac{5}{4}\right), \qquad \gamma = \frac{1}{8}h\sigma^2.$$

Il viendra ensuite

$$\xi = \sigma l(\alpha \sin t + \frac{1}{8}h\sigma^3 \sin 2t),$$

ou simplement, puisqu'on a négligé σ^4,

$$\xi = \sigma l \alpha \sin t = \sigma l(1 - h\sigma^2)\sin t;$$
$$\eta = l(1 - \sigma \cos t).$$

Il en résulte que la section méridienne serait une ellipse ayant pour demi-axes $\alpha\sigma l$ et σl, et pour aplatissement $\frac{\sigma^2}{2}\left(\log\frac{8}{\sigma} - \frac{5}{4}\right)$.

Mais ces derniers calculs sont insuffisants, car on a conservé dans $\varphi(t)$ des termes en σ^3, tandis qu'on a laissé de côté les termes $\alpha'' \sin 3t$ et $\alpha''' \sin 4t$ qui peuvent contenir des termes du même ordre. Donc, dans le cas spécial où l'on suppose $M = 0$, il faudrait pousser les approximations plus loin qu'on ne l'a fait.

CHAPITRE XI.

RECHERCHES DE M. POINCARÉ SUR LES FIGURES D'ÉQUILIBRE.

79. **Recherches de M. Poincaré sur la figure annulaire d'équilibre d'une masse fluide homogène dont toutes les parties s'attirent suivant la loi de Newton, et qui est animée d'un mouvement de rotation uniforme autour d'un axe fixe** Ox. — MM. Thomson et Tait avaient annoncé sans démonstration que parmi les figures d'équilibre dont est susceptible une masse fluide animée d'un mouvement de rotation il y a une figure annulaire de révolution. Voici la démonstration donnée par M. Poincaré.

Soient C le centre de gravité de la section méridienne AMB, $CO = l$ la perpendiculaire abaissée de ce point sur l'axe de révolution. Soient $r = CM$

Fig. 17.

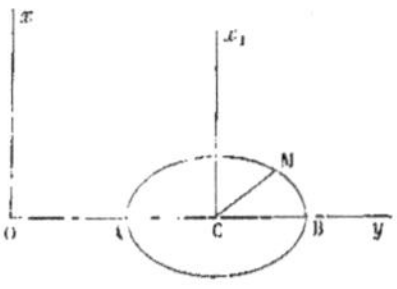

et $\varphi = \widehat{yCM}$ les coordonnées polaires d'un point quelconque M de la section méridienne. On supposera cette courbe symétrique par rapport à Oy, de sorte que son équation pourra être mise sous la forme

$$(1) \qquad r = a(1 + \beta_1 \cos\varphi + \beta_2 \cos 2\varphi + \ldots).$$

M. Poincaré part de l'équation générale de l'équilibre, exprimée à l'aide du principe des vitesses virtuelles, que l'on peut mettre sous la forme

$$\delta U = 0,$$

en appelant U la fonction des forces. U doit donc être un maximum ou un minimum dans la position d'équilibre, et l'on sait que, si le maximum a lieu, l'équilibre est stable. Voyons quelle est l'expression de U. Aux forces provenant des attractions mutuelles, il faut joindre naturellement la force centrifuge. Soient dm et dm' deux molécules quelconques de l'anneau, Δ leur distance : on aura

$$U = f\int \frac{dm\,dm'}{\Delta} + \frac{1}{2}\omega^2 \int y^2\,dm,$$

en prenant la somme des potentiels de l'attraction mutuelle et de la force centrifuge, somme étendue à tous les points de la masse qui tourne avec une vitesse constante ω. Nous poserons

$$(2) \qquad W = \int \frac{dm\,dm'}{\Delta} = \frac{1}{2}\int\int \frac{dm\,dm'}{\Delta}, \qquad I = \int y^2\,dm,$$

ce qui nous donnera

$$(3) \qquad U = fW + \frac{1}{2}\omega^2 I.$$

W est l'énergie potentielle de l'anneau, et I son moment d'inertie par rapport à l'axe de rotation. W dépend d'une intégrale sextuple, et I d'une intégrale triple, ces deux intégrales étant étendues à toute la masse de l'anneau. Remarquons d'ailleurs qu'en désignant par $d\mu$ les éléments dm compris entre la surface d'équilibre et une surface déformée infiniment voisine, par V_μ et y_μ les valeurs du potentiel V et de la distance y pour un point de la surface d'équilibre, on a

$$\delta W = \int V_\mu\,d\mu, \qquad \delta I = \int y_\mu^2\,d\mu, \qquad \int d\mu = 0,$$

et, par suite,

$$\delta U = \int \left(fV_\mu + \frac{1}{2}\omega^2 y_\mu^2\right) d\mu = 0,$$

puisque $fV_\mu + \frac{1}{2}\omega^2 y_\mu^2$ est constant pour toute surface d'équilibre.

On se donnera la masse M de l'anneau, sa densité ρ et la vitesse de rotation ω; la connaissance de M permettra d'établir une relation entre a, l, β_1, β_2, ...; le fait que l'origine C des rayons vecteurs coïncide avec le centre de gravité de la surface de la courbe méridienne donnera une relation entre les β, et l'on pourra exprimer β_1 en fonction de β_2, β_3, ...; les paramètres qui resteront arbitraires seront donc a, β_2, β_3, ... Supposons que l'on ait obtenu l'expression de U en fonction de ces paramètres, la condition $\delta U = 0$ donnera

$$(4) \qquad \frac{\partial U}{\partial a} = 0, \qquad \frac{\partial U}{\partial \beta_2} = 0, \qquad \frac{\partial U}{\partial \beta_3} = 0, \qquad \ldots;$$

on déterminera ainsi tous les éléments de la figure.

80. On peut simplifier la détermination de W en profitant de ce que l'anneau est de révolution.

Soient dS et dS' deux éléments de l'aire de la section AMB, y et y' leurs distances à l'axe Ox, h la distance de leurs parallèles. Les éléments dS et dS' engendrent, par leur rotation autour de Ox, deux anneaux circulaires dont l'énergie potentielle sera représentée par dW; on aura, en désignant par ψ et ψ' les angles formés avec xOy par les méridiens de deux éléments dm et dm' de ces anneaux élémentaires et par Δ la distance de dm et dm',

$$W = \int dW, \qquad dW = \int\int \frac{dm\, dm'}{\Delta},$$

$$dm = \rho\, dS\, y\, d\psi, \qquad dm' = \rho\, dS'\, y'\, d\psi',$$

$$\Delta^2 = y^2 + y'^2 - 2yy' \cos(\psi' - \psi) + h^2,$$

$$dW = \rho^2 yy'\, dS\, dS' \int_0^{2\pi} d\psi \int_0^{2\pi} \frac{d\psi'}{\sqrt{y^2 + y'^2 - 2yy'\cos(\psi' - \psi) + h^2}}.$$

Soit $\psi' - \psi = \psi''$; on aura, en remarquant que, dans l'intégration relative à ψ', ψ doit être supposé constant,

$$dW = 4\pi\rho^2 yy'\, dS\, dS' \int_0^{\pi} \frac{d\psi''}{\sqrt{y^2 + y'^2 - 2yy'\cos\psi'' + h^2}}$$

ou bien, en faisant $\psi'' = \pi - 2\theta$,

$$dW = 8\pi\rho^2 yy'\, dS\, dS' \int_0^{\frac{\pi}{2}} \frac{d\theta}{\sqrt{(y + y')^2 + h^2 - 4yy'\sin^2\theta}}.$$

On est donc conduit à une intégrale elliptique complète de première espèce. Soient k le module et k' son complément; on aura

$$(5) \qquad \left\{ \begin{aligned} k^2 &= \frac{4yy'}{(y + y')^2 + h^2}, \\ k'^2 &= \frac{(y - y')^2 + h^2}{(y + y')^2 + h^2} = \frac{\delta^2}{(y + y')^2 + h^2}, \\ dW &= 8\pi\rho^2 \frac{yy'}{\sqrt{(y + y')^2 + h^2}}\, dS\, dS' \int_0^{\frac{\pi}{2}} \frac{d\theta}{\sqrt{1 - k^2\sin^2\theta}}. \end{aligned} \right.$$

On remarquera que δ est la distance des éléments dS et dS'.

M. Poincaré suppose que les dimensions de la section méridienne sont très petites par rapport à l; dans ces conditions, les rapports

$$\frac{y}{l}-1,\quad \frac{y'}{l}-1,\quad \frac{h}{l}$$

sont de petites quantités du premier ordre, et k'^2 est une très petite quantité positive du second ordre. On devra donc recourir pour le calcul de l'intégrale complète de première espèce à la formule donnée par Legendre pour le cas où le module est très voisin de l'unité,

$$\int_0^{\frac{\pi}{2}} \frac{d\theta}{\sqrt{1-k^2\sin^2\theta}} = \log\frac{4}{k'} + \frac{k'^2}{4}\left(\log\frac{4}{k'}-1\right)+\ldots.$$

Nous ferons

$$y = l + y_1,\qquad y' = l + y'_1,$$

de sorte que y_1 et y'_1 seront les coordonnées des éléments dS et dS' rapportées à l'axe Cx_1, parallèle à Ox. On aura $h^2 = (x-x')^2$, et l'on trouvera sans peine, en développant les formules précédentes suivant les puissances des petites fractions $\frac{x}{l}, \frac{x'}{l}, \frac{y_1}{l}, \frac{y'_1}{l}$,

$$k' = \frac{\delta}{2l}\left[1+\frac{y_1+y'_1}{l}+\frac{(y_1+y'_1)^2+(x-x')^2}{4l^2}\right]^{-\frac{1}{2}},$$

$$k' = \frac{\delta}{2l}\left[1-\frac{y_1+y'_1}{2l}+\frac{(y_1+y'_1)^2}{4l^2}-\frac{(x-x')^2}{8l^2}+\ldots\right],$$

$$\log\frac{4}{k'} = \log\frac{8l}{\delta}+\frac{y_1+y'_1}{2l}-\frac{(y_1+y'_1)^2}{8l^2}+\frac{(x-x')^2}{8l^2}+\ldots,$$

$$\int_0^{\frac{\pi}{2}} \frac{d\theta}{\sqrt{1-k^2\sin^2\theta}} = \left(1+\frac{\delta^2}{16l^2}+\ldots\right)\log\frac{8l}{\delta}+\frac{y_1+y'_1}{2l}-\frac{(y_1+y'_1)^2}{8l^2}+\frac{(x-x')^2}{8l^2}-\frac{\delta^2}{16l^2}+\ldots,$$

$$\frac{yy'}{\sqrt{(y+y')^2+h^2}} = \frac{(l+y_1)(l+y'_1)}{\sqrt{(2l+y_1+y'_1)^2+(x-x')^2}}$$

$$= \frac{l}{2}\left[1+\frac{y_1+y'_1}{2l}-\frac{(y_1-y'_1)^2}{4l^2}-\frac{(x-x')^2}{8l^2}+\ldots\right],$$

$$dW = 4\pi\rho^2 l\left[1+\frac{y_1+y'_1}{2l}-3\frac{(y_1-y'_1)^2}{16l^2}-\frac{(x-x')^2}{16l^2}-\ldots\right]\log\frac{8l}{\delta}\,dS\,dS'$$

$$+\,4\pi\rho^2 l\left[\frac{y_1+y'_1}{2l}+\frac{(y_1-y'_1)^2}{16l^2}+\frac{y_1y'_1}{2l^2}+\frac{(x-x')^2}{16l^2}+\ldots\right]dS\,dS'.$$

Nous ferons

$$W_1 = 4\pi\rho^2 l \int\int \log \frac{8l}{\delta}\, dS\, dS', \tag{7}$$

$$\left\{\begin{aligned} W_2 = {} & 4\pi\rho^2 l \int\int \left[\frac{y_1 + y'_1}{2l} - 3\,\frac{(y_1 - y'_1)^2}{16 l^2} - \frac{(x - x')^2}{16 l^2} + \ldots\right] \log \frac{8l}{\delta}\, dS\, dS' \\ & + 4\pi\rho^2 l \int\int \left[\frac{y_1 + y'_1}{2l} + \frac{(y_1 - y'_1)^2}{16 l^2} + \frac{y_1 y'_1}{2 l^2} + \frac{(x - x')^2}{16 l^2} + \ldots\right] dS\, dS', \end{aligned}\right. \tag{8}$$

et nous aurons

$$W = W_1 + W_2. \tag{9}$$

W_1 est de l'ordre de $a^4 l \log \frac{l}{a}$; W_2 contient des termes en $a^4 l \frac{a}{l} \log \frac{l}{a}$, $a^4 l \left(\frac{a}{l}\right)^2 \log \frac{l}{a}$, ..., $a^4 l \frac{a}{l}$, $a^4 l \left(\frac{a}{l}\right)^2$, ... $\frac{W_2}{W_1}$ est donc une petite quantité de l'ordre de $\frac{a}{l}$.

81. Nous nous occuperons seulement de W_1 que nous calculerons en suivant une indication donnée par M. Callandreau (*Bulletin astronomique*, t. III, p. 252). Posons

$$f(\varphi) = 1 + \beta_1 \cos\varphi + \beta_2 \cos 2\varphi + \ldots \tag{10}$$

et considérons les courbes ayant pour équations

$$r_1 = u f(\varphi), \qquad r_1 = (u + du) f(\varphi),$$
$$r'_1 = u' f(\varphi'), \qquad r'_1 = (u' + du') f(\varphi'),$$

u et u' désignant deux paramètres variables compris entre 0 et a, $u' < u$. Les courbes en question sont homothétiques à la courbe méridienne. Nous pren-

Fig. 18.

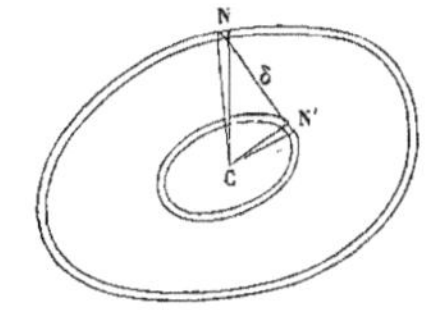

drons pour l'élément dS la portion de la couronne comprise entre les courbes u, $u + du$ et les rayons vecteurs auxquels correspondent les angles φ et $\varphi + d\varphi$; de même pour dS'. Nous aurons

$$dS = uf^2(\varphi)\,du\,d\varphi, \qquad dS' = u'f^2(\varphi')\,du'\,d\varphi',$$
$$\delta^2 = u^2f^2(\varphi) + u'^2f^2(\varphi') - 2uu'f(\varphi)f(\varphi')\cos(\varphi-\varphi').$$

Pour une valeur donnée de u, nous intégrerons relativement à u' de zéro à u; et pour φ' de zéro à 2π, de manière que l'élément dS' occupera toutes les positions à l'intérieur de la courbe u. On fera ensuite varier φ de zéro à 2π et u de zéro à a. De cette façon, toutes les combinaisons des éléments dS et dS' auront été prises, et chacune une fois seulement. On pourra donc écrire

$$\frac{W_1}{4\pi\rho^2 l} = \int_0^a u\,du\int_0^u u'du'\int_0^{2\pi}\int_0^{2\pi} f^2(\varphi)f^2(\varphi')\log\frac{8l}{\sqrt{u^2f^2(\varphi)+u'^2f^2(\varphi')-2uu'f(\varphi)f(\varphi')\cos(\varphi-\varphi')}}\,d\varphi\,d\varphi';$$

u étant supposé constant dans l'intégration relative à u', on peut faire

$$u' = ux, \qquad du' = u\,dx,$$

d'où

$$\begin{aligned}\frac{W_1}{4\pi\rho^2 l} &= \int_0^a u^3\,du\int_0^1 x\,dx\int_0^{2\pi}\int_0^{2\pi} f^2(\varphi)f^2(\varphi')\log\frac{8l}{u\sqrt{f^2(\varphi)+x^2f^2(\varphi')-2xf(\varphi)f(\varphi')\cos(\varphi-\varphi')}}\,d\varphi\,d\varphi'\\ &= \int_0^a u^3\log\frac{8l}{u}\,du\int_0^1 x\,dx\int_0^{2\pi}\int_0^{2\pi} f^2(\varphi)f^2(\varphi')\,d\varphi\,d\varphi'\\ &+\int_0^a u^3du\int_0^1 x\,dx\int_0^{2\pi}\int_0^{2\pi} f^2(\varphi)f^2(\varphi')\log\frac{1}{\sqrt{f^2(\varphi)+x^2f^2(\varphi')-2xf(\varphi)f(\varphi')\cos(\varphi-\varphi')}}\,d\varphi\,d\varphi'.\end{aligned}$$

Dans les dernières intégrales, on peut effectuer immédiatement les intégrations relatives à u; on a, en effet,

$$\int u^3\log\frac{8l}{u}\,du = \frac{1}{4}u^4\log\frac{8l}{u} + \frac{1}{16}u^4 + \text{const.},$$
$$\int_0^a u^3\log\frac{8l}{u}\,du = \frac{1}{4}a^4\left(\log\frac{8l}{a}+\frac{1}{4}\right);$$

on a, d'ailleurs,

$$\int_0^{2\pi} f^2(\varphi)\,d\varphi = \int_0^{2\pi}(1+\beta_1\cos\varphi+\beta_2\cos2\varphi+\ldots)^2\,d\varphi = 2\pi(1+c_0),$$

en posant

$$(11) \qquad c_0 = \frac{1}{2}\sum_1^\infty \beta_n^2.$$

et négligeant les cubes ou les produits de trois dimensions des quantités β_1, β_2, ... (on a vu au n° 78 que la section méridienne diffère peu d'un cercle). Il en résulte

$$(12) \qquad W_1 = \pi^3 \rho^2 a^4 l (1 + c_0)^2 \left(\frac{1}{2} + 2 \log \frac{8l}{a} \right) + \pi \rho^2 a^4 l \int_0^1 J x \, dx,$$

où l'on a fait

$$J = \int_0^{2\pi} \int_0^{2\pi} f^2(\varphi) f^2(\varphi') \log \frac{1}{\sqrt{f^2(\varphi) + x^2 f^2(\varphi') - 2x f(\varphi) f(\varphi') \cos(\varphi - \varphi')}} \, d\varphi \, d\varphi'.$$

Il nous faut calculer J. Si nous faisons

$$f^2(\varphi) + x^2 f^2(\varphi') - 2x f(\varphi) f(\varphi') \cos(\varphi - \varphi') = [1 + x^2 - 2x \cos(\varphi - \varphi')] (1 + H),$$

d'où

$$(13) \qquad H = \frac{f^2(\varphi) - 1 + x^2 [f^2(\varphi') - 1] - 2x [f(\varphi) f(\varphi') - 1] \cos(\varphi - \varphi')}{1 + x^2 - 2x \cos(\varphi - \varphi')},$$

il viendra

$$(14) \qquad \left\{ \begin{aligned} J = & \int_0^{2\pi} \int_0^{2\pi} f^2(\varphi) f^2(\varphi') \log \frac{1}{\sqrt{1 + x^2 - 2x \cos(\varphi - \varphi')}} \, d\varphi \, d\varphi' \\ & - \frac{1}{2} \int_0^{2\pi} \int_0^{2\pi} f^2(\varphi) f^2(\varphi') \log(1 + H) \, d\varphi \, d\varphi'. \end{aligned} \right.$$

On a, en série convergente,

$$\log \frac{1}{\sqrt{1 + x^2 - 2x \cos(\varphi - \varphi')}} = \sum_1^\infty \frac{x^n}{n} \cos n (\varphi - \varphi').$$

Faisons

$$\zeta = \sum_1^\infty \beta_n \cos n\varphi, \qquad \zeta' = \sum_1^\infty \beta_{n'} \cos n' \varphi',$$

d'où

$$f(\varphi) = 1 + \zeta, \qquad f(\varphi') = 1 + \zeta';$$

la première intégrale qui figure au second membre de la formule (14) pourra s'écrire

$$\sum \frac{x^n}{n} \int_0^{2\pi} \int_0^{2\pi} (1 + 2\zeta + 2\zeta' + \zeta^2 + \zeta'^2 + 4\zeta\zeta' + \ldots) \cos n (\varphi - \varphi') \, d\varphi';$$

pour avoir un résultat différent de zéro, il faut réduire

$$1 + 2\zeta + \ldots$$

à $4\zeta\zeta'$, et même à $4\Sigma\beta_n^2 \cos n\varphi \cos n\varphi'$, ou même encore, à $2\Sigma\beta_n^2 \cos n(\varphi - \varphi')$; l'intégrale en question aura donc pour valeur

$$4\pi^2 \sum \frac{x^n}{n} \beta_n^2.$$

La formule (13) donne

$$H = \frac{2\zeta + \zeta^2 + (2\zeta' + \zeta'^2)x^2 - 2(\zeta + \zeta' + \zeta\zeta')x\cos\theta}{1 + x^2 - 2x\cos\theta}$$

ou bien

(15) $$H = \zeta + \zeta' + \zeta\zeta' + (\zeta - \zeta')\frac{1 + \zeta - (1 + \zeta')x^2}{1 + x^2 - 2x\cos\theta}.$$

Cette expression est de l'ordre 1 par rapport aux β; il en résulte, d'après nos conventions, qu'on peut prendre

$$\log(1 + H) = H - \frac{H^2}{2};$$

la formule (14) donnera ainsi

(16) $$J = 4\pi^2 \sum_1^\infty \frac{x^n}{n}\beta_n^2 + \frac{1}{4}J_1,$$

en posant, pour abréger,

$$J_1 = \int_0^{2\pi}\int_0^{2\pi} (H^2 - 2H)(1 + \zeta)^2(1 + \zeta')^2\, d\varphi\, d\varphi'.$$

Remplaçons H par sa valeur (15), et nous trouverons sans peine, toujours au même degré de précision,

(17) $$\left\{\begin{aligned} J_1 = &\int_0^{2\pi}\int_0^{2\pi}(-2\zeta - 2\zeta' - 3\zeta^2 - 3\zeta'^2 - 8\zeta\zeta')\,d\varphi\,d\varphi' \\ &+ 2\int_0^{2\pi}\int_0^{2\pi}\frac{\zeta' - \zeta + \zeta'^2 - 2\zeta^2 + \zeta\zeta' + (\zeta - \zeta' + \zeta^2 - 2\zeta'^2 + \zeta\zeta')x^2}{1 + x^2 - 2x\cos\theta}\,d\varphi\,d\varphi' \\ &+ (1 - x^2)^2\int_0^{2\pi}\int_0^{2\pi}\frac{\zeta^2 + \zeta'^2 - 2\zeta\zeta'}{(1 + x^2 - 2x\cos\theta)^2}\,d\varphi\,d\varphi'.\end{aligned}\right.$$

Faisons

$$(18)\quad \begin{cases} \zeta^2 = c_0 + \sum_1^\infty c_n \cos n\varphi, \qquad \zeta'^2 = c_0 + \sum_1^\infty c_{n'} \cos n'\varphi', \qquad c_0 = \frac{1}{2}\sum_1^\infty \beta_n^2, \\ \dfrac{1}{1+x^2-2x\cos\theta} = A_0 + \sum_1^\infty A_{n''}\cos n''\theta, \\ \dfrac{1}{(1+x^2-2x\cos\theta)^2} = B_0 + \sum_1^\infty B_{n''}\cos n''\theta, \end{cases}$$

et nous obtiendrons les formules suivantes, dans lesquelles nous avons omis, pour abréger, les limites zéro et 2π des intégrales,

$$\int\int \zeta\, d\varphi\, d\varphi' = \int\int \zeta'\, d\varphi\, d\varphi' = 0,$$

$$\int\int \zeta^2 d\varphi\, d\varphi' = \int\int \zeta'^2 d\varphi\, d\varphi' = 4\pi^2 c_0,$$

$$\int\int \zeta\zeta'\, d\varphi\, d\varphi' = 0,$$

$$\int\int \frac{\zeta\, d\varphi\, d\varphi'}{1+x^2-2x\cos\theta} = \int\int \frac{\zeta'\, d\varphi\, d\varphi'}{1+x^2-2x\cos\theta} = 0,$$

$$\int\int \frac{\zeta^2 d\varphi\, d\varphi'}{1+x^2-2x\cos\theta} = \int\int \frac{\zeta'^2 d\varphi\, d\varphi'}{1+x^2-2x\cos\theta} = 4\pi^2 c_0 A_0,$$

$$\int\int \frac{\zeta^2 d\varphi\, d\varphi'}{(1+x^2-2x\cos\theta)^2} = \int\int \frac{\zeta'^2 d\varphi\, d\varphi'}{(1+x^2-2x\cos\theta)^2} = 4\pi^2 c_0 B_0,$$

$$\begin{aligned} \int\int \frac{\zeta\zeta'\, d\varphi\, d\varphi'}{1+x^2-2x\cos\theta} &= \sum\sum\sum A_{n''}\beta_n\beta_{n'} \int\int \cos n\varphi \cos n'\varphi' \cos n''(\varphi-\varphi')\, d\varphi\, d\varphi' \\ &= \sum\sum A_{n''}\beta_n^2 \int\int \cos n\varphi \cos n\varphi' \cos n''(\varphi-\varphi')\, d\varphi\, d\varphi' \\ &= \sum A_n\beta_n^2 \int\int \cos n\varphi \cos n\varphi' \cos n(\varphi-\varphi')\, d\varphi\, d\varphi' \\ &= \pi^2 \sum_1^\infty A_n \beta_n^2, \end{aligned}$$

$$\int\int \frac{\zeta\zeta'\, d\varphi\, d\varphi'}{(1+x^2-2x\cos\theta)^2} = \pi^2 \sum_1^\infty B_n\beta_n^2,$$

et l'expression (17) de J_1 donnera

$$J_1 = -24\pi^2 c_0 + 2(1+x^2)\left(-4\pi^2 c_0 A_0 + \pi^2 \sum_1^\infty A_n \beta_n^2\right)$$
$$+ (1-x^2)^2 \left(8\pi^2 c_0 B_0 - 2\pi^2 \sum_1^\infty B_n \beta_n^2\right)$$

ou bien

$$(19)\quad J_1 = 8\pi^2 c_0 [-3 - A_0(1+x^2) + B_0(1-x^2)^2] + 2\pi^2 \sum_1^\infty [A_n(1+x^2) - B_n(1-x^2)^2]\beta_n^2.$$

Or, en différentiant par rapport à x la deuxième des formules (18) et multipliant ensuite par x, il vient

$$x\frac{dA_0}{dx} + \sum_1^\infty x\frac{dA_n}{dx}\cos n\theta = \frac{(2x\cos\theta - 1 - x^2) + (1-x^2)}{(1+x^2-2x\cos\theta)^2}$$
$$= -\frac{1}{1+x^2-2x\cos\theta} + \frac{1-x^2}{(1+x^2-2x\cos\theta)^2}$$
$$= -A_0 - \sum_1^\infty A_n \cos n\theta + (1-x^2)\left(B_0 + \sum_1^\infty B_n \cos n\theta\right);$$

on en conclut donc

$$(1-x^2)B_0 = A_0 + x\frac{dA_0}{dx},$$
$$(1-x^2)B_n = A_n + x\frac{dA_n}{dx},$$

et l'expression (19) de J_1 devient

$$J_1 = 8\pi^2 c_0\left[-3 - 2A_0 x^2 + x(1-x^2)\frac{dA_0}{dx}\right] + 2\pi^2 \sum_1^\infty \left[2A_n x^2 - x(1-x^2)\frac{dA_n}{dx}\right]\beta_n^2.$$

Or on sait que l'on a

$$A_0 = \frac{1}{1-x^2}, \qquad A_n = \frac{2x^n}{1-x^2},$$

et il en résulte aisément

$$J_1 = -24\pi^2 c_0 - 4\pi^2 \sum_1^\infty n x^n \beta_n^2.$$

La formule (16) donne ensuite

$$J = -6\pi^2 c_0 + \pi^2 \sum_1^\infty \left(\frac{4}{n} - n\right) x^n \beta_n^2,$$

d'où

$$\int_0^1 \mathrm{J}\,x\,dx = -3\pi^2 c_0 + \pi^2 \sum_1^\infty \frac{4-n^2}{n(n+2)}\beta_n^2 = -3\pi^2 c_0 - \pi^2 \sum_1^\infty \frac{n-2}{n}\beta_n^2,$$

et, en reportant dans l'expression (12) de W_1 et remplaçant c_0 par sa valeur (11), il vient

$$(20) \qquad \frac{W_1}{\pi^3 \rho^2 a^4 l} = (1+c_0)^2\left(\frac{1}{2} + 2\log\frac{8l}{a}\right) + \sum_1^\infty \left(\frac{2}{n} - \frac{5}{2}\right)\beta_n^2.$$

Nous poserons

$$(21) \qquad a^2(1+c_0) = a_0^2,$$

et nous remplacerons a par a_0; nous aurons

$$2\log\frac{8l}{a} = 2\log\frac{8l}{a_0} + \log(1+c_0) = 2\log\frac{8l}{a_0} + c_0.$$

et l'expression (20) deviendra

$$(22) \qquad W_1 = \pi^3 \rho^2 l a_0^4 \left[\frac{1}{2} + 2\log\frac{8l}{a_0} + 2\sum_1^\infty \left(\frac{1}{n} - 1\right)\beta_n^2\right].$$

Il nous faut maintenant calculer l'expression

$$\mathrm{I} = \int p^2\,dm,$$

p désignant la perpendiculaire abaissée de l'élément dm sur l'axe de rotation. Or on a

$$dm = \rho p\,d\psi\,dS,$$

d'où

$$\mathrm{I} = 2\pi\rho\int p^3\,dS = 2\pi\rho\int y^3\,dS;$$

mais y est donné par la relation

$$y = l + y_1.$$

On aura donc

$$(23) \qquad \mathrm{I} = 2\pi\rho\left(l^3\int dS + 3l^2\int y_1\,dS + 3l\int y_1^2\,dS + \int y_1^3\,dS\right).$$

Nous avons supposé que le point C était le centre de gravité de l'aire de la section méridienne, ce qui nous donnera

$$\int y_1\, dS = 0;$$

on a, d'ailleurs,

$$dS = u(1+\zeta)^2\, du\, d\varphi,$$

d'où l'on tire

$$(24)\qquad \int dS = \int_0^a u\, du \int_0^{2\pi} (1+\zeta)^2\, d\varphi = \pi a^2(1+c_0) = \pi a_0^2;$$

ainsi πa_0^2 représente l'aire de la section méridienne. On aura ensuite

$$\int y_1^2\, dS = \int_0^a u^3\, du \int_0^{2\pi} (1+\zeta)^4 \cos^2\varphi\, d\varphi = \frac{1}{4} a^4 \int_0^{2\pi} (1+4\zeta+\ldots)\cos^2\varphi\, d\varphi;$$

d'où, en négligeant le produit de $\frac{a^2}{l^2}$ par l'une quelconque des quantités β,

$$(25)\qquad \int y_1^2\, dS = \frac{1}{4}\pi a^4 + \frac{1}{2} a^4 \int_0^{2\pi} \zeta \cos 2\varphi\, d\varphi = \frac{1}{4}\pi a^4 + \frac{1}{2}\pi a^4 \beta_2 = \frac{1}{4}\pi a_0^4 + \frac{1}{2}\pi a_0^4 \beta_2 + \ldots;$$

les formules (23), (24) et (25) donneront donc, avec la précision adoptée,

$$(26)\qquad I = 2\pi\rho a_0^2 l\left(l^2 + \frac{3}{4} a_0^2 + \frac{3}{2} a_0^2 \beta_2\right).$$

En vertu des relations (22) et (26), la fonction U deviendra

$$U = \pi^3 f \rho^2 l a_0^4 \left[\frac{1}{2} + 2\log\frac{8l}{a_0} + 2\sum_1^\infty \left(\frac{1}{n} - 1\right)\beta_n^2\right] + \pi^2\omega^2\rho l a_0^2\left(l^2 + \frac{3}{4} a_0^2 + \frac{3}{2} a_0^2 \beta_2\right),$$

ou bien, en introduisant la masse M de l'anneau par la formule

$$M = 2\pi^2 a_0^2 l \rho,$$

$$(27)\qquad \frac{U}{\pi f \rho} = M a_0^2 \left[\frac{1}{4} + \log\frac{8l}{a_0} + \sum_1^\infty \left(\frac{1}{n} - 1\right)\beta_n^2\right] + M\frac{\omega^2}{2\pi f \rho}\left(l^2 + \frac{3}{4} a_0^2 + \frac{3}{2} a_0^2 \beta_2\right);$$

a_0 et l sont liés par la relation

$$(28)\qquad a_0^2 l = \frac{M}{2\pi^2\rho}.$$

U se trouve donc être une fonction des variables indépendantes a_0, β_2, β_3, ...; β_1 n'y figure pas, puisque le coefficient $\frac{1}{n} - 1$ s'annule pour $n = 1$.

Il faudra déterminer ces variables indépendantes de manière que U soit un maximum ou un minimum, ce qui donnera

$$(29)\qquad \frac{dU}{da_0} = 0, \qquad \frac{dU}{d\beta_2} = 0,$$
$$\frac{dU}{d\beta_n} = 0, \qquad \text{pour } n > 2;$$

il en résulte immédiatement

$$(30)\qquad \beta_3 = \beta_4 = \ldots = 0.$$

La seconde des conditions (29) donne ensuite

$$(31)\qquad \beta_2 = \frac{3}{4}\frac{\omega^2}{\pi f \rho}.$$

Enfin la première des conditions (29) donne

$$\frac{\partial U}{\partial a_0} + \frac{\partial U}{\partial l}\frac{dl}{da_0} = 0$$

ou bien, à cause de la relation (28),

$$(32)\qquad \frac{\partial U}{\partial a_0} - \frac{2l}{a_0}\frac{\partial U}{\partial l} = 0.$$

Or on tire de l'expression (27) de U

$$\frac{1}{\pi f \rho M}\frac{\partial U}{\partial l} = \frac{a_0^2}{l} + \frac{\omega^2}{\pi f \rho} l,$$
$$\frac{1}{\pi f \rho M}\frac{\partial U}{\partial a_0} = a_0\left(\frac{1}{2} + 2\log\frac{8l}{a_0} - \beta_2^2\right) - a_0 + \frac{\omega^2}{\pi f \rho} a_0 \left(\frac{3}{4} + \frac{3}{2}\beta_2\right).$$

En substituant ces valeurs dans la relation (32) et négligeant les termes en ω^4, il vient

$$-\frac{5}{2} + 2\log\frac{8l}{a_0} - \frac{2\omega^2 l^2}{\pi f \rho a_0^2} + \frac{3\omega^2}{4\pi f \rho} = 0,$$

$$\frac{\omega^2}{\pi f \rho} = \left(\frac{a_0}{l}\right)^2 \frac{\log\frac{8l}{a_0} - \frac{5}{4}}{1 - \frac{3}{8}\left(\frac{a_0}{l}\right)^2};$$

on doit même se borner à

$$(33)\qquad \frac{\omega^2}{\pi f \rho} = \left(\frac{a_0}{l}\right)^2 \left(\log\frac{8l}{a_0} - \frac{5}{4}\right).$$

Cette formule coïncide avec celle que nous avons déduite de la méthode de Mme Kowalewski, en faisant abstraction de la masse de Saturne.

Remarque. — On verra sans peine que la solution trouvée répond à un maximum de la fonction des forces; il semble donc que l'équilibre doit être stable. Mais cela n'est pas démontré, parce que nous supposons essentiellement l'anneau de révolution, et qu'il nous est interdit de lui donner de petits déplacements qui l'écartent même très peu de sa figure de révolution. La stabilité n'est donc pas prouvée pour tous les déplacements infiniment petits, mais seulement pour ceux qui n'altèrent pas la figure de révolution.

Les recherches précédentes de M. Poincaré ont paru dans le *Bulletin astronomique* (t. II, p. 109 et 405). Le même auteur a publié dans le tome VII des *Acta mathematica* un Mémoire beaucoup plus important, dans lequel il a fait preuve d'une singulière pénétration. L'analyse qui l'a conduit à des résultats remarquables est très élevée, et nous ne saurions la reproduire sans dépasser sensiblement le cadre de cet Ouvrage. Nous devons nous borner à reproduire quelques-unes des conclusions du Mémoire :

« Les ellipsoïdes ne sont pas les seules figures d'équilibre que puisse affecter une masse fluide homogène dont toutes les molécules s'attirent d'après la loi de Newton, et qui est animée d'un mouvement de rotation uniforme autour d'un axe. Si on laisse de côté certaines formes d'équilibre où la masse en question se subdivise en deux ou plusieurs corps isolés, et d'autres où elle prend une configuration annulaire, il existe encore une infinité de séries de figures d'équilibre.

» Toutes ces figures sont symétriques par rapport à un plan perpendiculaire à l'axe de rotation. En outre, elles ont toutes un certain nombre de plans de symétrie (au moins un) passant par l'axe, et certaines d'entre elles sont de révolution.

» Parmi ces séries de figures, il n'y en a qu'une qui est stable et elle a deux plans de symétrie seulement.

» Considérons une masse fluide homogène animée originairement d'un mouvement de rotation; imaginons que cette masse se contracte en se refroidissant lentement, mais de façon à rester toujours homogène. Supposons que le refroidissement soit assez lent et le frottement intérieur du fluide assez fort pour que le mouvement de rotation reste le même dans les diverses portions de la masse. Dans ces conditions, le fluide tendra toujours à prendre une figure d'équilibre séculairement stable; le moment de la quantité de mouvement restera d'ailleurs constant.

» Au début, la densité étant très faible, la figure de la masse est un ellipsoïde de révolution très peu différent d'une sphère. Le refroidissement aura d'abord pour effet d'augmenter l'aplatissement de l'ellipsoïde, qui restera cependant de révolution. Quand l'aplatissement sera devenu à peu près égal à $\frac{2}{5}$, l'ellipsoïde cessera d'être de révolution et deviendra un ellipsoïde de Jacobi. Le refroidissement continuant, la masse cessera d'être ellipsoïdale. L'ellipsoïde semble se creuser légèrement dans sa partie moyenne, mais plus près de l'un des sommets du grand axe; la plus grande partie de la matière tend à se rapprocher de la forme sphérique, pendant que la plus petite partie sort de l'ellipsoïde par un des sommets du grand axe, comme si elle cherchait à se séparer de la masse principale.

» Il est difficile d'annoncer avec certitude ce qui arrivera ensuite si le refroidissement continue, mais il est permis de supposer que la masse ira en se creusant de plus en plus, en s'étranglant dans la partie moyenne, et finira par se partager en deux corps isolés. »

M. Poincaré fait remarquer, en terminant, que les conclusions précédentes ne peuvent pas s'appliquer immédiatement à la théorie cosmogonique de Laplace, parce que la nébuleuse qui a donné naissance au système solaire devait être fortement condensée vers le centre.

Avant M. Poincaré, M. Liapounoff avait étudié, d'une manière approfondie, les conditions de stabilité des figures d'équilibre ellipsoïdales (1884). Son travail a malheureusement été imprimé dans la langue russe, et nous ne le connaissons encore aujourd'hui que par une brève analyse qu'en a faite M. Radau dans le *Bulletin astronomique*. Les recherches des deux géomètres sont entièrement indépendantes les unes des autres.

On trouve énoncées, sans démonstration, dans le *Treatise on Natural Philosophy* de MM. Thomson et Tait (2e édition, t. I, Part II, p. 332-335), un certain nombre de propositions relatives aux figures d'équilibre d'une masse fluide, et à leur stabilité. C'est en cherchant à démontrer quelques-unes de ces propositions que M. Poincaré a été amené à composer son beau Mémoire des *Acta mathematica*.

Enfin il convient d'ajouter que M. Matthiessen avait signalé avant W. Thomson l'existence des figures annulaires d'équilibre; mais sa méthode ne permettait qu'une approximation limitée et était inférieure à celles de Mme Kowalewski et de M. Poincaré. M. Matthiessen s'est occupé des figures d'équilibre dans plusieurs Mémoires dont les titres suivent :

Ueber die Gleichgewichts-Figuren homogener frei rotirender Flüssigkeiten. Kiel, 1857.

Neue Untersuchungen über frei rotirende Flüssigkeiten im Zustande des Gleichgewichts. Kiel, 1859.

Ueber Systeme kosmischer Ringe von gleicher Umlaufszeit als discontinuirliche Gleichgewichtsformen einer frei rotirenden Flüssigkeitsmasse. Leipsig, 1865.

De æquilibrii figuris et revolutione homogeneorum annulorum sidereorum sine corpore centrali atque de mutatione earum per expansionem aut condensationem (*Annali di Matematica*, 2e série, t. III, 1870).

Ueber die Gesetze der Bewegung und Abplattung im Gleichgewichte befindlicher homogener Ellipsoïde und die Veränderung derselben durch Expansion und Condensation. Leipsig, 1871.

Ueber die Gesetze der Bewegung und Formveränderung homogener, frei um ihre Axe rotirender cylindrischer Gleichgewichts-Figuren und die Veränderung derselben durch Expansion oder Condensation. Leipsig, 1883.

Pour compléter les indications bibliographiques précédentes, nous mentionnerons encore les Mémoires suivants :

RIEMANN. — *Ueber das Potential eines Ringes* (*Gesammelte Werke*, p. 407).

G.-H. DARWIN. — *On figures of equilibrium of rotating masses of fluid* (*Philosophical Transactions*, 1887).

BASSET. — *On the steady motion of an annular mass of rotating liquid* (*American Journal of Mathematics*, t. XI, p. 172; 1889).

CHAPITRE XII.

THÉORIE DE MAXWELL POUR L'ANNEAU DE SATURNE.

82. Après avoir démontré l'instabilité d'un anneau solide tournant autour de Saturne, Maxwell (¹) considère un anneau élémentaire comme formé par la réunion d'un grand nombre de petits satellites P_1, P_2, P_3, ..., libres de leurs mouvements mutuels. Si ces petits corps sont assez nombreux, les impressions produites sur l'œil de l'observateur ne pourront pas être séparées, et l'ensemble paraîtra sous la forme d'un anneau continu. Nous allons écrire les équations différentielles du mouvement de l'un d'eux, P_1 par exemple, en ayant égard à l'attraction de Saturne et aux attractions des autres satellites P_2, P_3, ... Nous supposerons que tous les mouvements s'effectuent dans un même plan, que nous prendrons pour plan des xy. Soient x_1, y_1, m_1, R_1; x_2, y_2, m_2, R_2, ... les coordonnées, les masses et les fonctions perturbatrices pour les divers satellites, M la masse de Saturne. Nous aurons

$$\frac{d^2 x_1}{dt^2} + fM\frac{x_1}{r_1^3} = \frac{\partial R_1}{\partial x_1},$$

$$\frac{d^2 y_1}{dt^2} + fM\frac{y_1}{r_1^3} = \frac{\partial R_1}{\partial y_1},$$

et, en négligeant les attractions exercées sur Saturne par les satellites considérés, attractions qui se compensent d'ailleurs presque exactement, nous pourrons nous borner à

$$R_1 = f\sum \frac{m_2}{\sqrt{(x_1 - x_2)^2 + (y_1 - y_2)^2}},$$

où le signe $\sum$ s'étend aux satellites P_2, P_3, ...

(¹) *On the stability of the motion of Saturn's rings.* Cambridge, 1859.

Il convient d'introduire des coordonnées polaires par les formules

$$\begin{array}{ll} x_1 = r_1 \cos v_1, & y_1 = r_1 \sin v_1, \\ x_2 = r_2 \cos v_2, & y_2 = r_2 \sin v_2, \\ \ldots\ldots\ldots\ldots, & \ldots\ldots\ldots\ldots \end{array}$$

On trouve aisément que les formules ci-dessus deviennent

$$(1) \qquad \left\{ \begin{array}{l} r_1 \dfrac{dv_1^2}{dt^2} - \dfrac{d^2 r_1}{dt^2} - \dfrac{fM}{r_1^2} = - \dfrac{\partial R_1}{\partial r_1}, \\ r_1 \dfrac{d^2 v_1}{dt^2} + 2 \dfrac{dr_1}{dt} \dfrac{dv_1}{dt} = \dfrac{1}{r_1} \dfrac{\partial R_1}{\partial v_1}, \end{array} \right.$$

$$R_1 = f \sum \frac{m_2}{\sqrt{r_1^2 + r_2^2 - 2 r_1 r_2 \cos(v_2 - v_1)}}.$$

Nous supposerons que les satellites soient d'abord placés aux sommets d'un polygone régulier inscrit dans une circonférence de rayon a, et nous représenterons par 2θ l'angle au centre qui correspond à chacun des côtés du polygone, de sorte que, si p désigne le nombre des satellites, nous aurons

$$(2) \qquad \theta = \frac{\pi}{p}.$$

Si l'on négligeait leurs perturbations mutuelles, les satellites se mouvraient tous sur la circonférence de rayon a, avec la même vitesse angulaire, et l'on aurait, à une époque quelconque t,

$$(3) \qquad \left\{ \begin{array}{ll} r_1 = a, & v_1 = \varkappa + \omega t, \\ r_2 = a, & v_2 = \varkappa + \omega t + 2\theta, \\ r_3 = a, & v_3 = \varkappa + \omega t + 4\theta, \\ \ldots\ldots, & \ldots\ldots\ldots\ldots\ldots, \end{array} \right.$$

$\varkappa$ désignant l'angle constant que fait le rayon SP_1 avec le rayon mobile déterminé par l'angle ωt; l'ensemble tournerait comme un corps solide, d'un mouvement uniforme, avec la vitesse angulaire ω.

Mais, si l'on a égard aux actions mutuelles des satellites, les choses se passeront d'une manière plus compliquée, et l'on posera

$$(4) \qquad \left\{ \begin{array}{lll} r_1 = a(1 + \rho_1), & v_1 = \varkappa + \omega t + \sigma_1, & \\ r_2 = a(1 + \rho_2), & v_2 = \varkappa + \omega t + 2\theta + \sigma_2, & v_2 - v_1 = 2\theta + \sigma_2 - \sigma_1, \\ r_3 = a(1 + \rho_3), & v_3 = \varkappa + \omega t + 4\theta + \sigma_3, & v_3 - v_1 = 4\theta + \sigma_3 - \sigma_1, \\ \ldots\ldots\ldots\ldots, & \ldots\ldots\ldots\ldots\ldots\ldots\ldots, & \ldots\ldots\ldots\ldots\ldots\ldots, \end{array} \right.$$

$\rho_1, \rho_2, \ldots, \sigma_1, \sigma_2, \ldots$ désignant des quantités qui s'annuleraient avec les masses

m_1, m_2, ... Ces quantités resteront petites si le mouvement s'éloigne peu du mouvement simple représenté par les formules (3). En supposant qu'il en soit toujours ainsi, on pourra procéder à des développements en séries et négliger les carrés et les produits des deux dimensions des quantités ρ_1, ρ_2, ..., σ_1, σ_2, ...

83. On trouvera sans peine

$$-\frac{\partial R_1}{\partial r_1} = f\sum m_2 \frac{r_1 - r_2\cos(v_2 - v_1)}{[r_1^2 + r_2^2 - 2r_1 r_2 \cos(v_2 - v_1)]^{\frac{3}{2}}},$$

$$\frac{1}{r_1}\frac{\partial R_1}{\partial v_1} = f\sum m_2 \frac{r_2\sin(v_2 - v_1)}{[r_1^2 + r_2^2 - 2r_1 r_2 \cos(v_2 - v_1)]^{\frac{3}{2}}};$$

$$\begin{aligned} r_1 - r_2\cos(v_2 - v_1) &= a\{1 + \rho_1 - (1+\rho_2)[\cos 2\theta + (\sigma_1 - \sigma_2)\sin 2\theta]\} \\ &= 2a\sin^2\theta\left[1 + \frac{\rho_1 - \rho_2\cos 2\theta}{2\sin^2\theta} - (\sigma_1 - \sigma_2)\cot\theta\right], \end{aligned}$$

$$r_2\sin(v_2 - v_1) = 2a\sin\theta\cos\theta[1 + \rho_2 - (\sigma_1 - \sigma_2)\cot 2\theta],$$

$$\begin{aligned} r_1^2 + r_2^2 - 2r_1 r_2\cos(v_2 - v_1) &= a^2\{2(1+\rho_1+\rho_2) - 2(1+\rho_1+\rho_2)[\cos 2\theta + (\sigma_1 - \sigma_2)\sin 2\theta]\} \\ &= 4a^2\sin^2\theta[1 + \rho_1 + \rho_2 - (\sigma_1 - \sigma_2)\cot\theta]; \end{aligned}$$

$$[r_1^2 + r_2^2 - 2r_1 r_2\cos(v_2 - v_1)]^{-\frac{3}{2}} = \frac{1}{8a^3\sin^3\theta}\left[1 - \frac{3}{2}(\rho_1 + \rho_2) + \frac{3}{2}(\sigma_1 - \sigma_2)\cot\theta\right],$$

$$\frac{r_1 - r_2\cos(v_2 - v_1)}{[r_1^2 + r_2^2 - 2r_1 r_2\cos(v_2 - v_1)]^{\frac{3}{2}}} = \frac{1}{4a^2\sin\theta}\left[1 - \rho_1 - \rho_2 + \frac{\rho_1 - \rho_2}{2}\cot^2\theta + \frac{\sigma_1 - \sigma_2}{2}\cot\theta\right],$$

$$\frac{r_2\sin(v_2 - v_1)}{[r_1^2 + r_2^2 - 2r_1 r_2\cos(v_2 - v_1)]^{\frac{3}{2}}} = \frac{\cos\theta}{4a^2\sin^2\theta}\left[1 - \frac{3\rho_1 + \rho_2}{2} + \frac{\sigma_1 - \sigma_2}{2}(\operatorname{tang}\theta + 2\cot\theta)\right].$$

On a d'ailleurs

$$\begin{aligned} r_1\frac{dv_1^2}{dt^2} - \frac{d^2 r_1}{dt^2} - \frac{fM}{r_1^2} &= a(1+\rho_1)\left(\omega + \frac{d\sigma_1}{dt}\right)^2 - a\frac{d^2\rho_1}{dt^2} - \frac{fM}{a^2(1+\rho_1)^2} \\ &= a\left(\omega^2 + \omega^2\rho_1 + 2\omega\frac{d\sigma_1}{dt} - \frac{d^2\rho_1}{dt^2} - fM\frac{1 - 2\rho_1}{a^3}\right), \end{aligned}$$

$$r_1\frac{d^2 v_1}{dt^2} + 2\frac{dr_1}{dt}\frac{dv_1}{dt} = a\frac{d^2\sigma_1}{dt^2} + 2a\frac{d\rho_1}{dt}\left(\omega + \frac{d\sigma_1}{dt}\right) = a\left(\frac{d^2\sigma_1}{dt^2} + 2\omega\frac{d\rho_1}{dt}\right).$$

On trouvera, en partant de ce qui précède, que les équations (1) deviennent, au degré de précision indiqué,

$$(5)\quad \left\{\begin{aligned} &\omega^2 - \frac{fM}{a^3} + \left(\omega^2 + \frac{2fM}{a^3}\right)\rho_1 + 2\omega\frac{d\sigma_1}{dt} - \frac{d^2\rho_1}{dt^2} \\ &\quad = \frac{f}{4a^3}\sum \frac{m_2}{\sin\theta}\left(1 - \rho_1 - \rho_2 + \frac{\rho_1-\rho_2}{2}\cot^2\theta + \frac{\sigma_1-\sigma_2}{2}\cot\theta\right), \\ &2\omega\frac{d\rho_1}{dt} + \frac{d^2\sigma_1}{dt^2} = \frac{f}{4a^3}\sum \frac{m_2\cos\theta}{\sin^2\theta}\left[1 - \frac{3\rho_1+\rho_2}{2} + \frac{\sigma_1-\sigma_2}{2}(\tang\theta + 2\cot\theta)\right]. \end{aligned}\right.$$

Maxwell suppose que les satellites aient tous la même masse. Représentons par μ le rapport de cette masse commune à la masse M de Saturne; nous aurons

$$m_1 = m_2 = \ldots = m_p = \mu M,$$

et nous pourrons faire sortir m_2 des signes $\sum$ dans les formules (5). Sans les actions mutuelles des satellites, on aurait

$$\omega^2 = \frac{fM}{a^3}, \qquad \text{d'où} \qquad \frac{fm_2}{a^3} = \omega^2\mu.$$

Les équations (5) pourront ainsi s'écrire

$$(6)\quad \left\{\begin{aligned} &\omega^2 - \frac{fM}{a^3} + 3\omega^2\rho_1 + 2\omega\frac{d\sigma_1}{dt} - \frac{d^2\rho_1}{dt^2} \\ &\quad = \frac{1}{4}\omega^2\mu\sum \frac{1}{\sin\theta}\left(1 - \rho_1 - \rho_2 + \frac{\rho_1-\rho_2}{2}\cot^2\theta + \frac{\sigma_1-\sigma_2}{2}\cot\theta\right), \\ &2\omega\frac{d\rho_1}{dt} + \frac{d^2\sigma_1}{dt^2} = \frac{1}{4}\omega^2\mu\sum \frac{\cos\theta}{\sin^2\theta}\left[1 - \frac{3\rho_1+\rho_2}{2} + \frac{\sigma_1-\sigma_2}{2}(\tang\theta + 2\cot\theta)\right]. \end{aligned}\right.$$

Dans les deux $\sum$, quand on passe de P_2 à P_3, puis à P_4, ..., θ doit être remplacé par 2θ, 3θ, ..., de sorte que finalement θ doit recevoir les valeurs

$$(7)\qquad \frac{\pi}{p}, \quad \frac{2\pi}{p}, \quad \ldots, \quad (p-1)\frac{\pi}{p}.$$

84. Il s'agirait d'intégrer les équations différentielles (6) en même temps que les équations qui se rapportent aux mouvements des satellites P_2, P_3, ..., c'est-à-dire un système de $2p$ équations différentielles linéaires du second ordre à coefficients constants. La méthode générale consiste à poser

$$\begin{aligned} \rho_1 &= H_1 e^{Nt}, & \rho_2 &= H_2 e^{Nt}, & &\ldots, \\ \sigma_1 &= K_1 e^{Nt}, & \sigma_2 &= K_2 e^{Nt}, & &\ldots, \end{aligned}$$

en désignant par N, H_1, H_2, ..., K_1, K_2, ... des constantes.

Si l'on substitue dans les équations différentielles, on aura d'abord

$$\omega^2 - \frac{fM}{a^3} = \frac{1}{4}\omega^2\mu\sum\frac{1}{\sin\theta},$$

puis on obtiendra un ensemble de $2p$ équations homogènes entre lesquelles on éliminera les H_i et K_i; on trouvera ainsi un déterminant qui, égalé à zéro, constituera une équation propre à déterminer N. On voit aisément que cette équation est du degré $4p$; à chaque racine correspondra une solution contenant une seule arbitraire, H_1 par exemple. En faisant la somme des solutions partielles, on obtiendra les expressions des intégrales générales en fonction du temps et de $4p$ constantes arbitraires. Tout l'intérêt de la question consiste à connaître la nature des racines de l'équation du degré $4p$. En effet, pour que les valeurs de ρ_1, $\rho_2, \ldots, \sigma_1, \sigma_2, \ldots$, petites au début, restent toujours petites, il faut que toutes les racines de notre équation soient de la forme $\pm n\sqrt{-1}$. Il paraît difficile de trouver immédiatement les conditions sous lesquelles ce résultat peut avoir lieu. Maxwell a suivi une méthode indirecte que nous allons exposer.

Il cherche une solution particulière de la forme

$$(8)\quad \left\{\begin{array}{ll} \rho_1 = A\cos(nt+\alpha+2\gamma\theta), & \sigma_1 = B\sin(nt+\alpha+2\gamma\theta),\\ \rho_2 = A\cos(nt+\alpha+4\gamma\theta), & \sigma_2 = B\sin(nt+\alpha+4\gamma\theta),\\ \ldots\ldots\ldots\ldots, & \ldots\ldots\ldots\ldots,\\ \rho_i = A\cos(nt+\alpha+2i\gamma\theta), & \sigma_i = B\sin(nt+\alpha+2i\gamma\theta),\\ \ldots\ldots\ldots\ldots, & \ldots\ldots\ldots\ldots \end{array}\right.$$

où A, B, n et α désignent des constantes et γ un nombre entier positif. Si l'on fait pour un moment

$$nt+\alpha+2\gamma\theta = u,$$

on aura

$$\begin{array}{ll} \rho_1 = A\cos u, & \rho_2 = A\cos u\cos 2\gamma\theta - A\sin u\sin 2\gamma\theta,\\ \sigma_1 = B\sin u, & \sigma_2 = B\sin u\cos 2\gamma\theta + B\cos u\sin 2\gamma\theta. \end{array}$$

Substituons ces expressions dans les équations (6), et nous trouverons

$$(9)\quad \left\{\begin{array}{l} \omega^2 - \dfrac{fM}{a^3} + [(3\omega^2+n^2)A + 2\omega n B]\cos u = (\mathrm{I}),\\ \qquad -(2\omega n A + n^2 B)\sin u = (\mathrm{II}); \end{array}\right.$$

Nous avons représenté, pour abréger, les seconds membres par (I) et (II); nous trouverons sans peine

$$(10)\quad \left\{\begin{array}{l} (\mathrm{I}) = \dfrac{1}{4}\omega^2\mu\sum\dfrac{1}{\sin\theta}\Big[1 - \cos u\left(2A\cos^2\gamma\theta - A\sin^2\gamma\theta\cot^2\theta + \dfrac{1}{2}B\sin 2\gamma\theta\cot\theta\right)\\ \qquad + \sin u\left(A\sin 2\gamma\theta + \dfrac{1}{2}A\sin 2\gamma\theta\cot^2\theta + B\sin^2\gamma\theta\cot\theta\right)\Big], \end{array}\right.$$

et

$$(11)\quad \left\{\begin{aligned}(\mathrm{II}) = \tfrac{1}{4}\,\omega^2\mu\sum\frac{\cos\theta}{\sin^2\theta}\Big\{ & 1 + \sin u\left[\tfrac{1}{2}\,\mathrm{A}\sin 2\gamma\theta + \mathrm{B}(\operatorname{tang}\theta + 2\cot\theta)\sin^2\gamma\theta\right] \\ & - \cos u\left[\tfrac{3}{2}\,\mathrm{A} + \tfrac{1}{2}\,\mathrm{A}\cos 2\gamma\theta + \tfrac{1}{2}\,\mathrm{B}(\operatorname{tang}\theta + 2\cot\theta)\sin 2\gamma\theta\right]\Big\}.\end{aligned}\right.$$

Sous les signes Σ, θ doit prendre les $p - 1$ valeurs de la série (7); on voit que les termes équidistants des extrêmes ont une somme égale à π, et que s'il reste un terme isolé au milieu, il est égal à $\frac{\pi}{2}$. Or, quand on attribue à θ des valeurs supplémentaires, le coefficient de $\sin u$ dans la formule (10) prend des valeurs égales et de signes contraires; il en est de même de celui de $\cos u$ dans la formule (11); ces coefficients s'annulent d'ailleurs pour $\theta = \frac{\pi}{2}$. On aura donc

$$(\mathrm{I}) = \omega^2\mu[\mathrm{K} + (\mathrm{AL}_\gamma - \mathrm{BM}_\gamma)\cos u],$$
$$(\mathrm{II}) = \omega^2\mu(\mathrm{AM}_\gamma + \mathrm{BN}_\gamma)\sin u,$$

où l'on a posé

$$(12)\quad \left\{\begin{aligned} \mathrm{L}_\gamma &= \sum\left(\frac{\sin^2\gamma\theta\cos^2\theta}{4\sin^3\theta} - \frac{\cos^2\gamma\theta}{2\sin\theta}\right), \\ \mathrm{M}_\gamma &= \sum\frac{\sin 2\gamma\theta\cos\theta}{8\sin^2\theta}, \\ \mathrm{N}_\gamma &= \sum\left(\frac{\sin^2\gamma\theta\cos^2\theta}{2\sin^3\theta} + \frac{\sin^2\gamma\theta}{4\sin\theta}\right), \\ \mathrm{K} &= \sum\frac{1}{4\sin\theta};\end{aligned}\right.$$

il est entendu que les signes Σ s'étendent à toutes les valeurs (7) de θ.

Si l'on porte les valeurs ci-dessus des expressions (I) et (II) dans les équations (9), elles deviennent

$$\omega^2 - \frac{f\mathrm{M}}{a^3} - \omega^2\mu\mathrm{K} + [(3\omega^2 + n^2 - \omega^2\mu\mathrm{L}_\gamma)\mathrm{A} + (2\omega n + \omega^2\mu\mathrm{M}_\gamma)\mathrm{B}]\cos u = 0,$$
$$[(2\omega n + \omega^2\mu\mathrm{M}_\gamma)\mathrm{A} + (n^2 + \omega^2\mu\mathrm{N}_\gamma)\mathrm{B}]\sin u = 0.$$

Ces relations devant avoir lieu quel que soit u, on en tire

$$(13)\quad \omega^2 - \frac{f\mathrm{M}}{a^3} - \omega^2\mu\mathrm{K} = 0,$$

$$(14)\quad \left\{\begin{aligned}(3\omega^2 + n^2 - \omega^2\mu\mathrm{L}_\gamma)\mathrm{A} + (2\omega n + \omega^2\mu\mathrm{M}_\gamma)\mathrm{B} &= 0, \\ (2\omega n + \omega^2\mu\mathrm{M}_\gamma)\mathrm{A} + (n^2 + \omega^2\mu\mathrm{N}_\gamma)\mathrm{B} &= 0.\end{aligned}\right.$$

Il est facile de voir qu'on tomberait sur les mêmes conditions en exprimant que les expressions (8) vérifient les équations différentielles des mouvements des satellites P_2, P_3, ... L'élimination de A et B entre les équations homogènes (14) donne

(15) $$(n^2 + 3\omega^2 - \omega^2\mu L_\gamma)(n^2 + \omega^2\mu N_\gamma) - (2\omega n + \omega^2\mu M_\gamma)^2 = 0.$$

C'est une équation du quatrième degré pour déterminer n.

85. Pour chacune des quatre racines, la constante A restera arbitraire; le rapport $\frac{B}{A}$ sera déterminé par l'une des formules (14). Mais on peut donner à γ une série de valeurs entières, et l'on entrevoit ainsi la possibilité d'obtenir les intégrales générales cherchées.

Nous supposerons les satellites en nombre pair, et nous ferons

$$p = 2q.$$

Nous représenterons par $n_{\gamma,1}$, $n_{\gamma,2}$, $n_{\gamma,3}$, $n_{\gamma,4}$ les quatre racines de l'équation (15) qui correspondent à une valeur déterminée de γ; par

$$A_{\gamma,1}, \quad A_{\gamma,2}, \quad A_{\gamma,3}, \quad A_{\gamma,4},$$
$$B_{\gamma,1}, \quad B_{\gamma,2}, \quad B_{\gamma,3}, \quad B_{\gamma,4}$$

les valeurs de A et de B. Nous désignerons, en outre, par δ l'un des nombres 1, 2, 3, 4, et nous ferons

$$B_{\gamma,\delta} = A_{\gamma,\delta}\lambda_{\gamma,\delta};$$

d'où, d'après la première des formules (14),

(16) $$\lambda_{\gamma,\delta} = -\frac{n_{\gamma,\delta}^2 + 3\omega^2 - \omega^2\mu L_\gamma}{2\omega n_{\gamma,\delta} + \omega^2\mu M_\gamma}.$$

Soient $\alpha_{\gamma,\delta}$ les diverses valeurs de la constante α : si l'on donne à γ les valeurs 1, 2, ..., q, et qu'on fasse la somme des solutions particulières correspondantes, on aura des expressions des inconnues $\rho_1, \rho_2, \ldots, \rho_p, \sigma_1, \sigma_2, \ldots, \sigma_p$, que nous condenserons dans les formules suivantes :

(17) $$\left\{\begin{aligned} \rho_i &= \sum_{\gamma=1}^{\gamma=q}\sum_{\delta=1}^{\delta=4} A_{\gamma,\delta}\cos\left(n_{\gamma,\delta}t + \alpha_{\gamma,\delta} + \frac{\gamma i\pi}{q}\right), \\ \sigma_i &= \sum_{\gamma=1}^{\gamma=q}\sum_{\delta=1}^{\delta=4} \lambda_{\gamma,\delta}A_{\gamma,\delta}\sin\left(n_{\gamma,\delta}t + \alpha_{\gamma,\delta} + \frac{\gamma i\pi}{q}\right). \end{aligned}\right.$$

Si l'on donne à i les valeurs 1, 2, ..., $2q$, on aura par l'enchaînement des formules (12), [15 (1)], (16) et (17), les expressions des inconnues en fonction de t et de $8q = 4p$ constantes arbitraires $A_{\gamma,\delta}$, $\alpha_{\gamma,\delta}$; ce sont les intégrales générales cherchées.

En différentiant les formules (17), on trouve

$$(18)\quad \begin{cases} -\dfrac{d\rho_i}{dt} = \displaystyle\sum_{\gamma=1}^{\gamma=q}\sum_{\delta=1}^{\delta=4} n_{\gamma,\delta} A_{\gamma,\delta} \sin\left(n_{\gamma,\delta} t + \alpha_{\gamma,\delta} + \dfrac{\gamma i \pi}{q}\right), \\ \dfrac{d\sigma_i}{dt} = \displaystyle\sum_{\gamma=1}^{\gamma=q}\sum_{\delta=1}^{\delta=4} \lambda_{\gamma,\delta} n_{\gamma,\delta} A_{\gamma,\delta} \cos\left(n_{\gamma,\delta} t + \alpha_{\gamma,\delta} + \dfrac{\gamma i \pi}{q}\right). \end{cases}$$

Remarque. — Il convient d'appeler l'attention sur un point auquel Maxwell attache une grande importance. Considérons les solutions simples représentées par les formules (8); nous voyons que la position et la vitesse du satellite P_2 à l'époque t sont les mêmes que la position et la vitesse de P_1 à l'époque

$$t' = t + 2\theta \frac{\gamma}{n}.$$

On peut donc dire que le mouvement de P_2 se communique à P_1 dans le temps $2\theta \frac{\gamma}{n}$; l'intervalle angulaire franchi étant 2θ, la vitesse angulaire est égale à $\frac{n}{\gamma}$. On aura donc le mouvement final par la superposition des mouvements qui correspondent à q ondes élémentaires.

86. Détermination des constantes arbitraires d'après les données initiales. — Pour que les formules (17) et (18) représentent les intégrales générales des équations différentielles, il faut que l'on puisse déterminer les constantes arbitraires de façon que les positions et les vitesses initiales des satellites prennent des valeurs données, quelconques d'ailleurs. On supposera donc données les valeurs des $8q$ petites quantités ρ_i, σ_i, $\frac{d\rho_i}{dt}$, $\frac{d\sigma_i}{dt}$, pour $t = 0$, et il s'agira d'en déduire les constantes $A_{\gamma,\delta}$ et $\alpha_{\gamma,\delta}$. En faisant $t = 0$ dans les formules (17) et (18), on trouvera

$$(19)\quad \left\{ \begin{aligned} \rho_i^0 &= \sum\sum A_{\gamma,\delta} \cos\left(\alpha_{\gamma,\delta} + \frac{\gamma i \pi}{q}\right), \\ \sigma_i^0 &= \sum\sum \lambda_{\gamma,\delta} A_{\gamma,\delta} \sin\left(\alpha_{\gamma,\delta} + \frac{\gamma i \pi}{q}\right), \\ -\left(\frac{d\rho_i}{dt}\right)_0 &= \sum\sum n_{\gamma,\delta} A_{\gamma,\delta} \sin\left(\alpha_{\gamma,\delta} + \frac{\gamma i \pi}{q}\right), \\ \left(\frac{d\sigma_i}{dt}\right)_0 &= \sum\sum n_{\gamma,\delta} \lambda_{\gamma,\delta} A_{\gamma,\delta} \cos\left(\alpha_{\gamma,\delta} + \frac{\gamma i \pi}{q}\right); \end{aligned} \right\} \quad (i = 1, 2, \ldots, 2q).$$

(1) Il faut toutefois, dans l'équation (15), remplacer n par $n_{\gamma,\delta}$.

C'est un ensemble d'équations du premier degré par rapport aux inconnues

$$A_{\gamma,\delta}\cos\alpha_{\gamma,\delta} \quad \text{et} \quad A_{\gamma,\delta}\sin\alpha_{\gamma,\delta};$$

le nombre des équations est d'ailleurs égal à celui des inconnues.

Il est possible de simplifier la résolution des équations précédentes.

On a, en effet, en désignant par γ' un nombre entier positif au plus égal à q,

$$(20)\quad \left\{\begin{aligned}
&\sum_{i=1}^{i=2q}\cos\frac{\gamma' i\pi}{q}\cos\left(\alpha_{\gamma,\delta}+\frac{\gamma i\pi}{q}\right)=0,\quad \text{si } \gamma\gtrless\gamma', \quad = q\cos\alpha_{\gamma',\delta},\quad \text{si } \gamma=\gamma',\\
&\sum_{i=1}^{i=2q}\cos\frac{\gamma' i\pi}{q}\sin\left(\alpha_{\gamma,\delta}+\frac{\gamma i\pi}{q}\right)=0,\quad \text{si } \gamma\gtrless\gamma', \quad = q\sin\alpha_{\gamma',\delta},\quad \text{si } \gamma=\gamma',\\
&\sum_{i=1}^{i=2q}\sin\frac{\gamma' i\pi}{q}\cos\left(\alpha_{\gamma,\delta}+\frac{\gamma i\pi}{q}\right)=0,\quad \text{si } \gamma\gtrless\gamma', \quad = -q\sin\alpha_{\gamma',\delta},\quad \text{si } \gamma=\gamma',\\
&\sum_{i=1}^{i=2q}\sin\frac{\gamma' i\pi}{q}\sin\left(\alpha_{\gamma,\delta}+\frac{\gamma i\pi}{q}\right)=0,\quad \text{si } \gamma\gtrless\gamma', \quad = q\cos\alpha_{\gamma',\delta},\quad \text{si } \gamma=\gamma',
\end{aligned}\right.$$

Les formules (19) et (20) conduisent immédiatement aux relations suivantes, dans lesquelles on a remis γ au lieu de γ',

$$(21)\quad \left\{\begin{aligned}
&\sum_{\delta=1}^{\delta=4} A_{\gamma,\delta}\cos\alpha_{\gamma,\delta} = \frac{1}{q}\sum_{i=1}^{i=2q}\rho_i^0\cos\frac{\gamma i\pi}{q},\\
&\sum_{\delta=1}^{\delta=4} n_{\gamma,\delta}A_{\gamma,\delta}\cos\alpha_{\gamma,\delta} = -\frac{1}{q}\sum_{i=1}^{i=2q}\left(\frac{d\rho_i}{dt}\right)_0\sin\frac{\gamma i\pi}{q},\\
&\sum_{\delta=1}^{\delta=4} \lambda_{\gamma,\delta}A_{\gamma,\delta}\cos\alpha_{\gamma,\delta} = \frac{1}{q}\sum_{i=1}^{i=2q}\sigma_i^0\sin\frac{\gamma i\pi}{q},\\
&\sum_{\delta=1}^{\delta=4} n_{\gamma,\delta}\lambda_{\gamma,\delta}A_{\gamma,\delta}\cos\alpha_{\gamma,\delta} = \frac{1}{q}\sum_{i=1}^{i=2q}\left(\frac{d\sigma_i}{dt}\right)_0\cos\frac{\gamma i\pi}{q};
\end{aligned}\right.$$

$$(22)\quad \left\{\begin{aligned}
&\sum_{\delta=1}^{\delta=4} A_{\gamma,\delta}\sin\alpha_{\gamma,\delta} = -\frac{1}{q}\sum_{i=1}^{i=2q}\rho_i^0\sin\frac{\gamma i\pi}{q},\\
&\sum_{\delta=1}^{\delta=4} n_{\gamma,\delta}A_{\gamma,\delta}\sin\alpha_{\gamma,\delta} = -\frac{1}{q}\sum_{i=1}^{i=2q}\left(\frac{d\rho_i}{dt}\right)_0\cos\frac{\gamma i\pi}{q},\\
&\sum_{\delta=1}^{\delta=4} \lambda_{\gamma,\delta}A_{\gamma,\delta}\sin\alpha_{\gamma,\delta} = \frac{1}{q}\sum_{i=1}^{i=2q}\sigma_i^0\cos\frac{\gamma i\pi}{q},\\
&\sum_{\delta=1}^{\delta=4} n_{\gamma,\delta}\lambda_{\gamma,\delta}A_{\gamma,\delta}\sin\alpha_{\gamma,\delta} = -\frac{1}{q}\sum_{i=1}^{i=2q}\left(\frac{d\sigma_i}{dt}\right)_0\sin\frac{\gamma i\pi}{q}.
\end{aligned}\right.$$

Pour chaque valeur de γ, les formules (21) forment un système de quatre équations du premier degré par rapport aux quatre inconnues

$$A_{\gamma,1}\cos\alpha_{\gamma,1},\quad A_{\gamma,2}\cos\alpha_{\gamma,2},\quad A_{\gamma,3}\cos\alpha_{\gamma,3},\quad A_{\gamma,4}\cos\alpha_{\gamma,4}.$$

On a parallèlement, dans les formules (22), un système de quatre équations du premier degré pour déterminer les quatre inconnues

$$A_{\gamma,1}\sin\alpha_{\gamma,1},\quad A_{\gamma,2}\sin\alpha_{\gamma,2},\quad A_{\gamma,3}\sin\alpha_{\gamma,3},\quad A_{\gamma,4}\sin\alpha_{\gamma,4}.$$

Le dénominateur commun des inconnues est le même dans les deux groupes ; c'est le déterminant

$$(23)\qquad \begin{vmatrix} 1 & n_{\gamma,1} & \lambda_{\gamma,1} & n_{\gamma,1}\lambda_{\gamma,1} \\ 1 & n_{\gamma,2} & \lambda_{\gamma,2} & n_{\gamma,2}\lambda_{\gamma,2} \\ 1 & n_{\gamma,3} & \lambda_{\gamma,3} & n_{\gamma,3}\lambda_{\gamma,3} \\ 1 & n_{\gamma,4} & \lambda_{\gamma,4} & n_{\gamma,4}\lambda_{\gamma,4} \end{vmatrix}.$$

Ce déterminant est généralement différent de zéro, et le calcul de nos constantes arbitraires ne comporte ni impossibilité ni indétermination.

On voit qu'on est ramené en somme à la résolution de $2q$ systèmes de quatre équations du premier degré à quatre inconnues.

87. Recherche des conditions de stabilité du mouvement. — Pour que l'anneau soit permanent dans sa forme, il faut que les quantités ρ_i et σ_i, supposées petites au début, restent constamment petites. Si, en particulier, l'une des quantités σ_i pouvait grandir beaucoup, le satellite correspondant finirait par se rapprocher très sensiblement de l'un des deux qui l'avoisinent, et une collision surviendrait. Il en résulte que les quatre racines $n_{\gamma,\delta}$ de l'équation (15) doivent être réelles, quel que soit le nombre entier γ compris entre 0 et q. S'il n'en était pas ainsi, les intégrales contiendraient en effet des exponentielles qui finiraient par croître au delà de toute limite. On exprimera donc la permanence et la stabilité de l'anneau en écrivant que les racines des équations (15) doivent être réelles.

Nous commencerons par démontrer que, si le nombre des satellites est fini, on peut prendre la masse de chacun d'eux, et, par suite, la masse de l'anneau assez petite pour assurer la réalité de toutes les racines.

En effet, dans l'hypothèse en question, les quantités L_γ, M_γ, N_γ, définies par les relations (12), peuvent être grandes à cause des petits diviseurs, $\sin\theta$, $\sin^2\theta$, $\sin^3\theta$; elles n'en sont pas moins finies et déterminées. Or, pour $n = 0$, le premier membre de l'équation (15) se réduit à

$$\mu\omega^4[3N_\gamma - \mu(M_\gamma^2 + L_\gamma N_\gamma)],$$

quantité positive si μ est suffisamment petit; car, d'après son expression (12), la quantité N_γ est essentiellement positive.

D'autre part, le premier membre de l'équation (15) est de la forme

$$n^2(n^2 - \omega^2) + \mathcal{A}\mu + \mathcal{B}\mu^2;$$

ce premier membre sera donc négatif si, μ étant assez petit, on attribue à n^2 une valeur comprise entre o et ω^2, $\frac{\omega^2}{2}$ par exemple. Si donc on substitue pour n, dans le premier membre de l'équation (15), les valeurs

$$-\infty, \quad -\frac{\omega}{\sqrt{2}}, \quad 0, \quad +\frac{\omega}{\sqrt{2}}, \quad +\infty,$$

on trouvera que ce premier membre prend les signes

$$+, \quad -, \quad +, \quad -, \quad +.$$

Il y a quatre changements de signe, et, par suite, la réalité des quatre racines est démontrée, pour toutes les valeurs de γ, pourvu que μ soit suffisamment petit.

Donc un anneau de satellites égaux peut toujours être rendu stable, si sa masse est suffisamment petite par rapport à celle de Saturne.

Cherchons maintenant à nous faire une idée du degré de petitesse que doit avoir μ pour que le résultat précédent soit assuré.

Nous considérerons d'abord l'équation (15) qui correspond à

$$\gamma = \frac{p}{2} = q;$$

θ étant de la forme $\frac{h\pi}{2q}$, où h désigne l'un des nombres 1, 2, ..., $2q-1$, $2\gamma\theta$ est égal à $h\pi$; on a donc $\sin 2\gamma\theta = 0$, et, par suite, d'après les formules (12), M_γ est nul; $\sin^2\gamma\theta$ et $\cos^2\gamma\theta$ prennent respectivement les valeurs

$$1, \quad 0, \quad 1, \quad \ldots; \quad 0, \quad 1, \quad 0, \quad \ldots.$$

Les relations (12) donnent donc, en supposant q impair, pour fixer les idées,

$$(24)\quad \left\{ \begin{aligned} L_q = \frac{1}{2} & \left(\frac{\cos^2 \frac{\pi}{2q}}{\sin^3 \frac{\pi}{2q}} + \frac{\cos^2 \frac{3\pi}{2q}}{\sin^3 \frac{3\pi}{2q}} + \ldots + \frac{\cos^2 \frac{q-2}{2q}\pi}{\sin^3 \frac{q-2}{2q}\pi} \right) \\ & - \left(\frac{1}{\sin \frac{\pi}{q}} + \frac{1}{\sin \frac{2\pi}{q}} + \ldots + \frac{1}{\sin \frac{q-1}{2q}\pi} \right) \end{aligned} \right.$$

et

$$(25)\quad \left\{\begin{aligned} N_q = {} & \left(\frac{\cos^2\frac{\pi}{2q}}{\sin^3\frac{\pi}{2q}} + \frac{\cos^2\frac{3\pi}{2q}}{\sin^3\frac{3\pi}{2q}} + \ldots + \frac{\cos^2\frac{q-2}{2q}\pi}{\sin^3\frac{q-2}{2q}\pi}\right) \\ & + \frac{1}{2}\left(\frac{1}{\sin\frac{\pi}{2q}} + \frac{1}{\sin\frac{3\pi}{2q}} + \ldots + \frac{1}{\sin\frac{q\pi}{2q}}\right). \end{aligned}\right.$$

Il est facile d'obtenir des valeurs approchées de L_q et de N_q lorsque q est grand; il suffit, en effet, de partir de la formule connue, dans laquelle x est compris entre o et $\frac{\pi}{2}$,

$$\frac{1}{\sin x} = \frac{1}{x} + \frac{1}{6}x + \frac{7}{360}x^3 + \frac{31}{15120}x^5 + \ldots .$$

La relation

$$\frac{2\cos^2 x}{\sin^3 x} = \frac{d^2\frac{1}{\sin x}}{dx^2} - \frac{1}{\sin x}$$

donne ensuite

$$\frac{\cos^2 x}{\sin^3 x} = \frac{1}{x^3} - \frac{1}{2x} - \frac{1}{40}x + \frac{163}{15120}x^3 + \ldots .$$

On en conclut

$$\begin{aligned} L_q = 4\left(\frac{q}{\pi}\right)^3 \Bigg\{ & \frac{1}{1^3} + \frac{1}{3^3} + \ldots + \frac{1}{(q-2)^3} - \frac{1}{8}\left(\frac{\pi}{q}\right)^2\left(\frac{1}{1} + \frac{1}{3} + \ldots + \frac{1}{q-2}\right) \\ & - \frac{1}{640}\left(\frac{\pi}{q}\right)^4 [1 + 3 + \ldots + (q-2)] + \frac{163}{967680}\left(\frac{\pi}{q}\right)^6 [1^3 + 3^3 + \ldots + (q-2)^3] \Bigg\} \\ & - \frac{q}{\pi}\left(\frac{1}{1} + \frac{1}{2} + \ldots + \frac{2}{q-1}\right) - \frac{1}{6}\frac{\pi}{q}\left(1 + 2 + \ldots + \frac{q-1}{2}\right) \\ & - \frac{7}{360}\left(\frac{\pi}{q}\right)^3 \left[1^3 + 2^3 + \ldots + \left(\frac{q-1}{2}\right)^3\right] + \ldots , \end{aligned}$$

$$\begin{aligned} N_q - 2L_q = {} & \frac{q}{\pi}\left[\left(\frac{1}{1} + \frac{1}{3} + \ldots + \frac{1}{q}\right) + 2\left(1 + \frac{1}{2} + \ldots + \frac{2}{q-1}\right)\right] \\ & + \frac{\pi}{q}\left[\frac{1}{24}(1 + 3 + \ldots + q) + \frac{1}{3}\left(1 + 2 + \ldots + \frac{q-1}{2}\right)\right] \\ & + \left(\frac{\pi}{q}\right)^3 \left\{\frac{7}{5760}(1^3 + 3^3 + \ldots + q^3) + \frac{7}{180}\left[1^3 + 2^3 + \ldots + \left(\frac{q-1}{2}\right)^3\right]\right\} \\ & + \ldots\ldots\ldots\ldots\ldots\ldots\ldots\ldots\ldots\ldots\ldots\ldots \end{aligned}$$

On a ensuite

$$1 + 3 + \ldots + (q-2) = \frac{(q-1)^2}{4},$$

$$1^3 + 3^3 + \ldots + (q-2)^3 = \frac{(q-1)^4 - 2(q-1)^2}{8}.$$

On en conclut

$$L_q = \left(\frac{2q}{\pi}\right)^3 \left[\frac{1}{2}\left(\frac{1}{1^3} + \frac{1}{3^3} + \frac{1}{5^3} + \ldots\right) + \frac{\mathcal{A}'}{q^2} + \frac{\mathcal{A}''}{q^3} + \ldots\right],$$

$$N_q - 2L_q = \left(\frac{2q}{\pi}\right)^3 \left(\frac{\mathcal{B}'}{q^2} + \frac{\mathcal{B}''}{q^3} + \ldots\right).$$

On peut donc prendre

(26) $$L_q = 0,525\left(\frac{2q}{\pi}\right)^3, \qquad N_q - 2L_q = 0,000\left(\frac{2q}{\pi}\right)^3.$$

L'équation (15) devient ainsi, en y remplaçant L_γ, M_γ, N_γ respectivement par L_q, 0 et $2L_q$,

(27) $$\left(\frac{n}{\omega}\right)^4 - (1 - \mu L_q)\left(\frac{n}{\omega}\right)^2 + 2\mu L_q(3 - \mu L_q) = 0.$$

Pour que les quatre racines de cette équation soient réelles, il faut et il suffit que l'on ait

(28) $$1 - \mu L_q > 0,$$
$$1 - 26\mu L_q + 9\mu^2 L_q^2 > 0.$$

Cette dernière condition revient à

$$(\mu L_q - 2,8499)(\mu L_q - 0,0390) > 0;$$

en ayant égard à l'inégalité (28), on en tire

$$\mu L_q < 0,039, \qquad \mu < \frac{0,039}{0,525}\left(\frac{\pi}{2q}\right)^3.$$

Soit m le rapport de la masse de l'anneau à la masse de Saturne; on aura

$$m = 2\mu q = \mu p,$$

et il en résulte

$$m < \frac{2,30}{p^2};$$

de sorte que, s'il y avait seulement 100 satellites, la masse de leur ensemble devrait, pour que la stabilité soit assurée, être inférieure à la quatre-millième partie de la masse de la planète.

Mais il faut aussi exprimer la réalité des racines des autres équations que l'on déduit de la formule (15) en donnant à γ les valeurs $1, 2, \ldots, q-1$.

Nous remarquerons que les quantités L_γ, M_γ, N_γ, définies par les formules (12), ont en général des valeurs notables en raison des petits diviseurs $\sin^3\theta$, $\sin^2\theta$, $\sin\theta$, qui se réduisent sensiblement, quand p est grand et pour la première des valeurs de θ, à $\left(\frac{\pi}{p}\right)^3$, $\left(\frac{\pi}{p}\right)^2$, $\frac{\pi}{p}$. On voit qu'on peut écrire

$$N_\gamma = 2L_\gamma\left(1 + \frac{\mathcal{A}_1}{p^2}\right), \qquad M_\gamma = L_\gamma \frac{\mathcal{B}_1}{p},$$

de sorte qu'en négligeant $\frac{1}{p}$ l'équation (15) se transforme dans la formule (27), sauf qu'au lieu de L_q on doit mettre L_γ. La seule condition nécessaire et suffisante pour la réalité des quatre racines sera donc

$$\mu L_\gamma < 0,039. \tag{29}$$

Or l'expression (12) de L_γ montre que, quel que soit γ, on a

$$L_\gamma < \frac{1}{4}\sum \frac{\cos^2\theta}{\sin^3\theta}$$

ou, à fort peu près,

$$L_\gamma < \frac{1}{2}\left(\frac{p}{\pi}\right)^3\left(1 + \frac{1}{2^3} + \frac{1}{3^3} + \ldots\right) = 0,0194\,p^3.$$

Si donc on s'arrange de manière à vérifier la condition

$$0,0194\,\mu p^3 < 0,039 \qquad \text{ou bien} \qquad \mu < \frac{2}{p^3},$$

l'inégalité (29) sera toujours satisfaite.

Le résultat de la discussion est le suivant :

Si p désigne le nombre des satellites et m le rapport de la masse de leur ensemble à la masse de Saturne, si l'on a

$$m < \frac{2}{p^2}, \tag{30}$$

la stabilité de l'anneau sera assurée.

88. Si l'on suppose aux satellites des masses inégales, on est encore conduit à des équations différentielles linéaires à coefficients constants; mais les calculs deviennent plus complexes et plus difficiles. Toutefois, on comprend qu'en rapprochant davantage les uns des autres les satellites dont les masses sont les plus faibles, on pourra arriver à une distribution des forces analogue à celle du cas précédent, dont la conclusion générale persistera, à savoir que, si la masse totale est suffisamment petite, la permanence et la stabilité de l'anneau seront

assurées; les déplacements relatifs des satellites oscilleront périodiquement entre des limites très rapprochées.

La fin du Mémoire de Maxwell est très importante, mais les raisonnements manquent de rigueur, de précision et surtout de clarté, et nous nous voyons obligé, à notre grand regret, de ne reproduire que les conclusions.

Maxwell examine le cas où l'anneau de Saturne serait formé par un nuage de poussières météoriques; il trouve que, pour résister à l'action destructive des ondes qui se propageraient dans sa masse, il faut que sa densité soit au plus égale à la $\frac{1}{300}$ partie de celle de la planète. Cela assignerait à la *densité moyenne* de l'anneau une limite supérieure égale à deux fois environ celle de l'air atmosphérique sous la pression normale, ce qui n'empêcherait pas les parties constitutives de l'anneau d'être assez denses. Or Laplace a montré que, si les parties extérieures et intérieures d'un anneau fluide ont la même vitesse angulaire, l'anneau ne peut pas persister si sa densité est inférieure à 0,8 de celle de Saturne. Donc, en premier lieu, notre anneau ne peut pas avoir une vitesse angulaire constante et, en second lieu, l'anneau de Laplace ne peut pas conserver sa forme s'il est composé de matériaux séparés, s'attirant les uns les autres et se mouvant avec une même vitesse angulaire.

Maxwell passe ensuite au cas d'un anneau liquide continu et incompressible; il montre qu'il doit nécessairement finir par se décomposer en une multitude de petits satellites. L'hypothèse d'un anneau solide ayant été écartée déjà (n° 71), Maxwell conclut que l'anneau doit être formé de parties séparées, qui peuvent être solides ou liquides, mais doivent être indépendantes les unes des autres. Il aboutit donc à former l'anneau d'un très grand nombre de satellites, hypothèse proposée déjà, mais sans preuves à l'appui, par Cassini en 1715.

L'anneau intérieur est transparent, car on a pu observer le limbe de Saturne à travers. Ce limbe avait conservé la même courbure; il n'y avait donc pas de réfraction, et les rayons lumineux n'avaient pas traversé un milieu continu, mais ils avaient passé entre les particules solides ou liquides qui forment l'anneau. Maxwell voit là un nouvel argument en faveur de son hypothèse. Elle vient d'être confirmée encore par les recherches photométriques récentes de M. Seeliger (¹) qui, en s'appuyant sur elle, a pu représenter exactement par ses formules les variations d'éclat de l'anneau constatées par M. Muller à Potsdam. D'après cette théorie, le rapport du volume plein au volume total de l'anneau ne s'écarterait pas beaucoup de 0,04.

(¹) H. Seeliger, *Zur Theorie der Beleuchtung der grossen Planeten, insbesondere des Saturn*. Munich, 1887.

CHAPITRE XIII.

FIGURE D'ÉQUILIBRE D'UNE MASSE FLUIDE HÉTÉROGÈNE DISCONTINUE. THÉORIE DE CLAIRAUT.

89. Nous avons vu que l'hypothèse de l'homogénéité conduit à des résultats inconciliables avec les mesures fournies, par la Géodésie dans le cas de la Terre, par l'Astronomie dans le cas de Jupiter et de Saturne. Il est naturel de chercher à rétablir l'accord en supposant ces corps formés chacun d'un certain nombre de substances liquides homogènes, de densités différentes. Il y a lieu de se demander si l'on peut avoir encore des ellipsoïdes comme figures des surfaces de séparation des divers milieux. La réponse est négative, comme l'a prouvé M. Hamy dans sa Thèse de doctorat (Paris, 1887). Nous allons reproduire sa démonstration.

Considérons une masse fluide dont toutes les parties s'attirent suivant la loi de Newton, formée de couches de densités différentes, séparées par des ellip-

Fig. 19.

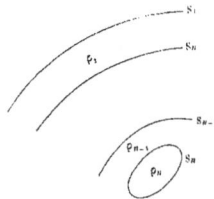

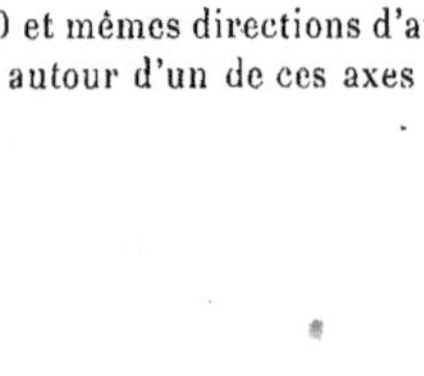

soïdes ayant même centre O et mêmes directions d'axes Ox, Oy, Oz, et tournant d'un mouvement uniforme autour d'un de ces axes Ox. Nous allons écrire que la surface extérieure est en équilibre relatif et qu'il en est de même de toutes les surfaces intérieures. Soient (*fig.* 19)

$S_1, S_2, \ldots, S_n$ les surfaces des divers ellipsoïdes,
$\rho_1, \rho_2, \ldots, \rho_n$ les densités respectives des couches,
$\eta_1, \eta_2, \ldots, \eta_n$ les différences $\rho_1 - 0$, $\rho_2 - \rho_1, \ldots, \rho_n - \rho_{n-1}$.

Nous allons chercher les conditions d'équilibre de la surface S_p; il faudra que la résultante des attractions des diverses couches sur l'unité de masse placée en un point quelconque M de S_p, et de la force centrifuge, soit normale à la surface S_p.

Soient $V_1, V_2, \ldots, V_n$ les volumes renfermés dans les surfaces $S_1, S_2, \ldots, S_n$. Les volumes et les densités des diverses couches sont

$$\begin{array}{ccccc} V_1 - V_2, & V_2 - V_3, & \ldots, & V_{n-1} - V_n, & V_n, \\ \rho_1, & \rho_2, & \ldots, & \rho_{n-1}, & \rho_n; \end{array}$$

Les choses se passent comme si le volume V_1 était rempli d'une matière attractive de densité ρ_1; le volume V_2 d'une matière attractive de densité ρ_2 et d'une matière répulsive de densité ρ_1, ou bien d'une matière attractive de densité $\rho_2 - \rho_1 = \eta_2$, etc. On peut donc concevoir les volumes

$$V_1, \quad V_2, \quad \ldots, \quad V_n$$

comme formés de substances homogènes de densités

$$\eta_1, \quad \eta_2, \quad \ldots, \quad \eta_n,$$

ce qui permettra d'appliquer immédiatement les formules relatives à l'attraction des ellipsoïdes homogènes pleins.

Soient A_p, B_p, C_p les composantes de l'attraction totale sur le point $M(\alpha, \beta, \gamma)$ de la surface S_p; cette attraction résultera de celles des ellipsoïdes $V_1, V_2, \ldots, V_p$ sur le point intérieur M et de celles des ellipsoïdes $V_{p+1}, V_{p+2}, \ldots, V_n$ sur le point extérieur M. En représentant par X_r et X_q les composantes parallèles à Ox des attractions exercées sur le point M par l'un quelconque des ellipsoïdes des deux séries, on pourra écrire, en remarquant que le point M peut être considéré à volonté comme extérieur ou intérieur à l'ellipsoïde S_p,

$$(1) \qquad \left\{ \begin{aligned} A_p &= \sum_1^p X_r + \sum_{p+1}^n X_q = \sum_1^{p-1} X_r + \sum_p^n X_q, \\ B_p &= \sum_1^p Y_r + \sum_{p+1}^n Y_q = \sum_1^{p-1} Y_r + \sum_p^n Y_q, \\ C_p &= \sum_1^p Z_r + \sum_{p+1}^n Z_q = \sum_1^{p-1} Z_r + \sum_p^n Z_q. \end{aligned} \right.$$

On a d'ailleurs, par les formules du Chapitre IV et en désignant par $2a_r$, $2b_r$, $2c_r$ les longueurs des axes de l'ellipsoïde V_r,

$$(2)\quad \left\{\begin{aligned} X_r &= -2\pi f \eta_r \frac{\alpha}{a_r^2}\int_0^\infty \frac{ds}{\left(1+\frac{s}{a_r^2}\right)\Delta_r},\\ Y_r &= -2\pi f \eta_r \frac{\beta}{b_r^2}\int_0^\infty \frac{ds}{\left(1+\frac{s}{b_r^2}\right)\Delta_r},\\ Z_r &= -2\pi f \eta_r \frac{\gamma}{c_r^2}\int_0^\infty \frac{ds}{\left(1+\frac{s}{c_r^2}\right)\Delta_r},\\ \Delta_r &= \sqrt{\left(1+\frac{s}{a_r^2}\right)\left(1+\frac{s}{b_r^2}\right)\left(1+\frac{s}{c_r^2}\right)}; \end{aligned}\right.$$

$$(3)\quad \left\{\begin{aligned} X_q &= -2\pi f \eta_q \frac{\alpha}{a_q^2}\int_{\nu_q}^\infty \frac{ds}{\left(1+\frac{s}{a_q^2}\right)\Delta_q},\\ Y_q &= -2\pi f \eta_q \frac{\beta}{b_q^2}\int_{\nu_q}^\infty \frac{ds}{\left(1+\frac{s}{b_q^2}\right)\Delta_q},\\ Z_q &= -2\pi f \eta_q \frac{\gamma}{c_q^2}\int_{\nu_q}^\infty \frac{ds}{\left(1+\frac{s}{c_q^2}\right)\Delta_q},\\ \Delta_q &= \sqrt{\left(1+\frac{s}{a_q^2}\right)\left(1+\frac{s}{b_q^2}\right)\left(1+\frac{s}{c_q^2}\right)}. \end{aligned}\right.$$

La quantité ν_q est la racine positive de l'équation

$$(4)\quad \frac{\alpha^2}{a_q^2+\nu_q}+\frac{\beta^2}{b_q^2+\nu_q}+\frac{\gamma^2}{c_q^2+\nu_q}-1=0.$$

On a d'ailleurs

$$(5)\quad \frac{\alpha^2}{a_p^2}+\frac{\beta^2}{b_p^2}+\frac{\gamma^2}{c_p^2}-1=0.$$

Cela posé, pour assurer l'équilibre relatif en tous les points de la surface S_p, il suffira d'écrire que la résultante des attractions et de la force centrifuge, c'est-à-dire la *pesanteur*, est normale à la surface S_p en M ; ses composantes

$$A_p,\quad B_p+\omega^2\beta,\quad C_p+\omega^2\gamma$$

devront être proportionnelles aux cosinus directeurs de la normale à la surface S_p; on aura donc

$$(5') \qquad \frac{A_p}{\left(\frac{\alpha}{a_p^2}\right)} = \frac{B_p + \omega^2\beta}{\left(\frac{\beta}{b_p^2}\right)} = \frac{C_p + \omega^2\gamma}{\left(\frac{\gamma}{c_p^2}\right)},$$

d'où

$$\omega^2 = -\frac{B_p}{\beta} + \frac{a_p^2}{b_p^2}\frac{A_p}{\alpha},$$

$$\omega^2 = -\frac{C_p}{\gamma} + \frac{a_p^2}{c_p^2}\frac{A_p}{\alpha}.$$

En remplaçant dans ces deux formules A_p, B_p, C_p par leurs expressions qui résultent des relations (1), (2) et (3), il vient, après des réductions faciles,

$$(a) \qquad \left\{ \begin{aligned} \frac{\omega^2}{2\pi f} = {} & \sum_{r=1}^{r=p} \eta_r \int_0^\infty \frac{s + a_r^2 - \frac{a_p^2}{b_p^2}(s + b_r^2)}{(s + a_r^2)(s + b_r^2)\Delta_r}\,ds \\ & + \sum_{q=p+1}^{q=n} \eta_q \int_{\nu_q}^\infty \frac{s + a_q^2 - \frac{a_p^2}{b_p^2}(s + b_q^2)}{(s + a_q^2)(s + b_q^2)\Delta_q}\,ds, \end{aligned} \right.$$

$$(b) \qquad \left\{ \begin{aligned} \frac{\omega^2}{2\pi f} = {} & \sum_{r=1}^{r=p} \eta_r \int_0^\infty \frac{s + a_r^2 - \frac{a_p^2}{c_p^2}(s + c_r^2)}{(s + a_r^2)(s + c_r^2)\Delta_r}\,ds \\ & + \sum_{q=p+1}^{q=n} \eta_q \int_{\nu_q}^\infty \frac{s + a_q^2 - \frac{a_p^2}{c_p^2}(s + c_q^2)}{(s + a_q^2)(s + c_q^2)\Delta_q}\,ds. \end{aligned} \right.$$

90. Il faut maintenant que ces expressions de $\frac{\omega^2}{2\pi f}$ conservent les mêmes valeurs en tous les points (α, β, γ) de la surface S_p. Chacune d'elles se compose d'une première partie, qui ne dépend en aucune façon de α, β, γ; les secondes parties introduiront α, β, γ par les limites inférieures ν_q des intégrales, lesquelles sont liées à α, β, γ par les relations (4). On peut d'ailleurs exprimer α en fonction de β et γ par la formule (5). Les expressions (a) et (b) de $\frac{\omega^2}{2\pi f}$ deviendront donc des fonctions de β^2 et de γ^2, et, si on les différentie par rapport à β^2 et γ^2, on devra trouver zéro.

On tire de la formule (a)

$$(6) \qquad \frac{1}{2\pi f}\frac{d\omega^2}{d\beta^2} = -\sum_{q=p+1}^{q=n} \eta_q \frac{\nu_q + a_q^2 - \frac{a_p^2}{b_p^2}(\nu_q + b_q^2)}{(\nu_q + a_q^2)(\nu_q + b_q^2)\delta_q}\frac{d\nu_q}{d\beta^2},$$

en posant

$$\delta_q = \sqrt{\left(1 + \frac{\nu_q}{a_q^2}\right)\left(1 + \frac{\nu_q}{b_q^2}\right)\left(1 + \frac{\nu_q}{c_q^2}\right)}.$$

On a d'ailleurs

$$\frac{d\nu_q}{d\beta^2} = \frac{\partial \nu_q}{\partial \beta^2} + \frac{\partial \nu_q}{\partial \alpha^2}\frac{d\alpha^2}{d\beta^2},$$

et les formules (4) et (5) donnent

$$\frac{\partial \nu_q}{\partial \alpha^2} = \frac{1}{(\nu_q + a_q^2)\left[\dfrac{\alpha^2}{(\nu_q + a_q^2)^2} + \dfrac{\beta^2}{(\nu_q + b_q^2)^2} + \dfrac{\gamma^2}{(\nu_q + c_q^2)^2}\right]},$$

$$\frac{\partial \nu_q}{\partial \beta^2} = \frac{1}{(\nu_q + b_q^2)\left[\dfrac{\alpha^2}{(\nu_q + a_q^2)^2} + \dfrac{\beta^2}{(\nu_q + b_q^2)^2} + \dfrac{\gamma^2}{(\nu_q + c_q^2)^2}\right]},$$

$$\frac{d\alpha^2}{d\beta^2} = -\frac{a_p^2}{b_p^2}.$$

Il en résulte

$$\frac{d\nu_q}{d\beta^2} = \frac{\nu_q + a_q^2 - \dfrac{a_p^2}{b_p^2}(\nu_q + b_q^2)}{(\nu_q + a_q^2)(\nu_q + b_q^2)\left[\dfrac{\alpha^2}{(\nu_q + a_q^2)^2} + \dfrac{\beta^2}{(\nu_q + b_q^2)^2} + \dfrac{\gamma^2}{(\nu_q + c_q^2)^2}\right]},$$

et la formule (6) donne dès lors

$$(7) \qquad \frac{1}{2\pi f}\frac{d\omega^2}{d\beta^2} = -\sum_{q=p+1}^{q=n} \eta_q \frac{\left[\nu_q + a_q^2 - \dfrac{a_p^2}{b_p^2}(\nu_q + b_q^2)\right]^2}{(\nu_q + a_q^2)(\nu_q + b_q^2)\,\delta_q\left[\dfrac{\alpha^2}{(\nu_q + a_q^2)^2} + \dfrac{\beta^2}{(\nu_q + b_q^2)^2} + \dfrac{\gamma^2}{(\nu_q + c_q^2)^2}\right]}.$$

Cela posé, nous remarquerons que, pour la stabilité de l'équilibre, les densités doivent aller en croissant de la surface au centre. Donc $\eta_q = \rho_q - \rho_{q-1}$ est essentiellement positif; en vertu de la formule (7), la condition

$$\frac{d\omega^2}{d\beta^2} = 0$$

entraînera donc, pour toutes les valeurs $p+1, p+2, \ldots, n$ de q, la relation générale

$$\nu_q + a_q^2 - \frac{a_p^2}{b_p^2}(\nu_q + b_q^2) = 0.$$

On trouverait de même, en différentiant la formule (b) par rapport à γ^2,

$$\nu_q + a_q^2 - \frac{a_p^2}{c_p^2}(\nu_q + c_q^2) = 0.$$

On en conclut

$$(8) \qquad \frac{\nu_q + a_q^2}{a_p^2} = \frac{\nu_q + b_q^2}{b_p^2} = \frac{\nu_q + c_q^2}{c_p^2} = \lambda.$$

La formule (4) donne ensuite

$$\frac{\alpha^2}{a_p^2} + \frac{\beta^2}{b_p^2} + \frac{\gamma^2}{c_p^2} = \lambda,$$

et, en comparant à l'équation (5), on trouve $\lambda = 1$.

On tire ensuite des formules (8)

(9) $$\nu_q = a_p^2 - a_q^2 = b_p^2 - b_q^2 = c_p^2 - c_q^2.$$

Ce qui prouve que les ellipsoïdes S_q et S_p doivent être homofocaux. Si l'on prend $p = 1$, on voit que toutes les surfaces $S_1, S_2, \ldots, S_n$ sont homofocales.

91. Si l'on pose maintenant

$$b_1^2 = a_1^2 + h, \qquad c_1^2 = a_1^2 + k,$$

les formules (9) donneront

(10) $$b_q^2 = a_q^2 + h, \qquad c_q^2 = a_q^2 + k, \qquad \nu_q = a_p^2 - a_q^2,$$

et dès lors l'équation (a) pourra s'écrire

(11) $$\left\{\begin{aligned} \frac{\omega^2}{2\pi f} = {} & \frac{h}{b_p^2} \sum_{r=1}^{r=p} \eta_r \int_0^\infty \frac{s + a_r^2 - a_p^2}{(s + a_r^2)(s + b_r^2)\Delta_r}\, ds \\ & + \frac{h}{b_p^2} \sum_{q=p+1}^{q=n} \eta_q \int_{a_p^2 - a_q^2}^\infty \frac{s + a_q^2 - a_p^2}{(s + a_q^2)(s + b_q^2)\Delta_q}\, ds. \end{aligned}\right.$$

Le second membre de cette équation a le signe de h qui doit dès lors être positif. En appliquant la condition précédente à la surface S_{p+1}, on trouvera

$$\begin{aligned} \frac{\omega^2}{2\pi f} = {} & \frac{h}{b_{p+1}^2} \sum_{r=1}^{r=p+1} \eta_r \int_0^\infty \frac{s + a_r^2 - a_{p+1}^2}{(s + a_r^2)(s + b_r^2)\Delta_r}\, ds \\ & + \frac{h}{b_{p+1}^2} \sum_{q=p+2}^{q=n} \eta_q \int_{a_{p+1}^2 - a_q^2}^\infty \frac{s + a_q^2 - a_{p+1}^2}{(s + a_q^2)(s + b_q^2)\Delta_q}\, ds, \end{aligned}$$

ce qui peut encore s'écrire, comme on s'en assure aisément,

(12) $$\left\{\begin{aligned} \frac{\omega^2}{2\pi f} = {} & \frac{h}{b_{p+1}^2} \sum_{r=1}^{r=p} \eta_r \int_0^\infty \frac{s + a_r^2 - a_{p+1}^2}{(s + a_r^2)(s + b_r^2)\Delta_r}\, ds \\ & + \frac{h}{b_{p+1}^2} \sum_{q=p+1}^{q=n} \eta_q \int_{a_{p+1}^2 - a_q^2}^\infty \frac{s + a_q^2 - a_{p+1}^2}{(s + a_q^2)(s + b_q^2)\Delta_q}\, ds. \end{aligned}\right.$$

Si l'on retranche (11) de (12), il vient, en supprimant le facteur h,

$$
(13)\quad \left\{
\begin{aligned}
0 = & \sum_{r=1}^{r=p} \eta_r \int_0^\infty \left(\frac{s + a_r^2 - a_{p+1}^2}{b_{p+1}^2} - \frac{s + a_r^2 - a_p^2}{b_p^2} \right) \frac{ds}{(s + a_r^2)(s + b_r^2)\Delta_r} \\
& + \sum_{q=p+1}^{q=n} \eta_q \int_{a_p^2 - a_q^2}^\infty \left(\frac{s + a_q^2 - a_{p+1}^2}{b_{p+1}^2} - \frac{s + a_q^2 - a_p^2}{b_p^2} \right) \frac{ds}{(s + a_q^2)(s + b_q^2)\Delta_q} \\
& + \frac{1}{b_{p+1}^2} \sum_{q=p+1}^{q=n} \eta_q \int_{a_{p+1}^2 - a_q^2}^{a_p^2 - a_q^2} \frac{s + a_q^2 - a_{p+1}^2}{(s + a_q^2)(s + b_q^2)\Delta_q}\, ds.
\end{aligned}
\right.
$$

Or on a

$$a_{p+1} < a_p, \qquad\qquad b_{p+1} < b_p,$$

$$s + a_r^2 - a_{p+1}^2 > s + a_r^2 - a_p^2, \qquad s + a_q^2 - a_{p+1}^2 > s + a_q^2 - a_p^2,$$

d'où

$$\frac{s + a_r^2 - a_{p+1}^2}{b_{p+1}^2} > \frac{s + a_r^2 - a_p^2}{b_p^2}, \qquad \frac{s + a_q^2 - a_{p+1}^2}{b_{p+1}^2} > \frac{s + a_q^2 - a_p^2}{b_p^2}.$$

Donc les éléments des deux premières séries des intégrales qui figurent dans la formule (13) sont essentiellement positifs. Il en est de même de ceux des intégrales de la troisième série, comme on le voit en remarquant que le numérateur $s + a_q^2 - a_{p+1}^2$ croît de 0 à $a_p^2 - a_{p+1}^2$; donc le second membre de l'équation (13) est essentiellement positif et ne peut être égal au premier qui est nul. Les conditions d'équilibre des surfaces qui séparent les divers milieux sont donc incompatibles; de là le théorème de M. Hamy :

Une masse fluide en équilibre relatif, dans laquelle la densité croît constamment de la surface au centre, ne peut pas admettre des ellipsoïdes comme surfaces de séparation de ses diverses couches homogènes.

92. Toutefois, si l'on ne peut pas vérifier ainsi rigoureusement les conditions d'équilibre de toutes les surfaces, on peut le faire d'une manière suffisamment approchée pour les besoins de la Géodésie et de l'Astronomie, lorsque la vitesse angulaire ω de la rotation est faible.

Supposons en effet que les surfaces $S_1, S_2, \ldots, S_n$ soient des ellipsoïdes dont les figures diffèrent très peu de la sphère, de manière que, quel que soit q, les différences $b_q^2 - a_q^2$, $c_q^2 - a_q^2$ soient de petites quantités du premier ordre, que nous représenterons en général par la lettre e. Si nous nous reportons à la formule (7), nous verrons que l'expression

$$\nu_q + a_q^2 - \frac{a_p^2}{b_p^2}(\nu_q + b_q^2) = \frac{b_p^2 - a_p^2}{b_p^2}\nu_q + a_q^2(b_p^2 - a_p^2) + a_p^2(a_q^2 - b_q^2)$$

sera de l'ordre de e; donc $\dfrac{d\omega^2}{d\beta^2}$ sera de l'ordre de e^2, et, si l'on consent à négliger e^2, on aura

$$\frac{d\omega^2}{d\beta^2} = 0, \qquad \frac{d\omega^2}{d\gamma^2} = 0.$$

La vitesse angulaire ω, assignée par nos formules, sera donc la même en tous les points de chacune des surfaces S_p.

Posons, d'une manière générale,

$$b_i = a_i(1 + e_i), \qquad c_i = a_i(1 + \varepsilon_i).$$

Les quantités e_i et ε_i, que l'on nomme les *ellipticités* des sections principales xOy et xOz de la surface S_i, seront supposées petites et nous négligerons leurs carrés et leurs produits de deux dimensions. Les quantités h et k introduites précédemment étant positives, il en sera de même de e_i et ε_i, de sorte que nos ellipsoïdes auront leurs plus petits axes dirigés suivant l'axe de rotation. Revenons à la formule (a), et posons, pour un moment,

$$E = \frac{s + a_r^2 - \dfrac{a_p^2}{b_p^2}(s + b_r^2)}{(s + a_r^2)(s + b_r^2)\Delta_r},$$

$$F = \frac{s + a_q^2 - \dfrac{a_p^2}{b_p^2}(s + b_q^2)}{(s + a_q^2)(s + b_q^2)\Delta_q}.$$

Le numérateur de l'expression de E pourra s'écrire

$$s\frac{(b_p - a_p)(b_p + a_p)}{b_p^2} + \frac{(a_r b_p - a_p b_r)(a_r b_p + a_p b_r)}{b_p^2} = 2se_p + 2a_r^2(e_p - e_r) + \ldots.$$

Puisque ce numérateur est du premier ordre, on pourra négliger complètement les ellipticités dans le dénominateur

$$(s + a_r^2)(s + b_r^2)\sqrt{\left(1 + \frac{s}{a_r^2}\right)\left(1 + \frac{s}{b_r^2}\right)\left(1 + \frac{s}{c_r^2}\right)},$$

ce qui le réduira à $\dfrac{(s + a_r^2)^{\frac{7}{2}}}{a_r^3}$. On opérera de même pour F, et la formule (a) pourra être réduite à

$$(14) \qquad \left\{ \begin{aligned} \frac{\omega^2}{4\pi f} = & \sum_{r=1}^{r=p} a_r^3 \eta_r \int_0^\infty \left[\frac{e_p}{(s + a_r^2)^{\frac{5}{2}}} - \frac{a_r^2 e_r}{(s + a_r^2)^{\frac{7}{2}}}\right] ds \\ & + \sum_{q=p+1}^{q=n} a_q^3 \eta_q \int_{\lambda_q}^\infty \left[\frac{e_p}{(s + a_q^2)^{\frac{5}{2}}} - \frac{a_q^2 e_q}{(s + a_q^2)^{\frac{7}{2}}}\right] ds. \end{aligned} \right.$$

On voit qu'il suffira de calculer ν_q en y négligeant les ellipticités. Or, dans ce cas, les formules (4) et (5) donnent

$$\frac{\alpha^2+\beta^2+\gamma^2}{\nu_q+a_q^2}=1, \qquad \frac{\alpha^2+\beta^2+\gamma^2}{a_p^2}=1,$$

d'où

$$\nu_q = a_p^2 - a_q^2.$$

Or on a

$$\int_0^\infty \frac{ds}{(s+a_r^2)^{\frac{5}{2}}} = \frac{2}{3a_r^3}, \qquad \int_0^\infty \frac{ds}{(s+a_r^2)^{\frac{7}{2}}} = \frac{2}{5a_r^5},$$

$$\int_{a_p^2-a_q^2}^\infty \frac{ds}{(s+a_q^2)^{\frac{5}{2}}} = \frac{2}{3a_p^3}, \qquad \int_{a_p^2-a_q^2}^\infty \frac{ds}{(s+a_q^2)^{\frac{7}{2}}} = \frac{2}{5a_p^5}.$$

La formule (14) donne ensuite

$$\text{(A)} \qquad \frac{\omega^2}{8\pi f} = \sum_{r=1}^{r=p} \eta_r\left(\frac{1}{3}e_p - \frac{1}{5}e_r\right) + \sum_{q=p+1}^{q=n} \eta_q\left[\frac{1}{3}\left(\frac{a_q}{a_p}\right)^3 e_p - \frac{1}{5}\left(\frac{a_q}{a_p}\right)^5 e_q\right].$$

Si dans cette équation on attribue à p les valeurs $1, 2, \ldots, n$, on aura n équations du premier degré qui fourniront pour les n inconnues $e_1, e_2, \ldots, e_n$, des valeurs qui seront de l'ordre de ω^2.

En traitant de même la formule (b), on serait arrivé à la relation générale

$$\frac{\omega^2}{8\pi f} = \sum_{r=1}^{r=p} \eta_r\left(\frac{1}{3}\varepsilon_p - \frac{1}{5}\varepsilon_r\right) + \sum_{q=p+1}^{q=n} \eta_q\left[\frac{1}{3}\left(\frac{a_q}{a_p}\right)^3 \varepsilon_p - \frac{1}{5}\left(\frac{a_q}{a_p}\right)^5 \varepsilon_q\right].$$

On aurait donc pour déterminer $\varepsilon_1, \varepsilon_2, \ldots, \varepsilon_n$, n équations identiques à celles dont dépendent $e_1, e_2, \ldots, e_n$; on en conclut

$$\varepsilon_i = e_i, \qquad c_i = b_i;$$

tous nos ellipsoïdes seront de révolution autour de l'axe de rotation Ox, et aplatis dans le sens de cet axe.

Clairaut a réussi à démontrer quelques propositions très générales, indépendantes du nombre des couches et de leurs densités et, en premier lieu, le théorème suivant.

93. *Les ellipticités vont en croissant du centre à la surface de la masse fluide.*

Reprenons, en effet, l'équation (14) et celle qu'on en déduit en changeant p

en $p+1$; nous aurons

$$\frac{\omega^2}{4\pi f} = \sum_1^p a_r^3 \eta_r \int_0^\infty \frac{e_p(s+a_r^2) - e_r a_r^2}{(s+a_r^2)^{\frac{7}{2}}}\, ds + \sum_{p+1}^n a_q^3 \eta_q \int_{a_p^2 - a_q^2}^\infty \frac{e_p(s+a_q^2) - a_q^2 e_q}{(s+a_q^2)^{\frac{7}{2}}}\, ds,$$

$$\frac{\omega^2}{4\pi f} = \sum_1^p a_r^3 \eta_r \int_0^\infty \frac{e_{p+1}(s+a_r^2) - e_r a_r^2}{(s+a_r^2)^{\frac{7}{2}}}\, ds + \sum_{p+1}^n a_q^3 \eta_q \int_{a_{p+1}^2 - a_q^2}^\infty \frac{e_{p+1}(s+a_q^2) - a_q^2 e_q}{(s+a_q^2)^{\frac{7}{2}}}\, ds.$$

En retranchant la première de ces équations de la seconde, il vient

$$\begin{aligned} 0 = \sum_1^p a_r^3 \eta_r \int_0^\infty \frac{e_{p+1} - e_p}{(s+a_r^2)^{\frac{5}{2}}}\, ds &+ \sum_{p+1}^n a_q^3 \eta_q \int_{a_p^2 - a_q^2}^\infty \frac{e_{p+1} - e_p}{(s+a_q^2)^{\frac{5}{2}}}\, ds \\ &+ \sum_{p+1}^n a_q^3 \eta_q \int_{a_{p+1}^2 - a_q^2}^{a_p^2 - a_q^2} \frac{e_{p+1} s + a_q^2(e_{p+1} - e_q)}{(s + a_2^q)^{\frac{7}{2}}}\, ds, \end{aligned}$$

d'où

$$H_p(e_p - e_{p+1}) = \sum_{p+1}^n a_q^3 \eta_q \int_{a_{p+1}^2 - a_q^2}^{a_p^2 - a_q^2} \frac{e_{p+1} s + a_q^2(e_{p+1} - e_q)}{(s+a_q^2)^{\frac{7}{2}}}\, ds,$$

en désignant par H_p la quantité positive

$$H_p = \sum_1^p a_r^3 \eta_r \int_0^\infty \frac{ds}{(s+a_r^2)^{\frac{5}{2}}} + \sum_{p+1}^n a_q^3 \eta_q \int_{a_p^2 - a_q^2}^\infty \frac{ds}{(s+a_q^2)^{\frac{5}{2}}}.$$

On en conclut

$$H_p(e_p - e_{p+1}) > \sum_{p+1}^n a_q^3 \eta_q (e_{p+1} - e_q) \int_{a_{p+1}^2 - a_q^2}^{a_p^2 - a_q^2} \frac{ds}{(s+a_q^2)^{\frac{7}{2}}}$$

ou encore, en désignant par $H_p K_p$ la quantité positive $\frac{2}{5}\left(\frac{1}{a_{p+1}^5} - \frac{1}{a_p^5}\right)$,

$$e_p - e_{p+1} > K_p \sum_{p+1}^n a_q^5 \eta_q (e_{p+1} - e_q).$$

La quantité K_p est essentiellement positive. Si, dans cette inégalité, on attribue à p les valeurs $n-1$, $n-2$, $n-3$, ..., il vient

$$\begin{aligned} &e_{n-1} - e_n > 0, \\ &e_{n-2} - e_{n-1} > K_{n-2} a_n^5 \eta_n (e_{n-1} - e_n), \\ &e_{n-3} - e_{n-2} > K_{n-3}[a_{n-1}^5 \eta_{n-1}(e_{n-2} - e_{n-1}) + a_n^5 \eta_n (e_{n-2} - e_n)], \\ &e_{n-4} - e_{n-3} > K_{n-4}[a_{n-2}^5 \eta_{n-2}(e_{n-3} - e_{n-2}) + a_{n-1}^5 \eta_{n-1}(e_{n-3} - e_{n-1}) + a_n^5 \eta_n (e_{n-3} - e_n)], \end{aligned}$$

. . . .

La seconde de ces inégalités donne, en tenant compte de la première,

$$e_{n-2} - e_{n-1} > 0;$$

la troisième donne de même, en ayant égard aux deux premières,

$$e_{n-3} - e_{n-2} > 0.$$

Le théorème est ainsi démontré de proche en proche, et l'on a, d'une manière générale,

$$e_1 > e_2 > \ldots > e_{n-1} > e_n. \tag{15}$$

94. Nous allons démontrer une autre série d'inégalités qui jouent aussi un rôle important dans la théorie actuelle.

Multiplions par 5 l'expression (A) de $\frac{\omega^2}{8\pi f}$ et posons

$$L_p = \frac{5}{3}\left[\sum_1^p \eta_r + \sum_{p+1}^n \left(\frac{a_q}{a_p}\right)^3 \eta_q\right]; \tag{16}$$

nous aurons

$$\frac{5}{8}\frac{\omega^2}{\pi f} = e_p L_p - \sum_1^p e_r \eta_r - \sum_{p+1}^n \left(\frac{a_q}{a_p}\right)^3 e_q \eta_q. \tag{17}$$

En changeant p en $p+1$ comme ci-dessus, on pourra écrire

$$\frac{5}{8}\frac{\omega^2}{\pi f} = e_{p+1} L_{p+1} - \sum_1^p e_r \eta_r - \sum_{p+1}^n \left(\frac{a_q}{a_{p+1}}\right)^3 e_q \eta_q.$$

L'élimination de ω^2 entre les deux dernières équations donne

$$e_{p+1} L_{p+1} - e_p L_p = \left(\frac{1}{a_{p+1}^3} - \frac{1}{a_p^3}\right) \sum_{p+1}^n a_q^3 e_q \eta_q > 0$$

ou bien, en remplaçant L_p et L_{p+1} par leurs valeurs conclues de la relation (16),

$$e_{p+1}\left(\sum_1^p \eta_r + \sum_{p+1}^n \frac{a_q^3}{a_{p+1}^3}\eta_q\right) - e_p\left(\sum_1^p \eta_r + \sum_{p+1}^n \frac{a_q^3}{a_p^3}\eta_q\right) > 0$$

ou encore

$$\left(\frac{e_{p+1}}{a_{p+1}^3} - \frac{e_p}{a_p^3}\right)\sum_{p+1}^{n} a_q^3 \eta_q > (e_p - e_{p+1})\sum_{1}^{p} \eta_r.$$

Le second membre étant positif, on en conclut

$$\frac{e_{p+1}}{a_{p+1}^3} - \frac{e_p}{a_p^3} > 0.$$

On a ainsi les inégalités cherchées

$$(18) \qquad \frac{e_1}{a_1^3} < \frac{e_2}{a_2^3} < \ldots < \frac{e_{n-1}}{a_{n-1}^3} < \frac{e_n}{a_n^3}.$$

95. Les quantités L_p sont susceptibles d'une représentation simple. On a, en effet,

$$\frac{3}{5}L_p = \rho_p + \sum_{p+1}^{n}\left(\frac{a_q}{a_p}\right)^3(\rho_q - \rho_{q-1}) = \frac{\rho_p(a_p^3 - a_{p+1}^3) + \rho_{p+1}(a_{p+1}^3 - a_{p+2}^3) + \ldots + \rho_n a_n^3}{a_p^3}.$$

Soit M_p la masse renfermée à l'intérieur de la surface S_p; on aura, en négligeant les ellipticités, ce qui revient à négliger le second ordre dans la formule (17),

$$M_p = \frac{4}{3}\pi[\rho_p(a_p^3 - a_{p+1}^3) + \ldots + \rho_n a_n^3].$$

Il vient ainsi

$$\frac{3}{5}L_p = \frac{3M_p}{4\pi a_p^3}.$$

Posons

$$(19) \qquad M_p = \frac{4}{3}\pi a_p^3 D_p;$$

D_p sera par définition la densité moyenne de la partie du corps qui est renfermée dans la surface S_p, et l'on trouvera

$$(20) \qquad L_p = \frac{5}{3}D_p,$$

c'est l'interprétation cherchée. On aura, en particulier,

$$L_1 = \frac{5}{3}D_1 = \frac{5}{3}\Delta,$$

en désignant par Δ la densité moyenne de la masse entière. Si, dans la formule (17), on donne à p les valeurs n, $n-1$, ..., 1, on trouve

$$
(\mathrm{A}')\quad \left\{
\begin{aligned}
&\frac{5}{8}\frac{\omega^2}{\pi f}+e_1\eta_1+e_2\eta_2+\ldots+e_{n-2}\eta_{n-2}+e_{n-1}\eta_{n-1}+e_n(\eta_n-\mathrm{L}_n)=0,\\
&\frac{5}{8}\frac{\omega^2}{\pi f}+e_1\eta_1+e_2\eta_2+\ldots+e_{n-2}\eta_{n-2}+e_{n-1}(\eta_{n-1}-\mathrm{L}_{n-1})+e_n\left(\frac{a_n}{a_{n-1}}\right)^5\eta_n=0,\\
&\frac{5}{8}\frac{\omega^2}{\pi f}+e_1\eta_1+e_2\eta_2+\ldots+e_{n-2}(\eta_{n-2}-\mathrm{L}_{n-2})+e_{n-1}\left(\frac{a_{n-1}}{a_{n-2}}\right)^5\eta_{n-1}+e_n\left(\frac{a_n}{a_{n-2}}\right)^5\eta_n=0,\\
&\ldots\ldots\ldots\ldots\ldots\ldots\ldots\ldots\ldots\ldots\ldots\ldots,\\
&\frac{5}{8}\frac{\omega^2}{\pi f}+e_1(\eta_1-\mathrm{L}_1)+e_2\left(\frac{a_2}{a_1}\right)^5\eta_2+\ldots+e_{n-2}\left(\frac{a_{n-2}}{a_1}\right)^5\eta_{n-2}+e_{n-1}\left(\frac{a_{n-1}}{a_1}\right)^5\eta_{n-1}+e_n\left(\frac{a_n}{a_1}\right)^5\eta_n=0.
\end{aligned}\right.
$$

Remarque. — Pour résoudre les équations (A′) par rapport à e_1, e_2, ..., il conviendra de retrancher chacune d'elles de la précédente. On trouvera ainsi

$$
\begin{aligned}
&e_n\left[\eta_n-\mathrm{L}_n-\left(\frac{a_n}{a_{n-1}}\right)^5\eta_n\right]+e_{n-1}\mathrm{L}_{n-1}=0,\\
&e_n\left[\left(\frac{a_n}{a_{n-1}}\right)^5-\left(\frac{a_n}{a_{n-2}}\right)^5\right]\eta_n+e_{n-1}\left[\eta_{n-1}-\mathrm{L}_{n-1}-\left(\frac{a_{n-1}}{a_{n-2}}\right)^5\eta_{n-1}\right]+e_{n-2}\mathrm{L}_{n-2}=0.\\
&\ldots\ldots\ldots\ldots\ldots\ldots\ldots\ldots\ldots\ldots\ldots\ldots\ldots\ldots
\end{aligned}
$$

La première de ces équations déterminera $\frac{e_{n-1}}{e_n}$, la seconde $\frac{e_{n-2}}{e_n}$, ...; en substituant dans l'une des équations (A′), on trouvera e_n.

On voit que le rapport $\frac{e_{n-1}}{e_n}$ ne dépend que de a_n, a_{n-1}, ρ_n et ρ_{n-1}; en général, les rapports des quantités

$$e_n,\quad e_{n-1},\quad \ldots,\quad e_{n-i}$$

ne dépendent que de

$$
\begin{aligned}
&a_n,\quad a_{n-1},\quad \ldots,\quad a_{n-i},\\
&\rho_n,\quad \rho_{n-1},\quad \ldots,\quad \rho_{n-i};
\end{aligned}
$$

ils resteraient les mêmes si l'on faisait varier d'une manière quelconque les dimensions et les densités des couches placées au-dessus de la surface S_{n-i}.

96. Calcul de la pesanteur en un point quelconque de la surface extérieure de la masse fluide. — Soit g_1 cette pesanteur au point $\mathrm{N}(\alpha, \beta, \gamma)$; on aura

$$g_1^2=\mathrm{A}_1^2+(\mathrm{B}_1+\omega^2\beta)^2+(\mathrm{C}_1+\omega^2\gamma)^2$$

ou bien, en vertu des relations (5′),

$$g_1=-\frac{\mathrm{A}_1}{\alpha}\sqrt{\alpha^2+\frac{a_1^4}{b_1^4}(\beta^2+\gamma^2)}. \tag{21}$$

On a, d'ailleurs,

$$(22)\qquad A_1 = \sum_1^n X_q.$$

La composante X_q est celle qui provient de l'attraction exercée sur le point extérieur par l'un quelconque des ellipsoïdes V_q de densité η_q. Les formules du n° 36 donnent, en négligeant le second ordre,

$$X_q = -\frac{4}{3}\pi f \eta_q a_q b_q^2 \frac{\alpha}{(\alpha^2+\beta^2+\gamma^2)^{\frac{3}{2}}}\left[1 + 3\,\frac{b_q^2 - a_q^2}{10}\,\frac{3\beta^2+3\gamma^2-2\alpha^2}{(\alpha^2+\beta^2+\gamma^2)^2}\right].$$

On a

$$\frac{\alpha^2}{a_1^2} + \frac{\beta^2+\gamma^2}{b_1^2} = 1, \qquad b_1 = a_1(1+e_1),$$

$$\beta^2+\gamma^2 = (a_1^2 - \alpha^2)(1+2e_1),$$

$$(\alpha^2+\beta^2+\gamma^2)^{-\frac{3}{2}} = \frac{1 + 3\,\frac{\alpha^2 - a_1^2}{a_1^2}\,e_1}{a_1^3},$$

$$a_q b_q^2 = a_q^3(1+2e_q), \qquad a_q b_q^2(b_q^2 - a_q^2) = 2a_q^5 e_q.$$

On trouve ainsi sans peine

$$-\frac{A_1}{\alpha} = \frac{4}{3}\pi f\left(\frac{1}{a_1^3} + 3e_1\,\frac{\alpha^2 - a_1^2}{a_1^5}\right)a_q^3(1+2e_q)\eta_q + \frac{4}{5}\pi f\,\frac{3a_1^2 - 5\alpha^2}{a_1^7}\,a_q^5 e_q \eta_q.$$

Si l'on porte cette valeur de A_1 dans la formule (21), et qu'on remplace

$$\sqrt{\alpha^2 + \frac{a_1^4}{b_1^4}(\beta^2+\gamma^2)} \quad \text{par} \quad a_1\left(1 + \frac{\alpha^2 - a_1^2}{a_1^2}\,e_1\right),$$

il vient

$$g_1 = \frac{4}{3}\pi\,\frac{f}{a_1^2}\left(1 + 4e_1\,\frac{\alpha^2 - a_1^2}{a_1^2}\right)\sum_1^n a_q^3(1+2e_q)\eta_q + \frac{4}{5}\pi f\,\frac{3a_1^2 - 5\alpha^2}{a_1^6}\sum_1^n a_q^5 e_q \eta_q.$$

Or la formule (A) donne, en y faisant $p = 1$,

$$(23)\qquad \frac{\omega^2}{8\pi f} = \frac{1}{3}\,\frac{e_1}{a_1^3}\sum_1^n a_q^3 \eta_q - \frac{1}{5a_1^5}\sum_1^n a_q^5 e_q \eta_q.$$

On peut, à cause du facteur e_1, remplacer $\sum_1^n a_q^3 \eta_q$ par $\sum_1^n a_q^3(1+2e_q)\eta_q$, puisque cela revient à introduire des termes du second ordre, que nous regardons comme négligeables. On peut tirer ensuite de la formule précédente la valeur de $\sum_1^n a_q^3 e_q \eta_q$ et la porter dans la dernière expression de g_1 qui deviendra

$$g_1 = \frac{4}{3}\pi \frac{f}{a_1^2}\left(1 - e_1 \frac{\alpha^2 + a_1^2}{a_1^2}\right)\sum_1^n a_q^3(1+2e_q)\eta_q + \omega^2 \frac{5\alpha^2 - 3a_1^2}{2a_1}.$$

La masse totale M est égale à

$$\frac{4}{3}\pi \sum_1^n a_q^3(1+2e_q)\eta_q.$$

On pourra donc écrire encore

$$g_1 = \frac{fM}{a_1^2}\left(1 - e_1 \frac{\alpha^2 + a_1^2}{a_1^2}\right) + \omega^2 \frac{5\alpha^2 - 3a_1^2}{2a_1}. \tag{24}$$

Au lieu de ω^2, on a l'habitude d'introduire le rapport φ de la force centrifuge équatoriale à la pesanteur correspondante. On aura donc

$$\varphi = \frac{\omega^2 b_1}{\frac{fM}{a_1^2}+\ldots} = \frac{\omega^2 a_1^3}{fM},$$

d'où

$$\omega^2 = \frac{fM}{a_1^3}\varphi,$$

et la formule (24) deviendra

$$g_1 = \frac{fM}{a_1^2}\left(1 - e_1 \frac{\alpha^2 + a_1^2}{a_1^2} + \varphi \frac{5\alpha^2 - 3a_1^2}{2a_1^2}\right).$$

Soit ψ la latitude du point M; on pourra écrire

$$\alpha = a_1 \sin\psi + \ldots,$$

$$g_1 = \frac{fM}{a_1^2}\left[1 - e_1 - \frac{3}{2}\varphi + \left(\frac{5}{2}\varphi - e_1\right)\sin^2\psi\right],$$

formule dans laquelle on a négligé le second ordre, e_1 et φ étant considérés comme de petites quantités du premier ordre.

Soit g'_1 la pesanteur à l'équateur; on aura

$$g'_1 = \frac{fM}{a_1^2}\left(1 - e_1 - \frac{3}{2}\varphi\right)$$

et, par suite,

$$g_1 = g'_1\left(1 + \frac{\frac{5}{2}\varphi - e_1}{1 - e_1 - \frac{3}{2}\varphi}\sin^2\psi\right),$$

ce qui peut être réduit à

$$g_1 = g'_1 (1 + n \sin^2\psi), \tag{25}$$

en posant

$$n = \frac{5}{2}\varphi - e_1. \tag{26}$$

Ces deux équations expriment le beau théorème de Clairaut : *De l'équateur au pôle, la pesanteur varie proportionnellement au carré du sinus de la latitude; la somme de l'ellipticité* e_1 *et du coefficient* n *de* $\sin^2\psi$ *dans* $\frac{g_1}{g'_1}$ *est égale à* $\frac{5}{2}\varphi$, *quelle que soit la loi des densités à l'intérieur de la masse fluide.* Ainsi se trouve exprimée la liaison entre la forme extérieure de la masse et l'attraction qu'elle exerce sur les points de sa surface.

97. On admet que les planètes ont été liquides à l'origine et qu'alors les diverses substances qui les composaient se sont superposées par ordre de densités décroissantes, les surfaces de séparation étant des ellipsoïdes de révolution peu aplatis. On peut donc appliquer la théorie de Clairaut, sauf à voir comment elle s'accorde avec les faits.

Occupons-nous d'abord de la Terre. Soient l et l' les longueurs du pendule simple, à la latitude ψ et à l'équateur. On aura

$$g_1 = \pi^2 l,$$
$$g'_1 = \pi^2 l',$$

et la formule (25) deviendra

$$l = l'(1 + n \sin^2\psi), \tag{27}$$

de sorte que la longueur du pendule simple doit varier, à la surface de la Terre, proportionnellement au carré du sinus de la latitude. C'est bien ce qu'indiquent les observations prises dans leur ensemble; soient l, l_1, l_2, ... les longueurs du pendule mesurées aux latitudes ψ, ψ_1, ψ_2, ... On devra avoir

$$(28)\quad \left\{ \begin{array}{l} l = l' + l' n \sin^2\psi, \\ l_1 = l' + l' n \sin^2\psi_1, \\ l_2 = l' + l' n \sin^2\psi_2, \\ \dots\dots\dots\dots\dots \end{array} \right.$$

Ce sont des équations du premier degré contenant les deux inconnues l' et

$l'n$. En les résolvant par la méthode des moindres carrés, on trouve l' et $l'n$, par suite n.

M. Clarke a obtenu ainsi (Clarke, *Geodesy*, Oxford, 1880), en combinant les séries anglaises, russes, indiennes, des déterminations du pendule,

$$n = 0{,}005\,249\,4.$$

On a, comme on l'a vu au n° 51,

$$\varphi = \frac{1}{288{,}38}.$$

En portant ces valeurs de n et φ dans l'équation (26), on trouve

$$e_1 = \frac{1}{292{,}4}.$$

Voilà donc la valeur de l'ellipticité à la surface de la Terre, telle qu'on la déduit des mesures du pendule considérées et en admettant la théorie de Clairaut; elle s'accorderait très bien avec l'aplatissement $\frac{1}{293{,}5}$ auquel M. Clarke a été conduit par la Géodésie. Nous reprendrons en détail, dans un Chapitre spécial, la discussion de l'ensemble des observations du pendule.

98. Limites de l'ellipticité. — Clairaut a démontré encore que, quels que soient le nombre des couches et leur nature, on a toujours

$$\frac{\varphi}{2} < e_1 < \frac{5\varphi}{4}. \tag{29}$$

Nous allons prouver ce théorème important.

L'équation (23) donne

$$\frac{\omega^2}{8\pi f} = \frac{1}{3}\frac{e_1}{a_1^3}\sum_1^n a_q^3(1+2e_q)\eta_q - \frac{1}{5a_1^5}\sum_1^n a_q^5 e_q \eta_q;$$

or on a

$$\omega^2 = \frac{fM}{a_1^3}\varphi, \qquad \sum_1^n a_q^3(1+2e_q)\eta_q = \frac{3M}{4\pi},$$

de sorte qu'il vient

$$\left(e_1 - \frac{\varphi}{2}\right)\frac{M}{4\pi a_1^3} = \frac{1}{5a_1^5}\sum_1^n a_q^5 e_q \eta_q.$$

On en conclut

(30) $$e_1 - \frac{\varphi}{2} = \frac{3}{5a_1^2}\frac{\sum_1^n a_q^5 e_q \eta_q}{\sum_1^n a_q^3 \eta_q}.$$

Le second membre est essentiellement positif; il doit en être de même du premier; on doit donc avoir $e_1 > \frac{\varphi}{2}$.

Si l'on tire de la formule (30) la valeur de φ et qu'on la porte dans la différence $\frac{5\varphi}{4} - e_1$, il viendra

$$\frac{5\varphi}{4} - e_1 = \frac{3e_1}{2} - \frac{3}{2a_1^2}\frac{\sum_1^n a_q^5 e_q \eta_q}{\sum_1^n a_q^3 \eta_q},$$

ou bien, en transformant,

(31) $$\frac{5\varphi}{4} - e_1 = \frac{3}{2a_1^2}\frac{\sum_1^n a_q^3(a_1^2 e_1 - a_q^2 e_q)\eta_q}{\sum_1^n a_q^3 \eta_q}.$$

Or le second membre de cette équation est essentiellement positif; car on a, pour $q > 1$,

$$a_q^2 < a_1^2, \qquad e_q < e_1;$$

donc on doit avoir $e_1 < \frac{5\varphi}{4}$, et nos deux limites sont ainsi confirmées. Cherchons dans quel cas on pourra avoir $e_1 = \frac{5\varphi}{4}$. Il faut pour cela que le numérateur de la formule (31) soit nul, ce qui demande que l'on ait

$$\eta_2 = \eta_3 = \ldots = \eta_n = 0,$$

d'où

$$\rho_1 = \rho_2 = \ldots = \rho_n;$$

la masse est donc homogène. Du reste, avec une masse homogène, nous avions bien trouvé (p. 90) $e_1 = \frac{5\varphi}{4}$.

Il nous reste à trouver quelle hypothèse il faudrait faire sur la distribution des couches et des masses pour trouver $e_1 = \frac{\varphi}{2}$. Or l'équation (30) donne alors

$$\sum_1^n a_q^5 e_q \eta_q = 0,$$

ce qui peut s'écrire

$$\rho_1(a_1^5 e_1 - a_2^5 e_2) + \rho_2(a_2^5 e_2 - a_3^5 e_3) + \ldots + \rho_{n-1}(a_{n-1}^5 e_{n-1} - a_n^5 e_n) + a_n^5 \rho_n e_n = 0.$$

Toutes les parenthèses de cette formule étant essentiellement positives, on en conclut

$$(32) \qquad \rho_1 = 0, \quad \rho_2 = 0, \quad \ldots, \quad \rho_{n-1} = 0, \quad a_n^5 \rho_n e_n = 0.$$

Donc toute la masse est concentrée dans le volume V_n; on aura alors

$$M = \frac{4}{3}\pi a_n^3(1 + 2e_n)\rho_n,$$

et il suffira de faire décroître a_n et de faire croître ρ_n, de manière que le produit $a_n^3\rho_n$ reste fini, auquel cas, la dernière des conditions (32) sera satisfaite aussi.

On voit donc que les deux limites $\frac{5\varphi}{4}$ et $\frac{\varphi}{2}$ que nous avons trouvées pour e_1 répondent au cas où la masse serait homogène et à celui où cette même masse serait entièrement condensée au centre.

Il est possible de remplacer la limite inférieure $\frac{\varphi}{2}$ de e_1 par une autre plus élevée. Reprenons, en effet, la dernière des conditions (A'), savoir

$$(33) \quad e_n\left(\frac{a_n}{a_1}\right)^5 \eta_n + e_{n-1}\left(\frac{a_{n-1}}{a_1}\right)^5 \eta_{n-1} + \ldots + e_2\left(\frac{a_2}{a_1}\right)^5 \eta_2 + e_1(\eta_1 - L_1) + \frac{5\omega^2}{8\pi f} = 0.$$

On voit que l'on doit avoir

$$(34) \qquad e_1(\eta_1 - L_1) + \frac{5\omega^2}{8\pi f} < 0,$$

tous les autres termes du premier membre de l'équation (33) étant essentiellement positifs.

En remplaçant les quantités

$$\eta_1, \quad L_1, \quad \frac{5\omega^2}{8\pi f},$$

respectivement par

$$\rho_1, \quad \frac{5}{3}\Delta, \quad \frac{5}{8\pi f}\frac{fM}{a_1^3}\varphi = \frac{5}{6}\varphi\Delta,$$

il vient

$$(35) \qquad e_1 > \frac{\frac{\varphi}{2}}{1 - \frac{3}{5}\frac{\rho_1}{\Delta}}.$$

Cette limite est plus élevée que $\frac{\varphi}{2}$. Pour la Terre, la densité superficielle ρ_1 est à peu près la moitié de la densité moyenne Δ. La formule (35) donne donc

$$e_1 > \frac{5\varphi}{7}.$$

La limite $\frac{\varphi}{2}$ s'obtient en supposant $\eta_1 = \rho_1 = 0$ dans l'inégalité (34). C'est donc le fait d'imposer une valeur donnée à la densité superficielle qui nous a permis de trouver la limite (35).

99. Réunissons dans un Tableau les limites $\frac{\varphi}{2}$ et $\frac{5\varphi}{4}$, ainsi que l'ellipticité e_1 qui peut être confondue avec l'aplatissement, pour les diverses planètes. Nous trouverons :

	$\frac{\varphi}{2}$.	$\frac{5\varphi}{4}$.	e_1.
Mercure.	$\frac{1}{682}$	$\frac{1}{273}$	?
Vénus.	$\frac{1}{445}$	$\frac{1}{178}$	?
La Terre.	$\frac{1}{577}$	$\frac{1}{231}$	$\frac{1}{293,5}$
Mars.	$\frac{1}{435}$	$\frac{1}{174}$	?
Jupiter.	$\frac{1}{23,5}$	$\frac{1}{9,4}$	$\frac{1}{17,1}$
Saturne.	$\frac{1}{12,8}$	$\frac{1}{5,1}$	$\frac{1}{9,2}$
Le Soleil.	$\frac{1}{93800}$	$\frac{1}{37500}$	?

On voit que, là où les aplatissements ont pu être mesurés, ils sont bien compris entre les limites assignées par la théorie de Clairaut; cette même théorie montre que, pour les autres planètes et pour le Soleil, l'aplatissement doit être très faible, ce qui explique la difficulté de sa détermination par des observations directes des contours apparents des corps en question. Pour la Terre, e_1 est plus voisin de $\frac{5\varphi}{4}$ que de $\frac{\varphi}{2}$; la condensation vers le centre est moins prononcée que pour Jupiter et surtout pour Saturne.

100. Il nous reste à introduire un élément qui joue un rôle important, surtout pour la Terre.

Soient A et C les moments d'inertie principaux d'une planète constituée suivant la théorie de Clairaut, par rapport à l'axe de rotation et par rapport à un diamètre quelconque de l'équateur. On sait que, s'il s'agissait d'un ellipsoïde homogène de révolution, de densité ρ, on aurait

$$A = \frac{4}{3}\pi\rho ab^2 \frac{2b^2}{5}, \qquad C = \frac{4}{3}\pi\rho ab^2 \frac{a^2+b^2}{5}.$$

Pour l'ellipsoïde V_q de densité η_q, ces quantités deviennent

$$\frac{8\pi}{15}\eta_q a_q b_q^4 \qquad = \frac{8\pi}{15} a_q^5(1+4e_q)\eta_q$$

et

$$\frac{4\pi}{15}\eta_q a_q b_q^2(a_q^2+b_q^2) = \frac{8\pi}{15} a_q^5(1+3e_q)\eta_q.$$

On aura donc

$$A = \frac{8\pi}{15}\sum_1^n a_q^5(1+4e_q)\eta_q,$$

$$C = \frac{8\pi}{15}\sum_1^n a_q^5(1+3e_q)\eta_q;$$

d'où

$$\frac{A-C}{A} = \frac{\sum_1^n a_q^5 e_q \eta_q}{\sum_1^n a_q^5(1+4e_q)\eta_q}$$

ou, au degré de précision adopté jusqu'ici,

$$(36) \qquad \frac{A-C}{A} = \frac{\sum_1^n a_q^5 e_q \eta_q}{\sum_1^n a_q^5 \eta_q}.$$

En vertu de la relation (30), cela peut s'écrire

$$(37) \qquad \frac{A-C}{A} = \frac{5}{3}\left(e_1 - \frac{\varphi}{2}\right) a_1^2 \frac{\sum_1^n a_q^3 \eta_q}{\sum_1^n a_q^5 \eta_q}.$$

L'élément que nous voulions introduire est précisément $\frac{A-C}{A}$.

La théorie du mouvement de rotation de la Terre, combinée avec l'observation, permet de calculer la valeur du rapport $\frac{A-C}{A}$. Comme on le verra dans la suite de ce volume, on a trouvé ainsi

$$\frac{A-C}{A} = \frac{1}{305,6}. \tag{38}$$

Il en résulte donc que toutes les hypothèses que l'on peut faire sur la constitution intérieure de la Terre devront vérifier cette relation. Il convient toutefois de mettre en évidence dans la valeur précédente de $\frac{A-C}{A}$ l'influence des erreurs qui peuvent encore affecter les *constantes de la précession et de la nutation*. Prenons pour ces constantes les expressions suivantes

$$50'', 235\,72(1+\eta), \quad 9'', 223(1+\sigma),$$

η et σ désignant de très petites fractions; on trouve, comme nous le montrerons dans la suite,

$$\frac{A-C}{A} = \frac{1}{305,6}(1+3,150\eta - 2,158\sigma). \tag{39}$$

101. Il convient de résumer l'état de la question.

Avant de le faire, nous remarquerons que les relations

$$\omega^2 = \frac{fM\varphi}{a_1^3}, \qquad M = \frac{4}{3}\pi a_1^3 \Delta = \frac{4}{3}\pi \sum_1^n a_q^3 \eta_q$$

donnent

$$\frac{5}{8}\frac{\omega^2}{\pi f} = \frac{5}{6}\varphi\Delta, \qquad a_1^3\Delta = \sum_1^n a_q^3 \eta_q. \tag{40}$$

Les équations (A′) deviennent ainsi

$$(\mathrm{B}) \quad \left\{ \begin{array}{l} \frac{5}{6}\varphi\Delta + e_1\eta_1 + e_2\eta_2 + \ldots + e_n(\eta_n - L_n) = 0, \\ \ldots\ldots\ldots\ldots\ldots\ldots\ldots\ldots\ldots, \\ \frac{5}{6}\varphi\Delta + e_1(\eta_1 - L_1) + e_2\left(\frac{a_2}{a_1}\right)^5\eta_2 + \ldots + e_n\left(\frac{a_n}{a_1}\right)^5\eta_n = 0, \end{array} \right.$$

où l'on a

$$(b) \quad \left\{ \begin{array}{l} L_p = \frac{5}{3}\,\frac{\rho_p(a_p^3 - a_{p+1}^3) + \rho_{p+1}(a_{p+1}^3 - a_{p+2}^3) + \ldots + \rho_n a_n^3}{a_p^3}, \\ \eta_1 = \rho, \qquad \eta_2 = \rho_2 - \rho_1, \qquad \ldots, \qquad \eta_n = \rho_n - \rho_{n-1}. \end{array} \right.$$

Les formules (37) et (40) nous donnent ensuite

$$(\mathrm{C}) \qquad a_1^3\Delta = \sum_1^n a_q^3\eta_q$$

et

$$\text{(D)} \qquad \frac{A-C}{A} = \frac{2}{3}\left(e_1 - \frac{\varphi}{2}\right) a_1^2 \frac{\sum_1^n a_q^3 \eta_q}{\sum_1^n a_q^5 \eta_q}.$$

On a donc, avec (B), (C) et (D), un nombre de $n + 2$ équations.

Voyons quelles sont les données et les inconnues.

On aperçoit immédiatement que nos équations ne contiennent réellement que les quantités

$$\varphi, \quad e_1, \quad \frac{A-C}{A}, \quad \frac{\rho_1}{\Delta},$$

$$\frac{\rho_2}{\Delta} = x_2, \quad \frac{\rho_3}{\Delta} = x_3, \quad \ldots, \quad \frac{\rho_n}{\Delta} = x_n,$$

$$\frac{e_2}{e_1} = y_2, \quad \frac{e_3}{e_1} = y_3, \quad \ldots, \quad \frac{e_n}{e_1} = y_n,$$

$$\frac{a_2}{a_1} = z_2, \quad \frac{a_3}{a_1} = z_3, \quad \ldots, \quad \frac{a_n}{a_1} = z_n.$$

φ peut être considéré comme connu exactement;

e_1 est donné par la Géodésie;

$\frac{A-C}{A}$ résulte des observations et de la théorie du mouvement de la Terre autour de son centre de gravité.

L'écorce terrestre présente de grandes variations au point de vue de la figure et à celui de la densité : les matériaux qui constituent les montagnes ont une densité égale au moins à deux fois et demie celle de l'eau des océans. On imagine une distribution fictive : en rasant les montagnes et comblant les océans, on peut admettre que la densité de la dernière des couches de Clairaut est voisine de 2,5, celle de l'eau étant prise pour unité. Nous prendrons la densité moyenne Δ du globe égale à 5,56, nombre donné par MM. Cornu et Baille. On peut donc admettre que $\frac{\rho_1}{\Delta}$ est égal à $\frac{2,5}{5,56} = 0,45$; toutefois il conviendra souvent dans les discussions de faire varier ρ_1 de 2,3 à 2,8; donc $\frac{\rho_1}{\Delta}$ de 0,40 à 0,50.

Nous aurons donc finalement $n + 2$ équations contenant les $3(n-1)$ inconnues

$$x_2, \ldots, x_n; \quad y_2, \ldots, y_n; \quad z_2, \ldots, z_n.$$

Ce qui fait,

pour $n = 2$ .... 4 équations à 3 inconnues,
pour $n = 3$ .... 5 équations à 6 inconnues,
pour $n = 4$ .... 6 équations à 9 inconnues.

Il semble donc que, pour $n \gtrless 3$, il devrait être facile de satisfaire, et même de plusieurs façons, aux conditions imposées.

M. Hamy, dans sa thèse déjà mentionnée, a discuté en détail le cas de $n = 3$. Il est arrivé facilement à éliminer les inconnues x_2, x_3, y_2 et y_3, et il a obtenu une équation algébrique entre les deux dernières inconnues z_2 et z_3. Cette équation étant fort compliquée, M. Hamy a substitué pour z_2 et z_3 des séries de valeurs numériques admissibles *a priori*, et il s'est convaincu de l'impossibilité de vérifier l'équation en question. Il a vu qu'il en était encore de même en faisant varier $\frac{\rho_1}{\Delta}$ entre les limites indiquées ci-dessus. Il a recherché ensuite quelle valeur il faudrait attribuer à e_1 pour lever la difficulté; il a trouvé qu'il faudrait supposer

$$e_1 < \frac{1}{296,5}.$$

Nous nous bornerons pour le moment à remarquer que, si l'on adoptait l'aplatissement de Bessel, $\frac{1}{299,15}$, la solution du problème considéré deviendrait possible.

102. Nous terminerons ce Chapitre en donnant une expression approchée du potentiel relatif à l'attraction d'une planète sur un point éloigné.

Soient r la distance du point attiré au centre de gravité O de la planète, α et β les angles que fait le rayon vecteur r avec les axes principaux d'inertie Ox, Oy du point O. Nous avons trouvé, dans le n° 12 du t. I, la formule

$$V = \frac{M}{r} + \frac{(A-C)(1-3\cos^2\alpha) + (B-C)(1-3\cos^2\beta)}{2r^3} + \ldots,$$

qui devient, à cause de $B = C$,

$$V = \frac{M}{r}\left(1 + \frac{A-C}{M}\,\frac{1-3\cos^2\alpha}{2r^2} + \ldots\right). \tag{41}$$

Or on a

$$A - C = \frac{8\pi}{15}\sum_1^n a_q^5 e_q \eta_q,$$

$$M = \frac{4\pi}{3}\sum_1^n a_q^3 \eta_q,$$

d'où

$$\frac{A-C}{M} = \frac{2}{5}\,\frac{\sum_1^n a_q^5 e_q \eta_q}{\sum_1^n a_q^3 \eta_q}.$$

ou encore, en vertu de la relation (30),

$$\frac{A - C}{M} = \frac{2}{3} a_1^2 \left(e_1 - \frac{\varphi}{2}\right). \tag{42}$$

La formule (41) devient ainsi

$$V = \frac{M}{r}\left[1 + \left(\frac{a_1}{r}\right)^2 \left(e_1 - \frac{1}{2}\varphi\right)\left(\frac{1}{3} - \cos^2\alpha\right) + \ldots\right]. \tag{43}$$

En se bornant aux deux premiers termes, en $\frac{1}{r}$ et $\frac{1}{r^3}$, on voit que le potentiel et, par suite, l'attraction de la planète sur un point éloigné ne dépendent pas de la constitution intérieure de la planète, mais seulement de sa masse et de sa figure extérieure.

Pour arriver à ce résultat, on n'a eu égard qu'à la relation (30) qui exprime seulement l'équilibre d'un fluide répandu à la surface de la planète : on verra plus loin qu'il en serait encore de même si la planète n'était pas constituée comme l'admet Clairaut.

CHAPITRE XIV.

ÉQUILIBRE D'UNE MASSE FLUIDE HÉTÉROGÈNE CONTINUE. THÉORIE DE CLAIRAUT.

---

103. **Figure d'équilibre d'une masse fluide dans laquelle la densité croît d'une manière continue de la surface au centre.** — Nous admettrons que la masse, entièrement fluide, est formée d'une infinité de couches infiniment minces; la densité sera supposée varier d'une couche à la suivante d'une manière continue.

Nous partirons des formules du Chapitre précédent et notamment des suivantes :

$$(1) \qquad \frac{5}{6}\varphi\Delta = \frac{5}{3}e_p D_p - \sum_1^{p-1} e_r \eta_r - \frac{1}{a_p^5}\sum_p^n a_q^5 e_q \eta_q,$$

$$D_p = \frac{\rho_p(a_p^3 - a_{p+1}^3) + \rho_{p+1}(a_{p+1}^3 - a_{p+2}^3) + \ldots + \rho_n a_n^3}{a_p^3},$$

$$e_1 - \frac{\varphi}{2} = \frac{3}{5a_1^2}\,\frac{\sum\limits_1^n a_q^5 e_q \eta_q}{\sum\limits_1^n a_q^3 \eta_q},$$

$$\frac{A - C}{A} = \frac{\sum\limits_1^n a_q^5 e_q \eta_q}{\sum\limits_1^n a_q^5 \eta_q}.$$

Nous ferons $a_1 = 1$. Soit a_p une valeur *déterminée* de a, comprise entre 0 et 1; nous supposerons que le nombre n des couches du Chapitre précédent croisse à l'infini et que toutes les épaisseurs tendent vers zéro. A la limite, pour chaque valeur de a comprise entre 0 et 1, ρ et e auront des valeurs déterminées, qui seront des fonctions de a. Il faut trouver les limites des sommes qui figurent dans les formules ci-dessus. On aura d'abord

$$\lim D_p = \frac{1}{a_p^3} \int_0^{a_p} \rho \frac{da^3}{da}\, da,$$

puis

$$\sum_1^n a_q^3 \eta_q = \rho_1(a_1^3 - a_2^3) + \rho_2(a_2^3 - a_3^3) + \ldots + \rho_n a_n^3,$$

$$\lim \sum_1^n a_q^3 \eta_q = \int_0^1 \rho \frac{da^3}{da}\, da;$$

de même

$$\lim \sum_1^n a_q^3 e_q \eta_q = \int_0^1 \rho \frac{d(a^3 e)}{da}\, da.$$

On trouve encore

$$\sum_1^{p-1} e_r \eta_r + \frac{1}{a_p^3} \sum_p^n a_q^3 e_q \eta_q = \rho_1(e_1 - e_2) + \rho_2(e_2 - e_3) + \ldots + \rho_{p-1}(e_{p-1} - e_p) + \rho_{p-1} e_p$$
$$+ \frac{-a_p^3 e_p \rho_{p-1} + \rho_p(a_p^3 e_p - a_{p+1}^3 e_{p+1}) + \ldots + \rho_n a_n^3 e_n}{a_p^3}.$$

Les deux termes en $e_p \rho_{p-1}$ se détruisent, et, en passant à la limite, on a

$$\lim \left(\sum_1^{p-1} e_r \eta_r + \frac{1}{a_p^3} \sum_p^n a_q^3 e_q \eta_q \right) = \int_{e_p}^{e_1} \rho\, de + \frac{1}{a_p^3} \int_0^{a_p} \rho \frac{d(a^3 e)}{da}\, da.$$

En portant les expressions précédentes dans la formule (1) et dans les suivantes, et supprimant l'indice p devenu inutile, il vient

$$(2) \qquad \frac{5}{3}\left(e D - \frac{1}{2} \varphi \Delta\right) - \int_e^{e_1} \rho\, de - \frac{1}{a^3} \int_0^a \rho \frac{d(a^3 e)}{da}\, da = 0,$$

$$(3) \qquad \left\{ \begin{aligned} D &= \frac{1}{a^3} \int_0^a \rho \frac{da^3}{da}\, da, \\ \Delta &= D_1 - \int_0^1 \rho \frac{da^3}{da}\, da \end{aligned} \right.$$

et

$$
(4)\qquad
\left\{
\begin{aligned}
e_1 - \frac{\varphi}{2} &= \frac{3}{5}\,\frac{\displaystyle\int_0^1 \rho\,\frac{d(a^5 e)}{da}\,da}{\displaystyle\int_0^1 \rho\,\frac{da^5}{da}\,da},\\
\frac{A - C}{A} &= \frac{\displaystyle\int_0^1 \rho\,\frac{d(a^5 e)}{da}\,da}{\displaystyle\int_0^1 \rho\,\frac{da^5}{da}\,da}.
\end{aligned}
\right.
$$

104. Ce sont là les formules que nous voulions obtenir. L'équation (2), qui peut s'écrire encore

$$
(5)\qquad 5ea^2\int_0^a \rho a^2\,da - a^5\int_a^1 \rho\,\frac{de}{da}\,da - \int_0^a \rho\,\frac{d(a^5 e)}{da}\,da - \frac{5}{6}\,a^5\varphi\Delta = 0,
$$

déterminera e en fonction de a, quand on aura remplacé ρ par sa valeur $\rho = \Phi(a)$ supposée connue. Il nous faut chercher à obtenir une équation différentielle. Différentions une première fois par rapport à a, ce qui fera disparaître un des signes $\int$; nous trouverons

$$
\begin{aligned}
5\left(a^2\frac{de}{da} + 2ae\right)\int_0^a \rho a^2\,da + 5e\rho a^4 - 5a^4\int_a^1 \rho\,\frac{de}{da}\,da&\\
+ a^5\rho\,\frac{de}{da} - \rho\,\frac{d(a^5 e)}{da} - \frac{25}{6}\,a^4\varphi\Delta &= 0
\end{aligned}
$$

ou, en réduisant,

$$
(6)\qquad 5\left(a^2\frac{de}{da} + 2ae\right)\int_0^a \rho a^2\,da - 5a^4\int_a^1 \rho\,\frac{de}{da}\,da - \frac{25}{6}\,a^4\varphi\Delta = 0
$$

ou encore, en divisant par $5a^4$,

$$
(7)\qquad \left(\frac{1}{a^2}\frac{de}{da} + \frac{2e}{a^3}\right)\int_0^a \rho a^2\,da - \int_a^1 \rho\,\frac{de}{da}\,da - \frac{5}{6}\,\varphi\Delta = 0.
$$

Différentions encore par rapport à a, pour faire disparaître un second signe $\int$; nous obtiendrons

$$
(8)\qquad \left(\frac{1}{a^2}\frac{d^2 e}{da^2} - \frac{6e}{a^4}\right)\int_0^a \rho a^2\,da + 2\rho\left(\frac{de}{da} + \frac{e}{a}\right) = 0
$$

ou bien

$$
(\text{A})\qquad \frac{d^2 e}{da^2} + \frac{2\rho a^2}{\displaystyle\int_0^a \rho a^2\,da}\,\frac{de}{da} + \left(\frac{2\rho a}{\displaystyle\int_0^a \rho a^2\,da} - \frac{6}{a^2}\right)e = 0.
$$

C'est une équation différentielle linéaire du second ordre pour déterminer e. Quand on aura substitué dans les coefficients la valeur $\rho = \Phi(a)$ supposée connue, ces coefficients deviendront eux-mêmes des fonctions connues de a.

L'équation (A) peut s'écrire aussi

$$a^2\frac{d^2e}{da^2}\int_0^a \rho a^2\,da + 2\rho a^3\frac{de}{da} + e\left(2\rho a^3 - 6\int_0^a \rho a^2\,da\right) = 0$$

ou bien, en appliquant à la dernière intégrale l'intégration par parties,

$$(\text{A}') \qquad a^2\frac{d^2e}{da^2}\int_0^a \rho a^2\,da + 2\rho a^3\frac{de}{da} + 2e\int_0^a a^3\frac{d\rho}{da}\,da = 0.$$

105. Il y a lieu d'étudier en elle-même l'équation (A). Remplaçons-y e par ζ; nous aurons

$$(\text{B}) \qquad \left(a^2\frac{d^2\zeta}{da^2} - 6\zeta\right)\int_0^a \rho a^2\,da + 2\rho a^3\left(a\frac{d\zeta}{da} + \zeta\right) = 0.$$

Supposons que l'expression de $\rho = \Phi(a)$ puisse, pour toutes les valeurs de a comprises entre 0 et 1, être développée en série convergente

$$(9) \qquad \rho = \rho_0(1 + \text{A}_1 a^{\alpha_1} + \text{A}_2 a^{\alpha_2} + \ldots),$$

les exposants α_1, α_2, ... étant supposés positifs et rangés par ordre de grandeurs croissantes, de manière à avoir

$$0 < \alpha_1 < \alpha_2 < \ldots;$$

ρ_0 sera la densité au centre, densité supposée finie. Cherchons l'intégrale générale de l'équation (B) sous la forme

$$(10) \qquad \zeta = \text{P}a^p + \text{Q}a^q + \ldots,$$
$$0 < p < q < \ldots$$

On aura successivement

$$\int_0^a \rho a^2\,da = \rho_0 a^3\left(\frac{1}{3} + \frac{\text{A}_1}{\alpha_1 + 3}a^{\alpha_1} + \ldots\right),$$

$$a^2\frac{d^2\zeta}{da^2} - 6\zeta = \text{P}(p^2 - p - 6)a^p + \text{Q}(q^2 - q - 6)a^q + \ldots,$$

$$a\frac{d\zeta}{da} + \zeta = \text{P}(p + 1)a^p + \text{Q}(q + 1)a^q + \ldots;$$

en portant ces expressions dans l'équation (B) et divisant par $\rho_0 a^3$, il vient

$$(11)\quad \left\{ \begin{aligned} &\left(\frac{1}{3} - \frac{A_1}{\alpha_1 + 3} a^{\alpha_1} + \ldots\right)[P(p^2 - p - 6)a^p + Q(q^2 - q - 6)a^q + \ldots] \\ &\quad + (2 - 2A_1 a^{\alpha_1} \ldots)[P(p + 1)a^p + Q(q + 1)a^q + \ldots] = 0. \end{aligned} \right.$$

Cette équation devant avoir lieu quel que soit a, il faudra égaler à zéro le coefficient du terme de degré le moins élevé, c'est-à-dire de a^p, ce qui donnera

$$P(p^2 + 5p) = 0, \qquad p = 0 \qquad \text{ou} \qquad p = -5.$$

Soit ζ la solution qui répond à $p = 0$, ζ' celle qui correspond à $p = -5$; la valeur de e en fonction de a devra se déduire de la formule

$$e = F\zeta + F'\zeta',$$

en donnant des valeurs convenables aux constantes F et F'. Or, en faisant dans l'expression (10) $p = -5$ et $a = 0$, on trouve $\zeta' = \infty$. L'aplatissement e devant rester fini au centre, et même très petit, il faut que la constante F' soit nulle et il reste seulement

$$(12)\qquad e = F\zeta.$$

La relation (11), dans laquelle on doit faire $p = 0$, devient ainsi, après réduction,

$$-\frac{2\alpha_1}{\alpha_1 + 3} A_1 P a^{\alpha_1} + \frac{q^2 + 5q}{3} Q a^q + \ldots = 0.$$

Les termes qui ne sont pas écrits sont des degrés

$$\alpha_2, \quad \alpha_3, \quad \ldots, \quad \alpha_1 + q, \quad \alpha_2 + q, \quad \ldots.$$

Le terme en a^{α_1} ne peut pas avoir un coefficient nul, parce que les trois quantités α_1, A_1 et P sont supposées différentes de zéro. Il en est de même de celui de a^q, car on ne peut avoir ni $q = 0$, ni $q = -5$, puisque, dans ce dernier cas, ζ deviendrait infini pour $a = 0$. Il faut donc que les deux termes a^{α_1} et a^q se réunissent en un seul, ce qui exige que l'on ait

$$\alpha_1 = q, \qquad \frac{2\alpha_1}{\alpha_1 + 3} A_1 P = \frac{q^2 + 5q}{3} Q,$$

d'où

$$Q = \frac{6}{(\alpha_1 + 3)(\alpha_1 + 5)} A_1 P,$$

$$\zeta = P\left[1 + \frac{6A_1}{(\alpha_1 + 3)(\alpha_1 + 5)} a^{\alpha_1} + \ldots\right];$$

on peut faire abstraction de la constante P, et prendre

$$\zeta = 1 + \frac{6A_1}{(\alpha_1+3)(\alpha_1+5)} a^{\alpha_1} + \ldots . \tag{13}$$

Cette expression de ζ est déterminée par les conditions de vérifier l'équation (B) et de se réduire à $+1$ pour $a = 0$.

Nous remarquerons que le coefficient A_1 doit être positif; en effet, dans le voisinage du centre, la densité doit être inférieure à ρ_0,

$$\rho_0(1 - A_1 a^{\alpha_1} + A_2 a^{\alpha_2} - \ldots) < \rho_0,$$

d'où

$$A_1 - A_2 a^{\alpha_2-\alpha_1} + \ldots > 0,$$

et, pour de très petites valeurs de a, cela se réduit à $A_1 > 0$. Dans les mêmes conditions, les formules (12) et (13) montrent que, dans le voisinage du centre, l'aplatissement est plus grand qu'au centre même, ce qui devait être, puisque nous savons déjà que l'aplatissement croît du centre jusqu'à la surface.

106. Les formules (12) et (13) déterminent e en fonction de a et de la constante arbitraire F; il reste à dire comment on pourra fixer la valeur de cette constante.

Nous ferons remarquer que nous avons différentié deux fois l'équation (1) avant d'arriver à l'équation (A); cette dernière est satisfaite par l'expression $e = F\zeta$, quelle que soit la constante F; la même expression doit vérifier aussi les équations (5) et (7). En substituant d'abord dans (7), il vient

$$F\left[\left(\frac{1}{a^2}\frac{d\zeta}{da} + \frac{2\zeta}{a^3}\right)\int_0^a \rho a^2\,da - \int_a^1 \rho \frac{d\zeta}{da}\,da\right] - \frac{5}{6}\varphi\Delta = 0. \tag{14}$$

Le coefficient de F est constant, car sa dérivée par rapport à a est identique au premier membre de l'équation (8), et par suite nulle. Dès lors, on peut déterminer F par la relation (14), en y attribuant à a telle valeur particulière que l'on voudra; nous ferons $a = 1$, ce qui nous donnera

$$F\left[\left(\frac{d\zeta}{da}\right)_1 + 2\zeta_1\right]\int_0^1 \rho a^2\,da = \frac{5}{6}\varphi\Delta;$$

d'où, en vertu de l'expression (3) de Δ,

$$F = \frac{\frac{5}{2}\varphi}{\left(\frac{d\zeta}{da}\right)_1 + 2\zeta_1}, \qquad e = F\zeta. \tag{15}$$

Il reste à voir si la valeur de e que nous venons d'obtenir, et qui ne renferme plus rien d'arbitraire, vérifie aussi l'équation (5). Le résultat de la substitution peut s'écrire

$$F\left(5a^2\zeta\int_0^a \rho a^2\,da - a^5\int_a^1 \rho\frac{d\zeta}{da}\,da - \int_0^a \rho\frac{d(a^5\zeta)}{da}\,da\right) - \frac{5}{6}a^3\varphi\Delta.$$

La dérivée de cette expression par rapport à a est identiquement nulle d'après la relation (14); l'expression elle-même doit être constante et, comme elle s'annule pour $a = 0$, on en conclut qu'elle est identiquement nulle. Ainsi, notre valeur de e

$$e = \frac{5}{2}\varphi\,\frac{\zeta}{2\zeta_1 + \left(\frac{d\zeta}{da}\right)_1}$$

vérifie bien l'équation (5). Si nous faisons $a = 1$, il en résultera $\zeta = \zeta_1$, et l'on devra avoir $e = e_1$; on trouve ainsi

$$(16)\qquad \frac{\left(\frac{d\zeta}{da}\right)_1}{\zeta_1} = \frac{5\varphi}{2e_1} - 2,$$

formule importante due à Clairaut. Nous ferons remarquer une autre expression de F

$$(17)\qquad F = \frac{\varphi}{2\zeta_1 - \frac{2}{5}\dfrac{\int_0^1 \rho\frac{d(a^5\zeta)}{da}\,da}{\int_0^1 \rho a^2\,da}};$$

on l'obtient en remplaçant, dans la première des relations (4), e par $F\zeta$: cette expression a été employée par Laplace, et c'est pour cela que nous l'avons mentionnée.

Avant de résumer les résultats précédents, remarquons que les formules (4) donnent

$$\frac{\int_0^1 \rho a^2\,da}{\int_0^1 \rho a^4\,da} = \frac{A - C}{A}\,\frac{1}{e_1 - \frac{\varphi}{2}};$$

avec les valeurs numériques du Chapitre précédent, on trouve le second membre égal à 1,955. Nous adopterons enfin pour la densité moyenne de la Terre le nombre 5,56, de sorte que la seconde des formules (3) donnera

$$\int_0^1 \rho a^2\,da = 1,853.$$

107. Résumé des formules. — On suppose connue la loi des densités,

$$\text{(I)}\qquad \rho = \Phi(a).$$

On considère l'équation différentielle

$$\text{(II)}\qquad \left(a^2 \frac{d^2\zeta}{da^2} - 6\zeta\right)\int_0^a \rho a^2\, da + 2\left(a\frac{d\zeta}{da} + \zeta\right)\rho a^3 = 0,$$

et l'on en calcule une solution ζ qui se réduise à l'unité pour $a = 0$; on a ensuite

$$\text{(III)}\qquad e = \frac{5}{4}\varphi \frac{\zeta}{\zeta_1 + \frac{1}{2}\left(\frac{d\zeta}{da}\right)_1}.$$

La loi des densités doit remplir les conditions suivantes

$$\text{(IV)}\qquad \Phi'(a) < 0, \quad \text{pour } a \text{ compris entre } 0 \text{ et } 1,$$

$$\text{(V)}\qquad \Phi(1) = \rho_1 = \text{un nombre voisin de } 2,5,$$

$$\text{(VI)}\qquad \int_0^1 \rho a^2\, da = \frac{\Delta}{3} = 1,853,$$

$$\text{(VII)}\qquad I = \frac{\int_0^1 \rho a^2\, da}{\int_0^1 \rho a^4\, da} = \frac{A - C}{A}\,\frac{1}{e_1 - \frac{\varphi}{2}} = \frac{1}{305,6}\,\frac{1}{e_1 - \frac{\varphi}{2}} = 1,955,$$

$$\text{(VIII)}\qquad \int_0^1 \rho a^4\, da = \frac{\Gamma}{5} = \frac{\Delta}{3} 305,6\left(e_1 - \frac{\varphi}{2}\right) = 0,948.$$

Les formules (3) donnent ensuite

$$a^3 D = 3\int_0^a \rho a^2\, da, \qquad D_1 = \Delta,$$

et, en intégrant par parties, on trouve

$$\int_0^1 a^3 D . da^2 = \Delta - 3\int_0^1 \rho a^4\, da = \Delta - \frac{3}{5}\Gamma$$

ou bien

$$\text{(IX)}\qquad \frac{2}{\Delta}\int_0^1 D a^4\, da = 1 - \frac{1}{I} = 1 - 305,6\left(e_1 - \frac{\varphi}{2}\right) = 0,4885.$$

La formule (16) donne enfin la condition

(X) $$\frac{1}{e_1}\left(\frac{de}{da}\right)_1 = \frac{1}{\zeta_1}\left(\frac{d\zeta}{da}\right)_1 = \frac{5\varphi}{2e_1} - 2 = 0,544.$$

On voit que, si la loi des densités à l'intérieur de la Terre n'est pas connue, on a cependant sur elle un certain nombre de renseignements exprimés par les formules (IV), (V), (VI), (VII), (VIII), (IX), (X).

108. Première transformation de l'équation de Clairaut. — Nous partons de la forme (B) et nous posons, en désignant par E la base des logarithmes népériens et par u une nouvelle variable,

$$\zeta = \mathrm{E}^{\int u\,da}.$$

On calcule $\frac{d\zeta}{da}$, $\frac{d^2\zeta}{da^2}$, on substitue dans (B) : l'exponentielle disparaît, et il reste

$$\frac{du}{da} + u^2 + 2u\frac{\rho a^2}{\int_0^a \rho a^2\,da} + \frac{2\rho a}{\int_0^a \rho a^2\,da} - \frac{6}{a^2} = 0.$$

Si l'on pose encore

$$u + \frac{\rho a^2}{\int_0^a \rho a^2\,da} = v,$$

on trouve aisément

(18) $$\frac{dv}{da} + v^2 = \frac{6}{a^2} + \frac{a^2\frac{d\rho}{da}}{\int_0^a \rho a^2\,da}.$$

On aura ensuite

$$\zeta = \frac{\mathrm{E}^{\int v\,da}}{\mathrm{E}^{\int \frac{\rho a^2\,da}{\int_0^a \rho a^2\,da}}}$$

ou bien

(19) $$\zeta = \frac{\mathrm{E}^{\int v\,da}}{\int_0^a \rho a^2\,da}.$$

L'équation (18) rentre dans le type

$$\frac{dy}{dx} + y^2 = \mathrm{X},$$

qui comprend comme cas particulier l'équation de Riccati.

109. Deuxième transformation. — On pose

$$\zeta = yz,$$

y et z désignant deux fonctions inconnues de a. L'équation (B) devient

$$z\frac{d^2y}{da^2} + 2\left(\frac{dz}{da} + \frac{\rho a^2}{\int_0^a \rho a^2\,da} z\right)\frac{dy}{da}$$
$$+ \left[\frac{d^2z}{da^2} + \frac{2\rho a^2}{\int_0^a \rho a^2\,da}\frac{dz}{da} + \left(\frac{2\rho a}{\int_0^a \rho a^2\,da} - \frac{6}{a^2}\right)z\right]y = 0.$$

On égale à zéro le coefficient de $\frac{dy}{da}$,

$$\frac{1}{z}\frac{dz}{da} + \frac{\rho a^2}{\int_0^a \rho a^2\,da} = 0;$$

d'où, en intégrant et donnant à la constante arbitraire la valeur 1,

$$z\int_0^a \rho a^2\,da = 1.$$

On a finalement, en remplaçant, dans l'équation différentielle, z par sa valeur précédente,

$$\frac{d^2y}{da^2} = \left(\frac{a^2\frac{d\rho}{da}}{\int_0^a \rho a^2\,da} + \frac{6}{a^2}\right)y, \tag{20}$$

$$\zeta = \frac{y}{\int_0^a \rho a^2\,da}. \tag{21}$$

Cette seconde transformation a été employée par Legendre et par M. Airy.

Si l'on pose

$$\zeta = \frac{w}{a}, \qquad K = \left(\frac{\int_0^a \rho a^2\,da}{a}\right)^2, \tag{22}$$

on trouve sans peine que l'équation (B) devient

$$\frac{d.K\frac{dw}{da}}{da} - \frac{4}{a^2}Kw = 0.$$

110. Équation de M. Radau (¹). — On introduit la densité moyenne (D) de l'ellipsoïde dont l'axe est $2a$ par la formule

$$\mathrm{D}a^3 = 3\int_0^a \rho a^2 da = \rho a^3 + \int_\rho^{\rho_0} a^3 d\rho, \tag{23}$$

qui donne

$$\rho = \mathrm{D} + \frac{a}{3}\frac{d\mathrm{D}}{da}; \tag{23'}$$

en portant cette valeur de ρ dans l'équation (A), après l'avoir écrite ainsi

$$\left(a^2\frac{d^2e}{da^2} - 6e\right)\mathrm{D} + 6\rho\left(a\frac{de}{da} + e\right) = 0,$$

il vient

$$\left(a^2\frac{d^2e}{da^2} + 6a\frac{de}{da}\right)\mathrm{D} + 2a\left(a\frac{de}{da} + e\right)\frac{d\mathrm{D}}{da} = 0. \tag{24}$$

M. Radau remplace e par la variable η qu'il définit au moyen de la relation

$$\eta = \frac{a}{e}\frac{de}{da}. \tag{25}$$

On en déduit

$$\frac{de}{da} = \frac{e}{a}\eta, \qquad \frac{d^2e}{da^2} = \frac{e}{a^2}\left(a\frac{d\eta}{da} + \eta^2 - \eta\right),$$

et, en substituant dans la formule (24), il vient

$$\left(a\frac{d\eta}{da} + \eta^2 + 5\eta\right)\mathrm{D} + 2a(1+\eta)\frac{d\mathrm{D}}{da} = 0. \tag{26}$$

On tire d'ailleurs des formules (23) et (23')

$$\frac{a}{\mathrm{D}}\frac{d\mathrm{D}}{da} = \frac{\rho a^3 - 3\int_0^a \rho a^2 da}{\int_0^a \rho a^2 da} = \frac{\int_0^a a^3 \frac{d\rho}{da} da}{\int_0^a \rho a^2 da},$$

de sorte que l'équation (26) devient

$$a\frac{d\eta}{da} + 5\eta + \eta^2 + 2(1+\eta)\frac{\int_0^a a^3\frac{d\rho}{da}da}{\int_0^a \rho a^2 da} = 0. \tag{27}$$

(¹) *Comptes rendus des séances de l'Académie des Sciences*, t. C, p. 972; 1885. — *Bulletin astronomique*, t. II, p. 157.

En retranchant l'équation (7) de l'équation (2), on trouve encore

$$(28)\qquad \frac{1}{3}\eta = 1 - \frac{1}{D}\left(\rho + \frac{1}{ea^5}\int_\rho^{\rho_0} ea^5\, d\rho\right);$$

on aura donc

$$(29)\qquad 0 < \frac{1}{3}\eta < 1 - \frac{\rho}{D} < 1 - \frac{\rho_1}{\rho_0}$$

et, par suite,

$$\frac{de}{e} < -\frac{dD}{D}, \qquad \frac{d(eD)}{da} < 0.$$

Nous avons d'ailleurs vu au Chapitre précédent (n°s 93, 94) que, a variant de 0 à 1, e croît constamment, tandis que $\frac{e}{a^3}$ décroît sans cesse. On a donc

$$\frac{de}{da} > 0, \qquad \frac{d\frac{e}{a^3}}{da} = \frac{e}{a^4}\left(\frac{a}{e}\frac{de}{da} - 3\right) < 0.$$

On en conclut, en se reportant à la définition (25) de η,

$$0 < \eta < 3.$$

L'inégalité $\eta < 3$ a été signalée par M. Poincaré, et l'inégalité (29) par M. Callandreau (¹). Soient η_0 et η_1 les valeurs que prend notre nouvelle variable au centre de la planète et à sa surface. Les formules (16) et (25) donnent

$$(30)\qquad \eta_0 = 0, \qquad \eta_1 = \frac{5\varphi}{2e_1} - 2.$$

Nous remarquerons que, si toute la masse était condensée au centre, on aurait

$$e_1 = \frac{\varphi}{2}, \qquad \frac{5\varphi}{2e_1} - 2 = \eta_1 = 3,$$

tandis que, dans le cas de l'homogénéité, $e_1 = \frac{5\varphi}{4}$, $\eta_1 = 0$.

Dans le cas de la Terre, on a, d'après la formule (X), $\eta_1 = 0{,}544$.

Après avoir obtenu l'équation (26), M. Radau la met sous la forme

$$(31)\qquad \frac{d}{da}\left(\sqrt{1+\eta}\,D\right) + \frac{5\eta + \eta^2}{2a\sqrt{1+\eta}}\,D = 0;$$

puis il en conclut

$$\frac{d}{da}\left(a^5\sqrt{1+\eta}\,D\right) = 5a^4\sqrt{1+\eta}\,D - \frac{a^4}{2\sqrt{1+\eta}}(5\eta+\eta^2)\,D = 5a^4 D\,\frac{1 + \frac{1}{2}\eta - \frac{1}{10}\eta^2}{\sqrt{1+\eta}}.$$

(¹) *Bulletin astronomique*, t. V, p. 474.

En multipliant par da, intégrant de o à 1, il vient

$$(32) \qquad \sqrt{1+\eta_1}\,\Delta = 5\int_0^1 a^4 D \frac{1+\frac{1}{2}\eta - \frac{1}{10}\eta^2}{\sqrt{1+\eta}}\,da.$$

Tant que η ne dépasse pas $\eta_1 = 0,54$ (hypothèse assez plausible), le facteur qui multiplie $a^4 D$ diffère très peu de l'unité, et l'on a, à moins d'un millième près,

$$5\int_0^1 D a^4\,da = \Delta\sqrt{1+\eta_1}.$$

En tenant compte des formules (IX) et (30), on trouve alors

$$(33) \qquad 305,6\left(e_1 - \frac{\varphi}{2}\right) + \frac{2}{5}\sqrt{\frac{5\varphi}{2e_1} - 1} = 1 + k,$$

où $k < 0,0004$. Or, en prenant $\varphi = \frac{1}{288,4}$, $e_1 = \frac{1}{297,5 + x}$, l'équation (33) donnerait approximativement $k = -0,0021.x$; il s'ensuit que e_1 ne peut dépasser $\frac{1}{297,3}$.

M. Poincaré a fait voir que cette conclusion subsiste en dehors de toute hypothèse sur les valeurs de η. Il suffit pour cela de constater que, η étant positif, le facteur en question ne dépasse jamais 1,0007 et k reste toujours $< 0,0004$.

111. Démonstration de M. Poincaré (1). — La quantité $a^4 D$ reste constamment positive quand a varie de o à 1; d'après un théorème bien connu, l'intégrale

$$\int_0^1 a^4 D \frac{1+\frac{1}{2}\eta - \frac{1}{10}\eta^2}{\sqrt{1+\eta}}\,da$$

sera égale au produit de $\int_0^1 a^4 D\,da$ par une certaine valeur comprise entre la plus petite et la plus grande de celles que prend l'expression $\frac{1+\frac{1}{2}\eta - \frac{1}{10}\eta^2}{\sqrt{1+\eta}}$, quand a varie de o à 1; η reste compris entre o et 3, comme nous l'avons vu. Si donc on désigne par ξ un nombre convenablement choisi entre o et 3, la formule (32) donnera

$$(34) \qquad \sqrt{1+\eta_1}\,\Delta = 5\,\frac{1+\frac{1}{2}\xi - \frac{1}{10}\xi^2}{\sqrt{1+\xi}}\int_0^1 a^4 D\,da.$$

(1) *Comptes rendus des séances de l'Académie des Sciences*, t. CVII; 1888. — *Voir* aussi *Bulletin astronomique*, t. VI, p. 5 et 49.

En tenant compte de la relation (IX), il vient

$$\frac{1+\frac{1}{2}\xi-\frac{1}{10}\xi^2}{\sqrt{1+\xi}}=\frac{2}{5}\,\frac{\sqrt{1+\eta_1}}{1-\frac{1}{I}}.$$

Si l'on applique les formules à la Terre et qu'on remplace η_1 et I par leurs valeurs numériques 0,544 et 1,955, on trouve

$$\frac{1+\frac{1}{2}\xi-\frac{1}{10}\xi^2}{\sqrt{1+\xi}}=1,018. \tag{35}$$

Il y a lieu de rechercher comment varie le premier membre de la relation précédente quand on attribue à ξ des valeurs positives. On trouve sans peine

$$\frac{d}{d\xi}\,\frac{1+\frac{1}{2}\xi-\frac{1}{10}\xi^2}{\sqrt{1+\xi}}=\frac{3\xi\left(\frac{1}{3}-\xi\right)}{20(1+\xi)^{\frac{3}{2}}}.$$

Cette dérivée s'annule donc pour $\xi=0$ et pour $\xi=\frac{1}{3}$ qui répond à un maximum. Les valeurs correspondantes de la fonction sont 1 et 1,00074. Ainsi, ξ croissant de 0 à $\frac{1}{3}$, l'expression en question croît de 1 à 1,00074; elle décroît ensuite de 1,00074 à 0,8 quand ξ croît de $\frac{1}{3}$ à 3.

Le premier membre de l'équation (35), étant ainsi au plus égal à 1,00074, ne peut donc pas être égal au second, qui est 1,018, et l'équation est impossible. De là ce résultat important :

Quelle que soit la loi des densités à l'intérieur du globe terrestre supposé fluide, pourvu que cette densité varie d'une manière continue, il est impossible de reproduire la valeur $\frac{1}{305,6}$ de la constante $\frac{A-C}{A}$ qui résulte de la théorie du mouvement de rotation de la Terre et des observations, en adoptant pour l'aplatissement superficiel la valeur $\frac{1}{293,5}$. Pour que le désaccord cesse, il faut, comme le montre un calcul numérique facile, supposer $e_1 \leq \frac{1}{297,3}$.

112. M. Callandreau a montré que, si la loi de densité est telle que l'on ait constamment, non seulement $\frac{d\rho}{da}<0$, mais encore

$$\frac{d^2\rho}{da^2}<0,$$

la fonction η croît sans cesse de zéro à η_1, lorsque a varie de 0 à 1.

Voici comment M. Callandreau démontre cette proposition importante (¹) :

La relation (25) donne d'abord

$$\frac{d\eta}{da} = \frac{1}{e}\frac{de}{da} + \frac{a}{e}\left[\frac{d^2e}{da^2} - \frac{1}{e}\left(\frac{de}{da}\right)^2\right];$$

$\frac{de}{da}$ est constamment positif; si donc a est suffisamment petit, $\frac{d\eta}{da}$ sera positif. Ainsi, a partant de zéro et croissant, $\frac{d\eta}{da}$ commence par être positif, et η augmente. La question est de savoir si, à un moment donné, η commencera à décroître; $\frac{d\eta}{da}$ s'annulerait donc à un certain instant, en passant du positif au négatif, et alors, à cet instant, $\frac{d^2\eta}{da^2}$ devrait être négatif. Or, en différentiant l'équation (27) et faisant $\frac{d\eta}{da} = 0$, on trouve

$$a\frac{d^2\eta}{da^2} = -2(1+\eta)\,\mathrm{J},$$

où l'on a posé

$$\mathrm{J} = \frac{d}{da}\,\frac{\int_0^a a^3\frac{d\rho}{da}\,da}{\int_0^a \rho a^2\,da}.$$

Il faudrait donc que, pour la valeur de a qui est censée annuler $\frac{d\eta}{da}$, on eût $\mathrm{J} > 0$. Or, en effectuant les calculs, on trouve

$$\mathrm{J}\left(\int_0^a \rho a^2\,da\right)^2 = a^3\frac{d\rho}{da}\int_0^a \rho a^2\,da - \rho a^2\int_0^a a^3\frac{d\rho}{da}\,da$$

ou bien, en intégrant par parties dans les deux termes du second membre,

$$\mathrm{J}\left(\int_0^a \rho a^2\,da\right)^2 = \frac{1}{12}a^6\rho\frac{d\rho}{da} - \frac{1}{3}a^3\frac{d\rho}{da}\int_0^a a^3\frac{d\rho}{da}\,da + \frac{1}{4}\rho a^2\int_0^a a^4\frac{d^2\rho}{da^2}\,da.$$

Ces trois termes sont essentiellement négatifs, en vertu des inégalités

$$\frac{d\rho}{da} < 0, \qquad \frac{d^2\rho}{da^2} < 0,$$

qui sont supposées exister pour toutes les valeurs de a comprises entre 0 et 1. On a donc constamment $\mathrm{J} < 0$; par suite $\frac{d\eta}{da}$ ne peut pas changer de signe, et la fonction η de a croît constamment de 0 à η_1 quand a augmente de 0 à 1.

(¹) *Comptes rendus*, t. C, p. 1024; 1885. — *Annales de l'Observatoire de Paris*, t. XIX.

113. Densité au centre. — Nous avons toujours admis que la densité ρ décroît d'une manière continue depuis le centre (ρ_0) jusqu'à la surface (ρ_1).

M. Stieltjes a fait voir (*Bulletin astronomique*, t. I, p. 465) qu'il est possible d'assigner à la densité ρ_0 une limite inférieure. Cette limite résulte de l'inégalité

$$(36) \qquad (\rho_0 - \rho_1)^2 (\Gamma - \rho_1)^3 > (\Delta - \rho_1)^5,$$

où Γ, Δ sont définies par les formules (VI) et (VIII). Pour la démontrer, on peut employer le raisonnement suivant, indiqué par M. Radau (*Bulletin astronomique*, t. II, p. 159).

Nous avons

$$(37) \qquad \rho_0 - \rho_1 = \int_{\rho_1}^{\rho_0} d\rho, \qquad \Delta - \rho_1 = \int_{\rho_1}^{\rho_0} a^3\, d\rho, \qquad \Gamma - \rho_1 = \int_{\rho_1}^{\rho_0} a^5\, d\rho.$$

Les rapports $\frac{\Delta - \rho_1}{\rho_0 - \rho_1}$, $\frac{\Gamma - \rho_1}{\rho_0 - \rho_1}$ peuvent donc être considérés comme des moyennes du type

$$\mathfrak{M}(a^n) = \frac{pa^n + p_1 a_1^n + \dots}{p + p_1 + \dots},$$

et l'on démontre aisément que la racine $n^{\text{ième}}$ de $\mathfrak{M}(a^n)$ croît avec n. Désignons, en effet, par $\mathcal{A}_n$ la somme $pa^n + p_1 a_1^n + \dots$; on voit tout de suite que

$$\mathcal{A}_0 \mathcal{A}_2 - \mathcal{A}_1^2 = \Sigma pp_1 (a - a_1)^2,$$

par conséquent,

$$\mathcal{A}_1^2 < \mathcal{A}_0 \mathcal{A}_2, \qquad \mathcal{A}_2^2 < \mathcal{A}_1 \mathcal{A}_3, \qquad \mathcal{A}_3^2 < \mathcal{A}_2 \mathcal{A}_4, \qquad \dots,$$

$$\mathcal{A}_1^2 . \mathcal{A}_2^4 . \mathcal{A}_3^6 \dots < \mathcal{A}_0 \mathcal{A}_2 . \mathcal{A}_1^2 \mathcal{A}_3^2 . \mathcal{A}_2^3 \mathcal{A}_4^3 \dots;$$

d'où finalement

$$(38) \qquad \mathcal{A}_n^{n+1} < \mathcal{A}_0 \mathcal{A}_{n+1}^n, \qquad \left(\frac{\mathcal{A}_n}{\mathcal{A}_0}\right)^{\frac{1}{n}} < \left(\frac{\mathcal{A}_{n+1}}{\mathcal{A}_0}\right)^{\frac{1}{n+1}}. \qquad \text{C. Q. F. D.}$$

La démonstration serait la même en remplaçant $\mathcal{A}_n$ par une intégrale définie. Il s'ensuit que

$$\left(\frac{\Delta - \rho_1}{\rho_0 - \rho_1}\right)^{\frac{1}{3}} < \left(\frac{\Gamma - \rho_1}{\rho_0 - \rho_1}\right)^{\frac{1}{5}},$$

comme le veut la formule (36).

En prenant $\Delta = 5{,}56$, $\Gamma = 4{,}74$, on trouve, pour la Terre,

avec $\rho_1 = 2{,}0;\ 2{,}5;\ 3{,}0;$
$\rho_0 > 7{,}3;\ 7{,}4;\ 7{,}6.$

Remarquons encore que l'équation (7) donne, pour $a = 0$,

(39) $$2\rho_0 e_0 - \frac{5}{2}\varphi\Delta - 3\int_{e_0}^{e_1} \rho\, de > 0,$$

d'où

(40) $$e_1 > e_0 > \frac{5}{4}\varphi\frac{\Delta}{\rho_0}, \qquad \frac{\rho_0}{\Delta} > \frac{5\varphi}{4e_1}$$

ou bien, en vertu de la relation (30),

(41) $$\frac{\rho_0}{\Delta} > 1 + \frac{1}{2}\eta_1.$$

En nous reportant au Tableau de la page 205, nous trouvons, pour Jupiter et Saturne, $\frac{\rho_0}{\Delta} > 1,8$; pour la Terre, $\frac{\rho_0}{\Delta} > 1,27$ ou $\rho_0 > 7,07$.

L'équation (7) donne encore

$$3\rho_1(e_1 - e_0) < 2\rho_0 e_0 - \frac{5}{2}\varphi\Delta < 3\rho_0(e_1 - e_0),$$

d'où

(42) $$\frac{3\rho_0 + (2 + \eta_1)\Delta}{5\rho_0} > \frac{e_0}{e_1} > \frac{3\rho_1 + (2 + \eta_1)\Delta}{3\rho_1 + 2\rho_0}.$$

114. Limites des densités. — Il est intéressant de voir si les données d'observation permettent d'enfermer les variations possibles de la densité à l'intérieur du globe dans des limites bien déterminées. M. Stieltjes a examiné la question dans un Mémoire publié en 1884 (*Archives néerlandaises*, t. XIX). M. Radau a retrouvé quelques-uns de ses résultats en suivant une autre voie, que nous allons indiquer.

Nous connaissons la densité à la surface ρ_1 et les valeurs numériques des deux intégrales

$$\Delta = \int_0^1 \rho\, da^3 = \rho_1 + \int_{\rho_1}^{\rho_0} a^3\, d\rho, \qquad \Gamma = \int_0^1 \rho\, da^5 = \rho_1 + \int_{\rho_1}^{\rho_0} a^5\, d\rho,$$

qui permettent de calculer les deux constantes

(43) $$\alpha = \sqrt{\frac{\Gamma - \rho_1}{\Delta - \rho_1}}, \qquad \beta = \frac{\Delta - \rho_1}{\alpha^3} = \frac{\Gamma - \rho_1}{\alpha^5} = \frac{(\Delta - \rho_1)^{\frac{5}{2}}}{(\Gamma - \rho_1)^{\frac{3}{2}}},$$

dont voici la signification physique. Si le globe était formé d'un noyau de rayon a, de densité ρ_0, et d'une écorce de densité ρ_1, on aurait

$$\Delta - \rho_1 = (\rho_0 - \rho_1)a^3, \qquad \Gamma - \rho_1 = (\rho_0 - \rho_1)a^5;$$

par suite, $a = \alpha$, $\rho_0 - \rho_1 = \beta$. On voit aussi que $\rho_1 + \beta$ représente la limite inférieure de ρ_0 déterminée par la formule (36). Avec $\rho_1 = 2,7$, on trouve

$$\alpha = 0,844, \qquad \alpha^3 = \frac{3}{5}, \qquad \beta = 4,77, \qquad \rho_0 > 7,47, \qquad 3\rho_0 + 2\rho_1 > 5\Delta.$$

Remarquons maintenant que

$$\Gamma - \rho_1 = \int_0^1 (\rho - \rho_1)\, da^5 > \int_0^{a^5} (\rho - \rho_1)\, da^5 > (\rho - \rho_1)\, a^5;$$

par conséquent,

$$\rho - \rho_1 < \frac{\Gamma - \rho_1}{a^5} = \frac{\alpha^5}{a^5}\beta. \tag{44}$$

On trouve ensuite

$$(1 - a^5)(\Delta - \rho_1) - (1 - a^3)(\Gamma - \rho_1) = (1 - a^3)\int_{\rho_1}^{\rho_0} (a^3 - a^5)\, d\rho + (a^3 - a^5)\int_{\rho_1}^{\rho_0} a^3\, d\rho > 0.$$

Les éléments des intégrales étant positifs, on aura un résultat trop faible en remplaçant la limite supérieure ρ_0 par ρ, et, si nous retranchons des deux côtés $(a^3 - a^5)(\rho - \rho_1)$, il vient

$$\begin{aligned}(1 - a^5)(\Delta - \rho_1) - (1 - a^3)(\Gamma - \rho_1) - (a^3 - a^5)(\rho - \rho_1)\\ > (1 - a^3)\int_{\rho_1}^{\rho} (a^3 - a^5)\, d\rho - (a^3 - a^5)\int_{\rho_1}^{\rho} (1 - a^3)\, d\rho.\end{aligned}$$

Or le second membre est > 0, parce que le rapport $\frac{1 - a^3}{a^3 - a^5} = \frac{1}{a + a^2} + \frac{1}{a^3}$ est décroissant et que l'intégration se fait depuis $a = 1$ jusqu'à $a = \alpha$. On aura donc (les termes en ρ_1 se détruisent)

$$\rho < \frac{(1 - a^5)\Delta - (1 - a^3)\Gamma}{a^3 - a^5} = \rho_1 + \frac{\alpha^3(1 - a^5) - \alpha^5(1 - a^3)}{a^3 - a^5}\beta. \tag{45}$$

Les limites supérieures déterminées par les formules (44) et (45) coïncident et deviennent égales à $\rho_1 + \beta = 7,47$ pour $a = \alpha$; la première est trop élevée en deçà de α, la seconde au delà. On trouve, en effet,

a	Limites supérieures (44)	(45)
0,0	∞	∞
0,3	....	38,0
0,5	....	13,2
0,8	8,96	7,73
0,844	7,47	7,47
0,9	6,16	7,15
1,0	4,74	6,79

Cherchons maintenant une limite inférieure de la densité ρ. Afin de distinguer les variables a, ρ des valeurs fixes a, ρ qui répondent à la limite d'une intégrale, nous désignerons ces dernières par $\bar{a}$, $\bar{\rho}$, quand nous aurons besoin de les introduire sous le signe $\int$. On trouve ainsi

$$\Gamma - \rho_1 - \bar{a}^2(\Delta - \rho_1) = \int_{\rho_1}^{\rho_0} (a^2 - \bar{a}^2)\, a^3\, d\rho < \int_{\rho_1}^{\bar{\rho}} (a^2 - \bar{a}^2)\, a^3\, d\rho < (1 - \bar{a}^2)(\bar{\rho} - \rho_1),$$

en ne gardant que la partie positive de l'intégrale $(1 > a > \bar{a})$. En supprimant désormais les barres, il vient

$$(46) \qquad \rho > \frac{\Gamma - a^2\Delta}{1 - a^2}, \qquad \rho - \rho_1 > \frac{\alpha^2 - a^2}{1 - a^2}(\Delta - \rho_1).$$

Cette limite descend à ρ_1 pour $a = \alpha$ et devient trop basse au delà. Elle donne

a	Limites inférieures (46)
0,0	4,74
0,4	4,58
0,5	4,47
0,6	4,28
0,8	3,28
0,844	2,70

Nous avons ensuite

$$5\bar{a}^2(\Delta - \rho_1) - 3(\Gamma - \rho_1) = 15\int_0^1 (\rho - \rho_1)(\bar{a}^2 - a^2)\, a^2\, da.$$

Cette intégrale est

$$< 15(\rho_0 - \rho_1)\int_0^{a} (\bar{a}^2 - a^2)\, a^2\, da = 2\bar{a}^5(\rho_0 - \rho_1),$$

d'où, pour ρ_0, une limite inférieure

$$(47) \qquad \rho_0 - \rho_1 > \frac{5}{2}\,\frac{\Delta - \rho_1}{a^3} - \frac{3}{2}\,\frac{\Gamma - \rho_1}{a^5} = \left(5\frac{\alpha^3}{a^3} - 3\frac{\alpha^5}{a^5}\right)\frac{\beta}{2}.$$

En faisant $a = 1$, on aurait

$$(48) \qquad \rho_0 > \frac{5\Delta - 3\Gamma}{2} = 6,79.$$

Mais le maximum s'obtient en faisant $a = \alpha$; on retrouve ainsi la limite $\rho_1 + \beta$, déterminée par la formule (36), et qui donne $\rho_0 > 7,47$.

M. Stieltjes obtient des limites plus resserrées en supposant que la densité augmente à partir de la surface, mais de moins en moins rapidement, ce qui revient à prendre $\frac{d\rho}{da} < 0$, $\frac{d^2\rho}{da^2} < 0$. On a, par exemple, dans ce cas,

$$\rho_1 < 3\Gamma - 2\Delta = 3,10, \qquad \rho_0 < 10\Delta - 9\Gamma = 12,94.$$

115. On peut assigner des limites analogues à la densité moyenne D que définissent les relations (23). En effet, nous avons d'abord $\rho_0 > D > \Delta$; ensuite

$$\Delta - \Gamma > \int_\rho^{\rho_0} (1 - a^2)\, a^3\, d\rho > (1 - a^2)\int_\rho^{\rho_0} a^3\, d\rho = (a^3 - a^5)(D - \rho),$$

d'où

$$(49) \qquad D - \rho < \frac{\Delta - \Gamma}{a^3 - a^5}.$$

Cette limite se réduit à β pour $a = \alpha$. L'équation qui conduit à l'inégalité (45) donne aussi

$$(1 - a^5)(\Delta - \rho_1) - (1 - a^3)(\Gamma - \rho_1) > (1 - a^3)\int_\rho^{\rho_0} (1 - a^2)\, a^3 d\rho + (a^3 - a^5)\int_\rho^{\rho_0} a^3\, d\rho,$$

et, en faisant sortir le facteur $(1 - a^2)$ de la première intégrale, le second membre devient $(a^3 - a^5)(D - \rho)$, de sorte qu'on trouve

$$(50) \qquad D - \rho < \frac{(1 - a^5)\Delta - (1 - a^3)\Gamma}{a^3 - a^5} - \rho_1.$$

C'est la limite supérieure que la formule (45) donnerait pour $\rho = \rho_1$. Elle se réduit aussi à β pour $a = \alpha$, et elle est trop élevée en deçà de α, tandis que la limite (49) l'est au delà.

Ces limites supérieures de la différence $D - \rho$ nous fournissent celles du rapport $\frac{D - \rho}{D} = \frac{D - \rho}{D - \rho + (\rho)}$, en mettant pour (ρ) une limite inférieure de ρ. On trouve ainsi, en combinant (49) avec (46), pour $a < \alpha$,

$$(51) \qquad 1 - \frac{\rho}{D} < \frac{\Delta - \Gamma}{(1 - a^5)\Delta - (1 - a^3)\Gamma},$$

et, en combinant (50) avec $(\rho) = \rho_1$, pour $a > \alpha$,

$$(52) \qquad 1 - \frac{\rho}{D} < 1 - \frac{(a^3 - a^5)\rho_1}{(1 - a^5)\Delta - (1 - a^3)\Gamma}.$$

Pour $a = \alpha$, les deux formules donnent

$$1 - \frac{\rho}{D} < \frac{\beta}{\beta + \rho_1}.$$

Or, en vertu de (29), ces limites supérieures sont aussi celles de $\frac{1}{3}\eta$. Le calcul numérique donne

a	Limites de $D-\rho$ (49)	(50)	Limites de η_1 (51)	(52)
0,0.........	∞	∞	3,00	....
0,3.........	33,4	....	2,63	....
0,5.........	8,75	....	1,98	....
0,709......	4,63	....	1,62	...
0,8.........	4,45	....	1,73	....
0,844.......	4,75	4,75	1,91	1,91
0,9.........	....	4,45	....	1,87
1,0.........	∞	4,09	....	1,81

Nous savons d'ailleurs que $\eta_0 = 0$, $\eta_1 = 0,544$, et l'on voit qu'on a $\eta < 2$ depuis la surface jusqu'à $a = \frac{1}{2}$. Or l'équation différentielle qui nous a fourni la relation (32) donne, en intégrant depuis a jusqu'à 1 et en désignant par ξ la valeur de η qui correspond à la valeur la plus faible du facteur de l'intégrale,

$$\Delta\sqrt{1+\eta_1} > a^5 D\sqrt{1+\eta} + \frac{1+\frac{1}{2}\xi - \frac{1}{10}\xi^2}{\sqrt{1+\xi}}\int_a^1 5a^4 D\,da$$

ou bien, en remplaçant D par Δ, qui est plus petit,

$$a^5\sqrt{1+\eta} + (1-a^5)\frac{1+\frac{1}{2}\xi - \frac{1}{10}\xi^2}{\sqrt{1+\xi}} < \sqrt{1+\eta_1} = 1,242. \tag{53}$$

Comme le facteur en question diminue à partir de $\xi = \frac{1}{3}$, sa valeur la plus faible correspond à une limite supérieure de $\xi = \eta$. En partant de $\xi = 1,9$, l'inégalité (53) donne, par approximations successives, pour $a > 0,833$,

a	Limites de η_1 (53)
0,833........................	1,90
0,84.........................	1,73
0,85.........................	1,54
0,90.........................	1,01
0,95.........................	0,72
1,00.........................	0,54

CHAPITRE XV.

EXAMEN DES PRINCIPALES HYPOTHÈSES PROPOSÉES POUR LA CONSTITUTION INTÉRIEURE DE LA TERRE.

Il s'agit de chercher à intégrer l'équation (A) du Chapitre précédent, qui doit déterminer l'aplatissement e d'une couche quelconque en fonction de a. L'intégration rigoureuse est impossible quand on laisse indéterminée la loi des densités, $\rho = \Phi(a)$. On n'a pu effectuer les intégrations que dans un petit nombre de cas que nous allons passer en revue.

116. **Hypothèse de Legendre.** — Nous partons des équations (20) et (21) du Chapitre précédent

$$e = F\zeta, \qquad \zeta = \frac{y}{\int_0^a \rho a^2\, da}, \tag{1}$$

$$\frac{d^2 y}{da^2} = \left(-\frac{a^2 \frac{d\rho}{da}}{\int_0^a \rho a^2\, da} + \frac{6}{a^2} \right) y. \tag{2}$$

La dernière équation prendra un aspect plus simple si l'on suppose la loi des densités telle que l'on ait, quel que soit a,

$$\frac{a^3 \frac{d\rho}{da}}{\int_0^a \rho a^2\, da} + m^2 = 0, \tag{3}$$

m désignant une constante. On en tire, en chassant le dénominateur et en différentiant,

$$a^2 \frac{d^2\rho}{da^2} + 2a \frac{d\rho}{da} + m^2 \rho a^2 = 0$$

ou bien

$$\frac{d^2\rho a}{da^2}+m^2\rho a=0;$$

d'où, en désignant par G et H deux constantes arbitraires,

$$\rho a=G\sin ma+H\cos ma.$$

La densité ρ doit rester finie au centre, pour $a=0$; donc $H=0$ et

$$(4)\qquad \rho=G\frac{\sin ma}{a}.$$

Cette valeur de ρ vérifie la relation (3) quelle que soit la constante G. Les formules (2) et (3) donnent

$$(5)\qquad \frac{d^2y}{da^2}+m^2y-\frac{6}{a^2}y=0.$$

On cherche l'intégrale générale de cette équation sous la forme

$$y=u\sin ma+v\cos ma,$$

u et v étant des fonctions inconnues de a. On forme les dérivées première et seconde de y; on substitue dans (5) et l'on égale à zéro les coefficients de $\sin ma$ et de $\cos ma$. On trouve

$$\frac{d^2u}{da^2}-2m\frac{dv}{da}-\frac{6}{a^2}u=0,$$

$$\frac{d^2v}{da^2}+2m\frac{du}{da}-\frac{6}{a^2}v=0.$$

On cherche une solution de ces deux équations, avec deux constantes arbitraires, en posant

$$u=A_0+\frac{A_1}{a}+\frac{A_2}{a^2},$$

$$v=B_0+\frac{B_1}{a}+\frac{B_2}{a^2}.$$

En substituant, il vient

$$\frac{mB_1-3A_0}{a^2}+2\frac{mB_2-A_1}{a^3}=0,$$

$$\frac{mA_1+3B_0}{a^2}+2\frac{mA_2+B_1}{a^3}=0,$$

d'où

$$A_1 = -\frac{3}{m} B_0, \qquad A_2 = -\frac{3}{m^2} A_0,$$

$$B_1 = +\frac{3}{m} A_0, \qquad B_2 = -\frac{3}{m^2} B_0;$$

$$u = A_0\left(1 - \frac{3}{m^2 a^2}\right) - \frac{3}{ma} B_0,$$

$$v = B_0\left(1 - \frac{3}{m^2 a^2}\right) + \frac{3}{ma} A_0;$$

$$(6)\quad y = A_0\left[\left(1 - \frac{3}{m^2 a^2}\right)\sin ma + \frac{3}{ma}\cos ma\right] + B_0\left[\left(1 - \frac{3}{m^2 a^2}\right)\cos ma - \frac{3}{ma}\sin ma\right].$$

On a ensuite, par les relations (3) et (4),

$$(7)\qquad \int_0^a \rho a^2\,da - \frac{a^2}{m^2}\frac{d\rho}{da} = G\,\frac{\sin ma - ma\cos ma}{m^2};$$

après quoi, les formules (1), (6) et (7) donnent

$$(8)\quad \zeta = m^2\frac{A_0}{G}\,\frac{\left(1 - \frac{3}{m^2 a^2}\right)\sin ma + \frac{3}{ma}\cos ma}{\sin ma - ma\cos ma} + m^2\frac{B_0}{G}\,\frac{\left(1 - \frac{3}{m^2 a^2}\right)\cos ma - \frac{3}{ma}\sin ma}{\sin ma - ma\cos ma}.$$

Pour de petites valeurs de a, on a

$$\sin ma - ma\cos ma = ma - \frac{m^3 a^3}{6} + \ldots - ma + \frac{m^3 a^3}{2} - \ldots = \frac{m^3 a^3}{3} + \ldots,$$

$$\left(1 - \frac{3}{m^2 a^2}\right)\sin ma + \frac{3}{ma}\cos ma = \left(1 - \frac{3}{m^2 a^2}\right)\left(ma - \frac{m^3 a^3}{6} + \frac{m^5 a^5}{120} - \ldots\right)$$
$$+ \frac{3}{ma}\left(1 - \frac{m^2 a^2}{2} + \frac{m^4 a^4}{24} - \ldots\right) = -\frac{1}{15} m^3 a^3 + \ldots,$$

$$\left(1 - \frac{3}{m^2 a^2}\right)\cos ma - \frac{3}{ma}\sin ma = -\frac{3}{m^2 a^2} + \ldots.$$

On voit ainsi que, dans la formule (8), le coefficient de $\frac{m^2 B_0}{G}$ devient infini pour $a = 0$, tandis que celui de $\frac{m^2 A_0}{G}$ se réduit à $-\frac{1}{15} : \frac{1}{3} = -\frac{1}{5}$. On doit donc avoir $B_0 = 0$, et, pour que ζ se réduise à 1 quand on fera $a = 0$, il faut que l'on ait

$$\frac{m^2 A_0}{G} = -5;$$

après quoi, la formule (8) donnera

$$\zeta = 5\,\frac{(3 - m^2a^2)\sin ma - 3ma\cos ma}{m^2a^2(\sin ma - ma\cos ma)}. \tag{9}$$

On aura ensuite, pour déterminer le coefficient F, la relation

$$F = \frac{\dfrac{5\varphi}{4}}{\zeta_1 + \dfrac{1}{2}\left(\dfrac{d\zeta}{da}\right)_1}.$$

Or on tire de (9)

$$\zeta_1 = 5\,\frac{(3 - m^2)\sin m - 3m\cos m}{m^2(\sin m - m\cos m)},$$

$$\left(\frac{d\zeta}{da}\right)_1 = 5\,\frac{(m^4 - 6)\sin^2 m + (12m - m^3)\sin m\cos m + (m^4 - 6m^2)\cos^2 m}{m^2(\sin m - m\cos m)^2},$$

$$\zeta_1 + \frac{1}{2}\left(\frac{d\zeta}{da}\right)_1 = 5\,\frac{(m^2 - 2)\sin^2 m + m\sin m\cos m + m^2\cos^2 m}{2(\sin m - m\cos m)^2}.$$

On en conclut la valeur de F, puis

$$e = \frac{5}{2}\varphi\,\frac{(\tang m - m)^2}{(m^2 - 2)\tang^2 m + m\tang m + m^2}\,\frac{(3 - m^2a^2)\tang ma - 3ma}{m^2a^2(\tang ma - ma)}. \tag{10}$$

Nous allons déterminer la constante m en écrivant la condition (VIII) du n° 107, ce qui revient à écrire que, pour $a = 1$, on doit avoir $e = e_1$. La formule (10) donne alors

$$\frac{m - \tang m}{m^2}\,\frac{3m + (m^2 - 3)\tang m}{m^2 + m\tang m + (m^2 - 2)\tang^2 m} = \frac{2e_1}{5\varphi} = 0,393\,032. \tag{11}$$

C'est là une équation transcendante pour déterminer m; pour la résoudre, nous calculerons les valeurs numériques de son premier membre $\mathfrak{M}$, pour cinq valeurs équidistantes de m convenablement choisies. Nous trouverons

m.	$\mathfrak{M}$.	Différences premières.	
138°..............	0,399 585		
		— 0,003 529	
140..............	0,396 056		— 0,000 090
		— 0,003 619	
142..............	0,392 437		— 0,000 091
		— 0,003 710	
144..............	0,388 727		— 0,000 093
		— 0,003 803	
146..............	0,384 924		

On voit que la racine est comprise entre 140° et 142°. Un calcul d'interpolation facile d'après le Tableau ci-dessus donne

$$m = 141°40'28'' = 2,472\,688.$$

La condition (VI) du n° 107, jointe à la formule (7), donne

$$1,853 = G\frac{\sin m - m\cos m}{m^2};$$

je remplace m par sa valeur numérique et je trouve

$$G = 4,426.$$

Je vais résumer la solution : en remplaçant, dans la formule (10), φ et m par leurs valeurs numériques, je trouve

$$(12)\quad \begin{cases} m = 141^\circ 40' 28'' = 2,472\,69, \\ \rho = 4,426\dfrac{\sin ma}{a}, \\ \dfrac{1}{e} = 72,91\dfrac{m^2a^2(\operatorname{tang} ma - ma)}{(3 - m^2a^2)\operatorname{tang} ma - 3ma}. \end{cases}$$

Il faut voir maintenant comment cette solution répond aux autres conditions imposées. Pour $a = 1$, on trouve $\rho_1 = 2,74$; c'est une valeur admissible égale à très peu près à la moitié de la densité moyenne du globe. En second lieu, on a

$$\frac{d\rho}{da} = G\cos ma\frac{ma - \operatorname{tang} ma}{a^2},$$

quantité négative quand, m ayant la valeur numérique donnée plus haut, a varie de 0 à 1. Ainsi, la densité décroît bien constamment du centre à la surface; nous trouverons d'ailleurs, pour $a = 0$,

$$\rho_0 = Gm = 10,94, \qquad e_0 = \frac{1}{364,5}.$$

Il nous reste à savoir quelle valeur nous obtiendrons pour $\frac{A-C}{A}$; nous savons d'avance, d'après ce qui a été dit dans les n°s 110 et 111, que nous ne pouvons pas obtenir le nombre fourni par la précession des équinoxes. On a

$$\frac{A-C}{A} = \left(e_1 - \frac{\varphi}{2}\right)\frac{\int_0^1 \rho a^2\,da}{\int_0^1 \rho a^4\,da}.$$

$\int_0^1 \rho a^2\,da$ est connu; c'est $\frac{\Delta}{3}$. On a ensuite

$$\int^1 \rho a^4\,da = G\int_0^1 a^3\sin ma\,da.$$

En appliquant plusieurs fois l'intégration par parties, on trouve

$$\int a^3 \sin ma\, da = \frac{6a - a^3m^2}{m^3}\cos ma + \frac{3a^2m^2 - 6}{m^4}\sin ma + \text{const.},$$

$$\int_0^1 \rho a^4 da = G\,\frac{(6m - m^3)\cos m + (3m^2 - 6)\sin m}{m^4};$$

on trouve finalement

$$\frac{A - C}{A} = \frac{1}{300,7}.$$

Il ne sera peut-être pas inutile de recommencer les calculs précédents avec d'autres valeurs de l'aplatissement superficiel e_1. Toutefois, j'ai trouvé plus commode d'attribuer à la racine m des valeurs équidistantes et de calculer e_1 par la formule (12). Voici le résultat des calculs :

m.	$\frac{1}{e_1}$.	ρ_1.	ρ_0.	G.	$\frac{A}{A-C}$.
138°	288,7	2,93	10,53	4,37	294,7
140.	291,2	2,83	10,75	4,40	297,9
142..	293,9	2,73	10,98	4,43	301,2
144.	296,7	2,63	11,22	4,46	304,8
146	299,7	2,52	11,47	4,50	308,5

117. Hypothèses de MM. Roche, Lipschitz et Maurice Lévy [1]. — Reprenons l'équation différentielle de Clairaut sous la forme

$$(13)\qquad \frac{1}{6}a^2\frac{d^2\zeta}{da^2} - \zeta + \frac{a^3}{3\int_0^a \rho a^2 da}\,\rho\left(a\frac{d\zeta}{da} + \zeta\right) = 0.$$

Supposons la loi des densités telle que l'on ait

$$(14)\qquad \frac{3\int_0^a \rho a^2 da}{a^3} = D = \rho_0(1 - ka^\lambda)^\mu,$$

ρ_0, k, λ et μ désignant quatre paramètres constants. On en tirera

$$3\rho a^2 = \rho_0\frac{d}{da}[a^3(1 - ka^\lambda)^\mu];$$

[1] ROCHE, *Mémoire sur la loi de densité à l'intérieur de la Terre* (*Académie des Sciences de Montpellier*, 1848); — LIPSCHITZ, *Journal de Crelle*, t. LXII; — MAURICE LÉVY, *Sur la théorie de la figure de la Terre* (*Comptes rendus de l'Académie des Sciences*, t. CVI).

d'où, en effectuant les opérations et simplifiant,

$$\rho = \rho_0 (1 - ka^\lambda)^{\mu-1} \left[1 - ka^\lambda \left(1 + \frac{\lambda\mu}{3} \right) \right]. \tag{15}$$

Telle est donc la loi de densité que nous adoptons actuellement.

En vertu des formules (14) et (15), l'équation (13) devient

$$\frac{1}{6} a^2 \frac{d^2\zeta}{da^2} - \zeta + \frac{1 - ka^\lambda \left(1 + \frac{\lambda\mu}{3} \right)}{1 - ka^\lambda} \left(a \frac{d\zeta}{da} + \zeta \right) = 0. \tag{16}$$

Il y a lieu de poser

$$ka^\lambda = x,$$

ce qui donne

$$\frac{d\zeta}{da} = \lambda k a^{\lambda-1} \frac{d\zeta}{dx}, \qquad a \frac{d\zeta}{da} = \lambda x \frac{d\zeta}{dx},$$

$$\frac{d^2\zeta}{da^2} = \lambda(\lambda - 1) k a^{\lambda-2} \frac{d\zeta}{dx} + \lambda^2 k^2 a^{2\lambda-2} \frac{d^2\zeta}{dx^2},$$

$$a^2 \frac{d^2\zeta}{da^2} = \lambda(\lambda - 1) x \frac{d\zeta}{dx} + \lambda^2 x^2 \frac{d^2\zeta}{dx^2}.$$

L'équation (16) devient ensuite

$$\frac{1}{6} \lambda(\lambda - 1) x \frac{d\zeta}{dx} + \frac{1}{6} \lambda^2 x^2 \frac{d^2\zeta}{dx^2} - \zeta + \left(\lambda x \frac{d\zeta}{dx} + \zeta \right) \frac{1 - x\left(1 + \frac{\lambda\mu}{3}\right)}{1 - x} = 0.$$

Quand on a chassé le dénominateur $1 - x$, il y a des réductions; le facteur λx apparait, et, après l'avoir supprimé, on trouve

$$x(1 - x) \frac{d^2\zeta}{dx^2} + \left[\frac{5}{\lambda} + 1 - \left(\frac{5}{\lambda} + 1 + 2\mu \right) \right] \frac{d\zeta}{dx} - 2 \frac{\mu}{\lambda} \zeta = 0$$

ou bien

$$x(1 - x) \frac{d^2\zeta}{dx^2} + [\gamma - (\alpha + \beta + 1) x] \frac{d\zeta}{dx} - \alpha\beta\zeta = 0, \tag{17}$$

en déterminant les quantités α, β, γ par les formules

$$\frac{5}{\lambda} + 1 = \gamma, \qquad \frac{5}{\lambda} + 2\mu = \alpha + \beta, \qquad \frac{2\mu}{\lambda} = \alpha\beta;$$

on en déduit

$$(18)\qquad \left\{\begin{aligned} 2\alpha &= \frac{5}{\lambda} + 2\mu + \sqrt{\frac{25}{\lambda^2} + 12\frac{\mu}{\lambda} + 4\mu^2},\\ 2\beta &= \frac{5}{\lambda} + 2\mu - \sqrt{\frac{25}{\lambda^2} + 12\frac{\mu}{\lambda} + 4\mu^2},\\ \gamma &= \frac{5}{\lambda} + 1. \end{aligned}\right.$$

Si l'on pose

$$\zeta = 1 + B_1 x + B_2 x^2 + B_3 x^3 + \ldots,$$

qu'on substitue dans l'équation (17) et qu'on égale à zéro les coefficients des diverses puissances de x, on déterminera de proche en proche les coefficients B_1, B_2, ..., et l'on trouvera

$$\zeta = 1 + \frac{\alpha . \beta}{1 . \gamma} x + \frac{\alpha(\alpha+1)\beta(\beta+1)}{1 . 2 . \gamma(\gamma+1)} x^2 + \ldots;$$

c'est la série hypergéométrique

$$(19)\qquad \zeta = F(\alpha, \beta, \gamma, x).$$

L'exposant λ est essentiellement positif : sans quoi ρ deviendrait infini pour $a = 0$; ρ_0 est la densité au centre. Il est évident que D doit être positif et plus petit que ρ_0. On aura donc, à cause de l'expression (14) de D,

$$0 < (1 - ka^\lambda)^\mu < 1.$$

Il résulte de ces inégalités que k et μ doivent être de même signe ; nous les supposerons positifs : alors on devra avoir en outre $k < 1$. Les expressions (18) de α et β seront réelles. On aura

$$0 < x < 1.$$

118. Il reste à indiquer comment on pourra déterminer les quatre paramètres ρ_0, k, λ, μ qui figurent dans la loi des densités, d'après les conditions (V), (VI), (VII) et (VIII) du n° 107.

En faisant $a = 1$ dans la formule (14), il viendra d'abord

$$(20)\qquad \rho_0 = \frac{\Delta}{(1-k)^\mu};$$

puis, la relation (15) donnera

$$\rho_1 = \rho_0 (1-k)^{\mu-1}\left[1 - k\left(1 + \frac{\lambda\mu}{3}\right)\right]$$

ou, en remplaçant ρ_0 par sa valeur,

$$\frac{\rho_1}{\Delta} = 1 - \frac{\lambda\mu}{3}\frac{k}{1-k}. \tag{21}$$

Ayant égard maintenant à la condition

$$\frac{1}{\zeta_1}\left(\frac{d\zeta}{da}\right)_1 = \frac{5\varphi}{2e_1} - 2, \tag{22}$$

nous aurons pour $a = 1$, $x = k$, $\zeta_1 = F(\alpha, \beta, \gamma, k)$,

$$\frac{d\zeta}{da} = \lambda k a^{\lambda-1}\left[\frac{\alpha.\beta}{1.\gamma} + \frac{\alpha(\alpha+1)\beta(\beta+1)}{1.\gamma(\gamma+1)}x + \ldots\right],$$

$$\left(\frac{d\zeta}{da}\right)_1 = \frac{\lambda k\alpha\beta}{\gamma}F(\alpha+1, \beta+1, \gamma+1, k).$$

La condition (22) deviendra donc

$$\frac{\lambda k\alpha\beta}{\gamma}\frac{F(\alpha+1, \beta+1, \gamma+1, k)}{F(\alpha, \beta, \gamma, k)} = \frac{5\varphi}{2e_1} - 2$$

ou bien, en remplaçant α, β et γ par leurs valeurs (18),

$$k\frac{F(\alpha+1, \beta+1, \gamma+1, k)}{F(\alpha, \beta, \gamma, k)} = \frac{\lambda+5}{\lambda\mu}\left(\frac{5\varphi}{4e_1} - 1\right) = 0,272\frac{\lambda+5}{\lambda\mu}. \tag{23}$$

La formule (IX) du n° 107 donne, en remplaçant D par sa valeur (14) et mettant ensuite pour ρ_0 son expression (20),

$$\frac{1}{(1-k)^\mu}\int_0^1 a^4(1-ka^\lambda)^\mu da = \frac{1}{2}\left(1 - \frac{1}{1,955}\right) = 0,244. \tag{24}$$

Les équations (20), (21), (23) et (24) détermineront nos quatre inconnues. Mais nous savons, sans avoir besoin de faire la discussion, d'après le théorème du n° 111, qu'il est impossible de trouver des valeurs réelles des inconnues avec les valeurs numériques adoptées actuellement pour e_1 et $\frac{A-C}{A}$.

J'engage néanmoins le lecteur à voir pour cette discussion les Mémoires de MM. Lipschitz et Roche, et aussi une Note que j'ai publiée dans les *Comptes rendus de l'Académie des Sciences*, t. XCIX, p. 579.

La loi de densité étudiée par M. Lipschitz est

$$\rho = \rho_0(1 - k_1 a^\lambda);$$

on la déduit de l'expression générale (15), laquelle est due à M. Maurice Lévy, en y supposant $\mu = 1$.

M. Roche avait adopté la loi plus simple encore, qui répond à $\lambda = 2$,

$$\rho = \rho_0(1 - k_1 a^2),$$

avec les valeurs

$$\rho_0 = 10,10, \qquad k_1 = 0,764.$$

119. La Terre est formée sans doute, dans son intérieur, de substances de densités différentes et de natures diverses au point de vue chimique. Dans l'ignorance où nous sommes relativement au nombre de ces substances et à leurs densités, l'hypothèse d'une densité augmentant d'une manière continue avec la profondeur offre une base de discussion qui peut n'être pas bien éloignée de la vérité; mais Laplace a envisagé cette hypothèse à un autre point de vue. Il s'est proposé de montrer qu'on pouvait satisfaire aux données de l'observation en supposant la Terre formée primitivement d'une seule substance fluide (de la lave en fusion, par exemple). Les variations de densité avec la profondeur proviendraient alors de la compressibilité du liquide sous les pressions énormes qu'il supporte.

Indiquons d'abord le calcul approché de ces pressions. Nous négligerons ici la force centrifuge et les aplatissements des couches de niveau, qui seront supposées sphériques. Soit R la résultante des attractions sur l'unité de masse placée à la distance a du centre; les couches dont le rayon est supérieur à a n'exercent pas d'action, et l'effet des autres est le même que si toute la masse était réunie au centre. On aura donc

$$R = \frac{4\pi f}{a^2}\int_0^a \rho a^2 da.$$

On a ensuite, en désignant par p la pression,

$$dp = \rho(X\,dx + Y\,dy + Z\,dz) = -\rho R\,da;$$

d'où, en remplaçant R par sa valeur ci-dessus,

$$dp = -\frac{4\pi f\rho \int_0^a \rho a^2 da}{a^2}\,da, \tag{25}$$

p et ρ sont des fonctions de a ; on pourra écrire

$$(26) \qquad d\rho = \frac{dp}{\psi(\rho)},$$

et cette formule donnera le petit accroissement $d\rho$ de densité obtenu par l'accroissement dp de la pression. Laplace dit qu'il est naturel de penser que les liquides résistent d'autant plus à la compression qu'ils sont plus comprimés déjà. La fonction $\psi(\rho)$ doit donc être une fonction croissante de ρ. Le type d'une pareille fonction, adopté par Laplace comme étant le plus simple, est

$$\psi(\rho) = h\rho, \qquad \text{d'où} \qquad dp = h\rho\, d\rho.$$

La formule (25) donne ensuite

$$h\, d\rho = -\frac{4\pi f \int_0^a \rho a^2 da}{a^2}\, da$$

ou bien

$$\frac{a^2 \frac{d\rho}{da}}{\int_0^a \rho a^2 da} + \frac{4\pi f}{h} = 0.$$

Cette équation est identique à l'équation (3), en faisant $m^2 = \frac{4\pi f}{h}$. On arrivera donc ainsi à l'hypothèse de Legendre, qu'il convient, pour cette raison, d'appeler *hypothèse Legendre-Laplace*.

M. Roche a proposé de prendre, au lieu de $\psi(\rho) = h\rho$,

$$(27) \qquad \psi(\rho) = h\rho + h'\rho^2 = \frac{dp}{d\rho}.$$

L'équation (25) donne ensuite

$$(h + h'\rho)\frac{d\rho}{da} = -\frac{4\pi f}{a^2}\int_0^a \rho a^2 da;$$

d'où, en différentiant,

$$(28) \qquad \frac{d}{da}\left[a^2(h + h'\rho)\frac{d\rho}{da}\right] + 4\pi f \rho a^2 = 0.$$

C'est une équation différentielle du second ordre pour déterminer ρ en fonction de a. Sans en rechercher l'intégrale générale, M. Roche a montré qu'on peut satisfaire à cette équation par une expression de la forme

$$(29) \qquad \rho = \rho_0(1 - k_1 a^2).$$

En substituant en effet cette expression dans l'équation (28) et égalant à zéro les coefficients de a^2 et a^4, on trouve

$$-3k_1(h+h'\rho_0)+2\pi f=0, \qquad 5k_1h'\rho_0-2\pi f=0,$$

d'où

$$\rho_0=\frac{3h}{2h'}, \qquad k_1=\frac{4\pi f}{15h}. \tag{30}$$

C'est par cette voie que M. Roche est arrivé à son hypothèse qui se traduit finalement par la formule (29).

120. Il y a lieu de déterminer les coefficients de compressibilité qui résulteraient des deux hypothèses précédentes.

Plaçons-nous à la surface; soit μ le coefficient de compressibilité; un accroissement de pression $dp=\varpi$ produira l'accroissement $\mu\rho_1$ de densité. Dans la formule (26), on peut donc faire

$$dp=\varpi, \qquad d\rho=\mu\rho_1, \qquad \rho=\rho_1,$$

ce qui donne

$$\mu=\frac{\varpi}{\rho_1\psi(\rho_1)}. \tag{31}$$

Soient H la hauteur du baromètre, exprimée en prenant pour unité le rayon terrestre, D la densité du mercure. On a

$$\varpi=\mathrm{HD}g, \qquad g=f\mathrm{M}, \qquad \mathrm{M}=\frac{4}{3}\pi\Delta,$$

d'où

$$\varpi=\frac{4}{3}\pi f\mathrm{HD}\Delta,$$

et la formule (31) devient ainsi

$$\mu=\frac{4\pi f\mathrm{HD}\Delta}{3\rho_1\psi(\rho_1)}. \tag{32}$$

Dans l'hypothèse de Laplace, on a

$$\psi(\rho_1)=h\rho_1=\frac{4\pi f}{m^2}\rho_1;$$

il en résulte

$$\mu=\frac{m^2\mathrm{H}}{3}\frac{\mathrm{D}\Delta}{\rho_1^2}.$$

On a, d'ailleurs,

$$\rho_1=2,74; \qquad \Delta=5,56; \qquad \mathrm{D}=13,6;$$

$$m=2,47; \qquad \mathrm{H}=\frac{0,76}{6378000};$$

on trouve ainsi

$$\mu = 0,0000024.$$

Dans l'hypothèse de M. Roche, on a

$$\psi(\rho_1) = h\rho_1 + h'\rho_1^2$$

ou bien, à cause des relations (30),

$$\psi(\rho_1) = \frac{4\pi f \rho_1}{15 k_1}\left(1 + \frac{3}{2}\frac{\rho_1}{\rho_0}\right).$$

En portant cette valeur dans la formule (32), il vient

$$(33) \qquad \mu = \frac{5 k_1 H}{1 + \frac{3}{2}\frac{\rho_1}{\rho_0}} \frac{D\Delta}{\rho_1^2}.$$

M. Roche a adopté dans la formule (29), comme nous l'avons déjà dit,

$$k_1 = 0,764, \qquad \rho_0 = 10,10, \qquad \text{d'où} \qquad \rho_1 = 2,38.$$

La relation (33) donne ensuite $\mu = 0,0000045$, c'est-à-dire à peu près le double de la valeur fournie par l'hypothèse de Laplace. On ne connaît pas, bien entendu, le coefficient de compressibilité de la lave fondue; nous nous bornerons à rappeler que celui du mercure est 0,0000029, et celui de l'eau 0,000050.

121. Théorème de Saigey (1). — Si nous faisons abstraction, et de la force centrifuge, et de l'aplatissement des couches de même densité, la pesanteur g en un point de l'intérieur de la masse située à la distance a du centre aura pour expression, d'après le n° 119,

$$(34) \qquad g = \frac{4\pi f}{a^2}\int_0^a \rho a^2 da.$$

Cherchons comment varie g quand on fait décroître a de 1 jusqu'à 0, et désignons par g_1 et g_0 les valeurs correspondantes de g. On a évidemment $g_0 = 0$; c'est d'ailleurs ce qu'il est facile de déduire de la formule précédente. Si la densité ρ était constante, on aurait

$$g = \frac{4\pi f}{3}\rho_1 a,$$

(1) Saigey, dans sa *Petite Physique du globe*, t. II, p. 185, a mis en relief le théorème dont il s'agit, et nous avons cru pouvoir citer son nom, surtout pour rappeler son petit Ouvrage, très clair et assez peu connu.

et g irait constamment en diminuant de 1 à o. Mais, ρ étant supposé variable dans la formule (34), le facteur $\frac{1}{a^2}$ croit; l'autre facteur $\int_0^a \rho a^2 da$ décroît, puisqu'on ne prend plus qu'une partie des éléments tous positifs de l'intégrale $\int_0^1 \rho a^2 da$. Il peut donc se faire que g passe par un maximum. On trouve immédiatement

$$\frac{dg}{da} = 4\pi f\left(\rho - \frac{2}{a^3}\int_0^a \rho a^2 da\right) = 4\pi f\left(\rho - \frac{2}{3}D\right);$$

d'où

$$(35)\qquad \left(\frac{dg}{da}\right)_1 = 4\pi f\left(\rho_1 - \frac{2}{3}\Delta\right),$$

$$\left(\frac{dg}{da}\right)_0 = 4\pi f\left(\rho_0 - \frac{2}{3}D_0\right) = \frac{4}{3}\pi f\rho_0 > 0.$$

Si donc on a

$$(36)\qquad \rho_1 < \frac{2}{3}\Delta,$$

on voit que $\left(\frac{dg}{da}\right)_1$ et $\left(\frac{dg}{da}\right)_0$ sont de signes contraires. Il y a donc certainement une valeur de a qui annule $\frac{dg}{da}$; à cette valeur de a correspond un maximum de g. Dans le cas de la Terre, l'inégalité (36) revient à

$$\rho_1 < 3,71;$$

elle est certainement vérifiée. Donc, si l'on suppose qu'on pénètre dans l'intérieur de la Terre, à partir de la surface, en suivant un rayon, la pesanteur commencera par augmenter; elle atteindra un maximum et décroîtra ensuite jusqu'au centre, où elle sera nulle.

Pour calculer la valeur a' de a qui répond au maximum g' de g, il faudrait connaître exactement la loi des densités. En adoptant celle de M. Roche, avec les constantes indiquées plus haut, on trouve, par la formule (34),

$$g = 4\pi f\rho_0\left(\frac{a}{3} - \frac{k_1 a^3}{5}\right);$$

cette expression atteint son maximum $g' = \frac{8}{9}\pi f\rho_0 a'$ pour

$$a = a' = \sqrt{\frac{5}{9k_1}} = 0,853 = 1 - \frac{1}{6,8}.$$

Ainsi, la pesanteur augmente à partir de la surface, jusqu'à une profondeur voisine du septième du rayon. On a d'ailleurs

$$g_1 = \frac{4}{3}\pi f \rho_0 \left(1 - \frac{3}{5} k_1\right),$$

et il en résulte

$$\frac{g'}{g_1} = \frac{2}{3} \frac{a'}{1 - \frac{3}{5} k_1} = 1,05.$$

Ainsi, la pesanteur n'augmente que de la vingtième partie environ de sa valeur à la surface.

Supposons que l'on descende au fond d'un puits de mine, à une profondeur h estimée en fraction du rayon terrestre. La formule (35) donnera, en faisant $\delta a = -h$,

$$\delta g_1 = 4\pi f \left(\frac{2}{3}\Delta - \rho_1\right) h.$$

On a d'ailleurs

$$g_1 = fM = \frac{4}{3}\pi f \Delta;$$

il en résulte

$$\frac{\delta g_1}{g_1} = \left(2 - 3\frac{\rho_1}{\Delta}\right) h.$$

Supposons qu'on fasse osciller un même pendule simple, de longueur l, à l'orifice du puits et au fond, et que, pendant un même intervalle de temps, il effectue dans les deux cas des nombres d'oscillations représentés par n_1 et $n_1 + \delta n_1$. On aura

$$n_1 \pi \sqrt{\frac{l}{g_1}} = (n_1 + \delta n_1)\pi \sqrt{\frac{l}{g_1 + \delta g_1}},$$

d'où, avec une précision suffisante,

$$\frac{\delta n_1}{n_1} = \frac{1}{2} \frac{\delta g_1}{g_1} = \left(1 - \frac{3}{2}\frac{\rho_1}{\Delta}\right) h. \tag{37}$$

Si donc, on connait n_1, δn_1 et h, on en pourra conclure $\frac{\rho_1}{\Delta}$. Or, M. Airy a fait cette expérience en 1854, dans l'un des puits de la mine de Harton, dont la profondeur était de 385m. Il a trouvé qu'en un jour solaire moyen, le pendule à secondes, qui faisait 86400 oscillations à l'orifice du puits, en effectuait 2,24 de plus au fond pendant le même temps. On a donc

$$n_1 = 86400, \qquad \delta n_1 = 2,24, \qquad h = \frac{385}{6371000}.$$

La formule (37) donne alors

$$\frac{\rho_1}{\Delta} = 0,381, \qquad \rho_1 = 2,12.$$

Cette valeur paraît un peu faible.

Des expériences faites récemment par M. R. de Sterneck, en Saxe et en Bohême, confirment l'augmentation de pesanteur prévue par la théorie, mais donnent pour ρ_1 des valeurs plus faibles encore que celle obtenue par M. Airy (*voir* Helmert, *Géodésie*, t. II, p. 499, et *Bulletin astronomique*, t. IV, p. 234).

CHAPITRE XVI.

THÉORIE DE LA FIGURE DES PLANÈTES, FONDÉE SUR LES DÉVELOPPEMENTS EN SÉRIES DE FONCTIONS SPHÉRIQUES. — POLYNOMES DE LEGENDRE.

Les bases de la théorie que nous avons exposée dans les Chapitres précédents ont été posées par Clairaut dans son admirable Ouvrage intitulé : *Théorie de la figure de la Terre*. On peut retrouver les mêmes résultats et leur donner plus de généralité à certains égards, en suivant une voie entièrement différente, qui repose sur les travaux de Legendre et surtout de Laplace.

122. Considérons le potentiel V relatif à l'attraction d'un corps sur un point M ne faisant pas partie de sa masse, et dont les coordonnées rectangulaires seront représentées par x, y, z.

V sera une fonction de x, y, z, et l'on aura, comme on l'a vu au n° 4, l'équation de Laplace

$$\Delta_2 V = \frac{\partial^2 V}{\partial x^2} + \frac{\partial^2 V}{\partial y^2} + \frac{\partial^2 V}{\partial z^2} = 0. \tag{1}$$

Si, au lieu des coordonnées rectangulaires x, y, z, on introduit les coordonnées polaires r, θ, ψ par les formules

$$x = r\cos\theta, \qquad y = r\sin\theta\sin\psi, \qquad z = r\sin\theta\cos\psi, \tag{2}$$

l'équation (1) se transforme (*voir* le n° 5, p. 8) en

$$\frac{\partial}{\partial r}\left(r^2\frac{\partial V}{\partial r}\right) + \frac{1}{\sin\theta}\frac{\partial}{\partial\theta}\left(\sin\theta\frac{\partial V}{\partial\theta}\right) + \frac{1}{\sin^2\theta}\frac{\partial^2 V}{\partial\psi^2} = 0. \tag{3}$$

Cette équation aux dérivées partielles a lieu quel que soit le corps attirant, pourvu que le point attiré ne fasse pas partie de sa masse. Il convient de la transformer en posant

$$\cos\theta = \mu. \tag{4}$$

V devient ainsi une fonction de r, μ et ψ. On a

$$\frac{\partial V}{\partial \theta} = -\sin\theta \frac{\partial V}{\partial \mu}, \qquad \sin\theta \frac{\partial V}{\partial \theta} = -(1-\mu^2)\frac{\partial V}{\partial \mu},$$

$$\frac{1}{\sin\theta}\frac{\partial}{\partial \theta}\left(\sin\theta \frac{\partial V}{\partial \theta}\right) = \frac{\partial}{\partial \mu}\left[(1-\mu^2)\frac{\partial V}{\partial \mu}\right],$$

$$\frac{\partial}{\partial r}\left(r^2 \frac{\partial V}{\partial r}\right) = r\frac{\partial^2 V r}{\partial r^2};$$

de sorte que l'équation (3) devient

$$(4) \qquad r\frac{\partial^2 V r}{\partial r^2} + \frac{1}{1-\mu^2}\frac{\partial^2 V}{\partial \psi^2} + \frac{\partial}{\partial \mu}\left[(1-\mu^2)\frac{\partial V}{\partial \mu}\right] = 0,$$

équation fondamentale dans la théorie que nous allons exposer.

Soient O (*fig.* 20) l'origine des coordonnées, que nous supposerons placée à

Fig. 20.

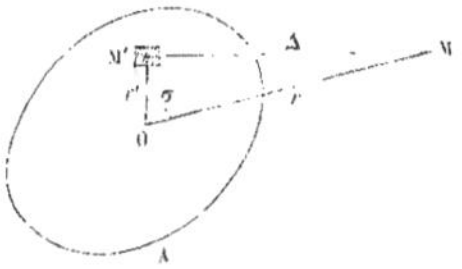

l'intérieur du corps attirant A, M' un élément quelconque dm' de la masse de ce corps, x', y', z' ses coordonnées rectangulaires, r', θ', ψ' ses coordonnées polaires, Δ la distance MM', σ l'angle MOM'. Nous aurons

$$(5) \qquad V = \int \frac{dm'}{\Delta},$$

l'intégration s'étendant à toute la masse du corps A; d'ailleurs

$$(6) \qquad \Delta^2 = r^2 + r'^2 - 2rr'\cos\sigma,$$

$$\cos\sigma = \frac{xx' + yy' + zz'}{rr'};$$

d'où, par les formules (2) et les formules analogues en x', y', z',

$$(7) \qquad \cos\sigma = \cos\theta\cos\theta' + \sin\theta\sin\theta'\cos(\psi - \psi').$$

Si l'on pose aussi

$$(4') \qquad \cos\theta' = \mu',$$

on pourra écrire

$$(8) \qquad \cos\sigma = \mu\mu' + \sqrt{1-\mu^2}\sqrt{1-\mu'^2}\cos(\psi-\psi').$$

D'après la formule (5), nous devons nous occuper d'abord du développement de $\frac{1}{\Delta}$.

123. Développement de $\frac{1}{\Delta}$. — La relation (6) donne, en désignant par E la base des logarithmes népériens,

$$\frac{1}{\Delta} = \frac{1}{r}\left(1 - \frac{r'}{r}E^{\sigma\sqrt{-1}}\right)^{-\frac{1}{2}}\left(1 - \frac{r'}{r}E^{-\sigma\sqrt{-1}}\right)^{-\frac{1}{2}}.$$

Nous supposerons que, pour toutes les positions du point M' à l'intérieur du corps A, on ait constamment

$$r' < r.$$

Alors les deux facteurs $\left(1 - \frac{r'}{r}E^{\sigma\sqrt{-1}}\right)^{-\frac{1}{2}}$, $\left(1 - \frac{r'}{r}E^{-\sigma\sqrt{-1}}\right)^{-\frac{1}{2}}$ peuvent être développés suivant les puissances de $\frac{r'}{r}$; il en sera de même de leur produit, et nous pourrons écrire

$$(9) \qquad \frac{1}{\Delta} = \frac{P_0}{r} + P_1\frac{r'}{r^2} + P_2\frac{r'^2}{r^3} + \ldots = \sum_0^\infty P_n\frac{r'^n}{r^{n+1}}.$$

Nous ferons connaître bientôt l'expression générale de P_n. Nous nous contenterons pour le moment d'une induction pour prévoir la nature de cette expression.

Pour y arriver, il vaut mieux partir de la formule

$$\frac{1}{\Delta} = \frac{1}{r}\left[1 - \left(\frac{2r'}{r}\cos\sigma - \frac{r'^2}{r^2}\right)\right]^{-\frac{1}{2}},$$

qui nous donne

$$\frac{1}{\Delta} = \frac{1}{r}\left[1 + \frac{1}{2}\left(\frac{2r'}{r}\cos\sigma - \frac{r'^2}{r^2}\right) + \frac{1.3}{2.4}\left(\frac{2r'}{r}\cos\sigma - \frac{r'^2}{r^2}\right)^2 + \frac{1.3.5}{2.4.6}\left(\frac{2r'}{r}\cos\sigma - \frac{r'^2}{r^2}\right)^3 + \ldots\right]$$

ou bien, en effectuant les calculs,

$$\frac{1}{\Delta} = \frac{1}{r} + \frac{r'}{r^2}\cos\sigma + \frac{r'^2}{r^3}\left(\frac{3}{2}\cos^2\sigma - \frac{1}{2}\right) + \frac{r'^3}{r^4}\left(\frac{5}{2}\cos^3\sigma - \frac{3}{2}\cos\sigma\right) + \ldots.$$

En comparant avec le développement (9), on trouve

$$(10)\quad \begin{cases} P_0 = 1, \quad P_1 = \cos\sigma, \quad P_2 = \frac{3}{2}\cos^2\sigma - \frac{1}{2}, \\ P_3 = \frac{5}{2}\cos^3\sigma - \frac{3}{2}\cos\sigma, \quad \dots\dots \end{cases}$$

On peut prévoir que P_n sera un polynôme entier du degré n en $\cos\sigma$, ne contenant que des termes de même parité que n.

En remplaçant dans les formules (10) $\cos\sigma$ par son expression (7), on trouve sans peine

$$(11)\quad \begin{cases} P_1 = \cos\theta\cos\theta' + \sin\theta\sin\theta'\cos(\psi - \psi'), \\ P_2 = \left(\frac{3}{2}\cos^2\theta - \frac{1}{2}\right)\left(\frac{3}{2}\cos^2\theta' - \frac{1}{2}\right) + 3\sin\theta\cos\theta\sin\theta'\cos\theta'\cos(\psi - \psi') \\ \qquad\qquad + \frac{3}{4}\sin^2\theta\sin^2\theta'\cos 2(\psi - \psi'), \\ P_3 = \left(\frac{5}{2}\cos^3\theta - \frac{3}{2}\cos\theta\right)\left(\frac{5}{2}\cos^3\theta' - \frac{3}{2}\cos\theta'\right) \\ \qquad + \frac{1}{6}\left(\frac{15}{2}\cos^2\theta - \frac{3}{2}\right)\left(\frac{15}{2}\cos^2\theta' - \frac{3}{2}\right)\sin\theta\sin\theta'\cos(\psi - \psi') \\ \qquad + \frac{15}{4}\sin^2\theta\cos^2\theta\sin^2\theta'\cos^2\theta'\cos 2(\psi - \psi') \\ \qquad + \frac{5}{8}\sin^3\theta\sin^3\theta'\cos 3(\psi - \psi'), \\ P_4 = \dots\dots\dots\dots\dots\dots \end{cases}$$

On donnera plus loin la loi générale des expressions (10) et (11); mais, dès à présent, on peut prévoir que l'expression de P_n envisagée comme fonction de θ, ψ, θ' et ψ' sera de la forme

$$\begin{aligned} P_n = {} & F(\cos\theta)F(\cos\theta') + F_1(\cos\theta)F_1(\cos\theta')\sin\theta\sin\theta'\cos(\psi - \psi') \\ & + F_2(\cos\theta)F_2(\cos\theta')\sin^2\theta\sin^2\theta'\cos 2(\psi - \psi') \\ & + F_3(\cos\theta)F_3(\cos\theta')\sin^3\theta\sin^3\theta'\cos 3(\psi - \psi') \\ & + \dots\dots\dots\dots \end{aligned}$$

Nous confirmerons bientôt cette induction, et nous donnerons la forme générale des fonctions F, F_1, ... Bornons-nous pour le moment à constater que les fonctions P_n sont entièrement définies par l'équation

$$(12)\quad \frac{1}{\sqrt{r^2 + r'^2 - 2rr'[\cos\theta\cos\theta' + \sin\theta\sin\theta'\cos(\psi - \psi')]}} = \sum_0^\infty P_n \frac{r'^n}{r^{n+1}}.$$

Remplaçons, dans la formule (5), $\frac{1}{\Delta}$ par son développement (9) et dm' par

$\rho' r'^2 dr' \sin\theta' d\theta' d\psi'$, où ρ' désigne la densité du corps au point M', et nous trouverons

$$\text{(B)} \qquad V = \frac{Y_0}{r} + \frac{Y_1}{r^2} + \frac{Y_2}{r^3} + \ldots = \sum_0^\infty \frac{Y_n}{r^{n+1}},$$

en posant

$$(13) \qquad Y_n = \int P_n r'^n dm' = \int\int\int \rho' P_n r'^{n+2} dr' \sin\theta' d\theta' d\psi',$$

où les intégrations s'étendent à toute la masse du corps. Soit R' la longueur interceptée entre l'origine O et la surface du corps sur le rayon vecteur correspondant aux angles θ' et ψ'; r' variera de o à R', et, puisque nous supposons que le point O est intérieur au corps, θ' variera de o à π et ψ' de o à 2π; ρ' est d'ailleurs une fonction connue de r', θ' et ψ'. On pourra donc écrire

$$(14) \qquad Y_n = \int_0^{R'} r'^{n+2} dr' \int_0^\pi \sin\theta' d\theta' \int_0^{2\pi} \rho' P_n d\psi'$$

ou bien, en introduisant $\mu' = \cos\theta'$ au lieu de θ',

$$(14') \qquad Y_n = \int_0^{R'} r'^{n+2} dr' \int_{-1}^{+1} d\mu' \int_0^{2\pi} \rho' P_n d\psi'.$$

P_n étant un polynôme du degré n en $\cos\sigma$ sera, d'après l'expression (8) de σ, une fonction entière, et de degré n, des quantités

$$\mu\mu', \quad \sqrt{1-\mu^2}\cos\psi\sqrt{1-\mu'^2}\cos\psi' \quad \text{et} \quad \sqrt{1-\mu^2}\sin\psi\sqrt{1-\mu'^2}\sin\psi'.$$

Quand on substituera dans la formule (14') et qu'on effectuera les intégrations, Y_n deviendra un polynôme entier, de degré n, des quantités

$$\mu, \quad \sqrt{1-\mu^2}\cos\psi, \quad \sqrt{1-\mu^2}\sin\psi.$$

124. On tire de l'expression (B)

$$r\frac{\partial^2 Vr}{\partial r^2} = \sum_0^\infty \frac{n(n+1)Y_n}{r^{n+1}},$$

$$\frac{\partial^2 V_n}{\partial \psi^2} = \sum_0^\infty \frac{1}{r^{n+1}} \frac{\partial^2 Y_n}{\partial \psi^2},$$

$$\frac{\partial V}{\partial \mu} = \sum_0^\infty \frac{1}{r^{n+1}} \frac{\partial Y_n}{\partial \mu},$$

et, en substituant dans l'équation (A), il vient

$$\sum_0^\infty \frac{1}{r^{n+1}}\left\{\frac{\partial}{\partial\mu}\left[(1-\mu^2)\frac{\partial Y_n}{\partial\mu}\right]+\frac{1}{1-\mu^2}\frac{\partial^2 Y_n}{\partial\psi^2}+n(n+1)Y_n\right\}=0.$$

Cette équation devant subsister quel que soit r, on en conclut

$$\text{(C)}\qquad \frac{\partial}{\partial\mu}\left[(1-\mu^2)\frac{\partial Y_n}{\partial\mu}\right]+\frac{1}{1-\mu^2}\frac{\partial^2 Y_n}{\partial\psi^2}+n(n+1)Y_n=0.$$

C'est là une équation importante, aux dérivées partielles, que doit vérifier la fonction Y_n, quelles que soient la nature et la forme du corps attirant; Y_n n'en sera pas, bien entendu, la solution la plus générale, puisque c'est une fonction entière, de degré n, des quantités

$$\mu,\quad \sqrt{1-\mu^2}\cos\psi \quad \text{et} \quad \sqrt{1-\mu^2}\sin\psi.$$

Si le corps attirant se réduit à un seul point M', de masse 1, on a, par définition,

$$V=\frac{1}{\Delta}=\sum_0^\infty \frac{r'^n}{r^{n+1}}P_n.$$

En comparant avec la formule (B), on trouve

$$Y_n=r'^n P_n,$$

et il en résulte que la fonction P_n doit vérifier aussi l'équation

$$\text{(C')}\qquad \frac{\partial}{\partial\mu}\left[(1-\mu^2)\frac{\partial P_n}{\partial\mu}\right]+\frac{1}{1-\mu^2}\frac{\partial^2 P_n}{\partial\mu^2}+n(n+1)P_n=0.$$

Supposons enfin que, le corps se réduisant toujours au point M', ce point se trouve sur Ox; on a alors $\sigma=0$, et le triangle MOM' donne

$$\Delta^2=r^2+r'^2-2\mu rr'.$$

On pourra donc faire

$$V=\frac{1}{\sqrt{r^2+r'^2-2\mu rr'}}=\frac{1}{r}+\frac{r'}{r^2}+\frac{r'^2}{r^3}+\ldots=\sum_0^\infty \frac{r'^n}{r^{n+1}}X_n.$$

La fonction X_n ne dépendra pas de ψ, mais seulement de μ. On aura

$$Y_n=r'^n X_n,$$

et, en substituant dans l'équation (C) et remarquant la relation

$$\frac{\partial X_n}{\partial \psi} = 0,$$

il viendra

$$\frac{d}{d\mu}\left[(1-\mu^2)\frac{dX_n}{d\mu}\right] + n(n+1)X_n = 0. \tag{15}$$

Les fonctions X_n sont définies par la formule

$$\frac{1}{\sqrt{1-\frac{2r'}{r}\mu+\frac{r'^2}{r^2}}} = \sum_0^\infty \left(\frac{r'}{r}\right)^n X_n. \tag{16}$$

125. Étude des fonctions X_n. — Remplaçons μ par x, qui sera compris entre -1 et $+1$; posons

$$\frac{r'}{r} = \alpha, \qquad 0 < \alpha < 1.$$

Les formules (15) et (16) deviendront

$$\frac{1}{\sqrt{1-2\alpha x+\alpha^2}} = \sum_0^\infty \alpha^n X_n, \tag{D}$$

$$\frac{d}{dx}\left[(1-x^2)\frac{dX_n}{dx}\right] + n(n+1)X_n = 0. \tag{E}$$

On a vu (t. I, n° 191) que la formule (D) conduit à cette expression de X_n :

$$X_n = 2^n\frac{1.3\ldots(2n-1)}{2.4\ldots 2n}\left[x^n - \frac{n(n-1)}{2(2n-1)}x^{n-2} + \frac{n(n-1)(n-2)(n-3)}{2.4(2n-1)(2n-3)}x^{n-4} - \ldots\right]. \tag{F}$$

Les polynômes X_n sont nommés *polynômes de Legendre*. Voici les premiers :

$$X_0 = 1, \qquad X_1 = x, \qquad X_2 = \frac{3x^2-1}{2}, \qquad X_3 = \frac{5x^3-3x}{2},$$

$$X_4 = \frac{35x^4-30x^2+3}{8}, \qquad X_5 = \frac{63x^5-70x^3+15x}{8},$$

$$X_6 = \frac{231x^6-315x^4+105x^2-5}{16}, \qquad X_7 = \frac{429x^7-693x^5+315x^3-35x}{16}.$$

126. On peut trouver facilement une autre expression de X_n, en écrivant ainsi la formule (D)

$$\sum_0^\infty \alpha^n X_n = (1-\alpha E^{-\theta\sqrt{-1}})^{-\frac{1}{2}}(1-\alpha E^{\theta\sqrt{-1}})^{-\frac{1}{2}}$$

$$= \sum_p \frac{1.3\ldots(2p-1)}{2.4\ldots 2p}\alpha^p E^{-p\theta\sqrt{-1}} \sum_q \frac{1.3\ldots(2q-1)}{2.4\ldots 2q}\alpha^q E^{q\theta\sqrt{-1}}.$$

En égalant les coefficients de α^n dans les deux membres, on voit qu'il faut prendre $q = n - p$, et il en résulte

$$X_n = \sum_p \frac{1.3\ldots(2p-1)}{2.4\ldots 2p}\,\frac{1.3\ldots(2n-2p-1)}{2.4\ldots(2n-2p)}E^{(n-2p)\theta\sqrt{-1}}.$$

On peut grouper les termes qui correspondent aux valeurs p et $n-p$ de l'indice, et il vient

$$(\mathrm{F}') \quad \left\{ \begin{aligned} X_n = {} & \frac{1.3\ldots(2n-1)}{2.4\ldots 2n}2\cos n\theta + \frac{1}{2}\,\frac{1.3\ldots(2n-3)}{2.4\ldots(2n-2)}2\cos(n-2)\theta \\ & + \frac{1.3}{2.4}\,\frac{1.3\ldots(2n-5)}{2.4\ldots(2n-4)}2\cos(n-4)\theta + \ldots. \end{aligned} \right.$$

Si n est impair, le dernier terme répondra à la valeur $p = \frac{n-1}{2}$ et sera

$$\frac{1.3\ldots(n-2)}{2.4\ldots(n-1)}\,\frac{1.3\ldots n}{2.4\ldots(n+1)}\,2\cos\theta.$$

Si n est pair, le dernier terme répondra à $p = q = \frac{n}{2}$, et il sera égal à

$$\left[\frac{1.3\ldots(n-1)}{2.4\ldots n}\right]^2 \times 1.$$

Nous rappelons que l'on a posé

$$x = \cos\theta.$$

Il est facile de déduire de la formule (F′) des limites entre lesquelles X_n se trouve toujours compris. On voit en effet que la valeur absolue de X_n est au plus égale à la somme des coefficients de $\cos n\theta$, $\cos(n-2)\theta$, ..., c'est-à-dire à la valeur X'_n que prend X_n quand on y fait $\theta = 0$, et, par suite, $x = +1$. Or la formule (D) donne, dans ce cas,

$$\frac{1}{1-\alpha} = \sum_0^\infty \alpha^n X'_n;$$

on a, d'ailleurs,

$$\frac{1}{1-\alpha}=\sum_0^\infty \alpha^n.$$

Il en résulte donc $X'_n=+1$. Ainsi, la valeur absolue de X_n est toujours au plus égale à l'unité, et X_n reste toujours compris entre -1 et $+1$.

127. **Relation entre trois polynômes consécutifs.** — En différentiant par rapport à α l'équation (D), on trouve

$$(x-\alpha)(1-2\alpha x+\alpha^2)^{-\frac{3}{2}}=\sum_0^\infty n\alpha^{n-1}X_n,$$

ce qui peut s'écrire aussi

$$(x-\alpha)\sum_0^\infty \alpha^n X_n=(1-2\alpha x+\alpha^2)\sum_0^\infty n\alpha^{n-1}X_n.$$

Cette équation doit avoir lieu pour toutes les valeurs de α comprises entre 0 et 1.

On peut égaler les coefficients de α^n dans les deux membres, ce qui donne

$$xX_n-X_{n-1}=(n+1)X_{n+1}-2nxX_n+(n-1)X_{n-1}$$

ou bien

$$\text{(G)}\qquad (n+1)X_{n+1}-(2n+1)xX_n+nX_{n-1}=0.$$

Si l'on différentie maintenant l'équation (D) par rapport à x, on trouve

$$\alpha(1-2\alpha x+\alpha^2)^{-\frac{3}{2}}=\sum_0^\infty \alpha^n\frac{dX_n}{dx}$$

ou bien

$$\alpha\sum_0^\infty \alpha^n X_n=(1-2\alpha x+\alpha^2)\sum_0^\infty \alpha^n\frac{dX_n}{dx}.$$

En égalant dans les deux membres les coefficients de α^{n+1}, il vient

$$\text{(H)}\qquad X_n=\frac{dX_{n+1}}{dx}+\frac{dX_{n-1}}{dx}-2x\frac{dX_n}{dx}.$$

Cette formule nous sera utile dans la suite.

128. **Propriétés relatives à des intégrales définies.** — Considérons l'intégrale définie

$$(17)\qquad U=\int_{-1}^{+1}\frac{dx}{\sqrt{1-2\alpha x+\alpha^2}\sqrt{1-2\beta x+\beta^2}},$$

où α et β sont des constantes positives, toutes les deux plus petites que l'unité.

Il est aisé d'obtenir la valeur de U. En effet, l'intégrale indéfinie est

$$-\frac{1}{\sqrt{\alpha\beta}}\log\left[\sqrt{\beta(1-2\alpha x+\alpha^2)}+\sqrt{\alpha(1-2\beta x+\beta^2)}\right].$$

On en conclut

$$U\sqrt{\alpha\beta}=\log\frac{(1+\alpha)\sqrt{\beta}+(1+\beta)\sqrt{\alpha}}{(1-\alpha)\sqrt{\beta}+(1-\beta)\sqrt{\alpha}}=\log\frac{(\sqrt{\beta}+\sqrt{\alpha})(1+\sqrt{\alpha\beta})}{(\sqrt{\beta}+\sqrt{\alpha})(1-\sqrt{\alpha\beta})},$$

$$U=\frac{1}{\sqrt{\alpha\beta}}\log\frac{1+\sqrt{\alpha\beta}}{1-\sqrt{\alpha\beta}}.$$

Or, z étant compris entre 0 et 1, on a, en série convergente,

$$\frac{1}{z}\log\frac{1+z}{1-z}=2\left(1+\frac{z^2}{3}+\frac{z^4}{5}+\ldots\right);$$

en remplaçant z par $\sqrt{\alpha\beta}$, quantité comprise entre 0 et 1, il en résulte

$$U=2\left[1+\frac{\alpha\beta}{3}+\frac{(\alpha\beta)^2}{5}+\ldots+\frac{(\alpha\beta)^n}{2n+1}+\ldots\right]. \tag{18}$$

On peut obtenir une autre expression de U comme il suit :

On a, en séries convergentes,

$$\frac{1}{\sqrt{1-2\alpha x+\alpha^2}}=\sum_0^\infty \alpha^m X_m,$$

$$\frac{1}{\sqrt{1-2\beta x+\beta^2}}=\sum_0^\infty \alpha^n X_n;$$

d'où

$$\frac{1}{\sqrt{1-2\alpha x+\alpha^2}\sqrt{1-2\beta x+\beta^2}}=\sum_{m=0}^{m=\infty}\sum_{n=0}^{n=\infty}\alpha^m\beta^n X_m X_n.$$

En multipliant par dx, intégrant de $x=-1$ à $x=+1$, et ayant égard à (17) et (18), il vient

$$U=\sum_{m=0}^{m=\infty}\sum_{n=0}^{n=\infty}\alpha^m\beta^n\int_{-1}^{+1}X_m X_n\,dx,$$

$$\sum_{m=0}^{m=\infty}\sum_{n=0}^{n=\infty}\alpha^m\beta^n\int_{-1}^{+1}X_m X_n\,dx=2\sum_{n=0}^{n=\infty}\frac{(\alpha\beta)^n}{2n+1}.$$

Cette équation devant avoir lieu quels que soient α et β, on peut égaler dans les deux membres les coefficients de $\alpha^i\beta^j$; on en conclut

$$(K) \qquad \int_{-1}^{+1} X_m X_n \, dx = 0,$$

si m et n sont inégaux, et

$$(L) \qquad \int_{-1}^{+1} X_n^2 \, dx = \frac{2}{2n+1}.$$

L'équation (K) est évidente lorsque m et n sont de parité différente ; car, si, par exemple, m est pair et n impair, quand on change x en $-x$, X_m reste le même et X_n change de signe ; le produit $X_m X_n$ conserve donc la même valeur absolue, mais change de signe ; donc les éléments de l'intégrale $\int_{-1}^{+1} X_m X_n \, dx$, qui répondent à des valeurs de x égales et de signes contraires, sont eux-mêmes égaux et de signes contraires, et l'intégrale est nulle. L'équation (K) cesse d'être évidente lorsque m et n sont tous les deux pairs ou tous les deux impairs.

129. Expression de X_n par une intégrale définie. — Considérons l'intégrale définie

$$J = \int_0^\pi \frac{d\omega}{A - B\sqrt{-1}\cos\omega},$$

dans laquelle A et B sont des constantes réelles, A étant positive.

On peut écrire

$$J = A\int_0^\pi \frac{d\omega}{A^2 + B^2\cos^2\omega} + B\sqrt{-1}\int_0^\pi \frac{\cos\omega \, d\omega}{A^2 + B^2\cos^2\omega}.$$

En groupant les valeurs des éléments différentiels qui répondent aux valeurs ω et $\pi - \omega$, on voit que l'on a

$$\int_0^\pi \frac{\cos\omega \, d\omega}{A^2 + B^2\cos^2\omega} = 0,$$

$$\int_0^\pi \frac{d\omega}{A^2 + B^2\cos^2\omega} = 2\int_0^{\frac{\pi}{2}} \frac{d\omega}{A^2 + B^2\cos^2\omega};$$

on a donc

$$J = 2A\int_0^{\frac{\pi}{2}} \frac{d\omega}{A^2 + B^2\cos^2\omega}.$$

Si l'on pose

$$\operatorname{tang}\omega = u\sqrt{\frac{A^2+B^2}{A^2}},$$

on trouve

$$J = \frac{2A}{\sqrt{A^2(A^2+B^2)}}\int_0^\infty \frac{du}{1+u^2} = \frac{\pi A}{\sqrt{A^2(A^2+B^2)}}.$$

Si donc A est positif, on aura

$$J = \frac{\pi}{\sqrt{A^2+B^2}}.$$

Si A était négatif, il faudrait prendre

$$J = -\frac{\pi}{\sqrt{A^2+B^2}}.$$

On aura donc, dans le cas considéré de $A > 0$,

$$\int_0^\pi \frac{d\omega}{A - B\sqrt{-1}\cos\omega} = \frac{\pi}{\sqrt{A^2+B^2}}.$$

Si l'on pose dans cette équation

$$A = 1 - \alpha x, \qquad B = \alpha\sqrt{1-x^2},$$

où α est compris entre 0 et $+1$, x entre -1 et $+1$, A et B seront deux quantités réelles, et A sera positif.

Il en résulte

$$(19) \qquad \frac{\pi}{\sqrt{1-2\alpha x+\alpha^2}} = \int_0^\pi \frac{d\omega}{1-\alpha(x+\sqrt{-1}\sqrt{1-x^2}\cos\omega)}.$$

Le module de $\alpha(x+\sqrt{-1}\sqrt{1-x^2}\cos\omega)$ est

$$\alpha\sqrt{1-(1-x^2)\sin^2\omega};$$

il est donc inférieur à α et, à plus forte raison, inférieur à 1. On aura donc, en série convergente,

$$\frac{1}{1-\alpha(x+\sqrt{-1}\sqrt{1-x^2}\cos\omega)} = \sum_0^\infty \alpha^n(x+\sqrt{-1}\sqrt{1-x^2}\cos\omega)^n,$$

et l'équation (19) donnera

$$\frac{\pi}{\sqrt{1-2\alpha x+\alpha^2}}=\sum_0^\infty \alpha^n\int_0^\pi (x+\sqrt{-1}\sqrt{1-x^2}\cos\omega)^n\,d\omega.$$

En remplaçant le premier membre par $\pi\sum_0^\infty \alpha^n X_n$, et égalant dans les deux membres les coefficients de α^n, il vient

$$\text{(M)}\qquad X_n=\frac{1}{\pi}\int_0^\pi (x+\sqrt{-1}\sqrt{1-x^2}\cos\omega)^n\,d\omega.$$

On déduit de cette expression de X_n le théorème suivant :

Pour toute valeur de x comprise entre -1 et $+1$, les limites -1 et $+1$ étant exceptées, X_n tend vers zéro lorsque n croît indéfiniment.

On déduit en effet de l'équation (M)

$$\operatorname{mod} X_n<\frac{1}{\pi}\int_0^\pi [\operatorname{mod}(x+\sqrt{-1}\sqrt{1-x^2}\cos\omega)]^n\,d\omega$$

ou bien

$$\operatorname{mod} X_n<\frac{1}{\pi}\int_0^\pi [1-(1-x^2)\sin^2\omega]^{\frac{n}{2}}\,d\omega.$$

Soit ε une petite quantité positive ; on aura

$$\int_0^\pi=\int_0^\varepsilon+\int_\varepsilon^{\pi-\varepsilon}+\int_{\pi-\varepsilon}^\pi.$$

On peut écrire

$$\int_0^\varepsilon [1-(1-x^2)\sin^2\omega]^{\frac{n}{2}}\,d\omega<\int_0^\varepsilon d\omega<\varepsilon,$$

$$\int_\varepsilon^{\pi-\varepsilon} [1-(1-x^2)\sin^2\omega]^{\frac{n}{2}}\,d\omega<\int_\varepsilon^{\pi-\varepsilon} [1-(1-x^2)\sin^2\varepsilon]^{\frac{n}{2}}\,d\omega<(\pi-2\varepsilon)[1-(1-x^2)\sin^2\varepsilon]^{\frac{n}{2}},$$

$$\int_{\pi-\varepsilon}^\pi [1-(1-x^2)\sin^2\omega]^{\frac{n}{2}}\,d\omega<\int_{\pi-\varepsilon}^\pi d\omega<\varepsilon.$$

Il viendra donc

$$\text{mod } X_n < \frac{2\varepsilon}{\pi} + \frac{\pi - 2\varepsilon}{\pi}[1 - (1 - x^2)\sin^2\varepsilon]^{\frac{n}{2}}; \tag{20}$$

ε ayant une valeur déterminée, comme $1 - x^2$ est positif et différent de zéro, lorsque n tend vers l'infini l'expression $[1 - (1 - x^2)\sin^2\varepsilon]^{\frac{n}{2}}$ tend vers zéro. On voit qu'en donnant à ε des valeurs déterminées, de plus en plus petites, et faisant tendre chaque fois n vers l'infini, on pourra rendre le second membre de l'inégalité (20) aussi petit que l'on voudra; il est donc prouvé que le module de X_n, c'est-à-dire la valeur absolue de X_n, tend vers zéro avec $\frac{1}{n}$; il y a exception pour $x = \pm 1$, cas dans lequel la valeur absolue de X_n est égale à 1.

130. Intégrale importante. — On a, pour α positif et inférieur à 1,

$$\frac{1}{\sqrt{1 - 2\alpha x + \alpha^2}} = \sum_0^\infty \alpha^n X_n.$$

Posons

$$\alpha = \frac{\beta}{\sqrt{1 + k^2 x^2}},$$

où k est réel et β compris entre 0 et 1; il viendra

$$\sum_0^\infty \beta^n \frac{X_n}{(1 + k^2 x^2)^{\frac{n}{2}}} = \frac{1}{\sqrt{1 - 2\beta\frac{x}{\sqrt{1 + k^2 x^2}} + \frac{\beta^2}{1 + k^2 x^2}}}.$$

On en conclut, en multipliant par $\dfrac{dx}{(1 + k^2 x^2)^{\frac{3}{2}}}$ et intégrant de $x = -1$ à $x = +1$,

$$\sum_0^\infty \beta^n \int_{-1}^{+1} \frac{X_n\,dx}{(1 + k^2 x^2)^{\frac{n+3}{2}}} = H, \tag{21}$$

en posant

$$H = \int_{-1}^{+1} \frac{dx}{(1 + k^2 x^2)^{\frac{3}{2}} \sqrt{1 - 2\beta\frac{x}{\sqrt{1 + k^2 x^2}} + \frac{\beta^2}{1 + k^2 x^2}}}.$$

Calculons l'intégrale H; faisons

$$\frac{x}{\sqrt{1+k^2x^2}} = y, \qquad \text{d'où} \qquad x = \frac{y}{\sqrt{1-k^2y^2}};$$

$$\frac{dx}{(1+k^2x^2)^{\frac{3}{2}}} = dy, \qquad 1+k^2x^2 = \frac{1}{1-k^2y^2}.$$

Il viendra

$$\mathrm{H} = \int_{-\frac{1}{\sqrt{1+k^2}}}^{+\frac{1}{\sqrt{1+k^2}}} \frac{dy}{\sqrt{1-2\beta y+\beta^2(1-k^2y^2)}}.$$

L'équation

$$1-2\beta y+\beta^2(1-k^2y^2) = 0$$

a ses deux racines réelles et de signes contraires; en désignant ces deux racines par y' et $-y''$, on a

$$(22) \qquad y' = \frac{\sqrt{1+k^2+k^2\beta^2}-1}{k^2\beta}, \qquad y'' = \frac{\sqrt{1+k^2+k^2\beta^2}+1}{k^2\beta}.$$

On trouve ensuite

$$k\beta\mathrm{H} = \int_{-\frac{1}{\sqrt{1+k^2}}}^{+\frac{1}{\sqrt{1+k^2}}} \frac{dy}{\sqrt{(y'-y)(y''+y)}} = 2\int_{\zeta'}^{\zeta''} d\zeta = 2(\zeta''-\zeta'),$$

en posant

$$\operatorname{tang}\zeta = \sqrt{\frac{y''+y}{y'-y}},$$

$$\operatorname{tang}\zeta' = \sqrt{\frac{y''\sqrt{1+k^2}-1}{y'\sqrt{1+k^2}+1}}, \qquad \operatorname{tang}\zeta'' = \sqrt{\frac{y''\sqrt{1+k^2}+1}{y'\sqrt{1+k^2}-1}}.$$

On peut écrire

$$(23) \qquad \frac{1}{2}k\beta\mathrm{H} = \operatorname{arc\,tang}\sqrt{\frac{y''\sqrt{1+k^2}+1}{y'\sqrt{1+k^2}-1}} - \operatorname{arc\,tang}\sqrt{\frac{y''\sqrt{1+k^2}-1}{y'\sqrt{1+k^2}+1}}.$$

Il convient de poser

$$(24) \qquad k = \operatorname{tang}\varphi, \qquad \frac{k\beta}{\sqrt{1+k^2}} = \operatorname{tang}\varphi', \qquad 0<\varphi<\frac{\pi}{2}, \qquad 0<\varphi'<\frac{\pi}{2},$$

d'où

$$\operatorname{tang}\varphi' = \beta\sin\varphi < \beta\operatorname{tang}\varphi < \operatorname{tang}\varphi,$$
$$\varphi' < \varphi.$$

On trouve aisément que les formules (22) deviennent

$$y' = \frac{1 - \cos\varphi\cos\varphi'}{\sin\varphi\sin\varphi'} - \cos\varphi, \qquad y'' = \frac{1 + \cos\varphi\cos\varphi'}{\sin\varphi\sin\varphi'} - \cos\varphi.$$

On en conclut

$$y''\sqrt{1+k^2} + 1 = \frac{1 + \cos(\varphi - \varphi')}{\sin\varphi\sin\varphi'},$$

$$y''\sqrt{1+k^2} - 1 = \frac{1 + \cos(\varphi + \varphi')}{\sin\varphi\sin\varphi'},$$

$$y'\sqrt{1+k^2} + 1 = \frac{1 - \cos(\varphi + \varphi')}{\sin\varphi\sin\varphi'},$$

$$y'\sqrt{1+k^2} - 1 = \frac{1 - \cos(\varphi - \varphi')}{\sin\varphi\sin\varphi'},$$

et la formule (23) devient

$$\frac{1}{2}k\beta\mathrm{H} = \operatorname{arc\,tang}\sqrt{\frac{1 + \cos(\varphi - \varphi')}{1 - \cos(\varphi - \varphi')}} - \operatorname{arc\,tang}\sqrt{\frac{1 + \cos(\varphi + \varphi')}{1 - \cos(\varphi + \varphi')}}$$

$$= \left(\frac{\pi}{2} - \frac{\varphi - \varphi'}{2}\right) - \left(\frac{\pi}{2} - \frac{\varphi + \varphi'}{2}\right) = \varphi',$$

d'où

$$\mathrm{H} = \frac{2}{k\beta}\varphi'$$

et, en remplaçant φ' par sa valeur (24),

$$\mathrm{H} = \frac{2}{k\beta}\operatorname{arc\,tang}\frac{k\beta}{\sqrt{1+k^2}}.$$

$\frac{k\beta}{\sqrt{1+k^2}}$, étant inférieur à β, est plus petit que 1 ; on aura donc, en série convergente,

$$\mathrm{H} = 2\sum_{p=0}^{p=\infty} \frac{(-1)^p}{2p+1}\,\frac{k^{2p}}{(1+k^2)^{\frac{2p+1}{2}}}\beta^{2p}.$$

La formule (21) donnera ensuite

$$\sum_{n=0}^{n=\infty}\beta^n\int_{-1}^{+1}\frac{\mathrm{X}_n\,dx}{(1+k^2x^2)^{\frac{n+3}{2}}} = 2\sum_{p=0}^{p=\infty}\frac{(-1)^p}{2p+1}\,\frac{k^{2p}}{(1+k^2)^{\frac{2p+1}{2}}}\beta^{2p}.$$

Cette équation devant avoir lieu quel que soit β, on aura, en égalant dans les deux membres les coefficients d'une même puissance de β,

$$\int_{-1}^{+1} \frac{X_{2n+1}\,dx}{(1+k^2x^2)^{n+2}} = 0,$$

$$(\text{X}) \qquad \int_{-1}^{+1} \frac{X_{2n}\,dx}{(1+k^2x^2)^{\frac{2n+3}{2}}} = (-1)^n \frac{2}{2n+1} \frac{k^{2n}}{(1+k^2)^{\frac{2n+1}{2}}}.$$

La première de ces formules est évidente.

131. Expression remarquable de X_n. — Considérons l'équation

$$(25) \qquad v = x + \alpha \frac{v^2 - 1}{2},$$

dans laquelle nous supposons α et x réels,

$$0 < \alpha < 1, \qquad -1 < x < 1;$$

cette équation résolue par rapport à v donne les deux racines

$$(26) \qquad v = \frac{1 - \sqrt{1 - 2\alpha x + \alpha^2}}{\alpha}, \qquad v' = \frac{1 + \sqrt{1 - 2\alpha x + \alpha^2}}{\alpha}.$$

Le radical $\sqrt{1 - 2\alpha x + \alpha^2}$ est développable en série convergente suivant les puissances de α; on aura une expression de cette forme

$$\sqrt{1 - 2\alpha x + \alpha^2} = 1 - \alpha x - C_1\alpha^2 - C_2\alpha^3 - \ldots.$$

On en conclut

$$v = x + C_1\alpha + C_2\alpha^2 + \ldots,$$

$$v' = \frac{2}{\alpha} - x - C_1\alpha - C_2\alpha^2 - \ldots.$$

La racine v est donc développable en série convergente suivant les puissances positives de α, et elle se réduit à x pour $\alpha = 0$; v' devient infinie pour $\alpha = 0$.

Or l'équation (25) rentre dans le type considéré par Lagrange

$$(27) \qquad v = x + \alpha f(v),$$

en prenant

$$f(v) = \frac{v^2 - 1}{2}.$$

On sait que la racine v de l'équation (25), qui est développable en série convergente suivant les puissances positives de α, a pour expression

$$v = x + \frac{\alpha}{1} f(x) + \frac{\alpha^2}{1.2} \frac{d f^2(x)}{dx} + \ldots + \frac{\alpha^n}{1.2\ldots n} \frac{d^{n-1} f^n(x)}{dx^{n-1}} + \ldots.$$

On aura donc, en remplaçant v par sa valeur (26) et $f(x)$ par $\frac{x^2-1}{2}$,

$$\frac{1-\sqrt{1-2\alpha x+\alpha^2}}{\alpha} = x + \frac{\alpha}{1} \frac{x^2-1}{2} + \frac{\alpha^2}{1.2} \frac{d\left(\frac{x^2-1}{2}\right)^2}{dx} + \ldots$$
$$+ \frac{\alpha^n}{1.2\ldots n} \frac{d^{n-1}\left(\frac{x^2-1}{2}\right)^n}{dx^{n-1}} + \ldots.$$

On en conclut, en différentiant par rapport à x,

$$\frac{1}{\sqrt{1-2\alpha x+\alpha^2}} = 1 + \frac{\alpha}{1} \frac{d\frac{x^2-1}{2}}{dx} + \frac{\alpha^2}{1.2} \frac{d^2\left(\frac{x^2-1}{2}\right)^2}{dx^2} + \ldots$$
$$+ \frac{\alpha^n}{1.2\ldots n} \frac{d^n\left(\frac{x^2-1}{2}\right)^n}{dx^n} + \ldots,$$

et il en résulte, d'après la définition même de X_n,

$$(O) \qquad X_n = \frac{1}{2^n.1.2\ldots n} \frac{d^n(x^2-1)^n}{dx^n}.$$

Telle est l'expression importante que nous voulions obtenir.

On en conclut que l'équation $X_n = 0$, qui est du degré n, a toutes ses racines réelles et comprises entre -1 et $+1$.

On le voit aisément en appliquant le théorème de Rolle à l'équation

$$(x^2-1)^n = 0.$$

Cette équation, qui est du degré $2n$, a toutes ses racines réelles : n sont égales à $+1$, n égales à -1 ; les équations qu'on en déduit, en prenant les dérivées successives, auront toutes leurs racines réelles et comprises entre -1 et $+1$: il en sera ainsi, en particulier, de l'équation

$$\frac{d^n(x^2-1)^n}{dx^n} = 0$$

ou de l'équation

$$X_n = 0.$$

Nous allons déduire de l'expression (O) de X_n une formule qui nous sera très utile. Calculons $\frac{dX_{n+1}}{dx} - \frac{dX_{n-1}}{dx}$; nous trouverons

$$\frac{dX_{n+1}}{dx} - \frac{dX_{n-1}}{dx} = \frac{1}{2^{n+1}.1.2\ldots(n+1)}\frac{d^{n+2}(x^2-1)^{n+1}}{dx^{n+2}} - \frac{1}{2^{n-1}.1.2\ldots(n-1)}\frac{d^n(x^2-1)^{n-1}}{dx^n}$$

$$= \frac{1}{2^{n+1}.1.2\ldots(n+1)}\frac{d^n}{dx^n}\left[\frac{d^2(x^2-1)^{n+1}}{dx^2} - 4n(n+1)(x^2-1)^{n-1}\right]$$

$$= \frac{2n+1}{2^n.1.2\ldots n}\frac{d^n(x^2-1)^n}{dx^n}.$$

Or cette dernière expression est égale, d'après (O), à $(2n+1)X_n$; on a donc

$$\text{(P)} \qquad (2n+1)X_n = \frac{dX_{n+1}}{dx} - \frac{dX_{n-1}}{dx}.$$

En donnant à n, dans cette équation, les valeurs $1, 2, 3, \ldots, n-1, n$, ajoutant, et remplaçant $\frac{dX_1}{dx}$ par 1, on trouve

$$\text{(Q)} \qquad 1 + 3X_1 + 5X_2 + \ldots + (2n+1)X_n = \frac{dX_{n+1}}{dx} + \frac{dX_n}{dx}.$$

Les formules (P) et (Q) sont celles que nous voulions obtenir.

132. Autre propriété importante. — Considérons l'intégrale

$$(28) \qquad \Phi(r) = \int_{-1}^{+1}(1-x^2)^r\frac{d^rX_m}{dx^r}\frac{d^rX_n}{dx^r}dx,$$

dans laquelle m, n, r sont trois nombres entiers positifs; nous allons chercher la valeur de cette intégrale.

On a l'équation

$$\frac{d}{dx}\left[(1-x^2)\frac{dX_n}{dx}\right] + n(n+1)X_n = 0;$$

on en déduit, en différentiant $r-1$ fois,

$$(1-x^2)\frac{d^{r+1}X_n}{dx^{r+1}} - 2rx\frac{d^rX_n}{dx^r} + (n-r+1)(n+r)\frac{d^{r-1}X_n}{dx^{r-1}} = 0,$$

ce qui peut s'écrire, en multipliant par $(1-x^2)^{r-1}$,

$$(29) \qquad \frac{d}{dx}\left[(1-x^2)^r\frac{d^rX_n}{dx^r}\right] = -(n-r+1)(n+r)(1-x^2)^{r-1}\frac{d^{r-1}X_n}{dx^{r-1}}.$$

On a, en intégrant par parties,

$$\int \frac{d^r X_m}{dx^r}\left[(1-x^2)^r \frac{d^r X_n}{dx^r}\right] dx$$
$$= \frac{d^{r-1} X_m}{dx^{r-1}} \frac{d^r X_n}{dx^r}(1-x^2)^r - \int \frac{d^{r-1} X_m}{dx^{r-1}} \frac{d}{dx}\left[(1-x^2)^r \frac{d^r X_n}{dx^r}\right] dx,$$

ce qui peut s'écrire, en tenant compte de (29),

$$\int (1-x^2)^r \frac{d^r X_m}{dx^r} \frac{d^r X_n}{dx^r} dx$$
$$= (1-x^2)^r \frac{d^{r-1} X_m}{dx^{r-1}} \frac{d^r X_n}{dx^r} + (n-r+1)(n+r)\int (1-x^2)^{r-1} \frac{d^{r-1} X_m}{dx^{r-1}} \frac{d^{r-1} X_n}{dx^{r-1}} dx.$$

En prenant les intégrales entre les limites -1 et $+1$, et ayant égard à la définition (28) de $\Phi(r)$, il vient

$$\Phi(r) = (n-r+1)(n+r)\Phi(r-1);$$

on aura de même

$$\Phi(r-1) = (n-r+2)(n+r-1)\Phi(r-2),$$
$$\ldots\ldots\ldots\ldots\ldots\ldots\ldots\ldots\ldots\ldots,$$
$$\Phi(1) = n(n+1)\Phi(0).$$

On en conclut, en multipliant membre à membre toutes ces égalités,

$$\Phi(r) = (n-r+1)(n-r+2)\ldots(n+r)\Phi(0).$$

Or

$$\Phi(0) = \int_{-1}^{+1} X_m X_n \, dx.$$

Cette intégrale est nulle, si m et n sont inégaux, et égale à $\frac{2}{2n+1}$ pour $m = n$. De là le théorème suivant :

$$\text{(R)} \qquad \int_{-1}^{+1} (1-x^2)^r \frac{d^r X_m}{dx^r} \frac{d^r X_n}{dx^r} dx = 0$$

si m et n sont inégaux, et

$$\text{(S)} \qquad \int_{-1}^{+1} (1-x^2)^r \left(\frac{d^r X_n}{dx^r}\right)^2 dx = \frac{2}{2n+1}(n-r+1)(n-r+2)\ldots(n+r).$$

Ces équations (R) et (S) sont, comme on voit, une généralisation des formules (K) et (L) du n° 128.

CHAPITRE XVII.

FORME GÉNÉRALE ET PROPRIÉTÉS DES FONCTIONS Y_n.

133. Forme générale des fonctions Y_n. — Nous avons vu que Y_n est une fonction entière, du degré n, des quantités

$$\mu, \quad \sqrt{1-\mu^2}\cos\psi, \quad \sqrt{1-\mu^2}\sin\psi$$

ou bien de

$$\mu, \quad \sqrt{1-\mu^2}\,E^{\psi\sqrt{-1}}, \quad \sqrt{1-\mu^2}\,E^{-\psi\sqrt{-1}}.$$

Son expression sera donc de la forme

$$(1)\quad \begin{cases} Y_n = U^{(0)} + U^{(1)}\sqrt{1-\mu^2}\cos\psi + \ldots + U^{(i)}\left(\sqrt{1-\mu^2}\right)^i\cos i\psi + \ldots + U^{(n)}\left(\sqrt{1-\mu^2}\right)^n\cos n\psi \\ \qquad + T^{(1)}\sqrt{1-\mu^2}\sin\psi + \ldots + T^{(i)}\left(\sqrt{1-\mu^2}\right)^i\sin i\psi + \ldots + T^{(n)}\left(\sqrt{1-\mu^2}\right)^n\sin n\psi, \end{cases}$$

où les quantités

$$U^{(0)}, \quad U^{(1)}, \quad \ldots, \quad U^{(i)}, \quad \ldots, \quad U^{(n)},$$
$$T^{(1)}, \quad \ldots, \quad T^{(2)}, \quad \ldots, \quad T^{(n)}$$

sont des polynômes entiers en μ dont il faut chercher les expressions générales.

Or la fonction Y_n doit vérifier, quels que soient μ et ψ, l'équation (C), p. 253,

$$\frac{\partial}{\partial\mu}\left[(1-\mu^2)\frac{\partial Y_n}{\partial\mu}\right] + \frac{1}{1-\mu^2}\frac{\partial^2 Y_n}{\partial\psi^2} + n(n+1)Y_n = 0.$$

Si l'on y substitue l'expression (1) et qu'on égale à zéro le coefficient de $\cos i\psi$, on trouve aisément

$$(2)\quad \left\{\begin{aligned} &\frac{d}{d\mu}\left\{(1-\mu^2)\frac{d}{d\mu}\left[U^{(i)}(\sqrt{1-\mu^2})^i\right]\right\} \\ &\quad - \frac{i^2}{1-\mu^2}U^{(i)}(\sqrt{1-\mu^2})^i + n(n+1)U^{(i)}(\sqrt{1-\mu^2})^i = 0. \end{aligned}\right.$$

On aurait obtenu la même équation, sauf le changement de $U^{(i)}$ en $T^{(i)}$, si l'on avait annulé le coefficient de $\sin i\psi$ au lieu de celui de $\cos i\psi$. Un calcul facile donne ensuite

$$\begin{aligned} &\frac{d}{d\mu}\left\{(1-\mu^2)\frac{d}{d\mu}\left[U^{(i)}(\sqrt{1-\mu^2})^i\right]\right\} \\ &\quad = (1-\mu^2)^{\frac{i}{2}+1}\frac{d^2U^{(i)}}{d\mu^2} - 2(i+1)\mu(1-\mu^2)^{\frac{i}{2}}\frac{dU^{(i)}}{d\mu} - i\left[(1-\mu^2)^{\frac{i}{2}} - i\mu^2(1-\mu^2)^{\frac{i}{2}-1}\right]U^{(i)}. \end{aligned}$$

En substituant dans (2), supprimant le facteur $(1-\mu^2)^{\frac{i}{2}}$ et réduisant, il vient

$$(3)\quad (1-\mu^2)\frac{d^2U^{(i)}}{d\mu^2} - 2(i+1)\mu\frac{dU^{(i)}}{d\mu} + (n-i)(n+i+1)U^{(i)} = 0.$$

Cette équation va nous servir à déterminer $U^{(i)}$. Posons, en effet, en désignant par p le degré de ce polynôme,

$$(4)\quad U^{(i)} = \sum_0^p D_j\mu^j;$$

substituons dans (3) et égalons à zéro le coefficient de μ^j, nous trouverons

$$(j+1)(j+2)D_{j+2} + [n^2 - i^2 + n - i - j^2 + j - 2j(i+1)]D_j = 0$$

ou, plus simplement,

$$(5)\quad (j+1)(j+2)D_{j+2} + (n-i-j)(n+i+j+1)D_j = 0.$$

Donnons à j les valeurs p et $p-1$ et remarquons que D_{p+2} et D_{p+1} sont nuls par hypothèse. La relation récurrente (5) nous donnera

$$n-i-p=0, \qquad D_{p-1}=0.$$

Ainsi le degré de $U^{(i)}$ est $n-i$. Ce polynôme ne contient que des termes de même parité que $n-i$; car la relation (5) donne $D_{p-3}=0$ à cause de $D_{p-1}=0$; on aura de même $D_{p-5}=0$, ... La même relation (5) permet de calculer D_{p-2},

D_{p-4}, ... en fonction de D_p, et l'on trouve sans peine

$$U^{(i)} = D_p \Big[\mu^{n-i} - \frac{(n-i)(n-i-1)}{2(2n-1)} \mu^{n-i-2} + \frac{(n-i)(n-i-1)(n-i-2)(n-i-3)}{2.4(2n-1)(2n-3)} \mu^{n-i-4} - \ldots \Big]$$

ou bien,

$$U^{(i)} = A_i \Big[n(n-1)\ldots(n-i+1)\mu^{n-i} - \frac{n(n-1)}{2(2n-1)}(n-2)(n-3)\ldots(n-i-1)\mu^{n-i-2} + \frac{n(n-1)(n-2)(n-3)}{2.4(2n-1)(2n-3)}(n-4)(n-5)\ldots(n-i-3)\mu^{n-i-4} - \ldots \Big],$$

en posant

$$D_p = n(n-1)(n-2)\ldots(n-i+1)A_i.$$

Cela peut s'écrire évidemment

$$U^{(i)} = A_i \frac{d^i}{d\mu^i} \Big[\mu^n - \frac{n(n-1)}{2(2n-1)} \mu^{n-2} + \frac{n(n-1)(n-2)(n-3)}{2.4(2n-1)(2n-3)} \mu^{n-4} - \ldots \Big].$$

La quantité mise entre crochets est, à un facteur constant près, le polynôme de Legendre, dans lequel on a remplacé x par μ. Soit $\mathfrak{M}_n$ ce polynôme. Nous aurons donc

$$U^{(i)} = \frac{d^i \mathfrak{M}_n}{d\mu^i} \times \text{const.}, \qquad T^{(i)} = \frac{d^i \mathfrak{M}_n}{d\mu^i} \times \text{const.}$$

Si l'on représente ces deux constantes par

$$C_i^{(n)} \cos i\psi_i^{(n)}, \qquad C_i^{(n)} \sin i\psi_i^{(n)},$$

on aura

$$U^{(i)} \cos i\psi + T^{(i)} \sin i\psi = C_i^{(n)} \frac{d^i \mathfrak{M}_n}{d\mu^i} \cos i(\psi - \psi_i^{(n)}).$$

Au lieu de $C_0^{(n)}$, nous mettrons $\frac{1}{2} C_0^{(n)}$, et la formule (1) deviendra finalement

$$(1) \quad \left\{ \begin{aligned} Y_n = {} & \tfrac{1}{2} C_0^{(n)} \mathfrak{M}_n + C_1^{(n)} \sqrt{1-\mu^2} \frac{d\mathfrak{M}_n}{d\mu} \cos(\psi - \psi_1^{(n)}) + \ldots \\ & + C_i^{(n)} (\sqrt{1-\mu^2})^i \frac{d^i \mathfrak{M}_n}{d\mu^i} \cos i(\psi - \psi_i^{(n)}) + \ldots \\ & + C_n^{(n)} (\sqrt{1-\mu^2})^n \frac{d^n \mathfrak{M}_n}{d\mu^n} \cos n(\psi - \psi_n^{(n)}). \end{aligned} \right.$$

On a d'ailleurs

$$\text{(II)}\quad \left\{\begin{aligned} \mathfrak{M}_n &= \frac{1.3\ldots(2n-1)}{2.4\ldots 2n}\left[\mu^n - \frac{n(n-1)}{2(2n-1)}\mu^{n-2} + \frac{n(n-1)(n-2)(n-3)}{2.4(2n-1)(2n-3)}\mu^{n-4} - \ldots\right] \\ &= \frac{1}{2^n.1.2\ldots n}\frac{d^n}{d\mu^n}(\mu^2-1)^n, \end{aligned}\right.$$

$$\text{(III)}\qquad V = \frac{Y_0}{r} + \frac{Y_1}{r^2} + \ldots + \frac{Y_n}{r^{n+1}} + \ldots.$$

On a ainsi résolu d'une manière générale le problème qui consistait dans le développement du potentiel V suivant les puissances de $\frac{1}{r}$; on voit que les polynômes de Legendre constituent les éléments mêmes de ce développement. On remarquera que l'expression (I) de Y_n contient $2n+1$ constantes arbitraires $C_0^{(n)}, C_1^{(n)}, \ldots, C_n^{(n)}, \psi_1^{(n)}, \ldots, \psi_n^{(n)}$, qui prendront des valeurs différentes pour les divers corps dont V désigne le potentiel.

134. **Expression générale des fonctions** P_n. — D'après les nos 123 et 124, P_n est un cas particulier de Y_n. La formule (I) donnera donc

$$\text{(6)}\qquad P_n = \frac{1}{2}C_0^{(n)}\mathfrak{M}_n + \sum_{i=1}^{i=n} C_i^{(n)}\left(\sqrt{1-\mu^2}\right)^i \frac{d^i\mathfrak{M}_n}{d\mu^i}\cos i(\psi - \psi_i^{(n)}).$$

D'autre part, P_n est une fonction entièrement déterminée, puisqu'on l'obtient en faisant dans le polynôme X_n de Legendre

$$\text{(7)}\qquad x = \mu\mu' + \sqrt{1-\mu^2}\sqrt{1-\mu'^2}\cos(\psi - \psi').$$

Il s'agit donc de déterminer les $2n+1$ constantes qui figurent dans la formule (6). On peut écrire

$$\psi - \psi_i^{(n)} = (\psi - \psi') + (\psi' - \psi_i^{(n)}),$$

d'où

$$\text{(8)}\quad \cos i(\psi - \psi_i^{(n)}) = \cos i(\psi - \psi')\cos i(\psi' - \psi_i^{(n)}) - \sin i(\psi - \psi')\sin i(\psi' - \psi_i^{(n)}).$$

D'après la forme (7) de x, P_n ne doit contenir que les cosinus des multiples de $\psi - \psi'$; le coefficient de $\sin i(\psi - \psi')$ doit donc être nul, et, d'après (8), cela entraine

$$\psi' - \psi_i^{(n)} = 0, \qquad \psi_i^{(n)} = \psi'.$$

L'expression (6) de P_n devient donc

$$P_n = \frac{1}{2}C_0^{(n)}\mathfrak{M}_n + \sum_{i=1}^{i=n} C_i^{(n)}\left(\sqrt{1-\mu^2}\right)^i \frac{d^i\mathfrak{M}_n}{d\mu^i}\cos i(\psi - \psi').$$

Il ne reste plus à déterminer que les $n+1$ constantes $C_0^{(n)}, \ldots, C_n^{(n)}$; elles sont des fonctions de μ'. Or l'expression (7) de x montre que P_n doit être une fonction symétrique de μ et de μ'; si donc on désigne par $\mathfrak{M}'_n$ ce que devient $\mathfrak{M}_n$ quand on y remplace μ par μ', on aura

$$C_i^{(n)} = G_i^{(n)} (\sqrt{1-\mu'^2})^i \frac{d^i \mathfrak{M}'_n}{d\mu'^i},$$

$G_i^{(n)}$ étant maintenant une constante absolue indépendante de μ'. Il vient ainsi

$$(9)\quad P_n = \frac{1}{2} G_0^{(n)} \mathfrak{M}_n \mathfrak{M}'_n + \sum_{i=1}^{i=n} G_i^{(n)} (\sqrt{1-\mu^2})^i (\sqrt{1-\mu'^2})^i \frac{d^i \mathfrak{M}_n}{d\mu^i} \frac{d^i \mathfrak{M}'_n}{d\mu'^i} \cos i(\psi - \psi').$$

Pour déterminer les constantes $G_i^{(n)}$, nous ferons, dans la formule précédente,

$$\mu' = \mu, \qquad \psi - \psi' = \lambda.$$

Soit R_n ce que devient alors P_n; nous aurons

$$(10)\qquad R_n = \frac{1}{2} G_0^{(n)} \mathfrak{M}_n^2 + \sum_{i=1}^{i=n} G_i^{(n)} (1-\mu^2)^i \left(\frac{d^i \mathfrak{M}_n}{d\mu^i}\right)^2 \cos i\lambda.$$

D'après (7), R_n s'obtiendra en remplaçant x dans X_n par

$$\mu^2 + (1-\mu^2)\cos\lambda.$$

On pourra donc dire, en se rappelant l'origine du polynôme de Legendre, que R_n sera défini par la formule

$$(11)\qquad \frac{1}{\sqrt{1 - 2\alpha[\mu^2 + (1-\mu^2)\cos\lambda] + \alpha^2}} = \sum_0^\infty \alpha^n R_n.$$

Multiplions les deux membres de l'équation (10) par $d\mu$, intégrons entre les limites -1 et $+1$ et reportons-nous aux formules du n° 132, qui deviennent, avec les notations actuelles,

$$\int_{-1}^{+1} \mathfrak{M}_n^2\, d\mu = \frac{2}{2n+1},$$

$$\int_{-1}^{+1} (1-\mu^2)^i \left(\frac{d^i \mathfrak{M}_n}{d\mu^i}\right)^2 d\mu = \frac{2}{2n+1} (n-i+1)(n-i+2)\ldots(n+i),$$

et nous obtiendrons

$$(12)\qquad \frac{2n+1}{2} \int_{-1}^{+1} R_n\, d\mu = \frac{1}{2} G_0^{(n)} + \sum_{i=1}^{i=n} (n-i+1)\ldots(n+i)\, G_i^{(n)} \cos i\lambda,$$

de sorte que la détermination des constantes $G_i^{(n)}$ revient au développement de $\int_{-1}^{+1} R_n d\mu$ suivant les cosinus des multiples de λ. Or on tire de (11)

$$\int_{-1}^{+1} \frac{d\mu}{\sqrt{1 - 2\alpha\cos\lambda + \alpha^2 - 2\alpha(1-\cos\lambda)\mu^2}} = \sum_0^\infty \alpha^n \int_{-1}^{+1} R_n\, d\mu.$$

L'intégration du premier membre s'effectue immédiatement, et il vient

$$\frac{2}{\sqrt{2\alpha(1-\cos\lambda)}} \arcsin\sqrt{\frac{2\alpha(1-\cos\lambda)}{1-2\alpha\cos\lambda+\alpha^2}} = \sum_{n=0}^{n=\infty} \alpha^n \int_{-1}^{+1} R_n\, d\mu$$

ou bien

$$\frac{2}{\sqrt{2(1-\cos\lambda)}} \arcsin\sqrt{\frac{2\alpha(1-\cos\lambda)}{1-2\alpha\cos\lambda+\alpha^2}} = \sum_{n=0}^{n=\infty} \alpha^{\frac{2n+1}{2}} \int_{-1}^{+1} R_n\, d\mu.$$

En prenant les dérivées des deux membres par rapport à α, on trouve, après réduction,

$$\frac{1}{\sqrt{\alpha}} \frac{1+\alpha}{1-2\alpha\cos\lambda+\alpha^2} = \sum_{n=0}^{n=\infty} \frac{2n+1}{2} \alpha^{\frac{2n-1}{2}} \int_{-1}^{+1} R_n\, d\mu,$$

ce qui prouve que

$$\frac{2n+1}{2}\int_{-1}^{+1} R_n\, d\mu$$

est égal au coefficient de α^n dans le développement de l'expression

$$\frac{1+\alpha}{1-2\alpha\cos\lambda+\alpha^2}$$

suivant les puissances de α. Or on a

$$\frac{1-\alpha^2}{1-2\alpha\cos\lambda+\alpha^2} = \frac{1}{1-\alpha E^{\lambda\sqrt{-1}}} + \frac{1}{1-\alpha E^{-\lambda\sqrt{-1}}} - 1$$
$$= 1 + 2\alpha\cos\lambda + 2\alpha^2\cos 2\lambda + \ldots;$$

par conséquent,

$$\frac{1+\alpha}{1-2\alpha\cos\lambda+\alpha^2} = \frac{1+2\alpha\cos\lambda+2\alpha^2\cos 2\lambda+\ldots}{1-\alpha}$$
$$= \sum_0^\infty \alpha^n (1 + 2\cos\lambda + 2\cos 2\lambda + \ldots + 2\cos n\lambda),$$

d'où l'on conclut que

(13) $$\frac{2n+1}{2}\int_{-1}^{+1} R_n\, d\mu = 1 + 2\cos\lambda + 2\cos 2\lambda + \ldots + 2\cos n\lambda.$$

La comparaison des formules (12) et (13) donne immédiatement

$$G_0^{(n)} = 2, \qquad G_i^{(n)} = \frac{2}{(n-i+1)\ldots(n+i)},$$

après quoi l'expression (9) de P_n devient

$$\text{(IV)} \quad \frac{1}{2}P_n = \frac{1}{2}\mathfrak{M}_n\mathfrak{M}'_n + \sum_{i=1}^{i=n} \frac{(1-\mu^2)^{\frac{i}{2}}(1-\mu'^2)^{\frac{i}{2}}}{(n-i+1)\ldots(n+i)} \frac{d^i\mathfrak{M}_n}{d\mu^i}\frac{d^i\mathfrak{M}'_n}{d\mu'^i}\cos i(\psi-\psi').$$

C'est la formule cherchée.

135. Démonstration de Jacobi pour l'expression des fonctions P_n. — Cette démonstration est très remarquable en ce qu'elle permet d'arriver immédiatement au développement des fonctions P_n, sans passer par les propriétés des fonctions X_n, propriétés qu'elle met du reste, la plupart, en évidence.

Elle repose sur la considération de l'intégrale

$$I = \frac{1}{2\pi}\int_0^{2\pi} \frac{d\zeta}{A + B\sqrt{-1}\cos\zeta + C\sqrt{-1}\sin\zeta},$$

dans laquelle A, B, C désignent des quantités réelles, indépendantes de ζ.

Posons, en désignant par N une quantité positive et par ζ_0 un arc compris entre 0 et 2π,

$$B = -N\cos\zeta_0, \qquad C = -N\sin\zeta_0, \qquad \text{d'où} \qquad N = +\sqrt{B^2+C^2},$$

et nous aurons

$$I = \frac{1}{2\pi}\int_0^{2\pi} \frac{d\zeta}{A - N\sqrt{-1}\cos(\zeta-\zeta_0)}$$

ou, plus simplement,

$$I = \frac{1}{2\pi}\int_0^{2\pi} \frac{d\zeta}{A - N\sqrt{-1}\cos\zeta} = \frac{1}{\pi}\int_0^{\pi} \frac{d\zeta}{A - N\sqrt{-1}\cos\zeta};$$

en se reportant à la formule

$$\frac{1}{\pi}\int_0^{\pi} \frac{d\omega}{A - B'\sqrt{-1}\cos\omega} = +\frac{1}{\sqrt{A^2+B'^2}},$$

démontrée au n° **129**, on trouve que, si A est positif, on aura

$$I = +\frac{1}{\sqrt{N^2+A^2}} = +\frac{1}{\sqrt{A^2+B^2+C^2}};$$

si A était négatif, on devrait prendre

$$\sqrt{A^2(N^2+A^2)} = -A\sqrt{N^2+A^2},$$

et l'on trouverait

$$I = -\frac{1}{\sqrt{A^2+B^2+C^2}}.$$

Nous supposerons A positif, et nous aurons ainsi cette formule importante

$$(14)\qquad \frac{1}{2\pi}\int_0^{2\pi}\frac{d\zeta}{A+B\sqrt{-1}\cos\zeta+C\sqrt{-1}\sin\zeta} = \frac{1}{\sqrt{A^2+B^2+C^2}}.$$

Nous prenons comme définition des fonctions X_n l'équation

$$\frac{1}{\sqrt{1-2\alpha x+\alpha^2}} = \sum_0^\infty \alpha^n X_n,$$

dans laquelle α est un nombre positif plus petit que 1; par définition, la fonction P_n est ce que devient X_n quand on y remplace x par

$$\cos\theta\cos\theta'+\sin\theta\sin\theta'\cos(\psi-\psi'),$$

où l'on a

$$0<\theta<\pi,\qquad 0<\theta'<\pi,$$

et où l'on peut supposer aussi

$$0<\psi-\psi'<\pi;$$

nous pourrons donc prendre comme définition des fonctions P_n l'équation

$$(15)\qquad \frac{1}{\sqrt{1-2\alpha[\cos\theta\cos\theta'+\sin\theta\sin\theta'\cos(\psi-\psi')]+\alpha^2}} = \sum_0^\infty \alpha^n P_n.$$

Le premier membre de cette équation ne change pas quand on change θ et θ' en $\pi-\theta$ et $\pi-\theta'$; on peut donc admettre que l'un au moins des deux angles θ et θ' est compris entre 0 et $\frac{\pi}{2}$; nous supposerons que l'on n'ait pas en même temps $\theta=\frac{\pi}{2}$ et $\theta'=\frac{\pi}{2}$. Nous aurons donc, par exemple,

$$\cos\theta'>0.$$

Posons

$$A = \cos\theta'-\alpha\cos\theta,$$
$$B = \sin\theta'\cos\psi'-\alpha\sin\theta\cos\psi,$$
$$C = \sin\theta'\sin\psi'-\alpha\sin\theta\sin\psi;$$

d'après l'hypothèse faite sur θ', on pourra prendre α assez petit pour que l'on ait

$$A > 0;$$

alors la formule (14) donnera

$$\frac{1}{\sqrt{1 - 2\alpha[\cos\theta\cos\theta' + \sin\theta\sin\theta'\cos(\psi - \psi')] + \alpha^2}}$$
$$= \frac{1}{2\pi}\int_0^{2\pi} \frac{d\zeta}{\cos\theta' + \sqrt{-1}\sin\theta'\cos(\psi' - \zeta) - \alpha\left[\cos\theta + \sqrt{-1}\sin\theta\cos(\psi - \zeta)\right]}.$$

En comparant cette équation à (15), il vient

$$\sum_0^\infty \alpha^n P_n = \frac{1}{2\pi}\int_0^{2\pi} \frac{d\zeta}{\cos\theta' + \sqrt{-1}\sin\theta'\cos(\psi' - \zeta) - \alpha\left[\cos\theta + \sqrt{-1}\sin\theta\cos(\psi - \zeta)\right]};$$

On peut écrire

$$(16) \qquad \sum_0^\infty \alpha^n P_n = \frac{1}{2\pi}\int_0^{2\pi} H\,d\zeta,$$

$$(17) \qquad H = \frac{1}{\cos\theta' + \sqrt{-1}\sin\theta'\cos(\psi' - \zeta)}\left[1 - \alpha\frac{\cos\theta + \sqrt{-1}\sin\theta\cos(\psi - \zeta)}{\cos\theta' + \sqrt{-1}\sin\theta'\cos(\psi' - \zeta)}\right]^{-1}.$$

Le module de

$$\alpha\frac{\cos\theta + \sqrt{-1}\sin\theta\cos(\psi - \zeta)}{\cos\theta' + \sqrt{-1}\sin\theta'\cos(\psi' - \zeta)}$$

est

$$\alpha\frac{\sqrt{\cos^2\theta + \sin^2\theta\cos^2(\psi - \zeta)}}{\sqrt{\cos^2\theta' + \sin^2\theta'\cos^2(\psi' - \zeta)}} = \alpha\frac{\sqrt{1 - \sin^2\theta\sin^2(\psi - \zeta)}}{\sqrt{\cos^2\theta' + \sin^2\theta'\cos^2(\psi' - \zeta)}},$$

il est inférieur à $\frac{\alpha}{\cos\theta'}$; on pourra donc prendre α assez petit pour que ce module soit inférieur à l'unité.

L'expression (17) de H pourra donc être développée comme il suit en série convergente suivant les puissances de α :

$$H = \sum_0^\infty \alpha^n \frac{[\cos\theta + \sqrt{-1}\sin\theta\cos(\psi - \zeta)]^n}{[\cos\theta' + \sqrt{-1}\sin\theta'\cos(\psi' - \zeta)]^{n+1}}.$$

En portant dans (16), il vient

$$\sum_0^\infty \alpha^n P_n = \frac{1}{2\pi}\sum_0^\infty \alpha^n \int_0^{2\pi} \frac{[\cos\theta + \sqrt{-1}\sin\theta\cos(\psi - \zeta)]^n}{[\cos\theta' + \sqrt{-1}\sin\theta'\cos(\psi' - \zeta)]^{n+1}}\,d\zeta;$$

on en conclut

(18) $$P_n = \frac{1}{2\pi}\int_0^{2\pi} \frac{[\cos\theta + \sqrt{-1}\sin\theta\cos(\psi-\zeta)]^n}{[\cos\theta' + \sqrt{-1}\sin\theta'\cos(\psi'-\zeta)]^{n+1}}\,d\zeta.$$

Remarque. — Lorsque $\theta' = 0$, l'équation (15) montre que l'on a

$$P_n = X_n,$$

la variable x étant égale à $\cos\theta$; la formule (18) donne alors

(19) $$X_n = \frac{1}{2\pi}\int_0^{2\pi} [\cos\theta + \sqrt{-1}\sin\theta\cos(\psi-\zeta)]^n\,d\zeta$$

ou bien, en remplaçant $\cos\theta$ par x, $\sin\theta$ par $\sqrt{1-x^2}$, $\zeta-\psi$ par ω,

$$X_n = \frac{1}{2\pi}\int_0^{2\pi} (x + \sqrt{-1}\sqrt{1-x^2}\cos\omega)^n\,d\omega\,;$$

c'est la formule (M) du n° 129.

En supposant $\theta = 0$, l'équation (15) montre que l'on a

$$P_n = X'_n,$$

la variable x étant égale à $\cos\theta'$; la formule (18) donne

(20) $$X'_n = \frac{1}{2\pi}\int_0^{2\pi} \frac{d\zeta}{[\cos\theta' + \sqrt{-1}\sin\theta'\cos(\psi'-\zeta)]^{n+1}}$$

ou bien, en remplaçant $\cos\theta'$ par x et $\zeta-\psi'$ par ω,

$$X_n = \frac{1}{2\pi}\int_0^{2\pi} \frac{d\omega}{(x + \sqrt{-1}\sqrt{1-x^2}\cos\omega)^{n+1}}\,;$$

c'est là une expression nouvelle pour la fonction X_n.

Revenons à la formule (18) et posons

(21) $$\left\{\begin{aligned}[\cos\theta + \sqrt{-1}\sin\theta\cos(\psi-\zeta)]^n &= U_n + 2\sqrt{-1}\,U'_n\cos(\psi-\zeta) - 2U''_n\cos2(\psi-\zeta)\\ &\quad - 2\sqrt{-1}\,U'''_n\cos3(\psi-\zeta) + \ldots,\end{aligned}\right.$$

(22) $$\left\{\begin{aligned}[\cos\theta' + \sqrt{-1}\sin\theta'\cos(\psi'-\zeta)]^{-(n+1)} &= V_n + 2\sqrt{-1}\,V'_n\cos(\psi'-\zeta) - 2V''_n\cos2(\psi'-\zeta)\\ &\quad - 2\sqrt{-1}\,V'''_n\cos3(\psi'-\zeta) + \ldots;\end{aligned}\right.$$

U_n, U'_n, ... seront des fonctions de θ;
V_n, V'_n, ... seront des fonctions de θ'.

On tire de (21) et (22)

$$U_n = \frac{1}{2\pi}\int_0^{2\pi} \left[\cos\theta + \sqrt{-1}\sin\theta\cos(\psi-\zeta)\right]^n d\zeta,$$

$$V_n = \frac{1}{2\pi}\int_0^{2\pi} \frac{d\zeta}{\left[\cos\theta' + \sqrt{-1}\sin\theta'\cos(\psi'-\zeta)\right]^{n+1}},$$

d'où, en ayant égard à (19) et (20),

$$(23) \qquad U_n = X_n, \qquad V_n = X'_n.$$

Substituons dans (18) les développements (21) et (22), et remarquons que l'on a

$$\frac{1}{2\pi}\int_0^{2\pi} \cos p(\psi-\zeta)\cos p'(\psi'-\zeta)\,d\zeta = 0$$

si p et p' sont inégaux, et $= \frac{1}{2}\cos p(\psi - \psi')$ si $p = p'$; nous trouverons

$$(24) \quad P_n = U_n V_n - 2U'_n V'_n \cos(\psi-\psi') + 2U''_n V''_n \cos 2(\psi-\psi') - 2U'''_n V'''_n \cos 3(\psi-\psi') + \ldots.$$

Les fonctions U_n et V_n sont déjà connues; il nous reste à trouver U'_n, U''_n, ..., V'_n, V''_n, ...

Détermination de U'_n, U''_n, ... — Ces fonctions sont entièrement définies par l'équation (21), que l'on peut écrire

$$(25) \quad (\cos\theta + \sqrt{-1}\sin\theta\cos\lambda)^n = U_n + 2\sqrt{-1}\,U'_n\cos\lambda - 2U''_n\cos 2\lambda - 2\sqrt{-1}\,U'''_n\cos 3\lambda + \ldots.$$

Posons

$$(26) \qquad \cos\theta = \mu, \qquad \sqrt{-1}\sin\theta\, E^{\lambda\sqrt{-1}} = z,$$

d'où

$$(27) \qquad E^{\lambda\sqrt{-1}} = \frac{z}{\sqrt{-1}\sin\theta}.$$

Il est facile de calculer $\cos\theta + \sqrt{-1}\sin\theta\cos\lambda$; on a, en effet,

$$\begin{aligned}\cos\theta + \sqrt{-1}\sin\theta\cos\lambda &= \cos\theta + \frac{\sqrt{-1}}{2}\sin\theta\left(E^{\lambda\sqrt{-1}} + E^{-\lambda\sqrt{-1}}\right)\\ &= \mu + \frac{\sqrt{-1}}{2}\sin\theta\left(\frac{z}{\sqrt{-1}\sin\theta} + \frac{\sqrt{-1}\sin\theta}{z}\right)\\ &= \mu + \frac{1}{2}\left(z + \frac{\mu^2-1}{z}\right),\end{aligned}$$

d'où

$$\cos\theta + \sqrt{-1}\sin\theta\cos\lambda = \frac{(\mu+z)^2-1}{2z}.$$

L'équation (25) donnera donc

$$\frac{[(\mu+z)^2-1]^n}{(2z)^n} = U_n + U'_n\left(\frac{z}{\sin\theta} - \frac{\sin\theta}{z}\right) + U''_n\left(\frac{z^2}{\sin^2\theta} + \frac{\sin^2\theta}{z^2}\right) + U'''_n\left(\frac{z^3}{\sin^3\theta} - \frac{\sin^3\theta}{z^3}\right) + \ldots$$

ou bien

$$(28)\quad \left\{\begin{aligned} \frac{[(\mu+z)^2-1]^n}{2^n} = U_n z^n &+ \frac{U'_n}{\sin\theta}z^{n+1} + \frac{U''_n}{\sin^2\theta}z^{n+2} + \frac{U'''_n}{\sin^3\theta}z^{n+3} + \ldots \\ &- U'_n\sin\theta\, z^{n-1} + U''_n\sin^2\theta\, z^{n-2} - U'''_n\sin^3\theta\, z^{n-3} + \ldots; \end{aligned}\right.$$

on a remplacé $\cos q\lambda$ par

$$\frac{1}{2}\left(E^{q\lambda\sqrt{-1}} + E^{-q\lambda\sqrt{-1}}\right) = \frac{1}{2(\sqrt{-1})^q}\left[\frac{z^q}{\sin^q\theta} + (-1)^q\frac{\sin^q\theta}{z^q}\right].$$

On a là le développement du premier membre suivant les puissances de z, car U_n, $\frac{U'_n}{\sin\theta}$, ... sont des fonctions de μ seul.

Posons

$$f(\mu) = \frac{(\mu^2-1)^n}{2^n};$$

nous aurons, par la série de Taylor,

$$(29)\quad f(\mu+z) = \frac{[(\mu+z)^2-1]^n}{2^n} = f(\mu) + f'(\mu)\frac{z}{1} + \ldots + f^{(n)}(\mu)\frac{z^n}{1.2\ldots n} + \ldots.$$

En comparant cette expression à (28) et égalant de part et d'autre les coefficients de z^n, z^{n+1}, ..., il viendra

$$U_n = \frac{f^{(n)}(\mu)}{1.2\ldots n} = \frac{1}{2^n.1.2\ldots n}\,\frac{d^n(\mu^2-1)^n}{d\mu^n},$$

$$\frac{U'_n}{\sin\theta} = \frac{f^{(n+1)}(\mu)}{1.2\ldots(n+1)} = \frac{1}{2^n.1.2\ldots(n+1)}\,\frac{d^{n+1}(\mu^2-1)^n}{d\mu^{n+1}},$$

$$\frac{U''_n}{\sin^2\theta} = \frac{f^{(n+2)}(\mu)}{1.2\ldots(n+2)} = \frac{1}{2^n.1.2\ldots(n+2)}\,\frac{d^{n+2}(\mu^2-1)^n}{d\mu^{n+2}},$$

....;

d'où

$$(30)\qquad U_n = X_n = \frac{1}{2^n.1.2\ldots n}\frac{d^n(\mu^2-1)^n}{d\mu^n},$$

$$U'_n = \frac{1}{n+1}(1-\mu^2)^{\frac{1}{2}}\frac{dX_n}{d\mu},$$

$$\ldots\ldots\ldots\ldots\ldots\ldots,$$

$$(31)\qquad U_n^{(i)} = \frac{1}{(n+1)(n+2)\ldots(n+i)}(1-\mu^2)^{\frac{i}{2}}\frac{d^iX_n}{d\mu^i}.$$

La formule (30) donne l'expression remarquable de X_n, que nous avions obtenue (p. 265) en partant de la série de Lagrange.

La formule (31) fait connaître l'expression générale de $U_n^{(i)}$.

Remarque. — En comparant dans (28) et (29) les coefficients de z^{n-i}, on trouve

$$(-1)^i\sin^i\theta\, U_n^{(i)} = \frac{f^{(n-i)}(\mu)}{1.2\ldots(n-i)} = \frac{1}{2^n.1.2\ldots(n-i)}\frac{d^{n-i}(\mu^2-1)^n}{d\mu^{n-i}}.$$

On a trouvé ci-dessus

$$\frac{U_n^{(i)}}{\sin^i\theta} = \frac{1}{2^n.1.2\ldots(n+i)}\frac{d^{n+i}(\mu^2-1)^n}{d\mu^{n+i}};$$

il en résulte cette identité remarquable

$$\frac{d^{n+i}(\mu^2-1)^n}{d\mu^{n+i}} = \frac{(n-i+1)(n-i+2)\ldots(n+i)}{(\mu^2-1)^i}\frac{d^{n-i}(\mu^2-1)^n}{d\mu^{n-i}}.$$

Détermination de V'_n, V''_n, ... — Ces fonctions sont entièrement définies par l'équation (22), que l'on peut écrire

$$(32)\qquad \begin{cases} (\cos\theta'+\sqrt{-1}\sin\theta'\cos\lambda')^{-(n+1)} \\ \quad = V_n + 2\sqrt{-1}\,V'_n\cos\lambda' - 2V''_n\cos2\lambda' - 2\sqrt{-1}\,V'''_n\cos3\lambda' + \ldots. \end{cases}$$

Si l'on pose, comme précédemment,

$$\left.\begin{aligned}\cos\theta' &= \mu',\\ \sqrt{-1}\sin\theta'\,E^{\lambda'\sqrt{-1}} &= z',\end{aligned}\right\}\quad \text{d'où}\quad E^{\lambda'\sqrt{-1}} = \frac{z'}{\sqrt{-1}\sin\theta'},$$

on en déduira

$$\cos\theta'+\sqrt{-1}\sin\theta'\cos\lambda' = \frac{(\mu'+z')^2-1}{2z'},$$

et l'équation (32) deviendra

$$[(\mu'+z')^2-1]^{-(n+1)} = (2z')^{-(n+1)}\left[V_n + V'_n\left(\frac{z'}{\sin\theta'} - \frac{\sin\theta'}{z'}\right) + V''_n\left(\frac{z'^2}{\sin^2\theta'} + \frac{\sin^2\theta'}{z'^2}\right) + V'''_n\left(\frac{z'^3}{\sin^3\theta'} - \frac{\sin^3\theta'}{z'^3}\right) + \ldots\right]$$

ou bien

$$(33)\quad \left\{ \begin{aligned} \left[\frac{(\mu'+z')^2-1}{2}\right]^{-(n+1)} &= z'^{-n-1}V_n + z'^{-n}\frac{V'_n}{\sin\theta'} + z'^{-n+1}\frac{V''_n}{\sin^2\theta'} + z'^{-n+2}\frac{V'''_n}{\sin^3\theta'} + \ldots \\ &\quad - z'^{-n-2}V'_n\sin\theta' + z'^{-n-3}V''_n\sin^2\theta' - z'^{-n-4}V'''_n\sin^3\theta' + \ldots. \end{aligned} \right.$$

Le premier membre de cette équation étant une fonction de $\mu' + z'$, les dérivées d'ordre i du second membre, prises par rapport à z' ou à μ', doivent être identiques, et les coefficients d'une même puissance de z' dans les expressions des deux dérivées doivent être égaux.

Considérons, dans le second membre de (33), les deux termes

$$z'^{-n-1}V_n \quad \text{et} \quad z'^{i-n-1}\frac{V_n^{(i)}}{\sin^i\theta'};$$

leurs dérivées $i^{\text{ièmes}}$, par rapport à μ' et z', sont respectivement

$$z'^{-n-1}\frac{d^iV_n}{d\mu'^i}, \qquad (i-n-1)(i-n-2)\ldots(i-n-i)\,z'^{-n-1}\frac{V_n^{(i)}}{\sin^i\theta'}.$$

En égalant ces deux parties, qui sont les seules à contenir la même puissance z'^{-n-1}, il vient

$$(-1)^i n(n+1)\ldots(n-i+1)\frac{V_n^{(i)}}{\sin^i\theta'} = \frac{d^iV_n}{d\mu'^i}.$$

Or on a vu que $V_n = X'_n$; on aura donc

$$(34)\qquad V_n^{(i)} = \frac{(-1)^i}{(n-i+1)(n-i+2)\ldots n}(1-\mu'^2)^{\frac{i}{2}}\frac{d^iX'_n}{d\mu'^i}.$$

La formule (24), qui peut s'écrire

$$P_n = X_nX'_n + 2\sum_{i=1}^{i=n}(-1)^i U_n^{(i)}V_n^{(i)}\cos i(\psi-\psi'),$$

donnera, en remplaçant $U_n^{(i)}$ et $V_n^{(i)}$ par leurs valeurs (31) et (34),

$$(35)\quad P_n = X_nX'_n + 2\sum_{i=1}^{i=n}\frac{1}{(n-i+1)(n-i+2)\ldots(n+i)}(1-\mu^2)^{\frac{i}{2}}(1-\mu'^2)^{\frac{i}{2}}\frac{d^iX_n}{d\mu^i}\frac{d^iX'_n}{d\mu'^i}\cos i(\psi-\psi').$$

C'est la formule cherchée.

Remarque. — La démonstration serait en défaut si l'on avait $\theta = \theta' = \frac{\pi}{2}$; mais, dans ce cas, P_n est ce que devient X_n quand on y remplace x par $\cos(\psi - \psi')$. On vérifiera aisément qu'en faisant dans la formule (35)

$$\mu = \mu' = 0, \qquad \psi - \psi' = \theta,$$

la valeur de P_n qui en résulte coïncide avec l'expression (F') de X_n (p. 255). La formule (35) est donc démontrée dans tous les cas.

136. Propriétés générales des fonctions Y_n. — *Théorème :* Soient Y_n et Z_m les fonctions générales déterminées par la formule (I), page 270; on aura, si m et n sont inégaux,

$$\text{(V)} \qquad \int_{-1}^{+1} d\mu \int_0^{2\pi} Y_n Z_m \, d\psi = 0$$

ou, ce qui revient au même,

$$\text{(V')} \qquad \int_0^{\pi} \sin\theta \, d\theta \int_0^{2\pi} Y_n Z_m \, d\psi = 0,$$

et cela, quelles que soient les valeurs des $2m + 2n + 2$ constantes arbitraires contenues dans Y_n et Z_m.

On a, en effet, d'après (1), en désignant les constantes par $C_i^{(n)}$, $\psi_i^{(n)}$, $E_j^{(m)}$, $\varpi_j^{(m)}$,

$$(36) \qquad Y_n = \frac{1}{2} C_0^{(n)} \mathfrak{M}_n + \sum_{i=1}^{i=n} C_i^{(n)} (\sqrt{1-\mu^2})^i \frac{d^i \mathfrak{M}_n}{d\mu^i} \cos i(\psi - \psi_i^{(n)}),$$

$$(37) \qquad Z_m = \frac{1}{2} E_0^{(m)} \mathfrak{M}_m + \sum_{j=1}^{j=m} E_j^{(m)} (\sqrt{1-\mu^2})^j \frac{d^j \mathfrak{M}_m}{d\mu^j} \cos j(\psi - \varpi_j^{(m)}).$$

Le terme général du produit $Y_n Z_m$ sera

$$C_i^{(n)} E_j^{(m)} (\sqrt{1-\mu^2})^{i+j} \frac{d^i \mathfrak{M}_n}{d\mu^i} \frac{d^j \mathfrak{M}_m}{d\mu^j} \cos i(\psi - \psi_i^{(n)}) \cos j(\psi - \varpi_j^{(m)}),$$

en ayant soin toutefois de multiplier ce terme par $\frac{1}{2}$ lorsque l'un des indices i ou j est nul et par $\frac{1}{4}$ quand ces indices sont nuls tous les deux.

Le terme général de

$$\int_{-1}^{+1} d\mu \int_0^{2\pi} Y_n Z_m \, d\psi$$

sera donc

$$(38)\quad C_i^{(n)} E_j^{(m)} \left[\int_{-1}^{+1} (\sqrt{1-\mu^2})^{i+j} \frac{d^i \mathfrak{M}_n}{d\mu^i} \frac{d^j \mathfrak{M}_m}{d\mu^j} d\mu \right] \left[\int_0^{2\pi} \cos i(\psi - \psi_i^{(n)}) \cos j(\psi - \varpi_j^{(m)}) d\psi \right].$$

Or on a, si i et j sont différents,

$$\int_0^{2\pi} \cos i(\psi - \psi_i^{(n)}) \cos j(\psi - \varpi_j^{(m)}) d\psi = 0;$$

lorsque $i = j$,

$$\int_0^{2\pi} \cos i(\psi - \psi_i^{(n)}) \cos i(\psi - \varpi_i^{(m)}) d\psi = \pi \cos i(\psi_i^{(n)} - \varpi_i^{(m)});$$

enfin, lorsque $i = j = 0$,

$$\int_0^{2\pi} \cos i(\psi - \psi_i^{(n)}) \cos i(\psi - \varpi_i^{(m)}) d\psi = 2\pi.$$

Il en résulte donc que, dans le terme général (38), on peut supposer $i = j$; il vient ainsi

$$(39)\quad \int_{-1}^{+1} d\mu \int_0^{2\pi} Y_n Z_m d\psi = \pi \sum C_i^{(n)} E_i^{(m)} \cos i(\psi_i^{(n)} - \varpi_i^{(m)}) \int_{-1}^{+1} (1-\mu^2)^i \frac{d^i \mathfrak{M}_n}{d\mu^i} \frac{d^i \mathfrak{M}_m}{d\mu^i} d\mu,$$

où l'indice i doit recevoir les valeurs entières $0, 1, 2, \ldots,$ jusqu'au plus petit des nombres m et n, et où l'on doit prendre, au lieu de $C_0^{(n)} E_0^{(m)}$, $\frac{1}{2} C_0^{(n)} E_0^{(m)}$. Or on a démontré au n° 132 que, si m et n sont inégaux, on a

$$\int_{-1}^{+1} (1-\mu^2)^i \frac{d^i \mathfrak{M}_n}{d\mu^i} \frac{d^i \mathfrak{M}_m}{d\mu^i} d\mu = 0.$$

Donc, dans ces conditions, l'équation (39) donne la formule (V) qu'il fallait démontrer.

Supposons maintenant $m = n$, et calculons l'intégrale

$$\int_{-1}^{+1} d\mu \int_0^{2\pi} Y_n Z_n d\psi.$$

La formule (39) donne, pour $m = n$,

$$\frac{1}{\pi} \int_{-1}^{+1} d\mu \int_0^{2\pi} Y_n Z_n d\psi = \frac{1}{2} C_0^{(n)} E_0^{(n)} \int_{-1}^{+1} \mathfrak{M}_n^2 d\mu$$
$$+ \sum_{i=1}^{i=n} C_i^{(n)} E_i^{(n)} \cos i(\psi_i^{(n)} - \varpi_i^{(n)}) \int_{-1}^{+1} (1-\mu^2)^i \left(\frac{d^i \mathfrak{M}_n}{d\mu^i} \right)^2 d\mu$$

ou, d'après la formule (S) du n° 132,

$$(40)\quad \left\{\begin{aligned} &\frac{2n+1}{4\pi}\int_{-1}^{+1} d\mu \int_0^{2\pi} Y_n Z_n \, d\psi \\ &= \frac{1}{4} C_0^{(n)} E_0^{(n)} + \frac{1}{2} \sum_{i=1}^{i=n} C_i^{(n)} E_i^{(n)} \cos i(\psi_i^{(n)} - \varpi_i^{(n)}) (n-i+1)\ldots(n+i). \end{aligned}\right.$$

Nous allons supposer, comme cas particulier, $Z_n = P_n$ et calculer l'intégrale

$$\int_{-1}^{+1} d\mu \int_0^{2\pi} Y_n P_n \, d\psi.$$

D'après la formule (IV), page 274, on a

$$E_0^{(n)} = 2\,\mathfrak{M}'_n, \qquad \varpi_i^{(n)} = \psi',$$

$$E_i^{(n)} = \frac{2(\sqrt{1-\mu'^2})^i}{(n-i+1)\ldots(n+i)} \frac{d^i \mathfrak{M}'_n}{d\mu'^i}.$$

En portant ces valeurs dans la formule (40), elle devient

$$\frac{2n+1}{4\pi}\int_{-1}^{+1} d\mu \int_0^{2\pi} Y_n P_n \, d\psi = \frac{1}{2} C_0^{(n)} \mathfrak{M}'_n + \sum_{i=1}^{i=n} C_i^{(n)} (\sqrt{1-\mu'^2})^i \frac{d^i \mathfrak{M}'_n}{d\mu'^i} \cos i(\psi' - \psi_i^{(n)}).$$

Or, en comparant le second membre de cette équation à celui de la formule (36), on voit qu'il n'en diffère que par le changement de μ en μ' et de ψ en ψ'. Si donc nous désignons par Y'_n ce que devient Y_n à la suite de ce changement, nous aurons

$$(41)\qquad \frac{2n+1}{4\pi}\int_{-1}^{+1} d\mu \int_0^{2\pi} Y_n P_n \, d\psi = Y'_n.$$

On en déduit, en changeant μ et ψ en μ' et ψ' et remarquant que P_n ne change pas,

$$(\text{VI})\qquad Y_n = \frac{2n+1}{4\pi}\int_{-1}^{+1} \int_0^{2\pi} Y'_n P_n \, d\mu' \, d\psi'$$

ou encore

$$(\text{VI}')\qquad Y_n = \frac{2n+1}{4\pi}\int_0^{\pi} \int_0^{2\pi} Y'_n P_n \sin\theta' \, d\theta' \, d\psi'.$$

Cette formule remarquable jouera bientôt un rôle important.

137. Développement d'une fonction quelconque de deux angles θ et ψ en une série de fonctions Y_n. — On démontre qu'une fonction quelconque de deux angles θ et ψ, donnée arbitrairement entre les limites o et π de θ, o et 2π de ψ, et assujettie à la seule condition de ne pas devenir infinie entre ces limites, peut toujours être développée en une série convergente comme il suit :

$$f(\theta, \psi) = Y_0 + Y_1 + Y_2 + \ldots + Y_n + \ldots, \tag{42}$$

où Y_n désigne la fonction de Laplace étudiée précédemment, les $2n+1$ constantes qu'elle renferme devant être déterminées convenablement.

Admettons, pour un moment, la possibilité du développement; en multipliant les deux membres de l'équation (42) par $P_n \sin\theta\, d\theta\, d\psi$ et intégrant entre les limites o et π pour θ, o et 2π pour ψ, nous trouverons

$$\left\{\begin{aligned} \int_0^\pi \int_0^{2\pi} P_n f(\theta, \psi) \sin\theta\, d\theta\, d\psi = & \int_0^\pi \int_0^{2\pi} P_n Y_0 \sin\theta\, d\theta\, d\psi + \ldots \\ & + \int_0^\pi \int_0^{2\pi} P_n Y_n \sin\theta\, d\theta\, d\psi + \ldots. \end{aligned}\right. \tag{43}$$

Or on a démontré plus haut que l'on a

$$\int_0^\pi \int_0^{2\pi} P_n Y_m \sin\theta\, d\theta\, d\psi = 0,$$

si m est différent de n, et

$$\int_0^\pi \int_0^{2\pi} P_n Y_n \sin\theta\, d\theta\, d\psi = \frac{4\pi}{2n+1} Y'_n;$$

l'équation (43) donnera donc

$$\frac{4\pi}{2n+1} Y'_n = \int_0^\pi \int_0^{2\pi} P_n f(\theta, \psi) \sin\theta\, d\theta\, d\psi;$$

on en conclut, en changeant θ et ψ en θ' et ψ', et réciproquement,

$$Y_n = \frac{2n+1}{4\pi} \int_0^\pi \int_0^{2\pi} P_n f(\theta', \psi') \sin\theta'\, d\theta'\, d\psi'. \tag{44}$$

On voit donc que, en admettant la possibilité du développement (42), les diverses fonctions Y_n ont des valeurs déterminées, lesquelles dépendent de la nature de la fonction $f(\theta, \psi)$.

On en conclut que, si le développement est possible, il ne l'est que d'une manière.

Avec la valeur (44) de Y_n, l'équation (42) s'écrira

$$(45)\qquad f(\theta,\psi)=\sum_{n=0}^{n=\infty}\frac{2n+1}{4\pi}\int_0^{\pi}\sin\theta'\,d\theta'\int_0^{2\pi}P_n f(\theta',\psi')\,d\psi'.$$

Pour démontrer la possibilité du développement, nous chercherons la somme de la série

$$\sum_{n=0}^{n=\infty}\frac{2n+1}{4\pi}\int_0^{\pi}\int_0^{2\pi}P_n f(\theta',\psi')\sin\theta'\,d\theta'\,d\psi';$$

nous la limiterons d'abord à ses $m+1$ premiers termes, en posant

$$(46)\qquad S_m=\sum_{n=0}^{n=m}\frac{2n+1}{4\pi}\int_0^{\pi}\int_0^{2\pi}P_n f(\theta',\psi')\sin\theta'\,d\theta'\,d\psi'.$$

Nous chercherons la valeur de S_m et nous montrerons que, m croissant indéfiniment, S_m tend vers $f(\theta,\psi)$; la formule (45) sera donc démontrée, et il en sera de même de la formule (42), les Y_n étant déterminés d'une manière générale par l'équation (44).

Méthode de M. Darboux [1]. — Figurons sur la sphère de rayon 1 les points M et M' ayant pour coordonnées θ et ψ, θ' et ψ'; soit A le point où cette sphère est percée par l'axe Ox. Dans le système de coordonnées θ' et ψ', l'élément de surface de la sphère a pour expression

$$d\sigma'=\sin\theta'\,d\theta'\,d\psi'.$$

Joignons les points A, M, M' par des arcs de grands cercles et posons $MM'=\gamma$; le triangle AMM' nous donnera

$$\cos\gamma=\cos\theta\cos\theta'+\sin\theta\sin\theta'\cos(\psi-\psi');$$

(1) C'est à Laplace que l'on doit cette importante proposition, que toute fonction de deux variables peut être développée en une série convergente de fonctions Y_n; mais sa démonstration manquait de rigueur. Celle de Poisson (*Journal de l'École Polytechnique*, XIXe Cahier) est incomplète en ce sens qu'elle suppose des conditions qui peuvent ne pas être satisfaites. Lejeune-Dirichlet a publié dans le tome XVII du *Journal de Crelle* la première démonstration entièrement rigoureuse du théorème de Laplace. Depuis, plusieurs géomètres sont arrivés au même but, plus simplement que Dirichlet, notamment M. O. Bonnet (*Journal de Liouville*, t. XVII) et M. G. Darboux, dont nous reproduisons l'analyse.

P_n est ce que devient X_n quand on y remplace x par $\cos\gamma$, et l'on peut écrire

$$P_n = P_n(\cos\gamma);$$

d'autre part, la fonction $f(\theta', \psi')$ a une valeur déterminée pour chaque point M' de la sphère; on peut la représenter par F(M'). L'équation (46) peut donc s'écrire

$$(47)\qquad S_m = \sum_{n=0}^{n=m} \frac{2n+1}{4\pi} \int F(M')\,P_n(\cos\gamma)\,d\sigma';$$

elle est ainsi indépendante de tout système de coordonnées, et les intégrations doivent s'étendre à toute la surface de la sphère.

Prenons maintenant de nouvelles coordonnées, φ et γ, γ ayant le sens fixé plus haut et φ désignant l'angle AMM'; γ restera compris entre o et π, et φ entre o et 2π. Ce seront de nouvelles coordonnées polaires du point M' analogues à θ' et ψ'; seulement le pôle A sera remplacé par le pôle M. On aura

$$d\sigma' = \sin\gamma\,d\gamma\,d\varphi,$$
$$F(M') = f_1(\gamma, \varphi),$$

et l'équation (47) deviendra

$$(48)\qquad S_m = \sum_{n=0}^{n=m} \frac{2n+1}{4\pi} \int_0^{\pi} P_n(\cos\gamma)\sin\gamma\,d\gamma \int_0^{2\pi} f_1(\gamma, \varphi)\,d\varphi.$$

Il convient de poser

$$(49)\qquad \Phi(\gamma) = \frac{1}{2\pi} \int_0^{2\pi} f_1(\gamma, \varphi)\,d\varphi;$$

il viendra

$$(50)\qquad S_m = \sum_{n=0}^{n=m} \frac{2n+1}{2} \int_0^{\pi} \Phi(\gamma)\,P_n(\cos\gamma)\sin\gamma\,d\gamma.$$

Il est aisé d'avoir une représentation de la fonction $\Phi(\gamma)$; divisons en effet l'intervalle de o à 2π en i parties égales; soient $\varphi_1, \varphi_2, \ldots, \varphi_{i-1}, 2\pi$ les valeurs de φ; on aura

$$\Phi(\gamma) = \lim \frac{f_1(\gamma, \varphi_1) + f_1(\gamma, \varphi_2) + \ldots + f_1(\gamma, 2\pi)}{i},$$

lorsque le nombre entier i croît indéfiniment. Donc $\Phi(\gamma)$ sera la valeur moyenne de la fonction $f(\gamma, \varphi)$ sur le cercle décrit du point M comme pôle avec γ comme rayon.

Effectuons un dernier changement de variables en posant $x = \cos\gamma$; nous aurons

$$P_n(\cos\gamma) = X_n, \qquad \sin\gamma\, d\gamma = -dx.$$

Soit $\Psi(x)$ ce que devient $\Phi(\gamma)$; la formule (50) donnera

$$S_m = \sum_{n=0}^{n=m} \frac{2n+1}{2} \int_{-1}^{+1} \Psi(x)\, X_n\, dx$$

ou bien

(51) $$S_m = \frac{1}{2}\int_{-1}^{+1} [1 + 3X_1 + 5X_2 + \ldots + (2m+1)X_m]\,\Psi(x)\, dx.$$

Or on a trouvé, dans la théorie des fonctions X_n (p. 266), la relation

$$1 + 3X_1 + 5X_2 + \ldots + (2m+1)X_m = \frac{dX_{m+1}}{dx} + \frac{dX_m}{dx};$$

la formule (51) va donc pouvoir s'écrire

(52) $$S_m = \frac{1}{2}\int_{-1}^{+1} \Psi(x)\left(\frac{dX_{m+1}}{dx} + \frac{dX_m}{dx}\right) dx.$$

Si nous supposons que la fonction $\Psi(x)$ demeure finie et continue pour chaque valeur de x comprise entre -1 et $+1$, on pourra intégrer par parties comme il suit :

(53) $$S_m = \left[\Psi(x)\,\frac{X_{m+1} + X_m}{2}\right]_{-1}^{+1} - \frac{1}{2}\int_{-1}^{+1} \Psi'(x)\,(X_{m+1} + X_m)\, dx.$$

Or

$$\text{Pour } x = +1 \ldots\ldots \quad X_m = +1, \quad X_{m+1} = +1,$$
$$\text{Pour } x = -1 \ldots\ldots \quad X_m = -X_{m+1} = (-1)^m,$$

et la formule (53) devient

(54) $$S_m = \Psi(1) - \frac{1}{2}\int_{-1}^{+1} \Psi'(x)\,(X_{m+1} + X_m)\, dx.$$

On peut écrire, en désignant par ε une quantité très petite,

$$\int_{-1}^{+1} \Psi'(x)\,(X_{m+1} + X_m)\, dx = \int_{-1}^{-1+\varepsilon} + \int_{-1+\varepsilon}^{1-\varepsilon} + \int_{1-\varepsilon}^{1};$$

pour une valeur donnée de ε, l'intégrale $\int_{-1+\varepsilon}^{1-\varepsilon}$ tend vers zéro quand m croît indéfiniment; car on a vu (p. 260) que, pour des valeurs de x comprises entre

$-1+\varepsilon$ et $1-\varepsilon$, X_m tend vers zéro quand m croît indéfiniment. Quant aux intégrales $\int_{-1}^{-1+\varepsilon}$ et $\int_{1-\varepsilon}^{1}$, elles tendent vers zéro en même temps que ε.

L'équation (54) donnera donc, quand on fera croître m indéfiniment,

$$\lim S_m = \Psi(1) = \Phi(0);$$

$\Phi(0)$ est la valeur moyenne de la fonction $f_1(0, \varphi)$ sur un cercle de rayon infiniment petit décrit du point M comme pôle; c'est la valeur de $f(\theta, \psi)$ au point M; donc S_m tend vers $f(\theta, \psi)$ lorsque m croît indéfiniment.

La démonstration précédente s'appuie sur l'intégration par parties et n'est valable que sous certaines conditions. Nous allons voir comment on doit la modifier lorsque la fonction $\Psi(x) = \Phi(\gamma)$, qui représente la moyenne des valeurs de $f(\theta, \psi)$ sur des cercles décrits du point M comme pôle, est une fonction continue en général, mais présentant un nombre limité de discontinuités.

Dans cette hypothèse, la fonction $\Psi(x)$ deviendra discontinue pour certaines valeurs de x en nombre fini, $x_1, x_2, \ldots, x_p$, comprises entre -1 et $+1$; mais, dans l'intervalle de ces valeurs, elle demeurera continue et aura une dérivée finie en général, mais qui pourra devenir infinie pour un certain nombre de valeurs de x.

Alors, dans chacun des intervalles de x_h à x_{h+1}, on pourra appliquer l'intégration par parties, et l'on aura

$$S_m = \left[\Psi(x)\frac{X_{m+1}+X_m}{2}\right]_{-1}^{x_1} + \left[\Psi(x)\frac{X_{m+1}+X_m}{2}\right]_{x_1}^{x_2} + \ldots + \left[\Psi(x)\frac{X_{m+1}+X_m}{2}\right]_{x_p}^{1}$$
$$-\frac{1}{2}\left(\int_{-1}^{x_1}+\int_{x_1}^{x_2}+\ldots+\int_{x_p}^{1}\right)\Psi'(x)(X_{m+1}+X_m)\,dx.$$

Cela posé, faisons croître m indéfiniment; la partie intégrée de S_m se réduit à $\Psi(1)$; car, pour toutes les valeurs $x_1, x_2, \ldots, x_p$ de x, X_m et X_{m+1} ont pour limite zéro lorsque m croît indéfiniment; la limite est donc la même que s'il n'y avait pas discontinuité. Quant aux intégrales

$$\frac{1}{2}\int_{x_h}^{x_{h+1}}\Psi'(x)(X_{m+1}+X_m)\,dx,$$

chacune d'elles, et par conséquent leur somme, tend vers zéro; cela est évident si $\Psi'(x)$ ne devient pas infini entre les limites de l'intégration.

Si, au contraire, $\Psi'(x)$ devient infini pour $x = \alpha$, on pourra isoler de l'intégrale précédente la partie

$$\frac{1}{2}\int_{\alpha-\varepsilon'}^{\alpha+\varepsilon} \Psi'(x)(X_{m+1}+X_m)\,dx = \frac{1}{2}\int_{\alpha}^{\alpha+\varepsilon} \Psi'(x)(X_{m+1}+X_m)\,dx$$
$$+\frac{1}{2}\int_{\alpha-\varepsilon'}^{\alpha} \Psi'(x)(X_{m+1}+X_m)\,dx;$$

X_m étant compris entre ± 1, les deux dernières expressions sont plus petites en valeur absolue que

$$\int_{\alpha}^{\alpha+\varepsilon} \Psi'(x)\,dx = \Psi(\alpha+\varepsilon) - \Psi(\alpha),$$

$$\int_{\alpha-\varepsilon'}^{\alpha} \Psi'(x)\,dx = \Psi(\alpha) - \Psi(\alpha-\varepsilon').$$

On pourra donc choisir ε et ε' assez petits pour que ces intégrales soient, quel que soit m, plus petites qu'une quantité donnée, et l'on pourra ensuite prendre m assez grand pour rendre ce qui reste de l'intégrale

$$\int_{x_h}^{x_{h+1}} \Psi'(x)(X_{m+1}+X_m)\,dx$$

plus petit que toute quantité donnée.

La démonstration est donc ainsi étendue au cas considéré.

CHAPITRE XVIII.

ATTRACTION DES SPHÉROÏDES. — THÉORIE DE LAPLACE.

138. **Attraction d'un sphéroïde peu différent d'une sphère.** — Cherchons l'attraction du sphéroïde sur un point extérieur.

L'origine O étant supposée intérieure au corps, soient

r, θ, ψ les coordonnées du point attiré M supposé extérieur;
r', θ', ψ' les coordonnées d'un point quelconque M' du corps;
ρ la densité au point M';
dm' l'élément de masse au même point;
V le potentiel relatif à l'attraction du corps sur le point M.

Nous poserons (*voir* le n° 123)

$$V = \frac{M}{r} + \sum_{n=1}^{n=\infty} \frac{V_n}{r^{n+1}}, \tag{1}$$

$$V_n = \int P_n r'^n \, dm'$$

ou bien

$$V_n = \int\int\int \rho P_n r'^{n+2} \sin\theta' \, dr' \, d\theta' \, d\psi',$$

$$V_n = \int_0^{\pi} \sin\theta' \, d\theta' \int_0^{2\pi} P_n \, d\psi' \int_0^{R'} \rho r'^{n+2} \, dr'; \tag{2}$$

R' désigne la portion du rayon vecteur r' comprise entre le point O et la surface du corps.

Supposons actuellement le corps partagé en couches d'égale densité, séparées les unes des autres par les surfaces de niveau. Si le sphéroïde est recouvert d'un liquide en équilibre, la pression étant supposée la même sur toute la surface extérieure, cette surface extérieure sera elle-même une surface de niveau.

L'équation générale de ces couches contiendra un paramètre variable a et pourra être représentée par l'équation

$$(3)\qquad r' = F(a, \theta', \psi').$$

En faisant varier a depuis zéro jusqu'à a_1, on aura toutes les couches, depuis le point O jusqu'à la surface; la densité sera la même pour tous les points d'une même couche; elle variera d'une couche à l'autre. Ce sera donc une fonction de a

$$(4)\qquad \rho = \varphi(a);$$

pour $a = a_1$, on aura la densité à la surface. On voit que nous admettons que la densité est la même en tous les points de la surface.

Dans l'intégration $\int_0^{R'} \rho r'^{n+2} dr'$, θ' et ψ' devront être considérés comme des constantes, r' et ρ devront être remplacés par leurs expressions (3) et (4); on aura donc une intégrale de la forme $\int_0^{a_1} f(a)\, da$. Pendant l'intégration, r' ne varie que parce que a varie; on a donc

$$dr' = \frac{\partial r'}{\partial a} da;$$

il en résulte

$$\int_0^{R'} \rho r'^{n+2} dr' = \frac{1}{n+3} \int_0^{a_1} \rho \frac{\partial r'^{n+3}}{\partial a} da,$$

et la formule (2) donnera

$$V_n = \frac{1}{n+3} \int_0^{\pi} \sin\theta' d\theta' \int_0^{2\pi} P_n d\psi' \int_0^{a_1} \rho \frac{\partial r'^{n+3}}{\partial a} da$$

ou bien

$$V_n = \frac{1}{n+3} \int_0^{a_1} \rho\, da \int_0^{\pi} \int_0^{2\pi} P_n \frac{\partial r'^{n+3}}{\partial a} \sin\theta' d\theta' d\psi',$$

$$(5)\qquad V_n = \frac{1}{n+3} \int_0^{a_1} \rho\, da \frac{\partial}{\partial a} \left[\int_0^{\pi} \int_0^{2\pi} P_n r'^{n+3} \sin\theta' d\theta' d\psi' \right].$$

Supposons que, en partant de l'équation (3), on sache trouver le développement de r'^{n+3} en une série de fonctions de Laplace, comme il suit

$$(6)\qquad r'^{n+3} = Y_0'^{(n)} + Y_1'^{(n)} + Y_2'^{(n)} + \ldots,$$

où les quantités $Y_i'^{(n)}$ seront des fonctions de a, θ' et ψ'; on aura

$$(7)\qquad \int_0^{\pi} \int_0^{2\pi} P_n r'^{n+3} \sin\theta' d\theta' d\psi' = \int_0^{\pi} \int_0^{2\pi} P_n [Y_0'^{(n)} + Y_1'^{(n)} + Y_2'^{(n)} + \ldots] \sin\theta' d\theta' d\psi'.$$

Or on a, d'une manière générale,

$$\int_0^\pi \int_0^{2\pi} P_n Y_i'^{(n)} \sin\theta'\, d\theta'\, d\psi' = 0,$$

si i est différent de n, et

$$\int_0^\pi \int_0^{2\pi} P_n Y_n'^{(n)} \sin\theta'\, d\theta'\, d\psi' = \frac{4\pi}{2n+1} Y_n^{(n)};$$

la formule (7) donnera donc

$$\int_0^\pi \int_0^{2\pi} P_n r'^{n+3} \sin\theta'\, d\theta'\, d\psi' = \frac{4\pi}{2n+1} Y_n^{(n)},$$

et (5) deviendra

$$\text{(8)} \qquad V_n = \frac{4\pi}{(2n+1)(n+3)} \int_0^{a_1} \rho \frac{\partial Y_n^{(n)}}{\partial a} da,$$

où $Y_n^{(n)}$ est maintenant une fonction supposée connue de a, θ et ψ, et $\rho = \varphi(a)$; on aura ensuite, pour l'expression du potentiel,

$$\text{(9)} \qquad V = \frac{M}{r} + 4\pi \sum_{n=1}^{n=\infty} \frac{1}{(2n+1)(n+3)} \frac{1}{r^{n+1}} \int_0^{a_1} \rho \frac{\partial Y_n^{(n)}}{\partial a} da.$$

Pour appliquer cette formule, il faut admettre qu'on sait obtenir les développements de r'^4, r'^5, r'^6, ... en séries de fonctions de Laplace.

139. Pour aller plus loin, nous supposerons que toutes les couches de même densité soient à peu près sphériques; on pourra écrire alors

$$\text{(10)} \qquad r' = a(1 + \alpha u'),$$

α étant un coefficient numérique très petit, a le paramètre variable d'une couche à l'autre et u' une fonction de θ', ψ' et a. Nous admettrons qu'on puisse négliger le carré de α. On tire de (10)

$$r'^{n+3} = a^{n+3}[1 + (n+3)\alpha u' + \ldots].$$

La fonction u' des deux variables θ' et ψ' peut être développée en une série de fonctions de Laplace, et l'on aura

$$u' = U_0' + U_1' + U_2' + \ldots;$$

$$r' = a(1 + \alpha U_0') + a\alpha(U_1' + U_2' + \ldots);$$

$$\text{(11)} \qquad r'^{n+3} = a^{n+3}[1 + (n+3)\alpha U_0'] + (n+3)a^{n+3}\alpha(U_1' + U_2' + \ldots) + \ldots.$$

On en conclut, en se reportant à la définition (6) de $Y_i'^{(n)}$,

$$\begin{aligned} Y_0'^{(n)} &= a^{n+3}[1 + (n+3)\alpha U_0'], \\ Y_1'^{(n)} &= (n+3)\,a^{n+3}\alpha U_1', \\ &\ldots\ldots\ldots\ldots\ldots\ldots, \\ Y_n'^{(n)} &= (n+3)\,a^{n+3}\alpha U_n', \\ Y_n^{(n)} &= (n+3)\,a^{n+3}\alpha U_n; \end{aligned}$$

après quoi, la formule (8) donnera

$$(12)\qquad \left\{\begin{aligned} V_n &= \frac{4\pi\alpha}{2n+1}\int_0^{a_1}\rho\,\frac{\partial(a^{n+3}U_n)}{\partial a}\,da, \\ V_0 = M &= \frac{4}{3}\pi\int_0^{a_1}\rho\,\frac{\partial[a^3(1+3\alpha U_0)]}{\partial a}\,da. \end{aligned}\right.$$

On peut faire quelques simplifications :

1° Soit v le volume compris à l'intérieur de la couche quelconque qui correspond au paramètre a ; on aura

$$v = \int_0^{r'}\int_0^{\pi}\int_0^{2\pi} r'^2\,dr'\sin\theta'\,d\theta'\,d\psi'$$

ou bien

$$v = \frac{1}{3}\int_0^{a}\int_0^{\pi}\int_0^{2\pi}\frac{\partial r'^3}{\partial a}\,da\sin\theta'\,d\theta'\,d\psi'$$

et, en mettant pour r'^3 son développement

$$r'^3 = a^3(1+3\alpha U_0') + 3\alpha a^3(U_1' + U_2' + \ldots)$$

déduit de (11),

$$v = \frac{1}{3}\int_0^{a} da\frac{\partial}{\partial a}\int_0^{\pi}\int_0^{2\pi} a^3[1 + 3\alpha U_0' + 3\alpha(U_1' + U_2' + \ldots)]\sin\theta'\,d\theta'\,d\psi'.$$

Or on a, en vertu d'un théorème général,

$$\begin{aligned} &\int_0^{\pi}\int_0^{2\pi} U_1'\sin\theta'\,d\theta'\,d\psi' = 0, \\ &\int_0^{\pi}\int_0^{2\pi} U_2'\sin\theta'\,d\theta'\,d\psi' = 0, \\ &\ldots\ldots\ldots\ldots\ldots\ldots\ldots\ldots, \\ &\int_0^{\pi}\int_0^{2\pi}\sin\theta'\,d\theta'\,d\psi' = 4\pi; \end{aligned}$$

il viendra donc

$$v = \frac{4\pi}{3}\int_0^a \frac{\partial}{\partial a}[a^3(1+3\alpha U'_0]\,da,$$

$$v = \frac{4\pi}{3}a^3(1+3\alpha U'_0).$$

Si nous prenons pour paramètre a le rayon de la sphère ayant même volume que celui renfermé à l'intérieur de la couche, nous devrons avoir

$$v = \frac{4\pi}{3}a^3;$$

en comparant cette expression de v à celle trouvée plus haut, il vient

$$U'_0 = 0,$$

et l'expression de r' se réduit à

(13) $$r' = a[1+\alpha(U'_1+U'_2+U'_3+\ldots)].$$

La seconde des équations (12) donnera

$$M = \frac{4}{3}\pi\int_0^{a_1}\rho\frac{da^3}{da}\,da = 4\pi\int_0^{a_1}\rho a^2\,da.$$

2° On a $V_1 = \int P_1 r'\,dm'$ ou bien, en remplaçant P_1 par son expression,

$$V_1 = \cos\theta\int r'\cos\theta'\,dm' + \sin\theta\sin\psi\int r'\sin\theta'\sin\psi'\,dm' + \sin\theta\cos\psi\int r'\sin\theta'\cos\psi'\,dm'$$

ou encore, en désignant par x', y', z' les coordonnées d'un point quelconque du corps,

$$V_1 = \cos\theta\int x'\,dm' + \sin\theta\sin\psi\int y'\,dm' + \sin\theta\cos\psi\int z'\,dm'.$$

Si l'origine des rayons vecteurs est placée au centre de gravité du corps, les trois intégrales $\int x'\,dm'$, $\int y'\,dm'$, $\int z'\,dm'$ sont nulles, et il vient $V_1 = 0$; il en résulte, en tenant compte de la première des équations (12),

(14) $$\int_0^{a_1}\rho\frac{\partial(a^4U_1)}{\partial a}\,da = 0.$$

La formule (9) donnera finalement, pour l'expression du potentiel V relatif à l'attraction du corps sur un point extérieur,

(15) $$V = \frac{M}{r} + 4\alpha\pi\sum_{n=2}^{n=\infty}\frac{1}{(2n+1)\,r^{n+1}}\int_0^{a_1}\rho\frac{\partial}{\partial a}(a^{n+3}U_n)\,da.$$

140. Figure d'équilibre d'un sphéroïde très peu différent d'une sphère, dont toutes les parties s'attirent mutuellement suivant la loi de Newton, et qui est animé d'un mouvement de rotation très lent. — Le sphéroïde peut être entièrement fluide; dans ce cas, la surface extérieure sera une surface de niveau. Ou bien il y aura à l'intérieur un noyau solide recouvert par un fluide; la surface qui limitera le noyau solide devra être peu différente d'une sphère et être une surface de niveau.

Le potentiel relatif à l'attraction du sphéroïde sur un point extérieur sera donné par la formule (15), que nous appliquerons aux points mêmes de la surface extérieure.

Soient ω la vitesse angulaire de rotation, x, y, z les coordonnées d'un point quelconque de la surface extérieure : on devra avoir, pour tous les points de cette surface, l'équation

$$(16) \qquad fV + \frac{\omega^2}{2}(y^2 + z^2) = \text{const.}$$

Soit φ le rapport de la force centrifuge équatoriale à l'attraction pour la surface extérieure; on aura

$$(17) \qquad \varphi = \frac{\omega^2 a_1}{\left(\frac{fM}{a_1^2}\right)} = \frac{\omega^2 a_1^3}{fM};$$

φ est une petite quantité de l'ordre de ω^2; en tenant compte de (17), (16) donne

$$\frac{V}{M} + \frac{\varphi}{2a_1^3} r^2 \sin^2\theta = \text{const.}$$

ou bien, en remplaçant V par son développement (15),

$$(18) \qquad \frac{1}{r} + \frac{\varphi}{2a_1^3} r^2 \sin^2\theta + \frac{4\alpha\pi}{M} \sum_{n=2}^{n=\infty} \frac{1}{(2n+1)\, r^{n+1}} \int_0^{a_1} \rho \frac{\partial(a^{n+3} U_n)}{\partial a} da = \text{const.}$$

Soient $Y_1, Y_2, Y_3, \ldots$ ce que deviennent les fonctions $U_1, U_2, \ldots$ à la surface extérieure, c'est-à-dire pour $a = a_1$; on aura

$$(19) \qquad r = a_1[1 + \alpha(Y_1 + Y_2 + \ldots)],$$

d'où, en négligeant α^2,

$$\frac{1}{r} = \frac{1}{a_1}[1 - \alpha(Y_1 + Y_2 + \ldots)].$$

Si l'on porte cette valeur de $\frac{1}{r}$ dans (18) et si, dans les termes qui contiennent

φ et α, on remplace r par a_1, il viendra

$$(20)\quad \frac{1}{a_1}[1-\alpha(Y_1+Y_2+\ldots)]+\frac{\varphi}{2a_1}\sin^2\theta+\frac{4\alpha\pi}{M}\sum_{n=2}^{n=\infty}\frac{1}{(2n+1)a_1^{n+1}}\int_0^{a_1}\rho\frac{\partial(a^{n+3}U_n)}{\partial a}da=\text{const.}$$

Y_2 a l'expression générale suivante (*voir* p. 270)

$$\mathcal{A}_0\,\mathfrak{M}_2+\mathcal{A}_1\sqrt{1-\mu^2}\,\frac{d\mathfrak{M}_2}{d\mu}\cos(\psi-\psi_1)+\mathcal{A}_2(1-\mu^2)\frac{d^2\mathfrak{M}_2}{d\mu^2}\cos 2(\psi-\psi_2),$$

où

$$\mathfrak{M}_2=\frac{3}{2}\mu^2-\frac{1}{2},$$

ou bien, en remplaçant μ par $\cos\theta$ et changeant de constantes,

$$(21)\quad C_0\left(\cos^2\theta-\frac{1}{3}\right)+\sin\theta\cos\theta(C_1\cos\psi+C_2\sin\psi)+\sin^2\theta(C_3\cos 2\psi+C_4\sin 2\psi).$$

On voit que $\cos^2\theta-\frac{1}{3}$ est une fonction Y_2; cela posé, (20) peut s'écrire comme il suit :

$$(22)\quad -\frac{\alpha}{a_1}(Y_1+Y_2+\ldots)-\frac{\varphi}{2a_1}\left(\cos^2\theta-\frac{1}{3}\right)+\frac{4\alpha\pi}{M}\sum_{n=2}^{n=\infty}\frac{1}{(2n+1)a_1^{n+1}}\int_0^{a_1}\rho\frac{\partial(a^{n+3}U_n)}{\partial a}da=\text{const.}$$

Or, quand on doit avoir, pour toutes les valeurs de θ et ψ, l'équation

$$(23)\quad W_0+W_1+\ldots+W_n+\ldots=0,$$

W_0, W_1, ... étant des fonctions de Laplace, il faut que l'on ait séparément

$$W_0=0,\qquad W_1=0,\qquad \ldots.$$

On s'en assure en multipliant les deux membres de l'équation (23) par $P_n\sin\theta\,d\theta\,d\psi$ et intégrant, relativement à θ, de 0 à π, et de 0 à 2π relativement à ψ; il vient, en effet,

$$\frac{4\pi}{2n+1}W'_n=0,$$

et, θ' et ψ' étant arbitraires, il en résulte

$$W_n=0,$$

quels que soient θ et ψ.

Dès lors, l'équation (22) donnera

$$(24)\qquad Y_1 = 0,$$

$$(25)\qquad -\frac{\alpha}{a_1}Y_2 - \frac{\varphi}{2a_1}\left(\cos^2\theta - \frac{1}{3}\right) + \frac{4\alpha\pi}{5Ma_1^3}\int_0^{a_1}\rho\frac{\partial(a^5U_2)}{\partial a}da = 0$$

et, pour des valeurs de n supérieures à 2,

$$-\frac{\alpha}{a_1}Y_n + \frac{4\alpha\pi}{M}\frac{1}{(2n+1)a_1^{n+1}}\int_0^{a_1}\rho\frac{\partial(a^{n+3}U_n)}{\partial a}da = 0$$

ou, plus simplement,

$$(26)\qquad Y_n = \frac{4\pi}{M(2n+1)a_1^n}\int_0^{a_1}\rho\frac{\partial(a^{n+3}U_n)}{\partial a}da.$$

Ce sont là des conditions qui doivent être remplies; on les a obtenues en exprimant seulement l'équilibre de la surface extérieure de la masse fluide.

Il y a encore une condition qui va réduire à trois le nombre des cinq constantes arbitraires qui figurent dans l'expression de Y_2.

Les planètes tournent à fort peu près autour d'un des trois axes principaux d'inertie qui correspondent au centre de gravité. S'il en était autrement, l'axe de rotation se déplacerait en effet d'une manière très sensible dans le corps même de la planète; or, dans le cas de la Terre, l'observation n'indique aucun déplacement de ce genre. Nous admettrons donc que l'axe Ox doit être axe principal au point O, ce qui entraîne les relations

$$\int xy\,dm = 0,$$

$$\int xz\,dm = 0;$$

or

$$x = r\cos\theta,$$

$$y = r\sin\theta\cos\psi,$$

$$z = r\sin\theta\sin\psi,$$

$$dm = \rho r^2\,dr\sin\theta\,d\theta\,d\psi;$$

il viendra donc

$$\iiint \rho r^4\,dr\cos\theta\sin^2\theta\,{}^{\cos}_{\sin}\psi\,d\theta\,d\psi = 0,$$

ce que l'on peut écrire

$$\frac{1}{5}\int_0^{a_1} \rho\, da \frac{\partial}{\partial a} \int\int r^5 \cos\theta \sin^2\theta \frac{\cos}{\sin}\psi\, d\theta\, d\psi = 0$$

ou bien, en remplaçant r par

$$a[1 + \alpha(U_1 + U_2 + \ldots)],$$

et négligeant α^2,

$$\int_0^{a_1} \rho\, da \frac{\partial}{\partial a} \int_0^{\pi}\int_0^{2\pi} a^5[1 + 5\alpha(U_1 + U_2 + \ldots)] \sin\theta \cos\theta \cos\psi \sin\theta\, d\theta\, d\psi = 0,$$

$$\int_0^{a_1} \rho\, da \frac{\partial}{\partial a} \int_0^{\pi}\int_0^{2\pi} a^5[1 + 5\alpha(U_1 + U_2 + \ldots)] \sin\theta \cos\theta \sin\psi \sin\theta\, d\theta\, d\psi = 0.$$

Or $\sin\theta \cos\theta \cos\psi$ est une fonction Y_2, et il en est de même de $\sin\theta \cos\theta \sin\psi$; les équations ci-dessus deviendront donc

(27) $$\int_0^{a_1} \rho\, da \frac{\partial}{\partial a} \int_0^{\pi}\int_0^{2\pi} a^5 U_2 \sin\theta \cos\theta \cos\psi \sin\theta\, d\theta\, d\psi = 0,$$

(27′) $$\int_0^{a_1} \rho\, da \frac{\partial}{\partial a} \int_0^{\pi}\int_0^{2\pi} a^5 U_2 \sin\theta \cos\theta \sin\psi \sin\theta\, d\theta\, d\psi = 0.$$

Dans l'expression (21), U_2 est de la forme

(28) $$U_2 = C_0\left(\cos^2\theta - \frac{1}{3}\right) + \sin\theta \cos\theta (C_1 \cos\psi + C_2 \sin\psi) + \sin^2\theta (C_3 \cos 2\psi + C_4 \sin 2\psi).$$

On trouve aisément

$$\int_0^{\pi}\int_0^{2\pi} U_2 \sin^2\theta \cos\theta \cos\psi\, d\theta\, d\psi = \pi C_1 \int_0^{\pi} \sin^3\theta \cos^2\theta\, d\theta,$$

$$\int_0^{\pi}\int_0^{2\pi} U_2 \sin^2\theta \cos\theta \sin\psi\, d\theta\, d\psi = \pi C_2 \int_0^{\pi} \sin^3\theta \cos^2\theta\, d\theta;$$

les conditions (27) et (27′) deviendront donc

(29) $$\begin{cases} \displaystyle\int_0^{a_1} \rho \frac{\partial(a^5 C_1)}{\partial a}\, da = 0, \\ \displaystyle\int_0^{a_1} \rho \frac{\partial(a^5 C_2)}{\partial a}\, da = 0. \end{cases}$$

Revenons à l'équation (25); d'après (29) et en ayant égard à l'expression (28) de U_2, on trouvera

$$\alpha Y_2 = -\frac{\varphi}{2}\left(\cos^2\theta - \frac{1}{3}\right) + \frac{4\alpha\pi}{5Ma_1^2}\Bigg[\left(\cos^2\theta - \frac{1}{3}\right)\int_0^{a_1}\rho\frac{\partial(a^5C_0)}{\partial a}da + \sin^2\theta\cos 2\psi\int_0^{a_1}\rho\frac{\partial(a^5C_3)}{\partial a}da + \sin^2\theta\sin 2\psi\int_0^{a_1}\rho\frac{\partial(a^5C_4)}{\partial a}da\Bigg],$$

expression de la forme

$$Y_2 = A_1\left(\cos^2\theta - \frac{1}{3}\right) + \sin^2\theta(A_2\cos 2\psi + B_2\sin 2\psi). \tag{30}$$

On voit que Y_2 prend la même valeur quand on remplace θ par $\pi - \theta$ et aussi ψ par $\pi + \psi$, ce qui répond à deux directions opposées. Si donc Y_3, Y_4, ... sont négligeables, les deux hémisphères de la planète seront symétriques par rapport au plan de l'équateur.

141. Calcul de la pesanteur apparente g en un point de la surface du sphéroïde. Théorème de Clairaut. — La direction de la pesanteur faisant un très petit angle avec le rayon vecteur, on peut la confondre avec sa composante suivant r, en négligeant α^2, ce qui donne

$$g = -\frac{\partial}{\partial r}\left(fV + \frac{1}{2}\omega^2 r^2\sin^2\theta\right) = -f\frac{\partial V}{\partial r} - \omega^2 r\sin^2\theta.$$

Or on tire de (15)

$$-\frac{\partial V}{\partial r} = \frac{M}{r^2} + 4\alpha\pi\sum_{n=2}^{n=\infty}\frac{n+1}{(2n+1)r^{n+2}}\int_0^{a_1}\rho\frac{\partial}{\partial a}(a^{n+3}U_n)\,da.$$

On aura donc, au degré de précision réalisé jusqu'ici,

$$g = -\omega^2 a_1\sin^2\theta + \frac{fM}{r^2} + 4\alpha\pi f\sum_{n=2}^{n=\infty}\frac{n+1}{(2n+1)a_1^{n+2}}\int_0^{a_1}\rho\frac{\partial}{\partial a}(a^{n+3}U_n)\,da$$

ou bien, en tenant compte de (25) et (26),

$$g = \frac{fM}{r^2} - \omega^2 a_1\sin^2\theta + \frac{3}{2}\frac{f\varphi M}{a_1^2}\left(\cos^2\theta - \frac{1}{3}\right) + \frac{fM\alpha}{a_1^2}\sum_{n=2}^{n=\infty}(n+1)Y_n$$

ou, en remplaçant $\frac{1}{r^2}$ par $\frac{1}{a_1^2}[1-2\alpha(Y_2+Y_3+\ldots)]$ et ω^2 par $\frac{f\varphi M}{a_1^3}$,

$$(31)\qquad g=\frac{fM}{a_1^2}\left[1+\alpha\sum_{n=2}^{n=\infty}(n-1)Y_n-\frac{2}{3}\varphi+\frac{5}{2}\varphi\left(\cos^2\theta-\frac{1}{3}\right)\right].$$

Considérons en particulier le cas de la Terre et admettons, pour un moment, qu'il soit prouvé par la Géodésie que la surface extérieure de niveau est un ellipsoïde de révolution

$$\frac{x^2}{\mathfrak{a}_1^2}+\frac{y^2+z^2}{\mathfrak{b}_1^2}=1,\qquad \mathfrak{b}_1=\mathfrak{a}_1(1+\varepsilon).$$

Nous en conclurons, en remplaçant x^2 et y^2+z^2 par $r^2\cos^2\theta$ et $r^2\sin^2\theta$, et négligeant ε^2,

$$r^2=\frac{\mathfrak{a}_1^2}{1-2\varepsilon\sin^2\theta},$$

$$r=\mathfrak{a}_1(1+\varepsilon\sin^2\theta)=\mathfrak{a}_1\left[1+\frac{2}{3}\varepsilon-\varepsilon\left(\cos^2\theta-\frac{1}{3}\right)\right].$$

Si nous identifions cette valeur de r avec celle qui résulte de l'expression (30), en faisant $r=a_1(1+\alpha Y_2)$, nous trouverons

$$A_2=0,\qquad B_2=0,$$

$$a_1=\mathfrak{a}_1\left(1+\frac{2}{3}\varepsilon\right),\qquad \alpha A_1=-\frac{\varepsilon\mathfrak{a}_1}{a_1},$$

d'où

$$\alpha Y_2=-\varepsilon\left(\cos^2\theta-\frac{1}{3}\right),$$

et la formule (31) devient

$$g=\frac{fM}{a_1^2}\left[1-\varepsilon\left(\cos^2\theta-\frac{1}{3}\right)-\frac{2}{3}\varphi+\frac{5}{2}\varphi\left(\cos^2\theta-\frac{1}{3}\right)\right],$$

$$(32)\qquad g=\frac{fM}{a_1^2}\left[1-\frac{2}{3}\varphi+\left(\frac{5}{2}\varphi-\varepsilon\right)\left(\cos^2\theta-\frac{1}{3}\right)\right].$$

Soient

g_1 l'intensité de la pesanteur au pôle;

g_2 l'intensité de la pesanteur à l'équateur.

On aura

$$g_1=\frac{fM}{a_1^2}\left(1+\varphi-\frac{2}{3}\varepsilon\right),$$

$$g_2=\frac{fM}{a_1^2}\left(1-\frac{3}{2}\varphi+\frac{\varepsilon}{3}\right),$$

d'où

$$g_1 - g_2 = \frac{fM}{a_1^2}\left(\frac{5}{2}\varphi - \varepsilon\right),$$

(33) $$\frac{g_1 - g_2}{g_1} = \frac{5}{2}\varphi - \varepsilon.$$

Cette équation exprime le théorème de Clairaut, qui a lieu, comme on voit, sous la seule condition que la surface extérieure du fluide soit un ellipsoïde de révolution autour de la ligne des pôles. La densité peut varier à l'intérieur suivant une loi quelconque, sans que le théorème cesse d'avoir lieu.

Nous venons de grouper tous les résultats que l'on peut déduire des conditions qui assurent seulement l'équilibre de la surface extérieure. Pour achever la solution, il faut faire intervenir les conditions relatives à l'équilibre intérieur de la masse fluide; nous le ferons dans un moment, après avoir traité une question préliminaire.

142. Attraction d'une couche sphéroïdale sur un point intérieur à la couche. — Soient M le point attiré; r, θ, ψ ses coordonnées; M′ un point quelconque de la couche; r', θ', ψ' ses coordonnées; V le potentiel correspondant au point M; dm' l'élément de masse en M′; MM′ = Δ. On aura

$$V = \int \frac{dm'}{\Delta}, \qquad \Delta^2 = r^2 + r'^2 - 2rr'\cos\gamma,$$

en désignant par γ l'angle M′OM.

Supposons que, quelle que soit la position du point M′ entre les deux surfaces qui limitent la couche, on ait

$$r < r';$$

il en résultera, en série convergente,

$$\frac{1}{\Delta} = \frac{1}{\sqrt{r^2 + r'^2 - 2rr'\cos\gamma}} = \frac{1}{r'}\left(1 + P_1\frac{r}{r'} + P_2\frac{r^2}{r'^2} + \ldots\right),$$

$$\frac{1}{\Delta} = \sum_{n=0}^{n=\infty} \frac{P_n r^n}{r'^{n+1}},$$

$$V = \sum_{n=0}^{n=\infty} r^n \int \frac{P_n}{r'^{n+1}}\, dm'.$$

On posera

$$V = V_0 + V_1 r + V_2 r^2 + \ldots$$

ou bien

$$V = \sum_{n=0}^{n=\infty} V_n r^n, \tag{34}$$

et l'on aura

$$V_n = \int \frac{P_n}{r'^{n+1}} dm' \tag{35}$$

ou encore

$$V_n = \int\int\int \rho P_n r'^{1-n} dr' \sin\theta' d\theta' d\psi'.$$

Supposons que R_0 et R_1 désignent les portions du rayon vecteur r' comprises entre l'origine et les deux surfaces qui limitent la couche; on pourra écrire

$$V_n = \int_0^{\pi} \sin\theta' d\theta' \int_0^{2\pi} P_n d\psi' \int_{R_0}^{R_1} \rho r'^{1-n} dr'. \tag{36}$$

Supposons la couche sphéroïdale décomposée en couches élémentaires ayant chacune la même densité, cette densité variant d'ailleurs d'une couche à l'autre; soit a le paramètre variable, qui variera de a_0 pour la surface intérieure à a_1 pour la surface extérieure. Dans l'intégrale $\int_{R_0}^{R_1} \rho r'^{1-n} dr'$, qui figure dans (36), θ' et ψ' sont considérés comme des constantes; r' ne varie qu'en raison de a. On a, en supposant $n \gtrless 2$,

$$\int_{R_0}^{R_1} \rho r'^{1-n} dr' = \frac{1}{2-n} \int_{a_0}^{a_1} \rho \frac{\partial r'^{2-n}}{\partial a} da,$$

expression dans laquelle ρ doit être considéré comme une fonction de a. La formule (36) deviendra

$$V_n = \frac{1}{2-n} \int_0^{\pi} \sin\theta' d\theta' \int_0^{2\pi} P_n d\psi' \int_{a_0}^{a_1} \rho \frac{\partial r'^{2-n}}{\partial a} da,$$

ce qui peut s'écrire ainsi

$$V_n = \frac{1}{2-n} \int_{a_0}^{a_1} \rho\, da \frac{\partial}{\partial a} \left(\int_0^{\pi} \int_0^{2\pi} r'^{2-n} P_n \sin\theta' d\theta' d\psi' \right); \tag{37}$$

r' est de la forme

$$r' = \Phi(a, \theta', \psi').$$

Dans le cas de $n = 2$, on aura

$$\int_{R_0}^{R_1} \rho r'^{1-n} dr' = \int_{a_0}^{a_1} \rho \frac{\partial \log r'}{\partial a} da,$$

$$(38) \qquad V_2 = \int_{a_0}^{a_1} \rho\, da \cdot \frac{\partial}{\partial a}\left(\int_0^{\pi}\int_0^{2\pi} P_2 \log r' \sin\theta'\, d\theta'\, d\psi'\right).$$

Supposons actuellement

$$(39) \qquad r' = a[1 + \alpha(U'_1 + U'_2 + \ldots)];$$

on en conclura

$$r'^{2-n} = a^{2-n}[1 + (2-n)\alpha(U'_1 + U'_2 + \ldots)],$$

$$\int_0^{\pi}\int_0^{2\pi} r'^{2-n} P_n \sin\theta'\, d\theta'\, d\psi' = a^{2-n}\int_0^{\pi}\int_0^{2\pi} P_n[1 + (2-n)\alpha(U'_1 + U'_2 + \ldots)] \sin\theta'\, d\theta'\, d\psi'$$

ou bien, d'après un théorème connu,

$$= a^{2-n} \frac{4\pi}{2n+1}(2-n)\alpha U_n,$$

et la formule (37) donnera

$$(40) \qquad V_n = \frac{4\alpha\pi}{2n+1}\int_{a_0}^{a_1} \rho \frac{\partial(a^{2-n} U_n)}{\partial a} da.$$

On tirera ensuite de (39)

$$\log r' = \log a + \log[1 + \alpha(U'_1 + U'_2 + \ldots)],$$
$$\log r' = \log a + \alpha(U'_1 + U'_2 + \ldots) + \ldots;$$

on aura donc

$$\int_0^{\pi}\int_0^{2\pi} P_2 \log r' \sin\theta'\, d\theta'\, d\psi' = \log a \int_0^{\pi}\int_0^{2\pi} P_2 \sin\theta'\, d\theta'\, d\psi'$$
$$+ \alpha\int_0^{\pi}\int_0^{2\pi} P_2(U'_1 + U'_2 + \ldots)\sin\theta'\, d\theta'\, d\psi'$$
$$= \alpha\int_0^{\pi}\int_0^{2\pi} P_2 U'_2 \sin\theta'\, d\theta'\, d\psi' = \alpha\frac{4\pi}{5} U_2,$$

et la formule (38) deviendra

$$(41) \qquad V_2 = \frac{4\alpha\pi}{5}\int_{a_0}^{a_1} \rho \frac{\partial U_2}{\partial a} da.$$

Cette expression de V_2 se déduit de l'expression générale (40) de V_n en y faisant $n=2$.

La formule (35) donne d'ailleurs

$$V_0 = \int \frac{dm'}{r'} = \int_0^{\pi} \sin\theta'\, d\theta' \int_0^{2\pi} d\psi' \int_{R_0}^{R_1} \rho r'\, dr',$$

$$V_0 = \frac{1}{2} \int_0^{\pi} \sin\theta'\, d\theta' \int_0^{2\pi} d\psi' \int_{a_0}^{a_1} \rho \frac{\partial r'^2}{\partial a}\, da,$$

$$V_0 = \frac{1}{2} \int_{a_0}^{a_1} \rho\, da \frac{\partial}{\partial a} \left(\int_0^{\pi} \sin\theta'\, d\theta' \int_0^{2\pi} \rho r'^2\, d\psi' \right)$$

ou, en remplaçant r' par sa valeur,

$$V_0 = \frac{1}{2} \int_{a_0}^{a_1} \rho\, da \frac{\partial}{\partial a} \left\{ a^2 \int_0^{\pi} \int_0^{2\pi} [1 + 2\alpha(U'_1 + U'_2 + \ldots)] \sin\theta'\, d\theta'\, d\psi' \right\}.$$

Or on a

$$\int_0^{\pi} \int_0^{2\pi} [1 + 2\alpha(U'_1 + U'_2 + \ldots)] \sin\theta'\, d\theta'\, d\psi' = \int_0^{\pi} \int_0^{2\pi} \sin\theta'\, d\theta'\, d\psi' = 4\pi;$$

il en résulte donc

$$V_0 = 2\pi \int_{a_0}^{a_1} \rho \frac{\partial a^2}{\partial a}\, da = 4\pi \int_{a_0}^{a_1} \rho a\, da.$$

On trouvera finalement

$$(42) \qquad V = 4\pi \int_{a_0}^{a_1} \rho a\, da + 4\alpha\pi \sum_{n=1}^{n=\infty} \frac{r^n}{2n+1} \int_{a_0}^{a_1} \rho \frac{\partial(a^{2-n} U_n)}{\partial a}\, da.$$

143. Potentiel d'un sphéroïde par rapport à un point intérieur. — Le sphéroïde est supposé partagé en couches d'égale densité. Soit M un point de sa masse dans son intérieur. On cherche le potentiel W relatif à l'attraction du sphéroïde sur le point M.

Faisons passer une surface de niveau par ce point M et soit a la valeur du paramètre variable pour cette surface particulière, a_1 étant la valeur qui répond à la surface extérieure S. On décomposera ainsi le sphéroïde en une couche sphéroïdale et en un noyau.

Soient

V le potentiel relatif à la couche;
V_1 le potentiel relatif au noyau.

On aura

(43) $$W = V + V_1.$$

V se calculera par la formule (42)

(44) $$V = 4\pi \int_a^{a_1} \rho a\, da + 4\alpha\pi \sum_{n=1}^{n=\infty} \frac{r^n}{2n+1} \int_a^{a_1} \rho \frac{\partial(a^{2-n} U_n)}{\partial a} da;$$

V_1 est donné par la formule (15) du n° 139, relative à l'attraction d'un sphéroïde sur un point extérieur. Donc

(45) $$V_1 = \frac{4\pi}{r} \int_0^a \rho a^2\, da + 4\alpha\pi \sum_{n=2}^{n=\infty} \frac{1}{(2n+1)r^{n+1}} \int_0^a \rho \frac{\partial(a^{n+3} U_n)}{\partial a} da.$$

144. Équilibre intérieur du sphéroïde. — Soit p la pression en un point quelconque de la masse; on a

$$dp = \rho(X\, dx + Y\, dy + Z\, dz) = \rho\, d\left(fW + \frac{1}{2}\omega^2 r^2 \sin^2\theta\right).$$

On doit donc avoir en tous les points d'une surface de niveau

$$fW + \frac{1}{2}\omega^2(y^2 + z^2) = \text{const.}$$

ou bien

(46) $$\frac{W}{4\pi} + \frac{\omega^2}{8\pi f} r^2 \sin^2\theta = \text{const.};$$

mais nous avons aussi, pour l'équation de cette surface,

(47) $$r = a[1 + \alpha(U_1 + U_2 + \ldots)].$$

Il s'agit de déterminer les fonctions $U_1, U_2, \ldots$.

En tenant compte de (43), (44) et (45), (46) peut s'écrire

$$\int_a^{a_1} \rho a\, da + \alpha \sum_{n=1}^{n=\infty} \frac{r^n}{2n+1} \int_a^{a_1} \rho \frac{\partial(a^{2-n} U_n)}{\partial a} da$$
$$+ \frac{1}{r} \int_0^a \rho a^2\, da + \alpha \sum_{n=2}^{n=\infty} \frac{1}{(2n+1)r^{n+1}} \int_0^a \rho \frac{\partial(a^{n+3} U_n)}{\partial a} da + \frac{\omega^2}{8\pi f} r^2 \sin^2\theta = \text{const.}$$

On peut, dans les termes qui contiennent α ou ω^2 en facteur, remplacer r par a;

au lieu de $\frac{1}{r}$, dans le terme $\frac{1}{r}\int_0^a \rho a^2\,da$, on écrira

$$\frac{1}{a}[1-\alpha(U_1+U_2+\ldots)];$$

il viendra ainsi

$$\int_a^{a_1}\rho a\,da + \alpha\sum_{n=1}^{n=\infty}\frac{a^n}{2n+1}\int_a^{a_1}\rho\frac{\partial(a^{2-n}U_n)}{\partial a}\,da$$
$$+\frac{1}{a}[1-\alpha(U_1+U_2+\ldots)]\int_0^a\rho a^2\,da$$
$$+\alpha\sum_{n=2}^{n=\infty}\frac{1}{(2n+1)a^{n+1}}\int_0^a\rho\frac{\partial(a^{n+3}U_n)}{\partial a}\,da+\frac{\omega^2a^2}{8\pi f}\left(\frac{1}{3}-\cos^2\theta\right)=\text{const.}$$

On doit, dans cette équation, annuler les termes qui contiennent des fonctions sphériques des ordres 1, 2, ..., n, ...

On trouvera ainsi

$$(\text{A})\quad \frac{a^n}{2n+1}\int_a^{a_1}\rho\frac{d(a^{2-n}U_n)}{\partial a}\,da-\frac{U_n}{a}\int_0^a\rho a^2\,da+\frac{1}{(2n+1)a^{n+1}}\int_0^a\rho\frac{\partial(a^{n+3}U_n)}{\partial a}\,da=0$$

et, pour $n=2$,

$$(\text{B})\quad \frac{a^2}{5}\int_a^{a_1}\rho\frac{\partial U_2}{\partial a}\,da-\frac{U_2}{a}\int_0^a\rho a^2\,da+\frac{1}{5a^3}\int_0^a\rho\frac{\partial(a^5U_2)}{\partial a}\,da+\frac{\omega^2a^2}{8\pi f\alpha}\left(\frac{1}{3}-\cos^2\theta\right)=0.$$

On peut comprendre ces deux équations en une seule

$$(\text{C})\quad \left\{\begin{aligned}&\frac{a^n}{2n+1}\int_a^{a_1}\rho\frac{\partial(a^{2-n}U_n)}{\partial a}\,da\\&-\frac{U_n}{a}\int_0^a\rho a^2\,da+\frac{1}{(2n+1)a^{n+1}}\int_0^a\rho\frac{\partial(a^{n+3}U_n)}{\partial a}\,da+a^nZ_n=0,\end{aligned}\right.$$

en posant

$$Z_1=0,\qquad Z_3=0,\qquad Z_4=0,\qquad\ldots;$$
$$Z_2=\frac{\omega^2}{8\pi f\alpha}\left(\frac{1}{3}-\cos^2\theta\right).$$

Il s'agit de déterminer U_n, qui est une fonction de a, θ et ψ, par l'équation (C).

On en tire

$$(48)\quad \left\{ \begin{aligned} & \int_a^{a_1} \rho \frac{\partial(a^{2-n} U_n)}{\partial a} da \\ & \quad - (2n+1) a^{-n-1} U_n \int_0^a \rho a^2 da + a^{-2n-1} \int_0^a \rho \frac{\partial(a^{n+3} U_n)}{\partial a} da + (2n+1) Z_n = 0; \end{aligned} \right.$$

d'où, en différentiant par rapport à a,

$$\begin{aligned} -\rho \frac{\partial(a^{2-n} U_n)}{\partial a} & - (2n+1) a^{-n-1} U_n \rho a^2 - (2n+1) a^{-n-1} \frac{\partial U_n}{\partial a} \int_0^a \rho a^2 da \\ & + (n+1)(2n+1) a^{-n-2} U_n \int_0^a \rho a^2 da \\ & + a^{-2n-1} \rho \frac{\partial(a^{n+3} U_n)}{\partial a} - (2n+1) a^{-2n-2} \int_0^a \rho \frac{\partial(a^{n+3} U_n)}{\partial a} da = 0. \end{aligned}$$

Il y a des réductions; les termes qui ne renferment pas d'intégrales disparaissent, et il reste, après avoir divisé par $2n+1$,

$$\left[(n+1) a^{-n-2} U_n - a^{-n-1} \frac{\partial U_n}{\partial a} \right] \int_0^a \rho a^2 da - a^{-2n-2} \int_0^a \rho \frac{\partial(a^{n+3} U_n)}{\partial a} da = 0$$

ou bien

$$(49)\quad \left[(n+1) a^n U_n - a^{n+1} \frac{\partial U_n}{\partial a} \right] \int_0^a \rho a^2 da - \int_0^a \rho \frac{\partial(a^{n+3} U_n)}{\partial a} da = 0;$$

en différentiant encore une fois par rapport à a, il vient

$$a^{n+1} \frac{\partial^2 U_n}{\partial a^2} \int_0^a \rho a^2 da + 2\rho a^{n+3} \frac{\partial U_n}{\partial a} - U_n \left[n(n+1) a^{n-1} \int_0^a \rho a^2 da - 2\rho a^{n+2} \right] = 0$$

ou bien

$$(\mathrm{D})\quad \frac{\partial^2 U_n}{\partial a^2} + \frac{2\rho a^2}{\int_0^a \rho a^2 da} \frac{\partial U_n}{\partial a} + U_n \left[\frac{2\rho a}{\int_0^a \rho a^2 da} - \frac{n(n+1)}{a^2} \right] = 0,$$

équation différentielle linéaire du second ordre, à coefficients variables, qui servira à déterminer U_n en fonction de a; les deux constantes arbitraires seront des fonctions de θ et ψ.

Considérons d'abord l'équation qui répond à $n = 1$, savoir

$$(50)\quad \frac{\partial^2 U_1}{\partial a^2} + \frac{2\rho a^2}{\int_0^a \rho a^2 da} \frac{\partial U_1}{\partial a} + U_1 \left(\frac{2\rho a}{\int_0^a \rho a^2 da} - \frac{2}{a^2} \right) = 0.$$

En faisant

(51) $$U_1 = \frac{S_1}{a},$$

S_1 étant une fonction inconnue de a, θ, ψ, on trouve, après réduction,

$$\frac{\partial^2 S_1}{\partial a^2} + \left(\frac{2\rho a^2}{\int_0^a \rho a^2\, da} - \frac{2}{a}\right)\frac{\partial S_1}{\partial a} = 0,$$

d'où

$$\frac{\frac{\partial^2 S_1}{\partial a^2}}{\frac{\partial S_1}{\partial a}} - \frac{2}{a} + \frac{2\rho a^2}{\int_0^a \rho a^2\, da} = 0;$$

en multipliant par da, intégrant et désignant par C une constante arbitraire, il viendra

(52) $$\frac{\partial S_1}{\partial a}\left(\frac{\int_0^a \rho a^2\, da}{a}\right)^2 = C.$$

Supposons que la densité ρ soit développable en série convergente, suivant les puissances de a, comme il suit

(53) $$\rho = \rho_0(1 - A_1 a^{\alpha_1} + A_2 a^{\alpha_2} - \ldots),$$

où l'on a

$$0 < \alpha_1 < \alpha_2 < \ldots.$$

Il en résultera

$$\left(\frac{\int_0^a \rho a^2\, da}{a}\right)^2 = \rho_0^2 a^4 \left(\frac{1}{3} - \frac{A_1 a^{\alpha_1}}{\alpha_1 + 3} + \frac{A_2 a^{\alpha_2}}{\alpha_2 + 3} - \ldots\right)^2.$$

En substituant dans (52), on trouvera

$$\frac{\partial S_1}{\partial a} = \frac{9C}{\rho_0^2 a^4}\Phi(a),$$

$\Phi(a)$ étant une fonction de a qui se réduit à 1 pour $a = 0$.

On voit que, si C n'est pas nul, en intégrant, le second membre sera comparable à $\frac{C}{a^3}$ et deviendra infini pour $a = 0$.

Or on a

$$r = a + \alpha a U_1 + \alpha a U_2 + \ldots.$$

Il faut que, pour $a = 0$, on ait $r = 0$; donc $aU_1 = S_1 = 0$; il faut donc que $C = 0$, et alors l'équation (52) donne

$$\frac{\partial S_1}{\partial a} = 0, \qquad \text{d'où} \qquad S_1 = C_1,$$

C_1 désignant une fonction de θ et ψ, indépendante de a, ou bien

(54) $$aU_1 = C_1.$$

Or, à la surface extérieure du sphéroïde, on a

$$a = a_1, \qquad U_1 = Y_1.$$

On a vu antérieurement que l'on doit avoir $Y_1 = 0$; donc, en appliquant l'équation (54) à la surface extérieure du sphéroïde, on en conclut

$$C_1 = 0.$$

Il en résulte que l'on a, quel que soit a,

(55) $$U_1 = 0.$$

Ainsi le terme U_1 manque dans l'équation d'une couche quelconque.

Considérons maintenant l'équation générale (D); on peut l'écrire

(56) $$\frac{\partial^2 U_n}{\partial a^2} = \frac{U_n}{a^2}\left[n(n+1) - \frac{2\rho a^3}{\int_0^a \rho a^2\,da}\right] - \frac{2\rho a^3}{\int_0^a \rho a^2\,da}\,\frac{1}{a}\,\frac{\partial U_n}{\partial a}.$$

Or on tire de (53)

$$\frac{2\rho a^3}{\int_0^a \rho a^2\,da} = 6\,\frac{1 - A_1 a^{\alpha_1} + A_2 a^{\alpha_2} - \ldots}{1 - \frac{3A_1}{\alpha_1+3}a^{\alpha_1} + \frac{3A_2}{\alpha_2+3}a^{\alpha_2} - \ldots} = 6 - \frac{6\alpha_1}{\alpha_1+3}A_1 a^{\alpha_1} + \ldots,$$

et l'équation (56) devient

(57) $$\left\{\begin{aligned} \frac{\partial^2 U_n}{\partial a^2} = {} & \frac{U_n}{a^2}\left[(n-2)(n+3) + \frac{6\alpha_1}{\alpha_1+3}A_1 a^{\alpha_1} - \ldots\right] \\ & - \frac{6}{a}\,\frac{\partial U_n}{\partial a}\left(1 - \frac{\alpha_1}{\alpha_1+3}A_1 a^{\alpha_1} + \ldots\right). \end{aligned}\right.$$

Pour intégrer cette équation, supposons que U_n soit développé en une série procédant suivant les puissances croissantes de a, de cette forme

$$U_n = a^p Q^{(n)} + a^{p_1} Q_1^{(n)} + \ldots, \tag{58}$$

où l'on a

$$0 < p < p_1 < \ldots;$$

en substituant dans (57), il vient, après quelques réductions,

$$(59) \left\{ \begin{aligned} &(p+n+3)(p-n+2)\,a^{p-2}Q^{(n)} + (p_1+n+3)(p_1-n+2)\,a^{p_1-2}Q_1^{(n)} + \ldots \\ &= \frac{6\alpha_1}{\alpha_1+3} A_1 a^{\alpha_1}[(p+1)\,a^{p-2}Q^{(n)} + (p_1+1)\,a^{p_1-2}Q_1^{(n)} + \ldots] + \ldots. \end{aligned} \right.$$

En égalant à zéro le coefficient du terme a^{p-2}, qui est du degré le moins élevé par rapport à a, il vient

$$(p+n+3)(p-n+2) = 0;$$

d'où

$$\begin{aligned} p &= \quad n-2, \\ p &= -n-3; \end{aligned}$$

à chacune de ces valeurs de p répond une série particulière qui, étant multipliée par une constante arbitraire, sera une intégrale de l'équation (56); la somme de ces deux intégrales donnera l'intégrale générale.

On doit rejeter ici la série qui répond à $p = -n-3$; car il en résulterait $aU_n = \infty$ pour $a = 0$, d'après (58), et l'expression

$$r = a + a\alpha \sum_{n=0}^{n=\infty} U_n$$

ne se réduirait pas à zéro pour $a = 0$.

Il suffit donc d'attribuer à p la valeur $n-2$. L'équation (59) deviendra

$$\begin{aligned} &(p_1+n+3)(p_1-n+2)\,a^{p_1-2}Q_1^{(n)} + \ldots \\ &= \frac{6\alpha_1}{\alpha_1+3} A_1 a^{\alpha_1}[(n-1)\,a^{n-4}Q^{(n)} + (p_1+1)\,a^{p_1-2}Q^{(n)} + \ldots]; \end{aligned}$$

on en conclut

$$\begin{aligned} p_1 - 2 &= \alpha_1 + n - 4, \\ p_1 &= \alpha_1 + n - 2, \end{aligned}$$

$$(p_1+n+3)(p_1-n+2)\,Q_1^{(n)} = \frac{6\alpha_1}{\alpha_1+3} A_1 (n-1)\,Q^{(n)},$$

$$Q_1^{(n)} = \frac{6(n-1)A_1}{(2n+\alpha_1+1)(\alpha_1+3)} Q^{(n)}; \tag{60}$$

(58) donnera ensuite

$$(61)\qquad U_n = Q^{(n)}\left[a^{n-2} + \frac{6(n-1)A_1}{(\alpha_1+3)(\alpha_1+2n+1)}a^{\alpha_1+n-2} + \ldots\right].$$

Les angles θ et ψ ne peuvent entrer que dans le facteur $Q^{(n)}$; l'autre facteur ne dépend que de a.

Cette conclusion est valable pour $n \gtreqless 2$.

En posant

$$(62)\qquad h^{(n)} = a^{n-2} + \frac{6(n-1)A_1}{(\alpha_1+3)(\alpha_1+2n+1)}a^{\alpha_1+n-2} + \ldots,$$

on aura

$$(63)\qquad U_n = Q^{(n)}h^{(n)},$$

et, en substituant cette équation dans (56), $Q^{(n)}$ disparaîtra, et il restera

$$(E)\qquad \frac{d^2h^{(n)}}{da^2} = h^n\left[\frac{n(n+1)}{a^2} - \frac{2\rho a}{\int_0^a \rho a^2\,da}\right] - \frac{2\rho a^3}{\int_0^a \rho a^2\,da}\frac{1}{a}\frac{dh^{(n)}}{da}.$$

Nous allons prouver que $h^{(n)}$ est une fonction croissante de a. En effet, puisque l'on doit avoir, de $a = 0$ à $a = a_1$,

$$\frac{d\rho}{da} < 0,$$

en appliquant cette condition aux valeurs positives très petites de a, l'équation (53) donnera

$$A_1 > 0,$$

et nous tirerons de la formule (62)

$$\text{pour } n \gtreqless 2 \ldots\ldots \qquad h^{(n)} = a^{n-2}\left[1 + \frac{6(n-1)A_1 a^{\alpha_1}}{(\alpha_1+3)(\alpha_1+2n+1)} + \ldots\right].$$

On en conclut que, pour a positif et très petit, $h^{(n)}$ et $\frac{dh^{(n)}}{da}$ sont positifs. Je dis que, a croissant de 0 à a_1, $h^{(n)}$ croît sans cesse. Supposons en effet que, pour $a = a'$, $h^{(n)}$ cesse de croître et décroisse ensuite; $h^{(n)}$ serait alors un maximum et l'on aurait, pour $a = a'$,

$$(64)\qquad h^{(n)} > 0, \qquad \frac{dh^{(n)}}{da} = 0, \qquad \frac{d^2h^{(n)}}{da^2} < 0.$$

Reportons-nous maintenant à l'équation (E). On a, ρ étant une fonction décroissante de a,

$$\int_0^a \rho a^2\,da > \rho \int_0^a a^2\,da > \rho \frac{a^3}{3},$$

ρ étant la densité qui correspond au paramètre a. On en conclut

$$\frac{2\rho a}{\int_0^a \rho a^2\,da} < \frac{2\rho a}{\rho \frac{a^3}{3}} < \frac{6}{a^2};$$

on aura, *a fortiori*,

$$\frac{2\rho a}{\int_0^a \rho a^2\,da} < \frac{n(n+1)}{a^2},$$

puisque n est au moins égal à 2 et que $n(n+1)$ est au moins égal à 6; donc le coefficient de $h^{(n)}$, dans le second membre de (E), est positif. Si donc on fait

$$a = a', \qquad \frac{dh^{(n)}}{da} = 0,$$

l'équation (E) montre qu'il en résulterait

$$\frac{d^2 h^{(n)}}{da^2} > 0,$$

ce qui est en contradiction avec (64). Donc $\frac{dh^{(n)}}{da}$ ne peut pas s'annuler et $h^{(n)}$ croît sans cesse avec a.

Nous allons prouver que, pour $n > 2$, on doit avoir

$$U_n = 0.$$

En effet, dans l'équation (A), supposons $a = a_1$; nous trouverons

$$-\frac{(U_n)_{a=a_1}}{a_1} \int_0^{a_1} \rho a^2\,da + \frac{1}{(2n+1)\,a_1^{n+1}} \int_0^{a_1} \rho \frac{\partial(a^{n+3} U_n)}{\partial a}\,da = 0.$$

Or on a

$$U^{(n)} = Q^{(n)} h^{(n)}.$$

Soit $h_1^{(n)}$ la valeur de $h^{(n)}$ pour $a = a_1$; l'équation ci-dessus deviendra

$$Q^{(n)}\left[-\frac{2n+1}{a_1} h_1^{(n)} \int_0^{a_1} \rho a^2\,da + \frac{1}{a_1^{n+1}} \int_0^{a_1} \rho \frac{\partial(a^{n+3} h^{(n)})}{\partial a}\,da\right] = 0$$

ou bien

(65) $$Q^{(n)}\left[-(2n+1)\,h_1^{(n)} a_1^n \int_0^{a_1} \rho a^2\,da + \int_0^{a_1} \rho \frac{\partial(a^{n+3} h^{(n)})}{\partial a}\,da\right] = 0.$$

Or on a

$$\int \rho a^2\, da = \frac{1}{3}\rho a^3 - \frac{1}{3}\int a^3\, d\rho,$$

$$\int_0^{a_1} \rho a^2\, da = \frac{1}{3}\rho_1 a_1^3 - \frac{1}{3}\int_{\rho_0}^{\rho_1} a^3\, d\rho,$$

$$\int \rho \frac{\partial (a^{n+3} h^{(n)})}{\partial a}\, da = \rho a^{n+3} h^{(n)} - \int a^{n+3} h^{(n)}\, d\rho,$$

$$\int_0^{a_1} \rho \frac{\partial (a^{n+3} h^{(n)})}{\partial a}\, da = \rho_1 a_1^{n+3} h_1^{(n)} - \int_{\rho_0}^{\rho_1} a^{n+3} h^{(n)}\, d\rho;$$

l'équation (65) devient ainsi

$$(66)\qquad Q^{(n)}\left[-\frac{2}{3}(n-1)\rho_1 a_1^{n+3} h_1^{(n)} + \int_{\rho_0}^{\rho_1} a^3\left(\frac{2n+1}{3} a_1^n h_1^{(n)} - a^n h^{(n)}\right) d\rho\right] = 0.$$

Or on a

$$\frac{2n+1}{3} > 1, \qquad a_1^n > a^n, \qquad h_1^{(n)} > h^{(n)},$$

d'où

$$\frac{2n+1}{3} a_1^n h_1^{(n)} - a^n h^{(n)} > 0,$$

$$\int_{\rho_0}^{\rho_1} a^3\left(\frac{2n+1}{3} a_1^n h_1^{(n)} - a^n h^{(n)}\right) d\rho < 0.$$

Donc, dans l'équation (66), le coefficient de $Q^{(n)}$ est négatif et essentiellement différent de zéro, et l'on doit avoir

$$Q^{(n)} = 0.$$

Il reste donc finalement

$$(67)\qquad r = a(1 + \alpha U_2),$$

$$(68)\qquad U_2 = Q^{(2)} h;$$

h est une fonction de a qui vérifie l'équation

$$(69)\qquad \frac{d^2 h}{da^2} + \frac{2\rho a^2}{\int_0^a \rho a^2\, da}\frac{dh}{da} + \left(\frac{2\rho a}{\int_0^a \rho a^2\, da} - \frac{6}{a^2}\right) h = 0$$

et dont les deux premiers termes du développement sont, d'après (62),

$$h = 1 + \frac{6 A_1}{(\alpha_1 + 3)(\alpha_1 + 5)} a^{\alpha_1} + \ldots;$$

$Q^{(2)}$ est une fonction de θ et ψ qu'il s'agit de déterminer.

Il suffit de substituer l'expression (68) de U_2 dans l'équation (B); on trouve ainsi

$$(70)\quad Q^{(2)}\left[\frac{1}{5}\int_a^{a_1}\rho\frac{dh}{da}da+\frac{1}{5a^3}\int_0^a\rho\frac{\partial(a^5h)}{\partial a}da-\frac{h}{a^3}\int_0^a\rho a^2da\right]+\frac{\omega^2}{8\pi f\alpha}\left(\frac{1}{3}-\cos^2\theta\right)=0.$$

$Q^{(2)}$ étant indépendant de a, on peut, dans l'équation (70), donner à a la valeur a_1; en posant

$$h_1=1+\frac{6A_1a_1^{\alpha_1}}{(\alpha_1+3)(\alpha_1+5)}+\ldots,$$

il viendra

$$(71)\quad Q^{(2)}=\frac{\frac{\omega^2}{8\pi f\alpha}\left(\frac{1}{3}-\cos^2\theta\right)}{\frac{h_1}{a_1^3}\int_0^{a_1}\rho a^2da-\frac{1}{5a_1^3}\int_0^{a_1}\rho\frac{\partial(a^5h)}{\partial a}da}.$$

On a

$$\varphi=\frac{\omega^2a_1^3}{fM},\qquad M=4\pi\int_0^{a_1}\rho a^2da,$$

d'où

$$\frac{\omega^2}{8\pi f}=\frac{\varphi}{2a_1^3}\int_0^{a_1}\rho a^2da,$$

et (71) devient

$$\alpha Q^{(2)}=\frac{\varphi\left(\frac{1}{3}-\cos^2\theta\right)\int_0^{a_1}\rho a^2da}{2h_1\int_0^{a_1}\rho a^2da-\frac{2}{5a_1^2}\int_0^{a_1}\rho\frac{\partial(a^5h)}{\partial a}da}$$

ou bien

$$(72)\quad \alpha Q^{(2)}=\mathfrak{B}\left(\frac{1}{3}-\cos^2\theta\right),$$

en posant, pour abréger,

$$(73)\quad \mathfrak{B}=\frac{\varphi}{2h_1-\frac{2}{5a_1^2}\frac{\int_0^{a_1}\rho\frac{\partial(a^5h)}{\partial a}da}{\int_0^{a_1}\rho a^2da}}.$$

On aura ensuite, en se reportant à (67) et (68),

$$r=a(1+\alpha Q^{(2)}h),$$

$$(74)\quad r=a\left[1+h\mathfrak{B}\left(\frac{1}{3}-\cos^2\theta\right)\right].$$

Soient r_1 le rayon polaire, r_2 le rayon équatorial de la surface de niveau considérée, ε son aplatissement. On aura

$$r_1 = a\left(1 - \frac{2}{3} h \vartheta\right),$$

$$r_2 = a\left(1 + \frac{1}{3} h \vartheta\right),$$

$$r_2 - r_1 = a h \vartheta,$$

$$\frac{r_2 - r_1}{r_2} = \varepsilon = \frac{h\vartheta}{1 + \frac{1}{3} h \vartheta} = h\vartheta - \ldots;$$

en remplaçant ϑ par sa valeur (73), on trouvera donc

$$(75) \qquad \varepsilon = \frac{h\varphi}{2h_1 - \dfrac{2}{5a_1^2}\dfrac{\int_0^{a_1} \rho \dfrac{\partial(a^5 h)}{\partial a} da}{\int_0^{a_1} \rho a^2 da}}.$$

L'équation (74) montre que les surfaces de niveau sont toutes des ellipsoïdes ayant Ox pour axe de révolution; l'équation (75), qui fait connaître l'aplatissement d'une surface de niveau quelconque, avait déjà été trouvée d'une autre manière (p. 217).

Le lecteur désireux d'approfondir les travaux de Legendre et de Laplace sur la figure des corps célestes pourra consulter avec fruit l'Ouvrage de Todhunter : *History of the mathematical theories of attraction and the figure of the Earth.*

CHAPITRE XIX.

REMARQUES SUR LA THÉORIE DE LAPLACE. — POTENTIEL D'UN ELLIPSOÏDE DE RÉVOLUTION. — POTENTIEL D'UNE PLANÈTE. — ÉNERGIE POTENTIELLE DE DEUX PLANÈTES. — THÉORÈME DE STOKES.

145. **Réflexions sur la théorie de Laplace pour la figure des corps célestes.** — Cette théorie repose sur les formules

$$\frac{1}{\Delta} = \frac{1}{r}\sum P_n\left(\frac{r'}{r}\right)^n, \qquad V = \int\frac{dm'}{\Delta}$$

du n° 123; d'où l'on a déduit

$$V = \frac{M}{r} + \sum\frac{Y_n}{r^{n+1}}. \tag{1}$$

Si le développement de $\frac{1}{\Delta}$ est convergent, il en sera de même de celui de V. Cela arrivera si la sphère de rayon r, ayant son centre au centre de gravité, comprend tout le corps dans son intérieur; mais, si des points du corps sont extérieurs à la sphère, pour ces points, le rapport $\frac{r'}{r}$ sera > 1, et la série qui donne $\frac{1}{\Delta}$ sera divergente. L'intégration par laquelle on déduit V de $\frac{1}{\Delta}$ pourra sans doute, dans certains cas, restituer la convergence au développement de V suivant les puissances de $\frac{1}{r}$; mais c'est une chose qu'il faudrait démontrer, et dont Laplace ne paraît pas s'être préoccupé, car il suppose toujours que l'on peut appliquer la formule (1) à tous les points de la surface même du corps. C'est là un *desideratum* important que présente la théorie de Laplace, malgré la grande généralité des développements ordonnés suivant les fonctions Y_n.

Il existe certainement des cas où la convergence du développement (1) se maintient jusqu'à la surface. Cela arrive notamment pour un ellipsoïde homogène; on peut s'en convaincre immédiatement en faisant intervenir le théorème de Laplace (n° 28). Soient a, b, c ses demi-axes, $a > b > c$, V son potentiel sur le point extérieur M; le développement (1) est certainement convergent pour $r > a$; il s'agit de voir s'il l'est encore pour $c < r < a$. Concevons un ellipsoïde homofocal intérieur, aux demi-axes a', b', c', et désignons par V' son potentiel sur le point M; nous aurons, d'après le théorème mentionné, ou mieux encore, en nous reportant au n° 32,

$$V = V' \frac{a'b'c'}{abc}. \tag{2}$$

On a d'ailleurs

$$a'^2 - a^2 = b'^2 - b^2 = c'^2 - c^2, \qquad a' > b' > c'.$$

Le développement de V' suivant les puissances de $\frac{1}{r}$ est convergent tant que l'on a $r > a'$, et il en sera de même de celui qu'on en déduit pour V en appliquant la formule (2). Il nous suffira donc de voir si l'on peut prendre $a' = c$: cela donne

$$c^2 - a^2 = b'^2 - b^2 = c'^2 - c^2,$$

d'où

$$b'^2 = b^2 + c^2 - a^2, \qquad c'^2 = 2c^2 - a^2.$$

Ces valeurs de b' et c' sont admissibles si l'on a $a^2 < 2c^2$; c'est le cas des ellipsoïdes faiblement aplatis que nous avons considérés jusqu'ici. Le potentiel de ces ellipsoïdes est donc développable en série convergente, suivant les puissances de $\frac{1}{r}$, pour toutes les valeurs de r comprises entre a et c et, par suite, quelle que soit la position du point attiré à l'extérieur ou sur la surface même du corps. Il en sera de même d'une couche homogène comprise entre deux ellipsoïdes ayant même centre et mêmes directions d'axes, et aussi d'un corps formé d'une série de couches de cette nature, la densité variant de l'une à l'autre. Quand on suppose en outre les ellipsoïdes de révolution, on obtient ainsi la constitution admise par Clairaut pour les corps célestes, et l'on voit que, dans ce cas, la théorie de Laplace ne laisse rien à désirer.

M. Callandreau a réussi à prouver plus généralement (*Journal de l'École Polytechnique*, LVIIIe Cahier) que, si le corps attirant est homogène, de révolution, et présente un équateur, la série (1) représente encore le potentiel jusqu'à la surface du corps, si elle est convergente.

Mais il peut n'en être pas ainsi quand il s'agit de corps dont la densité présente des variations brusques, ou dont la surface est plus ou moins irrégulière, telle que la surface *physique* de la Terre.

146. **Potentiel d'un corps de révolution.** — Supposons que toutes les sections déterminées dans le corps par des plans passant par Ox, l'axe de révolution, soient identiques, et pour la figure, et pour la distribution des densités. Soient r, θ et ψ les coordonnées du point attiré, M la masse du corps; le potentiel V sera donné par le développement (1), dans lequel on a (n° 133)

$$Y_n = A_n \mathfrak{M}_n + \sum_{i=1}^{i=n} A_n^{(i)} (1-\mu^2)^{\frac{i}{2}} \frac{d^i \mathfrak{M}_n}{d\mu^i} \cos i(\psi - \psi_n^{(i)}),$$

$$\mu = \cos\theta, \qquad \mathfrak{M}_n = \frac{1}{2^n . 1 . 2 \ldots n} \frac{d^n (\mu^2 - 1)^n}{d\mu^n},$$

et où les $A_n^{(i)}$ et $\psi_n^{(i)}$ représentent des constantes arbitraires. Il est évident *a priori* que, dans le cas actuel, V doit rester le même quel que soit ψ, r et θ ayant des valeurs déterminées et d'ailleurs quelconques. On en conclut

$$A_n^{(1)} = 0, \qquad A_n^{(2)} = 0, \qquad \ldots, \qquad A_n^{(n)} = 0,$$

et il en résulte

$$V = \frac{M}{r} + \frac{A_1 \mathfrak{M}_1}{r^2} + \ldots + \frac{A_n \mathfrak{M}_n}{r^{n+1}} + \ldots. \tag{3}$$

Cela posé, supposons que l'on connaisse le potentiel V_1 du corps, relatif à un point quelconque de l'axe de rotation, situé à la distance r de l'origine O,

$$V_1 = F(r).$$

On pourra développer $F(r)$ comme il suit

$$F(r) = \frac{B_0}{r} + \frac{B_1}{r^2} + \ldots + \frac{B_n}{r^{n+1}} + \ldots, \tag{4}$$

où B_0, B_1, B_2, ... sont des constantes déterminées dépendant de la nature de la fonction $F(r)$. On peut du reste déduire V_1 de l'expression générale (3) de V, en y remplaçant μ par $+1$; on sait qu'on a alors $\mathfrak{M}_n = +1$; il viendra donc

$$V_1 = \frac{M}{r} + \frac{A_1}{r^2} + \ldots + \frac{A_n}{r^{n+1}} + \ldots.$$

Ce développement doit être identique à (4); il en résulte $A_n = B_n$. De là le théorème suivant :

Étant connu le potentiel $V_1 = F(r)$ pour un point extérieur quelconque, situé sur l'axe de révolution, et la fonction r étant développée sous la forme

$$F(r) = \frac{M}{r} + \sum_1^{\infty} \frac{B_n}{r^{n+1}}, \tag{a}$$

on aura le potentiel pour un point extérieur quelconque, dont le rayon r fait avec l'axe de révolution un angle $\theta = \text{arc} \cos \mu$, par la formule

$$(b) \qquad V = \frac{M}{r} + \sum_1^\infty \frac{B_n \mathfrak{M}_n}{r^{n+1}}.$$

On connaîtra donc le potentiel pour tous les points extérieurs, quand on saura le déterminer pour tous les points de l'axe de révolution.

Supposons maintenant, en outre, que le plan mené par l'origine O des rayons vecteurs, perpendiculairement à l'axe de révolution, soit un plan de symétrie pour le corps. V_1 ne devra pas changer si, r restant le même, on donne à θ les valeurs o et π, et par suite à μ les valeurs $+1$ et -1. Or, pour $\mu = -1$, $\mathfrak{M}_n = (-1)^n$; la formule (3) donnera donc

$$\sum_1^\infty \frac{A_n}{r^{n+1}} = \sum_1^\infty \frac{(-1)^n A_n}{r^{n+1}};$$

on en conclut que A_n est nul si n est impair, et l'expression du potentiel devient

$$(b') \qquad V = \frac{M}{r} + \sum_1^\infty \frac{B_{2n} \mathfrak{M}_{2n}}{r^{2n+1}}.$$

147. Développement en série du potentiel d'un ellipsoïde homogène de révolution. — Soient $2a$, $2b$, $2c$ les longueurs des axes de l'ellipsoïde, V_1 son potentiel sur un point extérieur de coordonnées α, β, γ. D'après le n° 27, on aura

$$V_1 = \frac{3}{4} M \int_\nu^\infty \left(1 - \frac{\alpha^2}{a^2+u} - \frac{\beta^2}{b^2+u} - \frac{\gamma^2}{c^2+u}\right) \frac{du}{\sqrt{(a^2+u)(b^2+u)(c^2+u)}},$$

ν désignant la racine positive de l'équation

$$\frac{\alpha^2}{a^2+\nu} + \frac{\beta^2}{b^2+\nu} + \frac{\gamma^2}{c^2+\nu} = 1.$$

Nous appliquerons ces formules en faisant

$$b = c, \qquad a < b, \qquad \alpha = r > a, \qquad \beta = 0, \qquad \gamma = 0;$$

nous trouverons $\nu = r^2 - a^2$, et

$$V_1 = F(r) = \frac{3}{4} M \int_{r^2-a^2}^\infty \left(1 - \frac{r^2}{a^2+u}\right) \frac{du}{(b^2+u)\sqrt{a^2+u}}$$

ou bien, en faisant $a^2 + u = \zeta^2$,

$$V_1 = \frac{3}{2} M \int_r^\infty \left(1 - \frac{r^2}{\zeta^2}\right) \frac{d\zeta}{b^2 - a^2 + \zeta^2},$$

$$F(r) = \frac{3}{2} M \int_r^\infty \left[\left(1 + \frac{r^2}{b^2 - a^2}\right) \frac{1}{b^2 - a^2 + \zeta^2} - \frac{r^2}{(b^2 - a^2)\zeta^2}\right] d\zeta;$$

l'intégrale indéfinie est

$$\frac{1}{\sqrt{b^2 - a^2}} \left(1 + \frac{r^2}{b^2 - a^2}\right) \text{arc tang} \frac{\zeta}{\sqrt{b^2 - a^2}} + \frac{r^2}{(b^2 - a^2)\zeta} + \text{const.};$$

on aura donc

$$(5) \qquad F(r) = \frac{3M}{2\sqrt{b^2 - a^2}} \left[\left(1 + \frac{r^2}{b^2 - a^2}\right)\left(\frac{\pi}{2} - \text{arc tang} \frac{r}{\sqrt{b^2 - a^2}}\right) - \frac{r}{\sqrt{b^2 - a^2}}\right].$$

Si l'on a

$$a > \sqrt{b^2 - a^2}, \qquad b^2 < 2a^2$$

pour tous les points de l'axe Ox extérieurs à l'ellipsoïde, $\frac{r}{\sqrt{b^2 - a^2}}$ est > 1, et il vient, en série convergente,

$$\frac{\pi}{2} - \text{arc tang} \frac{r}{\sqrt{b^2 - a^2}} = \text{arc tang} \frac{\sqrt{b^2 - a^2}}{r} = \frac{\sqrt{b^2 - a^2}}{r} + \sqrt{b^2 - a^2} \sum_1^\infty \frac{(-1)^n}{2n + 1} \frac{(b^2 - a^2)^n}{r^{2n+1}},$$

après quoi la formule (5) donne

$$F(r) = \frac{M}{r} + 3M \sum_1^\infty \frac{(-1)^n (b^2 - a^2)^n}{(2n + 1)(2n + 3) r^{2n+1}}.$$

On en conclura, par le théorème précédent, que le potentiel de l'ellipsoïde, pour un point quelconque, a pour expression

$$(c) \qquad V = \frac{M}{r} + 3M \sum_1^\infty \frac{(-1)^n (b^2 - a^2)^n}{(2n + 1)(2n + 3)} \frac{\mathfrak{M}_{2n}}{r^{2n+1}},$$

et ce développement est applicable à la surface même de l'ellipsoïde, pourvu que l'on ait $b < a\sqrt{2}$.

Il est facile d'en conclure le développement du potentiel d'un corps formé de couches ellipsoïdales homogènes, toujours relativement à un point extérieur.

Remplaçons, en effet, dans la formule (c), $b^2 - a^2$ par $b^2 e^2$, e désignant l'excentricité de la section méridienne, et M par $\frac{4}{3}\pi\rho b^3\sqrt{1-e^2}$. Nous aurons

$$(6)\qquad V=\frac{M}{r}+4\pi\sum_{1}^{\infty}\frac{(-1)^n\mathfrak{M}_{2n}}{(2n+1)(2n+3)r^{2n+1}}\rho b^{2n+3}e^{2n}\sqrt{1-e^2}.$$

Soit dV le potentiel relatif à l'attraction, sur le même point extérieur, de la couche homogène de densité ρ comprise entre les deux surfaces ellipsoïdales ayant pour demi grands axes b et $b+db$ et pour excentricités e et $e+de$, on trouvera, en différentiant l'équation (6) par rapport à b et considérant e comme une fonction de b, tandis que ρ, r et μ seront supposés constants,

$$dV=\frac{dM}{r}+4\pi\sum_{1}^{\infty}\frac{(-1)^n\mathfrak{M}_{2n}}{(2n+1)(2n+3)r^{2n+1}}\rho\frac{d\left(b^{2n+3}e^{2n}\sqrt{1-e^2}\right)}{db}db.$$

En intégrant cette expression de $b=0$ à $b=b_1$ et supposant la densité ρ connue en fonction de b, on aura le potentiel de l'ellipsoïde hétérogène

$$(d)\qquad V=\frac{M}{r}+4\pi\sum_{1}^{\infty}\frac{(-1)^n\mathfrak{M}_{2n}}{(2n+1)(2n+3)r^{2n+1}}\int_0^{b_1}\rho\frac{d\left(b^{2n+3}e^{2n}\sqrt{1-e^2}\right)}{db}db;$$

$2b_1$ est le grand axe de la surface extérieure.

Si l'on remplace dans les premiers termes les polynômes de Legendre par leurs expressions, on trouve

$$(d')\qquad \left\{\begin{aligned} V=\frac{M}{r}&-\frac{4\pi\left(\frac{3}{2}\mu^2-\frac{1}{2}\right)}{3.5.r^3}\int_0^{b_1}\rho\frac{d\left(b^5e^2\sqrt{1-e^2}\right)}{db}db\\ &+\frac{4\pi\left(\frac{35}{8}\mu^4-\frac{15}{4}\mu^2+\frac{3}{8}\right)}{5.7.r^5}\int_0^{b_1}\rho\frac{d\left(b^7e^4\sqrt{1-e^2}\right)}{db}db\\ &-\frac{4\pi\left(\frac{231}{16}\mu^6-\frac{315}{16}\mu^4+\frac{105}{16}\mu^2-\frac{5}{16}\right)}{7.9.r^7}\int_0^{b_1}\rho\frac{d\left(b^9e^6\sqrt{1-e^2}\right)}{db}db\\ &+\ldots\ldots\ldots\ldots\ldots\ldots\ldots\ldots\ldots\ldots\ldots\ldots\ldots\end{aligned}\right.$$

Cette formule est importante en ce qu'elle montre que les divers termes du potentiel

$$(7)\qquad V=\frac{M}{r}+\frac{Y_2}{r^3}+\frac{Y_4}{r^5}+\ldots$$

d'un corps céleste hétérogène constitué, comme on l'a indiqué, pour un point extérieur ou pour un point de la surface, décroissent très rapidement si les diverses couches sont peu aplaties; Y_2, Y_4, ... sont en effet respectivement du même ordre que e_1^2, e_1^4, ..., e_1 désignant l'excentricité de la surface extérieure.

Le rapport de chaque terme au précédent est du reste de l'ordre de $\left(\frac{b_1}{r}\right)^2$; les termes successifs diminueront donc très rapidement quand le point attiré sera à une distance du centre, très grande par rapport aux dimensions du corps. On pourra presque toujours se borner aux deux premiers termes et prendre

$$(e) \qquad V = \frac{M}{r} - \frac{2\pi}{15}\frac{3\mu^2 - 1}{r^3}\int_0^{b_1} \rho \frac{d\left(b^5 e^2 \sqrt{1 - e^2}\right)}{db}\, db.$$

148. Energie potentielle de deux corps célestes. — C'est l'expression

$$E = \int\int \frac{dm\, dm'}{\Delta} = \int dm' \int \frac{dm}{\Delta},$$

où Δ désigne la distance de deux points M et M' des deux corps auxquels correspondent les éléments de masse dm et dm';

$$V = \int \frac{dm}{\Delta}$$

est le potentiel du premier corps relativement au point M' qui est supposé lui être extérieur. Soit r la distance de son centre O au point M'; si l'on suppose les deux corps formés de couches ellipsoïdales de révolution, on a le développement de V par la formule (7). Il vient ensuite

$$E = M\int \frac{dm'}{r} + \int \frac{Y_2\, dm'}{r^3} + \int \frac{Y_4\, dm'}{r^5} + \ldots.$$

La formule (7) permet de développer $\int \frac{dm'}{r}$ suivant les puissances de $\frac{1}{R}$, R désignant la distance des centres O et O'. Il n'est pas difficile de trouver des développements analogues pour les termes suivants

$$\int \frac{Y_2\, dm'}{r^3}, \quad \int \frac{Y_4\, dm'}{r^5}, \quad \ldots,$$

et, finalement, on arrive à une expression de la forme

$$E = \frac{MM'}{R}\left(1 + \frac{U_1}{R^2} + \ldots + \frac{U_p}{R^{2p}} + \ldots\right);$$

les divers termes de U_p contiennent les petits facteurs

$$\left(\frac{b_1}{R}\right)^{\lambda}\left(\frac{b'_1}{R}\right)^{\lambda'} e_1^{2\mu} e_1'^{2\mu'},$$

où les exposants positifs λ, λ', μ, μ' vérifient les relations

$$\lambda + \lambda' = 2p, \qquad \mu + \mu' = p.$$

Les facteurs $\left(\frac{b_1}{R}\right)^{\lambda}$ et $\left(\frac{b'_1}{R}\right)^{\lambda'}$ proviennent de ce fait que l'on aurait $E = \frac{MM'}{R}$ si la distance R pouvait être considérée comme infinie par rapport à b_1 et b'_1, et cela quelles que soient les excentricités e_1 et e'_1 ; les facteurs $e_1^{2\mu}$ et $e_1'^{2\mu'}$ ont leur source dans cet autre fait que l'on aurait aussi $E = \frac{MM'}{R}$, quel que soit R, si les deux corps étaient formés de couches sphériques concentriques homogènes.

Nous nous bornerons à cette indication, renvoyant à la démonstration donnée par M. Callandreau (*Comptes rendus de l'Académie des Sciences*, t. CI, p. 1476); l'auteur a considéré plus généralement le cas où les deux corps sont formés de couches ellipsoïdales à axes inégaux et faiblement aplaties.

149. **Théorème de Stokes.** — Je vais terminer ce Chapitre en démontrant un beau théorème dû à M. Stokes (*Cambridge and Dublin mathematical Journal*, 1849, et STOKES, *Mathematical and Physical Papers*, t. II, p. 104). Il s'énonce ainsi :

Le potentiel relatif à l'attraction exercée sur un point extérieur par une planète tournant d'un mouvement uniforme autour d'un axe fixe et dont la surface libre et de niveau est supposée connue ne dépend pas de la constitution interne.

Voici la démonstration donnée par M. Poincaré dans un de ses Cours : Prenons l'axe de rotation pour axe des z; on aura tout le long de la surface S du corps, puisque cette surface est supposée de niveau,

$$(8) \qquad fV + \frac{\omega^2}{2}(x^2 + y^2) = A,$$

en désignant par V le potentiel de l'attraction et par A une constante. On a d'ailleurs (n° 23), en appelant M la masse de la planète, $d\sigma$ l'élément de S et ∂n l'élément de la normale intérieure,

$$(9) \qquad \int \frac{\partial V}{\partial n} d\sigma = 4\pi M.$$

Enfin, pour tous les points extérieurs à S, la fonction V vérifie l'équation de Laplace

$$(10) \qquad \Delta_2 V = 0.$$

Concevons maintenant que la matière soit distribuée autrement à l'intérieur de la planète, mais de façon cependant que sa surface extérieure reste invariable et demeure une surface de niveau pour la seconde distribution. A pourra ne pas rester le même; soit A′ sa nouvelle valeur, et désignons généralement par V′ le nouveau potentiel relatif aux points extérieurs. Les équations (8), (9) et (10) auront encore lieu, en y remplaçant V et A par V′ et A′. Si l'on pose

$$V - V' = W,$$

on en conclut

$$(11)\qquad \left\{\begin{array}{ll} W = A - A', & \text{le long de S,} \\ \displaystyle\int \frac{\partial W}{\partial n}\, d\sigma = 0, & \\ \Delta_2 W = 0, & \text{à l'extérieur de S.} \end{array}\right.$$

Cela posé, l'équation (α) du n° 21, qui exprime le premier théorème de Green, donne, en supposant les deux fonctions qui y figurent égales à W,

$$\int W \Delta^2 W\, dv + \int \left[\left(\frac{\partial W}{\partial x}\right)^2 + \left(\frac{\partial W}{\partial y}\right)^2 + \left(\frac{\partial W}{\partial z}\right)^2\right] dv = -\int W \frac{\partial W}{\partial n}\, d\sigma.$$

Nous étendrons les intégrales triples à tout l'espace T compris entre la surface S et la surface S′ d'une sphère de très grand rayon R, ayant pour centre l'origine des coordonnées; l'intégrale double devra donc s'étendre aux surfaces S et S′, et, en ayant égard aux relations (11), il viendra

$$\begin{aligned} \int_T \left[\left(\frac{\partial W}{\partial x}\right)^2 + \left(\frac{\partial W}{\partial y}\right)^2 + \left(\frac{\partial W}{\partial z}\right)^2\right] dv &= -(A - A')\int_S \frac{\partial W}{\partial n}\, d\sigma - \int_{S'} W \frac{\partial W}{\partial n}\, d\sigma \\ &= -\int_{S'} (V - V')\left(\frac{\partial V}{\partial n} - \frac{\partial V'}{\partial n}\right) d\sigma. \end{aligned}$$

Or, le long de S′, $\partial n = -\partial r$, $\frac{\partial V}{\partial r}$ et $\frac{\partial V'}{\partial r}$ sont de l'ordre de $\frac{1}{R^2}$, V et V′ de l'ordre de $\frac{1}{R}$, $d\sigma$ contient le facteur R^2. L'intégrale qui forme le second membre de l'équation précédente est de l'ordre de $\frac{1}{R}$ et tend vers zéro lorsque R tend vers l'infini; il reste donc

$$\int \left[\left(\frac{\partial W}{\partial x}\right)^2 + \left(\frac{\partial W}{\partial y}\right)^2 + \left(\frac{\partial W}{\partial z}\right)^2\right] dv = 0,$$

l'intégrale s'étendant maintenant à tout l'espace extérieur à S. On en conclut

$$\frac{\partial W}{\partial x} = 0, \qquad \frac{\partial W}{\partial y} = 0, \qquad \frac{\partial W}{\partial z} = 0;$$

la fonction W est donc constante dans tout l'espace considéré et, par suite, elle y est identiquement nulle, puisqu'elle s'annule à l'infini. Ainsi l'on a

$$V' = V, \tag{12}$$

et le théorème est démontré. La relation (12) a lieu aussi le long de S par raison de continuité, de sorte que les diverses distributions de la matière, que l'on peut concevoir quand on les astreint à la condition que la surface de la planète soit et demeure une surface d'équilibre, ne peuvent pas modifier le potentiel en dehors de la surface et sur cette surface même. On en conclut que la pesanteur à la surface est indépendante aussi de la constitution interne.

Supposons, en particulier, que la surface d'équilibre qui limite la planète soit un ellipsoïde de révolution; nous voyons que la pesanteur superficielle reste la même quelle que soit la constitution intérieure. Or, quand on suppose les couches de même densité ellipsoïdales et de révolution, cette pesanteur suit la loi de Clairaut. Donc cette loi, qui a été démontrée en partant de la fluidité de toute la masse, aurait lieu encore, quelle que soit la constitution intérieure, pourvu que la surface qui limite la planète soit de niveau et affecte la forme d'un ellipsoïde de révolution.

Pour montrer qu'on peut admettre une infinité de distributions internes telles que la surface extérieure d'équilibre ne soit pas modifiée, il suffit de remarquer qu'en partant de la distribution par couches ellipsoïdales de révolution, on peut isoler par la pensée une portion de la masse et la remplacer par une autre répartie convenablement sur une couche de niveau extérieure à cette masse partielle. L'attraction exercée sur les points extérieurs, et en particulier sur les points de la surface même de la planète, ne sera pas modifiée (n° 19).

A l'occasion du théorème précédent, le lecteur pourra consulter avec fruit un beau Mémoire de Gauss, *Théorèmes généraux sur les forces attractives et répulsives qui agissent en raison inverse du carré des distances* (*Journal de Liouville*, t. VII, 1842), et les *Vorlesungen* de Dirichlet sur le même sujet (Leipsick, 1876).

CHAPITRE XX.

APERÇU DES THÉORIES GÉODÉSIQUES.

150. **Surface mathématique de la Terre. Géoïde.** — Il nous faut maintenant comparer les théories précédentes aux résultats des observations faites à la surface de la Terre, et cela nous amène à parler un peu de la *Géodésie*. Chacune des surfaces de niveau de la Terre est définie par la condition d'être, en chacun de ses points, normale à la direction de la pesanteur en ce point; la pesanteur est la résultante de l'attraction terrestre et de la force centrifuge. L'ensemble des surfaces de niveau est représenté par l'équation

$$fV + \frac{\omega^2}{2}(x^2 + y^2) = C,$$

où V désigne le potentiel de l'attraction et C un paramètre variable. Ces surfaces sont fermées, ne se coupent pas et sont en quelque sorte emboîtées les unes dans les autres. L'une d'elles existe matériellement, à fort peu près du moins, et dans une grande partie de son étendue. C'est la surface des mers, quand toutefois on la suppose obéir seulement à l'attraction terrestre et à la force centrifuge et qu'on fait abstraction des mouvements produits par les vents, par le flux et le reflux, et des courants qui proviennent de différences dans la température, dans la pression atmosphérique, dans la densité en raison de la salure inégale, etc.

Cette surface de niveau spéciale, que l'on peut concevoir prolongée sous les continents, par la condition de couper à angle droit les directions de la pesanteur en tous ses points, se nomme la *surface mathématique* de la Terre, par opposition à sa *surface physique* qui ne présente rien de régulier; on l'appelle aussi, d'après Listing, le *géoïde*. La *fig.* 21 représente la surface solide AMB de la Terre, la surface des mers A′C′, D′B′, et son prolongement C′D′ sous le continent; A′C′D′B′ est donc le géoïde. Le but à atteindre serait certainement l'étude précise de cette surface; mais il y a lieu de remarquer qu'on ne peut pas faire de mesures géodésiques en mer sur les parties A′C′ et D′B′. On n'en peut pas faire non plus sur la partie C′D′. Soient M un point de la surface du continent,

Fig. 21.

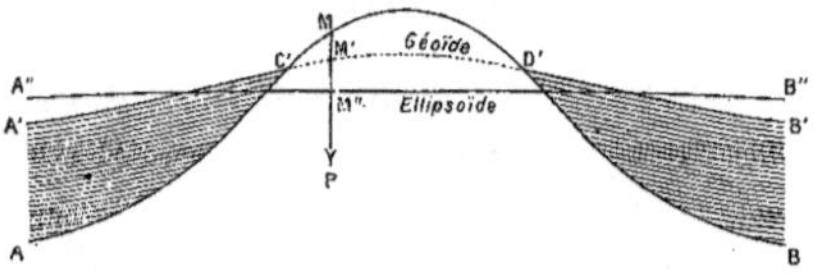

MP la direction de la verticale en ce point; cette droite rencontre le géoïde en M′, mais ne donne plus exactement la direction de la verticale en M′. Toutefois la différence sera généralement très faible et l'on pourra la négliger dans une première approximation. Avec cette hypothèse, les opérations géodésiques permettent de faire l'étude du géoïde. Mais cette surface doit présenter de nombreuses ondulations, élévations ou dépressions, reproduisant en petit les irrégularités de la surface physique de la Terre. On sait d'ailleurs que ces dernières irrégularités sont elles-mêmes peu importantes, de sorte que, dans son ensemble, le géoïde doit peu différer d'un ellipsoïde de révolution, que nous savons être à fort peu près la figure théorique d'équilibre.

Nous avons représenté cet ellipsoïde en A″B″ dans la figure précédente; nous admettrons, dans une première approximation, que la verticale du point M″, où sa surface est percée par la droite MP, est la même que celle du point M, laquelle est donnée par l'observation. Les géodésiens commencent d'abord par considérer l'ellipsoïde de révolution qui s'écarte le moins possible du géoïde dans son ensemble, et ils cherchent à déterminer les dimensions de cet ellipsoïde en mesurant des arcs de méridiens à diverses latitudes. On sait que les opérations de cette nature ne se font pas directement; on nous permettra de rappeler les différentes parties dont elles se composent :

On prend deux points situés à peu près sur un même méridien et, à l'aide d'un cercle méridien, on détermine la différence de leurs latitudes avec la plus grande précision possible. Près de l'un de ces points, on choisit une base de 10^{km} à 12^{km} sur un terrain uni; on la mesure et l'on réduit ses divers éléments à la surface de la mer. On mesure en même temps l'azimut d'une des extrémités de la base. Des points élevés, situés de part et d'autre du méridien, servent de sommets à une série de triangles dont on mesure tous les angles, réduits à l'horizon, à l'aide d'un cercle azimutal; les deux points extrêmes ainsi que les deux extrémités de la base sont au nombre des sommets. Si les verticales des divers points de la surface physique de la Terre étaient rigoureusement normales au géoïde, on pourrait admettre que les projections, faites par ces verticales, des éléments de la base ou des trajectoires suivies par les rayons lumineux, en passant d'un sommet de la triangulation à un autre, donnent des « lignes géodésiques » du géoïde. (Le plan osculateur d'une ligne géodésique est, en chaque point, normal à la surface, et elle représente, en général, le chemin le plus court entre deux points.) Nous pourrons supposer, sans erreur appréciable, qu'il en est ainsi, et que cela a lieu en outre pour l'ellipsoïde que nous substituons au géoïde.

On peut donc admettre que l'on a sur cet ellipsoïde un réseau de triangles formés par des lignes géodésiques; les angles de tous ces triangles ont été mesurés ainsi que l'un des côtés (la base). On a déterminé en outre l'azimut de cette base à l'une de ses extrémités. On pourra calculer, comme on sait, par tronçons, la longueur de l'arc de méridien compris entre les parallèles extrêmes; avec la différence des latitudes de ces deux parallèles, ce sont les deux données finales que l'on peut conclure de l'ensemble des opérations.

151. **Théorème de Legendre.** — Mais cela suppose que l'on sache résoudre les triangles formés par trois lignes géodésiques sur un ellipsoïde de révolution, connaissant un côté et les angles adjacents. On y arrive avec une précision suffisante par le théorème de Legendre. On peut considérer sans erreur sensible chaque triangle comme situé sur la surface d'une sphère tangente à l'ellipsoïde et ayant son centre sur l'axe de révolution. Soient R le rayon de cette sphère; α, β, γ les longueurs des côtés de notre triangle, que l'on peut supposer sphérique; A, B, C ses angles; A′, B′, C′ les angles du triangle rectiligne ayant pour côtés α, β, γ et S′ sa surface. Le théorème de Legendre consiste dans les formules

$$(1)\quad \begin{cases} A = A' + \dfrac{S'}{3R^2} + \ldots, \qquad B = B' + \dfrac{S'}{3R^2} + \ldots, \qquad C = C' + \dfrac{S'}{3R^2} + \ldots, \\ A + B + C = \pi + \dfrac{S'}{R^2} + \ldots, \qquad \upsilon = A + B + C - \pi = \dfrac{S'}{R^2} + \ldots; \end{cases}$$

υ, ou l'excès sphérique du triangle, est de l'ordre de $\left(\frac{\alpha}{R}\right)^2$, $\left(\frac{\beta}{R}\right)^2$, $\left(\frac{\gamma}{R}\right)^2$, et, par suite, très petit, parce que les longueurs des côtés des triangles géodésiques sont petites par rapport aux dimensions de l'ellipsoïde. On a négligé dans les formules ci-dessus les termes du quatrième ordre. Voici l'emploi qu'on fait du théorème pour résoudre un triangle tracé sur l'ellipsoïde, dont on connaît un côté α et les angles adjacents B et C. On a

$$S' = \frac{1}{2}\alpha^2 \frac{\sin B' \sin C'}{\sin(B'+C')}.$$

On peut se borner à

$$\frac{S'}{R^2} = \frac{1}{2}\frac{\alpha^2}{R^2}\frac{\sin B \sin C}{\sin(B+C)},$$

et les formules cherchées sont les suivantes :

$$(2)\quad \begin{cases} \upsilon = \dfrac{\alpha^2}{2R^2 \sin 1''}\dfrac{\sin B \sin C}{\sin(B+C)}, \\ A = 180^\circ + \upsilon - (B+C), \\ \beta = \alpha\dfrac{\sin\left(B - \frac{\upsilon}{3}\right)}{\sin\left(A - \frac{\upsilon}{3}\right)}, \qquad \gamma = \alpha\dfrac{\sin\left(C - \frac{\upsilon}{3}\right)}{\sin\left(A - \frac{\upsilon}{3}\right)}. \end{cases}$$

Quand on tient compte des termes du quatrième ordre, les formules qui complètent le théorème de Legendre sont

$$(3)\quad \begin{cases} A = A' + \dfrac{S'}{3R^2}\left(1 + \dfrac{\alpha^2 + 7\beta^2 + 7\gamma^2}{120R^2}\right), \\ B = B' + \dfrac{S'}{3R^2}\left(1 + \dfrac{7\alpha^2 + \beta^2 + 7\gamma^2}{120R^2}\right), \\ C = C' + \dfrac{S'}{3R^2}\left(1 + \dfrac{7\alpha^2 + 7\beta^2 + \gamma^2}{120R^2}\right). \end{cases}$$

On en conclut

$$\upsilon = A + B + C - \pi = \frac{S'}{R^2}\left(1 + \frac{\alpha^2 + \beta^2 + \gamma^2}{24R^2}\right);$$

en tirant de là la valeur de $\frac{S'}{R^2}$ et la portant dans les expressions de A, B, C, elles deviennent

$$(4)\quad \begin{cases} A = A' + \dfrac{\upsilon}{3}\left(1 + \dfrac{\beta^2 + \gamma^2 - 2\alpha^2}{60R^2}\right), \\ B = B' + \dfrac{\upsilon}{3}\left(1 + \dfrac{\gamma^2 + \alpha^2 - 2\beta^2}{60R^2}\right), \\ C = C' + \dfrac{\upsilon}{3}\left(1 + \dfrac{\alpha^2 + \beta^2 - 2\gamma^2}{60R^2}\right). \end{cases}$$

On pourra ainsi se faire une idée de l'influence des termes négligés dans les formules (1).

Le théorème de Legendre a reçu de Gauss une généralisation remarquable : Considérons, sur une surface *quelconque*, un triangle ABC formé par trois lignes géodésiques; désignons les longueurs de ses côtés par α, β, γ, par r et r' les rayons de courbure principaux de la surface au point A, par r_1 et r'_1, r_2 et r'_2 les quantités correspondantes en B et C, par A′, B′, C′ les angles du triangle rectiligne ayant pour côtés α, β, γ et par S′ la surface de ce triangle. Gauss a prouvé que l'on a, en considérant $\frac{\alpha}{\sqrt{rr'}}$, $\frac{\beta}{\sqrt{r_1 r'_1}}$, $\frac{\gamma}{\sqrt{r_2 r'_2}}$ comme de petites quantités du premier ordre et négligeant le quatrième,

$$(5)\quad \begin{cases} A = A' + \frac{1}{12} S'\left(\frac{2}{rr'} + \frac{1}{r_1 r'_1} + \frac{1}{r_2 r'_2}\right), \\ B = B' + \frac{1}{12} S'\left(\frac{1}{rr'} + \frac{2}{r_1 r'_1} + \frac{1}{r_2 r'_2}\right), \\ C = C' + \frac{1}{12} S'\left(\frac{1}{rr'} + \frac{1}{r_1 r'_1} + \frac{2}{r_2 r'_2}\right). \end{cases}$$

Appliquons ces formules à l'ellipsoïde de révolution aplati ; nous aurons, en désignant par a le rayon équatorial, par b le rayon polaire, par $e = \frac{\sqrt{a^2 - b^2}}{a}$ l'excentricité et enfin par φ, φ_1 et φ_2 les angles formés avec l'équateur par les normales à la surface aux points A, B, C,

$$\frac{1}{rr'} = \frac{(1 - e^2 \sin^2\varphi)^2}{a^2(1 - e^2)} = \frac{1}{a^2} + \frac{e^2 \cos 2\varphi}{a^2} + \ldots,$$

de sorte que les formules (5) deviendront

$$(6)\quad \begin{cases} A = A' + \frac{S'}{3a^2} + e^2 \frac{S'}{12a^2}(2\cos 2\varphi + \cos 2\varphi_1 + \cos 2\varphi_2), \\ B = B' + \frac{S'}{3a^2} + e^2 \frac{S'}{12a^2}(\cos 2\varphi + 2\cos 2\varphi_1 + \cos 2\varphi_2), \\ C = C' + \frac{S'}{3a^2} + e^2 \frac{S'}{12a^2}(\cos 2\varphi + \cos 2\varphi_1 + 2\cos 2\varphi_2). \end{cases}$$

On a négligé les quantités de l'ordre de $e^4 \left(\frac{\alpha}{a}\right)^2$, $e^4 \left(\frac{\beta}{a}\right)^2$, $e^4 \left(\frac{\gamma}{a}\right)^2$.

On voit ainsi qu'en appliquant les formules (1) de Legendre avec $R = a$, on ne commettra que des erreurs très faibles, surtout en France où, la valeur moyenne de φ étant voisine de 45°, les valeurs de $\cos 2\varphi$, $\cos 2\varphi_1$ et $\cos 2\varphi_2$ sont petites. On pourra, du reste, dans le cas de très grands triangles, appliquer les formules (6) sans rencontrer de difficulté.

Dans la pratique, surtout quand il s'agit d'un grand pays, on mesure plus d'une base; les autres servent de contrôle. En chaque sommet, on observe tous les signaux visibles, de sorte qu'il y a finalement des données surabondantes. Il faut les combiner suivant les règles du *Calcul des probabilités*, de manière à atténuer le plus possible dans les résultats l'influence des erreurs d'observation ; de là un travail considérable pour obtenir ce qu'on appelle le *réseau compensé*, travail nécessaire quand on réfléchit à la faible longueur des bases, d'où il faut en somme conclure les dimensions du globe terrestre.

152. Dimensions de la Terre conclues des longueurs de deux arcs de méridien. — Soit s la longueur d'un arc de méridien, donc d'un arc d'ellipse, compté à partir d'un point fixe jusqu'à un point quelconque où la normale fait avec le grand axe un angle égal à φ. On a, comme on sait,

$$\frac{ds}{d\varphi} = \frac{a^2 b^2}{(a^2 \cos^2\varphi + b^2 \sin^2\varphi)^{\frac{3}{2}}}.$$

Nous poserons

$$a^2 = b^2(1+\varepsilon), \tag{7}$$

d'où

$$\varepsilon = \frac{e^2}{1-e^2} = e^2 + e^4 + \ldots,$$

$$e^2 = \frac{\varepsilon}{1+\varepsilon} = \varepsilon - \varepsilon^2 + \ldots;$$

il viendra

$$\frac{ds}{d\varphi} = a(1+\varepsilon)^{\frac{1}{2}}(1+\varepsilon\cos^2\varphi)^{-\frac{3}{2}}.$$

On peut développer le second membre suivant les puissances de ε, qui est une petite quantité, environ $\frac{1}{150}$; en négligeant ε^3 et remplaçant les puissances de $\cos^2\varphi$ par leurs expressions en fonction de $\cos 2\varphi$ et de $\cos 4\varphi$, on trouve

$$\frac{ds}{d\varphi} = a\left[1 - \frac{1}{4}\varepsilon + \frac{13}{64}\varepsilon^2 - \left(\frac{3}{4}\varepsilon - \frac{9}{16}\varepsilon^2\right)\cos 2\varphi + \frac{15}{64}\varepsilon^2\cos 4\varphi\right].$$

En intégrant, on obtient, pour la longueur de l'arc de méridien aux extrémités duquel correspondent les valeurs φ' et φ'' de φ,

$$\left\{\begin{aligned} s = a\Big[&\left(1 - \frac{1}{4}\varepsilon + \frac{13}{64}\varepsilon^2\right)(\varphi'' - \varphi') \\ &- \left(\frac{3}{8}\varepsilon - \frac{9}{32}\varepsilon^2\right)(\sin 2\varphi'' - \sin 2\varphi') + \frac{15}{256}\varepsilon^2(\sin 4\varphi'' - \sin 4\varphi')\Big]. \end{aligned}\right. \tag{8}$$

Il convient d'introduire la latitude moyenne φ de l'arc considéré et son amplitude m par les formules

$$\varphi'' + \varphi' = 2\varphi, \qquad \varphi'' - \varphi' = m; \tag{9}$$

il vient alors

$$s = a\left[\left(1 - \frac{1}{4}\varepsilon + \frac{13}{64}\varepsilon^2\right)m - \left(\frac{3}{4}\varepsilon - \frac{9}{16}\varepsilon^2\right)\sin m \cos 2\varphi + \frac{15}{128}\varepsilon^2 \sin 2m \cos 4\varphi\right]; \tag{10}$$

il serait facile de compléter cette formule si l'on voulait tenir compte des termes en ε^3, ε^4, ...

Supposons que l'on ait mesuré un second arc de méridien, auquel correspondent les quantités s_1, φ_1 et m_1; on aura donc

$$(11)\quad s_1 = a\left[\left(1 - \frac{1}{4}\varepsilon + \frac{13}{64}\varepsilon^2\right)m_1 - \left(\frac{3}{4}\varepsilon - \frac{9}{16}\varepsilon^2\right)\sin m_1 \cos 2\varphi_1 + \frac{15}{128}\varepsilon^2 \sin 2m_1 \cos 4\varphi_1\right].$$

Les équations (10) et (11) serviront à calculer les inconnues a et ε. On peut les résoudre par des approximations successives, en laissant de côté, pour commencer, les termes du second ordre. On a ainsi

$$s = a\left(1 - \frac{1}{4}\varepsilon\right)m - \frac{3}{4}a\varepsilon \sin m \cos 2\varphi,$$

$$s_1 = a\left(1 - \frac{1}{4}\varepsilon\right)m_1 - \frac{3}{4}a\varepsilon \sin m_1 \cos 2\varphi_1,$$

ce que l'on peut écrire aussi

$$s = \frac{a+b}{2}m - 3\frac{a-b}{2}\sin m \cos 2\varphi,$$

$$s_1 = \frac{a+b}{2}m_1 - 3\frac{a-b}{2}\sin m_1 \cos 2\varphi_1.$$

Enfin, lorsque les amplitudes ne sont pas grandes, on peut simplifier encore en remplaçant $\sin m$ et $\sin m_1$ par m et m_1; les deux dernières équations donnent alors

$$\frac{a-b}{2} = \frac{1}{3}\,\frac{\frac{s}{m} - \frac{s_1}{m_1}}{\cos 2\varphi_1 - \cos 2\varphi}, \qquad \frac{a+b}{2} = \frac{\frac{s}{m}\cos 2\varphi_1 - \frac{s_1}{m_1}\cos 2\varphi}{\cos 2\varphi_1 - \cos 3\varphi},$$

$$a = \frac{\frac{s}{m}(1 + 3\cos 2\varphi_1) - \frac{s_1}{m_1}(1 + 3\cos 2\varphi)}{3(\cos 2\varphi_1 - \cos 2\varphi)},$$

$$\varepsilon = \frac{4}{3}\,\frac{\frac{s}{m} - \frac{s_1}{m_1}}{\frac{s}{m}\cos 2\varphi_1 - \frac{s_1}{m_1}\cos 2\varphi}.$$

Quand on combine ainsi deux à deux les arcs mesurés jusqu'ici, on obtient des valeurs très différentes des inconnues a et ε. Cela tient d'abord aux erreurs d'observation, ensuite à celles que l'on commet sur les latitudes; car les triangulations, y compris les mesures de bases, sont tellement précises aujourd'hui qu'on doit les regarder comme très exactes. Mais la cause principale des différences signalées tient à des anomalies locales du géoïde, causées par l'attraction des parties irrégulières de l'écorce terrestre; il suffit, par exemple, qu'en vertu de ces attractions, l'amplitude m soit trop forte ou trop faible de 2″ à 3″, pour que cela produise sur les éléments de l'ellipsoïde des variations considérables.

153. Dimensions de la Terre conclues de l'ensemble des arcs de méridien. — On a été amené, en présence des divergences que nous avons indiquées, à combiner entre elles toutes les mesures d'arc de méridien, afin d'en déduire un résultat plus exact.

On tire de la formule (10)

$$\varphi'' - \varphi' = \left(1 + \frac{1}{4}\varepsilon - \frac{9}{64}\varepsilon^2\right)\frac{s}{a} + \frac{3}{4}\left(\varepsilon - \frac{1}{2}\varepsilon^2\right)\sin m \cos 2\varphi - \frac{15}{128}\varepsilon^2 \sin 2m \cos 4\varphi.$$

Soient a_0 et ε_0 des valeurs assez approchées de a et ε, $a_0 + \delta a_0$, $\varepsilon_0 + \delta\varepsilon_0$ les valeurs exactes, $\varphi'_0 + x' = \varphi'$, $\varphi''_0 + x'' = \varphi''$ les angles formés avec l'équateur de l'ellipsoïde par les normales menées à cette surface aux deux points où elle est percée par les verticales des extrémités de l'arc considéré. Les quantités x' et x'' seront petites; nous pourrons d'ailleurs, comme nous l'avons dit plus haut, négliger l'erreur de s. La dernière équation nous donnera, en laissant de côté quelques termes d'une importance minime,

$$(12)\quad \left\{\begin{aligned} \varphi''_0 - \varphi'_0 + x'' - x' = {} & \left(1 + \frac{1}{4}\varepsilon_0 - \frac{9}{64}\varepsilon_0^2\right)\frac{s}{a_0} + \frac{3}{4}\left(\varepsilon_0 - \frac{1}{2}\varepsilon_0^2\right)\sin m \cos 2\varphi \\ & - \frac{15}{128}\varepsilon_0^2 \sin 2m \cos 4\varphi - \left(1 + \frac{1}{4}\varepsilon_0\right)\frac{s}{a_0^2}\delta a_0 \\ & + \left[\left(\frac{1}{4} - \frac{9}{32}\varepsilon_0\right)\frac{s}{a_0} + \frac{3}{4}\sin m \cos 2\varphi - \frac{15}{64}\varepsilon_0 \sin 2m \cos 4\varphi\right]\delta\varepsilon_0; \end{aligned}\right.$$

φ'_0 et φ''_0 sont les données immédiates de l'observation, φ et m sont calculés par les relations

$$\varphi = \frac{\varphi''_0 + \varphi'_0}{2}, \qquad m = \varphi''_0 - \varphi'_0.$$

La relation (12) est de la forme

$$x'' - x' = \mathrm{A}' + \mathfrak{B}'\delta a_0 + \mathfrak{C}'\delta\varepsilon_0,$$

où A', $\mathfrak{B}'$, $\mathfrak{C}'$ sont des quantités connues. Pour avoir des nombres comparables et faciles à manier, on pourra faire, si a_0 et s sont exprimés en mètres,

$$\frac{\delta a_0}{1000} = u, \qquad 1000\,\delta\varepsilon_0 = v;$$

ce qui permettra d'écrire

$$(13)\qquad x'' - x' = \mathrm{A}' + \mathrm{B}'u + \mathrm{C}'v.$$

Cela posé, considérons la méridienne de France et celle d'Angleterre; elles ont été réunies par une jonction faite sur le Pas de Calais et ne forment réellement qu'un seul arc ([1]) de 22° 10′ s'étendant de Formentera, dans les Baléares,

([1]) Grâce à la jonction faite récemment entre l'Algérie et l'Espagne, par des triangles de 70 lieues de côté, dont un sommet, Mulhacén, est situé à 3550^{m} d'altitude sur la plus haute montagne de l'Esà Saxaford, dans les îles Shetland. Nous ferons intervenir non seulement les latitudes des extrémités, mais encore celles d'un certain nombre de points intermédiaires, Montjouy, Barcelone, Carcassonne, le Panthéon, Dunkerque, etc., qui ont été déterminées avec soin, en tout quinze points; $\varphi_0'+x'$, $\varphi_0''+x''$, $\varphi_0'''+x'''$, ... désigneront les angles formés avec l'équateur de l'ellipsoïde par les normales aux points qui correspondent à Formentera, Montjouy, Barcelone, etc. Les longueurs des arcs de méridien qui séparent les parallèles de toutes les stations de celui de Formentera peuvent être supposées connues par la triangulation. Nous aurons donc quatorze équations du type (13), savoir

$$(a)\quad \begin{cases} x'' = x' + A' + B'u + C'v, \\ x''' = x' + A'' + B''u + C''v, \\ \dots\dots\dots\dots\dots\dots \end{cases}$$

Nous avons en second lieu le grand arc russe de 25° 20′ (*voir* l'Ouvrage intitulé : *Arc de méridien de* 25° 20′ *entre le Danube et la mer Glaciale, mesuré depuis* 1816 *jusqu'en* 1855 *par W. Struve*). Treize latitudes ont été mesurées. Nous mettrons aux lettres des indices 1 et nous conviendrons que x_1' se rapportera à la station la plus australe. Nous aurons donc douze équations de la forme

$$(a_1)\quad \begin{cases} x_1'' = x_1' + A_1' + B_1'u + C_1'v, \\ x_1''' = x_1' + A_1'' + B_1''u + C_1''v, \\ \dots\dots\dots\dots\dots\dots \end{cases}$$

Vient ensuite l'arc indien, de 23° 50′, avec quatorze latitudes mesurées. La correction x_2' se rapporte à la station la plus australe, Kudankulam, dont la latitude est de 8° 12′. Cet arc donne le troisième groupe d'équations

$$(a_2)\quad \begin{cases} x_2'' = x_2' + A_2' + B_2'u + C_2'v, \\ x_2''' = x_2' + A_2'' + B_2''u + C_2''v, \\ \dots\dots\dots\dots\dots\dots \end{cases}$$

Ce sont là les trois grands arcs qui jouent dans la solution un rôle prépondérant. Il y a ensuite des arcs plus petits : celui du cap de Bonne-Espérance, dont l'amplitude est de 4° 37′; celui du Pérou, dont une des extrémités est presque exactement à l'équateur, avec une amplitude de 3° 7′, etc. Il s'agit maintenant d'utiliser les systèmes d'équations (a), (a_1), (a_2), ... Bessel et Clarke après lui posent

$$U = x'^2 + x''^2 + \dots + x_1'^2 + x_1''^2 + \dots + x_2'^2 + x_2''^2 + \dots;$$

en vertu des relations (a), (a_1), (a_2), ..., U est une fonction du second degré

pagne, l'amplitude de cet arc va être portée à 28°. Cette belle opération a été exécutée, pour la France, par le regretté général Perrier et, pour l'Espagne, par le général Ibañez, aujourd'hui marquis de Mulhacén.

des inconnues u, v, x', x'_1, x'_2, ... qui figurent dans les seconds membres de ces relations, et l'on détermine les inconnues par la condition que U soit un minimum, ce qui entraîne les conditions

$$\frac{\partial U}{\partial u} = 0, \quad \frac{\partial U}{\partial v} = 0, \quad \frac{\partial U}{\partial x'} = 0, \quad \frac{\partial U}{\partial x'_1} = 0, \quad \frac{\partial U}{\partial x'_2} = 0, \quad \dots$$

On obtient ainsi des équations du premier degré dont le nombre est égal à celui des inconnues; les voici :

$$(14)\quad \left\{\begin{array}{l} B'x'' + B''x''' + \dots + B'_1 x''_1 + B''_1 x'''_1 + \dots + B'_2 x''_2 + B''_2 x'''_2 + \dots = 0, \\ C'x'' + C''x''' + \dots + C'_1 x''_1 + C''_1 x'''_1 + \dots + C'_2 x''_2 + C''_2 x'''_2 + \dots = 0; \end{array}\right.$$

$$(15)\quad \left\{\begin{array}{l} x' + x'' + x''' + \dots = 0, \\ x'_1 + x''_1 + x'''_1 + \dots = 0, \\ x'_2 + x''_2 + x'''_2 + \dots = 0, \\ \dots\dots\dots\dots \end{array}\right.$$

Pour justifier ce procédé et introduire en même temps plus de symétrie, désignons par x, x_1, x_2, ... de nouvelles inconnues, par exemple les moyennes des erreurs x qui figurent dans chacun des systèmes (a), (a_1), ... Ces systèmes peuvent alors s'écrire sous cette forme symétrique

$$(a)\quad \left\{\begin{array}{l} x' = x + A \qquad\quad + Bu \qquad\quad + Cv, \\ x'' = x + A + A' + (B + B')u + (C + C')v, \\ x''' = x + A + A'' + (B + B'')u + (C + C'')v, \\ \dots\dots\dots\dots\dots\dots, \end{array}\right.$$

et ainsi de suite. En égalant à zéro les dérivées de U, prises par rapport à u, v, x, x_1, x_2, ..., on retombe sur les équations (14) et (15); on voit ainsi que le choix des inconnues x, x_1, ... est indifférent et qu'on peut prendre $x = x'$, $x_1 = x'_1$, ... Les équations (14) et (15), combinées avec les relations (a), (a_1), (a_2), ..., donneront toutes les inconnues et toutes les erreurs.

Clarke (¹) a fait ce calcul avec quatorze équations de l'arc anglo-français, douze de l'arc russe, treize de l'arc indien, quatre de l'arc du Cap, une de l'arc du Pérou. Il y a joint six équations provenant de la mesure d'un arc de parallèle dans l'Inde (on peut utiliser les arcs de parallèle comme les arcs de méridien, en faisant de bonnes mesures des différences de longitude), et il a obtenu des valeurs de u et v d'où il a déduit les valeurs de a et de l'aplatissement. Cette dernière valeur, que nous rapporterons seule, est

$$\frac{1}{293,46 \pm 1,07}.$$

(¹) *Voir* Clarke, *Geodesy*, p. 316; 1880.

Nous ne donnerons pas le Tableau des valeurs numériques des quantités x', x'', ..., x'_1, ...; nous nous bornerons à dire qu'elles sont comprises entre

$-2'',6$	et	$+4'',5$	pour l'arc	anglo-français,
$-3,0$	et	$+3,9$	»	russe,
$-3,7$	et	$+4,5$	»	indien (arc de méridien),
$-4,0$	et	$+4,5$	»	indien (arc de parallèle),
$-0,6$	et	$+1,0$	»	du Cap,
$-0,6$	et	$+0,6$	»	du Pérou.

Bessel (1), avec des données moins nombreuses, surtout pour les arcs russe et indien, avait trouvé antérieurement, en tenant compte aussi des petits arcs de Prusse, du Hanovre et du Danemark, la valeur $\frac{1}{299,15}$ pour l'aplatissement.

Enfin M. Airy (2) avait obtenu par les arcs connus alors, mais en ne faisant intervenir que les latitudes de leurs extrémités, $\frac{1}{299,33}$.

154. **Examen critique des résultats précédents.** — Il n'est pas douteux que les dimensions de l'ellipsoïde, déduites de l'ensemble des mesures d'arc de méridien, ne soient plus exactes que celles auxquelles conduirait la comparaison de deux arcs, aussi éloignés l'un de l'autre qu'on pourrait les prendre. Toutefois il y a lieu de dégager ce qui est nettement démontré.

Est-il prouvé d'une manière indiscutable qu'il existe un ellipsoïde de révolution voisin partout du géoïde, et tel que les normales à cet ellipsoïde fassent avec les verticales correspondantes, observées dans les diverses stations, les petits angles x', x'', ..., x'_1, x''_1, ... dont nous avons fait connaître seulement les limites numériques pour les arcs principaux?

Nous ne le pensons pas. Voici, croyons-nous, ce qui est bien démontré : il est possible de tracer trois arcs détachés d'une même ellipse s'adaptant chacun assez bien avec chacun des trois grands réseaux anglo-français, russe et indien, par la condition que, dans les trois cas et d'après les relations (15), la somme algébrique des écarts entre les normales aux arcs d'ellipse et les verticales correspondantes soit nulle. Mais il n'est pas prouvé qu'en supposant les trois arcs dans un même plan méridien, ce que l'on peut concevoir pour simplifier, ces trois arcs ainsi placés se trouvent encore actuellement sur une même ellipse. En effet, l'orientation du grand axe de l'ellipse à laquelle appartient le premier arc et la position de son centre dépendent de la quantité x'. Si l'on pouvait prolonger réellement cet arc jusqu'au second, la déviation x'_1 en résulterait; on

(1) *Astronom. Nachr.*, t. XIV, 1837, et *Abhandlungen*, t. III.

(2) *Encyclopedia metropolitana*, 1830.

n'avait donc pas le droit de supposer *a priori* x'_1 indépendant de x'; dès lors, on ne peut plus partir de la relation

$$x'_1 + x''_1 + x'''_1 + \ldots = 0,$$

qui permettait de compenser les écarts pour le second arc et d'atténuer leurs valeurs absolues. Il semble que, pour arriver à une solution réellement satisfaisante, il soit nécessaire de rattacher les arcs les uns aux autres par une triangulation continue.

Un autre point est à considérer : les trois grandes mensurations dont on a parlé n'embrassent guère que la sixième partie de la surface de l'hémisphère nord. Si, dans son ensemble, le géoïde peut être assimilé à un ellipsoïde de révolution, il est vraisemblable qu'en raison des irrégularités de la croûte terrestre et de l'inégale distribution des continents et des mers, cela ne puisse provenir que d'un effet de compensation; or on n'est pas certain d'obtenir cet effet avec des mesures faites sur le douzième de la surface totale de la Terre. D'autre part, il ne semble pas qu'on soit exactement dans les conditions où l'on peut appliquer les règles de la méthode des moindres carrés. Pour toutes ces raisons, nous croyons que l'erreur probable $\pm 1,07$, qui, dans l'Ouvrage de Clarke, accompagne le dénominateur 293,46 de l'aplatissement, n'est nullement certaine et peut être bien plus élevée.

Pour déterminer avec précision les éléments de l'ellipsoïde, il existe une autre méthode qui permet d'utiliser non seulement les chaînes de triangles alignées suivant les méridiens ou les parallèles, mais toutes les triangulations et notamment l'ensemble du réseau gigantesque qui, grâce aux efforts de l'*Association géodésique internationale,* recouvre déjà presque toute la surface de l'Europe. Cette méthode exige tout d'abord la solution du problème suivant, que l'on peut considérer à bon droit comme fondamental en Géodésie :

On donne la longueur $MM' = s$ d'un arc de ligne géodésique d'un ellipsoïde de révolution, la longitude et la latitude du point M ainsi que l'azimut en M, c'est-à-dire l'angle formé par MM' avec le méridien du point M. On demande de calculer la longitude et la latitude du point M', ainsi que l'azimut de la ligne géodésique en ce point.

La solution rigoureuse de ce problème a été donnée par Jacobi à l'aide des fonctions elliptiques (*Jacobi's Gesammelte Werke*, t. II, p. 419; *voir* aussi HALPHEN, *Traité des fonctions elliptiques*, t. II, p. 286). La question avait été traitée antérieurement par Legendre d'une manière approchée (*Mémoires de l'Institut pour* 1806), en ayant égard à ce que l'excentricité des méridiens terrestres est faible et négligeant ses puissances à partir d'un certain ordre. Le Mémoire de Legendre est encore aujourd'hui très important, et, si l'on poussait un peu plus loin les calculs, il pourrait répondre actuellement à tous les besoins de la

Science. Nous allons démontrer rapidement les résultats les plus importants contenus dans ce Mémoire.

155. Lignes géodésiques de l'ellipsoïde de révolution. — Considérons d'abord une surface de révolution quelconque et prenons l'axe de révolution pour axe des z. Soient x, y, z les coordonnées d'un point quelconque M (*fig.* 22) d'une ligne géodésique, σ la longueur de cette ligne comptée d'un point fixe M

Fig. 22.

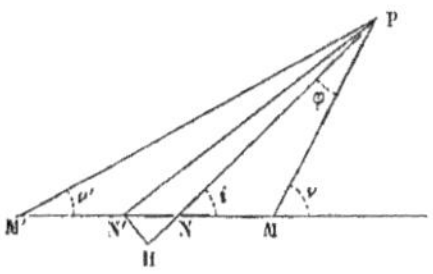

jusqu'en N. Si nous écrivons que la normale principale qui coïncide avec la normale à la surface rencontre Oz, nous trouvons

$$x\,d\frac{dy}{d\sigma} - y\,d\frac{dx}{d\sigma} = 0;$$

d'où, en intégrant et désignant par C une constante arbitraire,

$$x\,dy - y\,dx = C\,d\sigma.$$

Soient u la distance du point N à l'axe Oz, φ l'angle que fait le méridien PN avec le méridien initial PM, P désignant le point où la surface est percée par Oz. Nous aurons

$$x\,dy - y\,dx = u^2\,d\varphi$$

et, par suite,

$$u^2\,d\varphi = C\,d\sigma. \tag{16}$$

Soit i l'angle que fait en N la ligne géodésique avec le méridien de ce point; si l'on prend un point infiniment voisin N' et que l'on mène l'arc de parallèle N'H, le triangle infinitésimal NN'H donne

$$u\,d\varphi = N'H = d\sigma \sin i,$$

de sorte que l'équation (16) peut s'écrire

$$u \sin i = C, \tag{17}$$

ce qui exprime une propriété commune aux lignes géodésiques de toutes les surfaces de révolution. Soit $d\sigma' = NH$ l'élément d'arc du méridien; on a

$$d\sigma' = d\sigma \cos i,$$

et, en éliminant i entre les deux dernières relations, il vient

$$(18) \qquad d\sigma = \pm \frac{u}{\sqrt{u^2 - C^2}} d\sigma',$$

après quoi la relation (16) donne

$$(19) \qquad d\varphi = \pm \frac{C}{u\sqrt{u^2 - C^2}} d\sigma'.$$

Les formules (17), (18) et (19) conviennent à toutes les surfaces de révolution; dans chaque cas particulier, on pourra exprimer u et $d\sigma'$ en fonction d'une seule variable et de sa différentielle.

Lorsque le méridien est une ellipse d'axes $2a$ et $2b$, les coordonnées du point N, rapportées aux axes de l'ellipse, seront $a\cos\tau$ et $b\sin\tau$, τ désignant l'anomalie excentrique au point N. On aura donc

$$u = a\cos\tau, \qquad d\sigma' = \sqrt{a^2 \sin^2\tau + b^2 \cos^2\tau}\, d\tau,$$

et les formules (16), (17) et (18) deviendront

$$(20) \qquad d\sigma = -a\sqrt{\frac{a^2 \sin^2\tau + b^2 \cos^2\tau}{a^2 \cos^2\tau - C^2}} \cos\tau\, d\tau,$$

$$(21) \qquad d\varphi = \frac{C}{a^2} \frac{d\sigma}{\cos^2\tau},$$

$$(22) \qquad \sin i \cos\tau = \frac{C}{a}.$$

On est donc conduit à des intégrales elliptiques. Soit t la latitude du point N, ou l'angle que fait avec l'équateur la normale au point N; on aura

$$\tan t = -\frac{d(a\cos\tau)}{d(b\sin\tau)},$$

$$(23) \qquad \tan t = \frac{a}{b}\tan\tau, \qquad \tan\tau = \frac{b}{a}\tan t.$$

Legendre appelle τ la *latitude réduite* du point N.

156. Du triangle formé par la ligne géodésique qui joint deux points très rapprochés et par leurs méridiens. — Legendre considère plus généralement les triangles formés par deux méridiens et une ligne géodésique de longueur quelconque; mais, dans la pratique de la Géodésie, la longueur de cette ligne est toujours une petite fraction de a ou de b : c'est le seul cas que nous considérerons. Soient (*fig.* 22) PMM′ le triangle en question, $MM' = s$, l et l' les latitudes de M et M′, λ et λ' les latitudes réduites correspondantes, v et v' les valeurs de i ou les azimuts en M et M′, $\psi = MPM'$ la différence des longitudes des points M et M′. Voici le problème à résoudre :

On donne a, b, $\varepsilon = \frac{a^2 - b^2}{b^2}$, les quantités l et v qui se rapportent au point M et la longueur s; il faut calculer l', v' et ψ qui concernent le point M′.

Jacobi est parti des formules rigoureuses (20), (21) et (22), et il a exprimé les inconnues au moyen des fonctions Θ de la théorie des fonctions elliptiques. Nous nous bornerons à une approximation qu'il sera facile de pousser plus loin, de manière à satisfaire complètement aux besoins de la Géodésie. Soient λ et λ' les latitudes réduites des points M et M′; on aura d'abord, d'après (23),

$$(1) \qquad \operatorname{tang}\lambda = \frac{b}{a}\operatorname{tang} l, \qquad \operatorname{tang} l' = \frac{a}{b}\operatorname{tang}\lambda'.$$

Cela posé, nous allons développer les différences $\lambda' - \lambda$, $v' - v$ et ψ en séries suivant les puissances de $\frac{s}{b}$ et de ε; cette dernière quantité est petite et voisine de $\frac{1}{150}$; nous négligerons ε^3, comme l'a fait Legendre. $\frac{s}{b}$ serait égal à $\frac{1}{150}$ environ si la longueur de s était de 40^{km} environ : la distance de deux stations géodésiques est souvent de cet ordre de grandeur. Nous avons vu cependant, notamment en parlant de la jonction de l'Espagne et de l'Algérie, qu'on rencontre des côtés beaucoup plus grands. Nous négligerons seulement $\left(\frac{s}{b}\right)^4$, $\left(\frac{s}{b}\right)^3\varepsilon$, $\left(\frac{s}{b}\right)^2\varepsilon^2$. Nous partirons de la formule (20), d'où nous tirerons

$$(24) \qquad \frac{dX}{d\sigma} = -\frac{1}{b}\,\frac{\sqrt{1 - X^2 - \frac{C^2}{a^2}}}{\sqrt{1 + \varepsilon X^2}},$$

en posant

$$X = \sin\tau.$$

D'après la relation (22), on aura

$$(25) \qquad \frac{C}{a} = \sin v \cos\lambda.$$

Nous allons calculer $\frac{d^2X}{d\sigma^2}$ et $\frac{d^3X}{d\sigma^3}$ en partant de la formule (24); nous trouverons sans peine

$$\frac{d^2X}{d\sigma^2} = -\frac{1+\varepsilon\left(1-\frac{C^2}{a^2}\right)}{(1+\varepsilon X^2)^2}\frac{X}{b^2},$$

$$\frac{d^3X}{d\sigma^3} = -\frac{1+\varepsilon\left(1-\frac{C^2}{a^2}\right)}{(1+\varepsilon X^2)^{\frac{7}{2}}}\frac{1-3\varepsilon X^2}{b^3}\sqrt{1-X^2-\frac{C^2}{a^2}}.$$

Au point M nous obtiendrons, avec la précision mentionnée,

$$\left(\frac{dX}{d\sigma}\right)_0 = -\frac{\cos\lambda\cos\nu}{b\sqrt{1+\varepsilon\sin^2\lambda}} = -\frac{\cos\lambda\cos\nu}{b}\left(1-\frac{1}{2}\varepsilon\sin^2\lambda+\frac{3}{8}\varepsilon^2\sin^4\lambda\right),$$

$$\left(\frac{d^2X}{d\sigma^2}\right)_0 = -\frac{\sin\lambda}{b^2}[1+\varepsilon(1-2\sin^2\lambda-\sin^2\nu\cos^2\lambda)],$$

$$\left(\frac{d^3X}{d\sigma^3}\right)_0 = \frac{\cos\lambda\cos\nu}{b^3}.$$

La formule de Taylor nous donnera ensuite

$$X = X_0+\sigma\left(\frac{dX}{d\sigma}\right)_0+\frac{\sigma^2}{2}\left(\frac{d^2X}{d\sigma^2}\right)_0+\frac{\sigma^3}{6}\left(\frac{d^3X}{d\sigma^3}\right)_0;$$

d'où, en remplaçant X_0 par $\sin\lambda$ et les dérivées de X par leurs valeurs précédentes,

$$(26)\quad \begin{cases} \sin\tau = \sin\lambda - \frac{\sigma}{b}\cos\lambda\cos\nu\left(1-\frac{1}{2}\varepsilon\sin^2\lambda+\frac{3}{8}\varepsilon^2\sin^4\lambda\right) \\ \qquad -\frac{1}{2}\left(\frac{\sigma}{b}\right)^2\sin\lambda[1+\varepsilon(\cos^2\lambda\cos^2\nu-\sin^2\lambda)]+\frac{1}{6}\left(\frac{\sigma}{b}\right)^3\cos\lambda\cos\nu. \end{cases}$$

On en tirera $\cos^2\tau$, que l'on reportera dans la formule (21), et, en développant, on trouvera sans peine

$$\cos\lambda\frac{d\varphi}{d\sigma} = \frac{\sin\nu}{a}\left[1-2\frac{\sigma}{b}\tang\lambda\cos\nu\left(1-\frac{1}{2}\varepsilon\sin^2\lambda\right)\right.$$
$$\left.+\left(\frac{\sigma}{b}\right)^2(4\tang^2\lambda\cos^2\nu+\cos^2\nu-\tang^2\lambda)\right].$$

On peut intégrer sans ajouter de constante, car, pour $\sigma = 0$, $\varphi = 0$; nous appliquerons immédiatement au point M' la formule ainsi obtenue, ce qui nous donnera, en remplaçant a par $b\sqrt{1+\varepsilon}$:

$$(\text{II})\quad \begin{cases} \psi\cos\lambda = \frac{s}{b}\sin\nu\left(1-\frac{1}{2}\varepsilon+\frac{3}{8}\varepsilon^2\right)-\left(\frac{s}{b}\right)^2\sin\nu\cos\nu\tang\lambda\left(1-\varepsilon+\frac{1}{2}\varepsilon\cos^2\lambda\right) \\ \qquad +\left(\frac{s}{b}\right)^3\sin\nu\cos^2\nu\left(\frac{1}{3}+\tang^2\lambda\right)-\frac{1}{3}\left(\frac{s}{b}\right)^3\sin^3\nu\tang^2\lambda. \end{cases}$$

La formule (26), appliquée au point M', donne

$$\sin\lambda' = \sin\lambda - \frac{s}{b}\cos\lambda\cos\varphi\left(1 - \frac{1}{2}\varepsilon\sin^2\lambda + \frac{3}{8}\varepsilon^2\sin^4\lambda\right)$$
$$- \frac{1}{2}\left(\frac{s}{b}\right)^2\sin\lambda\,[1 + \varepsilon(\cos^2\lambda\cos^2\varphi - \sin^2\lambda)] + \frac{1}{6}\left(\frac{s}{b}\right)^3\cos\lambda\cos\varphi.$$

On posera $\lambda' = \lambda + \eta$, et l'on trouvera, en négligeant η^4,

$$\sin\lambda\left(1 - \frac{1}{2}\eta^2\right) + \cos\lambda\left(\eta - \frac{1}{6}\eta^3\right) = \text{le second membre précédent.}$$

On tirera de là η, au degré de précision voulu, par des approximations successives. Le résultat du calcul est le suivant :

$$\text{(III)}\quad \begin{cases} \lambda' = \lambda - \dfrac{s}{b}\cos\varphi\left(1 - \dfrac{1}{2}\varepsilon\sin^2\lambda + \dfrac{3}{8}\varepsilon^2\sin^4\lambda\right) - \dfrac{1}{2}\left(\dfrac{s}{b}\right)^2\sin^2\varphi\tang\lambda(1 - \varepsilon\sin^2\lambda) \\ \qquad - \dfrac{1}{2}\left(\dfrac{s}{b}\right)^2\varepsilon\cos^2\varphi\sin\lambda\cos\lambda + \dfrac{1}{2}\left(\dfrac{s}{b}\right)^3\sin^2\varphi\cos\varphi\left(\dfrac{1}{3} + \tang^2\lambda\right). \end{cases}$$

La formule (25) donne ensuite, quand on l'applique aux points M et M',

$$\sin\varphi\cos\lambda = \sin\varphi'\cos\lambda',$$

d'où

$$\frac{\sin\varphi'}{\sin\varphi} = \frac{\cos\lambda}{\cos\lambda'} = \frac{\cos\lambda}{\cos(\lambda+\eta)} = \frac{\cos\lambda}{\cos\lambda\left(1 - \frac{1}{2}\eta^2\right) - \sin\lambda\left(\eta - \frac{1}{6}\eta^3\right)}.$$

On fera $\varphi' = \varphi + \zeta$, d'où

$$1 - \frac{1}{2}\zeta^2 + \cot\varphi\left(\zeta - \frac{1}{6}\zeta^3\right) = \frac{1}{1 - \frac{1}{2}\eta^2 - \tang\lambda\left(\eta - \frac{1}{6}\eta^3\right)};$$

on remplacera η par sa valeur précédente, on développera, et l'on obtiendra ζ par des approximations successives. On trouve ainsi

$$\text{(IV)}\quad \begin{cases} \varphi' = \varphi - \dfrac{s}{b}\sin\varphi\tang\lambda\left(1 - \dfrac{1}{2}\varepsilon\sin^2\lambda + \dfrac{3}{8}\varepsilon^2\sin^4\lambda\right) \\ \qquad + \left(\dfrac{s}{b}\right)^2\sin\varphi\cos\varphi\left(\dfrac{1}{2} + \tang^2\lambda - \varepsilon\tang^2\lambda\right) \\ \qquad + \dfrac{1}{3}\left(\dfrac{s}{b}\right)^3\sin^3\varphi\tang\lambda\left(\dfrac{1}{2} + \tang^2\lambda\right) \\ \qquad - \left(\dfrac{s}{b}\right)^3\sin\varphi\cos^2\varphi\tang\lambda\left(\dfrac{5}{6} + \tang^2\lambda\right). \end{cases}$$

Les formules (I), (II), (III), (IV) résolvent la question ; elles sont dues à

Legendre. Nous les avons démontrées autrement, afin d'éviter des développements inutiles pour le but que nous nous proposions, lequel est de donner une idée des formules les plus importantes de la Géodésie.

On voit que, si, par des opérations géodésiques, on forme une chaîne de triangles qui joigne deux points éloignés A et B, la connaissance de la longitude et de la latitude du point A, de la longueur et de l'azimut du premier côté, puis celle de la longueur et de l'azimut des autres côtés successifs suffiront pour déterminer, à l'aide des formules précédentes, la longitude, la latitude du point B et la direction azimutale du dernier côté. Les quantités ainsi calculées sont les *coordonnées géodésiques;* on pourra les comparer aux *coordonnées astronomiques* du même point B, déterminées directement par l'observation, et l'on formera les différences *astronomie moins géodésie,* qui seront généralement très petites et auxquelles on donne le nom d'*attractions locales.* Ces attractions locales dépendent des irrégularités de forme et de densité de la croûte terrestre dans le voisinage du point considéré, lesquelles entraînent une inflexion de la normale du géoïde; mais elles varient aussi quand on modifie les dimensions de l'ellipsoïde qui a servi de point de départ, de sorte qu'on pourra aussi chercher à vérifier ces dimensions et à les corriger au besoin quand on disposera de données suffisamment nombreuses. On est amené ainsi à voir quels changements de petites modifications des éléments b et ε entraînent dans les formules (II), (III) et (IV); on attribuera en même temps de petites variations aux quantités v, λ et s. En somme, il suffit de différentier totalement les formules en faisant varier b, ε, s, v et λ. On trouve ainsi des formules très utiles, obtenues par Legendre, mais que nous ne reproduirons pas parce que cela nous entraînerait trop loin.

La comparaison systématique faite dans une région entre les coordonnées astronomiques et géodésiques présente un grand intérêt. Elle a mis en évidence dans certaines localités des irrégularités de densité dans la croûte terrestre que rien ne faisait supposer. C'est ainsi que, dans le voisinage de Moscou, sur un parcours de 80^{km} dans un pays de plaine, la différence entre la latitude astronomique et géodésique varie progressivement de $-8''$ à $+8''$. Tout récemment, on a constaté une anomalie du même genre, moins forte cependant, dans les environs de Berlin. On a supposé que cette dernière pouvait être causée par la présence du sel gemme, qui existe dans ces parages en couches profondes, et dont la densité est notablement inférieure à celle des autres roches. M. Helmert espère publier très prochainement le tableau systématique des déviations de la verticale dans presque toute l'Europe. C'est à ce moment qu'on pourra chercher à atténuer ces déviations dans leur ensemble par une nouvelle détermination des dimensions du globe terrestre.

157. On a utilisé les déviations de la verticale produite par les montagnes

pour déterminer la densité moyenne de la Terre : la différence des latitudes de deux stations situées sur un même méridien, au nord et au sud d'une montagne élevée et isolée, sera altérée par l'attraction de la montagne. La perturbation contient en facteur le rapport $\frac{\rho}{\Delta}$ de la densité de la montagne supposée homogène à la densité moyenne du globe. On aura donc à procéder à cette série d'opérations :

1° Mesure dans les deux stations des distances zénithales méridiennes d'un certain nombre d'étoiles, les mêmes dans les deux cas; on en déduira la différence des latitudes astronomiques;

2° Opérations de Topographie et de Géodésie tout autour de la montagne, pour trouver la différence des latitudes géodésiques et en même temps obtenir le profil et la forme de la montagne; on connaîtra ainsi la perturbation;

3° Calcul de l'attraction ou plutôt du coefficient de $\frac{\rho}{\Delta}$ dans la perturbation; d'après la connaissance de son relief, on décompose la montagne en volumes élémentaires, prismes, pyramides, etc., dont l'attraction est connue;

4° Détermination de ρ; c'est une question de Géologie et de Minéralogie. On peut bien obtenir les densités des roches superficielles, mais on est réduit, pour celles des parties internes, à des suppositions plus ou moins plausibles.

Cette méthode, indiquée d'abord par Newton, a été appliquée pour la première fois par Bouguer, au Pérou, en 1737; il a observé de part et d'autre du Chimboraço, montagne qu'il avait choisie en raison de son isolement du reste de la chaîne des Andes. Le résultat a été peu satisfaisant, par suite d'une inadvertance commise par Bouguer. Saigey l'a corrigé (*Petite Physique du globe*, t. II, p. 151), et il a trouvé $\Delta = 4,6$.

Maskelyne a répété en 1772 les expériences de Bouguer sur le Shehallien, montagne d'Écosse qui n'a guère plus de 600^m de hauteur, mais qui présente l'avantage d'être complètement isolée. La perturbation a été trouvée égale à $11'',6$, et l'on est arrivé à

$$\frac{\Delta}{\rho} = \frac{9}{5}.$$

La détermination de ρ a présenté des difficultés. Playfair s'est arrêté à $\rho = 2,75$ et il en a conclu $\Delta = 4,95$.

Sir H. James a fait des observations analogues sur une montagne voisine d'Édimbourg, l'Arthur Seat, et il a trouvé $\Delta = 5,3$; mais il convient de remarquer que la perturbation n'était que de $4'',1$.

Une des causes qui rendent ce procédé peu précis est l'ignorance dans laquelle on est au sujet de la véritable densité des diverses parties de la montagne. C'est sans doute ce qui avait engagé W. Struve à proposer d'observer des deux côtés d'une baie ou d'un canal comme celui de Bristol les déviations de la verticale causées par la marée montante : la masse attirante aurait ici une densité bien connue, celle de l'eau de mer. Mais l'effet produit est petit; ainsi M. Asaph Hall a fait le calcul pour la baie de Fundy et n'a trouvé qu'une faible déviation de 0",35. Le meilleur procédé pour déterminer Δ paraît être encore celui de Cavendish, surtout avec les perfectionnements apportés à son appareil par MM. Cornu et Baille; nous avons déjà dit que ces deux savants ont obtenu $\Delta = 5,56$. Un autre procédé, fondé sur l'emploi de la balance ordinaire, a été récemment employé par M. Jolly et par M. Poynting (*Bulletin astronomique*, t. II, p. 260).

N'ayant pu donner qu'un aperçu sommaire des problèmes de la Géodésie, nous renverrons le lecteur curieux d'approfondir le sujet aux Ouvrages suivants :

AIRY. — *The figure of the Earth*, 1830.

GAUSS. — *Untersuchungen über Gegenstände der höheren Geodäsie*, 1844-1847.

BESSEL. — *Ueber den Einfluss der Unregelmässigkeiten der Figur der Erde auf geodätische Arbeiten, und ihre Vergleichung mit den astronomischen Bestimmungen* (Mémoires publiés par ENGELMANN, t. III, p. 19-41).

HANSEN. — *Geodätische Untersuchungen*, 1865-1869.

H. BRUNS. — *Die Figur der Erde*. Berlin, 1878.

YVON VILLARCEAU. — *De l'effet des attractions locales sur les longitudes et azimuts. Application d'un nouveau théorème à la détermination de la vraie figure de la Terre* (*Journal de Liouville*, 2e série, t. XII, p. 65-86; 1867). — *Nouveaux théorèmes sur les attractions locales et applications à la détermination de la vraie figure de la Terre* (Annexe IV aux *Comptes rendus de l'Association géodésique internationale pour* 1875).

W. JORDAN. — *Handbuch der Vermessungskunde*, t. I et II; 1877-1878.

HELMERT. — *Die mathematischen und physikalischen Theorien der höheren Geodäsie*, t. I, 1880, et t. II, 1884.

Cet Ouvrage, très complet, très riche en indications bibliographiques, est indispensable à celui qui veut pénétrer complètement tous les détails de la Science actuelle.

PUCCI. — *Fundamenti di Geodesia*, t. I et II.

Nous appellerons enfin l'attention sur les recherches de Laplace (*Mécanique céleste*, t. II, Chap. V), qui ne supposent pas que la surface mathématique de la Terre soit de révolution, mais admettent seulement qu'elle diffère peu d'une sphère. M. O. Bonnet a simplifié l'analyse de Laplace en s'aidant des découvertes faites depuis dans la théorie des surfaces [*Mémoire sur la figure de la Terre considérée comme peu différente d'une sphère* (*Annali di Matematica*, t. II, 1859)].

CHAPITRE XXI.

FIGURE DE LA TERRE DÉTERMINÉE PAR LE PENDULE.

158. Les mesures géodésiques sont très peu nombreuses dans l'hémisphère austral; d'autre part, on ne peut pas en faire en pleine mer. Il y a, au contraire, un assez grand nombre d'observations du pendule faites au sud de l'équateur, et, si l'on n'a pas encore trouvé le moyen de déterminer avec une précision suffisante l'intensité de la pesanteur en pleine mer, on a pu l'observer dans plusieurs îles isolées au milieu de l'Océan. Le pendule apporte donc des documents importants qui permettent de compléter, dans une large mesure, les données de la Géodesie. Aussi ne pouvons-nous pas nous dispenser d'en parler. Nous ne nous occuperons pas des corrections délicates et nombreuses qu'il faut apporter aux observations pour en déduire, dans chaque station, la longueur du pendule simple qui bat dans le vide la seconde sexagésimale de temps moyen, et, par suite, l'intensité correspondante de la pesanteur. Rien ne serait plus facile que de déduire l'aplatissement et la longueur du pendule, sous la latitude de 45°, d'une série d'observations ainsi corrigées, si la surface physique de la Terre coïncidait avec celle d'un ellipsoïde de révolution; car alors on pourrait appliquer la formule de Clairaut, et l'on n'aurait plus qu'à résoudre par la méthode des moindres carrés un certain nombre d'équations du premier degré à deux inconnues. Malheureusement, il n'en est pas ainsi; les observations sont faites sur les continents à des altitudes variables, parfois considérables, comme dans le voisinage de l'Himalaya. Il faut commencer par les réduire à la surface des mers prolongée. On atteint ce but par la formule de Bouguer.

159. **Réduction au niveau de la mer. Formule de Bouguer.** — On suppose que les continents et les montagnes sont comme des bosses qui sont venues se placer sur la surface des mers prolongée, et l'on tient compte de

l'attraction de toutes les masses qui dépassent le niveau des mers, en leur supposant partout une densité constante égale à celle de leur surface.

Considérons un continent; soient M' un point de sa surface, M le point où la verticale de M' rencontre la surface des mers prolongée, MM' = h l'altitude, G et g l'attraction et la pesanteur en M, I la composante verticale de l'attraction exercée par le continent et G' + I l'attraction totale sur M', g' la pesanteur au même point. On aura, en négligeant la différence des forces centrifuges en M et M',

$$g' - g = (G' + I) - G = G' - G + I.$$

Pour calculer G' − G, on peut supposer la Terre composée de couches sphériques concentriques homogènes de rayon R (R désignant le rayon terrestre moyen). On aura

$$\frac{G'}{G} = \left(\frac{R}{R+h}\right)^2 = 1 - \frac{2h}{R},$$

$$G' - G = -\frac{2h}{R} G = -\frac{2h}{R} g$$

et, par suite,

$$(1) \qquad g' = g + I - \frac{2h}{R} g.$$

Il s'agit donc de calculer I. Si la surface du continent est plane, on pourra assimiler ce continent à un cylindre homogène de hauteur h, de rayon a, de densité ρ, ayant pour axe MM'. D'après le n° 41, on aura, pour l'attraction exercée par ce cylindre sur le centre de sa base supérieure,

$$I = 2\pi f \rho \left(a + h - \sqrt{a^2 + h^2}\right);$$

d'où, en supposant $\frac{h}{a}$ petit,

$$I = 2\pi f \rho h \left(1 - \frac{h}{2a} + \ldots\right)$$

ou bien, puisque $g = \frac{4}{3}\pi f \Delta R$, où Δ désigne la densité moyenne de la Terre,

$$I = \frac{3}{2} g \frac{\rho}{\Delta} \frac{h}{R} \left(1 - \frac{h}{2a} + \ldots\right).$$

Si l'on a $h = 637^{m}$, $a > 6^{km}$, on pourra se borner à

$$(2) \qquad I = \frac{3}{2} g \frac{\rho}{\Delta} \frac{h}{R};$$

on trouve en effet que le terme complémentaire, quand on y suppose $\frac{\rho}{\Delta} = \frac{1}{2}$, est égal à $\frac{g}{250000}$ environ. Si le continent avait la forme d'un cône de révolution de hauteur h et de rayon a, ayant son sommet en M', on aurait (n° 42)

$$I = 2\pi f \rho h \left(1 - \frac{h}{\sqrt{a^2 + h^2}}\right);$$

avec un segment de sphère de hauteur h et de rayon a, on aurait (n° 42)

$$I = 2\pi f \rho h \left(1 - \frac{2}{3}\sqrt{\frac{h}{2a}}\right).$$

En supposant $\frac{h}{a}$ petit, on arriverait encore à la formule (2). Revenons au cas où le terrain est plan. Puisqu'on peut négliger l'attraction des parties situées en dehors d'un rayon de 6^{km}, en supposant $h = 637^{\text{m}}$, on voit qu'il suffira en réalité d'admettre que la surface est à peu près plane dans le voisinage presque immédiat de M', et l'on se rend compte ainsi que la formule (2) conviendra toujours, pourvu que le terrain ne soit pas trop irrégulier.

On peut procéder d'une manière plus satisfaisante dans le calcul de I, en décrivant de M comme centre des cercles de rayons $a_0, a_1, \ldots, a_i, a_{i+1}, \ldots$, et traçant par le centre n rayons vecteurs équidistants. La région de la surface des mers qui entoure le point M se trouvera ainsi divisée en quadrilatères qui serviront de base à des prismes verticaux s'élevant jusqu'à la surface du continent. On pourra, d'après les cartes de nivellement du pays, calculer la hauteur moyenne de chacun des prismes. Soient h' la hauteur de l'un de ceux qui sont compris entre les cercles de rayons a_i et a_{i+1}, et ρ la densité correspondante. L'une des formules du n° 38 (p. 69) donne, pour la composante verticale de l'attraction exercée sur le point M' par un prisme vertical de base σ,

$$f\rho\sigma\left(\frac{1}{\alpha} - \frac{1}{\beta}\right),$$

si nous désignons par α, β les distances de M' aux deux bases du prisme. En faisant

$$a_{i+1} + a_i = 2a, \qquad a_{i+1} - a_i = b,$$

on a ici

$$n\sigma = \pi(a_{i+1}^2 - a_i^2) = 2\pi ab,$$

et, en remplaçant $2\pi f$ par $\frac{3g}{2R\Delta}$, on trouve, pour l'attraction verticale i du prisme élémentaire,

$$i = \frac{3g}{2n}\frac{\rho}{\Delta}\frac{ab}{R}\left(\frac{1}{\alpha} - \frac{1}{\beta}\right). \tag{3}$$

On a d'ailleurs

$$\alpha = \sqrt{a^2+(h-h')^2}, \qquad \beta = \sqrt{a^2+h^2}, \qquad \frac{1}{\alpha}-\frac{1}{\beta} = \frac{h^2-(h-h')^2}{\alpha\beta(\alpha+\beta)}.$$

Si $\frac{h}{a}$ est petit, on peut faire $\alpha\beta(\alpha+\beta) = 2a^3$, et il vient

$$(4) \qquad i = \frac{3g}{4\pi}\frac{\rho}{\Delta}\frac{b}{a^2}\frac{h^2-(h-h')^2}{\mathrm{R}}.$$

On aura ensuite $\mathrm{I} = \Sigma i$, et l'on pourra ainsi avoir égard soit aux variations de la densité, soit aux variations de hauteur du continent dans les environs du point considéré.

Les relations (1) et (2) donnent

$$(5) \qquad \begin{cases} g' = g\left(1-\dfrac{2h}{\mathrm{R}}+\dfrac{3}{2}\dfrac{\rho}{\Delta}\dfrac{h}{\mathrm{R}}\right), \\ g = g'\left(1+\dfrac{2h}{\mathrm{R}}-\dfrac{3}{2}\dfrac{\rho}{\Delta}\dfrac{h}{\mathrm{R}}\right); \end{cases}$$

si l et l' désignent les longueurs du pendule à seconde en M et M', on aura

$$l = l'\left(1+\frac{2h}{\mathrm{R}}-\frac{3}{2}\frac{\rho}{\Delta}\frac{h}{\mathrm{R}}\right).$$

Si l'on suppose en outre la densité du continent égale à 2,8, la moitié de la densité moyenne de la Terre, il vient

$$(6) \qquad g = g'\left(1+\frac{5}{4}\frac{h}{\mathrm{R}}\right).$$

Les formules (5) et (6), souvent attribuées à Young, ont été trouvées en réalité par Bouguer. On peut écrire encore

$$g = g'\left(1+\frac{5}{8}\frac{2h}{\mathrm{R}}\right);$$

on remplace souvent $\frac{5}{8}$ par sa valeur approchée 0,6, et l'on se borne à

$$(7) \qquad g = g'\left(1+0,6\frac{2h}{\mathrm{R}}\right);$$

c'est-à-dire que l'on fait la correction $\frac{2h}{\mathrm{R}}$ pour l'altitude et qu'on la multiplie par 0,6.

Dans la pratique, si le continent est très accidenté, avec des collines, des prés, etc., on imaginera, d'après les nivellements et la topographie, une surface idéale laissant en dehors les aspérités visibles; on calculera directement la composante verticale I_1 de l'attraction de ces dernières sur le point M', et l'on aura

$$g = g'\left(1 + \frac{2h}{R} - \frac{3}{2}\frac{\rho}{\Delta}\frac{h}{R}\right) - I_1. \tag{8}$$

C'est ainsi que les Anglais ont procédé dans l'Inde.

160. Discussion des observations. — M. Airy, dans son Mémoire sur *La figure de la Terre* mentionné au Chapitre précédent, a réuni 49 observations du pendule faites, les unes sur les continents, les autres sur des îles; sur ces 49 observations, 10 seulement se rapportent à l'hémisphère austral. Les mesures continentales ont été ramenées au niveau de la mer à l'aide de la formule (5); on n'a fait subir aucune correction ni réduction aux observations des îles. M. Airy a relié toutes les valeurs de g ainsi obtenues par la formule de Clairaut; il a déterminé par la méthode des moindres carrés les deux inconnues du problème et calculé les résidus. L'examen de ces résidus montre que, sur les continents, sauf deux exceptions, l'intensité observée est plus petite que celle calculée; sur les îles, c'est l'inverse qui arrive. Il y aurait donc d'une manière générale un défaut de pesanteur sur les continents et un excès sur les îles. Il est commode de se représenter les résidus par la différence des nombres d'oscillations faites en un jour par le pendule à secondes, supposé soumis successivement à la gravité observée ou à la gravité calculée. On trouve ainsi que le pendule fait, dans les îles, jusqu'à 5 ou 6 oscillations par jour en plus et, sur les continents, 5 ou 6 oscillations en moins.

Il convient, pour se faire une idée nette de l'importance de ces nombres, de remarquer que le même pendule simple, transporté de l'équateur au pôle, y ferait en un jour environ 229 oscillations de plus qu'à l'équateur. Les résultats précédents avaient néanmoins grand besoin d'être confirmés, car les observations étaient anciennes et la précision de quelques-unes fort douteuse, si bien que M. Airy s'était cru en droit d'en éliminer 30 sur 79. On doit à Clarke (*Geodesy*, p. 341-351) une discussion plus étendue : 104 observations, parmi lesquelles il y en a de récentes, surtout dans l'Inde. La réduction pour les stations continentales a été faite par la formule (5); aucune réduction n'a été appliquée aux stations insulaires. Les longueurs du pendule ont été reliées par la formule de Clairaut; on en a exclu préalablement cinq comme anormales. De la valeur trouvée pour le coefficient de $\sin^2\lambda$, on a déduit l'aplatissement égal à $\frac{1}{292,2}$. Les résidus ont, pour les cinq stations éliminées, les valeurs suivantes :

	s
Ualan	− 9,9
Bonin	− 11,8
Dehra (683^m d'altitude)	+ 9,3
Mussoorie (2109^m d'altitude)	+ 6,1
Moré (4696^m d'altitude)	+ 22,1

L'inspection des autres résidus confirme en grande partie les résultats de M. Airy, quoiqu'elle montre que les diverses séries d'observations du pendule sont loin d'être bien comparables entre elles.

Dans toutes les stations indiennes, la pesanteur observée est plus faible que la pesanteur calculée; la différence va en s'exagérant au fur et à mesure qu'on approche du massif de l'Himalaya; elle s'élève jusqu'à 22^s pour Moré. Clarke a observé que ces 22^s correspondent précisément au terme $\frac{3}{2}\frac{\rho}{\Delta}\frac{h}{R}$ de la formule de Bouguer, de sorte que, si l'on supprimait ce terme, on supprimerait en même temps le désaccord. Mais le terme en question représente la composante verticale de l'attraction exercée sur Moré par la masse énorme comprise entre cette station et la surface des mers prolongée, de sorte que cette composante serait nulle ou du moins serait contre-balancée par un défaut d'attraction dans les parties de la croûte terrestre situées sur la verticale de Moré, mais plus en dessous. En fait, dans la plupart des stations élevées, la divergence est diminuée quand on omet de tenir compte de l'attraction de la portion de continent située entre la station et le niveau des mers. Nous remarquerons cependant que, en opérant comme on vient de le dire, le résidu de Dehra devient

$$+9^s,3 - 3^s,5 = +5^s,8$$

et celui de Mussoorie

$$+6^s,1 - 10^s,8 = -4^s,7.$$

Les nouveaux résidus sont loin d'être négligeables et, si la règle appliquée était bien démontrée, il nous semble qu'on pourrait conclure à l'existence d'erreurs assez sensibles dans les observations.

Quoi qu'il en soit, nous allons citer la conclusion de Clarke : « Il semble donc que ces observations du pendule ont établi ce fait, précédemment indiqué [1] par les observations astronomiques de latitude dans l'Inde, qu'il existe une cause inconnue ou une distribution de matière qui contrarie l'attraction des masses de montagnes visibles. Si l'on considère comme une spéculation trop risquée d'admettre qu'il existe de vastes cavités sous les grandes chaînes de montagnes, alors l'explication la plus probable serait peut-être celle qui résulte de l'hypothèse de l'archidiacre Pratt. »

Pratt admet (*Figure of the Earth*, 1re édit., 1860; 4e édit., 1871) que, à travers toutes les transformations géologiques, la quantité de matière contenue dans une colonne verticale allant de la surface extérieure de la Terre jusqu'à une surface de niveau intérieure est restée la même. Les montagnes auraient

(1) Dans le Chapitre précédent (n° 133), les résidus des latitudes des stations indiennes sont en effet plus faibles qu'on ne pouvait s'y attendre, en raison de l'importance des montagnes.

ainsi tiré leur substance de la matière située au-dessous jusqu'à une certaine profondeur.

M. Faye (¹) a généralisé la remarque relative à Moré; il propose de supprimer *entièrement et dans tous les cas* le terme $-\frac{3}{2}\frac{\rho}{\Delta}\frac{h}{R}$ et de réduire la formule (8) à

$$g = g'\left(1 + \frac{2h}{R}\right) - I_1, \tag{9}$$

I_1 désignant la composante, suivant la verticale du point considéré, de l'attraction des saillies qui s'élèvent au-dessus du relief général des continents.

Il y aurait donc ainsi un véritable théorème d'après lequel la masse d'un continent serait entièrement compensée par un défaut de matière au-dessous de ce continent. M. Faye en donne comme preuve l'accord que cela introduit pour Moré et pour les autres points de l'Inde anglaise. Il a trouvé le même accord pour les stations de Genève, du mont Ararat et de Quito, situées par des altitudes de 407^m, 1883^m et 2857^m. On doit remarquer néanmoins que, pour Dehra et Mussoorie, l'accord est loin d'être aussi satisfaisant, comme nous l'avons dit plus haut. En outre, dans le Caucase (²), au nord du massif, les déviations de la verticale, qui sont considérables puisque l'une d'elles dépasse 35″, sont représentées d'une manière satisfaisante en tenant compte de l'attraction des masses visibles sans diminution de densité : la formule (9) ne représente pas mieux les observations du pendule que la formule (8); le défaut d'attraction de la partie soulevée n'existerait donc pas comme dans l'Himalaya. Hâtons-nous de dire toutefois que les dernières recherches, faites par M. Helmert au nom de l'Association géodésique internationale, montrent que l'emploi de la formule (9) donne presque toujours, surtout dans les localités dont les altitudes sont assez fortes, des intensités de la pesanteur qui sont mieux représentées dans leur ensemble par la relation de Clairaut que celles que l'on déduirait de la formule (8). Il nous semble donc qu'on n'est pas fondé à parler d'une compensation exacte, mais d'une compensation approchée indiquant une tendance marquée vers le principe indiqué par M. Pratt. En résumé, on peut envisager les choses de deux manières : dans l'une, les montagnes seraient venues s'ajouter avec toute leur masse sur une surface de niveau remplie d'une façon régulière, comme le suppose Clairaut; dans l'autre, au-dessous de chaque montagne importante, il y aurait un défaut de densité compensant exactement l'excès. La première idée n'est pas exacte; la seconde non plus, tout en étant plus voisine de la réalité. Au fond, c'est une question de Géologie; il faudrait savoir com-

---

(¹) *Comptes rendus des séances de l'Académie des Sciences*, t. XC, XCVI et XCVII.

(²) *Voir* une Lettre du général Stebnitski (*Comptes rendus des séances de l'Académie des Sciences*, t. XCVII, p. 508).

ment les variations de densité se sont produites dans la croûte terrestre lors du soulèvement des chaînes principales.

On remarquera que, dans les calculs précédents, on a fait figurer directement, sans réduction, les intensités de la pesanteur mesurées dans les îles. Il semble cependant qu'on devrait avoir égard à la masse d'eau de mer qui remplit une portion notable de l'espace intérieur à la surface de niveau avec une densité voisine de 1 au lieu de 2,8. Il serait logique de combler ce vide, de même qu'on a supposé rasé l'excédent des continents, sauf à voir ensuite comment la correction résultante rapprocherait les observations de Clairaut. Il est vrai qu'on aperçoit tout de suite qu'on trouvera dans les îles une pesanteur encore plus grande qu'auparavant et qu'ainsi le désaccord sera augmenté. On peut cependant arriver à le diminuer notablement en suivant la *méthode de la condensation,* due à M. Helmert et exposée par lui dans le tome II de sa *Géodésie supérieure.* Quelques astronomes ou géodésiens m'ont prié de donner une idée de cette méthode, mais il m'est impossible de suivre le savant auteur dans tous ses raisonnements, et je devrai me borner à une analyse assez détaillée de cette partie de son Ouvrage, renvoyant le lecteur à l'Ouvrage lui-même pour les démonstrations que leur longueur m'aura empêché de reproduire.

161. **Méthode de la condensation.** — M. Helmert remarque d'abord que le développement du potentiel terrestre suivant les puissances de $\frac{1}{r}$ ne peut pas être employé jusqu'à la surface même; c'est ce que nous avons dit au n° 145. Cela posé, il conçoit une surface S′ parallèle à la surface des mers S, à l'intérieur et à une distance de 21^{km}, valeur approchée de la différence entre le plus grand et le plus petit rayon de S, et condense sur S′ par une projection normale toutes les parties qui lui seront extérieures. On aura ainsi un corps fictif formé de la matière renfermée primitivement à l'intérieur de S′ et des parties qui viennent d'être condensées sur S′. Le potentiel de ce corps fictif pourra être développé en série suivant les puissances de $\frac{1}{r}$, et le développement sera convergent pour tous les points de S, car le rayon minimum de S est égal ou supérieur au rayon maximum de S′. La condensation changera le potentiel et la pesanteur qui se rapportent à un point quelconque; soient W et g leurs valeurs primitives, elles seront maintenant U et γ. Représentons par mqn (*fig.* 23) la

Fig. 23.

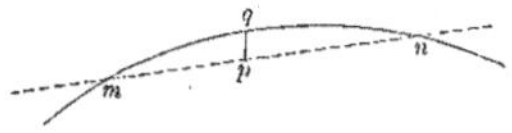

surface S qui correspond à l'équation $W = C$, et soient mpn la surface de niveau S′ qui correspond au potentiel U et à la même constante C, $\overline{pq}$ la normale à cette surface en p. On aura, en affectant d'indices p et q les valeurs des fonctions U et W aux points p et q,

$$U_q = U_p + \frac{\partial U}{\partial n}\overline{pq} + \ldots = U_p - \gamma\overline{pq} + \ldots,$$

$$\overline{pq} = \frac{U_p - U_q}{\gamma} = \frac{U_p - W_q + (W - U)_q}{\gamma};$$

d'où, à cause de $U_p = C$, $W_q = C$,

$$\overline{pq} = \frac{(W - U)_q}{\gamma}. \tag{10}$$

On pourra donc trouver ainsi le soulèvement ou l'abaissement produit dans le sens de la normale en chaque point de la surface de niveau par la condensation. Le théorème exprimé par la relation (10) est dû à M. H. Bruns. On voit qu'on aura à calculer le changement W — U produit dans le potentiel.

Par une série de calculs et d'estimations plausibles, l'auteur trouve ensuite que la condensation ne peut guère élever le niveau des mers que de 8^{m} ou l'abaisser de 10^{m}, soit une variation totale de 18^{m} dans le rayon de cette surface. C'est moins de la millième partie de la différence 21^{km} des rayons extrêmes, et l'on peut dire que la condensation n'aura pas d'effet appréciable sur la figure du géoïde. La variation qui en résulterait pour la pesanteur, par suite du changement de distance au centre de la Terre, est de l'ordre des erreurs que comportent les meilleures mesures du pendule $\left(\frac{g}{100\,000}\text{ environ}\right)$ et peut être négligée. La variation précédente de g est en quelque sorte l'effet indirect de la condensation; il reste à calculer l'effet direct provenant de la différence des attractions exercées suivant la verticale de la station par les masses condensées, quand on les considère avant ou après la condensation. M. Helmert se livre à un examen général qui lui montre que l'effet direct en question peut s'élever à $0{,}0004g$; il explique ensuite que la position du centre de gravité de la Terre et les moments d'inertie principaux ne peuvent être affectés que de modifications de l'ordre du carré de l'aplatissement et, par suite, insensibles.

Arrivé à ce point, il simplifie le problème en montrant que l'on peut, sans grande erreur, exclure de la condensation une couche de densité uniforme 2,8, comprise entre la surface des mers et la surface de condensation. On devra donc, s'il s'agit d'une montagne, appliquer d'abord la réduction ordinaire au niveau de la mer, puis condenser l'excès de masse avec le signe positif. Pour une île, on commencera par compléter la réduction au niveau de la mer en ajoutant une matière fictive de densité $2{,}8 - 1{,}0 = 1{,}8$, venant se superposer à toutes les parties de la mer; ensuite on condensera cette masse fictive avec le signe négatif. On ne tiendra donc compte, en somme, que de la condensation de la matière qui se trouve en excès ou en déficit, au-dessus ou au-dessous du niveau des mers.

Nous allons expliquer les calculs de réduction pour la condensation dans le cas des îles et dans celui des côtes, en supposant remplies des conditions géométriques qui donnent lieu à des simplifications.

162. Réduction de condensation pour les îles. — L'île DME est supposée former un cône de révolution dont le sommet est placé à la surface de la mer (*fig.* 24); c'est là qu'on a observé la pesanteur. Nous représenterons

Fig. 24.

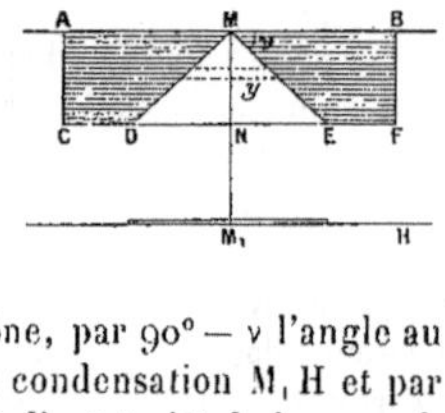

par h la hauteur MN du cône, par $90° - \nu$ l'angle au sommet, par σ la distance du point M à la surface de condensation M_1H et par a la distance NF, supposée égale à NC, du point N à l'extrémité de la mer, dont on suppose ainsi le fond horizontal et symétrique par rapport au point N. Il faut d'abord trouver ce qu'aurait été la pesanteur en M si la mer avait été remplie d'une matière homogène, de densité $\rho = \frac{\Delta}{2}$. Pour cela, il faut, comme on le voit aisément, soustraire de la pesanteur observée l'attraction du cône et ajouter l'attraction du cylindre ACFB, les deux corps étant supposés avoir la densité $\rho - 1$. Or ces attractions ont pour valeurs (p. 72 et 74)

$$2\pi f(\rho - 1)h(1 - \sin\nu),$$
$$2\pi f(\rho - 1)\left(h + a - \sqrt{h^2 + a^2}\right).$$

On peut prendre

$$\sqrt{h^2 + a^2} = a\left(1 + \frac{h^2}{2a^2}\right),$$

et l'on trouve

$$(1) \qquad 2\pi f(\rho - 1)h\left(\sin\nu - \frac{h}{2a}\right).$$

Voilà une première correction à apporter à l'observation; c'est proprement la réduction au niveau de la mer, dans le sens ordinaire.

Il faut maintenant condenser le cylindre et le cône sur M_1H et prendre les attractions exercées sur M après la condensation avec un signe contraire à celui qu'on avait pris plus haut. Décomposons le cône en disques parallèles à la base, de rayon y et d'épaisseur $dy\tan\nu$; l'attraction de chaque disque, transporté en M_1, sur le point M sera [formule (10) du n° 40]

$$2\pi f(\rho-1)\left(1-\frac{\sigma}{\sqrt{y^2+\sigma^2}}\right)\operatorname{tang}\nu\, dy.$$

Il faut intégrer de $y=0$ à $y=h\cot\nu$; on aura ainsi

$$\text{(II)}\qquad \begin{cases} 2\pi f(\rho-1)\operatorname{tang}\nu\displaystyle\int_0^{h\cot\nu}\left(1-\frac{\sigma}{\sqrt{y^2+\sigma^2}}\right)dy \\ \quad = 2\pi f(\rho-1)\left(h-\sigma\operatorname{tang}\nu\log\dfrac{h+\sqrt{h^2+\sigma^2\operatorname{tang}^2\nu}}{\sigma\operatorname{tang}\nu}\right). \end{cases}$$

L'attraction du cylindre condensé, prise avec le signe $-$, sera

$$\text{(III)}\qquad -2\pi f(\rho-1)h\left(1-\frac{\sigma}{\sqrt{a^2+\sigma^2}}\right)=-2\pi f(\rho-1)h\left(1-\frac{\sigma}{a}\right).$$

Il n'y a plus qu'à réunir les corrections (I), (II) et (III). Si l'on remplace en même temps $2\pi f$ par $\frac{3g}{2R\Delta}$, il vient

$$-\frac{3}{2}\frac{\rho-1}{\Delta}\frac{h}{R}g\left(\frac{\sigma\operatorname{tang}\nu}{h}\log\frac{h+\sqrt{h^2+\sigma^2\operatorname{tang}^2\nu}}{\sigma\operatorname{tang}\nu}-\sin\nu-\frac{\sigma-\frac{1}{2}h}{a}\right).$$

Les deux derniers termes de cette expression sont presque toujours négligeables devant le premier, et l'on peut prendre pour la réduction

$$(11)\qquad -\frac{3}{2n}\frac{\rho-1}{\Delta}\frac{h}{R}g\log\left(n+\sqrt{n^2+1}\right),\qquad n=\frac{h\cot\nu}{\sigma}.$$

On remarquera que cette réduction est essentiellement négative. Supposons, pour donner un exemple numérique, $\rho=\frac{\Delta}{2}$, $h=3500^{\text{m}}$, $\cot\nu=30$; nous trouverons la correction $=-\frac{g}{8000}$ environ.

163. Réduction de condensation pour les côtes. — Soit M (*fig.* 25) un point de la côte, situé à la surface MB de la mer, où la pesanteur a été observée. Nous supposerons que la surface de séparation du continent et de la mer est plane et perpendiculaire au plan de la figure; elle sera représentée par la droite ME. Le fond de la mer EF est supposé horizontal et son étendue très grande par rapport à $MN=h$, projection de ME sur la verticale; l'angle EMB sera représenté par ν. Il faut ajouter à la pesanteur observée en M la composante verticale d'une masse MEFB, de densité $\rho-1$, venant se superposer à la mer, et en retrancher l'attraction verticale de la même masse condensée. On aura donc à faire la différence des attractions du solide MNFB — MNE avant la condensa-

Fig. 25.

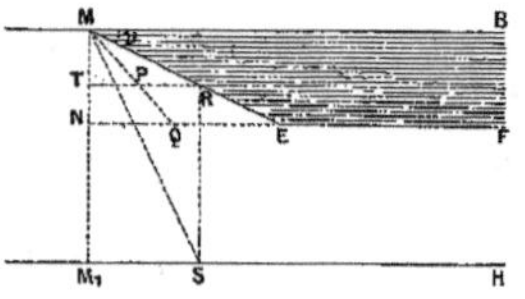

tion et après. Or la condensation ne change pas l'attraction de MNFB, parce que (n° 40) l'attraction d'un disque illimité infiniment mince sur un point de son axe est indépendante de la position du point attiré et qu'il en est de même de la composante verticale de l'attraction de la moitié de ce disque. Donc il suffira de prendre l'attraction de MNE après la condensation et d'en retrancher l'attraction primitive du même corps. Calculons d'abord cette dernière quantité. Soient P un point de MNE, $r = \mathrm{MP}$, $\varphi = \mathrm{NMP}$ ses cordonnées polaires; considérons un prisme illimité dans les deux sens dont les arêtes soient perpendiculaires au plan de projection et dont la base soit l'élément de surface $r\,dr\,d\varphi$ qui correspond au point P. L'attraction de ce prisme sur le point M sera (n° 38)

$$2f(\rho-1)\,\frac{r\,dr\,d\varphi}{r}$$

et sa composante verticale

$$2f(\rho-1)\cos\varphi\,dr\,d\varphi.$$

Pour une valeur donnée de φ, r varie de zéro à $\mathrm{MQ} = \frac{h}{\cos\varphi}$. On trouvera donc, pour la composante verticale de l'attraction du solide MNE sur le point M,

$$\text{(IV)} \qquad 2f(\rho-1)\int_0^{\frac{\pi}{2}-\nu}\cos\varphi\,d\varphi\int_0^{\frac{h}{\cos\varphi}}dr = 2fh(\rho-1)\left(\frac{\pi}{2}-\nu\right).$$

Soit, en second lieu, y la distance RT d'un point quelconque R de ME à la droite $\mathrm{MM_1}$; l'élément de surface de MNE peut être pris égal à

$$\mathrm{NT}\,d.\mathrm{TR} = (h - y\,\mathrm{tang}\,\nu)\,dy.$$

On considère le prisme ayant cet élément pour base, et, en le supposant condensé sur $\mathrm{M_1H}$, on aura, pour son attraction sur M,

$$2f(\rho-1)\,\frac{(h-y\,\mathrm{tang}\,\nu)\,dy}{\sqrt{\sigma^2+y^2}}$$

et, pour la composante verticale de cette attraction,

$$2f(\rho-1)\,\frac{\sigma(h-y\tang\nu)}{\sigma^2+y^2}\,dy.$$

L'attraction verticale après la condensation sera donc

$$(\mathrm{V})\quad\left\{\begin{aligned}&2f(\rho-1)\,\sigma\int_0^{h\cot\nu}\frac{h-y\tang\nu}{\sigma^2+y^2}\,dy\\&=2f(\rho-1)\left(h\,\mathrm{arc\,tang}\frac{h}{\sigma\tang\nu}-\sigma\tang\nu\log\sqrt{1+\frac{h^2}{\sigma^2\tang^2\nu}}\right).\end{aligned}\right.$$

La correction cherchée s'obtiendra en faisant la différence (V) — (IV); elle sera

$$-2f(\rho-1)\,h\left(\frac{\pi}{2}-\nu-\mathrm{arc\,tang}\frac{h}{\sigma\tang\nu}+\frac{\sigma}{h}\tang\nu\log\sqrt{1+\frac{h^2}{\sigma^2\tang^2\nu}}\right)$$

ou bien

$$-2f(\rho-1)\,h\left(\mathrm{arc\,tang}\frac{1}{n}+\frac{1}{n}\log\sqrt{n^2+1}-\nu\right).$$

Le terme en ν est négligeable, et il reste la correction demandée

$$(12)\qquad -\frac{3}{2\pi}\,\frac{\rho-1}{\Delta}\,\frac{h}{R}\,g\left(\mathrm{arc\,tang}\frac{1}{n}+\frac{1}{n}\log\sqrt{n^2+1}\right),\qquad n=\frac{h\cot\nu}{\sigma}.$$

Dans la pratique, n a toujours été $> 2,5$ et le plus souvent > 5. En présence de ce fait et surtout de l'incertitude des données relatives à la surface du fond de la mer, on peut prendre

$$\log(n+\sqrt{n^2+1})=\log 2n,\qquad \log\sqrt{n^2+1}=\log n,\qquad n\,\mathrm{arc\,tang}\frac{1}{n}=1.$$

On peut donc simplifier les formules (11) et (12); nous donnerons en même temps les corrections des longueurs l du pendule simple et non des intensités de la pesanteur. Il suffira, pour cela, de remplacer g par l ou approximativement par 1, en prenant le mètre pour unité de longueur. L'expression (11) devient ainsi

$$-\frac{3}{2}\,\frac{\rho-1}{\Delta}\,\frac{h}{R}\,\frac{\log 2n}{n}=-\frac{3}{2}\,\frac{\rho-1}{\Delta}\,\frac{\sigma\tang\nu}{R}\log 2n.$$

En remplaçant ρ et Δ par 2,8 et 5,6, $\frac{\sigma}{R}$ par $\frac{21}{6370}$ et exprimant la correction en millièmes de millimètre ou *microns*, on trouve

$$(13)\qquad \text{réduction pour les îles}=-1600\tang\nu\log 2n.$$

Le rapport approché des expressions (11) et (12) est $\frac{1+\log n}{\pi\log 2n}$; cette fraction reçoit les valeurs 0,38, 0,37, 0,36 quand on attribue à n les valeurs 2,5, 3,5 et 4,5. M. Helmert l'a supposée simplement égale à $\frac{1}{3}$; il prend donc

$$\text{(14)} \qquad \text{réduction pour les côtes} = \frac{1}{3}\ \text{réduction pour les îles},$$

en supposant une île pour laquelle la pente ν soit la même que pour la côte. L'élément de réduction ν a été extrait presque exclusivement des Cartes de profondeurs des mers données par l'Atlas de Richard Andrée. Pour les côtes, l'incertitude de la réduction est en moyenne de 5 microns, donc de l'ordre des erreurs des meilleures observations. Les réductions pour les îles sont beaucoup plus inexactes, car les Cartes mentionnées ne laissent pas reconnaître avec précision la pente générale de la surface des îles.

Si la station est continentale, mais pas très éloignée de la mer, il y aura une correction sensible provenant encore du déficit de densité de la mer. On en fera le calcul en divisant toujours la surface des mers ou cette surface prolongée en quadrilatères par des cercles concentriques et des rayons émanés de leur centre commun, qui sera sur la verticale de la station. Cette correction est sensible encore à des distances assez grandes de la mer.

La correction de condensation, pour les stations nettement continentales, est donnée, en valeur absolue, par le terme $\frac{3}{2}\frac{\rho}{\Delta}\frac{h}{R}$ de la formule de Bouguer, lorsque le terrain est régulier, car on peut le partager en tranches horizontales dont l'attraction est sensiblement la même quelle que soit la position de chacune par rapport au point attiré; on pourrait donc la transporter par la pensée sur la surface de condensation que cela ne changerait rien à son attraction. La correction de condensation, ajoutée à la réduction ordinaire, fait disparaître le terme en question, puisqu'elle est égale et de signe contraire.

Pour les stations situées dans les pays de montagne, la condensation devrait être prise en considération. On ne l'a pas fait néanmoins, parce que cela n'aurait pas changé le caractère général du résultat obtenu au n° 160, sur le défaut de densité qui existe sous les grandes chaînes de montagnes.

164. Résultats de la méthode de condensation. — Soient l la longueur du pendule à seconde en une station de latitude λ, sans tenir compte de la condensation, l' la même longueur en ayant égard à la condensation. Pour voir comment s'accordent les valeurs de l, on peut les comparer à celles que fournirait la formule de Clairaut, qui ne jouera pour le moment qu'un simple rôle d'interpolation; ou bien, en adoptant une valeur numérique pour le coefficient de $\cos 2\lambda$, on pourra déduire de chacune des valeurs de l la longueur k du pendule à la latitude de 45° par la formule

$$l = k(1 + 0,002636 \cos 2\lambda).$$

On pourra calculer de même la longueur k' du pendule à la latitude de 45°, en partant des valeurs déterminées pour l' : on se servira de la formule

$$l' = k'(1 + 0,002636 \cos 2\lambda).$$

On aura ainsi pour chaque station une valeur de k et une de k'. Pour se faire une idée de l'ensemble, M. Helmert a fait des moyennes pour les stations comprises entre 0° et 10° de latitude, 10° et 20°, etc. Dans chaque groupe, il a considéré trois subdivisions, suivant que la station est continentale (c), côtière (γ) ou insulaire (i). Il a reconnu immédiatement que les valeurs de k' s'accordent mieux que celles de k à toutes les latitudes; cela montre déjà l'utilité de la méthode. On trouve à peu près

$$k'_c = k'_\gamma;$$

mais il y a entre les valeurs de k' pour les îles et pour les continents une différence systématique sensible. On conclut de l'ensemble des groupes

$$k'_i = k'_c + 105 \text{ microns}.$$

Il reste donc encore un excès de pesanteur sur les îles, mais beaucoup moins qu'il n'y en avait avant la condensation, comme le montre le Tableau suivant :

LATITUDE.	$k_i - k_c$.	$k'_i - k'_c$.
0°-10°	+ 213	+ 82
10-20	+ 306	+ 78
20-30	+ 338	+ 150
30-40	+ 311	+ 118
Moyennes	+ 292	+ 107

On voit que l'excès primitif a été diminué presque des deux tiers. Une partie de cet excès peut tenir à un vice de réduction provenant d'une connaissance imparfaite du relief des îles au-dessus du fond des mers. On n'a pas d'ailleurs d'observations suffisantes pour fixer les valeurs de $k'_i - k'_c$ à des latitudes supérieures à 40°. On ne peut donc pas dire ce que serait cette différence en pleine mer et sous toutes les latitudes. Il est bien à désirer que les essais de M. Siemens, pour opérer cette détermination à l'aide du *bathomètre*, reçoivent des perfectionnements qui permettent d'obtenir des résultats précis, comparables à ceux du pendule. Néanmoins, on est porté à faire l'hypothèse que la différence $k'_c - k'_i$ est constante sur toute l'étendue des mers. Il y aurait donc au-dessous des océans de légers excédents de matière qui ne doivent pas plus nous surprendre que les déficits signalés sous les continents, surtout si l'on admettait le principe de Pratt (n° 160). M. Faye ([1]) a signalé une cause capable d'expliquer ces excédents; nous allons l'indiquer d'une manière succincte :

On sait aujourd'hui, depuis les sondages de M. de Tessan, que, à une profondeur de 4000^m, la température de la mer est égale à peu près à zéro. Si la mer était remplacée par une couche de roches, comme l'écorce superficielle, en admettant l'augmentation de température constatée partout de $1°$ pour 35^m ou 37^m, le fond de la mer serait à une température d'environ $110°$. On voit donc qu'à la profondeur de 4000^m, sur les trois quarts du globe, on a une température voisine de zéro, tandis que, sur le dernier quart, à la même profondeur, on a une température d'au moins $110°$. M. Faye en conclut qu'il doit en résulter un refroidissement plus rapide sous les mers que sous les continents et, par suite, une croûte plus épaisse sous les mers. En admettant que la matière qui vient ainsi accroître constamment cette croûte augmente de densité en se solidifiant, on voit que, sous les mers, on aura un excédent de matière et un déficit sous les continents; ce qu'il fallait précisément expliquer.

Il resterait à voir si l'excédent de matière provenant de la cause indiquée répond à la différence $k'_i - k'_c$ indiquée par le pendule. M. de Lapparent a fait quelques objections à la théorie de M. Faye, en invoquant surtout la mauvaise conductibilité des roches qui, d'après ce géologue, ne permettrait pas aux variations de température d'une couche, si notables qu'elles soient, de s'étendre à une grande profondeur.

165. Quelle que soit la cause de la différence $k'_i - k'_c$, on voit que l'intérieur du géoïde est maintenant rempli d'une matière disposée par couches homogènes (sauf les excédents sous les mers et les déficits sous les continents élevés), avec des irrégularités de densité reportées sur la surface de condensation, et, par suite, déjà très atténuées. Le développement du potentiel suivant les puissances de $\frac{1}{r}$ peut être supposé convergent sur toute la surface du géoïde.

La formule (11) de la page 61 du tome I donne, pour le potentiel,

$$V = \frac{M}{r} + \frac{A + B + C - 3(A\cos^2\alpha + B\cos^2\beta + C\cos^2\gamma)}{2r^3} + \ldots,$$

où α, β, γ désignent les angles que fait le rayon r avec les axes principaux d'inertie du centre de gravité. On peut poser

$$\cos\alpha = \sin\psi, \qquad \cos\beta = \cos\psi\cos\lambda, \qquad \cos\gamma = \cos\psi\sin\lambda,$$

([1]) *Comptes rendus des séances de l'Académie des Sciences*, 1886, t. CII et CIII.

et l'on en conclut

$$V = \frac{M}{r}\left[1 + \frac{K}{2r^2}(1 - 3\sin^2\psi) + 3\frac{C - B}{4Mr^2}\cos^2\psi\cos 2\lambda\right] + \ldots,$$

où l'on a fait

$$K = \frac{A - \frac{B + C}{2}}{M}.$$

Ce sont, comme on voit, les deux premiers termes du développement

$$V = \frac{M}{r}\left(1 + \frac{Y_2}{r^2} + \frac{Y_3}{r^3} + \ldots\right).$$

On a dit que la condensation modifie très peu la position du centre de gravité et la grandeur des moments d'inertie A, B, C. La différence C — B était petite; elle le reste encore. On peut donc prendre comme expression approchée de la fonction des forces, en introduisant aussi la force centrifuge,

$$(15)\qquad U = \frac{fM}{r}\left[1 + \frac{K}{2r^2}(1 - 3\sin^2\psi) + \frac{\omega^2 r^3}{2fM}\cos^2\psi\right].$$

Si d'ailleurs on néglige le carré de l'aplatissement, on peut prendre

$$g = -\frac{\partial U}{\partial r},$$

d'où

$$(16)\qquad g = \frac{fM}{r^2}\left[1 + \frac{3K}{2r^2}(1 - 3\sin^2\psi) - \frac{\omega^2 r^3}{fM}\cos^2\psi\right].$$

Sur la surface de niveau, on doit avoir

$$U = \text{const.} = U_0.$$

L'équation (15) donne, toujours avec la même précision, en mettant a au lieu de $\frac{fM}{U_0}$,

$$(17)\qquad r = a\left[1 + \frac{K}{2a^2}(1 - 3\sin^2\psi) + \frac{\omega^2 a^3}{2fM}\cos^2\psi\right],$$

après quoi on tire de la formule (16)

$$g = \frac{fM}{a^2}\left[1 - \frac{K}{a^2}(1 - 3\sin^2\psi) - \frac{\omega^2 a^3}{fM}\cos^2\psi\right]\left[1 + \frac{3K}{2a^2}(1 - 3\sin^2\psi) - \frac{\omega^2 a^3}{fM}\cos^2\psi\right],$$

$$g = \frac{fM}{a^2}\left[1 + \frac{K}{2a^2} - \frac{2\omega^2 a^3}{fM} + \left(\frac{2\omega^2 a^3}{fM} - \frac{3K}{2a^2}\right)\sin^2\psi\right]$$

ou encore

$$g = g_0(1 + n\sin^2\psi),$$

avec

$$n = \frac{2\omega^2 a^3}{fM} - \frac{3K}{2a^2}.$$

Or, en faisant successivement $\psi = 0$ et $\psi = 90°$ dans la formule (17), on trouve, pour l'ellipticité e_1 à la surface,

$$e_1 = \frac{3K}{2a^2} + \frac{\omega^2 a^3}{2fM},$$

ce qui permet d'écrire ainsi l'expression de n :

$$n = \frac{5}{2}\frac{\omega^2 a^3}{fM} - e_1 = \frac{5}{2}\varphi - e_1.$$

On retrouve ainsi le théorème de Clairaut. En suivant la même méthode, mais avec plus de rigueur, on pourrait partir de la formule

$$U = \frac{fM}{r}\left(1 + \frac{Y_2}{r^2} + \frac{Y_3}{r^3} + \ldots\right) + \frac{1}{2}\omega^2 r^2\cos^2\psi,$$

qui, avec la condition $U = \text{const.} = U_0$, fournirait le développement de r en une série de fonctions sphériques. On en conclurait ensuite, pour la pesanteur en un point quelconque de la surface de niveau considérée, l'expression de la forme

$$g = G(1 + Z_2 + Z_3 + \ldots),$$

où Z_2, Z_3, ... désignent des fonctions sphériques des angles ψ et λ, latitude et longitude.

Si l'intensité de la pesanteur était connue pour un très grand nombre de points régulièrement distribués sur la surface de niveau, on pourrait trouver les valeurs de G, GZ_2, ..., par des quadratures, au moyen des formules

$$(18)\quad \left\{\begin{aligned} G &= \frac{1}{4\pi}\int_0^{2\pi} d\lambda' \int_{-\frac{\pi}{2}}^{+\frac{\pi}{2}} g'\cos\psi'\,d\psi', \\ GZ_2 &= \frac{5}{4\pi}\int_0^{2\pi} d\lambda' \int_{-\frac{\pi}{2}}^{+\frac{\pi}{2}} P_2 g'\cos\psi'\,d\psi', \\ &\ldots\ldots\ldots\ldots\ldots\ldots\ldots\ldots, \end{aligned}\right.$$

où P_2, P_3, ... désignent les fonctions de Legendre et g' la pesanteur au point dont les coordonnées sont λ' et ψ'. Connaissant le développement de g, on pourrait remonter à celui de r. Malheureusement, on est loin d'avoir pour le pendule des stations assez nombreuses et assez bien distribuées sur le globe pour pouvoir opérer comme on vient de le dire.

Avant de quitter ces considérations générales, nous ferons remarquer la liaison nécessaire entre la figure du géoïde et l'intensité de la pesanteur à sa surface. Il est impossible qu'il y ait sur les océans un excès de pesanteur, sans que leur surface présente des anomalies correspondantes. On a

$$P_2 = \frac{9}{4}\left(\sin^2\psi - \frac{1}{3}\right)\left(\sin^2\psi' - \frac{1}{3}\right) + 3\cos\psi\cos\psi'\sin\psi\sin\psi'\cos(\lambda - \lambda')$$
$$+ \frac{3}{4}\cos^2\psi\cos^2\psi'\cos 2(\lambda - \lambda').$$

On en conclut que g est de la forme

$$g = G\left[1 + n\left(\sin^2\psi - \frac{1}{3}\right) + \ldots\right], \tag{19}$$

et que l'on a

$$nG = \frac{45}{16\pi}\int_0^{2\pi} d\lambda' \int_{-\frac{\pi}{2}}^{+\frac{\pi}{2}} g'\left(\sin^2\psi' - \frac{1}{3}\right)\cos\psi'\,d\psi'. \tag{20}$$

On a écrit dans l'expression (19) de g seulement les fonctions sphériques du second ordre, en y supprimant même tout ce qui dépend de la longitude. Le coefficient n de $\sin^2\psi$ a la signification précise indiquée plus haut; on admet que la condensation ne l'a pas altéré d'une manière sensible.

On prend donc finalement

$$g = x + y\sin^2\psi, \qquad x = G\left(1 - \frac{1}{3}n\right), \qquad y = nG,$$

comme une formule d'interpolation, et l'on calcule x et y par la méthode des moindres carrés, en partant des équations que l'on déduit de la formule en y remplaçant g successivement par les intensités g', g'', ... mesurées aux latitudes ψ', ψ'', ... Mais, sur les îles, l'influence des termes laissés de côté est sensible; il en résulte qu'on obtiendra des résultats différents suivant que l'on prendra un nombre plus ou moins grand de stations insulaires. M. Helmert s'est décidé à n'employer que les stations continentales et celles des côtes; il a trouvé que les îles sont trop irrégulièrement distribuées et que les réductions de condensation sont trop incertaines. Il a montré, du reste, en partant de la relation (20), que cette manière de procéder est justifiée par ce fait que, pour chaque degré de latitude, la somme des rapports de la surface des continents à celle des mers, dans les deux hémisphères, est à peu près la même.

Voici le résultat des calculs numériques :

$$y = 0{,}005\,193,$$

$$l = 0^{m},990\,918\,(1 + 0{,}005\,310 \sin^2\psi),$$

$$g = 9^{m},7800\quad(1 + 0{,}005\,310 \sin^2\psi).$$

On a donc $n = 0{,}005310$ (ou plutôt $0{,}005301$, en calculant rigoureusement); la relation

$$n = \frac{5}{2}\varphi - e_1$$

donne ensuite $e_1 = \frac{1}{297{,}8}$. Par un calcul plus complet et en tenant compte d'un terme du second ordre en $\sin^2\psi$ dans l'expression de g, l'auteur arrive à trouver pour l'aplatissement la fraction $\frac{1}{299{,}26 \pm 1{,}26}$, à laquelle il s'arrête.

On peut voir par ce qui précède combien la détermination de la figure de la Terre devient délicate et difficile, soit qu'on parte des opérations géodésiques ou des mesures du pendule, quand on veut tenir compte des irrégularités de la surface et de la croûte terrestre. Le lecteur curieux d'approfondir ce sujet consultera avec fruit un important Mémoire de M. G. Stokes, *On the variation of gravity at the surface of the Earth* (*Transactions of the Cambridge Philosophical Society*, t. VIII). Si la théorie du pendule au point de vue de l'attraction laisse encore à désirer, il ne faut pas oublier non plus que les observations elles-mêmes sont délicates et sujettes à des causes d'erreur qu'il n'est pas toujours facile d'évaluer exactement. Dans ces dernières années, des progrès ont été réalisés dans les appareils, notamment par M. le commandant Defforges. Il est à souhaiter qu'on mette à profit ces améliorations pour faire de nouvelles mesures de l'intensité de la pesanteur en un grand nombre de stations convenablement choisies.

166. **Détermination de l'aplatissement de la Terre à l'aide des observations de la Lune.** — La Terre, par suite de l'aplatissement de ses couches de niveau, n'attire pas la Lune comme si toute sa masse était réunie à son centre de gravité. Il doit donc en résulter dans le mouvement de la Lune des perturbations que nous apprendrons à calculer dans le tome III. Leur détermination analytique a été faite à plusieurs reprises, notamment par Laplace et Hansen; M. Hill a traité ce sujet avec les plus grands détails dans son Mémoire intitulé : *Lunar inequalities due to the ellipticity of the Earth* (Washington, 1884). Le

nombre des inégalités qu'il a mises en évidence est considérable; toutefois elles sont très petites, sauf deux, dans la longitude L et dans la latitude Λ. Si, dans les coefficients de ces deux inégalités, on remplace les éléments par leurs valeurs numériques, on trouve

$$\delta L = +6540'' \frac{A-C}{Mb^2} \sin D,$$

$$\delta \Lambda = -7439'' \frac{A-C}{Mb^2} \sin D'.$$

A et C désignent les moments d'inertie de la Terre par rapport à son axe de rotation et à un axe situé dans le plan de l'équateur; b représente le rayon équatorial et M la masse de la Terre; D est la longitude moyenne du nœud ascendant de l'orbite lunaire, comptée à partir de l'équinoxe mobile, et D' la longitude moyenne de la Lune comptée du même équinoxe. On voit que δL aura une période très longue, $18\frac{2}{3}$ ans; la période de $\delta\Lambda$ est beaucoup plus courte : c'est un mois lunaire.

On a vu (n° 102) que, sans connaître la loi de variation de la densité à l'intérieur de la Terre, en supposant seulement que les surfaces de niveau soient des ellipsoïdes de révolution et que la densité aille en croissant de la surface au centre, on peut écrire la relation

$$\frac{A-C}{Mb^2} = \frac{2\varepsilon-\varphi}{3},$$

où ε et φ ont la signification antérieure.

Hansen a montré que l'action des planètes sur la Terre et la Lune produit deux inégalités ayant les mêmes arguments D et D' et dont les coefficients sont égaux respectivement à $-0'',061$ et $-0'',240$. On aura donc finalement

$$(1)\quad \begin{cases} \delta L = \left[4360''\left(\varepsilon-\frac{1}{2}\varphi\right)-0'',061\right]\sin D, \\ \delta\Lambda = -\left[4959''\left(\varepsilon-\frac{1}{2}\varphi\right)+0'',240\right]\sin D'. \end{cases}$$

Si donc on peut déterminer par les observations de la Lune les coefficients de $\sin D$ et de $\sin D'$ dans δL et $\delta\Lambda$, on en conclura ε. Ces coefficients sont presque égaux; il semble que $\delta\Lambda$ soit plus facile à déterminer que δL, au moins parce que les circonstances favorables se présentent plus fréquemment à cause de la période qui est plus courte; Hansen a trouvé le coefficient de $\sin D' = 8'',382$. On en conclut

$$8,382 = 0,240 + 4959\left(\varepsilon-\frac{1}{2}\varphi\right);$$

d'où, à cause de $\varphi = 0{,}003468$,

$$\varepsilon = \frac{b-a}{a} = \frac{1}{296{,}2}, \qquad \frac{b-a}{b} = \frac{1}{297{,}2}.$$

M. Helmert, dans le tome II de son Traité, page 473, s'arrête à la valeur $\frac{1}{297{,}8 \pm 2{,}2}$ de l'aplatissement, comme résultant des observations de la Lune.

M. Faye donne (*Cours d'Astronomie*, t. II, p. 316) 8″,59 comme valeur du coefficient de sin D′ conclue des observations de Greenwich. Cela conduirait à

$$\varepsilon = \frac{1}{292{,}6}, \qquad \frac{b-a}{b} = \frac{1}{293{,}6}.$$

La différence de 0″,2 entre les deux valeurs attribuées ci-dessus au coefficient de sin D′ prouve que la détermination de cette inconnue, en partant des observations de la Lune, est une chose délicate. On peut cependant espérer d'obtenir avec le temps une approximation satisfaisante. La méthode présente cet avantage qu'elle donnera l'aplatissement moyen, tandis que nos opérations géodésiques n'embrassent jusqu'ici que des régions limitées, situées toutes, sauf une, dans l'hémisphère boréal.

167. **Réflexions générales et conclusions.** — L'examen des valeurs obtenues pour l'aplatissement de la Terre par diverses méthodes et avec des données numériques de sources différentes montre qu'on n'en est pas encore arrivé au point de pouvoir affirmer que l'aplatissement $\frac{1}{293{,}5}$ de M. Clarke doit être préféré à l'une des valeurs $\frac{1}{299{,}26}$, $\frac{1}{297{,}8}$ auxquelles est parvenu M. Helmert. On remarquera d'ailleurs que les erreurs probables des dénominateurs de ces dernières sont de 1 ou de 2 unités. La théorie de Clairaut néglige du reste les quantités du second ordre et ne permet pas de distinguer entre l'ellipticité et l'aplatissement, de sorte qu'on ne peut pas prétendre à déterminer le dénominateur en question à moins d'une unité près (1).

Il s'agirait donc de savoir si l'aplatissement $\frac{1}{298}$ ou $\frac{1}{299}$ doit, dès à présent, être remplacé par $\frac{1}{293}$ ou $\frac{1}{294}$. Nous ne pensons pas que la chose puisse être regardée comme démontrée. Cela entraînerait, comme on l'a vu, des consé-

(1) M. O. Callandreau a étendu la théorie de Clairaut, en tenant compte des termes du carré de l'aplatissement, dans un important Mémoire : *Sur la théorie de la figure des planètes* (*Annales de l'Observatoire de Paris*, t. XIX).

quences assez graves, car il y aurait contradiction entre l'aplatissement $\frac{1}{293}$ et la valeur numérique de la constante $\frac{A-C}{A}$ fournie par la théorie de la précession. Il n'en est plus ainsi quand on adopte $\frac{1}{297}$ ou un aplatissement plus petit. M. Roche, regardant la contradiction comme bien établie, en avait conclu que l'intérieur de la Terre doit être solide (*Mémoire sur l'état intérieur du globe terrestre*, Paris, 1881). Cette conclusion, qui serait d'une importance capitale pour la Géologie, ne peut donc pas encore être considérée comme certaine. Nous reviendrons plus loin sur ce sujet.

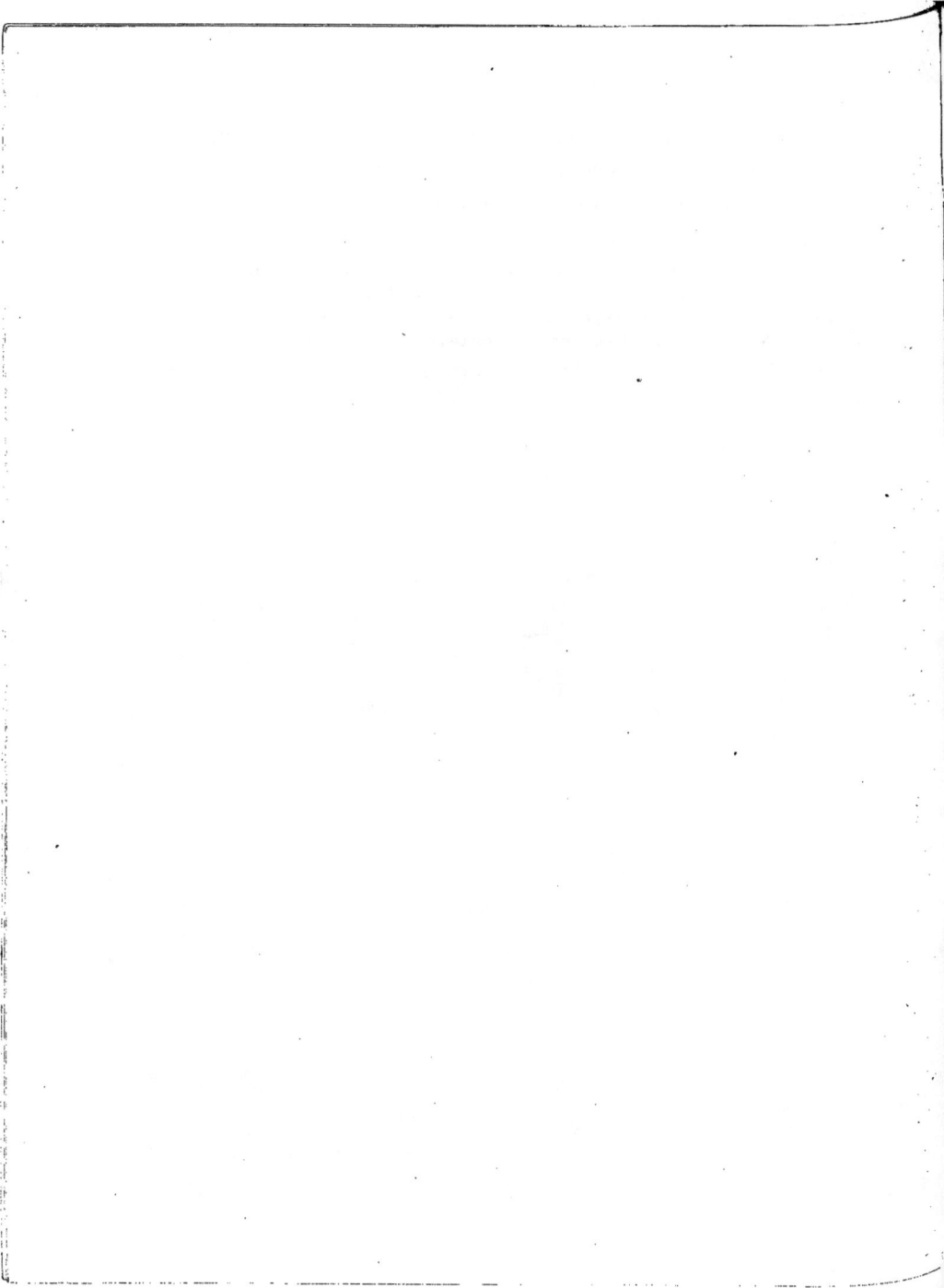

MOUVEMENT DE ROTATION DES CORPS CÉLESTES.

CHAPITRE XXII.

ÉQUATIONS DIFFÉRENTIELLES DU MOUVEMENT DE ROTATION DE LA TERRE.

168. **Considérations générales sur le mouvement de rotation de la Terre.** — Nous supposons que la Terre peut être assimilée à un corps solide; nous ferons donc abstraction, pour le moment du moins, des déplacements relatifs possibles de la masse fluide intérieure par rapport à l'écorce terrestre et aussi des déplacements relatifs des mers. Le mouvement de la Terre sera considéré comme résultant de deux autres : le mouvement du centre de gravité et le mouvement relatif autour de ce centre. Ces mouvements sont la conséquence des impulsions initiales et des forces d'attraction qui, d'après la loi de Newton, sollicitent chacune des molécules de la Terre vers chacune des molécules du Soleil, de la Lune et des planètes. Dans l'étude du second mouvement, les seules influences sensibles sont, comme nous le montrerons, celles du Soleil et de la Lune.

Si la Terre était composée de couches sphériques concentriques et homogènes, les résultantes des attractions du Soleil et de la Lune seraient des forces passant par le centre de gravité, et le mouvement de la Terre autour de ce point consisterait en une rotation uniforme autour d'un axe de direction invariable, fixe à l'intérieur. Mais la Terre est aplatie, et le problème est assez complexe. On sait d'abord que les équations différentielles du mouvement autour du centre de gravité O sont les mêmes que si ce point était fixe. Il s'agit de former ces équations.

Nous menons trois axes de directions invariables OX, OY, OZ; le plan XOY sera parallèle au plan de l'écliptique d'une certaine époque et OX dirigé vers l'équinoxe de cette époque. Considérons d'abord la Terre comme formée de points matériels séparés les uns des autres. Les conditions de liaison provenant de la solidité sont que les distances mutuelles des divers points sont invariables. On tient compte de ces conditions comme il suit : on considère un second système d'axes rectangulaires Ox_1, Oy_1, Oz_1 liés invariablement à la Terre. Soient x, y, z, x_1, y_1, z_1 les coordonnées de l'un des points matériels M dans les deux systèmes. On pourra passer des unes aux autres par les formules connues

$$(1) \qquad \left\{ \begin{aligned} x &= a\,x_1 + b\,y_1 + c\,z_1, \\ y &= a'\,x_1 + b'\,y_1 + c'\,z_1, \\ z &= a''\,x_1 + b''\,y_1 + c''\,z_1; \end{aligned} \right.$$

x_1, y_1, z_1 restent invariables pendant toute la durée du mouvement, quand on considère un même point M. Les neuf cosinus a, b, ... sont des fonctions du temps qu'il s'agit de trouver. Quand on les aura obtenues, les formules (1) feront connaître les coordonnées des divers points du corps rapportées aux axes OX, OY, OZ. On sait que ces cosinus sont liés par six relations distinctes. Il est commode de les exprimer à l'aide de trois variables : nous adopterons les trois angles d'Euler.

169. **Angles d'Euler**. — Traçons une sphère de rayon 1 ayant son centre en O; sa surface est percée par les parties positives des axes aux points X, Y, Z, x_1, y_1, z_1 (*fig.* 26). Considérons un mobile en mouvement sur l'arc de grand

Fig. 26.

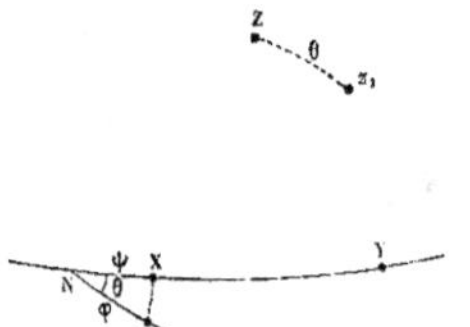

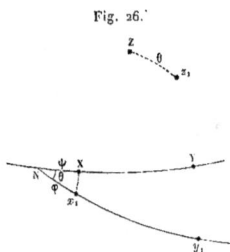

cercle $x_1 y_1$ dans le sens $x_1 y_1$; ce mobile traversera le grand cercle XY au point N quand il passera de l'hémisphère XYZ dans l'hémisphère opposé XYZ_1 (Z_1 désignant le point diamétralement opposé à Z). Le point N est le *nœud descendant* du grand cercle $x_1 y_1$ par rapport à XY.

On pose

$$XN = \psi,$$

et cet angle, qui est compté à partir de X en sens inverse de XY, jusqu'au point N, peut être compris entre o et 2π. Lorsque le mobile passe en N, la direction de son mouvement fait, avec la tangente en N à l'arc NX, un angle θ qui est évidemment compris entre o et π. Sur la figure, on a

$$\theta = XNx_1 = Zz_1.$$

On pose enfin

$$Nx_1 = \varphi;$$

cet angle se compte à partir du point N, dans le sens du mouvement du mobile considéré plus haut, jusqu'au point x_1; φ est compris entre o et 2π. Les trois angles d'Euler sont φ, θ, ψ. Nous allons exprimer les neuf cosinus en fonction de φ, θ, ψ. Il suffira d'appliquer la formule fondamentale de la Trigonométrie sphérique à chacun des huit triangles

$$XNx_1,\quad XNy_1,\quad XNz_1;\qquad YNx_1,\quad YNy_1,\quad YNz_1;\qquad ZNx_1,\quad ZNy_1.$$

On trouve ainsi ([1])

$$(2)\qquad \left\{\begin{aligned}
a &= \cos\psi\cos\varphi + \sin\psi\sin\varphi\cos\theta,\\
a' &= -\sin\psi\cos\varphi + \cos\psi\sin\varphi\cos\theta,\\
a'' &= -\sin\varphi\sin\theta;\\
b &= -\cos\psi\sin\varphi + \sin\psi\cos\varphi\cos\theta,\\
b' &= \sin\psi\sin\varphi + \cos\psi\cos\varphi\cos\theta,\\
b'' &= -\cos\varphi\sin\theta;\\
c &= \sin\psi\sin\theta,\\
c' &= \cos\psi\sin\theta,\\
c'' &= \cos\theta.
\end{aligned}\right.$$

Il faudrait trouver φ, ψ, θ en fonction de t.

170. **Variables auxiliaires.** — On a vu en Cinématique que le mouvement d'un corps assujetti à tourner autour d'un point fixe O consiste à chaque instant en une rotation autour d'un axe instantané OI passant par ce point. Soit ω la vitesse de cette rotation à l'époque t; on porte sur OI, dans un sens déterminé une fois pour toutes, suivant le sens de la rotation, une longueur $OI = \omega$; les projections du point I sur les axes Ox_1, Oy_1, Oz_1 sont les trois variables auxi-

([1]) Pour passer de ce système à un autre, qui est employé dans quelques Traités de Mécanique, il faut remplacer ψ et θ par $-\psi$ et $-\theta$; l'oubli de cette précaution a entraîné plus d'une erreur.

liaires qu'il y a lieu d'introduire; on les représente par p, q, r. Si l'on décompose la rotation ω en trois autres s'effectuant suivant les axes Ox_1, Oy_1, Oz_1, les vitesses de ces rotations composantes seront précisément égales à p, q, r. Les quantités p, q, r sont liées aux variables φ, θ, ψ et à leurs dérivées par les relations suivantes (*voir* le *Traité de Mécanique* de Poisson ou celui de M. Despeyrous) :

$$(3)\quad \begin{cases} p = \psi' \sin\theta \sin\varphi - \theta' \cos\varphi, & \psi' = \dfrac{d\psi}{dt}, \\ q = \psi' \sin\theta \cos\varphi + \theta' \sin\varphi, & \varphi' = \dfrac{d\varphi}{dt}, \\ r = \varphi' - \psi' \cos\theta, & \theta' = \dfrac{d\theta}{dt}. \end{cases}$$

Les quantités p, q, r jouent un rôle important; elles permettent d'abord d'exprimer la vitesse angulaire et les cosinus directeurs de l'axe instantané :

$$(4)\quad \begin{cases} \cos(x_1\,\mathrm{OI}) = \dfrac{p}{\sqrt{p^2+q^2+r^2}}, \\ \cos(y_1\,\mathrm{OI}) = \dfrac{q}{\sqrt{p^2+q^2+r^2}}, \\ \cos(z_1\,\mathrm{OI}) = \dfrac{r}{\sqrt{p^2+q^2+r^2}}, \\ \omega = \sqrt{p^2+q^2+r^2}. \end{cases}$$

On peut ensuite s'en servir pour exprimer la force vive du corps

$$2\mathrm{T} = \sum m\left[\left(\frac{dx}{dt}\right)^2 + \left(\frac{dy}{dt}\right)^2 + \left(\frac{dz}{dt}\right)^2\right].$$

Si les axes Ox_1, Oy_1, Oz_1 sont les axes principaux d'inertie du point O et A, B, C les moments d'inertie principaux, c'est-à-dire si l'on a

$$\sum m y_1 z_1 = 0, \qquad \sum m z_1 x_1 = 0, \qquad \sum m x_1 y_1 = 0,$$
$$\sum m(y_1^2 + z_1^2) = \mathrm{A}, \qquad \sum m(z_1^2 + x_1^2) = \mathrm{B}, \qquad \sum m(x_1^2 + y_1^2) = \mathrm{C},$$

on démontre que l'on a simplement

$$(5)\quad 2\mathrm{T} = \mathrm{A}p^2 + \mathrm{B}q^2 + \mathrm{C}r^2.$$

Si, par le point O, on mène une droite égale et parallèle à la quantité de mouvement du point M, mais de sens contraire, on obtient un couple. Il y en aura autant que de points M; tous ces couples se composent en un seul, le *couple résultant des quantités de mouvement*. Soit OG l'axe de ce couple en grandeur et en direction; on a

(6)
$$\left\{\begin{aligned} \cos(x_1 \mathrm{OG}) &= \frac{\mathrm{A}p}{\sqrt{\mathrm{A}^2p^2+\mathrm{B}^2q^2+\mathrm{C}^2r^2}}, \\ \cos(y_1 \mathrm{OG}) &= \frac{\mathrm{B}q}{\sqrt{\mathrm{A}^2p^2+\mathrm{B}^2q^2+\mathrm{C}^2r^2}}, \\ \cos(z_1 \mathrm{OG}) &= \frac{\mathrm{C}r}{\sqrt{\mathrm{A}^2p^2+\mathrm{B}^2q^2+\mathrm{C}^2r^2}}, \\ \mathrm{G} &= \sqrt{\mathrm{A}^2p^2+\mathrm{B}^2q^2+\mathrm{C}^2r^2}. \end{aligned}\right.$$

Il est facile de calculer l'angle de l'axe instantané et de l'axe du couple résultant. On tire, en effet, des formules (4) et (6)

(7)
$$\left\{\begin{aligned} \cos(\mathrm{GOI}) &= \frac{\mathrm{A}p^2+\mathrm{B}q^2+\mathrm{C}r^2}{\sqrt{p^2+q^2+r^2}\sqrt{\mathrm{A}^2p^2+\mathrm{B}^2q^2+\mathrm{C}^2r^2}}, \\ \sin^2(\mathrm{GOI}) &= \frac{(\mathrm{C}-\mathrm{B})^2q^2r^2+(\mathrm{A}-\mathrm{C})^2r^2p^2+(\mathrm{B}-\mathrm{A})^2p^2q^2}{(p^2+q^2+r^2)(\mathrm{A}^2p^2+\mathrm{B}^2q^2+\mathrm{C}^2r^2)}. \end{aligned}\right.$$

171. Équations de Lagrange. — Les formules (3) et (5) donnent T exprimé en fonction des trois variables φ, θ, ψ et de leurs dérivées φ', θ', ψ'. On remarquera que φ, θ, ψ remplacent ici les variables indépendantes q_1, q_2, ... du n° 3 (t. I, Introduction). Les liaisons sont exprimées par les équations (1); elles sont indépendantes du temps. Soit U la fonction des forces; les formules de Lagrange deviennent ici

(8)
$$\left\{\begin{aligned} \frac{d}{dt}\left(\frac{\partial \mathrm{T}}{\partial \varphi'}\right) - \frac{\partial \mathrm{T}}{\partial \varphi} &= \frac{\partial \mathrm{U}}{\partial \varphi}, \\ \frac{d}{dt}\left(\frac{\partial \mathrm{T}}{\partial \theta'}\right) - \frac{\partial \mathrm{T}}{\partial \theta} &= \frac{\partial \mathrm{U}}{\partial \theta}, \\ \frac{d}{dt}\left(\frac{\partial \mathrm{T}}{\partial \psi'}\right) - \frac{\partial \mathrm{T}}{\partial \psi} &= \frac{\partial \mathrm{U}}{\partial \psi}. \end{aligned}\right.$$

Les relations (3) et (5) donnent

$$\begin{aligned} \frac{\partial \mathrm{T}}{\partial \varphi'} &= \mathrm{C}r, \\ \frac{\partial \mathrm{T}}{\partial \theta'} &= -\mathrm{A}p\cos\varphi + \mathrm{B}q\sin\varphi, \\ \frac{\partial \mathrm{T}}{\partial \psi'} &= \sin\theta(\mathrm{A}p\sin\varphi + \mathrm{B}q\cos\varphi) - \mathrm{C}r\cos\theta, \\ \frac{\partial \mathrm{T}}{\partial \varphi} &= (\mathrm{A}p\cos\varphi - \mathrm{B}q\sin\varphi)\sin\theta\frac{d\psi}{dt} + (\mathrm{A}p\sin\varphi + \mathrm{B}q\cos\varphi)\frac{d\theta}{dt}, \\ \frac{\partial \mathrm{T}}{\partial \theta} &= [\cos\theta(\mathrm{A}p\sin\varphi + \mathrm{B}q\cos\varphi) + \mathrm{C}r\sin\theta]\frac{d\psi}{dt}, \\ \frac{\partial \mathrm{T}}{\partial \psi} &= 0. \end{aligned}$$

Il n'y a plus qu'à porter ces expressions dans les formules (8). La première devient

$$C\frac{dr}{dt} + Bq\left(\sin\varphi\sin\theta\frac{d\psi}{dt} - \cos\varphi\frac{d\theta}{dt}\right) - Ap\left(\cos\varphi\sin\theta\frac{d\psi}{dt} + \sin\varphi\frac{d\theta}{dt}\right) = \frac{\partial U}{\partial\varphi}$$

ou bien, en ayant égard aux relations (3),

$$(9) \qquad C\frac{dr}{dt} + (B - A)pq = \frac{\partial U}{\partial\varphi}.$$

La seconde des formules (8) donne ensuite

$$-A\cos\varphi\frac{dp}{dt} + B\sin\varphi\frac{dq}{dt} + \frac{d\varphi}{dt}(Ap\sin\varphi + Bq\cos\varphi)$$
$$-\frac{d\psi}{dt}[(Ap\sin\varphi + Bq\cos\varphi)\cos\theta + Cr\sin\theta] = \frac{\partial U}{\partial\theta},$$

ou bien, en remplaçant $\frac{d\varphi}{dt}$ et $\frac{d\psi}{dt}$ par leurs valeurs tirées des formules (3),

$$(10) \qquad -A\cos\varphi\frac{dp}{dt} + B\sin\varphi\frac{dq}{dt} + (A - C)rp\sin\varphi + (B - C)rq\cos\varphi = \frac{\partial U}{\partial\theta}.$$

La troisième des formules (8) donné de même

$$A\sin\theta\sin\varphi\frac{dp}{dt} + B\sin\theta\cos\varphi\frac{dq}{dt} - C\cos\theta\frac{dr}{dt}$$
$$+\frac{d\varphi}{dt}(Ap\sin\theta\cos\varphi - Bq\sin\theta\sin\varphi)$$
$$+\frac{d\theta}{dt}(Ap\cos\theta\sin\varphi + Bq\cos\theta\cos\varphi + Cr\sin\theta) = \frac{dU}{d\psi}$$

ou bien, en remplaçant $\frac{d\varphi}{dt}$, $\frac{d\theta}{dt}$ et $\frac{dr}{dt}$ par leurs valeurs tirées des formules (3) et (9),

$$(11) \qquad \left\{\begin{aligned} &A\sin\varphi\frac{dp}{dt} + B\cos\varphi\frac{dq}{dt} \\ &\qquad + (A - C)rp\cos\varphi - (B - C)rq\sin\varphi = \frac{1}{\sin\theta}\left(\frac{\partial U}{\partial\psi} + \cos\theta\frac{\partial U}{\partial\varphi}\right). \end{aligned}\right.$$

Il n'y a plus qu'à résoudre les équations (10) et (11) par rapport à $\frac{dp}{dt}$ et $\frac{dq}{dt}$; on trouve ainsi les équations suivantes, que nous avons fait suivre de la formule (9),

$$(12)\quad \begin{cases} A\dfrac{dp}{dt}+(C-B)qr=\dfrac{\sin\varphi}{\sin\theta}\left(\dfrac{\partial U}{d\psi}+\cos\theta\dfrac{\partial U}{d\varphi}\right)-\cos\varphi\dfrac{\partial U}{d\theta},\\ B\dfrac{dq}{dt}+(A-C)rp=\dfrac{\cos\varphi}{\sin\theta}\left(\dfrac{\partial U}{\partial\psi}+\cos\theta\dfrac{\partial U}{\partial\varphi}\right)+\sin\varphi\dfrac{\partial U}{\partial\theta},\\ C\dfrac{dr}{\partial t}+(B-A)pq=\dfrac{\partial U}{\partial\varphi}. \end{cases}$$

Ce sont les *trois équations d'Euler*, dans lesquelles les sommes des moments des forces extérieures par rapport aux axes principaux ont été exprimées à l'aide de φ, θ, ψ et des dérivées partielles $\dfrac{\partial U}{d\varphi}$, $\dfrac{\partial U}{d\theta}$, $\dfrac{\partial U}{\partial\psi}$.

U est une fonction de φ, θ, ψ et de t, que nous apprendrons bientôt à former. Les formules (3) et (12) constituent un système de six équations différentielles simultanées du premier ordre aux inconnues φ, θ, ψ, p, q, r. On ne peut évidemment pas songer à une intégration rigoureuse. On va déterminer une valeur très approchée de U en ayant égard à cette double circonstance favorable : d'une part, le rayon moyen de la Terre est petit par rapport aux distances qui la séparent de la Lune et du Soleil; d'autre part, les surfaces de niveau de la Terre sont peu éloignées de la forme sphérique.

172. De la fonction des forces U. — Soit $d\mu$ la masse d'une molécule M_1 du Soleil ou de la Lune, Δ sa distance au point M; la fonction des forces a pour expression $\sum \dfrac{fm\,d\mu}{\Delta}$, où le signe $\sum$ doit s'étendre à tous les points M et à tous les éléments $d\mu$ du Soleil ou de la Lune. Si les points M forment la masse continue de la Terre, le $\sum$ se change en une intégrale sextuple; il vient, en mettant dm au lieu de m,

$$U=f\int\int\frac{dm\,d\mu}{\Delta}.$$

En laissant le point M_1 fixe et faisant occuper à M toutes les positions à l'intérieur de la Terre, on a (t. I, p. 61)

$$\int\frac{dm}{\Delta}=\frac{M}{\Delta_1}+\frac{A+B+C-3I}{2\Delta_1^3}+\ldots,$$

où M désigne la masse de la Terre, Δ_1 la distance OM_1, A, B, C les moments d'inertie principaux de la Terre au point O, et I le moment d'inertie de la Terre par rapport à la droite OM_1. Les termes non écrits sont très petits pour deux raisons : d'abord parce que les dimensions de la Terre sont petites par rapport aux distances qui séparent son centre de gravité des divers éléments du Soleil et de la Lune, ensuite parce que les surfaces de niveau de la Terre sont peu aplaties. On peut même, dans le terme $\frac{A+B+C-3I}{2\Delta_1^3}$, remplacer I par le moment d'inertie de la Terre par rapport à la droite OO_1 et Δ_1 par ρ, en désignant par O_1 le centre de gravité du Soleil ou de la Lune, et faisant $OO_1=\rho$. On aura donc

$$\int\frac{dm}{\Delta}=\frac{M}{\Delta_1}+\frac{A+B+C-3I}{2\rho^3}$$

et, par suite,

$$U=fM\int\frac{d\mu}{\Delta_1}+f\frac{A+B+C-3I}{2\rho^3}\int d\mu.$$

Soit M_1 la masse du Soleil; on aura $\int d\mu=M_1$. L'intégrale $\int\frac{d\mu}{\Delta_1}$ est indépendante de φ, θ, ψ et disparaîtra des seconds membres des équations (12) qui ne contiennent que les dérivées partielles $\frac{\partial U}{\partial\varphi}$, $\frac{\partial U}{\partial\theta}$ et $\frac{\partial U}{\partial\psi}$. On peut donc se borner à

$$(13)\qquad U=fM_1\frac{A+B+C-3I}{2\rho^3}.$$

Soient ξ_1, η_1, ζ_1 les coordonnées du point O_1 par rapport aux axes Ox_1, Oy_1, Oz_1, qui sont des axes principaux d'inertie pour le point O. Un théorème connu donne

$$I=A\left(\frac{\xi_1}{\rho}\right)^2+B\left(\frac{\eta_1}{\rho}\right)^2+C\left(\frac{\zeta_1}{\rho}\right)^2.$$

On a d'ailleurs

$$\zeta_1^2=\rho^2-\xi_1^2-\eta_1^2,$$

et la formule (13) devient, en laissant encore de côté des termes indépendants de φ, θ, ψ,

$$U=\frac{3}{2}fM_1\frac{(C-A)\xi_1^2+(C-B)\eta_1^2}{\rho^5}.$$

Il faut ajouter un terme semblable pour tenir compte de l'action de la Lune. Nous représenterons par M'_1 la masse de la Lune, par ρ' la distance de son centre de gravité O'_1 à celui de la Terre et par ξ'_1 et η'_1 les coordonnées de O'_1 rapportées aux axes Ox_1, Oy_1. Nous aurons ainsi

$$(14)\qquad U=\frac{3}{2}fM_1\frac{(C-A)\xi_1^2+(C-B)\eta_1^2}{\rho^5}+\frac{3}{2}fM'_1\frac{(C-A)\xi_1'^2+(C-B)\eta_1'^2}{\rho'^5}.$$

Il convient de voir comment cette expression approchée de U dépend de φ, θ et ψ. Soient ξ, η, ζ les coordonnées de O_1 par rapport aux axes OX, OY, OZ;

les formules de transformation (1) donneront

$$\xi_1 = a\xi + a'\eta + a''\zeta,$$
$$\eta_1 = b\xi + b'\eta + b''\zeta,$$
$$\zeta_1 = c\xi + c'\eta + c''\zeta;$$

ξ, η, ζ sont des fonctions de t; φ, θ et ψ ne seront introduits que par les neuf cosinus a, b, ... Les formules (2) donnent d'ailleurs

$$\frac{\partial a}{\partial \varphi} = b, \qquad \frac{\partial a'}{\partial \varphi} = b', \qquad \frac{\partial a''}{\partial \varphi} = b'',$$
$$\frac{\partial b}{\partial \varphi} = -a, \qquad \frac{\partial b'}{\partial \varphi} = -a', \qquad \frac{\partial b''}{\partial \varphi} = -a'';$$

il en résulte

$$\frac{\partial \xi_1}{\partial \varphi} = b\xi + b'\eta + b''\zeta = \eta_1,$$
$$\frac{\partial \eta_1}{\partial \varphi} = -(a\xi + a'\eta + a''\zeta) = -\xi_1;$$

la formule (14) donnera donc

$$\frac{\partial U}{\partial \varphi} = 3fM_1(B - A)\frac{\xi_1\eta_1}{\rho^5} + 3fM'_1(B - A)\frac{\xi'_1\eta'_1}{\rho'^5},$$

et la dernière des équations (12) pourra s'écrire

$$C\frac{dr}{dt} + (B - A)pq = 3f(B - A)\left(M_1\frac{\xi_1\eta_1}{\rho^5} + M'_1\frac{\xi'_1\eta'_1}{\rho'^5}\right).$$

Cette équation en donne deux autres analogues par raison de symétrie, et l'on voit que, avec la valeur approchée de U, les formules (12) peuvent être remplacées par les suivantes :

$$(15) \quad \begin{cases} A\dfrac{dp}{dt} + (C - B)qr = 3f(C - B)\left(M_1\dfrac{\eta_1\zeta_1}{\rho^5} + M'_1\dfrac{\eta'_1\zeta'_1}{\rho'^5}\right), \\ B\dfrac{dq}{dt} + (A - C)rp = 3f(A - C)\left(M_1\dfrac{\zeta_1\xi_1}{\rho^5} + M'_1\dfrac{\zeta'_1\xi'_1}{\rho'^5}\right), \\ C\dfrac{dr}{dt} + (B - A)pq = 3f(B - A)\left(M_1\dfrac{\xi_1\eta_1}{\rho^5} + M'_1\dfrac{\xi'_1\eta'_1}{\rho'^5}\right). \end{cases}$$

173. **Variables canoniques.** — Comme dans le n° 4 de l'Introduction du tome I, nous allons introduire les variables p_1, p_2, p_3 que nous désignerons par

φ_1, θ_1, ψ_1; elles remplaceront φ', θ' et ψ'. Nous aurons donc, par définition,

$$(16) \qquad \varphi_1 = \frac{\partial T}{\partial \varphi'}, \qquad \theta_1 = \frac{\partial T}{\partial \theta'}, \qquad \psi_1 = \frac{\partial T}{\partial \psi'},$$

ou bien, en nous reportant aux dernières formules de la page 375,

$$(17) \qquad \begin{cases} \varphi_1 = Cr, \\ \theta_1 = -Ap\cos\varphi + Bq\sin\varphi, \\ \psi_1 = (Ap\sin\varphi + Bq\cos\varphi)\sin\theta - Cr\cos\theta. \end{cases}$$

On en tire inversement

$$Ap = \frac{\psi_1 + \varphi_1\cos\theta}{\sin\theta}\sin\varphi - \theta_1\cos\varphi,$$

$$Bq = \frac{\psi_1 + \varphi_1\cos\theta}{\sin\theta}\cos\varphi + \theta_1\sin\varphi,$$

$$Cr = \varphi_1,$$

et l'expression (5) de la force vive devient

$$(18) \quad 2T = \frac{1}{A}\left(\frac{\psi_1 + \varphi_1\cos\theta}{\sin\theta}\sin\varphi - \theta_1\cos\varphi\right)^2 + \frac{1}{B}\left(\frac{\psi_1 + \varphi_1\cos\theta}{\sin\theta}\cos\varphi + \theta_1\sin\varphi\right)^2 + \frac{1}{C}\varphi_1^2.$$

On sait (t. I, Introduction, n° 4) que l'on aura ce système d'équations différentielles canoniques

$$(19) \qquad \begin{cases} \dfrac{d\varphi}{dt} = \dfrac{\partial\Omega}{\partial\varphi_1}, & \dfrac{d\varphi_1}{dt} = -\dfrac{\partial\Omega}{\partial\varphi}, \\ \dfrac{d\theta}{dt} = \dfrac{\partial\Omega}{\partial\theta_1}, & \dfrac{d\theta_1}{dt} = -\dfrac{\partial\Omega}{\partial\theta}, \\ \dfrac{d\psi}{dt} = \dfrac{\partial\Omega}{\partial\psi_1}, & \dfrac{d\psi_1}{dt} = -\dfrac{\partial\Omega}{\partial\psi}, \\ \Omega = T - U. \end{cases}$$

U est une fonction connue de φ, θ, ψ et de t; T est une fonction de φ, θ, ψ, φ_1, θ_1 et ψ_1 définie par la formule (18). On a ainsi un système canonique à six variables.

Cherchons à nous faire une idée de la grandeur du rapport $\frac{U}{T}$. L'observation montre que les latitudes terrestres sont invariables ou du moins que leurs variations sont extrêmement petites; or le complément de la latitude d'un lieu est l'angle que fait la verticale de ce lieu avec l'axe instantané OI. Il en faut conclure que les deux points où cet axe perce la surface de la Terre sont toujours les mêmes ou du moins à très peu près. Or on sait que, pour qu'il en soit ainsi, il faut que l'axe instantané s'écarte toujours fort peu de l'un des axes principaux d'inertie du point O. Nous appellerons Oz_1 cet axe principal. Les données acquises sur la figure et la constitution de la Terre montrent que l'on a $C > A$, et que le rapport $\frac{B-A}{C-A}$ est petit. On peut donc, pour le but actuel, faire $B = A$ dans la formule (14), et, en remplaçant $\frac{\xi_1^2+\eta_1^2}{\rho^2}$ par son maximum égal à 1, il viendra

$$U < \frac{3}{2} fM_1 \frac{C-A}{\rho^3} + \frac{3}{2} fM'_1 \frac{C-A}{\rho'^3}.$$

Or, si les orbites décrites par le Soleil et la Lune autour du point O étaient circulaires, ce qui est peu éloigné de la réalité, on aurait, en désignant par m et m' les moyens mouvements,

$$fM_1 = m^2\rho^3, \qquad fM = m'^2\rho'^3;$$

l'inégalité précédente devient ainsi

$$U < \frac{3}{2}(C-A)\left(m^2 + \frac{M'_1}{M} m'^2\right).$$

On tire maintenant des relations (4)

$$\sin^2(z_1 OI) = \frac{p^2+q^2}{\omega^2};$$

puisque l'angle $z_1 OI$ est très petit, c'est que $\frac{p}{\omega}$ et $\frac{q}{\omega}$ sont eux-mêmes très petits; r est voisin de ω, et l'expression (5) de $2T$ devient à fort peu près égale à $C\omega^2$. On aura donc

$$\frac{U}{T} < 3\frac{C-A}{C}\left(\frac{m}{\omega}\right)^2\left[1 + \frac{M'_1}{M}\left(\frac{m'}{m}\right)^2\right].$$

On a

$$\frac{m}{\omega} = \frac{1}{366}, \qquad \frac{M'_1}{M} = \frac{1}{81}, \qquad \frac{m'}{m} = 13, \qquad \frac{C-A}{C} = \frac{1}{306};$$

il en résulte

$$\frac{U}{T} < \frac{1}{4\,000\,000}.$$

Le rapport $\frac{U}{T}$ est donc très petit, et, comme on a $\Omega = T\left(1 - \frac{U}{T}\right)$, on peut chercher à intégrer les équations (19) dans une première approximation en y supposant

$$U = 0, \qquad \Omega = T.$$

Si l'on veut suivre la méthode de Hamilton-Jacobi, il faut considérer l'équation

$$\frac{\partial S}{\partial t} + T = 0,$$

y remplacer T par son expression (18), puis φ_1, θ_1 et ψ_1 respectivement par

$$(20) \qquad \varphi_1 = \frac{\partial S}{\partial \varphi}, \qquad \theta_1 = \frac{\partial S}{\partial \theta}, \qquad \psi_1 = \frac{\partial S}{\partial \psi},$$

ce qui donne

$$(21) \quad \left\{ \begin{aligned} 0 = \frac{\partial S}{\partial t} &+ \frac{1}{2A}\left[\frac{\sin\varphi}{\sin\theta}\left(\frac{\partial S}{\partial \psi} + \cos\theta\frac{\partial S}{\partial \varphi}\right) - \cos\varphi\frac{\partial S}{\partial \theta}\right]^2 \\ &+ \frac{1}{2B}\left[\frac{\cos\varphi}{\sin\theta}\left(\frac{\partial S}{\partial \psi} + \cos\theta\frac{\partial S}{\partial \varphi}\right) + \sin\varphi\frac{\partial S}{\partial \theta}\right]^2 + \frac{1}{2C}\left(\frac{\partial S}{\partial \varphi}\right)^2. \end{aligned} \right.$$

C'est une équation aux dérivées partielles du premier ordre contenant quatre variables indépendantes t, φ, θ, ψ et dont il faudrait trouver une solution S renfermant trois constantes arbitraires. La recherche directe de cette solution présente des difficultés sérieuses, et nous y arriverons bientôt en suivant une voie détournée.

CHAPITRE XXIII.

INTÉGRATION DES ÉQUATIONS DU MOUVEMENT NON TROUBLÉ. — MÉTHODE ÉLÉMENTAIRE. — MÉTHODE DE HAMILTON-JACOBI. — VARIATION DES CONSTANTES ARBITRAIRES.

Nous allons procéder d'abord, par la méthode élémentaire, à l'intégration des équations du mouvement quand on y suppose $U = 0$. Cela revient à la détermination du mouvement d'un corps solide assujetti à tourner autour d'un point fixe quand il n'y a pas de forces extérieures.

174. **Calcul de** p, q, r. — Les équations d'Euler deviennent ici

$$(1)\qquad \left\{\begin{aligned} &A\frac{dp}{dt} + (C - B)\,qr = 0,\\ &B\frac{dq}{dt} + (A - C)\,rp = 0,\\ &C\frac{dr}{dt} + (B - A)\,pq = 0; \end{aligned}\right.$$

elles forment un système séparé, distinct de celui dont dépendent φ, θ et ψ. Si on les multiplie séparément, d'abord par p, q, r, puis par Ap, Bq, Cr et qu'on les ajoute, on obtient des combinaisons intégrables qui donnent, en représentant par H et G deux constantes arbitraires,

$$(2)\qquad A\,p^2 + B\,q^2 + C\,r^2 = 2H,$$

$$(3)\qquad A^2p^2 + B^2q^2 + C^2r^2 = G^2.$$

On aurait pu écrire immédiatement ces intégrales. En effet, puisqu'il n'y a pas de forces extérieures et que le système est solide, sa force vive $2T$ est invariable; en la prenant égale à $2H$, on a la relation (2). En second lieu, l'axe du couple résultant est constant en grandeur et en direction; ses projections Ap, Bq, Cr sur les axes mobiles sont variables, mais la somme de leurs carrés doit être constante, ce qui donne la formule (3); G désigne donc le moment du couple résultant. Si l'on élimine r ou p des équations (2) et (3), il vient

$$A(C-A)p^2 + B(C-B)q^2 = 2CH - G^2, \tag{4}$$

$$B(B-A)q^2 + C(C-A)r^2 = G^2 - 2AH. \tag{5}$$

Nous avons vu que le moment C est le plus grand; on peut prendre ensuite pour axe Oy_1 celui auquel correspond le moment moyen. On aura donc

$$A < B < C,$$

et les premiers membres des équations (4) et (5) seront positifs. Il devra en être de même des seconds, ce qui entraîne les inégalités

$$2CH - G^2 > 0, \qquad G^2 - 2AH > 0, \qquad A < \frac{G^2}{2H} < C.$$

Nous poserons

$$(a)\quad \left\{ \begin{array}{l} a = \sqrt{\dfrac{C-B}{A}}, \qquad b = \sqrt{\dfrac{C-A}{B}}, \qquad c = \sqrt{\dfrac{B-A}{C}}, \\ \omega' = \sqrt{\dfrac{G^2-2AH}{C(C-A)}}, \qquad \sigma = \sqrt{\dfrac{C}{C-B}\,\dfrac{2CH-G^2}{G^2-2AH}}, \\ \text{d'où} \\ \dfrac{A}{1-b^2} = \dfrac{B}{1-a^2} = \dfrac{C}{1-a^2b^2}, \qquad c^2 = \dfrac{b^2-a^2}{1-a^2b^2}, \\ G^2 = \omega'^2(C^2 + A^2a^2\sigma^2), \qquad 2H = \omega'^2(C + Aa^2\sigma^2). \end{array} \right.$$

On verra sans peine que les équations (4) et (5) deviendront

$$\frac{p^2}{a^2} + \frac{q^2}{b^2} = \sigma^2\omega'^2,$$

$$\frac{c^2}{b^2}q^2 + r^2 = \omega'^2,$$

de sorte qu'on peut faire, en introduisant une variable auxiliaire χ,

$$p = \omega' a\sigma\cos\chi, \qquad q = \omega' b\sigma\sin\chi, \qquad r = \omega'\sqrt{1 - c^2\sigma^2\sin^2\chi}.$$

Si l'on substitue ces valeurs de p, q, r dans l'une quelconque des équations (1), on trouve

$$\frac{d\chi}{dt} = ab\omega'\sqrt{1 - c^2\sigma^2\sin^2\chi},$$

d'où, en désignant par h une constante arbitraire,

$$ab\omega'(t+h)=\int_0^\chi \frac{d\chi}{\sqrt{1-c^2\sigma^2\sin^2\chi}}.$$

Voici donc l'ensemble des formules qui donneront p, q, r et la vitesse de rotation ω en fonction de t et des trois constantes arbitraires ω', σ, h :

$$(A)\quad \begin{cases} \displaystyle\int_0^\chi \frac{d\chi}{\sqrt{1-c^2\sigma^2\sin^2\chi}} = ab\omega'(t+h), \\ p=\omega' a\sigma\cos\chi, \qquad q=\omega' b\sigma\sin\chi, \qquad r=\omega'\sqrt{1-c^2\sigma^2\sin^2\chi}, \\ \omega=\omega'\sqrt{1+a^2\sigma^2-a^2b^2c^2\sigma^2\sin^2\chi}. \end{cases}$$

On voit que les calculs conduisent à des fonctions elliptiques dont le module est $c\sigma$.

175. **Expressions de** φ, θ, ψ. — Les formules (3) du n° 170 donnent

$$(6)\quad \begin{cases} \dfrac{d\theta}{dt} = q\sin\varphi - p\cos\varphi, \\ \sin\theta\dfrac{d\psi}{dt} = p\sin\varphi + q\cos\varphi, \\ \dfrac{d\varphi}{dt} = r + \cot\theta\,(p\sin\varphi + q\cos\varphi). \end{cases}$$

Nous ne procéderons pas à l'intégration directe de ces équations. Représentons par φ_0, θ_0, ψ_0 ce que deviennent φ, θ, ψ quand on rapporte les axes mobiles, non plus aux axes fixes OX, OY, OZ, mais au *plan invariable* et à une droite déterminée de ce plan (*fig.* 27). Le plan invariable ou plan du couple

Fig. 27.

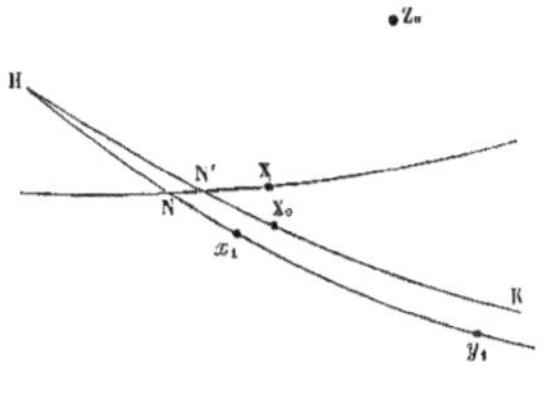

résultant coupe la sphère de rayon 1 suivant un grand cercle fixe HK. Soient Z_0 son pôle boréal, X_0 un point déterminé du grand cercle; nous aurons, par définition,

$$\psi_0 = X_0H, \qquad \varphi_0 = Hx_1, \qquad \theta_0 = N'HN.$$

Commençons par calculer les inconnues auxiliaires φ_0, θ_0, ψ_0. L'axe du couple résultant est dirigé suivant la droite OZ_0; ses projections sur Ox_1, Oy_1, Oz_1 sont égales à Ap, Bq, Cr. On aura donc

$$Ap = G\cos(Z_0, x_1), \qquad Bq = G\cos(Z_0, y_1), \qquad Cr = G\cos(Z_0, z_1);$$

ces trois cosinus sont analogues aux cosinus a'', b'', c'' du n° 169 et seront donnés par les formules (2) de ce numéro. On trouvera ainsi

$$(7) \qquad Ap = -G\sin\theta_0 \sin\varphi_0, \qquad Bq = -G\sin\theta_0\cos\varphi_0, \qquad Cr = G\cos\theta_0;$$

d'où, en ayant égard aux formules (A) et (*a*),

$$(\text{B}) \qquad \begin{cases} \sin\theta_0\sin\varphi_0 = -\dfrac{\omega' A a\sigma\cos\chi}{G}, & \sin\theta_0 = \sigma\sqrt{\dfrac{A^2a^2 + C^2c^2\sin^2\chi}{C^2 + A^2a^2\sigma^2}}, \\ \sin\theta_0\cos\varphi_0 = -\dfrac{\omega' B b\sigma\sin\chi}{G}, & \cos\theta_0 = \dfrac{\omega' C\sqrt{1 - c^2\sigma^2\sin^2\chi}}{G}; \\ \tang\varphi_0 = \dfrac{Aa}{Bb}\cot\chi. \end{cases}$$

Remarquons que, pour $t = -h$, on a $\chi = 0$, $\sin\theta_0\cos\varphi_0 = 0$, $\sin\theta_0\sin\varphi_0 < 0$; $\sin\theta_0$ étant positif, on doit prendre $\varphi_0 = -\frac{\pi}{2}$. Il nous reste à calculer ψ_0; nous partirons pour cela des formules (6) qui ont lieu encore quand on y remplace φ, θ, ψ par φ_0, θ_0, ψ_0. Nous aurons, en particulier,

$$\sin\theta_0 \frac{d\psi_0}{dt} = p\sin\varphi_0 + q\cos\varphi_0;$$

d'où, en ayant égard aux relations (7),

$$(8) \qquad \frac{d\psi_0}{dt} = -G\,\frac{Ap^2 + Bq^2}{A^2p^2 + B^2q^2}.$$

En remplaçant p et q par leurs valeurs (A), on en conclut

$$(\text{C}) \qquad \psi_0 = -\frac{G}{ab\omega'}\int_0^\chi \frac{Aa^2\cos^2\chi + Bb^2\sin^2\chi}{A^2a^2\cos^2\chi + B^2b^2\sin^2\chi}\,\frac{d\chi}{\sqrt{1 - c^2\sigma^2\sin^2\chi}}.$$

On n'a pas ajouté de constante arbitraire, ce qui revient à prendre pour X_0 la position du point H à l'époque $t = -h$. Les formules (6) donnent encore, en tenant compte des relations (7),

$$\frac{d\psi_0}{dt} - \cos\theta_0\frac{d\varphi_0}{dt} = \sin\theta_0(p\sin\varphi_0 + q\cos\varphi_0) - r\cos\theta_0 = -\frac{Ap^2 + Bq^2 + Cr^2}{G} = -\frac{2H}{G},$$

d'où cette autre expression de ψ_0

$$(C') \qquad \psi_0 = -\frac{2H}{G}(t+h) + \int_{-\frac{\pi}{2}}^{\varphi_0} \cos\theta_0 \, d\varphi_0.$$

Il nous faut maintenant faire connaître la position du plan invariable par rapport aux axes fixes OX, OY, OZ; on y arrivera en se reportant à la *fig.* 27 et posant (¹)

$$XN' = \psi', \quad XN'K = \theta' \quad \text{et aussi} \quad N'X_0 = g.$$

On aura, dans le triangle NN'H,

$$N'H = \psi_0 - g, \qquad N'N = \psi - \psi', \qquad HN = \varphi_0 - \varphi,$$
$$N'NH = 180° - \theta, \qquad N'HN = \theta_0, \qquad NN'H = \theta',$$

On en conclut, par les formules connues de la Trigonométrie sphérique,

$$(D) \quad \begin{cases} \sin\theta \sin(\psi - \psi') = \sin\theta_0 \sin(\psi_0 - g), \\ \sin\theta \cos(\psi - \psi') = \cos\theta_0 \sin\theta' + \sin\theta_0 \cos\theta' \cos(\psi_0 - g), \\ \qquad \cos\theta = \cos\theta_0 \cos\theta' - \sin\theta_0 \sin\theta' \cos(\psi_0 - g), \\ \sin\theta \sin(\varphi_0 - \varphi) = \sin\theta' \sin(\psi_0 - g), \\ \sin\theta \cos(\varphi_0 - \varphi) = \sin\theta_0 \cos\theta' + \cos\theta_0 \sin\theta' \cos(\psi_0 - g), \end{cases}$$

On déterminera ainsi sans ambiguïté θ, $\psi - \psi'$ et $\varphi_0 - \varphi$. L'enchaînement des formules (A), (B), (C) et (D) permettra donc de calculer les expressions analytiques de p, q, r, φ, θ, ψ en fonction du temps et des six constantes arbitraires ω', σ, h, g, θ', ψ'.

On sait que Jacobi a réussi le premier à obtenir, à l'aide des fonctions Θ de la théorie des fonctions elliptiques, les neuf cosinus des angles que font entre eux les deux systèmes d'axes OX, OY, OZ, Ox_1, Oy_1, Oz_1 (*Œuvres complètes*, t. II, p. 291). M. Hermite (*De quelques applications des fonctions elliptiques*, p. 23; Paris, 1885) a donné une nouvelle démonstration des formules de Jacobi en les rattachant à l'équation de Lamé, équation célèbre qui joue un rôle important dans les recherches de M. Gyldén sur les orbites intermédiaires. On peut consulter aussi les deux premiers Chapitres du tome II du *Traité des fonctions elliptiques* de M. Halphen (1888).

Je dois mentionner enfin la belle représentation géométrique du mouvement, due à Poinsot, qui est enseignée aujourd'hui dans tous les cours de Mécanique rationnelle.

(¹) Les lettres θ', φ' et ψ' ont ici une signification différente de celle qu'elles avaient dans le Chapitre précédent.

176. Intégration par la méthode de Hamilton-Jacobi. — Nous avons à considérer l'équation (21) du n° 173, dans laquelle les dérivées partielles ont les valeurs suivantes :

$$(8)\qquad \left\{\begin{aligned} &\frac{\partial S}{\partial \varphi} = \varphi_1 = Cr, \\ &\frac{\partial S}{\partial \theta} = \theta_1 = -Ap\cos\varphi + Bq\sin\varphi, \\ &\frac{\partial S}{\partial \psi} = \psi_1 = (Ap\sin\varphi + Bq\cos\varphi)\sin\theta - Cr\cos\theta. \end{aligned}\right.$$

L'équation dont il s'agit ne contenant directement ni t ni ψ, on peut faire, en désignant par H et F deux constantes arbitraires,

$$\frac{\partial S}{\partial t} = -H, \qquad \frac{\partial S}{\partial \psi} = F;$$

φ_1 et θ_1 ne contiennent plus ni t ni ψ, mais seulement φ et θ. L'équation

$$\frac{\partial S}{\partial t} + T = 0,$$

donnera $T = H$, de sorte que H est la constante qui figure dans l'intégrale (2) des forces vives. La dernière des formules (8) deviendra

$$(Ap\sin\varphi + Bq\cos\varphi)\sin\theta - Cr\cos\theta = F,$$

ce qui peut s'écrire, en se reportant aux équations (2) du n° 169,

$$Ap\cos(Z, x_1) + Bq\cos(Z, y_1) + Cr\cos(Z, z_1) = -F.$$

C'est la traduction algébrique de ce fait que la projection de l'axe du couple résultant sur l'axe Oz est constante; en somme, c'est l'une des intégrales des aires. On a les deux autres par raison de symétrie, et, en les élevant au carré et les ajoutant, on retrouve l'égalité (3). Nous obtiendrons donc cet ensemble de formules

$$(9)\qquad S = -Ht + F\psi + \int(\varphi_1\,d\varphi + \theta_1\,d\theta),$$

$$(10)\qquad \left\{\begin{aligned} &A\,p^2 + B\,q^2 + C\,r^2 = 2H, \\ &A^2p^2 + B^2q^2 + C^2r^2 = G^2, \\ &(Ap\sin\varphi + Bq\cos\varphi)\sin\theta - Cr\cos\theta = F, \\ &\varphi_1 = Cr, \\ &\theta_1 = -Ap\cos\varphi + Bq\sin\varphi. \end{aligned}\right.$$

Les relations (10) donneront p, q, r, φ_1 et θ_1 en fonction de φ, θ, F, G et H;

l'expression $\varphi_1\, d\varphi + \theta_1\, d\theta$ devra être une différentielle exacte. On aura donc ainsi la solution cherchée S, laquelle sera une fonction de t, φ, θ, ψ et des *trois* constantes arbitraires F, G, H. Le calcul direct est assez ardu; il a été effectué par M. Serret (*Mémoires de l'Académie des Sciences*, t. XXXV). Le savant géomètre n'a pas formé la fonction S elle-même, mais sa variation

$$\delta S = \frac{\partial S}{\partial F}\delta F + \frac{\partial S}{\partial G}\delta G + \frac{\partial S}{\partial H}\delta H, \tag{11}$$

dans laquelle δF, δG et δH désignent des variations infiniment petites des trois constantes. Je vais exposer la solution plus simple donnée par M. Radau (*Annales de l'École Normale supérieure*, 1re série, t. VI, 1869).

Nous introduisons d'abord dans les formules (9) et (10) les variables auxiliaires φ_0 et θ_0 au moyen des relations (7), ce qui nous donne

$$\varphi_1 = G\cos\theta_0, \qquad \theta_1 = G\sin\theta_0\sin(\varphi_0 - \varphi),$$

$$\cos\theta\cos\theta_0 + \sin\theta\sin\theta_0\cos(\varphi_0 - \varphi) = -\frac{F}{G}, \tag{12}$$

$$\sin^2\theta_0\left(\frac{\sin^2\varphi_0}{A} + \frac{\cos^2\varphi_0}{B} - \frac{1}{C}\right) = \frac{2H}{G^2} - \frac{1}{C}, \tag{13}$$

$$S = -Ht + F\psi + G\int[\cos\theta_0\, d\varphi + \sin\theta_0\sin(\varphi_0 - \varphi)\, d\theta]$$

ou encore

$$S = -Ht + F\psi + G\int\cos\theta_0\, d\varphi_0 - G\int[\cos\theta_0\, d(\varphi_0 - \varphi) - \sin\theta_0\sin(\varphi_0 - \varphi)\, d\theta]. \tag{14}$$

La formule (13) fait connaître θ_0 en fonction de φ_0; la relation (12) donne ensuite φ_0 en fonction de φ et θ. On pourra donc calculer l'intégrale $\int\cos\theta_0\, d\varphi_0$; quant à l'autre intégrale qui figure dans l'expression précédente de S, elle peut être fournie immédiatement, comme l'a montré M. Radau ([1]), par la considération du triangle sphérique HNN' de la *fig.* 27. Ce triangle donne d'abord la relation

$$\cos\theta' = \cos\theta\cos\theta_0 + \sin\theta\sin\theta_0\cos(\varphi_0 - \varphi)$$

qui, rapprochée de la formule (12), nous conduit à l'équation

$$F = -G\cos\theta'. \tag{15}$$

([1]) Nous devons mentionner aussi la solution obtenue antérieurement par Richelot (*Mémoires de l'Académie des Sciences de Berlin*, 1850).

Posons ensuite

$$HN' = \pi - \Psi_0, \qquad NN' = \Psi,$$

et recourons à cette analogie différentielle de la Trigonométrie sphérique

$$da = \sin b \sin C\, dA + \cos C\, db + \cos B\, dc;$$

nous trouverons, en remarquant que θ' est constant,

$$(16)\quad \cos\theta_0\, d(\varphi_0 - \varphi) - \sin\theta_0 \sin(\varphi_0 - \varphi)\, d\theta = -d\Psi_0 - \cos\theta'\, d\Psi = -d(\Psi_0 + \Psi\cos\theta').$$

La formule (14) devient par suite, en ayant égard à la relation (15)

$$(17)\qquad S = -Ht + (\psi - \Psi)F + G\left(\Psi_0 + \int \cos\theta_0\, d\varphi_0\right).$$

Nous prendrons, comme au n° 175, $-\frac{\pi}{2}$ pour la limite inférieure de l'intégrale $\int \cos\theta_0\, d\varphi_0$, la limite supérieure étant φ_0. Nous avons ainsi l'expression de S dans laquelle il serait facile de mettre en évidence φ, θ, ψ, soit au moyen des formules précédentes, soit à l'aide de celles que fournit le triangle NHN'. Mais il nous suffit de calculer la variation (11), δS. Nous faisons varier F, G, H sans toucher à t, φ, θ, ψ; $\cos\theta_0$ est une fonction de φ_0 et de G et H, d'après la formule (13), et nous aurons

$$\delta \int \cos\theta_0\, d\varphi_0 = \cos\theta_0\, \delta\varphi_0 + \int \delta(\cos\theta_0)\, d\varphi_0.$$

Dans le calcul de $\delta(\cos\theta_0)$, nous devrons ne pas faire varier φ_0, puisque le terme $\cos\theta_0\, \delta\varphi_0$ tient compte de la variation qui en résulterait. La formule (17) nous donnera ainsi

$$\begin{aligned}\delta S = -\, t\delta H + (\psi - \Psi)\delta F - F\,\delta\Psi + \Psi_0 \delta G + G\,\delta\Psi_0 + G\cos\theta_0\, \delta\varphi_0 \\ + \delta G \int \cos\theta_0\, d\varphi_0 + G\int \delta(\cos\theta_0)\, d\varphi_0;\end{aligned}$$

la considération du triangle NHN', des formules (D), p. 387, et de la relation (15) donne les formules

$$\cos\Psi_0 = \frac{\cos\theta - \cos\theta_0 \cos\theta'}{\sin\theta_0 \sin\theta'} = \frac{F\cos\theta_0 + G\cos\theta}{\sqrt{G^2 - F^2}\,\sin\theta_0},$$

$$\cos\Psi = \frac{\cos\theta_0 - \cos\theta\cos\theta'}{\sin\theta\sin\theta'} = \frac{F\cos\theta + G\cos\theta_0}{\sqrt{G^2 - F^2}\,\sin\theta}.$$

Il serait facile d'en conclure $\delta\Psi_0$ et $\delta\Psi$; mais il est plus simple de partir de la relation (16) en y changeant les d en δ et supposant $\delta\varphi = 0$, $\delta\theta = 0$, ce qui donne

$$\cos\theta_0\,\delta\varphi_0 = -\delta\Psi_0 - \cos\theta'\,\delta\Psi = -\delta\Psi_0 + \frac{F}{G}\delta\Psi,$$

et permet d'écrire ainsi l'expression de δS

$$(18)\qquad \delta S = -t\,\delta H + (\psi - \Psi)\,\delta F + \left(\Psi_0 + \int \cos\theta_0\,d\varphi_0\right)\delta G + G\int \delta(\cos\theta_0)\,d\varphi_0.$$

On tire maintenant de la formule (13)

$$\delta \log \sin^2\theta_0 = \delta \log\left(\frac{2H}{G^2} - \frac{1}{C}\right),$$

d'où

$$\frac{\cos\theta_0}{\sin^2\theta_0}\,\delta(\cos\theta_0) = \frac{\frac{2H}{G}\delta G - \delta H}{2H - \frac{G^2}{C}},$$

et, des formules (B), p. 386,

$$(19)\qquad \sin^2\theta_0\,d\varphi_0 = -\frac{AB\,ab\,\omega'^2\sigma^2}{G^2}\,d\chi,$$

$$\frac{\sin^2\theta_0}{\cos\theta_0}\,d\varphi_0 = -\frac{AB\,ab\,\omega'\sigma^2}{GC}\,\frac{d\chi}{\sqrt{1 - c^2\sigma^2\sin^2\chi}};$$

on a aussi, d'après les formules (a), p. 384,

$$2CH - G^2 = AB\,\omega'^2 a^2 b^2 \sigma^2;$$

il en résulte

$$G\,\delta(\cos\theta_0)\,d\varphi_0 = \frac{\delta H - \frac{2H}{G}\delta G}{\omega' ab\sqrt{1 - c^2\sigma^2\sin^2\chi}}\,d\chi,$$

et la formule (18) donne

$$(20)\qquad \left\{\begin{aligned} \delta S = {} & \left(-t + \frac{1}{\omega' ab}\int_0^\chi \frac{d\chi}{\sqrt{1 - c^2\sigma^2\sin^2\chi}}\right)\delta H + (\psi - \Psi)\,\delta F \\ & + \left(\Psi_0 + \int \cos\theta_0\,d\varphi_0 - \frac{2H}{G\omega' ab}\int_0^\chi \frac{d\chi}{\sqrt{1 - c^2\sigma^2\sin^2\chi}}\right)\delta G. \end{aligned}\right.$$

Soient f_1, g_1, h_1 trois constantes arbitraires; on pourra écrire, comme on sait,

$$\frac{\partial S}{\partial F}=f_1, \qquad \frac{\partial S}{\partial G}=g_1, \qquad \frac{\partial S}{\partial H}=h_1,$$

ou bien, en remplaçant les dérivées partielles de S par leurs valeurs tirées de la formule (20),

$$(21) \qquad \begin{cases} f_1=\psi-\Psi, \qquad \omega' ab(t+h_1)=\displaystyle\int_0^{\chi}\frac{d\chi}{\sqrt{1-c^2\sigma^2\sin^2\chi}}, \\ g_1=\Psi_0+\displaystyle\int\cos\theta_0\, d\varphi_0-\frac{2H}{G}(t+h_1). \end{cases}$$

On aura ainsi les valeurs de φ, θ, ψ en fonction de t et des *six* constantes arbitraires F, G, H, f_1, g_1, h_1. Si l'on se reporte à la première des formules (A), p. 385, on voit immédiatement que $h_1=h$. On a du reste $\Psi=\psi-\psi'$ et, par suite,

$$f_1=\psi'.$$

Voilà donc trouvée la signification de deux de nos arbitraires canoniques. En ayant égard à la relation (C'), p. 387, la dernière des formules (21) devient

$$g_1=\Psi_0+\psi_0.$$

Or on a, sur la *fig.* 27, $\psi_0=X_0N'+N'H=g+\pi-\Psi_0$; il en résulte $g_1=g+\pi$. On peut ajouter des constantes aux arbitraires canoniques sans modifier les équations différentielles qui les déterminent; il est donc permis de prendre $g_1=g$. Le résultat des calculs précédents peut être énoncé ainsi : les constantes arbitraires

$$\begin{matrix} F, & G, & H, \\ \psi', & g, & h \end{matrix}$$

forment un système canonique.

177. Mouvement troublé. Variation des constantes arbitraires. — Nous avions à intégrer les équations différentielles du mouvement de rotation de la Terre avec la fonction des forces U. Nous avons supposé d'abord $U=0$, et nous avons intégré les équations du mouvement dans cette hypothèse par les formules (A), (B), (C), (D) qui donnent les inconnues en fonction du temps et des six constantes arbitraires F, G, H, ψ', g, h (θ' doit être supposé remplacé par sa valeur tirée de la relation $F=-G\cos\theta'$). Nous conservons les mêmes formules pour le *mouvement réel* ou *mouvement troublé*, en y considérant les arbitraires précédentes comme de nouvelles variables; alors, par le fait démontré au numéro précédent, que F, G, H, ψ', g et h sont des arbitraires canoniques, nous savons que les nouvelles variables devront satisfaire aux équations différentielles canoniques

$$(\mathrm{E}) \quad \begin{cases} \dfrac{dF}{dt} = \dfrac{\partial U}{\partial \psi'}, & \dfrac{dG}{dt} = \dfrac{\partial U}{\partial g}, & \dfrac{dH}{dt} = \dfrac{\partial U}{\partial h}, \\ \dfrac{d\psi'}{dt} = -\dfrac{\partial U}{\partial F}, & \dfrac{dg}{dt} = -\dfrac{\partial U}{\partial G}, & \dfrac{dh}{dt} = -\dfrac{\partial U}{\partial H}. \end{cases}$$

Il est entendu que, dans ces équations, U, qui dépendait primitivement de t, φ, θ et ψ, doit être remplacé par son expression en fonction de t et des six nouvelles variables.

Dans une première approximation, on regardera, dans les seconds membres des équations (E), les quantités F, G, H, ψ', g, h comme des constantes. De simples quadratures fourniront les valeurs des mêmes quantités dans la seconde approximation. Nous aurons ainsi traité par la même méthode les deux problèmes principaux de la Mécanique céleste : la détermination des mouvements de translation et celle des mouvements de rotation des corps célestes. On doit à Poisson d'avoir étendu à la seconde question la méthode de la variation des constantes arbitraires.

CHAPITRE XXIV.

PETITESSE DU MODULE. — EXPRESSIONS APPROCHÉES DE $p, q, r, \varphi, \theta, \psi$, DANS LE MOUVEMENT NON TROUBLÉ. — TRANSFORMATION DES ÉQUATIONS DIFFÉRENTIELLES.

178. **Dans le cas de la Terre, le module des fonctions elliptiques est extrêmement petit.** — Les quantités $\sin\chi$ et $\cos\chi$, définies par les formules (A) du n° 174, sont des fonctions doublement périodiques de t; soit 2τ leur période réelle. Vu la petitesse de la fonction des forces, on peut admettre que pendant un certain temps le mouvement réel de la Terre diffère très peu du mouvement simple que nous avons considéré à sa place. Or, pour $t = -h$, on a $p = \omega' a\sigma$, $q = 0$; pour $t = -h + \tau$, χ ayant augmenté de 180°, on a $p = -\omega' a\sigma$, $q = 0$. Les deux points où l'axe instantané de rotation perce la surface de la Terre à ces deux instants seraient vus du centre sous un angle voisin de $2a\sigma$; cet angle serait sensible si la quantité $a\sigma$ n'était pas très petite. Les latitudes des points de la surface terrestre situés dans le plan $x_1 O z_1$ éprouveraient des variations égales à $2a\sigma$ dans le temps τ. Or les variations des latitudes, étant de l'ordre des erreurs des observations, sont certainement inférieures à 1″. On a donc

$$2a\sigma < \sin 1''.$$

On a vu, dans le Chapitre XIII, que la théorie de la figure de la Terre donne pour $\frac{C-A}{C}$ un nombre voisin de $\frac{1}{300}$; il en résulte $\sigma^2 < \frac{2}{10^9}$. La quantité σ^2 est donc bien faible, et c'est une première raison de petitesse du module $c\sigma$. Il y en a une autre : on a, en effet, $c^2 = \frac{B-A}{C}$, et l'on peut admettre comme démontré par les observations du pendule que cette quantité est petite et notablement inférieure à $\frac{1}{300}$. Donc les deux facteurs c^2 et σ^2 étant très petits, il en est de même du carré du module.

Nous pourrons dès lors substituer aux formules rigoureuses du Chapitre précédent des expressions approchées ne renfermant que les termes principaux; il arrivera même que les portions conservées ainsi dans p et q ne pourront pas être contrôlées par l'observation, qui donne à peine quelques présomptions de leur existence.

179. **Expressions approchées de** p, q, r, φ_0, θ_0, ψ_0. — Commençons par les formules (A) du n° 174; prenons d'abord

$$\omega' ab(t+h) = \int_0^\chi \frac{d\chi}{\sqrt{1-c^2\sigma^2\sin^2\chi}}.$$

Nous aurons, en négligeant la quatrième puissance du module,

$$\frac{1}{\sqrt{1-c^2\sigma^2\sin^2\chi}} = 1 + \frac{1}{4}c^2\sigma^2 - \frac{1}{4}c^2\sigma^2\cos 2\chi,$$

$$\left(1+\frac{1}{4}c^2\sigma^2\right)\chi - \frac{1}{8}c^2\sigma^2\sin 2\chi = \omega' ab(t+h).$$

Faisons

(1) $$\frac{\omega' ab}{1+\frac{1}{4}c^2\sigma^2}(t+h) = u,$$

et nous pourrons écrire

$$\chi = u + \frac{1}{8}c^2\sigma^2\sin 2\chi,$$

(2) $$\chi = u + \frac{1}{8}c^2\sigma^2\sin 2u.$$

On peut ensuite, dans les expressions de p et q, remplacer χ par u, ce qui revient à négliger $ac^2\sigma^3$; on a ainsi

(3) $$p = \omega' a\sigma\cos u, \qquad q = \omega' b\sigma\sin u.$$

Quant à l'expression de r, elle nous donnera

(4) $$r = \omega'\left(1 - \frac{1}{4}c^2\sigma^2 + \frac{1}{4}c^2\sigma^2\cos 2u\right);$$

les termes négligés contiennent au moins σ^4 en facteur. Nous passons maintenant aux formules (B) du n° 175; on pourra prendre

(5) $$\sin\theta_0 = \frac{A}{C}a\sigma\sqrt{1+\frac{c^2}{a^2}\sin^2 u} \qquad \text{ou même} \qquad \sin\theta_0 = \frac{A}{C}a\sigma.$$

On voit donc que l'angle θ_0 est extrêmement petit; le plan du couple résultant diffère fort peu du plan x_1Oy_1. On a ensuite

$$\tang\varphi_0 = \frac{Aa}{Bb}\cot\chi = \frac{Aa}{Bb}\cot u = \frac{Aa}{Bb}\tang\left(-\frac{\pi}{2} - u\right).$$

Un développement bien connu donne

$$\varphi_0 = -\frac{\pi}{2} - u + \frac{Aa - Bb}{Aa + Bb}\sin 2u + \frac{1}{2}\left(\frac{Aa - Bb}{Aa + Bb}\right)^2 \sin 4u + \ldots;$$

on a d'ailleurs

$$\frac{Aa - Bb}{Aa + Bb} = -\frac{C^2c^2}{(Aa + Bb)^2} = -\frac{c^2}{4a^2} \text{ environ};$$

il en résulte

(6) $$\varphi_0 = -\frac{\pi}{2} - u - \frac{c^2}{4a^2}\sin 2u.$$

La formule (C') du n° 175 nous donne ensuite

$$\psi_0 - \varphi_0 = \frac{\pi}{2} - \frac{2H}{G}(t + h) - \int_{-\frac{\pi}{2}}^{\varphi_0} (1 - \cos\theta_0)\, d\varphi_0;$$

on peut écrire, en négligeant σ^4,

$$\psi_0 = \varphi_0 + \frac{\pi}{2} - \frac{2H}{G}(t + h) - \frac{1}{2}\int_{-\frac{\pi}{2}}^{\varphi_0} \sin^2\theta_0\, d\varphi_0$$

ou bien, avec la même précision, en remplaçant l'intégrale par sa valeur approchée,

$$\psi_0 = \varphi_0 + \frac{\pi}{2} - (t + h)\left[\frac{2H}{G} - \frac{ABa^2b^2\omega'\sigma^2}{2C^2}\right],$$

d'où, en mettant pour H et G leurs valeurs (a) du n° 174 et réduisant,

(7) $$\psi_0 = \varphi_0 + \frac{\pi}{2} - \omega'\left(1 + \frac{Aa^2\sigma^2}{2C}\right)(t + h).$$

Les formules (6) et (7) du n° 175 donnent d'ailleurs directement

$$\frac{d\varphi_0}{dt} - \frac{d\psi_0}{dt} = \frac{2H + Gr}{G + Cr} = \sqrt{\frac{2H}{C} + \frac{(2CH - G^2)(2H - Cr^2)}{C(G + Cr)^2}} = \sqrt{\frac{2H}{C}} + \ldots,$$

le reste étant de l'ordre de $a^4b^2\sigma^4$.

180. **Expressions approchées de φ, θ, ψ.** — Nous nous adressons maintenant aux formules (D) du n° 175. La troisième donne d'abord, en remplaçant θ par $\theta' + \theta - \theta'$,

$$\cos\theta' - (\theta - \theta')\sin\theta' - \frac{(\theta - \theta')^2}{1.2}\cos\theta' + \ldots = \cos\theta_0\cos\theta' - \sin\theta_0\sin\theta'\cos(\psi_0 - g),$$

d'où

$$\theta - \theta' = \sin\theta_0\cos(\psi_0 - g) + 2\sin^2\frac{\theta_0}{2}\cot\theta' - \frac{1}{2}(\theta - \theta')^2\cot\theta'.$$

On en déduit, par des approximations successives,

$$\theta = \theta' + \theta_0 \cos(\psi_0 - g) + \frac{1}{2}\theta_0^2 \cot\theta' \sin^2(\psi_0 - g) + \dots; \tag{8}$$

nous avons conservé dans cette formule un terme du second ordre qui nous sera utile plus loin.

La première des équations (D) donne, en négligeant θ_0^2,

$$\psi - \psi' = \frac{\theta_0}{\sin\theta'} \sin(\psi_0 - g). \tag{9}$$

Combinons enfin les deux dernières équations (D) par voie de soustraction, après les avoir multipliées par $\cos(\psi_0 - g)$ et $\sin(\psi_0 - g)$, et nous trouverons, en négligeant θ_0^2,

$$\sin\theta \sin(\varphi - \varphi_0 + \psi_0 - g) = \sin\theta_0 \cos\theta' \sin(\psi_0 - g) + \dots,$$

d'où

$$\varphi - \varphi_0 + \psi_0 - g = \theta_0 \cot\theta' \sin(\psi_0 - g) + \dots. \tag{10}$$

Il n'y a plus qu'à remplacer dans les formules (8), (9) et (10) φ_0, θ_0, ψ_0 par leurs valeurs du numéro précédent. Il convient de poser

$$\varphi' = g + \varphi_0 - \psi_0 = g - \frac{\pi}{2} + \omega'\left(1 + \frac{Aa^2}{2C}\sigma^2\right)(t + h),$$

d'où, en ayant égard à la formule (6),

$$\psi_0 - g = \varphi_0 - \varphi' = -\frac{\pi}{2} - u - \varphi' - \frac{c^2}{4a^2}\sin 2u;$$

il vient ainsi

$$(\alpha)\quad \left\{\begin{aligned} \varphi &= \varphi' - \frac{Aa}{C}\sigma \cot\theta' \cos(u + \varphi') + \dots, \\ \theta &= \theta' - \frac{Aa}{C}\sigma \sin(u + \varphi') + \dots, \\ \psi &= \psi' - \frac{Aa}{C}\frac{\sigma}{\sin\theta'} \cos(u + \varphi') + \dots. \end{aligned}\right.$$

Nous aurons encore, en réunissant les résultats précédents,

$$(\beta)\quad \left\{\begin{aligned} & u = abn'_1(t + h), \qquad \varphi' = n_1(t + h) + g - \frac{\pi}{2}, \\ & n'_1 = \omega'\left(1 - \frac{1}{4}c^2\sigma^2\right), \qquad n_1 = \omega'\left(1 + \frac{Aa^2}{2C}\sigma^2\right), \\ & p = \omega' a\sigma \cos u, \qquad q = \omega' b\sigma \sin u, \\ & r = \omega'\left(1 - \frac{1}{4}c^2\sigma^2 + \frac{1}{4}c^2\sigma^2 \cos 2u\right). \end{aligned}\right.$$

181. Changement de variables. — Nous avons trouvé (n° 177) les équations

$$(\gamma)\quad \left\{\begin{array}{lll} \dfrac{dF}{dt}=\dfrac{\partial U}{\partial \psi'}, & \dfrac{dG}{dt}=\dfrac{\partial U}{\partial g}, & \dfrac{dH}{dt}=\dfrac{\partial U}{\partial h}, \\ \dfrac{d\psi'}{dt}=-\dfrac{\partial U}{\partial F}, & \dfrac{dg}{dt}=-\dfrac{\partial U}{\partial G}, & \dfrac{dh}{dt}=-\dfrac{\partial U}{\partial H}; \end{array}\right.$$

ω' et σ, par suite n_1 et n'_1, sont des fonctions de G et de H.

On verra plus loin que U peut être développé en une série de cosinus d'arguments qui sont des fonctions linéaires de u et φ'; il en résulte qu'en formant les dérivées $\frac{\partial U}{\partial G}$ et $\frac{\partial U}{\partial H}$, on fera sortir le temps des signes sinus et cosinus. Cela présenterait de graves inconvénients, les mêmes qui ont été signalés (t. I, p. 192); on les évitera de la même manière, en remarquant que l'on peut écrire

$$\varphi'=\int n_1\,dt+\int t\,dn_1+n_1 h+g-\frac{\pi}{2},\qquad u=ab\left(\int n'_1\,dt+\int t\,dn'_1+n'_1 h\right),$$

et posant

$$(11)\qquad \varepsilon_1=\int t\,dn_1+n_1 h+g-\frac{\pi}{2},\qquad \varepsilon'_1=\int t\,dn'_1+n'_1 h,$$

d'où

$$(12)\qquad \varphi'=\int n_1\,dt+\varepsilon_1,\qquad u=ab\left(\int n'_1\,dt+\varepsilon'_1\right).$$

Les variables ε_1 et ε'_1 vont remplacer g et h. Les formules (11) donnent

$$\frac{d\varepsilon_1}{dt}=(t+h)\frac{dn_1}{dt}+n_1\frac{dh}{dt}+\frac{dg}{dt},$$
$$\frac{d\varepsilon'_1}{dt}=(t+h)\frac{dn'_1}{dt}+n'_1\frac{dh}{dt}$$

ou encore, en remarquant que n_1 et n'_1 contiennent le temps par l'intermédiaire de G et de H, et ayant égard aux équations (γ),

$$(13)\quad \left\{\begin{array}{l} \dfrac{d\varepsilon_1}{dt}=(t+h)\left(\dfrac{\partial n_1}{\partial G}\dfrac{\partial U}{\partial g}+\dfrac{\partial n_1}{\partial H}\dfrac{\partial U}{\partial h}\right)-n_1\dfrac{\partial U}{\partial H}-\dfrac{\partial U}{\partial G}, \\ \dfrac{d\varepsilon'_1}{dt}=(t+h)\left(\dfrac{\partial n'_1}{\partial G}\dfrac{\partial U}{\partial g}+\dfrac{\partial n'_1}{\partial H}\dfrac{\partial U}{\partial h}\right)-n'_1\dfrac{\partial U}{\partial H}. \end{array}\right.$$

On a du reste, en désignant par $\left(\frac{\partial U}{\partial G}\right)$ et $\left(\frac{\partial U}{\partial H}\right)$ les dérivées prises par rapport aux quantités G et H, en tant que ces quantités figurent directement dans U et non dans n_1 et n'_1,

$$\frac{\partial U}{\partial G} = \left(\frac{\partial U}{\partial G}\right) + (t+h)\left(ab\frac{\partial U}{\partial u}\frac{\partial n'_1}{\partial G} + \frac{\partial U}{\partial \varphi'}\frac{\partial n_1}{\partial G}\right),$$
$$\frac{\partial U}{\partial H} = \left(\frac{\partial U}{\partial H}\right) + (t+h)\left(ab\frac{\partial U}{\partial u}\frac{\partial n'_1}{\partial H} + \frac{\partial U}{\partial \varphi'}\frac{\partial n_1}{\partial H}\right).$$

Si l'on remarque que l'on a

$$(14)\qquad \frac{\partial U}{\partial g} = \frac{\partial U}{\partial \varphi'}, \qquad \frac{\partial U}{\partial h} = n_1\frac{\partial U}{\partial \varphi'} + abn'_1\frac{\partial U}{\partial u},$$

on trouvera que les équations (13) deviennent, après réduction,

$$\frac{d\varepsilon_1}{dt} = -n_1\left(\frac{\partial U}{\partial H}\right) - \left(\frac{\partial U}{\partial G}\right) + ab(t+h)\left(n'_1\frac{\partial n_1}{\partial H} - n_1\frac{\partial n'_1}{\partial H} - \frac{\partial n'_1}{\partial G}\right)\frac{\partial U}{\partial u},$$
$$\frac{d\varepsilon'_1}{dt} = -n'_1\left(\frac{\partial U}{\partial H}\right) - (t+h)\left(n'_1\frac{\partial n_1}{\partial H} - n_1\frac{\partial n'_1}{\partial H} - \frac{\partial n'_1}{\partial G}\right)\frac{\partial U}{\partial \varphi'}.$$

Nous démontrerons dans un instant la relation

$$(15)\qquad \frac{\partial \frac{1}{n'_1}}{\partial G} + \frac{\partial \frac{n_1}{n'_1}}{\partial H} = 0;$$

il en résulte que les coefficients de $t+h$ dans $\frac{d\varepsilon_1}{dt}$ et $\frac{d\varepsilon'_1}{dt}$ s'annulent, et il vient simplement

$$(16)\qquad \begin{cases} \dfrac{d\varepsilon_1}{dt} = -n_1\left(\dfrac{\partial U}{\partial H}\right) - \left(\dfrac{\partial U}{\partial G}\right), \\ \dfrac{d\varepsilon'_1}{dt} = -n'_1\left(\dfrac{\partial U}{\partial H}\right). \end{cases}$$

On a d'ailleurs

$$\frac{\partial U}{\partial \varphi'} = \frac{\partial U}{\partial \varepsilon_1}, \qquad \frac{\partial U}{\partial u} = \frac{1}{ab}\frac{\partial U}{\partial \varepsilon'_1},$$

de sorte qu'on trouve, en vertu des formules (11) et (14),

$$(17)\qquad \frac{dG}{dt} = \frac{\partial U}{\partial \varepsilon_1}, \qquad \frac{dH}{dt} = n_1\frac{\partial U}{\partial \varepsilon_1} + n'_1\frac{\partial U}{\partial \varepsilon'_1}.$$

Il reste enfin

$$(18)\qquad \frac{dF}{dt} = \frac{\partial U}{\partial \psi'}, \qquad \frac{d\psi'}{dt} = -\frac{\partial U}{\partial F},$$

et les équations cherchées sont (16), (17) et (18).

Il nous reste donc à démontrer la formule (15) qui devient, quand on y substitue les expressions (β) de n_1 et n'_1,

$$\frac{\partial}{\partial G}\left(\frac{1+\frac{1}{4}c^2\sigma^2}{\omega'}\right)+\left(\frac{A a^2}{C}+\frac{1}{2}c^2\right)\sigma\frac{\partial\sigma}{\partial H}=0$$

ou bien, en négligeant $c^2\sigma^2$ devant l'unité,

$$(19)\qquad -\frac{1}{\omega'^2}\frac{\partial\omega'}{\partial G}+\frac{c^2}{2\omega'}\frac{\sigma\, d\sigma}{\partial G}+\left(\frac{A a^2}{C}+\frac{1}{2}c^2\right)\sigma\frac{\partial\sigma}{\partial H}=0.$$

Or ω' et σ dépendent de G et de H par les formules

$$(20)\qquad \omega'=\sqrt{\frac{G^2-2AH}{C(C-A)}},\qquad \sigma=\sqrt{\frac{C}{C-B}\frac{2CH-G^2}{G^2-2AH}},$$

qui donnent

$$(21)\qquad \begin{cases} d\omega'=\dfrac{G\,dG-A\,dH}{C(C-A)\omega'},\\[2mm] \sigma\,d\sigma=G\dfrac{G\,dH-2H\,dG}{C(C-A)(C-B)\omega'^4}.\end{cases}$$

Si l'on en tire les dérivées partielles qui figurent dans la formule (20), cette dernière devient

$$2\omega'(B-C)-\frac{c^2}{\omega'}2H+\left(\frac{2Aa^2}{C}+c^2\right)G=0.$$

On peut mettre simplement $C\omega'^2$ et $C\omega'$ au lieu de 2H et de G, et il reste finalement

$$B-C+Aa^2=0,$$

ce qui est une identité.

Dans le Mémoire mentionné au n° 176, M. Serret a montré que la formule (15) est rigoureuse; elle a lieu quelque loin que l'on pousse les approximations par rapport aux puissances de σ^2. Nous nous sommes bornés à la démontrer aux quantités près de l'ordre de σ^2, ce qui suffit aux besoins de l'Astronomie.

182. Autre changement de variables. — Il sera commode de poser

$$(22)\qquad 2H=Cn^2$$

et d'introduire les variables n et σ au lieu de G et H, et aussi θ' à la place de F.

Nous aurons d'abord, en ayant égard aux formules (20) et (21),

$$\cos\theta' = -\frac{F}{G}, \qquad d\theta' = \frac{dF + \cos\theta'\, dG}{G\sin\theta'},$$

$$\frac{\partial U}{\partial F} = \frac{\partial U}{\partial \theta'}\frac{\partial \theta'}{\partial F} = \frac{1}{G\sin\theta'}\frac{\partial U}{\partial \theta'},$$

$$\left(\frac{\partial U}{\partial G}\right) = \frac{\partial U}{\partial \theta'}\frac{\partial \theta'}{\partial G} + \left(\frac{\partial U}{\partial \sigma}\right)\frac{\partial \sigma}{\partial G} = \frac{\cos\theta'}{G\sin\theta'}\frac{\partial U}{\partial \theta'} - \frac{GCn^2}{C(C-A)(C-B)\omega'^4}\frac{1}{\sigma}\left(\frac{\partial U}{\partial \sigma}\right),$$

$$\left(\frac{\partial U}{\partial H}\right) = \left(\frac{\partial U}{\partial \sigma}\right)\frac{\partial \sigma}{\partial H} = \frac{G^2}{C(C-A)(C-B)\omega'^4}\frac{1}{\sigma}\left(\frac{\partial U}{\partial \sigma}\right),$$

$$\sigma\frac{d\sigma}{dt} = \frac{G}{C(C-A)(C-B)\omega'^4}\left[G\left(n_1\frac{\partial U}{\partial \varepsilon_1} + n'_1\frac{\partial U}{\partial \varepsilon'_1}\right) - Cn^2\frac{\partial U}{\partial \varepsilon_1}\right],$$

$$Cn\frac{dn}{dt} = n_1\frac{\partial U}{\partial \varepsilon_1} + n'_1\frac{\partial U}{\partial \varepsilon'_1},$$

$$G\sin\theta'\frac{d\theta'}{dt} = \frac{dF}{dt} + \cos\theta'\frac{dG}{dt}.$$

Si l'on tient compte des formules (16), (17) et (18), on arrive sans peine aux résultats suivants :

$$(\delta)\quad \left\{\begin{aligned}
&\frac{d\psi'}{dt} = -\frac{1}{G\sin\theta'}\frac{\partial U}{\partial \theta'}, \qquad \frac{d\theta'}{dt} = \frac{1}{G\sin\theta'}\left(\frac{\partial U}{\partial \psi'} + \cos\theta'\frac{\partial U}{\partial \varepsilon_1}\right),\\
&\sigma\frac{d\sigma}{dt} = \frac{G}{C(C-A)(C-B)\omega'^4}\left[(n_1 G - n^2 C)\frac{\partial U}{\partial \varepsilon_1} + n'_1 G\frac{\partial U}{\partial \varepsilon'_1}\right],\\
&\frac{d\varepsilon_1}{dt} = -\frac{\cos\theta'}{G\sin\theta'}\frac{\partial U}{\partial \theta'} + \frac{G(n^2C - n_1 G)}{C(C-A)(C-B)\omega'^4}\frac{1}{\sigma}\frac{\partial U}{\partial \sigma},\\
&\frac{d\varepsilon'_1}{dt} = -\frac{n'_1 G^2}{C(C-A)(C-B)\omega'^4}\frac{1}{\sigma}\frac{\partial U}{\partial \sigma},\\
&C\frac{dn}{dt} = \frac{n_1}{n}\frac{\partial U}{\partial \varepsilon_1} + \frac{n'_1}{n}\frac{\partial U}{\partial \varepsilon'_1}.
\end{aligned}\right.$$

Nous avons supprimé la parenthèse de $\frac{\partial U}{\partial \sigma}$; mais il doit demeurer entendu qu'on obtient cette dérivée sans faire varier σ dans u et φ'.

Les équations précédentes qui sont rigoureuses, en admettant la généralité de la relation (15), sont d'accord avec celles que M. Serret a données dans son Mémoire déjà cité. Mais il n'y a pas d'intérêt pratique à les conserver sous cette forme, et nous allons les simplifier en négligeant σ^2 dans les coefficients différentiels (il sera démontré plus loin que la quantité σ reste toujours extrêmement petite). Les formules (a) du n° 174 donneront avec (22)

$$(23)\quad \begin{cases} G^2 = Cn^2 \dfrac{C^2 + A^2 a^2 \sigma^2}{C + A a^2 \sigma^2}, & G = Cn\left(1 - \dfrac{AB a^2 b^2}{2C^2}\sigma^2 + \ldots\right), \\ \omega'^2 = \dfrac{Cn^2}{C + A a^2 \sigma^2}, & n = \omega'\left(1 + \dfrac{A a^2}{2C}\sigma^2 - \ldots\right). \end{cases}$$

Les expressions (β) de n_1 et n'_1 deviennent ensuite

$$n_1 = n, \qquad n'_1 = n\left(1 - \frac{2C - A - B}{4C}\sigma^2 + \ldots\right);$$

la différence $n_1 - n$ est de l'ordre de $a^4 b^2 \sigma^4$. On trouve sans peine que les formules (δ) deviennent

$$(\varepsilon)\quad \begin{cases} \dfrac{d\psi'}{dt} = -\dfrac{1}{Cn\sin\theta'}\dfrac{\partial U}{\partial \theta'}, \qquad \dfrac{d\theta'}{dt} = \dfrac{1}{Cn\sin\theta'}\left(\dfrac{\partial U}{\partial \psi'} + \cos\theta' \dfrac{\partial U}{\partial \varepsilon_1}\right), \\ \dfrac{d\varepsilon_1}{dt} = -\dfrac{\cos\theta'}{Cn\sin\theta'}\dfrac{\partial U}{\partial \theta'} + \dfrac{1}{2Cn}\sigma\dfrac{\partial U}{\partial \sigma}, \\ \dfrac{d\varepsilon'_1}{dt} = -\dfrac{C(1 + \lambda\sigma^2)}{AB a^2 b^2 n}\dfrac{1}{\sigma}\dfrac{\partial U}{\partial \sigma}, \\ \dfrac{d\sigma}{dt} = \dfrac{C(1 + \lambda\sigma^2)}{AB a^2 b^2 n}\dfrac{1}{\sigma}\dfrac{\partial U}{\partial \varepsilon'_1} - \dfrac{1}{2Cn}\sigma\dfrac{\partial U}{\partial \varepsilon_1}, \\ C\dfrac{dn}{dt} = \dfrac{\partial U}{\partial \varepsilon_1} + \dfrac{\partial U}{\partial \varepsilon'_1}; \end{cases}$$

λ désigne un coefficient qu'il est inutile de former, comme on le verra dans un moment. La présence du petit diviseur σ qui accompagne $\dfrac{\partial U}{\partial \sigma}$ et $\dfrac{\partial U}{\partial \varepsilon'_1}$ est encore gênante. Il en était de même pour le facteur $\frac{1}{e}$ (e désignant l'excentricité) dans la théorie de la variation des éléments elliptiques d'une planète (t. I, p. 170). En suivant ce qui a été fait alors, on est conduit à poser

$$\sigma \sin(ab\varepsilon'_1) = f_1, \qquad \sigma\cos(ab\varepsilon'_1) = f'_1$$

et à remplacer σ et ε'_1 par les nouvelles variables f_1 et f'_1. En différentiant et remplaçant $\dfrac{d\sigma}{dt}$ et $\dfrac{d\varepsilon'_1}{dt}$ par leurs valeurs ci-dessus, on trouve

$$\frac{df_1}{dt} = -\frac{1}{2Cn}f_1\frac{\partial U}{\partial \varepsilon_1} - \frac{C(1+\lambda\sigma^2)}{AB abn}\left[-\frac{1}{ab\sigma}\sin(ab\varepsilon'_1)\frac{\partial U}{\partial \varepsilon'_1} + \cos(ab\varepsilon'_1)\frac{\partial U}{\partial \sigma}\right],$$

$$\frac{df'_1}{dt} = -\frac{1}{2Cn}f'_1\frac{\partial U}{\partial \varepsilon_1} + \frac{C(1+\lambda\sigma^2)}{AB abn}\left[\frac{1}{ab\sigma}\cos(ab\varepsilon'_1)\frac{\partial U}{\partial \varepsilon'_1} + \sin(ab\varepsilon'_1)\frac{\partial U}{\partial \sigma}\right]$$

ou bien

$$\frac{df_1}{dt} = -\frac{1}{2Cn} f_1 \frac{\partial U}{\partial \varepsilon_1} - \frac{C(1+\lambda\sigma^2)}{ABabn} \frac{\partial U}{\partial f_1'},$$

$$\frac{df_1'}{dt} = -\frac{1}{2Cn} f_1' \frac{\partial U}{\partial \varepsilon_1} + \frac{C(1+\lambda\sigma^2)}{ABabn} \frac{\partial U}{\partial f_1}.$$

On voit maintenant que le terme en $\lambda\sigma^2$ peut être laissé de côté; il donnerait une quantité du second ordre à côté de celles des ordres 0 et 1, relativement à σ, que nous conservons seules. On aura ensuite

$$\sigma \frac{\partial U}{\partial \sigma} = f_1 \frac{\partial U}{\partial f_1} + f_1' \frac{\partial U}{\partial f_1'}.$$

La formule (12) donne

$$u + \varphi' = u_1 + ab\varepsilon_1' \qquad \text{en posant} \qquad u_1 = \varepsilon_1 + \int n_1\, dt + ab \int n_1'\, dt;$$

il en résulte

$$\sigma \sin(u+\varphi') = f_1 \cos u_1 + f_1' \sin u_1,$$
$$\sigma \cos(u+\varphi') = -f_1 \sin u_1 + f_1' \cos u_1.$$

Ces relations permettront d'introduire dans U les variables f_1 et f_1' au lieu de σ et ε_1'. Le moment est venu de résumer les formules définitives auxquelles nous venons d'arriver :

$$(a)\quad \left\{\begin{aligned}
&\frac{d\psi'}{dt} = -\frac{1}{Cn\sin\theta'} \frac{\partial U}{\partial \theta'}, \qquad \frac{d\theta'}{dt} = \frac{1}{Cn\sin\theta'}\left(\frac{\partial U}{\partial \psi'} + \cos\theta' \frac{\partial U}{\partial \varepsilon_1}\right),\\
&\frac{df_1}{dt} = -\frac{1}{2Cn} f_1 \frac{\partial U}{\partial \varepsilon_1} - \frac{C}{ABabn} \frac{\partial U}{\partial f_1'},\\
&\frac{df_1'}{dt} = -\frac{1}{2Cn} f_1' \frac{\partial U}{\partial \varepsilon_1} + \frac{C}{ABabn} \frac{\partial U}{\partial f_1},\\
&\frac{d\varepsilon_1}{dt} = -\frac{\cos\theta'}{Cn\sin\theta'} \frac{\partial U}{\partial \theta'} + \frac{1}{2Cn}\left(f_1 \frac{\partial U}{\partial f_1} + f_1' \frac{\partial U}{\partial f_1'}\right),\\
&C\frac{dn}{dt} = \frac{\partial U}{\partial \varepsilon_1} + ab\left(f_1' \frac{\partial U}{\partial f_1} - f_1 \frac{\partial U}{\partial f_1'}\right);
\end{aligned}\right.$$

$$(b)\quad \left\{\begin{aligned}
&\sigma \sin(ab\varepsilon_1') = f_1, \qquad \sigma\cos(ab\varepsilon_1') = f_1',\\
&n_1' = n\left(1 - \frac{2C-A-B}{4C}\sigma^2\right),\\
&u_1 = \varepsilon_1 + \int (n + abn_1')\, dt,\\
&\theta = \theta' - \frac{Aa}{C}(f_1 \cos u_1 + f_1' \sin u_1),\\
&\psi = \psi' + \frac{Aa}{C\sin\theta'}(f_1 \sin u_1 - f_1' \cos u_1),\\
&\varphi = \varepsilon_1 + \int n\, dt + \frac{Aa}{C}\cot\theta'(f_1 \sin u_1 - f_1' \cos u_1)
\end{aligned}\right.$$

et

$$
(c)\quad \left\{
\begin{aligned}
&p = na\sigma\cos u, \qquad q = nb\sigma\sin u,\\
&r = n\left(1 - \frac{2C - A - B}{4C}\sigma^2 + \frac{1}{4}c^2\sigma^2\cos 2u\right) = n'_1\left(1 + \frac{1}{4}c^2\sigma^2\cos 2u\right),\\
&\omega = n\left(1 + \frac{1}{4}\,\frac{A + B}{C}a^2b^2\sigma^2 + \frac{1}{4}a^2b^2c^2\sigma^2\cos 2u\right),\\
&u = ab\left(\varepsilon'_1 + \int n'_1\,dt\right).
\end{aligned}
\right.
$$

On remarquera que nous avons remplacé dans r la quantité ω' par sa valeur (23); dans p et q, à cause du petit facteur σ, il suffisait de prendre $\omega' = n$.

Avant d'aller plus loin, il nous faut obtenir le développement de la fonction perturbatrice U; ce sera l'objet du Chapitre suivant.

CHAPITRE XXV.

DÉVELOPPEMENT DE LA FONCTION PERTURBATRICE.

183. Soient ξ, η, ζ les coordonnées du centre de gravité S du Soleil par rapport aux axes fixes OX, OY, OZ, ρ la distance OS, M_1 la masse du Soleil, ξ_1, η_1, ζ_1 les coordonnées du point S par rapport aux axes mobiles Ox_1, Oy_1, Oz_1; nous désignerons par les mêmes lettres accentuées ce que deviennent les quantités précédentes dans le cas de la Lune.

Nous pourrons, comme nous l'avons vu (p. 378), réduire U à

$$U = \frac{3}{2}fM'_1\frac{(C-A)\xi_1'^2+(C-B)\eta_1'^2}{\rho'^5} + \frac{3}{2}fM_1\frac{(C-A)\xi_1^2+(C-B)\eta_1^2}{\rho^5},$$

ce qui peut s'écrire encore

$$\begin{aligned} U = &\ \frac{3}{4}fM'_1\frac{(2C-A-B)(\xi_1'^2+\eta_1'^2)+(B-A)(\xi_1'^2-\eta_1'^2)}{\rho'^5} \\ &+\frac{3}{4}fM_1\frac{(2C-A-B)(\xi_1^2+\eta_1^2)+(B-A)(\xi_1^2-\eta_1^2)}{\rho^5} \end{aligned}$$

ou bien, en remplaçant $\xi_1'^2+\eta_1'^2$ par $\rho'^2-\zeta_1'^2$, et remarquant qu'on peut laisser de côté dans U les termes en $\frac{1}{\rho^3}$ et $\frac{1}{\rho'^3}$, qui ne dépendent pas de φ, θ, ψ,

$$(1)\qquad \left\{\begin{aligned} U = &-\frac{3}{4}fM'_1\frac{(2C-A-B)\zeta_1'^2+(B-A)(\eta_1'^2-\xi_1'^2)}{\rho'^5} \\ &-\frac{3}{4}fM_1\frac{(2C-A-B)\zeta_1^2+(B-A)(\eta_1^2-\xi_1^2)}{\rho^5}. \end{aligned}\right.$$

Désignons par ρ_0 et ρ'_0 les demi grands axes des orbites du Soleil et de la

Lune, par m le moyen mouvement de la Terre dans son mouvement de translation autour du Soleil. On a

$$fM_1 = m^2\rho_0^3.$$

Faisons en outre

$$(2)\qquad \begin{cases} \varkappa = \dfrac{3m^2}{4n}\,\dfrac{2C - A - B}{C}, \\[2mm] \varkappa' = \dfrac{3m^2}{4n}\,\dfrac{B - A}{C}, \\[2mm] \varepsilon = \dfrac{M'_1}{M_1}\,\dfrac{\rho_0^3}{\rho_0'^3}, \end{cases}$$

et la formule (1) donnera

$$(3)\qquad \begin{cases} U = U_1 + U_2, \\[1mm] U_1 = -\varkappa\, nC\left(\dfrac{\rho_0^3}{\rho^3}\,\dfrac{\zeta_1^2}{\rho^2} + \varepsilon\,\dfrac{\rho_0'^3}{\rho'^3}\,\dfrac{\zeta_1'^2}{\rho'^2}\right), \\[2mm] U_2 = -\varkappa' nC\left(\dfrac{\rho_0^3}{\rho^3}\,\dfrac{\eta_1^2 - \xi_1^2}{\rho^2} + \varepsilon\,\dfrac{\rho_0'^3}{\rho'^3}\,\dfrac{\eta_1'^2 - \xi_1'^2}{\rho'^2}\right). \end{cases}$$

La quantité $\varkappa'$ sera petite par rapport à $\varkappa$; nous sommes ramenés à développer les expressions

$$\frac{\rho_0'^3}{\rho'^3}\,\frac{\zeta_1'^2}{\rho'^2} \quad \text{et} \quad \frac{\rho_0'^3}{\rho'^3}\,\frac{\eta_1'^2 - \xi_1'^2}{\rho'^2}$$

en une série de sinus et de cosinus d'arcs de la forme $\alpha t + \beta$; par de simples changements de notations, nous en déduirons les développements des expressions analogues qui se rapportent au Soleil.

184. Développement de $\dfrac{\rho_0'^3}{\rho'^3}\,\dfrac{\zeta_1'^2}{\rho'^2}$. — On a

$$\zeta_1' = \xi' \cos(z_1, X) + \eta' \cos(z_1, Y) + \zeta' \cos(z_1, Z)$$

ou bien, en ayant égard aux formules (2) de la page 373,

$$(4)\qquad \zeta_1' = \xi' \sin\theta \sin\psi + \eta' \sin\theta \cos\psi + \zeta' \cos\theta.$$

Soient XY (*fig.* 28) le plan fixe, que nous supposerons être le plan de l'écliptique à l'époque $t = 0$; Z son pôle boréal; AC le plan de l'écliptique de l'époque t; BC le plan de l'orbite de la Lune à l'époque t; N' le point où le rayon mené du centre de la Terre au centre de gravité de la Lune à l'époque t perce la sphère; L' la longitude, Λ' la latitude du point N', ces coordonnées étant supposées se rapporter aux axes OX, OY, OZ. On aura

$$XK' = L', \qquad K'N' = \Lambda';$$

$$\xi' = \rho' \cos\Lambda' \cos L', \qquad \eta' = \rho' \cos\Lambda' \sin L', \qquad \zeta' = \rho' \sin\Lambda';$$

en portant ces valeurs dans l'équation (4), il viendra

$$(5) \qquad \frac{\zeta'_1}{\rho'} = \cos\Lambda' \sin\theta \sin(L' + \psi) + \sin\Lambda' \cos\theta.$$

Soit Q le pôle boréal de l'écliptique de l'époque t; le grand cercle QN' rencontre

Fig. 28.

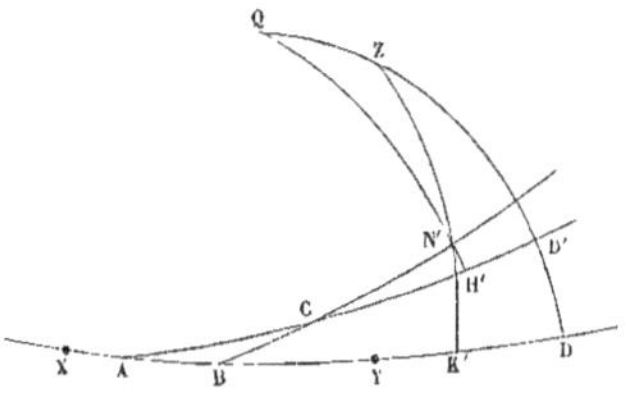

AC en H'; soient D et D' les points où les grands cercles XY et AC sont rencontrés par le grand cercle QZ.

Nous déterminerons la position de l'écliptique de l'époque t en faisant connaître

$$XA = \Omega, \qquad BAC = i;$$

i sera une quantité très petite dont nous négligerons le carré.

Nous poserons

$$XA + AC + CH' = \mathfrak{L}', \qquad H'N' = \lambda'.$$

Considérons une longueur égale à l'unité, portée sur ON' à partir du point O; ses projections sur les trois axes rectangulaires OA, OD, OZ seront égales à

$$\cos\Lambda' \cos(L' - \Omega), \quad \cos\Lambda' \sin(L' - \Omega), \quad \sin\Lambda'.$$

Les projections de la même longueur sur les trois axes rectangulaires OA, OD', OQ seront égales à

$$\cos\lambda' \cos(\mathfrak{L}' - \Omega), \quad \cos\lambda' \sin(\mathfrak{L}' - \Omega), \quad \sin\lambda'.$$

Les formules de transformation des coordonnées, permettant de passer d'un système d'axes à l'autre, nous donneront

$$(6)\qquad \left\{\begin{aligned} &\cos A' \cos(L' - \Omega) = \cos\lambda' \cos(\mathcal{L}' - \Omega),\\ &\cos A' \sin(L' - \Omega) = \cos\lambda' \sin(\mathcal{L}' - \Omega)\cos i - \sin\lambda' \sin i,\\ &\sin A' \qquad\qquad\quad\; = \cos\lambda' \sin(\mathcal{L}' - \Omega)\sin i + \sin\lambda' \cos i.\end{aligned}\right.$$

Posons encore

$$XA + AC = N,\qquad H'CN' = c_1,\qquad XA + AC + CN' = v';$$

v' sera la longitude de la Lune, à l'époque t, comptée dans son orbite; c_1 sera l'inclinaison, à l'époque t, de l'orbite de la Lune sur le plan de l'écliptique. On aura

$$CH' = \mathcal{L}' - N,\qquad CN' = v' - N,\qquad H'N' = \lambda',$$

et le triangle sphérique rectangle CH'N' donnera

$$\begin{aligned} \cos\lambda' \cos(\mathcal{L}' - N) &= \cos(v' - N),\\ \cos\lambda' \sin(\mathcal{L}' - N) &= \sin(v' - N)\cos c_1,\\ \sin\lambda' &= \sin(v' - N)\sin c_1.\end{aligned}$$

On tire de ces trois dernières équations les trois suivantes :

$$\begin{aligned} \cos\lambda' \cos(\mathcal{L}' - \Omega) &= \cos(v' - \Omega)\cos^2\frac{c_1}{2} + \cos(v' + \Omega - 2N)\sin^2\frac{c_1}{2},\\ \cos\lambda' \sin(\mathcal{L}' - \Omega) &= \sin(v' - \Omega)\cos^2\frac{c_1}{2} - \sin(v' + \Omega - 2N)\sin^2\frac{c_1}{2},\\ \sin\lambda' &= \sin(v' - N)\sin c_1.\end{aligned}$$

En portant ces expressions dans les équations (6), il vient

$$(7)\qquad \left\{\begin{aligned} \cos A' \cos(L' - \Omega) = {}& \cos(v' - \Omega)\cos^2\frac{c_1}{2} + \cos(v' + \Omega - 2N)\sin^2\frac{c_1}{2},\\ \cos A' \sin(L' - \Omega) = {}& \sin(v' - \Omega)\cos^2\frac{c_1}{2}\cos i\\ & - \sin(v' + \Omega - 2N)\sin^2\frac{c_1}{2}\cos i - \sin(v' - N)\sin c_1 \sin i,\\ \sin A' \qquad\qquad\; = {}& \sin(v' - \Omega)\cos^2\frac{c_1}{2}\sin i\\ & - \sin(v' + \Omega - 2N)\sin^2\frac{c_1}{2}\sin i + \sin(v' - N)\sin c_1 \cos i.\end{aligned}\right.$$

c_1 est un petit angle d'environ 5°; nous développerons suivant les puissances de c_1, en négligeant c_1^3, et aussi $c_1 i$ et i^2, comme on l'a dit plus haut. Alors les formules (7) deviennent

$$(8)\quad \left\{\begin{aligned} &\cos\Lambda'\cos(L'-\Omega) = \left(1-\frac{c_1^2}{4}\right)\cos(v'-\Omega) + \frac{1}{4}c_1^2\cos(v'+\Omega-2N),\\ &\cos\Lambda'\sin(L'-\Omega) = \left(1-\frac{c_1^2}{4}\right)\sin(v'-\Omega) - \frac{1}{4}c_1^2\sin(v'+\Omega-2N),\\ &\sin\Lambda' = i\sin(v'-\Omega) + c_1\sin(v'-N).\end{aligned}\right.$$

La formule (5), qui peut s'écrire

$$\begin{aligned}\frac{\zeta'_1}{\rho'} &= \sin\theta\sin(\psi+\Omega)\cos\Lambda'\cos(L'-\Omega)\\ &\quad+\sin\theta\cos(\psi+\Omega)\cos\Lambda'\sin(L'-\Omega)+\cos\theta\sin\Lambda',\end{aligned}$$

donnera, en ayant égard aux équations (8),

$$\begin{aligned}\frac{\zeta'_1}{\rho'} &= \left(1-\frac{1}{4}c_1^2\right)\sin\theta\sin(v'+\psi)+c_1\cos\theta\sin(v'-N)\\ &\quad+i\cos\theta\sin(v'-\Omega)-\frac{1}{4}c_1^2\sin\theta\sin(v'-\psi-2N)+\ldots;\end{aligned}$$

on en tire, au même degré de précision, en rejetant les termes indépendants de θ et ψ et ne conservant que les termes d'ordre zéro parmi ceux qui contiennent v' (on verra plus loin que les termes qui ne contiennent que θ et ψ, sans v', sont de beaucoup les plus importants), on en tire, disons-nous,

$$(9)\quad \left\{\begin{aligned}\frac{\zeta'^2_1}{\rho'^2} &= \left(\frac{1}{2}-\frac{3}{4}c_1^2\right)\sin^2\theta-\left(\frac{1}{2}-\frac{1}{4}c_1^2\right)\sin^2\theta\cos(2v'+2\psi)+c_1\sin\theta\cos\theta\cos(N+\psi)\\ &\quad+i\sin\theta\cos\theta\cos(\Omega+\psi)-\frac{1}{4}c_1^2\sin^2\theta\cos(2N+2\psi)+\ldots.\end{aligned}\right.$$

Il reste à exprimer le terme en $\cos(2v'+2\psi)$ par des sinus et cosinus d'arcs de la forme $\alpha+\beta t$.

Désignons par $m't+\mu'$ la longitude moyenne de la Lune dans son orbite, comptée de X en A, puis de A en C, et enfin le long de CN'; soit ϖ' la longitude du périgée lunaire comptée de la même façon; l'anomalie moyenne de la Lune à l'époque t sera

$$m't+\mu'-\varpi'.$$

Soit encore e' l'excentricité de l'orbite de la Lune; nous aurons, en remarquant que e' est petit et négligeant e'^3,

$$v' = m't + \mu' + 2e'\sin(m't + \mu' - \varpi') + \frac{5}{4}e'^2\sin(2m't + 2\mu' - 2\varpi') + \ldots,$$

d'où nous déduirons aisément, au même degré d'approximation,

$$\begin{aligned}\cos(2v' + 2\psi) = \cos(2m't + 2\mu' + 2\psi)& \\ - 2e'[\cos(m't + \mu' + \varpi' + 2\psi) - \cos(3m't + 3\mu' - \varpi' + 2\psi)]& \\ + e'^2\Big[\frac{3}{4}\cos(2\varpi' + 2\psi) - 4\cos(2m't + 2\mu' + 2\psi)& \\ + \frac{13}{4}\cos(4m't + 4\mu' - 2\varpi' + 2\psi)\Big]& \\ + \ldots\ldots\ldots\ldots\ldots\ldots\ldots\ldots\ldots\ldots&\end{aligned}$$

En portant cette valeur dans la formule (9), il vient

$$(10)\quad \left\{\begin{aligned}\frac{\zeta_1'^2}{\rho'^2} = \left(\frac{1}{2} - \frac{3}{4}c_1^2\right)\sin^2\theta + c_1\sin\theta\cos\theta\cos(\mathrm{N} + \psi) + i\sin\theta\cos\theta\cos(\Omega + \psi)& \\ - \frac{1}{4}c_1^2\sin^2\theta\cos(2\mathrm{N} + 2\psi) - \frac{3}{8}e'^2\sin^2\theta\cos(2\varpi' + 2\psi)& \\ - \left(\frac{1}{2} - \frac{1}{4}c_1^2 - 2e'^2\right)\sin^2\theta\cos(2m't + 2\mu' + 2\psi)& \\ + e'\sin^2\theta\cos(m't + \mu' + \varpi' + 2\psi) + \ldots.&\end{aligned}\right.$$

Il faut ensuite obtenir le développement périodique de $\frac{\rho_0'^3}{\rho'^3}$, en négligeant e'^3; or on tire aisément des formules connues du mouvement elliptique

$$(11)\quad \frac{\rho_0'^3}{\rho'^3} = 1 + \frac{3}{2}e'^2 + 3e'\cos(m't + \mu' - \varpi') + \frac{9}{2}e'^2\cos(2m't + 2\mu' - 2\varpi') + \ldots.$$

Multiplions membre à membre les formules (10) et (11), et nous trouverons

$$(12)\quad \left\{\begin{aligned}\frac{\rho_0'^3}{\rho'^3}\frac{\zeta_1'^2}{\rho'^2} = \left(\frac{1}{2} + \frac{3}{4}e'^2 - \frac{3}{4}c_1^2\right)\sin^2\theta + c_1\sin\theta\cos\theta\cos(\mathrm{N} + \psi) + i\sin\theta\cos\theta\cos(\Omega + \psi)& \\ - \frac{1}{4}c_1^2\sin^2\theta\cos(2\mathrm{N} + 2\psi) - \frac{1}{2}\sin^2\theta\cos(2m't + 2\mu' + 2\psi)& \\ + \frac{3}{2}e'\sin^2\theta\cos(m't + \mu' - \varpi') + \ldots.&\end{aligned}\right.$$

Remarque. — Parmi les termes périodiques contenant des sinus ou cosinus des multiples de $m't + \mu'$, on a négligé tous ceux qui ne sont pas de l'ordre zéro relativement aux quantités e', c_1, i, sauf un seul, le dernier de la formule (12), qui se trouve avoir une influence appréciable, bien que faible, dans le résultat final (les calculs ci-dessus ont été dirigés de manière à obtenir la valeur exacte de ce terme).

Pour obtenir l'expression de la quantité correspondante $\frac{\rho_0^3}{\rho^3}\frac{\zeta_1^2}{\rho^2}$ relative au Soleil, il est clair qu'il suffira de faire, dans la formule (12), $c_1 = 0$ et de remplacer m', μ', ϖ' et e' par les quantités analogues m, μ, ϖ, e relatives au Soleil.

Nous aurons ainsi

$$(13)\quad \left\{\begin{aligned} \frac{\rho_0^3}{\rho^3}\frac{\zeta_1^2}{\rho^2} &= \left(\frac{1}{2}+\frac{3}{4}e^2\right)\sin^2\theta + i\sin\theta\cos\theta\cos(\Omega+\psi) \\ &\quad -\frac{1}{2}\sin^2\theta\cos(2mt+2\mu+2\psi)+\frac{3}{2}e\sin^2\theta\cos(mt+\mu-\varpi)+\ldots \end{aligned}\right.$$

185. Développement de $\frac{\rho_0'^3}{\rho'^3}\frac{\eta_1'^2-\xi_1'^2}{\rho'^2}$. — On a

$$\xi_1' = \xi'(\ \cos\psi\cos\varphi+\sin\psi\sin\varphi\cos\theta)+\eta'(-\sin\psi\cos\varphi+\cos\psi\sin\varphi\cos\theta)-\zeta'\sin\varphi\sin\theta,$$

$$\eta_1' = \xi'(-\cos\psi\sin\varphi+\sin\psi\cos\varphi\cos\theta)+\eta'(\ \sin\psi\sin\varphi+\cos\psi\cos\varphi\cos\theta)-\zeta'\cos\varphi\sin\theta,$$

$$\frac{\xi'}{\rho'} = \cos\Lambda'\cos L',\qquad \frac{\eta'}{\rho'} = \cos\Lambda'\sin L',\qquad \frac{\zeta'}{\rho'} = \sin\Lambda'.$$

Les termes que nous considérons actuellement étant multipliés par la quantité très petite

$$\frac{B-A}{C},$$

il suffira largement de conserver les termes en c_1 et e'; on négligera i, c_1^2 et e'^2. On a d'abord rigoureusement, par les formules ci-dessus,

$$(14)\quad \left\{\begin{aligned} \frac{\xi_1'}{\rho'} &= \ \ \cos\varphi\cos\Lambda'\cos(L'+\psi)+\sin\varphi\cos\theta\cos\Lambda'\sin(L'+\psi)-\sin\varphi\sin\theta\sin\Lambda', \\ \frac{\eta_1'}{\rho'} &= -\sin\varphi\cos\Lambda'\cos(L'+\psi)+\cos\varphi\cos\theta\cos\Lambda'\sin(L'+\psi)-\cos\varphi\sin\theta\sin\Lambda'. \end{aligned}\right.$$

Si l'on compare ces expressions de $\frac{\xi_1'}{\rho'}$ et de $\frac{\eta_1'}{\rho'}$ à l'expression (5) de $\frac{\zeta_1'}{\rho'}$, on constate cette différence importante, que la dernière ne contient pas la variable φ, qui figure au contraire dans tous les termes des deux premières. Cette remarque explique à elle seule, comme on le verra plus loin, le peu d'influence des termes de U qui contiennent B — A en facteur.

On tire des formules (8), au degré de précision que nous nous sommes fixé,

$$\cos\Lambda' \cos(L' - \Omega) = \cos(v' - \Omega),$$
$$\cos\Lambda' \sin(L' - \Omega) = \sin(v' - \Omega),$$
$$\sin\Lambda' = c_1 \sin(v' - N),$$

d'où

$$\cos\Lambda' \cos(L' + \psi) = \cos(v' + \psi),$$
$$\cos\Lambda' \sin(L' + \psi) = \sin(v' + \psi),$$

et les formules (14) deviennent

$$\frac{\xi'_1}{\rho'} = \cos\varphi \cos(v' + \psi) + \cos\theta \sin\varphi \sin(v' + \psi) - c_1 \sin\theta \sin\varphi \sin(v' - N),$$
$$\frac{\eta'_1}{\rho'} = -\sin\varphi \cos(v' + \psi) + \cos\theta \cos\varphi \sin(v' + \psi) - c_1 \sin\theta \cos\varphi \sin(v' - N),$$

d'où

$$\frac{\eta_1'^2 - \xi_1'^2}{\rho'^2} = -\cos 2\varphi \cos^2(v' + \psi) + \cos^2\theta \cos 2\varphi \sin^2(v' + \psi) - \cos\theta \sin 2\varphi \sin(2v' + 2\psi)$$
$$+ c_1 \sin\theta \sin 2\varphi [\sin(2v' - N + \psi) - \sin(N + \psi)] + \ldots;$$

par des transformations faciles, on obtient

$$(15)\quad \left\{ \begin{aligned} \frac{\eta_1'^2 - \xi_1'^2}{\rho'^2} = & -\frac{1}{2} \sin^2\theta \cos 2\varphi - \sin^4\frac{\theta}{2} \cos(2v' + 2\varphi + 2\psi) \\ & - \cos^4\frac{\theta}{2} \cos(2v' - 2\varphi + 2\psi) \\ & + \frac{1}{2} c_1 \sin\theta [\cos(2v' - 2\varphi - N + \psi) - \cos(2v' + 2\varphi - N + \psi) \\ & \qquad - \cos(2\varphi - N - \psi) + \cos(2\varphi + N + \psi)] \\ & + \ldots \end{aligned} \right.$$

Dans cette formule, on devra prendre

$$\cos(2v' + 2\varphi + 2\psi) = \cos(2m't + 2\mu' + 2\varphi + 2\psi)$$
$$- 2e' [\cos(m't + \mu' + \varpi' + 2\varphi + 2\psi)$$
$$- \cos(3m't + 3\mu' - \varpi' + 2\varphi + 2\psi)],$$

$$\cos(2v' - 2\varphi + 2\psi) = \cos(2m't + 2\mu' - 2\varphi + 2\psi)$$
$$- 2e' [\cos(m't + \mu' + \varpi' - 2\varphi + 2\psi)$$
$$- \cos(3m't + 3\mu' - \varpi' - 2\varphi + 2\psi)].$$

On trouvera ainsi

$$\begin{aligned}\frac{\eta_1'^2-\xi_1'^2}{\rho'^2} = &-\frac{1}{2}\sin^2\theta\cos 2\varphi - \sin^4\frac{\theta}{2}\cos(2m't+2\mu'+2\varphi+2\psi)\\
&-\cos^4\frac{\theta}{2}\cos(2m't+2\mu'-2\varphi+2\psi)\\
&+2e'\sin^4\frac{\theta}{2}[\cos(m't+\mu'+\varpi'+2\varphi+2\psi)\\
&\qquad -\cos(3m't+3\mu'-\varpi'+2\varphi+2\psi)]\\
&+2e'\cos^4\frac{\theta}{2}[\cos(m't+\mu'+\varpi'-2\varphi+2\psi)\\
&\qquad -\cos(3m't+3\mu'-\varpi'-2\varphi+2\psi)]\\
&+\frac{1}{2}c_1\sin\theta[\cos(2m't+2\mu'-2\varphi-N+\psi)-\cos(2m't+2\mu'+2\varphi-N+\psi)\\
&\qquad -\cos(2\varphi-N-\psi)+\cos(2\varphi+N+\psi)].\end{aligned}$$

On pourra du reste se borner à

$$\frac{\rho_0'^3}{\rho'^3} = 1+3e'\cos(m't+\mu'-\varpi');$$

on obtient finalement

$$(16)\quad\left\{\begin{aligned}\rho_0'^3\frac{\eta_1'^2-\xi_1'^2}{\rho'^5} = &-\frac{1}{2}\sin^2\theta\cos 2\varphi - \sin^4\frac{\theta}{2}\cos(2m't+2\mu'+2\varphi+2\psi)\\
&-\cos^4\frac{\theta}{2}\cos(2m't+2\mu'-2\varphi+2\psi)\\
&-\frac{3}{4}e'\sin^2\theta[\cos(m't+\mu'-\varpi'+2\varphi)+\cos(m't+\mu'-\varpi'-2\varphi)]\\
&+\frac{1}{2}e'\sin^4\frac{\theta}{2}\cos(m't+\mu'+\varpi'+2\varphi+2\psi)\\
&-\frac{7}{2}e'\sin^4\frac{\theta}{2}\cos(3m't+3\mu'-\varpi'+2\varphi+2\psi)\\
&+\frac{1}{2}e'\cos^4\frac{\theta}{2}\cos(m't+\mu'+\varpi'-2\varphi+2\psi)\\
&-\frac{7}{2}e'\cos^4\frac{\theta}{2}\cos(3m't+3\mu'-\varpi'-2\varphi+2\psi)\\
&+\frac{1}{2}c_1\sin\theta[\cos(2m't+2\mu'-2\varphi-N+\psi)\\
&\qquad -\cos(2m't+2\mu'+2\varphi-N+\psi)\\
&\qquad -\cos(2\varphi-N-\psi)+\cos(2\varphi+N+\psi)].\end{aligned}\right.$$

On en déduira, au même degré de précision,

$$(17)\quad \left\{\begin{aligned} \rho_0^3 \frac{\eta_1^2-\xi_1^2}{\rho^3} = & -\frac{1}{2}\sin^2\theta\cos 2\varphi - \sin^4\frac{\theta}{2}\cos(2mt+2\mu+2\varphi+2\psi) \\ & \qquad -\cos^4\frac{\theta}{2}\cos(2mt+2\mu-2\varphi+2\psi) \\ & -\frac{3}{4}e\sin^2\theta\,[\cos(mt+\mu-\varpi+2\varphi)+\cos(mt+\mu-\varpi-2\varphi)] \\ & +\frac{1}{2}e\sin^4\frac{\theta}{2}\cos(\;mt+\;\mu+\varpi+2\varphi+2\psi) \\ & -\frac{7}{2}e\sin^4\frac{\theta}{2}\cos(3mt+3\mu-\varpi+2\varphi+2\psi) \\ & +\frac{1}{2}e\cos^4\frac{\theta}{2}\cos(\;mt+\;\mu+\varpi-2\varphi+2\psi) \\ & -\frac{7}{2}e\cos^4\frac{\theta}{2}\cos(3mt+3\mu-\varpi-2\varphi+2\psi). \end{aligned}\right.$$

Les formules (3), (12), (13), (16) et (17) contiennent tout ce qu'il faut connaître pour obtenir le développement de la fonction perturbatrice avec toute la précision désirable.

CHAPITRE XXVI.

FIXITÉ DES POLES A LA SURFACE DE LA TERRE. — INVARIABILITÉ DE LA VITESSE DE ROTATION.

186. **Fixité des pôles à la surface de la Terre.** — L'angle formé par l'axe de rotation avec l'axe principal Oz_1 a pour tangente trigonométrique

$$\frac{\sqrt{p^2+q^2}}{r} = \sigma\sqrt{a^2\cos^2 u + b^2\sin^2 u + \ldots}.$$

Si donc on démontre que la quantité σ, supposée très petite à un moment donné, reste constamment très petite, on aura prouvé par cela même qu'à la surface de la Terre les pôles seront toujours très voisins des extrémités de l'axe Oz_1. La relation

$$\sigma^2 = f_1^2 + f_1'^2$$

montre qu'il suffit de prouver que les quantités f_1 et f'_1 resteront toujours très petites. Nous partons des formules (a), (b), (c) du n° 182, qui nous donnent

$$\frac{\partial U}{\partial \varepsilon_1} = \frac{\partial U}{\partial \varphi} + \frac{Aa}{C}\left[(f_1\sin u_1 - f'_1\cos u_1)\frac{\partial U}{\partial \theta} + \frac{f_1\cos u_1 + f'_1\sin u_1}{\sin\theta'}\left(\frac{\partial U}{\partial \psi} + \cos\theta'\frac{\partial U}{\partial \varphi}\right)\right],$$

$$\frac{\partial U}{\partial f_1} = -\frac{Aa}{C}\left[\cos u_1\frac{\partial U}{\partial \theta} - \frac{\sin u_1}{\sin\theta'}\left(\frac{\partial U}{\partial \psi} + \cos\theta'\frac{\partial U}{\partial \varphi}\right)\right],$$

$$\frac{\partial U}{\partial f'_1} = -\frac{Aa}{C}\left[\sin u_1\frac{\partial U}{\partial \theta} + \frac{\cos u_1}{\sin\theta'}\left(\frac{\partial U}{\partial \psi} + \cos\theta'\frac{\partial U}{\partial \varphi}\right)\right],$$

$$\frac{\partial U}{\partial \varepsilon_1} + f_1\frac{\partial U}{\partial f'_1} - f'_1\frac{\partial U}{\partial f_1} = \frac{\partial U}{\partial \varphi};$$

$$(1)\quad \begin{cases} \dfrac{df_1}{dt} = -\dfrac{1}{2Cn}f_1\dfrac{\partial U}{\partial \varphi} + \dfrac{1}{Bbn}\left[\sin u_1\dfrac{\partial U}{\partial \theta} + \dfrac{\cos u_1}{\sin\theta'}\left(\dfrac{\partial U}{\partial \psi} + \cos\theta'\dfrac{\partial U}{\partial \varphi}\right)\right], \\ \dfrac{df'_1}{dt} = -\dfrac{1}{2Cn}f'_1\dfrac{\partial U}{\partial \varphi} + \dfrac{1}{Bbn}\left[-\cos u_1\dfrac{\partial U}{\partial \theta} + \dfrac{\sin u_1}{\sin\theta'}\left(\dfrac{\partial U}{\partial \psi} + \cos\theta'\dfrac{\partial U}{\partial \varphi}\right)\right]. \end{cases}$$

Nous laisserons de côté les premières parties des seconds membres des formules (1) parce qu'elles sont beaucoup plus petites que celles qui les suivent, en raison des facteurs f_1 et f'_1. Il convient de remarquer du reste que, si l'on avait poussé le calcul des différences $\theta - \theta'$, $\varphi - \varphi'$, $\psi - \psi'$, formules du n° **182**, jusqu'aux termes du second degré relativement à f_1 et f'_1, on aurait eu ainsi, dans les seconds membres en question, de nouveaux termes en f_1 et f'_1. Nous pourrons aussi remplacer θ' par θ et u_1 par $\varepsilon_1 + nt(1+ab)$, et nous aurons

$$(2)\quad \left\{\begin{aligned} \frac{df_1}{dt} &= \frac{1}{Bbn}\left[\ \ \sin u_1 \frac{\partial U}{\partial\theta} + \frac{\cos u_1}{\sin\theta}\left(\frac{\partial U}{\partial\psi} + \cos\theta\frac{\partial U}{\partial\varphi}\right)\right],\\ \frac{df'_1}{dt} &= \frac{1}{Bbn}\left[-\cos u_1 \frac{\partial U}{\partial\theta} + \frac{\sin u_1}{\sin\theta}\left(\frac{\partial U}{\partial\psi} + \cos\theta\frac{\partial U}{\partial\varphi}\right)\right],\\ u_1 &= \varepsilon_1 + nt(1+ab). \end{aligned}\right.$$

Il n'y a plus qu'à mettre pour U son développement du Chapitre XXV; on voit immédiatement que *tous* les termes de $\frac{df_1}{dt}$ et de $\frac{df'_1}{dt}$ seront périodiques, et que leurs périodes seront voisines d'un jour sidéral, parce que le coefficient de t dans les divers arguments sera $n(1+ab)$, $n(1+ab)+2m$, $n(1+ab)+2m'$, ..., et que m, m' sont assez petits par rapport à n. Nous avons vu d'ailleurs que tous les termes de U sont extrêmement petits. Nous pourrions donc en conclure aussitôt que les variations de f_1 et f'_1 fournies par la première approximation sont négligeables. Nous calculerons néanmoins les parties principales de ces variations, ne serait-ce que pour montrer leur ordre de petitesse. Ne conservons dans U que les termes qui ne contiennent pas i, e, e' et e_1; nous aurons

$$(3)\quad \left\{\begin{aligned} U = &-\frac{1}{2}\varkappa n C(1+\varepsilon)\sin^2\theta\\ &+\frac{1}{2}\varkappa n C\sin^2\theta[\cos(2mt+2\mu+2\psi)+\varepsilon\cos(2m't+2\mu'+2\psi)] + U_2, \end{aligned}\right.$$

en posant

$$(4)\quad \left\{\begin{aligned} U_2 = &\ \frac{1}{2}\varkappa' n C(1+\varepsilon)\sin^2\theta\cos 2\varphi\\ &+\varkappa' n C\sin^4\frac{\theta}{2}[\cos(2mt+2\mu+2\varphi+2\psi)+\varepsilon\cos(2m't+2\mu'+2\varphi+2\psi)]\\ &+\varkappa' n C\cos^4\frac{\theta}{2}[\cos(2mt+2\mu-2\varphi+2\psi)+\varepsilon\cos(2m't+2\mu'-2\varphi+2\psi)]. \end{aligned}\right.$$

Nous trouvons, en faisant d'abord abstraction de U_2,

$$\begin{aligned} \frac{1}{\varkappa n C}\frac{\partial U}{\partial\theta} &= -(1+\varepsilon)\sin\theta\cos\theta\\ &\quad+\sin\theta\cos\theta[\cos(2mt+2\mu+2\psi)+\varepsilon\cos(2m't+2\mu'+2\psi)],\\ \frac{1}{\varkappa n C}\frac{\partial U}{\partial\psi} &= -\sin^2\theta[\sin(2mt+2\mu+2\psi)+\varepsilon\sin(2m't+2\mu'+2\psi)],\\ \frac{\partial U}{\partial\varphi} &= 0. \end{aligned}$$

En portant ces expressions dans les formules (2), on trouve, après quelques transformations trigonométriques sans difficulté,

$$\begin{aligned}\frac{df_1}{dt} = -\frac{\varkappa C \sin\theta}{Bb}\Big[&(1+\varepsilon)\cos\theta\sin u_1 + \sin^2\frac{\theta}{2}\sin(u_1+2mt+2\mu+2\psi)\\ &-\cos^2\frac{\theta}{2}\sin(u_1-2mt-2\mu-2\psi)\\ &+\varepsilon\sin^2\frac{\theta}{2}\sin(u_1+2m't+2\mu'+2\psi)\\ &-\varepsilon\cos^2\frac{\theta}{2}\sin(u_1-2m't-2\mu'-2\psi)\Big].\end{aligned}$$

Nous pouvons intégrer en regardant θ et ψ comme constants, et si nous désignons par $\delta' f_1$ cette partie de la variation de f_1, nous trouverons

$$(5)\quad \left\{\begin{aligned}\delta' f_1 = \frac{\varkappa C \sin\theta}{Bbn}\Bigg[&\frac{(1+\varepsilon)\cos\theta\cos u_1}{1+ab} + \sin^2\frac{\theta}{2}\,\frac{\cos(u_1+2\odot)}{1+ab+2\dfrac{m}{n}} - \cos^2\frac{\theta}{2}\,\frac{\cos(u_1-2\odot)}{1+ab-2\dfrac{m}{n}}\\ &+\varepsilon\sin^2\frac{\theta}{2}\,\frac{\cos(u_1+2☾)}{1+ab+2\dfrac{m'}{n}} - \varepsilon\cos^2\frac{\theta}{2}\,\frac{\cos(u_1-2☾)}{1+ab-2\dfrac{m'}{n}}\Bigg].\end{aligned}\right.$$

Dans ces formules et les suivantes, nous avons posé, pour abréger,

$$\odot = mt+\mu+\psi, \qquad ☾ = m't+\mu'+\psi, \qquad ☊' = N+\psi;$$

$\odot$, ☾ et ☊′ désignent donc les longitudes moyennes du Soleil, de la Lune et du nœud de l'orbite lunaire, ces longitudes étant comptées à partir du point N de la *fig.* 26. Les formules (2) montrent que $\delta' f'_1$ se déduira de $\delta' f_1$ par le changement de u_1 en $u_1 - 90°$; nous nous dispenserons d'écrire l'expression de $\delta' f'_1$; on la tirera de (5), en remplaçant d'une manière générale $\cos(u_1+\alpha)$ par $\sin(u_1+\alpha)$.

Nous arrivons au calcul des parties $\delta'' f_1$ et $\delta'' f'_1$ des variations de f_1 et de f'_1 qui proviennent de U_2. La formule (4) nous donne

$$\begin{aligned}\frac{1}{\varkappa' n C}\frac{\partial U_2}{\partial\theta} = &\ (1+\varepsilon)\sin\theta\cos\theta\cos 2\varphi\\ &+\sin\theta\sin^2\frac{\theta}{2}[\cos(2mt+2\mu+2\varphi+2\psi)\\ &\qquad+\varepsilon\cos(2m't+2\mu'+2\varphi+2\psi)]\\ &-\sin\theta\cos^2\frac{\theta}{2}[\cos(2mt+2\mu-2\varphi+2\psi)\\ &\qquad+\varepsilon\cos(2m't+2\mu'-2\varphi+2\psi)],\end{aligned}$$

$$\begin{aligned}\frac{1}{\varkappa' n C\sin\theta}\left(\frac{\partial U_2}{\partial\psi}+\cos\theta\frac{\partial U_2}{\partial\varphi}\right) = &-(1+\varepsilon)\sin\theta\cos\theta\sin 2\varphi\\ &-\sin\theta\sin^2\frac{\theta}{2}[\sin(2mt+2\mu+2\varphi+2\psi)\\ &\qquad+\varepsilon\sin(2m't+2\mu'+2\varphi+2\psi)]\\ &-\sin\theta\cos^2\frac{\theta}{2}[\sin(2mt+2\mu-2\varphi+2\psi)\\ &\qquad+\varepsilon\sin(2m't+2\mu'-2\varphi+2\psi)].\end{aligned}$$

La première des formules (2) donne ensuite

$$\begin{aligned}\frac{df_1}{dt} = \frac{\varkappa' C \sin\theta}{Bb}\Big[& -(1+\varepsilon)\cos\theta \sin(2\varphi - u_1) - \sin^2\frac{\theta}{2}\sin(2\varphi - u_1 + 2mt + 2\mu + 2\psi) \\ & + \cos^2\frac{\theta}{2}\sin(2\varphi - u_1 - 2mt - 2\mu - 2\psi) \\ & - \varepsilon \sin^2\frac{\theta}{2}\sin(2\varphi - u_1 + 2m't + 2\mu' + 2\psi) \\ & + \varepsilon \cos^2\frac{\theta}{2}\sin(2\varphi - u_1 - 2m't - 2\mu' - 2\psi)\Big].\end{aligned}$$

Il n'y a plus qu'à intégrer en prenant

$$\varphi = \varepsilon_1 + nt, \qquad u_1 = \varepsilon_1 + nt(1 + ab), \qquad 2\varphi - u_1 = \varepsilon_1 + nt(1 - ab),$$

ce qui donne

$$(6)\left\{\begin{aligned}\delta'' f_1 = \frac{\varkappa' C \sin\theta}{Bbn}\Bigg[& \frac{(1+\varepsilon)\cos\theta\cos(2\varphi - u_1)}{1 - ab} + \sin^2\frac{\theta}{2}\,\frac{\cos(2\varphi - u_1 + 2\odot)}{1 - ab + 2\dfrac{m}{n}} \\ & - \cos^2\frac{\theta}{2}\,\frac{\cos(2\varphi - u_1 - 2\odot)}{1 - ab - 2\dfrac{m}{n}} \\ & + \varepsilon\sin^2\frac{\theta}{2}\,\frac{\cos(2\varphi - u_1 + 2☾)}{1 - ab + 2\dfrac{m'}{n}} - \varepsilon\cos^2\frac{\theta}{2}\,\frac{\cos(2\varphi - u_1 - 2☾)}{1 - ab - 2\dfrac{m'}{n}}\Bigg];\end{aligned}\right.$$

$\delta'' f'_1$ se déduira de $\delta'' f_1$ par le changement de u_1 en $u_1 - 90°$. On aura ensuite

$$\delta f_1 = \delta' f_1 + \delta'' f_1, \qquad \delta f'_1 = \delta' f'_1 + \delta'' f'_1.$$

Nous remarquons immédiatement que, si l'on néglige dans les dénominateurs $1 + ab$, $1 - ab$, ... la petite quantité ab voisine de $a^2 = \frac{1}{305}$, les coefficients des cosinus des divers arguments dans les formules (5) et (6) sont proportionnels à $\varkappa$ et $\varkappa'$. Or on a

$$\frac{\varkappa'}{\varkappa} = \frac{B - A}{2C - A - B},$$

et nous savons, par les mesures du pendule, que ce rapport est certainement petit. Si donc nous prouvons que $\delta' f_1$ est petit, il en sera de même *a fortiori* de $\delta'' f_1$; nous ne nous occuperons donc, pour le moment, que de $\delta' f_1$ et $\delta' f'_1$. Nous avons les formules

$$\frac{p}{n} = a\sigma\cos u, \qquad \frac{q}{n} = b\sigma\sin u, \qquad u = ab(nt + \varepsilon'_1),$$

d'où

$$\frac{p}{n} = a(f_1' \cos abnt - f_1 \sin abnt),$$

$$\frac{q}{n} = b(f_1' \sin abnt + f_1 \cos abnt).$$

Il y a lieu de tenir compte des valeurs initiales de f_1 et f_1'; nous le ferons en introduisant deux constantes arbitraires, g_1 et τ, par les formules

$$f_1 = g_1 \sin abn\tau + \delta' f_1, \qquad f_1' = g_1 \cos abn\tau + \delta' f_1'.$$

Les expressions précédentes de $\frac{p}{n}$ et de $\frac{q}{n}$ deviendront ainsi

$$\frac{p}{n} = ag_1 \cos[abn(t+\tau)] + a(\delta' f_1' \cos abnt - \delta' f_1 \sin abnt),$$

$$\frac{q}{n} = bg_1 \sin[abn(t+\tau)] + b(\delta' f_1' \sin abnt + \delta' f_1 \cos abnt).$$

Remplaçons $\delta' f_1$ par son expression (5) et $\delta' f_1'$ par l'expression analogue; remarquons en outre que nous pouvons prendre

$$u_1 - abnt = \varphi,$$

et il viendra

$$(7)\quad \left\{\begin{aligned}
\frac{p}{n} &= ag_1 \cos[abn(t+\tau)] \\
&\quad + \frac{Ca}{Bb}\frac{\varkappa}{n}\sin\theta\left[(1+\varepsilon)\cos\theta\frac{\sin\varphi}{1+ab} + \sin^2\frac{\theta}{2}\frac{\sin(\varphi+2\odot)}{1+ab+2\frac{m}{n}} - \cos^2\frac{\theta}{2}\frac{\sin(\varphi-2\odot)}{1+ab-2\frac{m}{n}}\right. \\
&\qquad\qquad \left. + \varepsilon\sin^2\frac{\theta}{2}\frac{\sin(\varphi+2☾)}{1+ab+2\frac{m'}{n}} - \varepsilon\cos^2\frac{\theta}{2}\frac{\sin(\varphi-2☾)}{1+ab-2\frac{m'}{n}}\right], \\
\frac{q}{n} &= bg_1 \sin[abn(t+\tau)] \\
&\quad + \frac{C}{B}\frac{\varkappa}{n}\sin\theta\left[(1+\varepsilon)\cos\theta\frac{\cos\varphi}{1+ab} + \sin^2\frac{\theta}{2}\frac{\cos(\varphi+2\odot)}{1+ab+2\frac{m}{n}} - \cos^2\frac{\theta}{2}\frac{\cos(\varphi-2\odot)}{1+ab-2\frac{m}{n}}\right. \\
&\qquad\qquad \left. + \varepsilon\sin^2\frac{\theta}{2}\frac{\cos(\varphi+2☾)}{1+ab+2\frac{m'}{n}} - \varepsilon\cos^2\frac{\theta}{2}\frac{\cos(\varphi-2☾)}{1+ab-2\frac{m'}{n}}\right].
\end{aligned}\right.$$

Il convient de se représenter le lieu du pôle sur le plan tangent à l'ellipsoïde terrestre, au point C où l'axe Oz_1 perce la surface. Soit R le rayon mené du centre de la Terre au point C,

$$x = \frac{p}{n} R, \qquad y = \frac{q}{n} R;$$

x et y pourront être regardés comme étant les coordonnées rectangulaires dans le plan tangent considéré, l'origine étant en C. Il n'y a plus qu'à remplacer $\frac{p}{n}$ et $\frac{q}{n}$ par leurs valeurs (7) et à mettre pour les diverses lettres les valeurs numériques qui seront indiquées plus loin. On pourra prendre C = B, $a = b$, et il viendra, en prenant le *centimètre* pour unité de longueur et désignant par λ la constante $ag_1 R$,

$$(8) \quad \begin{cases} x = \lambda \cos[a^2 n(t+\tau)] + 27 \sin\varphi - 19 \sin(\varphi - 2☾) - 9 \sin(\varphi - 2\odot) + 4 \sin(\varphi - ☊'), \\ y = \lambda \sin[a^2 n(t+\tau)] + 27 \cos\varphi - 19 \cos(\varphi - 2☾) - 9 \cos(\varphi - 2\odot) + 4 \cos(\varphi - ☊'). \end{cases}$$

Nous avons ajouté deux petits termes d'argument $\varphi - ☊'$ (en posant $N + \psi = ☊'$), qui proviennent du terme de U qui contient le facteur c_1. Si l'on pose

$$(9) \quad \begin{cases} 27 - 19 \cos 2☾ - 9 \cos 2\odot + 4 \cos ☊' = \lambda_1 \sin L_1, \\ 19 \sin 2☾ + 9 \sin 2\odot - 4 \sin ☊' = \lambda_1 \cos L_1, \\ a^2 n(t+\tau) = \upsilon, \end{cases}$$

λ désignant une quantité positive, on pourra écrire

$$(10) \quad \begin{cases} x = \lambda \cos\upsilon + \lambda_1 \cos(L_1 - \varphi), \\ y = \lambda \sin\upsilon + \lambda_1 \sin(L_1 - \varphi). \end{cases}$$

λ_1 et L_1 sont des quantités qui varient assez lentement. On peut se représenter le mouvement du pôle par la combinaison de deux mouvements circulaires. Traçons en effet (*fig.* 29) un premier cercle de rayon CA = λ, et imaginons sur

Fig. 29.

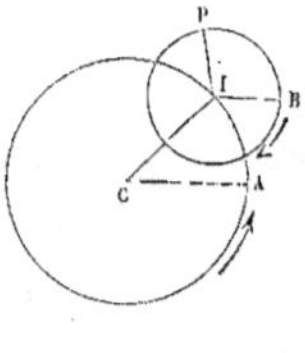

ce cercle un mobile I animé d'un mouvement uniforme, de façon que l'on ait ACI = υ; considérons un second cercle de rayon IP = λ_1, sur lequel se meuve le point P, de manière que l'angle PIB que forme ce rayon avec une parallèle à CA soit égal à $L_1 - \varphi$. Le mouvement du point P sera bien donné par les formules (10). Le point I fait son tour dans le temps

$$\frac{2\pi}{a^2 n} = \frac{2\pi}{n} \times 305 = 305 \text{ jours sidéraux};$$

le point P accomplit le sien en un jour sidéral environ. Les formules (9) montrent que le rayon λ_1, qui peut s'annuler à un moment donné, a un maximum de *soixante centimètres;* c'est bien peu de chose. Nous sommes dans une ignorance presque absolue sur la valeur de λ; ce que l'on sait au sujet de l'invariabilité des latitudes permet toutefois d'affirmer que λ est inférieur à 15^{m}. Concluons donc enfin que, si le pôle n'est pas entièrement immobile à la surface de la Terre, ses variations seront néanmoins contenues dans l'intérieur d'un cercle de *quinze mètres de rayon;* nous reviendrons d'ailleurs plus loin sur cette question de la variation des latitudes.

Il convient de calculer aussi les petites variations de θ_0. On peut ici se borner aux formules

$$\theta_0 = a\sigma = \frac{p}{n}\cos u + \frac{q}{n}\sin u,$$

qui deviennent, en vertu des relations (7),

$$\begin{aligned}\theta_0 &= ag_1 \cos[ab(\varepsilon'_1 - n\tau)] \\ &+ \frac{\varkappa}{n}\sin\theta\left[(1+\varepsilon)\cos\theta\,\frac{\sin(\varphi+u)}{1+ab} + \sin^2\frac{\theta}{2}\,\frac{\sin(\varphi+u+2\odot)}{1+ab+2\frac{m}{n}} + \ldots\right]\end{aligned}$$

ou bien, en réduisant en nombres et remarquant que $n\tau$ est la valeur initiale de ε'_1 qui varie très peu,

$$(11)\quad \left\{\begin{aligned}\theta_0 = ag_1 &+ 0'',0087\sin(\varphi+u) - 0'',0062\sin(\varphi+u-2☾) - 0'',0029\sin(\varphi+u-2\odot) \\ &+ 0'',0003\sin(\varphi+u+2☾) + 0'',0001\sin(\varphi+u+2\odot);\end{aligned}\right.$$

telle est l'expression de l'angle formé par l'équateur avec le plan du couple résultant; on voit qu'il est très petit et à fort peu près constant. Poinsot (¹) avait indiqué le premier terme $0'',0087\sin(\varphi+u)$ de la formule (11); M. C. Rozé a appelé l'attention sur les autres. L'ensemble des petites inégalités ne peut pas dépasser $0'',019$; c'est une quantité fort petite, mais dont l'introduction peut être cependant utile dans des recherches de haute précision.

187. Sur les inégalités séculaires de f_1 et f'_1. — Si l'on voulait connaître

(¹) POINSOT, *Précession des équinoxes*, p. 13. Paris, 1857.

les inégalités séculaires qui peuvent affecter les valeurs de f_1 et f'_1, il faudrait conserver, dans les seconds membres des équations

$$\frac{df_1}{dt} = -\frac{1}{2Cn} f_1 \frac{\partial U}{\partial \varepsilon_1} - \frac{C}{ABabn} \frac{\partial U}{\partial f'_1},$$
$$\frac{df'_1}{dt} = -\frac{1}{2Cn} f'_1 \frac{\partial U}{\partial \varepsilon_1} + \frac{C}{ABabn} \frac{\partial U}{\partial f_1},$$

les termes qui contiennent f_1 et f'_1 au premier degré et dont les coefficients sont indépendants de u, de φ, des moyens mouvements du Soleil et de la Lune et de ceux du périgée et du nœud de l'orbite lunaire, de sorte qu'on peut les considérer comme constants.

Nous remarquerons immédiatement que les seconds membres dont il s'agit seront extrêmement petits pour deux raisons, d'abord à cause du très petit facteur qui affecte tous les termes de U, ensuite en raison des facteurs f_1 et f'_1 eux-mêmes. On obtiendrait ainsi, par l'intégration, dans les expressions de f_1 et f'_1 des termes proportionnels à t, lesquels resteraient insensibles pendant un temps considérable. On pourrait néanmoins éprouver des scrupules et se demander si, à la longue, il n'en résulterait pas un déplacement sensible des pôles à la surface de la Terre. On aura la réponse à cette question en intégrant rigoureusement les équations précédentes, tout en conservant dans les seconds membres les termes en f_1 et f'_1. Remarquons d'abord que, puisqu'on réduit U à sa partie non périodique, on aura $\frac{\partial U}{\partial \varepsilon_1} = 0$ et, par suite,

$$(12) \qquad \frac{df_1}{dt} = -\frac{C}{ABabn} \frac{\partial U}{df'_1}, \qquad \frac{df'_1}{dt} = +\frac{C}{ABabn} \frac{\partial U}{\partial f_1}.$$

On a d'ailleurs (nº 184)

$$(13) \qquad U = -\varkappa n C\left[\left(\frac{1}{2} + \frac{3}{4}e^2\right)\sin^2\theta + \varepsilon\left(\frac{1}{2} + \frac{3}{4}e'^2 - \frac{3}{4}c_1^2\right)\sin^2\theta\right];$$

nous prendrons même

$$(14) \qquad U = -\frac{1}{2}\varkappa n C(1+\varepsilon)\sin^2\theta.$$

Nous partirons de la formule (8) du nº 180, qui nous donnera, en supposant $A = B$, $c = 0$,

$$\psi_0 - g = -\frac{\pi}{2} - u - \varphi',$$

$$\theta = \theta' - \frac{Aa}{C}\sigma\sin(u+\varphi') + \frac{A^2a^2}{2C^2}\sigma^2\cot\theta'\cos^2(u+\varphi'),$$

ou encore

$$\theta = \theta' - \frac{Aa}{C}(f_1 \cos u_1 + f'_1 \sin u_1) + \frac{A^2 a^2}{2C^2} \cot\theta' (f'_1 \cos u_1 - f_1 \sin u_1)^2,$$

en tenant compte des relations

$$u + \varphi' = u_1 + ab\varepsilon'_1, \qquad \sigma \sin(ab\varepsilon'_1) = f_1, \qquad \sigma \cos(ab\varepsilon'_1) = f'_1.$$

On peut en déduire le développement de $\sin^2\theta$ par la formule de Taylor, et, en le réduisant à sa partie non périodique, on trouve

$$\sin^2\theta = \sin^2\theta' + \frac{A^2 a^2}{2C^2} \cos^2\theta' (f_1^2 + f_1'^2) + \frac{A^2 a^2}{2C^2} \cos 2\theta' (f_1^2 + f_1'^2).$$

L'expression (14) de U devient ensuite, en supprimant la partie indépendante de f_1 et f'_1,

$$U = -\frac{1}{4} \varkappa n(1+\varepsilon) \frac{A^2 a^2}{C} (3\cos^2\theta' - 1)(f_1^2 + f_1'^2),$$

après quoi les formules (12) se réduisent à

$$(15) \qquad \begin{cases} \dfrac{df_1}{dt} = +\dfrac{1}{2}\varkappa(1+\varepsilon)(3\cos^2\theta' - 1) f'_1, \\[2mm] \dfrac{df'_1}{dt} = -\dfrac{1}{2}\varkappa(1+\varepsilon)(3\cos^2\theta' - 1) f_1. \end{cases}$$

On en tire

$$f_1 \frac{df_1}{dt} + f'_1 \frac{df'_1}{dt} = \sigma \frac{d\sigma}{dt} = 0.$$

Ainsi l'élément σ n'a pas d'inégalité séculaire, et c'est l'essentiel au point de vue de la fixité des pôles à la surface de la Terre.

Je ferai remarquer d'ailleurs qu'en réduisant la fonction des forces U à sa partie non périodique (14) et supposant $A = B$, on peut intégrer *rigoureusement* les équations du mouvement de rotation de la Terre. C'est ce que j'ai démontré dans une Note des *Comptes rendus des séances de l'Académie des Sciences* (t. CI, p. 195; 1885).

188. Invariabilité de la vitesse de rotation. — L'expression

$$(16) \qquad \omega = n\left(1 + \frac{1}{4}\frac{A+B}{C} a^2 b^2 \sigma^2 + \frac{1}{4} a^2 b^2 c^2 \sigma^2 \cos 2u\right)$$

de la page 404 montre que le terme en $\cos 2u$ est extrêmement petit, par chacun de ses facteurs a^2, b^2, c^2, σ^2, mais surtout par le dernier. Les variations de ω, s'il en est de sensibles, ne pourront donc provenir que de celles de n. Or nous avons (n° 182) l'équation

$$C\frac{dn}{dt} = \frac{\partial U}{\partial \varepsilon_1} + ab\left(f'_1\frac{\partial U}{\partial f_1} - f_1\frac{\partial U}{\partial f'_1}\right);$$

en y remplaçant $\frac{\partial U}{\partial \varepsilon_1}$, $\frac{\partial U}{\partial f_1}$ et $\frac{\partial U}{\partial f'_1}$ par leurs valeurs obtenues au commencement de ce Chapitre, il vient

$$(17)\quad \begin{cases} C\dfrac{dn}{dt} = \dfrac{\partial U}{\partial \varphi} + \dfrac{Aa(1+ab)}{C}\Bigg[(f_1 \sin u_1 - f'_1 \cos u_1)\dfrac{\partial U}{\partial \theta} \\ \qquad\qquad + \dfrac{f_1 \cos u_1 + f'_1 \sin u_1}{\sin \theta'}\left(\dfrac{\partial U}{\partial \psi} + \cos\theta'\dfrac{\partial U}{\partial \varphi}\right)\Bigg]. \end{cases}$$

En dehors de $\frac{\partial U}{\partial \varphi}$, les termes du second membre donneraient dans n des inégalités à courtes périodes, car u_1 ne peut disparaître d'aucun argument; les coefficients de ces inégalités seront tout à fait insensibles, d'abord à cause des facteurs f_1 et f'_1, ensuite en raison de la petitesse de U. On peut donc laisser ces termes de côté et se borner à

$$(17')\qquad C\frac{dn}{dt} = \frac{\partial U}{\partial \varphi}.$$

Les termes de U qui ne renferment pas φ ne donneront rien, et il n'y aura lieu de considérer que la portion U_2, pour laquelle on a

$$\begin{aligned} \frac{dn}{dt} = &- \varkappa' n(1+\varepsilon)\sin^2\theta \sin 2\varphi \\ &- 2\varkappa' n \sin^4\frac{\theta}{2}[\sin(2mt + 2\mu + 2\varphi + 2\psi) + \varepsilon \sin(2m't + 2\mu' + 2\varphi + 2\psi)] \\ &+ 2\varkappa' n \cos^4\frac{\theta}{2}[\sin(2mt + 2\mu - 2\varphi + 2\psi) + \varepsilon \sin(2m't + 2\mu' - 2\varphi + 2\psi)]. \end{aligned}$$

On en tire, en intégrant et désignant par n' une constante arbitraire,

$$(18)\quad \begin{cases} n = n' + \dfrac{1}{2}\varkappa'(1+\varepsilon)\sin^2\theta\cos 2\varphi + \varkappa'\sin^4\dfrac{\theta}{2}\left[\dfrac{\cos(2\varphi + 2\odot)}{1 + \dfrac{m}{n}} + \varepsilon\dfrac{\cos(2\varphi + 2☾)}{1 + \dfrac{m'}{n}}\right] \\ \qquad + \varkappa'\cos^4\dfrac{\theta}{2}\left[\dfrac{\cos(2\varphi - 2\odot)}{1 - \dfrac{m}{n}} + \varepsilon\dfrac{\cos(2\varphi - 2☾)}{1 - \dfrac{m'}{n}}\right]. \end{cases}$$

L'angle dont tourne le corps autour de l'axe instantané pendant le temps dt est $\omega\,dt$; l'angle décrit pendant le temps t est $\int \omega\,dt$. Or on tire des formules (16) et (18)

$$(19) \qquad \int \omega\,dt = \int n\,dt + \frac{1}{4}\frac{A+B}{C}a^2b^2\int \sigma^2 n\,dt + \frac{1}{4}a^2b^2c^2\int \sigma^2 n \cos 2u\,dt,$$

$$(20) \quad \left\{ \begin{aligned} \int n\,dt = \text{const.} + n't &+ \frac{1}{4}\frac{\varkappa'}{n}(1+\varepsilon)\sin^2\theta \sin 2\varphi \\ &+ \frac{1}{2}\frac{\varkappa'}{n}\sin^4\frac{\theta}{2}\left[\frac{\sin(2\varphi+2\odot)}{\left(1+\dfrac{m}{n}\right)^2} + \varepsilon\frac{\sin(2\varphi+2☾)}{\left(1+\dfrac{m'}{n}\right)^2}\right] \\ &+ \frac{1}{2}\frac{\varkappa'}{n}\cos^4\frac{\theta}{2}\left[\frac{\sin(2\varphi-2\odot)}{\left(1-\dfrac{m}{n}\right)^2} + \varepsilon\frac{\sin(2\varphi-2☾)}{\left(1-\dfrac{m'}{n}\right)^2}\right]. \end{aligned} \right.$$

Si l'on remplace $\varkappa'$ par sa valeur, on trouve

$$\frac{1}{2}\frac{\varkappa'}{n} = \frac{3}{8}\left(\frac{m}{n}\right)^2\frac{B-A}{C} = 0'',58\,\frac{B-A}{C}.$$

Or le rapport $\frac{B-A}{C}$ est petit; on peut conclure des observations du pendule qu'il est inférieur à la centième partie de $\frac{C-A}{C}$. On peut donc admettre que l'on a

$$\frac{B-A}{C} < \frac{1}{30000}.$$

Dans ces conditions, l'ensemble des termes périodiques du second membre de l'équation (20) est inférieur à $0'',0001$, et l'on peut prendre en toute sécurité

$$\int n\,dt = \text{const.} + n't.$$

Le terme $\int \sigma^2 n\,dt$ peut être remplacé par $\sigma^2 \int n\,dt$ ou par $\sigma^2 n't$; son effet se bornera donc à modifier très légèrement le coefficient de t dans $\int \omega\,dt$. Quant à l'intégrale $\int \sigma^2 n \cos 2u\,dt$, elle se composera de termes à courtes périodes dont les coefficients seront extrêmement petits.

Conclusion. — Dans la première approximation, la vitesse angulaire de rotation de la Terre peut être considérée comme constante, et l'intégrale $\int \omega\,dt$ comme étant de la forme $\alpha + \beta t$. Le jour sidéral est donc constant, puisque c'est, par définition, le temps au bout duquel l'intégrale $\int \omega\,dt$ augmente de 2π.

On peut se proposer de chercher si les conséquences précédentes subsistent encore dans la seconde approximation. Il faudrait pour cela remplacer dans le second membre de l'équation (17) les diverses variables par leurs valeurs fournies par la première approximation. Or l'effet principal sera d'augmenter ψ d'une quantité proportionnelle au temps; les divers arguments conserveront la même forme, sauf que le coefficient du temps y sera modifié un peu; les conclusions resteront les mêmes, eu égard à la petitesse extrême des inégalités du premier ordre. Nous pouvons donc admettre la constance du jour sidéral, tant qu'on fait abstraction de certaines causes perturbatrices telles que le frottement des marées, etc., dont il sera question plus loin; c'est la base fondamentale de la mesure du temps en Astronomie.

Remarque. — Un géomètre distingué a cru pouvoir conclure, de la considération des inégalités de θ_0, que le rapport $\frac{B-A}{C}$ devait être inférieur à $\frac{1}{3000000}$, si les latitudes ne varient pas de $2''$. Mais il a été amené à cette conclusion par une erreur de signes, en conservant l'une des relations (D) du n° 175, où il aurait fallu écrire $\sin(\varphi - \varphi_0)$ au lieu de $\sin(\varphi_0 - \varphi)$, l'angle ψ étant compté en sens inverse de celui de Poisson. *Voir* la *Note sur les moments d'inertie principaux de la Terre* (*Comptes rendus des séances de l'Académie des Sciences*, t. CI, p. 409; 15 août 1885).

CHAPITRE XXVII.

DES FORMULES DE LA PRÉCESSION ET DE LA NUTATION.

189. Il résulte de ce qu'on a vu précédemment que θ_0, σ, f_1 et f'_1 sont des quantités pratiquement insensibles; nous les supposerons nulles désormais. Nous aurons donc

$$\theta = \theta', \qquad \psi = \psi', \qquad \varphi = \varphi'.$$

Le plan du couple résultant, le plan $x_1 O y_1$ et le plan perpendiculaire à l'axe instantané de rotation seront donc confondus en un seul et même plan, et l'on pourra dire que les variables ψ et θ fixent la position de l'équateur de l'époque t par rapport au plan fixe XOY.

Les deux premières des équations (ε) de la page 402 nous donneront

$$\frac{d\psi}{dt} = -\frac{1}{Cn\sin\theta}\frac{\partial U}{\partial\theta},$$

$$\frac{d\theta}{dt} = +\frac{1}{Cn\sin\theta}\frac{\partial U}{\partial\psi} + \frac{\cos\theta}{Cn\sin\theta}\frac{\partial U}{\partial\varphi}.$$

L'analyse employée pour montrer que n peut être considéré comme invariable a prouvé que l'intégrale $\int \frac{\partial U}{\partial\varphi}dt$ se compose uniquement de termes à courtes périodes dont les coefficients sont tout à fait négligeables; nous pourrons donc réduire à son premier terme le second membre de l'équation qui donne $\frac{d\theta}{dt}$, et nous aurons

$$(1) \qquad \left\{ \begin{aligned} \frac{d\psi}{dt} &= -\frac{1}{Cn\sin\theta}\frac{\partial U}{\partial\theta}, \\ \frac{d\theta}{dt} &= +\frac{1}{Cn\sin\theta}\frac{\partial U}{\partial\psi}. \end{aligned} \right.$$

La démonstration que l'on a donnée de la fixité des pôles à la surface de la Terre prouve que les intégrales $\int \frac{\partial U_2}{\partial \theta} dt$ et $\int \frac{\partial U_2}{\partial \psi} dt$ sont insensibles; nous pourrons donc faire abstraction de U_2, et, en nous reportant aux formules (3) de la page 406 et (12) et (13) de la page 410, nous aurons simplement

$$(2)\quad \left\{\begin{aligned} -\frac{1}{Cn\varkappa}U = \varepsilon\Big[&\left(\frac{1}{2}+\frac{3}{4}e'^2-\frac{3}{4}c_1^2\right)\sin^2\theta + i\sin\theta\cos\theta\cos(\Omega+\psi)\\ &+c_1\sin\theta\cos\theta\cos(N+\psi)-\frac{1}{4}c_1^2\sin^2\theta\cos(2N+2\psi)\\ &-\frac{1}{2}\sin^2\theta\cos(2m't+2\mu'+2\psi)+\frac{3}{2}e'\sin^2\theta\cos(m't+\mu'-\varpi')\Big]\\ &+\left(\frac{1}{2}+\frac{3}{4}e^2\right)\sin^2\theta+i\sin\theta\cos\theta\cos(\Omega+\psi)\\ &-\frac{1}{2}\sin^2\theta\cos(2mt+2\mu+2\psi)+\frac{3}{2}e\sin^2\theta\cos(mt+\mu-\varpi). \end{aligned}\right.$$

Cette expression dépend de θ et ψ d'une part, de l'autre, de c_1 et N, de e', m', μ' et ϖ'; de e, m, μ et ϖ, et enfin de i et Ω.

Les inégalités périodiques des éléments de la Lune, savoir de e', m', μ', ϖ', c_1 et N ne produisent ici aucun effet appréciable; nous renverrons pour ce point au premier Mémoire de M. Serret (*Annales de l'Observatoire*, t. V, p. 325-329). Les inégalités séculaires des mêmes éléments sont très faibles en elles-mêmes ou bien n'ont pas d'effet appréciable dans le phénomène actuel, sauf ce qui concerne N. A l'égard du Soleil, il convient de tenir compte des inégalités séculaires de e, i et Ω; la théorie du mouvement du Soleil montre que, au moins pendant un très grand nombre d'années, on peut prendre

$$e = e_0 + e_1 t,\qquad i\sin\Omega = gt + rt^2,\qquad i\cos\Omega = g't + r't^2;$$

e_1, g et g' sont des coefficients numériques très petits; r et r' sont encore beaucoup plus petits et, presque toujours, on peut les laisser de côté dans la théorie actuelle. La formule (2) devient ainsi

$$\begin{aligned} -\frac{1}{Cn\varkappa}U = &\left[\frac{1}{2}+\frac{3}{4}e_0^2+\varepsilon\left(\frac{1}{2}+\frac{3}{4}e'^2-\frac{3}{4}c_1^2\right)\right]\sin^2\theta\\ &+\left[(1+\varepsilon)(g'\cos\psi-g\sin\psi)\sin\theta\cos\theta+\frac{3}{2}e_0e_1\sin^2\theta\right]t\\ &+\varepsilon c_1\sin\theta\cos\theta\cos(N+\psi)-\frac{1}{4}\varepsilon c_1^2\sin^2\theta\cos(2N+2\psi)\\ &-\frac{1}{2}\sin^2\theta\cos(2mt+2\mu+2\psi)-\frac{1}{2}\varepsilon\sin^2\theta\cos(2m't+2\mu'+2\psi)\\ &+\frac{3}{2}e_0\sin^2\theta\cos(mt+\mu-\varpi)+\frac{3}{2}\varepsilon e'\sin^2\theta\cos(m't+\mu'-\varpi'). \end{aligned}$$

Posons

$$(3)\quad \begin{cases} \mathfrak{F} = \varkappa\left(\frac{1}{2}+\frac{3}{4}e_0^2\right)+\varepsilon\varkappa\left(\frac{1}{2}+\frac{3}{4}e'^2-\frac{3}{4}c_1^2\right), \\ \mathfrak{G} = \varkappa(1+\varepsilon), \\ \mathfrak{H} = \frac{3}{2}\varkappa e_0 e_1, \\ Z = -\varepsilon\varkappa c_1 \sin\theta\cos\theta\cos(N+\psi)+\frac{1}{4}\varepsilon\varkappa c_1^2\sin^2\theta\cos(2N+2\psi) \\ \quad +\frac{1}{2}\varkappa\sin^2\theta\cos(2mt+2\mu+2\psi)+\frac{1}{2}\varepsilon\varkappa\sin^2\theta\cos(2m't+2\mu'+2\psi) \\ \quad -\frac{3}{2}\varkappa e_0\sin^2\theta\cos(mt+\mu-\varpi)-\frac{3}{2}\varepsilon\varkappa e'\sin^2\theta\cos(m't+\mu'-\varpi'), \end{cases}$$

et nous pourrons écrire

$$(4)\quad \frac{1}{Cn}U = -\mathfrak{F}\sin^2\theta - [\mathfrak{G}(g'\cos\psi - g\sin\psi)\sin\theta\cos\theta + \mathfrak{H}\sin^2\theta]\,t + Z.$$

Les équations (1) donneront ensuite

$$(5)\quad \begin{cases} \dfrac{d\psi}{dt} = +2\mathfrak{F}\cos\theta + \left[\mathfrak{G}(g'\cos\psi - g\sin\psi)\dfrac{\cos 2\theta}{\sin\theta} + 2\mathfrak{H}\cos\theta\right]t - \dfrac{1}{\sin\theta}\dfrac{\partial Z}{\partial\theta}, \\ \dfrac{d\theta}{dt} = \mathfrak{G}\cos\theta(g'\sin\psi + g\cos\psi)\,t + \dfrac{1}{\sin\theta}\dfrac{\partial Z}{\partial\psi}. \end{cases}$$

Nous allons intégrer ces équations par approximation, ce qui est facile, parce que les quantités g, g' et $\mathfrak{H}$ sont très petites; il en est de même de $\mathfrak{F}$ et $\mathfrak{G}$, qui ont cependant des valeurs plus sensibles; nous supprimerons d'abord, dans les seconds membres des équations (5), les parties $-\frac{1}{\sin\theta}\frac{\partial Z}{\partial\theta}$ et $+\frac{1}{\sin\theta}\frac{\partial Z}{\partial\psi}$; nous considérerons donc les équations

$$(6)\quad \begin{cases} \dfrac{d\psi}{dt} = +2\mathfrak{F}\cos\theta + \left[\mathfrak{G}(g'\cos\psi - g\sin\psi)\dfrac{\cos 2\theta}{\sin\theta} + 2\mathfrak{H}\cos\theta\right]t, \\ \dfrac{d\theta}{dt} = \mathfrak{G}\cos\theta(g'\sin\psi + g\cos\psi)\,t. \end{cases}$$

Nous représenterons par θ_1 la valeur initiale de θ, ou plutôt une valeur très peu différente, et nous supposerons qu'on ait pris pour axe OX, dans le plan fixe XOY, une droite très voisine de l'intersection de ce plan fixe avec la position de l'équateur à l'époque initiale $t = 0$; donc, pour $t = 0$, ψ sera très peu différent de zéro.

Les observations nous montrent qu'en gros ψ augmente de $50''$ par an; si nous voulons obtenir des formules suffisant aux besoins de l'Astronomie pendant deux siècles, ψ variera, dans cet intervalle, de o à $50'' \times 200 = 2^\circ 46' 40''$; dans ces conditions, les petits termes $\mathcal{G}g'\cos\psi$, $\mathcal{G}g\sin\psi$, $\mathcal{G}g'\sin\psi$, $\mathcal{G}g\cos\psi$, seconds membres des équations (6), pourront être réduits respectivement à $\mathcal{G}g'$, o, o, $\mathcal{G}g$; on pourra, aussi, dans ces seconds membres, remplacer θ par θ_1. On trouvera donc

$$\frac{d\psi}{dt} = +2\mathcal{F}\cos\theta_1 + \left(\mathcal{G}g'\frac{\cos 2\theta_1}{\sin\theta_1} + 2\mathfrak{H}\cos\theta_1\right)t,$$

$$\frac{d\theta}{dt} = \mathcal{G}g\cos\theta_1 t$$

on peut intégrer, et il vient

$$(7) \qquad \psi = \text{const.} + \mathfrak{a}t + \mathfrak{b}t^2, \qquad \theta = \text{const.} + \nu t^2,$$

en posant, pour abréger,

$$\mathfrak{a} = 2\mathcal{F}\cos\theta_1,$$

$$\mathfrak{b} = \frac{1}{2}\mathcal{G}g'\frac{\cos 2\theta_1}{\sin\theta_1} + \mathfrak{H}\cos\theta_1,$$

$$\nu = \frac{1}{2}\mathcal{G}g\cos\theta_1.$$

Si nous remplaçons $\mathcal{F}$, $\mathcal{G}$, $\mathfrak{H}$ par leurs valeurs (3), nous trouvons

$$(8) \qquad \begin{cases} \mathfrak{a} = \varkappa\left(1 + \frac{3}{2}e_0^2\right)\cos\theta_1 + \varkappa\varepsilon\left(1 + \frac{3}{2}e'^2 - \frac{3}{2}c_1^2\right)\cos\theta_1, \\ \mathfrak{b} = \varkappa\left[\frac{1}{2}(1+\varepsilon)g'\frac{\cos 2\theta_1}{\sin\theta_1} + \frac{3}{2}e_0 e_1\cos\theta_1\right], \\ \nu = \frac{1}{2}\varkappa(1+\varepsilon)g\cos\theta_1. \end{cases}$$

Remarque. — Si l'on avait tenu compte des termes en t^2 dans les expressions de $i\sin\Omega$ et de $i\cos\Omega$, il en serait résulté dans ψ et θ des termes en t^3; on se convaincra aisément que, dans la pratique *actuelle* de l'Astronomie, ces termes sont négligeables.

190. Pour passer des intégrales (7) des équations (6) aux intégrales des équations (5), nous poserons

$$(9) \qquad \begin{cases} \psi = \text{const.} + \mathfrak{a}t + \mathfrak{b}t^2 + \Psi, \\ \theta = \text{const.} + \qquad \nu t^2 \quad + \Theta; \end{cases}$$

une fois effectuées les différentiations qui figurent dans les expressions

$-\frac{1}{\sin\theta}\frac{\partial Z}{\partial \theta}$ et $+\frac{1}{\sin\theta}\frac{\partial Z}{\partial \psi}$, en raison de la petitesse de ces termes, on pourra y remplacer θ par θ_1 et ψ par at, car on verra que, dans les limites de temps envisagées plus haut, le terme bt^2 est petit; on trouvera ainsi

$$(10)\quad \left\{\begin{aligned}
\frac{d\Psi}{dt} &= \varkappa\varepsilon c_1 \frac{\cos 2\theta_1}{\sin\theta_1}\cos(N+\psi)\\
&\quad - \varkappa\cos\theta_1\Big[\frac{1}{2}\varepsilon c_1^2\cos(2N+2\psi)+\cos(2mt+2\mu+2\psi)\\
&\qquad + \varepsilon\cos(2m't+2\mu'+2\psi)\\
&\qquad - 3e_0\cos(mt+\mu-\varpi)-3\varepsilon e'\cos(m't+\mu'-\varpi')\Big],\\
\frac{d\Theta}{dt} &= \varkappa\varepsilon c_1\cos\theta_1\sin(N+\psi)\\
&\quad - \varkappa\sin\theta_1\Big[\frac{1}{2}\varepsilon c_1^2\sin(2N+2\psi)+\sin(2mt+2\mu+2\psi)\\
&\qquad + \varepsilon\sin(2m't+2\mu'+2\psi)\Big].
\end{aligned}\right.$$

On sait que le nœud de la Lune rétrograde sur l'écliptique de façon à parcourir 360° en $18\frac{2}{3}$ ans; dans la question actuelle, on peut supposer que ce mouvement est uniforme. On peut donc prendre

$$N+\psi = \beta - \alpha t,$$

en désignant par α et β deux constantes; on peut dès lors intégrer les équations (10); il est inutile d'ajouter des constantes, car elles se confondent avec celles des seconds membres des équations (9). On obtient ainsi

$$(11)\quad \left\{\begin{aligned}
\Psi &= -\varkappa\varepsilon\frac{c_1}{\alpha}\frac{\cos 2\theta_1}{\sin\theta_1}\sin(N+\psi)\\
&\quad + \varkappa\cos\theta_1\Big[\varepsilon\frac{c_1^2}{4\alpha}\sin(2N+2\psi)-\frac{1}{2m}\sin(2mt+2\mu+2\psi)\\
&\qquad - \frac{\varepsilon}{2m'}\sin(2m't+2\mu'+2\psi)\\
&\qquad + \frac{3e_0}{m}\sin(mt+\mu-\varpi)+\frac{3\varepsilon e'}{m'}\sin(m't+\mu'-\varpi')\Big],
\end{aligned}\right.$$

$$(12)\quad \left\{\begin{aligned}
\Theta &= \varkappa\varepsilon\frac{c_1}{\alpha}\cos\theta_1\cos(N+\psi)\\
&\quad + \varkappa\sin\theta_1\Big[-\varepsilon\frac{c_1^2}{4\alpha}\cos(2N+2\psi)+\frac{1}{2m}\cos(2mt+2\mu+2\psi)\\
&\qquad + \frac{\varepsilon}{2m'}\cos(2m't+2\mu'+2\psi)\Big].
\end{aligned}\right.$$

Remarque. — On a écrit, dans les équations (11) et (12),

$$\int \cos(2mt + 2\mu + 2\psi)\,dt = \text{const.} + \frac{1}{2m}\sin(2mt + 2\mu + 2\psi),$$
$$\int \sin(2mt + 2\mu + 2\psi)\,dt = \text{const.} - \frac{1}{2m}\cos(2mt + 2\mu + 2\psi),$$

tandis qu'on aurait dû prendre

$$\int \cos(2mt + 2\mu + 2\psi)\,dt = \text{const.} + \frac{1}{2(m + \mathrm{a})}\sin(2mt + 2\mu + 2\psi),$$
$$\int \sin(2mt + 2\mu + 2\psi)\,dt = \text{const.} - \frac{1}{2(m + \mathrm{a})}\cos(2mt + 2\mu + 2\psi);$$

mais le rapport $\frac{\mathrm{a}}{m}$ est très petit, et, en consultant les valeurs numériques rapportées plus loin, on verra qu'on peut opérer ainsi ; de même, en toute rigueur, le diviseur m' aurait dû être légèrement altéré dans les seconds membres des équations (11) et (12).

Nous pouvons supposer nulle la constante qui figure dans le second membre de la première équation (9), et celle qui figure dans la seconde égale à θ_1 ; nous aurons donc

$$\text{(A)} \qquad \begin{cases} \psi = \mathrm{a}t + \mathrm{b}t^2 + \Psi, \\ \theta = \theta_1 + \nu t^2 + \Theta. \end{cases}$$

Telles sont les formules qui feront connaître, à une époque quelconque, la position du plan de l'équateur par rapport au plan fixe XOY.

Considérons les équations

$$\text{(A')} \qquad \begin{cases} \psi_m = \mathrm{a}t + \mathrm{b}t^2, \\ \theta_m = \theta_1 + \nu t^2; \end{cases}$$

ces valeurs de ψ_m et θ_m déterminent la position d'un plan mobile qui, à chaque instant, diffère très peu de l'équateur vrai; ce plan est ce que l'on nomme l'*équateur moyen*.

On voit que, pour $t = 0$, les équations (A′) donnent

$$\psi_m = 0, \qquad \theta_m = \theta_1;$$

donc le plan de l'équateur moyen de l'époque $t = 0$ passe par OX, et θ_1 désigne l'inclinaison de ce plan sur le plan fixe; si l'on appelle encore équinoxe moyen l'intersection des grands cercles qui représentent les plans XOY et l'équateur moyen, on peut dire que le point X est choisi de manière à coïncider avec l'équinoxe moyen de l'époque zéro.

On aura ensuite

$$(\mathrm{B})\qquad \begin{cases} \psi = \psi_m + \Psi, \\ \theta = \theta_m + \Theta. \end{cases}$$

Le mouvement de l'équateur moyen, relativement au plan fixe, produit le phénomène de la *précession des équinoxes*, et la quantité ψ_m est dite la *précession luni-solaire*. Le mouvement de l'équateur vrai par rapport à l'équateur moyen constitue le phénomène de la *nutation*.

Ellipse de nutation. — On verra, à propos de la mise en nombres, que les termes de beaucoup les plus importants de Ψ et Θ sont ceux qui dépendent du sinus et du cosinus de $N + \psi$; si l'on se borne à ces deux termes, on obtient une représentation géométrique intéressante pour le mouvement de l'équateur vrai par rapport à l'équateur moyen ; on aura donc dans ce cas

$$(13)\qquad \begin{cases} \Psi = -\varkappa\varepsilon \dfrac{c_1}{\alpha} \dfrac{\cos 2\theta_1}{\sin\theta_1} \sin(N + \psi), \\ \Theta = \quad \varkappa\varepsilon \dfrac{c_1}{\alpha} \cos\theta_1 \cos(N + \psi). \end{cases}$$

Soient N le nœud descendant de l'équateur vrai relativement au plan fixe XOY, Q le pôle boréal de cet équateur; N′ et Q′ les quantités correspondantes pour

Fig. 30.

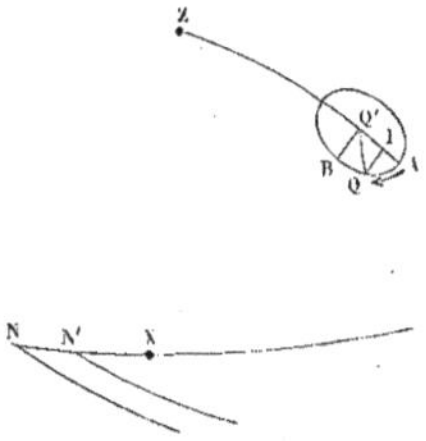

l'équateur moyen (*fig.* 30). Le point N est le pôle de l'arc de grand cercle QZ et N′ le pôle de Q′Z. On aura

$$XN' = \psi_m, \qquad XN = \psi_m + \Psi;$$

$$NN' = \Psi = \text{angle } QZQ';$$

$$ZQ' = \theta_m, \qquad ZQ = \theta_m + \Theta, \qquad ZQ - ZQ' = \Theta.$$

L'angle QZQ' étant très petit, on pourra prendre

$$Q'I = ZQ - ZQ' = \Theta, \qquad QI = \sin ZQ \sin QZQ'$$

ou, à fort peu près,

$$QI = \sin\theta_1 \Psi.$$

Si, dans le plan tangent à la sphère céleste, au point Q', on prend pour axes des x, y la tangente à l'arc de grand cercle Q'A, prolongement de Q'Z, et la perpendiculaire Q'B, et qu'on désigne par x et y les coordonnées du point Q par rapport à ces axes, on aura

$$x = Q'I = \Theta, \qquad y = IQ = \Psi \sin\theta_1$$

ou bien, en remplaçant Ψ et Θ par leurs valeurs (13),

$$x = \varkappa\varepsilon \frac{c_1}{\alpha} \cos\theta_1 \cos(N + \psi),$$

$$y = -\varkappa\varepsilon \frac{c_1}{\alpha} \cos 2\theta_1 \sin(N + \psi).$$

On en tire, en éliminant $N + \psi$,

$$\frac{x^2}{\cos^2\theta_1} + \frac{y^2}{\cos^2 2\theta_1} = \left(\varkappa\varepsilon \frac{c_1}{\alpha}\right)^2;$$

c'est l'équation d'une ellipse dont les demi-axes, dirigés suivant Q'A et Q'B, ont respectivement pour valeurs

$$a' = \varkappa\varepsilon \frac{c_1}{\alpha} \cos\theta_1, \qquad b' = \varkappa\varepsilon \frac{c_1}{\alpha} \cos 2\theta_1;$$

on voit que l'on a $a' > b'$.

Ainsi le pôle vrai décrit autour du pôle moyen une petite ellipse. On a

$$\frac{x}{a'} = \cos(N + \psi) = \cos(360^\circ - N - \psi),$$

$$\frac{y}{b'} = -\sin(N + \psi) = \sin(360^\circ - N - \psi);$$

donc l'anomalie excentrique est égale à $360^\circ - N - \psi$; elle varie proportionnellement au temps et augmente constamment. Cela fait connaître la loi du pôle vrai sur sa petite ellipse; le mouvement s'effectue dans le sens indiqué par la flèche.

Avec les valeurs numériques qui seront rapportées plus loin, on trouve pour les longueurs des axes de la petite ellipse

$$2a' = 18'',446, \qquad 2b' = 13'',735.$$

La loi du mouvement du pôle moyen Q′ est donnée par les formules (A′); si l'on néglige les petits termes en t^2, on a

$$\psi_m = a t, \qquad \theta_m = \theta_1.$$

Le pôle moyen décrit, d'un mouvement uniforme et dans le sens rétrograde, un petit cercle ayant pour pôle le pôle de l'écliptique et pour intervalle polaire θ_1; il emporte avec lui le pôle vrai dont le mouvement relatif a été étudié ci-dessus.

191. Mouvement de l'équateur par rapport à l'écliptique mobile. — C'est ce mouvement qu'il est le plus utile de connaître dans la pratique journalière de l'Astronomie; pour y arriver, on n'a à résoudre qu'une question de

Fig. 31.

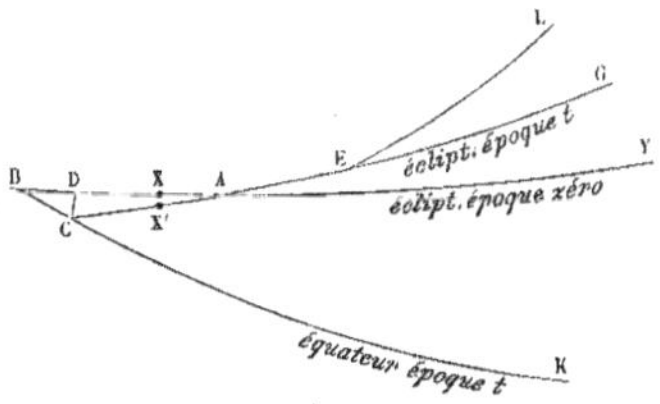

Géométrie, puisque les déplacements de l'équateur et de l'écliptique, relativement au plan fixe XOY, sont supposés connus.

Soient XY l'écliptique de l'époque zéro, CAG l'écliptique de l'époque t, CK l'équateur de l'époque t (*fig.* 31).

On a posé

$$XA = \Omega, \qquad GAY = i;$$

$$XB = \psi, \qquad ABC = \theta.$$

Nous ferons en outre, en abaissant l'arc de grand cercle CD perpendiculairement sur AB,

$$XD = \psi'', \qquad ACK = \theta'';$$

ces deux angles ψ'' et θ'' fixeront complètement la position de l'équateur de l'époque t par rapport à l'écliptique de la même époque.

Faisons encore

$$BC = \tau;$$

nous aurons

$$AB = \psi + \Omega, \qquad BD = \psi - \psi'';$$

le triangle sphérique ABC va nous donner

$$(14)\qquad \begin{cases} \cos\theta'' = \cos\theta\cos i - \sin\theta\sin i\cos(\psi + \Omega), \\ \sin\tau = \dfrac{\sin i}{\sin\theta''}\sin(\psi + \Omega). \end{cases}$$

Le triangle sphérique rectangle BDC donnera ensuite

$$(15)\qquad \operatorname{tang}(\psi - \psi'') = \operatorname{tang}\tau\cos\theta.$$

Dans la première équation (14), nous pouvons négliger i^3; en remarquant que $\theta'' - \theta$ est de l'ordre de i, nous aurons avec la même précision

$$\theta'' = \theta + (\theta'' - \theta),$$

$$\cos\theta'' = \cos\theta - (\theta'' - \theta)\sin\theta - \frac{1}{2}(\theta'' - \theta)^2\cos\theta$$

$$= \cos\theta\left(1 - \frac{1}{2}i^2\right) - i\cos(\psi + \Omega)\sin\theta,$$

d'où

$$\theta'' - \theta = i\cos(\psi + \Omega) + \frac{1}{2}[i^2 - (\theta'' - \theta)^2]\cot\theta;$$

on peut, dans le second membre, remplacer $\theta'' - \theta$ par sa valeur approchée $i\cos(\psi + \Omega)$, et il vient

$$(16)\qquad \theta'' = \theta + i\cos(\psi + \Omega) + \frac{1}{2}i^2\cot\theta\sin^2(\psi + \Omega).$$

La seconde des équations (14) donne ensuite, en négligeant toujours les quantités de l'ordre de i^3,

$$\tau = \frac{i\sin(\psi + \Omega)}{\sin\theta''} = \frac{i\sin(\psi + \Omega)}{\sin\theta + (\theta'' - \theta)\cos\theta} = \frac{i\sin(\psi + \Omega)}{\sin\theta[1 + i\cot\theta\cos(\psi + \Omega)]},$$

d'où

$$(17)\qquad \tau = \frac{i\sin(\psi + \Omega)}{\sin\theta} - \frac{\cos\theta}{\sin^2\theta}i^2\sin(\psi + \Omega)\cos(\psi + \Omega).$$

La formule (15) donne ensuite

$$\psi - \psi'' = \tau\cos\theta$$

et, en tenant compte de la valeur (17) de τ,

$$\psi'' = \psi - i\cot\theta\sin(\psi + \Omega) + i^2\cot^2\theta\sin(\psi + \Omega)\cos(\psi + \Omega). \tag{18}$$

Dans les termes en i des équations (16) et (18), on peut remplacer ψ par at, $\cos(\psi + \Omega)$ par $\cos\Omega - at\sin\Omega$, $\sin(\psi + \Omega)$ par $\sin\Omega + at\cos\Omega$ et θ par θ_1; dans les termes en i^2, on peut remplacer ψ par 0 et θ par θ_1. On trouve ainsi

$$\begin{aligned}
\psi'' &= \psi - (i\sin\Omega)\cot\theta_1 - at(i\cos\Omega)\cot\theta_1 + (i\sin\Omega)(i\cos\Omega)\cot^2\theta_1,\\
\theta'' &= \theta + i\cos\Omega \qquad - at(i\sin\Omega) \qquad + \tfrac{1}{2}(i\sin\Omega)^2\cot\theta_1.
\end{aligned}$$

Mettons pour $i\sin\Omega$ et $i\cos\Omega$ leurs valeurs (p. 428)

$$i\sin\Omega = gt + rt^2, \qquad i\cos\Omega = g't + r't^2,$$

et nous trouverons

$$(f) \qquad \begin{cases} \psi'' = \qquad P t + P' t^2 + \Psi', \\ \theta'' = \theta_1 + Q t + Q' t^2 + \Theta, \end{cases}$$

après avoir posé, pour abréger,

$$(g) \qquad \begin{cases} P = a - g\cot\theta_1, \\ P' = b - (r + ag')\cot\theta_1 + gg'\cot^2\theta_1, \\ Q = g', \\ Q' = \nu + r' - ag + \frac{1}{2}g^2\cot\theta_1. \end{cases}$$

Telles sont les formules cherchées.

Les formules

$$(h) \qquad \psi''_m = Pt + P't^2, \qquad \theta''_m = \theta_1 + Qt + Q't^2$$

déterminent la position de l'équateur moyen par rapport à l'écliptique de l'époque t; ψ''_m est la *précession générale*, θ''_m est l'*obliquité moyenne* de l'écliptique à l'époque t, tandis que θ'' est l'obliquité vraie.

Remarque. — Le mouvement de l'écliptique est complètement défini par les angles i et Ω; mais le mouvement d'une figure géométrique qui serait tracée dans le plan de l'écliptique ne l'est pas; on pourrait en effet faire glisser le plan sur lui-même sans que i et Ω changent. Il faudrait dire ce que devient le point X quand l'écliptique passe de la position XY à la position AG; cela est arbitraire, et nous conviendrons de prendre AX' = AX, et de regarder le point X' comme la nouvelle position du point X. L'angle i étant très petit, on a, à fort peu près, $AD = AC$. On en conclut

$$XD = X'C = \psi'';$$

la quantité ψ'' est donc comptée à partir d'un point déterminé de l'écliptique mobile; elle est tout à fait analogue à la quantité ψ qui se rapporte au plan fixe.

Soit EL le plan de l'orbite de la Lune à l'époque t. On a posé

$$XA + AE = N;$$

on en conclut

$$CE = CX' + X'A + AE = \psi'' + N.$$

Nous représenterons par $\text{☊}'$ la quantité CE; c'est la longitude du nœud ascendant de l'orbite de la Lune, comptée sur l'écliptique mobile, à partir de l'équinoxe de l'époque t. Il sera préférable néanmoins de désigner par $\text{☊}'$ la longitude du *nœud moyen* de la Lune, comptée sur l'écliptique mobile, à partir de l'équinoxe moyen. Dans les petits termes de Ψ et Θ, $N + \psi$ pourra être remplacé par $N + \psi''$ ou par $\text{☊}'$. De même, $mt + \mu + \psi$ sera la longitude moyenne du Soleil comptée sur l'écliptique mobile à partir de l'équinoxe moyen de l'époque t; nous la représenterons par $\odot$; $m't + \mu' + \psi$ désignera la même quantité pour la Lune; on la représentera par ☾. Enfin, les anomalies moyennes du Soleil et de la Lune seront représentées respectivement par $A_\odot$ et $A_{\text{☾}}$, et les formules (11) et (12) pourront s'écrire

$$(l)\quad \begin{cases} \Psi = -\varkappa\varepsilon \dfrac{c_1}{\alpha} \dfrac{\cos 2\theta_1}{\sin\theta_1} \sin \text{☊}' \\ \qquad + \varkappa\cos\theta_1 \left[\varepsilon \dfrac{c_1^2}{4\alpha} \sin 2\text{☊}' - \dfrac{1}{2m} \sin 2\odot - \dfrac{\varepsilon}{2m'} \sin 2\text{☾} + 3\dfrac{e_0}{m} \sin A_\odot + 3\dfrac{\varepsilon e'}{m'} \sin A_{\text{☾}}\right], \\ \Theta = \varkappa\varepsilon \dfrac{c_1}{\alpha} \cos\theta_1 \cos\text{☊}' + \varkappa\sin\theta_1 \left[-\varepsilon \dfrac{c_1^2}{4\alpha} \cos 2\text{☊}' + \dfrac{1}{2m} \cos 2\odot + \dfrac{\varepsilon}{2m'} \cos 2\text{☾}\right]. \end{cases}$$

192. **Mise des formules en nombres.** — Les constantes qui figurent dans les formules de précession et de nutation dépendent des éléments des orbites de la Terre et de la Lune et, en outre, des deux quantités $\varkappa$ et ε; $\varkappa$ contient dans son expression le rapport $\dfrac{2C - A - B}{C}$, qui dépend de la distribution de la matière à l'intérieur de la Terre et qu'on ne peut calculer *a priori* qu'en faisant des hypothèses plus ou moins plausibles sur la loi de variation des densités à l'intérieur de la Terre; ε contient le rapport de la masse de la Lune à celle du Soleil. Bien qu'on puisse s'adresser à d'autres phénomènes (théorie des marées, équation lunaire) pour obtenir ce rapport, il vaut mieux partir des observations pour déterminer deux nombres, la *constante de la précession* et la *constante de la nutation*. La première n'est autre chose que P, quantité définie par la pre-

mière des équations (g); la seconde, que l'on désigne par N, est le coefficient de $\cos \Omega'$ dans l'expression (l) de Θ. Nous adopterons les valeurs numériques du Mémoire de M. Serret (*Annales de l'Observatoire*, t. V).

Les constantes P et N de la précession et de la nutation ont été empruntées, la première à Bessel, la seconde à Peters (*Numerus constans Nutationis*) :

$$P = 50'',23572\,(1+\eta), \qquad N = 9'',223\,(1+\sigma).$$

Nous avons introduit les petites erreurs relatives η et σ qui peuvent affecter les deux constantes. D'après Le Verrier, les données relatives au Soleil sont, en prenant pour unité de temps l'année julienne,

$$\begin{aligned} e_0 &= 0,016\,770\,464, & e_1 &= -0,089\,51 \sin 1'', \\ g &= +0'',058\,88, & g' &= -0'',475\,66, \\ r &= +0'',000\,019\,64, & r' &= +0'',000\,005\,68. \end{aligned}$$

Pour la Lune, nous admettrons

$$e' = 0,054\,844, \qquad c_1 = 0,089\,826.$$

Enfin, nous prendrons pour les moyens mouvements en une année julienne, exprimés en parties du rayon,

$$m = 6,283\,08, \qquad m' = 83,996\,85, \qquad \alpha = -0,337\,82.$$

Quant à l'obliquité moyenne θ_1 en 1850,0, nous adoptons

$$\theta_1 = 23^\circ\,27'\,32'',0.$$

Avec ces valeurs numériques, les formules (8) et (l) nous donnent

$$(19) \quad \left\{ \begin{aligned} \mathfrak{a} &= +(\bar{1},962\,716)\,\varkappa + (\bar{1},959\,224)\,\varkappa\varepsilon, \\ \mathfrak{b} &= -(\bar{6},298\,685)\,\varkappa - (\bar{6},293\,000)\,\varkappa\varepsilon, \\ \nu &= +(\bar{7},117\,20)\,\varkappa + (\bar{7},113\,73)\,\varkappa\varepsilon; \end{aligned} \right.$$

$$(20) \quad \left\{ \begin{aligned} \Psi = {} & \varkappa\varepsilon\,[-(\bar{1},659\,18)\sin \Omega' + (\bar{3},7386)\sin 2\Omega'] \\ & + \varkappa\varepsilon\,[-(\bar{3},7322)\sin 2☾ + (\bar{3},2582)\sin A_{☾}] \\ & + \varkappa\,[-(\bar{2},863\,64)\sin 2\odot + (\bar{3},8660)\sin A_{\odot}]; \end{aligned} \right.$$

$$(21) \quad \left\{ \begin{aligned} \Theta = {} & \varkappa\varepsilon\,[+(\bar{1},387\,25)\cos \Omega' - (\bar{3},3760)\cos 2\Omega'] \\ & + \varkappa\varepsilon\,(\bar{3},3696)\cos 2☾ \\ & + \varkappa\,(\bar{2},501\,08)\cos 2\odot. \end{aligned} \right.$$

La première des formules (g) donne

$$\mathfrak{a} = P + g \cot \theta_1;$$

d'où, en remplaçant P, g et θ_1 par leurs valeurs numériques et a par son expression (19),

$$(22)\qquad (\bar{1},962\,716)\,\varkappa + (\bar{1},959\,224)\,\varkappa\varepsilon = 50'',3714(1+\eta).$$

Si nous égalons maintenant à N le coefficient de cos ☊′ dans l'expression (21) de Θ, il vient

$$(23)\qquad (\bar{1},387\,25)\,\varkappa\varepsilon = 9'',223(1+\sigma).$$

Les équations (22) et (23) déterminent $\varkappa$ et $\varkappa\varepsilon$. On en tire

$$(24)\qquad \varkappa = 17'',378\,(1+3,150\eta - 2,158\sigma),\qquad \varepsilon = 2,1758(1-3,150\eta+3,158\sigma).$$

En reportant dans les formules (20) et (21) les valeurs ci-dessus de $\varkappa$ et de ε, on trouve

$$(m)\quad \left\{\begin{aligned} \Psi &= -17'',251\,(1+\sigma)\sin ☊' + 0'',207\sin 2☊' - 0'',204\sin 2☾ \\ &\quad - 1'',269(1+3,15\eta - 2,16\sigma)\sin 2\odot + 0'',069\sin A_☾ + 0'',128\sin A_\odot, \\ \Theta &= +9'',223(1+\sigma)\cos ☊' - 0'',090\cos 2☊' + 0'',089\cos 2☾ \\ &\quad + 0'',551\,(1+3,15\eta - 2,16\sigma)\cos 2\odot. \end{aligned}\right.$$

Les expressions (19) de $\mathfrak{b}$ et ν donnent ensuite

$$\mathfrak{b} = -0'',000\,108\,806,$$
$$\nu = +0'',000\,007\,189.$$

Les expressions (g) de P′, Q et Q′ donnent enfin

$$P' = +0'',000\,112\,900,$$
$$Q = -0'',475\,66,$$
$$Q' = -0'',000\,001\,490.$$

Voici donc, en résumé, les formules numériques qui servent aux astronomes :

$$(n)\quad \left\{\begin{aligned} \psi &= 50'',371\,40\,t - 0'',000\,108\,81\,t^2 + \Psi, \\ \theta &= 23^\circ\,27'\,32'',0 + 0'',000\,007\,19\,t^2 + \Theta; \end{aligned}\right.$$

$$(p)\quad \left\{\begin{aligned} \psi'' &= 50'',235\,72\,t + 0'',000\,112\,90\,t^2 + \Psi, \\ \theta'' &= 23^\circ\,27'\,32'',0 - 0'',475\,66\,t - 0'',000\,001\,49\,t^2 + \Theta, \end{aligned}\right.$$

où Ψ et Θ ont leurs valeurs (m) dans lesquelles on suppose $\eta = \sigma = 0$.

Calcul de la masse de la Lune. — On a, par définition,

$$\frac{M'_1}{M_1}\,\frac{\rho_0^3}{\rho_0'^3} = \varepsilon;$$

la troisième loi de Kepler donne, en prenant pour unité la masse de la Terre,

$$f(1+M'_1) = m'^2\rho_0'^3, \qquad fM_1 = m^2\rho_0^3,$$

d'où

$$\frac{\rho_0^3}{\rho_0'^3} = \left(\frac{m'}{m}\right)^2 \frac{M_1}{1+M'_1}, \qquad \varepsilon = \left(\frac{m'}{m}\right)^2 \frac{M'_1}{1+M'_1};$$

avec les valeurs ci-dessus de m', m et ε, on a une équation du premier degré pour trouver M'_1, et il vient

$$M'_1 = \frac{1}{82,87}(1 + 3,158\sigma - 3,150\eta).$$

Rappelons l'expression de $\varkappa$, savoir :

$$\varkappa = \frac{3m^2}{4n}\,\frac{2C - A - B}{C};$$

on en tire

$$(25) \qquad \frac{2C - A - B}{2C} = \frac{2}{3}\,\frac{\varkappa n}{m^2}.$$

Il nous faut trouver la valeur de n; or la durée du jour solaire moyen est $\frac{2\pi}{n-m}$; l'unité de temps adoptée ci-dessus est l'année julienne, de 365,25 jours solaires moyens; on aura donc

$$\frac{2\pi}{n-m} = \frac{1}{365,25}, \qquad \text{d'où} \qquad n = m + 2\pi \times 365,25;$$

en remplaçant m par sa valeur en parties du rayon, qui est 6,28308, il vient

$$n = 2301,216 = 2\pi \times 366,25.$$

La formule (25), dont il faut multiplier le second membre par $\sin 1''$, parce que $\varkappa$ est exprimé en secondes, donne ensuite, en mettant pour $\varkappa$ sa valeur (24),

$$\frac{2C - A - B}{2C} = \frac{1}{305,6}(1 + 3,150\eta - 2,158\sigma).$$

Si l'on suppose $A = B$, on trouve la formule qui a été citée au n° 100.

Remarque. — Il résulte de la formule (14) du n° 172 que la portion de la fonction perturbatrice provenant d'un astre quelconque est en raison directe de sa masse et en raison inverse du cube de sa distance à la Terre. On voit ainsi que, dans la théorie actuelle, on peut négliger l'action des planètes et avoir égard seulement à deux astres : le Soleil, à cause de sa grande masse, et la Lune, en raison de sa petite distance à la Terre.

193. On a trouvé dans l'expression de ψ un terme en t^2; si l'on avait poussé l'approximation plus loin, on en aurait eu un en t^3, etc. Le développement de ψ

suivant les puissances du temps, que l'on obtiendrait ainsi, ne peut évidemment pas être convergent pour de très grandes valeurs de t, de sorte que, si l'on voulait considérer des intervalles de temps considérables, il faudrait procéder autrement. M. Adams a donné à ce sujet quelques indications utiles (*The Observatory*, n° 109, avril 1886). Il remplace pendant l'intervalle considéré e par une valeur moyenne et $\operatorname{tang} i \sin \Omega$, $\operatorname{tang} i \cos \Omega$ par leurs expressions déduites de la théorie des inégalités séculaires

$$(26) \quad \begin{cases} \operatorname{tang} i \sin \Omega = \sum \gamma_i \sin(g_i t + \beta_i), \\ \operatorname{tang} i \cos \Omega = \sum \gamma_i \cos(g_i t + \beta_i); \end{cases}$$

les coefficients g_i sont très petits, et c'est le développement de $\frac{\sin}{\cos}(g_i t + \beta_i)$ suivant les puissances de t qui a fourni les formules approchées

$$\operatorname{tang} i \sin \Omega = gt + rt^2, \qquad \operatorname{tang} i \cos \Omega = g' t + r' t^2$$

qui nous ont servi. Partant des formules (26), M. Adams arrive aisément à trouver que ψ_m se compose d'une partie proportionnelle au temps et d'une série de termes à longues périodes; il en est de même de θ_m, qui est égal à une constante augmentée d'une suite d'inégalités à longues périodes. Son Mémoire ne contient pas encore les formules numériques.

194. *Historique.* — Nous donnerons, en terminant, quelques détails historiques et bibliographiques.

Copernic avait expliqué la précession des équinoxes par un mouvement des pôles de la Terre autour des pôles de l'écliptique. Cette explication était exacte, mais la raison même de la précession restait ignorée.

« Il était réservé à Newton de nous faire connaître la cause de ce phénomène en la rattachant à sa découverte de la pesanteur universelle, dont il est l'un des plus curieux résultats et l'une des plus fortes preuves. Après avoir reconnu par sa théorie l'aplatissement de la Terre et la cause du mouvement des nœuds de l'orbite lunaire, Newton, considérant le renflement graduel du sphéroïde terrestre, des pôles à l'équateur, comme le système d'un nombre infini de satellites, vit bientôt que l'attraction solaire devait faire rétrograder les nœuds des orbites qu'ils décrivent, comme elle fait rétrograder les nœuds de la Lune, et que l'ensemble de ces mouvements devait produire un mouvement rétrograde dans l'intersection de l'équateur de la Terre avec l'écliptique (¹). »

Newton avait ainsi calculé approximativement la précession solaire et il en avait conclu la précession lunaire. Il avait même remarqué l'inégalité de la

(¹) Laplace, *Mécanique céleste*, Livre XIV.

nutation produite par l'action du Soleil (le terme en $2\odot$ dans Ψ), mais il s'était contenté d'observer que cette inégalité était très petite. Il n'avait point considéré les inégalités de la nutation qui dépendent du mouvement des nœuds de l'orbite de la Lune.

Ces inégalités ont été découvertes, non par la théorie, mais par l'observation, et c'est un des plus beaux titres de Bradley de les avoir mises en évidence par une admirable série d'observations poursuivies pendant une période de dix-huit ans. Cet astronome illustre reconnut le mouvement du pôle sur une ellipse peu aplatie.

Un an et demi après la publication de la découverte de Bradley, d'Alembert fit paraître son *Traité de la précession des équinoxes*, « ouvrage aussi remarquable dans l'histoire de la Mécanique céleste et de la Dynamique que l'écrit de Bradley dans les annales de l'Astronomie (¹) ».

D'Alembert découvrit la cause de la nutation et calcula la précession beaucoup plus rigoureusement que ne l'avait fait Newton. Euler, partant d'équations plus simples, a présenté les résultats avec beaucoup plus d'élégance. Laplace a perfectionné plusieurs points de la théorie; il a prouvé notamment que « l'action des astres sur la mer, quelle que soit la manière dont elle recouvre le sphéroïde terrestre, produit sur la nutation et la précession les mêmes effets que si elle venait à se consolider ».

Nous citerons les Travaux suivants :

POISSON. — *Mémoire sur le mouvement de rotation de la Terre* (*Journal de l'École Polytechnique*, XVe Cahier).

POISSON. — *Mémoire sur le mouvement de la Terre autour de son centre de gravité* (*Mémoires de l'Institut*, t. VII et IX).

POINSOT. — *Précession des équinoxes* (*Additions à la Connaissance des Temps pour* 1858).

J.-A. SERRET. — *Théorie du mouvement de la Terre autour de son centre de gravité* (*Annales de l'observatoire de Paris*, t. V).

J.-A. SERRET. — *Mémoire sur l'emploi de la méthode de la variation des arbitraires dans la théorie des mouvements de rotation* (*Mémoires de l'Institut*, t. XXXV).

TH. OPPOLZER. — *Traité de la détermination des orbites des comètes et des planètes*. Édition française, publiée par M. Ernest Pasquier, t. I; 1886.

J'ai suivi dans mon exposition le second Mémoire de Poisson et une partie du second Mémoire de M. Serret.

(¹) LAPLACE, *Mécanique céleste*, Livre XIV.

CHAPITRE XXVIII.

LIBRATION DE LA LUNE.

195. Mouvement de rotation de la Lune autour de son centre de gravité. — Les lois du mouvement de rotation de la Lune autour de son centre de gravité ont été découvertes par Dominique Cassini et vérifiées par Tobie Mayer. Les voici :

1° *La Lune tourne sur elle-même, dans le sens direct, d'un mouvement uniforme autour d'un axe dont les pôles sont fixes à sa surface; la durée de la rotation,* $27^j\,7^h\,43^m\,11^s,5$, *est identique à la durée de la révolution sidérale de la Lune autour de la Terre.*

2° *L'axe de rotation fait un angle constant avec l'écliptique; cet angle est de* 88° 25'.

3° *L'axe de l'écliptique, l'axe de l'orbite de la Lune et son axe de rotation sont constamment dans un même plan.*

La première de ces lois est une conséquence de ce fait, constaté par l'observation, que la Lune nous présente toujours la même moitié de sa surface ou, comme on dit encore, la même face. Il résulte des descriptions des taches de la Lune visibles à l'œil nu, faites il y a deux mille ans, que la partie de la Lune qu'on apercevait alors ne diffère pas de celle que l'on voit aujourd'hui, du moins qu'elle n'en diffère pas d'un fuseau égal à la dixième partie de la surface de la sphère (1); pendant ce temps, la Lune a fait environ 25 000 révolutions autour de la Terre; il en résulte donc que la durée de la rotation de la Lune sur elle-même ne saurait différer en plus ou en moins de la $\frac{1}{250000}$ partie de cette durée, c'est-à-dire de 9^s environ.

(1) Bessel, *Populäre Vorlesungen*, p. 604.

Il n'est pas entièrement exact de dire que la Lune nous présente toujours la même face. Supposons l'observateur placé au centre de la Terre; la droite qui va de ce point au centre de la Lune ne tourne pas d'un mouvement uniforme, à cause de l'excentricité de l'orbite de la Lune et aussi en raison des perturbations du mouvement elliptique de la Lune; il ne peut y avoir égalité qu'entre le moyen mouvement de ce rayon vecteur et l'angle dont tourne un méridien lunaire en vertu de la rotation; l'équation du centre et les perturbations peuvent s'élever à environ 8°. Au lieu de voir la portion de la surface de la Lune comprise entre deux méridiens faisant entre eux un angle de 180°, nous pouvons donc apercevoir en plus, au delà de chaque bord moyen, un fuseau compris entre deux méridiens faisant entre eux un angle de 8° environ; c'est là ce que l'on nomme la *libration en longitude*, parce que les taches lunaires éprouvent un *balancement* périodique qui s'effectue presque dans le plan de l'écliptique, plan dans lequel se comptent les longitudes.

Il y a une autre libration provenant de ce que l'axe de rotation de la Lune n'est pas perpendiculaire au plan de son orbite; les deux droites font entre elles un angle de $6°44'$ $(90° - 88° 25' + 5° 9' = 6° 44')$; il en résulte que les moitiés de deux zones s'étendant, autour de chacun des pôles de la Lune, jusqu'à une distance angulaire de $6° 44'$, peuvent être aperçues successivement de la Terre à quatorze jours de distance; c'est ce qui occasionne la *libration en latitude*.

Enfin, le déplacement de l'observateur provenant de la rotation du globe terrestre sur lui-même occasionne un petit changement dans la portion de la surface de la Lune qu'il peut apercevoir : c'est la *libration diurne*. La réunion des trois phénomènes précédents constitue la *libration apparente*, en vertu de laquelle nous apercevrons un peu plus des $\frac{4}{7}$ de la surface lunaire.

Remarque. — Traçons une sphère de rayon 1 ayant pour centre un point fixe O et menons par ce point O la droite OZ parallèle à l'axe de l'écliptique, OP parallèle à l'axe de rotation de la Lune et OV parallèle à l'axe de l'orbite de la Lune;

Fig. 32.

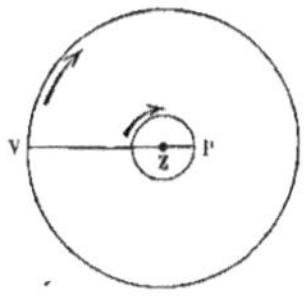

d'après les lois de Cassini, les trois points P, Z et V (*fig.* 32) seront constamment sur un même arc de grand cercle, et l'arc PZ aura une valeur constante égale à

1° 35′; or on sait que le plan de l'orbite de la Lune fait avec le plan de l'écliptique un angle constant (en négligeant les inégalités périodiques) d'environ 5° 9′, et que la ligne des nœuds rétrograde sur l'écliptique d'un mouvement à peu près uniforme, effectuant une révolution en $18\frac{2}{3}$ ans; il en résulte que le point V se meut d'un mouvement sensiblement uniforme sur un petit cercle ayant pour pôle le point Z. Le point P, d'après les lois de Cassini, décrira donc, d'un mouvement sensiblement uniforme, un petit cercle ayant aussi pour pôle le point Z, et fera un tour complet en $18\frac{2}{3}$ ans; on voit aussi que la distance PV sera constante et égale à 6° 44′.

Soit N (*fig.* 33) le nœud ascendant de l'orbite ND de la Lune par rapport à

Fig. 33.

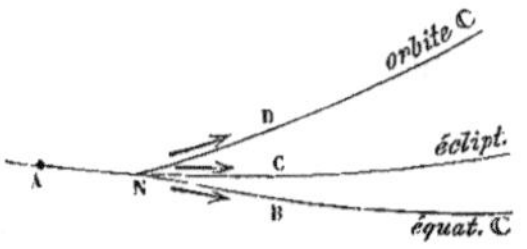

l'écliptique AN; le point N est le pôle de l'arc de grand cercle ZV. Soit de même N′ le nœud descendant de l'équateur lunaire par rapport à l'écliptique; N′ sera le pôle de l'arc de grand cercle ZP; donc le point N′ coïncide avec N. Ainsi l'orbite de la Lune et l'équateur de la Lune coupent l'écliptique suivant la même droite, et le nœud ascendant de l'un des plans coïncide avec le nœud descendant de l'autre. Le plan de l'écliptique est entre les deux, avec chacun desquels il fait un angle sensiblement constant. Le nœud ascendant de l'orbite lunaire parcourt l'écliptique d'un mouvement rétrograde à peu près uniforme; l'équateur lunaire se déplace de manière que les deux nœuds coïncident toujours.

Les lois précédentes ont été déduites des observations; nous aurons à voir si ces lois sont entièrement rigoureuses, si elles auront lieu toujours, à chercher leurs causes et les rapports mutuels qui peuvent les unir.

La détermination du mouvement de rotation de la Lune revient à un problème de Mécanique céleste que nous allons analyser. Nous verrons plus loin que l'influence de l'attraction solaire est à peu près insensible; nous n'aurons donc qu'à tenir compte des attractions exercées sur les diverses molécules de la Lune par la masse de la Terre supposée réunie à son centre de gravité.

Puisque les pôles ne se déplacent pas à la surface de la Lune ou du moins se déplacent de quantités très petites, il en résulte que l'axe de rotation est très voisin de l'un des axes principaux d'inertie du centre de gravité. Soit Oz_1 cet axe principal, Ox_1 et Oy_1 les deux autres, p, q, r les projections de la vitesse angulaire sur ces trois axes; les rapports $\frac{p}{r}$ et $\frac{q}{r}$ sont donc actuellement très petits. D'ailleurs, lorsque le disque lunaire est complet, il nous paraît exactement circulaire et ne présente pas d'aplatissement appréciable; nous sommes ainsi portés à admettre que les moments d'inertie principaux A, B, C relatifs au centre de gravité sont peu différents les uns des autres, de telle sorte que les fractions $\frac{C-B}{A}$, $\frac{A-C}{B}$, $\frac{B-A}{C}$ sont très petites. Nous supposerons l'axe Ox_1 choisi de manière que l'on ait $A < B$.

196. Nous prendrons pour plan fixe XOY le plan de l'écliptique de 1850, X étant un point fixe de ce plan. La position du plan x_1Oy_1 sera déterminée par les trois angles d'Euler, angles dont la définition reste la même que dans le cas de la Terre. Les équations du mouvement de rotation de la Lune seront, d'après les formules (15) du n° 172,

$$(1)\quad \begin{cases} A\dfrac{dp}{dt} + (C-B)\,qr = 3fM(C-B)\dfrac{y_1 z_1}{r_1^5}, \\ B\dfrac{dq}{dt} + (A-C)\,rp = 3fM(A-C)\dfrac{z_1 x_1}{r_1^5}, \\ C\dfrac{dr}{dt} + (B-A)\,pq = 3fM(B-A)\dfrac{x_1 y_1}{r_1^5}, \end{cases}$$

où $x_1, y_1, z_1, r_1 = \sqrt{x_1^2 + y_1^2 + z_1^2}$ désignent les coordonnées du centre de gravité de la Terre rapportées aux axes principaux d'inertie Ox_1, Oy_1, Oz_1 du centre de gravité O de la Lune, et M la masse de la Terre. On aura aussi les relations connues

$$(2)\quad \begin{cases} p = \sin\varphi\sin\theta\dfrac{d\psi}{dt} - \cos\varphi\dfrac{d\theta}{dt}, \\ q = \cos\varphi\sin\theta\dfrac{d\psi}{dt} + \sin\varphi\dfrac{d\theta}{dt}, \\ r = \dfrac{d\varphi}{dt} - \cos\theta\dfrac{d\psi}{dt}. \end{cases}$$

L'un des points qui caractérisent le problème actuel, c'est que l'angle θ est petit; nous avons dit, en effet, qu'il est égal à $1°35'$. Dans ce qui suit, nous négligerons θ^2.

Nous allons calculer x_1, y_1, z_1. Soit (*fig.* 34) N le nœud descendant du plan x_1Oy_1 par rapport au plan fixe des XY, $XN = \psi$, $Nx_1 = \varphi$, $XNx_1 = \theta$. Le plan de l'orbite apparente de la Terre vue de la Lune coupe la sphère de rayon 1 suivant le grand cercle N'A. Nous ferons

$$XN' = \Omega, \qquad YN'A = i;$$

i est un petit angle d'environ $5°9'$. Soient T une position quelconque de la Terre, v la longitude correspondante de la Lune. On aura

$$XN' + N'T = 180° + v.$$

Fig. 34.

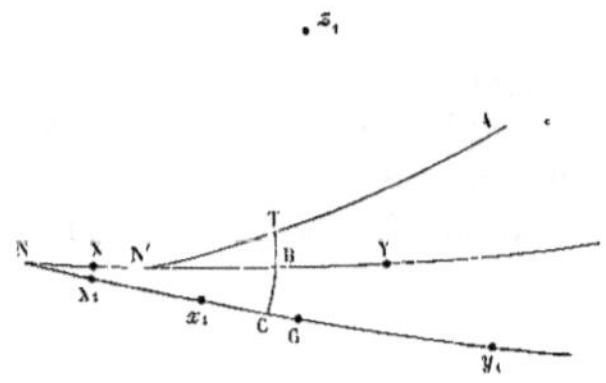

Abaissons l'arc de grand cercle TBC perpendiculaire sur XY; nous aurons, en négligeant θ^2 et i^2,

$$Cx_1 = NC - Nx_1 = NB - \varphi = NN' + N'T - \varphi = \psi + 180° + v - \varphi,$$
$$TC = TB + BC = \sin i \sin N'T + \sin\theta \sin NB,$$
$$TC = i \sin(180° + v - \Omega) + \theta \sin(180° + v + \psi),$$
$$\frac{x_1}{r_1} = \cos Cx_1, \qquad \frac{y_1}{r_1} = \sin Cx_1, \qquad \frac{z_1}{r_1} = TC.$$

On a donc les valeurs cherchées

$$x_1 = -r_1 \cos(v + \psi - \varphi), \qquad y_1 = -r_1 \sin(v + \psi - \varphi),$$
$$z_1 = -r_1 [\theta \sin(v + \psi) + i \sin(v - \Omega)].$$

Transportons-les dans les équations (1), et nous obtiendrons

$$(3) \quad \begin{cases} A \dfrac{dp}{dt} + (C - B) qr = \dfrac{3fM(C - B)}{r_1^3} \sin(v + \psi - \varphi) [\theta \sin(v + \psi) + i \sin(v - \Omega)], \\ B \dfrac{dq}{dt} + (A - C) rp = \dfrac{3fM(A - C)}{r_1^3} \cos(v + \psi - \varphi) [\theta \sin(v + \psi) + i \sin(v - \Omega)], \\ C \dfrac{dr}{dt} + (B - A) pq = \dfrac{3fM(B - A)}{2 r_1^3} \sin 2(v + \psi - \varphi). \end{cases}$$

197. Considérons spécialement la dernière de ces équations. Nous avons dit que les rapports $\frac{p}{r}$ et $\frac{q}{r}$ sont très petits; nous pourrons dès lors négliger le produit $(B-A)pq$ et prendre simplement

$$(4)\qquad C\frac{dr}{dt} = \frac{3fM(B-A)}{2r_1^3}\sin 2(v+\psi-\varphi).$$

Soit $c+mt$ la longitude moyenne de la Lune; celle de la Terre vue de la Lune sera $c+mt+180°$. A partir du point X_1, projection de X sur NC, portons dans le sens x_1y_1 l'arc

$$X_1G = c+mt+180°.$$

Il y aura, à l'époque t, un méridien lunaire passant par le point G; d'après l'égalité des moyens mouvements de translation et de rotation, le méridien dont nous venons de parler sera fixe à la surface de la Lune, quel que soit t. On le nomme le *premier méridien lunaire;* Mayer l'a pris pour origine des longitudes sélénographiques des taches de la Lune.

Si nous posons $x_1G=\eta$, nous aurons

$$X_1x_1 = \varphi-\psi = X_1G - x_1G,$$

$$(5)\qquad \varphi-\psi = 180°+c+mt-\eta.$$

Si les lois de Cassini étaient rigoureuses, η serait rigoureusement constant; il est possible que cet angle η soit sujet à des variations; mais elles doivent être très petites, puisque jusqu'ici elles ont échappé presque entièrement aux recherches les plus précises.

La dernière des équations (2) donne

$$(6)\qquad r = \frac{d(\varphi-\psi)}{dt} + 2\sin^2\frac{\theta}{2}\frac{d\psi}{dt};$$

comme on a négligé jusqu'ici θ^2, on doit prendre simplement

$$r = \frac{d(\varphi-\psi)}{dt}.$$

En remplaçant $\varphi-\psi$ par sa valeur (5), on trouve

$$(7)\qquad r = m - \frac{d\eta}{dt}.$$

Les observations prouvent que θ est à fort peu près constant et qu'il en est de même de $\frac{d\psi}{dt}$, qui est très voisin de $-\frac{d\Omega}{dt}$; le terme $2\sin^2\frac{\theta}{2}\frac{d\psi}{dt}$, négligé dans la formule (6), est donc très petit et à fort peu près constant. En réduisant en nombres, il vient

$$\frac{1}{m}\frac{d\psi}{dt} = \frac{27^j,321}{6793^j,4} = \frac{1}{249},$$

et l'on trouve que la formule (6) donnerait

$$r = m\left(1 - \frac{1}{m}\frac{d\eta}{dt} + 0,0000015\right).$$

On tire de (7)

$$(8) \qquad \frac{dr}{dt} = -\frac{d^2\eta}{dt^2},$$

et cette formule est très approchée d'après ce qui précède.

L'équation (4) donne ensuite, en ayant égard aux relations (5) et (8),

$$(9) \qquad \frac{d^2\eta}{dt^2} = -\frac{3}{2}\frac{fM}{r_1^3}\frac{B-A}{C}\sin 2(v - c - mt + \eta).$$

Soit M' la masse de la Lune, a le demi-grand axe de son orbite; on a, par la troisième loi de Kepler,

$$m^2 a^3 = f(M + M');$$

si donc on pose

$$\varkappa = \frac{1}{1 + \frac{M'}{M}},$$

ce qui diffère très peu de l'unité, l'équation (9) deviendra

$$(10) \qquad \frac{d^2\eta}{dt^2} = -\frac{3}{2}\varkappa\frac{B-A}{C}m^2\left(\frac{a}{r_1}\right)^3\sin 2(v - c - mt + \eta).$$

Nous allons, suivant une indication de M. Gyldén [1], intégrer l'équation (10), en négligeant d'abord les perturbations du mouvement elliptique de la Lune et même l'excentricité; on a, dans ces conditions,

$$r_1 = a, \qquad v = c + mt;$$

et l'équation (10) se réduit à

$$(11) \qquad \frac{d^2\eta}{dt^2} = -\frac{3}{2}\varkappa\frac{B-A}{C}m^2\sin 2\eta;$$

on en conclut, en multipliant par $2d\eta$ et intégrant,

$$\left(\frac{d\eta}{dt}\right)^2 = \text{const.} + \frac{3}{2}\varkappa\frac{B-A}{C}m^2\cos 2\eta,$$

[1] *Comptes rendus des séances de l'Académie des Sciences*, t. LXXXIX, p. 932.

d'où, en désignant par λ une constante arbitraire,

$$\left(\frac{d\eta}{dt}\right)^2 = \lambda^2 m^2 - 3\varkappa \frac{B-A}{C} m^2 \sin^2\eta.$$

λ^2 doit être positif, sans quoi le second membre de cette équation serait négatif, ce qui est impossible. Posons, pour abréger,

$$(12) \qquad k^2 = \frac{3\varkappa}{\lambda^2} \frac{B-A}{C};$$

k^2 sera positif, d'après l'hypothèse $A < B$, et il viendra

$$\lambda m\, dt = \frac{d\eta}{\sqrt{1 - k^2 \sin^2\eta}},$$

d'où, en désignant par η_0 la valeur de η pour $t = 0$,

$$(13) \qquad \lambda m t = \int_{\eta_0}^{\eta} \frac{d\eta}{\sqrt{1 - k^2 \sin^2\eta}}.$$

On voit que η sera donné par une amplitude elliptique relative au module k. Il y a deux cas à considérer :

1° $k^2 < 1$. — Dans le second membre de l'équation (13), le radical $\sqrt{1 - k^2 \sin^2\eta}$ est réel quel que soit η; η varie toujours dans le même sens, de η_0 à $+\infty$ ou de η_0 à $-\infty$; cela est contraire aux observations, d'après lesquelles η reste à fort peu près constant; donc on ne peut pas avoir $k^2 < 1$.

2° $k^2 > 1$. — On peut faire, en désignant par ε un angle compris entre 0 et $\frac{\pi}{2}$,

$$k^2 = \frac{1}{\sin^2\varepsilon};$$

l'équation (13) donnera

$$\lambda m t = \int_{\eta_0}^{\eta} \frac{d\eta}{\sqrt{1 - \frac{\sin^2\eta}{\sin^2\varepsilon}}};$$

cela prouve que η doit rester compris entre les limites $-\varepsilon$ et $+\varepsilon$ ou entre les limites $\pi - \varepsilon$ et $\pi + \varepsilon$; η_0 doit lui-même être renfermé entre les mêmes limites. On peut écarter le second cas, car il suffirait, pour passer au premier, de changer le sens de l'axe Ox_1; ainsi η_0 doit être compris entre $-\varepsilon$ et $+\varepsilon$, et η restera lui-même toujours compris entre les mêmes limites, qui doivent être très voisines, puisque, d'après les observations, η ne varie presque pas. On en conclut donc que ε doit être très petit, et, si l'on se reporte à la définition de η, on voit que l'axe principal Ox_1, auquel répond dans le plan x_1Oy_1 le plus petit moment d'inertie A, fait constamment un angle très petit avec le rayon vecteur mené du centre de la Lune à la position moyenne de la Terre; c'est là un point important.

198. Nous allons actuellement tenir compte de l'excentricité de l'orbite de la Lune et aussi des perturbations de son mouvement elliptique.

Posons

$$v = c + mt + \sum \text{H} \sin(ht + h'), \tag{14}$$

en comprenant sous le signe $\sum$ l'équation du centre et les inégalités périodiques ([1]) du mouvement elliptique; H, h et h' sont des constantes. Nous porterons cette valeur de v dans l'équation (12), et nous aurons

$$\frac{d^2\eta}{dt^2} = -\frac{3}{2}\varkappa\frac{\text{B}-\text{A}}{\text{C}}m^2\left(\frac{a}{r_1}\right)^3 \sin\left[2\eta + 2\sum \text{H}\sin(ht+h')\right].$$

Nous pouvons simplifier le second membre de cette équation en profitant de ce que η est petit et H aussi, et nous borner à

$$\frac{d^2\eta}{dt^2} = -3\varkappa\frac{\text{B}-\text{A}}{\text{C}}m^2\left(\frac{a}{r_1}\right)^3\left[\eta + \sum \text{H}\sin(ht+h')\right].$$

On peut encore remplacer $\left(\frac{a}{r_1}\right)^3$ par l'unité, car cela revient à négliger des quantités de l'ordre de $e\eta$, $e\text{H}$ ou, ce qui revient au même, des quantités de l'ordre de $\text{H}\eta$ et H^2, quantités négligées précédemment. On aura donc finalement

$$\frac{d^2\eta}{dt^2} + 3\varkappa\frac{\text{B}-\text{A}}{\text{C}}m^2\eta = -3\varkappa\frac{\text{B}-\text{A}}{\text{C}}m^2\sum \text{H}\sin(ht+h'). \tag{15}$$

C'est là une équation différentielle linéaire du second ordre, à coefficients constants, avec second membre; elle aura une intégrale générale de la forme

$$\eta = \text{Q}\sin\left(mt\sqrt{3\varkappa\frac{\text{B}-\text{A}}{\text{C}}} + \text{F}\right) + 3\varkappa\frac{\text{B}-\text{A}}{\text{C}}m^2\sum \text{H}'\sin(ht+h'), \tag{α}$$

où Q et F désignent deux constantes arbitraires et les quantités H' des con-

([1]) Nous ne tiendrons pas compte du petit terme en t^2 qui est introduit dans v par l'inégalité séculaire de la longitude de l'époque : l'effet serait très peu sensible ici; on sera amené à tenir compte très simplement des inégalités séculaires des longitudes du nœud et du périgée.

stantes que l'on déterminera en substituant l'expression ci-dessus de η dans l'équation (15); on trouvera ainsi

$$H' = \frac{H}{h^2 - 3\varkappa \frac{B-A}{C} m^2}.$$

On aura donc finalement

$$(A)\quad \eta = Q \sin\left(mt\sqrt{3\varkappa\frac{B-A}{C}} + F\right) + 3\varkappa m^2 \frac{B-A}{C} \sum \frac{H}{h^2 - 3\varkappa m^2 \frac{B-A}{C}} \sin(ht + h').$$

L'équation du centre et les diverses inégalités du mouvement elliptique contenues dans la formule (14) se reflètent en quelque sorte dans l'expression (A) de η; seulement, les divers sinus sont multipliés par d'autres coefficients. Le coefficient de $\sin(ht + h')$ dans η, ou bien

$$3\varkappa \frac{B-A}{C} \frac{H}{\left(\frac{h}{m}\right)^2 - 3\varkappa \frac{B-A}{C}},$$

contient en facteur la quantité très petite $\frac{B-A}{C}$; ce coefficient sera insensible en général, excepté dans deux cas : le premier, lorsque H sera très grand; le second, lorsque $\frac{h}{m}$ sera assez petit; au premier de ces cas répond l'*équation du centre;* au second, l'*équation annuelle*. On a, d'après Delaunay,

Terme principal de l'équation du centre.....	$+ 22\,639'',1 \sin ☾$
Équation annuelle........................	$- 668,9 \sin ⊙$

où ☾ et ⊙ désignent, pour abréger, les anomalies moyennes de la Lune et du Soleil. En prenant le jour solaire moyen pour unité de temps, on trouve

Coefficient de t dans ☾....	$47\,033'',97$
Coefficient de t dans ⊙....	$3\,548,16$
m......................	$47\,435,03$

On en conclut :

Dans le 1er cas...... $\log\frac{h}{m} = \bar{1},996\,31$, $\left(\frac{h}{m}\right)^2 = 0,983\,16$,

Dans le 2e cas...... $\log\frac{h}{m} = \bar{2},873\,91$, $\left(\frac{h}{m}\right)^2 = 0,005\,595$.

Si l'on pose, pour abréger,

$$\frac{B-A}{C} = \gamma$$

et qu'on remplace $\varkappa$ par l'unité, la formule (A) donnera

$$(A') \qquad \eta = Q \sin(mt\sqrt{3\gamma} + F) + 1151' \times \gamma \sin ☾ - 11',15 \frac{\gamma}{0,001865 - \gamma} \sin ⊙.$$

Avec la valeur numérique de γ, qui sera rapportée plus loin, on se convaincra aisément que les autres inégalités du mouvement elliptique de la Lune ne peuvent donner rien de sensible pour un observateur placé à la surface de la Terre; c'est en particulier le cas de l'*évection* et encore plus celui de la *variation*.

Remarque. — On tire des équations (5) et (A')

$$(B) \qquad \begin{cases} \varphi - \psi = c + mt + 180^\circ - Q \sin(mt\sqrt{3\gamma} + F) \\ \qquad - 1151' \times \gamma \sin ☾ + 11',15 \frac{\gamma}{0,001865 - \gamma} \sin ⊙. \end{cases}$$

C'est l'angle dont tourne le plan mené par Oz_1 et par le point x_1, plan qui est fixe à la surface de la Lune; le plan mené par Oz_1 et défini par l'équation

$$\varphi - \psi = c + mt + 180^\circ,$$

qui passe à chaque instant à fort peu près par la position moyenne de la Terre, coupe la surface de la Lune suivant le premier méridien. Ce premier méridien fait avec le plan x_1Oz_1 le petit angle variable η; il en résulte que les points de la surface lunaire paraîtront se déplacer relativement au premier méridien, dans un sens ou dans l'autre, d'un angle égal à η. Cet angle η est ce qu'on appelle la *libration physique* ou encore la *libration réelle*, par opposition avec la *libration optique*.

Le terme $Q \sin(mt\sqrt{3\gamma} + F)$ fait que la Lune se balance et oscille comme un pendule simple; la durée des oscillations est $\frac{2\pi}{m\sqrt{3\gamma}} = \frac{1 \text{ mois sidéral}}{\sqrt{3\gamma}}$. On a vu (Chap. VIII) que la surface de la Lune supposée fluide et homogène serait celle d'un ellipsoïde à trois axes inégaux, dont le grand axe Ox_1 serait toujours tourné vers la Terre, s'éloignant très peu de part et d'autre de sa position d'équilibre et oscillant comme on vient de le dire.

Ce terme $Q \sin(mt\sqrt{3g} + F)$ permet d'expliquer comment la Lune peut nous présenter toujours la même face, sans qu'on soit obligé d'admettre qu'à l'origine les deux moyens mouvements de rotation et de révolution aient été rigoureusement égaux, ce qui serait très peu vraisemblable.

On tirera en effet de l'équation (7), en y remplaçant η par sa valeur (A'),

$$r = m[1 - Q\sqrt{3\gamma} \cos(mt\sqrt{3\gamma} + F)] + \ldots;$$

on voit que, à cause de la constante arbitraire Q, la valeur initiale de r, r_0 pouvait ne pas coïncider exactement avec m; il suffit que r_0 ait été compris entre les deux limites

$$m(1 - Q\sqrt{3\gamma}) \quad \text{et} \quad m(1 + Q\sqrt{3\gamma}).$$

L'intervalle de ces deux limites est fort petit à la vérité, car nous allons voir que γ et Q sont petits; mais il suffit pour faire disparaître l'invraisemblance qu'il y aurait à supposer que l'on ait eu rigoureusement $r_0 = m$.

Revenons à l'expression (A') de η; elle contient les deux constantes arbitraires Q et F et la constante γ; ces trois quantités doivent être déterminées par les observations.

Laplace avait invité les astronomes de l'Observatoire de Paris à entreprendre ce travail. Bouvard et Arago effectuèrent, de 1806 à 1810, une belle série d'observations de la tache Manilius, que Nicollet a continuées en 1819 et 1820. Ce dernier astronome a discuté l'ensemble des observations (*Additions à la Connaissance des Temps* pour 1822 et 1823); il a supposé $Q = 0$, et il a trouvé égal à $4' 49'',7$ le coefficient de $\sin \odot$ dans la formule (A'). On en déduit

$$\frac{11.15\gamma}{0,001\,865 - \gamma} = 4,83, \qquad \gamma = 0,000\,564.$$

Pour se faire une idée du degré d'exactitude de ce résultat, il convient de se rendre compte de la précision à laquelle on peut atteindre avec les observations des taches lunaires. Considérons une tache projetée au centre du disque lunaire; le rapport des angles sous-tendus par elle, au centre de la Lune et au centre de la Terre, est sensiblement égal au rapport de la distance de la Lune à la Terre et du rayon lunaire, soit à $\dfrac{60}{\left(\frac{3}{11}\right)} = 220$. L'angle de $4' 49'',7$ déterminé par Nicollet répondait donc seulement à un angle de $1'',3$ mesuré sur le disque de la Lune. On comprend que cela présentait des difficultés, surtout au commencement du siècle actuel, avec des instruments assez imparfaits. Bessel a proposé en 1839 d'employer l'héliomètre à ces recherches délicates, et un de ses élèves, Schlüter, excellent observateur, a fait pendant deux ans et demi, de 1840 à 1843, avec l'héliomètre de Königsberg, une grande et belle série de mesures d'un petit cratère, Mœsting A, facile à observer. Les observations de Schlüter [1] ont été calculées tout récemment par M. Julius Franz, dont nous adopterons les résultats numériques. Cet astronome a trouvé, pour le coefficient de $\sin \odot$,

---

[1] Les observations se trouvent dans le tome XXVIII des *Observations de Königsberg* et le Mémoire de M. Franz dans le tome XXXVIII du même Recueil.

133″,3, nombre notablement plus petit que celui de Nicollet, et il en a conclu

$$\gamma = 0,000\,3146.$$

Il en résulte que la période du terme $Q\sin(mt\sqrt{3\gamma} + F)$ est de $2^{ans},32$, comprise donc tout entière entre les limites de la série de Schlüter. M. Franz a trouvé en outre

$$Q\sin F = -11'',7 \pm 10'',3,$$
$$Q\cos F = -36'',0 \pm 12'',8.$$

Il en résulte que le coefficient Q est pour ainsi dire insensible, et la *libration arbitraire* négligeable.

199. Détermination de la position de l'axe de rotation de la Lune. — L'équation (B) donne ψ en fonction de φ et du temps t; il nous reste à trouver θ et φ en fonction du temps; nous emploierons, pour y arriver, les deux premières des équations (3).

Lagrange pose

$$(16) \qquad \sin\theta\sin\varphi = s, \qquad \sin\theta\cos\varphi = s';$$

s et s' seront donc de petites quantités de l'ordre de θ. On tire de là

$$\frac{ds}{dt} = \quad s'\frac{d\varphi}{dt} + \cos\theta\sin\varphi\frac{d\theta}{dt},$$
$$\frac{ds'}{dt} = -s\frac{d\varphi}{dt} + \cos\theta\cos\varphi\frac{d\theta}{dt},$$

ou bien, en remplaçant $\frac{d\varphi}{dt}$ et $\frac{d\theta}{dt}$ par leurs valeurs,

$$\frac{d\varphi}{dt} = r + \cot\theta(p\sin\varphi + q\cos\varphi),$$
$$\frac{d\theta}{dt} = \qquad -p\cos\varphi + q\sin\varphi;$$

$$\frac{ds}{dt} = \quad rs' + s'\cot\theta(p\sin\varphi + q\cos\varphi) + \cos\theta\sin\varphi(-p\cos\varphi + q\sin\varphi),$$
$$\frac{ds'}{dt} = -rs - s\cot\theta(p\sin\varphi + q\cos\varphi) + \cos\theta\cos\varphi(-p\cos\varphi + q\sin\varphi),$$

ce qui, en vertu des équations (16), se réduit à

$$\frac{ds}{dt} = rs' + q\cos\theta, \qquad \frac{ds'}{dt} = -rs - p\cos\theta$$

ou bien, en négligeant $p\theta^2$ et $q\theta^2$ devant $m\theta$,

$$(17)\qquad \frac{ds}{dt} = rs' + q, \qquad \frac{ds'}{dt} = -rs - p.$$

On en conclut

$$(18)\qquad p = -\frac{ds'}{dt} - rs, \qquad q = \frac{ds}{dt} - rs',$$

d'où

$$\frac{dp}{dt} = -\frac{d^2s'}{dt^2} - r\frac{ds}{dt} - s\frac{dr}{dt},$$

$$\frac{dq}{dt} = +\frac{d^2s}{dt^2} - r\frac{ds'}{dt} - s'\frac{dr}{dt}.$$

Substituons ces valeurs de $\frac{dp}{dt}$ et $\frac{dq}{dt}$ et les valeurs (18) de p et q dans les deux premières équations (3), et nous obtiendrons

$$(19)\quad \left\{\begin{aligned} &\frac{d^2s'}{dt^2} + \frac{A+B-C}{A}r\frac{ds}{dt} + \frac{C-B}{A}r^2s' + s\frac{dr}{dt} \\ &\quad = -3\varkappa m^2\frac{C-B}{A}\left(\frac{a}{r_1}\right)^3 \sin(v+\psi-\varphi)[\theta\sin(v+\psi) + i\sin(v-\Omega)], \\ &\frac{d^2s}{dt^2} - \frac{A+B-C}{B}r\frac{ds'}{dt} + \frac{C-A}{B}r^2s - s'\frac{dr}{dt} \\ &\quad = -3\varkappa m^2\frac{C-A}{B}\left(\frac{a}{r_1}\right)^3 \cos(v+\psi-\varphi)[\theta\sin(v+\psi) + i\sin(v-\Omega)]. \end{aligned}\right.$$

Or on a trouvé

$$r = m - \frac{d\eta}{dt};$$

en remplaçant η par sa valeur (α), il en résulte

$$r = m - mQ\sqrt{3\varkappa\gamma}\cos\left(mt\sqrt{3\varkappa\gamma} + F\right) - 3\varkappa m^2\gamma\sum H'h\cos(ht + h'),$$

$$\frac{dr}{dt} = 3\varkappa\gamma m^2 Q\sin\left(mt\sqrt{3\varkappa\gamma} + F\right) + 3\varkappa m^2\gamma\sum H'h^2\sin(ht + h').$$

Nous avons vu que c'est avec beaucoup de peine qu'on peut tirer des observations des valeurs extrêmement petites de Q et des quantités H'; en remarquant en outre que, dans les équations (19), r et $\frac{dr}{dt}$ sont multipliés par les quantités s ou s', $\frac{ds}{dt}$ ou $\frac{ds'}{dt}$, qui sont de l'ordre de θ, on pourra simplifier ces équations et les écrire comme il suit :

$$(20)\quad \begin{cases} \dfrac{d^2s}{dt^2} - \dfrac{A+B-C}{B} m \dfrac{ds'}{dt} + \dfrac{C-A}{B} m^2 s \\ \quad = -3\varkappa m^2 \dfrac{C-A}{B}\left(\dfrac{a}{r_1}\right)^3 \cos(v+\psi-\varphi)\,[\theta \sin(v+\psi) + i\sin(v-\Omega)], \\ \dfrac{d^2s'}{dt^2} + \dfrac{A+B-C}{A} m \dfrac{ds}{dt} + \dfrac{C-B}{A} m^2 s' \\ \quad = -3\varkappa m^2 \dfrac{C-B}{A}\left(\dfrac{a}{r_1}\right)^3 \sin(v+\psi-\varphi)\,[\theta \sin(v+\psi) + i\sin(v-\Omega)]. \end{cases}$$

Nous allons transformer les seconds membres des équations précédentes; ils sont très petits, à cause des facteurs $\frac{C-B}{A}$, $\frac{C-A}{B}$, θ et i. Soient e l'excentricité de l'orbite de la Lune, ϖ la longitude du périgée de cette orbite; nous négligerons, dans les seconds membres des équations (20) les quantités de l'ordre de θe^2 ou de ie^2; pour ce qui concerne $\cos(v+\psi-\varphi)$ et $\sin(v+\psi-\varphi)$, nous pourrons nous borner à prendre

$$v = c + mt + 2e\sin(c+mt-\varpi).$$

La formule (B) nous donnera du reste, avec une précision suffisante,

$$\varphi - \psi = c + mt + 180^\circ;$$

on en conclut

$$(21)\quad v+\psi-\varphi = 180^\circ + 2e\sin(c+mt-\varpi),$$

d'où, en négligeant seulement des quantités de l'ordre de e^2,

$$(22)\quad \begin{cases} \cos(v+\psi-\varphi) = -\cos[2e\sin(c+mt-\varpi)] = -1+\ldots, \\ \sin(v+\psi-\varphi) = -\sin[2e\sin(c+mt-\varpi)] = -2e\sin(c+mt-\varpi)+\ldots. \end{cases}$$

On aura ensuite

$$(23)\quad \left(\frac{a}{r_1}\right)^3 = 1 + 3e\cos(c+mt-\varpi)+\ldots.$$

On voit que le second membre de la première équation (20) est de l'ordre de θ, tandis que, pour l'équation suivante, il est de l'ordre de θe ou de ie.

On tire ensuite de (21)

$$v+\psi = 180^\circ + \varphi + 2e\sin(c+mt-\varpi)+\ldots,$$

d'où

$$\begin{aligned} \theta\sin(v+\psi) &= -\theta\sin[\varphi + 2e\sin(c+mt-\varpi)+\ldots] \\ &= -\theta\sin\varphi - 2\theta e\cos\varphi\sin(c+mt-\varpi) - \ldots; \end{aligned}$$

en tenant compte de (16), on peut écrire

$$(24)\quad \theta\sin(v+\psi) = -s - \theta e\sin(c+mt-\varpi+\varphi) - \theta e\sin(c+mt-\varpi-\varphi)+\ldots.$$

On aura ensuite

$$
\begin{aligned}
v - \Omega &= c + mt - \Omega + 2e\sin(c + mt - \varpi) + \ldots,\\
i\sin(v - \Omega) &= i\sin[c + mt - \Omega + 2e\sin(c + mt - \varpi) + \ldots]\\
&= i\sin(c + mt - \Omega) + 2ie\sin(c + mt - \varpi)\cos(c + mt - \Omega) + \ldots,
\end{aligned}
$$

d'où

$$
(25)\quad \left\{\begin{aligned}
i\sin(v - \Omega) = i\sin(c + mt - \Omega) - ie\sin(\varpi - \Omega)\\
+ ie\sin(2c + 2mt - \varpi - \Omega) + \ldots.
\end{aligned}\right.
$$

On tirera ensuite des équations (22) et (23)

$$
(26)\quad \left\{\begin{aligned}
\left(\frac{a}{r_1}\right)^3\cos(v + \psi - \varphi) &= -1 - 3e\cos(c + mt - \varpi) + \ldots,\\
\left(\frac{a}{r_1}\right)^3\sin(v + \psi - \varphi) &= -2e\sin(c + mt - \varpi) + \ldots,
\end{aligned}\right.
$$

et, en ayant égard aux formules (24), (25) et (26),

$$
\begin{aligned}
&-\left(\frac{a}{r_1}\right)^3\cos(v + \psi - \varphi)[\theta\sin(v + \psi) + i\sin(v - \Omega)]\\
&\quad = -s + i\sin(c + mt - \Omega) + \frac{1}{2}ie\sin(\varpi - \Omega) + \frac{1}{2}\theta e\sin(c + mt - \varpi - \varphi)\\
&\quad\quad + \frac{5}{2}ie\sin(2c + 2mt - \varpi - \Omega) - \frac{5}{2}\theta e\sin(c + mt - \varpi + \varphi) + \ldots,
\end{aligned}
$$

$$
\begin{aligned}
&-\left(\frac{a}{r_1}\right)^3\sin(v + \psi - \varphi)[\theta\sin(v + \psi) + i\sin(v - \Omega)]\\
&\quad = ie\cos(\varpi - \Omega) - \theta e\cos(c + mt - \varpi - \varphi)\\
&\quad\quad - ie\cos(2c + 2mt - \varpi - \Omega) + \theta e\cos(c + mt - \varpi + \varphi) + \ldots.
\end{aligned}
$$

Les équations (20) vont donc devenir

$$
(27)\quad \left\{\begin{aligned}
&\frac{d^2s}{dt^2} - \frac{A + B - C}{B}m\frac{ds'}{dt} + \frac{C - A}{B}m^2 s\\
&\quad = 3\varkappa m^2\frac{C - A}{B}\Big[-s + i\sin(c + mt - \Omega) + \frac{1}{2}ie\sin(\varpi - \Omega)\\
&\qquad\qquad + \frac{1}{2}\theta e\sin(c + mt - \varpi - \varphi) + \frac{5}{2}ie\sin(2c + 2mt - \varpi - \Omega)\\
&\qquad\qquad - \frac{5}{2}\theta e\sin(c + mt - \varpi + \varphi) + \ldots\Big],\\
&\frac{d^2s'}{dt^2} + \frac{A + B - C}{A}m\frac{ds}{dt} + \frac{C - B}{A}m^2 s'\\
&\quad = 3\varkappa m^2\frac{C - B}{A}[ie\cos(\varpi - \Omega) - \theta e\cos(c + mt - \varpi - \varphi)\\
&\qquad\qquad - ie\cos(2c + 2mt - \varpi - \Omega)\\
&\qquad\qquad + \theta e\cos(c + mt - \varpi + \varphi) + \ldots].
\end{aligned}\right.
$$

Il est à remarquer que, dans les seconds membres de ces équations, on a tenu compte de tous les termes du premier et du second ordre, θ, i et e étant considérés comme des quantités du premier ordre; nous pourrons sans inconvénient supposer $\varkappa = 1$. Posons, pour abréger,

$$(28)\quad \begin{cases} S = i\sin(c+mt-\Omega)+\frac{1}{2}ie\sin(\varpi-\Omega)+\frac{1}{2}\theta e\sin(c+mt-\varpi-\varphi) \\ \qquad +\frac{5}{2}ie\sin(2c+2mt-\varpi-\Omega)-\frac{5}{2}\theta e\sin(c+mt-\varpi+\varphi), \\ S' = ie\cos(\varpi-\Omega)-\theta e\cos(c+mt-\varpi-\varphi) \\ \qquad - ie\cos(2c+2mt-\varpi-\Omega)+\theta e\cos(c+mt-\varpi+\varphi), \end{cases}$$

et les équations (27) pourront s'écrire

$$(29)\quad \begin{cases} \dfrac{d^2s}{dt^2}-\dfrac{A+B-C}{B}m\dfrac{ds'}{dt}+4\dfrac{C-A}{B}m^2s = 3\dfrac{C-A}{B}m^2S, \\ \dfrac{d^2s'}{dt^2}+\dfrac{A+B-C}{A}m\dfrac{ds}{dt}+\dfrac{C-B}{A}m^2s' = 3\dfrac{C-B}{A}m^2S'. \end{cases}$$

Les quantités S et S′ sont des fonctions connues du temps; elles contiennent, il est vrai, les inconnues θ et φ et, par suite, s et s', mais seulement dans des termes du second ordre; on pourra remplacer θ et φ par des valeurs approchées dans ces petits termes-là. On peut donc dire que les équations (29) sont deux équations différentielles linéaires simultanées du second ordre, à coefficients constants, avec seconds membres.

200. Pour les intégrer, nous allons laisser d'abord de côté les seconds membres et considérer les équations

$$(30)\quad \begin{cases} \dfrac{d^2s}{dt^2}-\dfrac{A+B-C}{B}m\dfrac{ds'}{dt}+4\dfrac{C-A}{B}m^2s = 0, \\ \dfrac{d^2s'}{dt^2}+\dfrac{A+B-C}{A}m\dfrac{ds}{dt}+\dfrac{C-B}{A}m^2s' = 0. \end{cases}$$

Pour les intégrer, nous ferons

$$(31)\qquad s = N\sin(lt+\rho), \qquad s' = N'\cos(lt+\rho),$$

en désignant par N, N′, l et ρ des constantes. En substituant dans (30), il viendra

$$N\left(l^2-4\frac{C-A}{B}m^2\right) = N'\frac{A+B-C}{B}ml,$$

$$N'\left(l^2-\frac{C-B}{A}m^2\right) = N\frac{A+B-C}{A}ml;$$

d'où

$$(32)\qquad N' = \frac{l^2 - 4\frac{C-A}{B}m^2}{\frac{A+B-C}{B}ml}N,$$

$$\left(l^2 - 4\frac{C-A}{B}m^2\right)\left(l^2 - \frac{C-B}{A}m^2\right) - \frac{(A+B-C)^2}{AB}m^2l^2 = 0$$

ou bien

$$(33)\qquad AB\left(\frac{l}{m}\right)^4 - [4A(C-A) + B(C-B) + (A+B-C)^2]\left(\frac{l}{m}\right)^2 + 4(C-A)(C-B) = 0.$$

Les valeurs de l^2 tirées de cette équation doivent être réelles et positives, sans quoi les expressions (31) de s et s' contiendraient des exponentielles; s et s' finiraient par croître indéfiniment, ce qui est contraire aux observations d'après lesquelles s et s' restent toujours petits.

On devra donc avoir

$$(34)\qquad [4A(C-A) + B(C-B) + (A+B-C)^2]^2 - 16AB(C-A)(C-B) > 0,$$

$$(35)\qquad (C-A)(C-B) > 0,$$

$$(36)\qquad 4A(C-A) + B(C-B) + (A+B-C)^2 > 0.$$

Les différences $C-A$ et $C-B$ sont très petites par rapport à A; on en conclut que les premiers membres des inégalités (34) et (36) diffèrent respectivement peu de A^4 et de A^2; donc ces inégalités sont vérifiées dès que les rapports $\frac{C-A}{A}$ et $\frac{C-B}{A}$ sont petits. Enfin l'inégalité (35) indique que l'on doit avoir

$$C > A \quad \text{et} \quad C > B$$

ou

$$C < A \quad \text{et} \quad C < B.$$

Comme on a vu que A est plus petit que B, il en résulte qu'on aura

$$A < B < C$$

ou

$$C < A < B.$$

Il est naturel de supposer que C est la plus grande des trois quantités A, B, C, car l'axe de rotation coïncidant presque avec OZ_1, axe auquel correspond le moment C, la Lune, supposée fluide, a dû s'aplatir dans le sens de cet axe, qui sera le plus petit; ce point sera d'ailleurs démontré rigoureusement un peu plus loin.

Soient l^2 et l_1^2 les deux racines de l'équation (33); en désignant par N_1 et ρ_1 deux constantes, on aura cette première solution du système (30)

$$s = N\sin(lt + \rho), \qquad s' = N'\cos(lt + \rho),$$

(37)
$$N' = \frac{l^2 - 4\frac{C-A}{B}m^2}{\frac{A+B-C}{B}ml}N,$$

puis cette seconde

$$s = N_1\sin(l_1 t + \rho_1), \qquad s' = N'_1\cos(l_1 t + \rho_1),$$

(38)
$$N'_1 = \frac{l_1^2 - 4\frac{C-A}{B}m^2}{\frac{A+B-C}{B}ml_1}N_1.$$

Les intégrales générales des équations (30) seront données par les formules

(39)
$$\begin{cases} s = N\sin(lt + \rho) + N_1\sin(l_1 t + \rho_1), \\ s' = N'\cos(lt + \rho) + N'_1\cos(l_1 t + \rho_1), \end{cases}$$

qui contiennent bien quatre constantes arbitraires, savoir N, N_1, ρ et ρ_1.

Posons

$$\frac{C-B}{A} = \alpha, \qquad \frac{C-A}{B} = \beta;$$

α et β seront de petites quantités; l'équation (33) s'écrira

$$\left(\frac{l}{m}\right)^4 - \left(\frac{l}{m}\right)^2(1 + 3\beta + \alpha\beta) + 4\alpha\beta = 0;$$

on en tire

$$2\left(\frac{l}{m}\right)^2 = 1 + 3\beta + \alpha\beta + \sqrt{(1 + 3\beta + \alpha\beta)^2 - 16\alpha\beta},$$

$$2\left(\frac{l_1}{m}\right)^2 = 1 + 3\beta + \alpha\beta - \sqrt{(1 + 3\beta + \alpha\beta)^2 - 16\alpha\beta}.$$

Nous allons développer ces expressions en séries suivant les puissances de α et β. On trouve aisément

$$\sqrt{(1 + 3\beta + \alpha\beta)^2 - 16\alpha\beta} = 1 + 3\beta - 7\alpha\beta + 24\alpha\beta^2 + \text{des termes du 4}^{\text{e}}\text{ ordre};$$

d'où

$$(40)\quad \begin{cases} \left(\dfrac{l}{m}\right)^2 = 1 + 3\beta - 3\alpha\beta + \text{des termes du 3}^{\text{e}}\text{ ordre}, \\ \left(\dfrac{l_1}{m}\right)^2 = 4\alpha\beta - 12\alpha\beta^2 + \text{des termes du 4}^{\text{e}}\text{ ordre}, \end{cases}$$

d'où

$$(41)\quad \begin{cases} \dfrac{l}{m} = 1 + \dfrac{3}{2}\beta - \dfrac{3}{2}\alpha\beta - \dfrac{9}{8}\beta^2 + \text{des termes du 3}^{\text{e}}\text{ ordre}, \\ \dfrac{l_1}{m} = 2\sqrt{\alpha\beta}\left(1 - \dfrac{3}{2}\beta + \text{des termes du 2}^{\text{e}}\text{ ordre}\right). \end{cases}$$

Les équations (37) et (38) peuvent s'écrire

$$N' = \frac{l^2 - 4\beta m^2}{(1-\beta)\,ml} N,$$

$$N'_1 = \frac{l_1^2 - 4\beta m^2}{(1-\beta)\,ml_1} N_1.$$

En remplaçant l^2 et l_1^2 par leurs valeurs (40), l et l_1 par leurs expressions (41), il viendra

$$\frac{N'}{N} = 1 - \frac{3}{2}\beta - \frac{3}{2}\alpha\beta + \frac{27}{8}\beta^2 + \text{des termes du 3}^{\text{e}}\text{ ordre},$$

$$\frac{N'_1}{N_1} = -2\sqrt{\frac{\beta}{\alpha}}\left(1 - \alpha + \frac{5}{2}\beta + \text{des termes du 2}^{\text{e}}\text{ ordre}\right);$$

en ne prenant que les premiers termes de nos développements, nous aurons

$$(\text{C})\quad \begin{cases} s = N \sin\left[\rho + mt\left(1 + \dfrac{3}{2}\beta\right)\right] + N_1 \sin(\rho_1 + 2mt\sqrt{\alpha\beta}), \\ s' = N \cos\left[\rho + mt\left(1 + \dfrac{3}{2}\beta\right)\right] - 2N_1\sqrt{\dfrac{\beta}{\alpha}}\cos(\rho_1 + 2mt\sqrt{\alpha\beta}). \end{cases}$$

201. Il s'agit maintenant de passer de l'intégration des équations (30) à l'intégration des équations (29); ces dernières peuvent s'écrire, en introduisant α et β,

$$(42)\quad \begin{cases} \dfrac{d^2s}{dt^2} - (1-\beta)\,m\dfrac{ds'}{dt} + 4\beta m^2 s = 3\beta m^2 S, \\ \dfrac{d^2s'}{dt^2} + (1-\alpha)\,m\dfrac{ds}{dt} + \alpha m^2 s' = 3\alpha m^2 S'. \end{cases}$$

Reportons-nous aux expressions (28) de S et S', et nous verrons qu'on peut supposer, en désignant par R et R', σ et σ' des constantes,

$$(43)\quad S = \sum R \sin(\sigma mt + \sigma'), \qquad S' = \sum R' \cos(\sigma mt + \sigma').$$

Il nous suffira de trouver une solution particulière du système (42), où S et S′ ont les valeurs (43), et d'ajouter les valeurs de s et s' qui en résulteront aux expressions (39) ou, si l'on veut encore, aux expressions (C) de s et s', pour obtenir les intégrales générales des équations (29).

Pour trouver cette solution particulière, nous ferons

$$(44)\qquad s=\sum \mathrm{P}\sin(\sigma mt+\sigma'),\qquad s'=\sum \mathrm{P}'\cos(\sigma mt+\sigma'),$$

en désignant par P et P′ deux constantes. Si nous substituons les expressions (44) de s et s' dans les équations (42), nous trouverons

$$(4\beta-\sigma^2)\mathrm{P}+\sigma(1-\beta)\mathrm{P}'=3\beta\mathrm{R},$$
$$\sigma(1-\alpha)\mathrm{P}+(\alpha-\sigma^2)\mathrm{P}'=3\alpha\mathrm{R}',$$

d'où

$$(45)\qquad \begin{cases} \mathrm{P}=3\dfrac{\beta(\alpha-\sigma^2)\mathrm{R}-\alpha\sigma(1-\beta)\mathrm{R}'}{(4\beta-\sigma^2)(\alpha-\sigma^2)-\sigma^2(1-\alpha)(1-\beta)},\\[2ex] \mathrm{P}'=3\dfrac{\alpha(4\beta-\sigma^2)\mathrm{R}'-\beta\sigma(1-\alpha)\mathrm{R}}{(4\beta-\sigma^2)(\alpha-\sigma^2)-\sigma^2(1-\alpha)(1-\beta)}.\end{cases}$$

Les numérateurs de P et P′ contiennent en facteurs, dans leurs divers termes, soit α, soit β; ces deux quantités sont très petites. Les valeurs de P et P′ ne pourront donc devenir sensibles que si le dénominateur commun Δ des formules (45) est très petit; or on trouve aisément

$$\Delta=\sigma^2(\sigma^2-1)-\beta(\alpha+3)\sigma^2+4\alpha\beta.$$

On voit que Δ ne peut devenir très petit que s'il en est de même de l'expression $\sigma^2(\sigma^2-1)$; ainsi il faudra, ou que σ soit voisin de 1, ou que σ soit très petit.

Nous allons séparer, dans les expressions (28) de S et S′, les termes du premier ordre de ceux du second; nous poserons donc

$$(46)\qquad \mathrm{S}=\mathrm{S}_1+\mathrm{S}_2,\qquad \mathrm{S}'=\mathrm{S}'_1+\mathrm{S}'_2,$$

et nous aurons

$$(47)\qquad \mathrm{S}_1=i\sin(c+mt-\Omega),\qquad \mathrm{S}'_1=0.$$

$$(48)\qquad \begin{cases} \mathrm{S}_2=\dfrac{1}{2}ie\sin(\varpi-\Omega)+\dfrac{1}{2}\theta e\sin(c+mt-\varpi-\varphi)\\[1ex] \qquad+\dfrac{5}{2}ie\sin(2c+2mt-\varpi-\Omega)-\dfrac{5}{2}\theta e\sin(c+mt-\varpi+\varphi),\\[1ex] \mathrm{S}'_2=ie\cos(\varpi-\Omega)-\theta e\cos(c+mt-\varpi-\varphi)\\[1ex] \qquad-ie\cos(2c+2mt-\varpi-\Omega)+\theta e\cos(c+mt-\varpi+\varphi).\end{cases}$$

Nous allons négliger d'abord S_2 et S'_2, et prendre

$$
(49) \qquad \begin{cases} S = S_1 = i \sin(c + mt - \Omega), \\ S' = S'_1 = 0\,; \end{cases}
$$

nous intégrerons les équations (29) dans cette hypothèse. Nous en déduirons des valeurs très approchées de θ et φ, que nous substituerons dans S_2 et S'_2, qui deviendront ainsi des fonctions connues de t; nous n'aurons plus qu'à ajouter aux valeurs trouvées pour s et s' les valeurs qui répondent aux solutions particulières des équations (29) ou (42), dans lesquelles on prend

$$S = S_2, \qquad S' = S'_2.$$

Nous considérons donc d'abord les valeurs (49) de S et S′; nous pouvons, dans Ω, ne tenir compte que des inégalités séculaires et prendre

$$\Omega = \Omega_0 - \mu m t\,;$$

on trouve, pour le nombre μ, cette valeur

$$\mu = 0{,}004\,019.$$

Pour appliquer les formules (43), (44) et (45), nous devrons donc prendre

$$
\begin{aligned}
\sigma &= 1 + \mu, & \sigma' &= c - \Omega_0, \\
R &= i, & R' &= 0.
\end{aligned}
$$

Les formules (45) donneront

$$P_1 = -3i\beta \frac{(1+\mu)^2 - \alpha}{\Delta_1},$$

$$P'_1 = -3i\beta(1-\alpha)\frac{1+\mu}{\Delta_1}$$

avec

$$\Delta_1 = (1+\mu)^2(2\mu+\mu^2) - \beta(\alpha+3)(1+\mu)^2 + 4\alpha\beta\,;$$

nous pourrons négliger $\alpha\beta$ devant α ou β, et nous prendrons

$$P_1 = -3i\beta \frac{(1+\mu)^2}{\Delta_1},$$

$$P'_1 = -3i\beta \frac{1+\mu}{\Delta_1},$$

$$\Delta_1 = (1+\mu^2)(2\mu+\mu)^2 - 3\beta(1+\mu)^2\,;$$

nous aurons donc

$$P_1 = \frac{-3i\beta}{2\mu+\mu^2-3\beta},$$

$$P'_1 = \frac{-3i\beta}{(1+\mu)(2\mu+\mu^2-3\beta)},$$

et, par suite,

$$s = -\frac{3i\beta}{2\mu + \mu^2 - 3\beta}\sin(c + mt - \Omega),$$

$$s' = -\frac{3i\beta}{(1+\mu)(2\mu + \mu^2 - 3\beta)}\cos(c + mt - \Omega).$$

En ajoutant ces valeurs de s et s' respectivement à celles fournies par les formules (C), il viendra

$$(\mathrm{D})\quad\left\{\begin{aligned} s &= \theta\sin\varphi = \mathrm{N}\sin\left[\rho + mt\left(1 + \frac{3}{2}\beta\right)\right] + \mathrm{N}_1\sin(\rho_1 + 2mt\sqrt{\alpha\beta}) \\ &\quad - \frac{3i\beta}{2\mu + \mu^2 - 3\beta}\sin(c + mt - \Omega) \\ s' &= \theta\cos\varphi = \mathrm{N}\cos\left[\rho + mt\left(1 + \frac{3}{2}\beta\right)\right] - 2\mathrm{N}_1\sqrt{\frac{\beta}{\alpha}}\cos(\rho_1 + 2mt\sqrt{\alpha\beta}) \\ &\quad - \frac{3i\beta}{(1+\mu)(2\mu + \mu^2 - 3\beta)}\cos(c + mt - \Omega). \end{aligned}\right.$$

Nous allons discuter ces formules; posons d'abord

$$(50)\qquad \varphi = c + mt + 180^\circ - \Omega + \Phi.$$

Il est facile d'avoir une représentation géométrique de la quantité Φ; en effet, l'équation (B) donne, en laissant de côté les termes que nous avons reconnus être, sinon nuls, du moins très petits,

$$\varphi - \psi = c + mt + 180^\circ;$$

en combinant cette équation avec (50), il vient

$$\Phi = \Omega + \psi = \Omega - (-\psi);$$

la quantité Φ représente donc la distance angulaire du nœud ascendant de l'orbite de la Lune au nœud descendant de son équateur; on sait, par les observations, que Φ est une quantité toujours très petite, sinon nulle.

On tire de la formule (50)

$$\theta\sin\Phi = -\theta\sin\varphi\cos(c + mt - \Omega) + \theta\cos\varphi\sin(c + mt - \Omega),$$

$$\theta\cos\Phi = -\theta\sin\varphi\sin(c + mt - \Omega) - \theta\cos\varphi\cos(c + mt - \Omega),$$

ou, en remplaçant $\theta\sin\varphi$ et $\theta\cos\varphi$ par leurs valeurs (D)

$$(51)\qquad \theta\sin\Phi = \mathrm{K},\qquad \theta\cos\Phi = \mathrm{K}',$$

en posant

$$(52)\quad \left\{\begin{aligned} \mathrm{K} = \frac{3}{2} i\beta \frac{\mu}{(1+\mu)(2\mu+\mu^2-3\beta)} \sin 2(c+mt-\Omega) - \mathrm{N}\sin\left(\rho - c + \Omega + \frac{3}{2}\beta mt\right) \\ -\mathrm{N}_1\left(\sqrt{\frac{\beta}{\alpha}}+\frac{1}{2}\right)\sin\left[\rho_1 + c - \Omega + mt(1+2\sqrt{\alpha\beta})\right] \\ +\mathrm{N}_1\left(\sqrt{\frac{\beta}{\alpha}}-\frac{1}{2}\right)\sin\left[\rho_1 - c + \Omega - mt(1-2\sqrt{\alpha\beta})\right], \end{aligned}\right.$$

$$(53)\quad \left\{\begin{aligned} \mathrm{K}' = \frac{3}{2} i\beta \frac{2+\mu}{(1+\mu)(2\mu+\mu^2-3\beta)} - \frac{3}{2} i\beta \frac{\mu}{(1+\mu)(2\mu+\mu^2-3\beta)} \cos 2(c+mt-\Omega) \\ - \mathrm{N}\cos\left(\rho - c + \Omega + \frac{3}{2}\beta mt\right) \\ +\mathrm{N}_1\left(\sqrt{\frac{\beta}{\alpha}}+\frac{1}{2}\right)\cos\left[\rho_1 + c - \Omega + mt(1+2\sqrt{\alpha\beta})\right] \\ +\mathrm{N}_1\left(\sqrt{\frac{\beta}{\alpha}}-\frac{1}{2}\right)\cos\left[\rho_1 - c + \Omega - mt(1-2\sqrt{\alpha\beta})\right]. \end{aligned}\right.$$

On tire de (51)

$$(54)\qquad \operatorname{tang}\Phi = \frac{\mathrm{K}}{\mathrm{K}'}.$$

Les observations nous apprennent que Φ reste toujours très petit; en particulier, on ne peut donc pas avoir $\Phi = \pm 90°$ et, par suite, $\mathrm{K}' = 0$.

Ainsi, quel que soit le temps t, il faut que la quantité K' définie par l'équation (53) ne puisse jamais s'annuler. Il faut donc que la somme des valeurs absolues des coefficients

$$-\mathrm{N},\quad \mathrm{N}_1\left(\sqrt{\frac{\beta}{\alpha}}+\frac{1}{2}\right),\quad \mathrm{N}_1\left(\sqrt{\frac{\beta}{\alpha}}-\frac{1}{2}\right),\quad -\frac{3}{2} i\beta \frac{\mu}{(1+\mu)(2\mu+\mu^2-3\beta)}$$

soit inférieure à

$$\frac{3}{2} i\beta \frac{2+\mu}{(1+\mu)(2\mu+\mu^2-3\beta)};$$

θ étant positif, comme $\cos\Phi$, la dernière des équations (51) donne

$$\mathrm{K}' > 0;$$

donc, d'après ce qu'on vient de dire, on doit avoir

$$\frac{3}{2} i\beta \frac{2+\mu}{(1+\mu)(2\mu+\mu^2-3\beta)} > 0,$$

d'où

$$\beta > 0 \quad \text{et} \quad 2\mu + \mu^2 - 3\beta > 0$$

ou bien

$$\beta < 0 \quad \text{et} \quad 2\mu + \mu^2 - 3\beta < 0.$$

La dernière combinaison est impossible, car elle donnerait $\mu < 0$; il restera donc

$$(55) \qquad 0 < \beta < \frac{2\mu + \mu^2}{3}.$$

Or on a

$$\beta = \frac{C - A}{B};$$

on en conclut donc

$$C - A > 0.$$

Nous avons trouvé $C - B > 0$ [inégalité (35)] et supposé $A < B$; il en résulte donc

$$A < B < C.$$

Si nous remplaçons μ par sa valeur numérique

$$\mu = 0,004\,019,$$

l'inégalité (55) nous donne

$$(56) \qquad \beta < 0,002\,685.$$

Nous avons ainsi une limite supérieure de la quantité β.

On déduit des formules (51), (52) et (53) une expression de cette forme

$$\tang\Phi = \frac{D_1 \sin x_1 - D_2 \sin x_2 - D_3 \sin x_3 + D_4 \sin x_4}{D_0 - D_1 \cos x_1 - D_2 \cos x_2 + D_3 \cos x_3 + D_4 \cos x_4}$$

ou encore

$$\tang\Phi = \frac{E_1 \sin x_1 - E_2 \sin x_2 - E_3 \sin x_3 + E_4 \sin x_4}{1 - E_1 \cos x_1 - E_2 \cos x_2 + E_3 \cos x_3 + E_4 \cos x_4},$$

en posant, d'une manière générale,

$$E_i = \frac{D_i}{D_0}.$$

Puisque, d'après les observations, Φ reste toujours très petit, il faut en conclure qu'il en est de même des quantités E_i; ainsi les rapports des quantités N et N_1 à $D_0 = \frac{3}{2} i\beta \frac{2 + \mu}{(1 + \mu)(2\mu + \mu^2 - 3\beta)}$ doivent être très petits.

On tire des équations (51)

$$\theta^2 = K^2 + K'^2$$

ou bien

$$\theta^2 = (D_0 - D_1 \cos x_1 - D_2 \cos x_2 + D_3 \cos x_3 + D_4 \cos x_4)^2$$
$$+ (D_1 \sin x_1 - D_2 \sin x_2 - D_3 \sin x_3 + D_4 \sin x_4)^2$$

ou encore

$$\frac{\theta^2}{D_0^2} = (1 - E_1 \cos x_1 - E_2 \cos x_2 + E_3 \cos x_3 + E_4 \cos x_4)^2$$
$$+ (E_1 \sin x_1 - E_2 \sin x_2 - E_3 \sin x_3 + E_4 \sin x_4)^2.$$

Puisque les coefficients E_i sont très petits, il en résulte que θ est à fort peu près constant et égal à D_0.

Ainsi les deux lois de Cassini concernant la constance presque absolue de θ et la coïncidence des nœuds sont liées l'une à l'autre par la théorie de la gravitation : l'une est la conséquence de l'autre.

202. Nous allons pouvoir revenir en arrière et tenir compte, dans les expressions (28) de S et S', des termes du second ordre S_2 et S'_2 que nous avons négligés d'abord; dans ces termes, nous pourrons remplacer θ et φ par leurs valeurs, telles qu'elles résultent de l'approximation précédente; nous pourrons donc remplacer θ par sa valeur moyenne θ_0, et, quant à φ, nous tirerons sa valeur de l'équation (50) en y faisant $\Phi = 0$, ce qui nous donnera

$$\varphi = c + mt + 180^\circ - \Omega; \tag{57}$$

il viendra ainsi

$$\left\{\begin{aligned} S_2 &= \frac{1}{2}(i+\theta_0) e \sin(\varpi - \Omega) + \frac{5}{2}(i+\theta_0) e \sin(2c + 2mt - \varpi - \Omega),\\ S'_2 &= (i+\theta_0) e \cos(\varpi - \Omega) - (i+\theta_0) e \cos(2c + 2mt - \varpi - \Omega).\end{aligned}\right. \tag{58}$$

Nous pouvons actuellement appliquer les formules (43), (44) et (45), en considérant successivement les deux termes périodiques qui figurent dans les expressions (58) de S_2 et S'_2; on verra aisément que, pour le second de ces termes, celui dont l'argument est $2c + 2mt - \varpi - \Omega$, la quantité σ est voisine de 2; donc les valeurs correspondantes de P et P' seront très petites. Ainsi nous devons nous borner à

$$S_2 = \frac{1}{2}(i+\theta_0) e \sin(\varpi - \Omega), \qquad S'_2 = (i+\theta_0) e \cos(\varpi - \Omega)$$

et poser

$$R = \frac{1}{2}(i+\theta_0) e, \qquad R' = (i+\theta_0) e = 2R.$$

Le coefficient du temps dans $\varpi - \Omega$ est égal à σm, et si nous posons

$$\varpi = \varpi_0 + \nu m t,$$

nous aurons

$$\sigma = \mu + \nu.$$

Avec ces valeurs de R, R′ et σ, les formules (45) nous donneront

$$P_2 = \frac{3}{2}(i+\theta_0)e\frac{2\alpha(1-\beta)(\mu+\nu)+\beta[(\mu+\nu)^2-\alpha]}{(1-\alpha)(1-\beta)(\mu+\nu)^2-[(\mu+\nu)^2-\alpha][(\mu+\nu)^2-4\beta]},$$

$$P'_2 = \frac{3}{2}(i+\theta_0)e\frac{\beta(1-\alpha)(\mu+\nu)+2\alpha[(\mu+\nu)^2-4\beta]}{(1-\alpha)(1-\beta)(\mu+\nu)^2-[(\mu+\nu)^2-\alpha][(\mu+\nu)^2-4\beta]}.$$

On peut négliger α et β dans le dénominateur commun, qui se réduit alors à $(\mu+\nu)^2-(\mu+\nu)^4$ ou simplement, comme $(\mu+\nu)^2$ est très petit, à $(\mu+\nu)^2$; nous ne garderons dans les numérateurs que les termes $2\alpha(\mu+\nu)$ pour le premier et $\beta(\mu+\nu)$ pour le second; nous aurons donc

$$P_2 = 3(i+\theta_0)\frac{e\alpha}{\mu+\nu}, \qquad P'_2 = \frac{3}{2}(i+\theta_0)\frac{e\beta}{\mu+\nu}.$$

Les termes

$$P_2\sin(\varpi-\Omega) \quad \text{et} \quad P'_2\cos(\varpi-\Omega)$$

devront être ajoutés respectivement aux expressions (D) de s et s'; nous aurons donc en définitive

$$(E)\quad \begin{cases} s = \theta\sin\varphi = N\sin\left[\rho+mt\left(1+\frac{3}{2}\beta\right)\right]+N_1\sin(\rho_1+2mt\sqrt{\alpha\beta}) \\ \qquad -\frac{3i\beta}{2\mu+\mu^2-3\beta}\sin(c+mt-\Omega)+3(i+\theta_0)\frac{e\alpha}{\mu+\nu}\sin(\varpi-\Omega), \\ s' = \theta\cos\varphi = N\cos\left[\rho+mt\left(1+\frac{3}{2}\beta\right)\right]-2N_1\sqrt{\frac{\beta}{\alpha}}\cos(\rho_1+2mt\sqrt{\alpha\beta}) \\ \qquad -\frac{3i\beta}{(1+\mu)(2\mu+\mu^2-3\beta)}\cos(c+mt-\Omega)+\frac{3}{2}(i+\theta_0)\frac{e\beta}{\mu+\nu}\cos(\varpi-\Omega). \end{cases}$$

Ces deux formules détermineront θ et φ, après quoi ψ sera déterminé par l'équation (B), que nous reproduisons ici :

$$(B)\quad \begin{cases} \psi = \varphi - c - mt + 180^\circ + Q\sin(mt\sqrt{3\gamma}+F) + 151'\times\gamma\sin(\text{anomal. moy. } ☾) \\ \qquad - 11',15\frac{\gamma}{0,001865-\gamma}\sin(\text{anomal. moy. } \odot). \end{cases}$$

Il nous reste à calculer p, q et r.

203. Nous nous servirons pour cela des formules (18) en y remplaçant r par m, ce qui nous donnera

$$(59)\qquad \frac{p}{m} = -s - \frac{1}{m}\frac{ds'}{dt}, \qquad \frac{q}{m} = -s' + \frac{1}{m}\frac{ds}{dt}.$$

Remplaçons dans ces formules s et s' par leurs valeurs (E) et nous trouverons, tout calcul fait, en négligeant $N\beta$ devant N, $(i+\theta_0)e\beta$ devant $(i+\theta_0)\frac{e\alpha}{\mu+\nu}$, $N_1\sqrt{\alpha\beta}$ devant $N_1\sqrt{\frac{\beta}{\alpha}}$ et $(i+\theta_0)e\alpha$ devant $(i+\theta_0)\frac{e\beta}{\mu+\nu}$,

$$(\text{F})\quad \left\{\begin{aligned} \frac{p}{m} &= -N_1\sin(\rho_1+2mt\sqrt{\alpha\beta}) - 3(i+\theta_0)\frac{e\alpha}{\mu+\nu}\sin(\varpi-\Omega)\\ \frac{q}{m} &= 2N_1\sqrt{\frac{\beta}{\alpha}}\cos(\rho_1+2mt\sqrt{\alpha\beta}) - 3i\beta\frac{2\mu+\mu^2}{(1+\mu)(2\mu+\mu^2-3\beta)}\cos(c+mt-\Omega)\\ &\quad -\frac{3}{2}(i+\theta_0)\frac{e\beta}{\mu+\nu}\cos(\varpi-\Omega). \end{aligned}\right.$$

On a enfin

$$r = \frac{d(\varphi-\psi)}{dt} = m + \frac{d\eta}{dt},$$

$$(\text{G})\qquad \frac{r}{m} = 1 - Q\sqrt{3\gamma}\cos(mt\sqrt{3\gamma}+F) - 19{,}9\,\gamma\cos☾ + \frac{0{,}0146\,\gamma}{0{,}001865-\gamma}\cos\odot,$$

où, dans le second membre, les coefficients des cosinus sont exprimés en parties du rayon.

Remarques. — 1° Les termes en $\sin(\varpi-\Omega)$ et $\cos(\varpi-\Omega)$, qui figurent dans les formules (E) et (F) et qui sont du second ordre relativement aux quantités i, e et θ_0, avaient échappé à l'attention de Lagrange et de Laplace; c'est Poisson qui les a mis en évidence. Ces termes deviennent sensibles, à cause du très petit diviseur $\mu+\nu$ qui figure dans leurs coefficients.

2° Lagrange, Laplace et Poisson, sans remarquer que les coefficients de $\sin(c+mt-\Omega)$ et $\cos(c+mt-\Omega)$, dans les expressions (E) de s et s', sont des nombres relativement considérables, ont cru pouvoir remplacer $1+\mu$ par l'unité dans le coefficient de $\cos(c+mt-\Omega)$; ils ont donc pris la même valeur pour les coefficients de sin et $\cos(c+mt-\Omega)$, savoir $\frac{3i\beta}{2\mu+\mu^2-3\beta}$; il en résulte que Poisson, au lieu de trouver les formules (F), obtient les suivantes :

$$(\text{F}_1)\quad \left\{\begin{aligned} \frac{p}{m} &= \ldots - 3i\beta\frac{\mu}{2\mu+\mu^2-3\beta}\sin(c+mt-\Omega)+\ldots,\\ \frac{q}{m} &= \ldots - 3i\beta\frac{\mu}{2\mu+\mu^2-3\beta}\cos(c+mt-\Omega)+\ldots. \end{aligned}\right.$$

On voit que, dans les formules de Poisson, les coefficients de $\sin(c+mt-\Omega)$ et $\cos(c+mt-\Omega)$ sont égaux et de même signe, tandis que, dans les formules exactes, le premier de ces coefficients est réduit à zéro et le second est sensiblement doublé.

Si l'on ne considérait que les termes dépendant de l'argument $\varpi - \Omega$, on pourrait dire que, d'après les formules (F_1) de Poisson, l'axe de rotation décrit à l'intérieur de la Lune un cône de révolution, tandis que, d'après les formules exactes (F), cet axe oscille dans le plan principal $y_1 O z_1$ perpendiculaire à l'axe $O x_1$.

C'est M. Ch. Simon qui a le premier donné les formules exactes (F) dans son *Mémoire sur la rotation de la Lune* (*Annales de l'École Normale*, t. III); mais M. Simon les avait démontrées directement sans faire toucher du doigt le point où l'Analyse ordinaire devait être complétée; c'est ce que je crois avoir fait assez simplement dans les pages précédentes (*voir* aussi une Note des *Comptes rendus des séances de l'Académie des Sciences*, t. CI, p. 625).

Il résulte du travail de M. Franz que les constantes N et N_1 qui figurent dans les formules (E) sont insensibles. Nous pourrons donc nous borner à

$$(\mathrm{E}')\quad \begin{cases} \theta \sin\varphi = \dots \dfrac{3i\beta}{2\mu+\mu^2-3\beta} \sin(c+mt-\Omega) + 3(i+\theta_0)\dfrac{e\alpha}{\mu+\nu}\sin(\varpi-\Omega), \\ \theta \cos\varphi = -\dfrac{3i\beta}{(1+\mu)(2\mu+\mu^2-3\beta)}\cos(c+mt-\Omega) + \dfrac{3}{2}(i+\theta_0)\dfrac{e\beta}{\mu+\nu}\cos(\varpi-\Omega); \end{cases}$$

$$(\mathrm{F}')\quad \begin{cases} \dfrac{p}{m} = -3(i+\theta_0)\dfrac{e\alpha}{\mu+\nu}\sin(\varpi-\Omega), \\ \dfrac{q}{m} = -\dfrac{3}{2}(i+\theta_0)\dfrac{e\beta}{\mu+\nu}\cos(\varpi-\Omega) - 3i\beta\dfrac{2\mu+\mu^2}{(1+\mu)(2\mu+\mu^2-3\beta)}\cos(c+mt-\Omega). \end{cases}$$

Détermination de β. — Élevons au carré les deux équations (E′) et ajoutons-les; nous aurons ainsi l'expression de θ^2 dans laquelle nous remplacerons les carrés ou les produits de sinus et de cosinus par les sinus ou cosinus des multiples; la partie non périodique de θ^2 en sera la valeur moyenne que nous représenterons par θ_0^2; nous trouverons ainsi

$$(60)\qquad \theta_0^2 = \frac{(3i\beta)^2}{(1+\mu)^2(2\mu+\mu^2-3\beta)^2}\,\frac{2+2\mu+\mu^2}{2} + \frac{9}{8}\left(e\,\frac{i+\theta_0}{\mu+\nu}\right)^2(\beta^2+4\alpha^2).$$

Nous pouvons, dans une première approximation, négliger le dernier terme du second membre et prendre simplement

$$(61)\qquad \theta_0 = \frac{3i\beta}{(1+\mu)(2\mu+\mu^2-3\beta)}\sqrt{1+\mu+\frac{1}{2}\mu^2};$$

pour la mise en nombres, nous adopterons

$$\mu = 0{,}004\,019,\qquad \nu = 0{,}008\,455,$$
$$i = 5^\circ 8' 44'',\qquad \theta_0 = 1^\circ 31' 22''\ \text{(Franz)}.$$

On aura β par la résolution de l'équation (61), qui est du premier degré; on trouve ainsi

$$\beta = 0,000\,614.$$

On a posé

$$\alpha = \frac{C-B}{A}, \qquad \beta = \frac{C-A}{B}, \qquad \gamma = \frac{B-A}{C};$$

on en tire

$$\gamma = \frac{\beta - \alpha}{1 - \alpha\beta};$$

on peut se borner à

$$\alpha = \beta - \gamma,$$

d'où, en remplaçant β et γ par leurs valeurs obtenues précédemment,

$$\alpha = 0,000\,299.$$

Avec ces valeurs de α et β, on peut procéder à une seconde approximation dans la formule (60); on retrouve ainsi la même valeur de β.

Nous prendrons donc

$$(62) \qquad \alpha = 0,000\,299, \qquad \beta = 0,000\,614, \qquad \gamma = 0,000\,315.$$

Les formules (E') et (F') nous donneront ensuite

$$(\text{E}'') \qquad \begin{cases} \theta \sin\varphi = -5493'' \sin(c + mt - \Omega) + 947'' \sin(\varpi - \Omega), \\ \theta \cos\varphi = -5471'' \cos(c + mt - \Omega) + 972'' \cos(\varpi - \Omega); \end{cases}$$

$$(\text{F}'') \qquad \begin{cases} \dfrac{p}{m} = -947'' \sin(\varpi - \Omega), \\ \dfrac{q}{m} = -972'' \cos(\varpi - \Omega) - 44'' \cos(c + mt - \Omega). \end{cases}$$

On remarquera que la relation $\beta = 2\alpha$, qui est vérifiée à fort peu près par les nombres de M. Franz, rend presque égaux les coefficients de $\sin(\varpi - \Omega)$ et de $\cos(\varpi - \Omega)$ dans les expressions de $\theta \sin\varphi$, $\theta\cos\varphi$, $\frac{p}{m}$ et $\frac{q}{m}$. Le terme qui dépend de l'argument $c + mt - \Omega$ a une période d'un mois sidéral environ; la période du terme dont l'argument est $\varpi - \Omega$ est beaucoup plus considérable; elle est de $5^{\text{ans}},98$, on peut dire de six ans.

A la surface de la Terre, les pôles n'éprouvent aucun déplacement sensible; il existe donc à cet égard une différence essentielle entre le mouvement de rotation de la Lune et celui du sphéroïde terrestre.

On peut chercher à déduire des formules (E'') des développements en série pour θ et φ.

Posons, comme précédemment,

$$\Phi = \varphi - c - mt + \Omega - 180°,$$

et les formules (E″) vont nous donner

$$\theta \sin\Phi = 11'' \sin 2(c + mt - \Omega) + 12'' \sin(c + mt + \varpi - 2\Omega) + 960'' \sin(c + mt - \varpi),$$

$$\theta \cos\Phi = 5482'' - 11'' \cos 2(c + mt - \Omega) - 12'' \cos(c + mt + \varpi - 2\Omega) - 960'' \cos(c + mt - \varpi).$$

L'angle Φ étant très petit, on peut remplacer $\sin\Phi$ par Φ, $\cos\Phi$ par 1, ce qui donne

$$(\mathrm{E}''')\quad \left\{\begin{aligned} \theta &= \theta_0 - 11'' \cos 2(c + mt - \Omega) - 12'' \cos(c + mt + \varpi - 2\Omega) - 960'' \cos(c + mt - \varpi),\\ \Phi \sin\theta_0 &= 11'' \sin 2(c + mt - \Omega) + 12'' \sin(c + mt + \varpi - 2\Omega) + 960'' \sin(c + mt - \varpi),\\ \varphi &= c + mt - \Omega - \Phi + 180^\circ,\\ \psi &= \varphi - c - mt + 180^\circ + 22'' \sin ☾ - 133'' \sin ☉. \end{aligned}\right.$$

Ces formules résolvent le problème proposé; elles font connaître à une époque quelconque la position du système des axes principaux d'inertie qui font corps avec la Lune.

Elles montrent que θ n'est pas rigoureusement constant; la quantité Φ n'est pas non plus absolument nulle, et les nœuds de l'équateur lunaire ne coïncident pas exactement avec ceux de l'orbite. Ainsi les lois de Cassini ne sont pas d'une exactitude absolue.

204. Nous allons voir si les valeurs numériques de α, β, γ données plus haut sont d'accord avec celles que l'on peut déduire de la théorie de la figure de la Lune. Nous avons vu, au n° 62 du Chapitre VIII, qu'en supposant la Lune homogène une figure ellipsoïdale satisfait aux conditions de l'équilibre.

Soient $2a_1$, $2b_1$, $2c_1$ les longueurs des axes de l'ellipsoïde; on aura

$$\mathrm{A} = \mathrm{M}\frac{b_1^2 + c_1^2}{5}, \qquad \mathrm{B} = \mathrm{M}\frac{c_1^2 + a_1^2}{5}, \qquad \mathrm{C} = \mathrm{M}\frac{a_1^2 + b_1^2}{5};$$

d'où, avec une précision suffisante,

$$\alpha = \frac{\mathrm{C} - \mathrm{B}}{\mathrm{A}} = \frac{b_1^2 - c_1^2}{b_1^2 + c_1^2} = \frac{b_1 - c_1}{c_1},$$

$$\beta = \frac{\mathrm{C} - \mathrm{A}}{\mathrm{B}} = \frac{a_1^2 - c_1^2}{a_1^2 + c_1^2} = \frac{a_1 - c_1}{c_1},$$

$$\gamma = \frac{\mathrm{B} - \mathrm{A}}{\mathrm{C}} = \frac{a_1^2 - b_1^2}{a_1^2 + b_1^2} = \frac{(a_1 - c_1) - (b_1 - c_1)}{c_1}.$$

On a trouvé, à la fin du Chapitre VIII, les aplatissements des sections principales de l'ellipsoïde; en ayant égard à ce que les quantités désignées alors par a, b, c le sont maintenant par c_1, a_1, b_1, il vient

$$\frac{b-a}{a} = \frac{a_1-c_1}{c_1} = 0,000\,037\,5,$$

$$\frac{c-a}{a} = \frac{b_1-c_1}{c_1} = 0,000\,009\,4,$$

et il en résulte

$$(63) \qquad \alpha = 0,000\,009\,4, \qquad \beta = 0,000\,037\,5, \qquad \gamma = 0,000\,028\,1.$$

Or l'étude de la libration de la Lune nous a donné

$$\beta = 0,000\,614,$$

c'est-à-dire une valeur *seize* fois plus forte. D'où cette conclusion :

La Lune, supposée homogène, n'a pas conservé en se solidifiant la figure d'équilibre qu'elle avait dû prendre quand elle était fluide, sous l'influence de l'attraction mutuelle de ses molécules, de son mouvement de rotation et enfin de l'attraction de la Terre.

On démontre que, si la Lune, supposée fluide, est formée de couches ellipsoïdales concentriques, dont la densité augmente de la surface au centre, la valeur de β sera encore plus petite que celle (63) obtenue dans l'hypothèse de l'homogénéité; le désaccord serait donc encore plus grand. Laplace suppose qu'en se solidifiant la Lune a subi quelques modifications; les hautes montagnes et les autres inégalités que l'on observe à sa surface doivent avoir sur les différences des moments d'inertie une influence très sensible et d'autant plus grande que l'aplatissement du sphéroïde lunaire est fort petit et sa masse peu considérable.

CHAPITRE XXIX.

INFLUENCE DES ACTIONS GÉOLOGIQUES SUR LA ROTATION DE LA TERRE. ÉPAISSEUR ET RIGIDITÉ RELATIVE DE L'ÉCORCE.

205. La théorie de la rotation de la Terre, telle que nous l'avons présentée, est fondée sur l'hypothèse de la rigidité absolue du sphéroïde terrestre. Elle suppose encore que la Terre tourne, à fort peu près, autour de l'un de ses axes principaux, et que les moments d'inertie relatifs aux axes situés dans l'équateur sont sensiblement égaux. Ce sont là des conditions de permanence du mouvement qui se sont, sans doute, établies peu à peu, après de longues oscillations, en vertu de cette loi, souvent invoquée par Laplace, qui veut que la stabilité de l'équilibre ou d'un état de mouvement résulte des réactions mêmes que font naître les mouvements désordonnés. C'est ainsi que les balancements de l'axe de rotation, causés par une différence fortuite entre les moments d'inertie B et A, devaient brasser la masse en fusion de manière à rétablir l'égalité, et s'éteindre en la rétablissant. L'action des eaux et de l'atmosphère sur les continents tend à produire des effets analogues.

On peut se demander si cet état d'équilibre ou de permanence du mouvement est définitif, et dans quelle mesure il peut être troublé par l'effet des phénomènes géologiques ou météorologiques qui produisent des changements à la surface du globe et à une certaine profondeur.

Laplace a examiné surtout, à ce point de vue, l'influence des marées (*Mécanique céleste,* Livre V, n°s 10-12). Il arrive à ce théorème, mentionné au n° 194 : « Les phénomènes de la précession et de la nutation sont exactement les mêmes que si la mer formait une masse solide avec le sphéroïde qu'elle recouvre. » Ce théorème a lieu, quelles que soient les irrégularités de la profondeur de la mer et les résistances qu'elle éprouve dans ses oscillations. De même, les courants, les fleuves, les tremblements de terre, les vents et en général tout ce qui peut agiter la Terre dans son intérieur et à sa surface, reste sans effet sur son mouvement de rotation. « Le déplacement de ses parties peut seul altérer ce mouvement; si, par exemple, un corps placé au pôle était transporté à l'équateur, la somme des aires devant toujours rester la même, le mouvement de rotation de la Terre en serait un peu diminué; mais, pour que cela fût sensible, il faudrait supposer de grands changements dans la constitution de la Terre. »

A son tour, Poisson dit (*Mécanique*, t. II, p. 461) : « Les tremblements de terre, les explosions volcaniques, le souffle des vents contre les côtes, les frottements et la pression de la mer sur la partie solide du sphéroïde terrestre, répondant à des actions mutuelles des parties du système, il n'en peut résulter aucune variation du moment principal [du couple résultant]. » Et, les déplacements étant insuffisants pour altérer le moment d'inertie correspondant, ces causes n'influent pas sur la durée du jour.

La précision toujours croissante des observations astronomiques ne permet plus de s'en tenir à ces conclusions sommaires, et les géomètres ont commencé à se préoccuper de l'évaluation numérique des effets perturbateurs auxquels le mouvement de rotation de la Terre pourrait être soumis.

Parmi les premiers qui aient sérieusement abordé cet ordre d'idées, il faut citer W. Hopkins, dont les *Researches in Physical Geology*, publiées dans les *Philosophical Transactions* de 1839, 1840 et 1842, ont fortement attiré l'attention sur les points de contact qui existent entre l'Astronomie et la Géologie. Dans son premier Mémoire, il étudie le mouvement de rotation d'un ellipsoïde homogène, composé d'un noyau parfaitement fluide et d'une croûte rigide, intérieurement lisse, dont les deux surfaces ont la même ellipticité ε. Il calcule les pressions qui résultent des marées que tend à produire l'attraction lunisolaire, ainsi que celles qui résultent de la force centrifuge du fluide quand son axe de rotation ne coïncide pas avec celui de l'écorce solide. En tenant compte de ces effets, il trouve que la précession et la nutation lunaire sont exactement les mêmes que pour un ellipsoïde homogène et solide, et que la nutation solaire a aussi la même valeur dans les deux hypothèses, sauf le cas particulier où l'épaisseur de l'écorce serait 0,23 du rayon terrestre. Il y a, en outre, un terme périodique nouveau, mais qui peut être regardé comme négligeable.

Dans le second Mémoire, Hopkins considère un ellipsoïde toujours composé d'une écorce rigide et d'un noyau fluide, mais cette fois hétérogène au point de vue de la densité. Il arrive au résultat suivant : Soient ε, ε_1 les ellipticités de la surface intérieure et de la surface extérieure de l'écorce; $q = \frac{a_1}{a}$ le rapport des rayons moyens correspondants; P_1 la précession d'un ellipsoïde homogène d'ellipticité ε_1; P' la précession observée. On aura

$$\text{(A)} \qquad \frac{P_1 - P'}{P_1} = \left(1 - \frac{\varepsilon}{\varepsilon_1}\right)\left(1 - \frac{\eta}{1 + \frac{h}{q^5 - 1}}\right),$$

où $\eta < 1$ et $h = 2$ à peu près, de sorte que cette expression pourra s'écrire

$$\left(1 - \frac{\varepsilon}{\varepsilon_1}\right)\left(1 - \eta \frac{q^5 - 1}{q^3 + 1}\right).$$

Or on a $P' = 50''$, et $P_1 = 57''$ en prenant $\frac{C - A}{C} = \varepsilon_1 = \frac{1}{300}$ et la masse de la Lune égale à $\frac{1}{70}$; Hopkins en conclut que l'expression (A) doit avoir pour valeur $\frac{1}{8}$. Les coefficients de la nutation sont altérés dans le même rapport que la précession.

Le résultat serait évidemment très différent, si l'on adoptait pour la masse de la Lune un nombre plus petit, par exemple celui $\left(\frac{1}{83}\right)$ que nous avons trouvé plus haut (n° 192); il dépend aussi de la valeur de ε_1; et rien ne prouve, en somme, que P_1 diffère beaucoup de P'.

Quoi qu'il en soit, Hopkins conclut que l'ellipticité des couches diminue à partir de la surface terrestre, et qu'en négligeant η on peut supposer

$$1 - \frac{\varepsilon}{\varepsilon_1} = \frac{1}{8}, \qquad \frac{\varepsilon}{\varepsilon_1} = \frac{7}{8}.$$

Il considère la surface interne de l'écorce comme une surface d'égale solidité ou d'égale fluidité, et il admet que l'ellipticité des surfaces ainsi définies est intermédiaire entre celle des surfaces d'égale densité et celle des surfaces isothermes. Il montre que l'ellipticité de ces dernières va en croissant, tandis que celle des premières va en diminuant. En adoptant, pour la loi des densités, l'hypothèse de Legendre (n° 116, p. 236) et en faisant $m = 150°$, il trouve une valeur de ε_1 qui s'accorde avec l'aplatissement connu, et une valeur de ε qui satisfait à la condition $\frac{\varepsilon}{\varepsilon_1} = \frac{7}{8}$ pour $\frac{a}{a_1} = \frac{3}{4}$, ce qui donne une épaisseur égale à $\frac{1}{4} a_1 = 1600^{km}$. Il s'arrête, dans son troisième Mémoire, à cette conclusion que l'écorce terrestre doit avoir une épaisseur au moins égale au cinquième et peut-être au quart du rayon terrestre.

Il y a là une tentative intéressante, dont les détails qui précèdent feront mieux apprécier la portée. Mais on voit que Hopkins néglige le frottement; ses prémisses sont trop précaires pour qu'on puisse attacher une importance quelconque à ses résultats numériques.

Vers 1846, le même sujet a été abordé par M. Hennessy dans ses *Researches in terrestrial Physics* (*Philosophical Transactions*, 1851). M. Hennessy a critiqué quelques-unes des conceptions de Hopkins. Il lui reproche surtout d'admettre tacitement que les molécules dont se forme la croûte n'éprouvent aucun changement de position pendant la solidification. D'après les vues de M. Hennessy, au cours de la solidification du noyau liquide, la surface interne de la croûte a dû prendre une ellipticité pour le moins aussi grande que celle de la surface externe, parce que la séparation de chaque couche qui devient solide, et son adhérence à la croûte, modifient la pression du fluide abandonné, qui peut dès lors prendre une forme se rapprochant de celle du sphéroïde primitif. Une remarque analogue a été faite par Plana (*Astronomische Nachrichten*, n° 860). On aurait donc, d'après M. Hennessy, $\varepsilon > \varepsilon_1$, ce qui donnerait $P_1 < P'$, contrairement à ce que semble indiquer l'observation. M. Hennessy en conclut que le mouvement de rotation de l'écorce terrestre et du noyau liquide a lieu, à peu près, comme si le tout formait une masse solide.

Le travail de Hopkins a été discuté, à d'autres points de vue, par J.-G. Barnard (¹).

Sir William Thomson a traité les mêmes questions dans son Mémoire *On the rigidity of the Earth* (*Philosophical Transactions*, 1863). Il va plus loin que Hopkins, et affirme qu'aucune masse liquide continue, approchant des dimensions d'un sphéroïde de 6000 miles (9600^{km}) de diamètre, ne peut exister dans l'intérieur de la Terre sans rendre certains phénomènes sensiblement différents de ce qu'ils sont.

En parlant de l'écorce solide de la Terre, on sous-entend presque toujours qu'il s'agit d'une enveloppe rigide, ce qui est une impossibilité physique. Une écorce relativement mince serait, de toute nécessité, flexible; elle céderait aux actions déformatrices du Soleil et de la Lune presque autant que le fluide intérieur. Mais alors il n'y aurait plus de marées; car la mer et l'écorce solide s'élèveraient et s'abaisseraient ensemble, et le niveau des eaux ne changerait pas d'une manière appréciable. L'amplitude des marées serait encore réduite aux deux cinquièmes ou aux deux tiers de sa valeur si la Terre était un corps solide d'une rigidité ne dépassant pas celle du verre ou de l'acier. C'est là l'argument principal qu'on puisse invoquer contre l'hypothèse d'une écorce solide reposant sur un noyau liquide, bien que, de l'avis de M. Darwin (*Tides*, § 44), l'état de nos connaissances touchant le phénomène des marées ne permette pas encore de préciser ainsi le *degré* de rigidité du globe.

Sir W. Thomson puisait un autre argument dans la théorie des phénomènes de la précession et de la nutation. La déformation élastique d'une mince écorce, pensait-il, aurait pour effet de diminuer sensiblement la valeur du couple des forces perturbatrices (²); mais comme, d'autre part, le moment d'inertie effectif C qui figure au dénominateur serait ici beaucoup plus faible que dans le cas d'un globe solide, il y aurait deux influences contraires, tendant à altérer la précession et la nutation dans deux sens opposés, et qui ne pourraient se com-

(¹) *Problems of rotary motion* (*Smiths. Contrib. to knowledge*, t. XIX, 1874).

(²) C'était la conséquence de cette proposition, abandonnée dans la suite, qu'un sphéroïde liquide n'aurait point de précession, la surface déformée étant encore une figure d'équilibre. (La précession d'un sphéroïde fluide est, en réalité, sensiblement égale à celle d'un sphéroïde rigide de même ellipticité.)

penser que par une coïncidence fortuite. L'accord de la théorie reçue avec l'observation pourrait donc être regardé, à bon droit, comme une preuve de la rigidité presque parfaite du sphéroïde terrestre. Ces considérations se trouvent encore développées dans la première édition du *Treatise on Natural Philosophy* (§§ 847, 848); nous verrons plus loin qu'elles n'ont pas été maintenues.

On sait que Delaunay a contesté les objections mises en avant contre l'hypothèse de la fluidité intérieure du globe terrestre et fondées sur la théorie de la précession (*Comptes rendus*, 13 juillet 1868). Il soutient que la masse fluide doit suivre la croûte qui l'enveloppe, absolument comme si le tout formait une seule masse solide. Cette affirmation est appuyée sur une expérience de laboratoire où l'on voit l'eau contenue dans un ballon de verre suivre les mouvements de rotation imprimés à ce dernier (*Comptes rendus*, 20 juillet 1868). Dans l'opinion de Delaunay, les phénomènes de la précession et de la nutation ne peuvent donc fournir aucune donnée sur le plus ou moins d'épaisseur de la croûte solide du globe.

Il faut dire maintenant que, dans un discours prononcé en 1876 devant l'Association britannique réunie à Glasgow, Sir W. Thomson a lui-même rectifié plusieurs points de son Mémoire de 1863. Il ne retient que l'argument tiré de la considération des marées, et déclare qu'il abandonne celui qui reposait sur la théorie de la précession.

En revanche, il invoque, contre l'existence d'une écorce rigide, un argument nouveau. D'après lui, la quasi-rigidité que les mouvements tourbillonnaires communiquent aux liquides mettrait obstacle au glissement d'une écorce faiblement elliptique. En la supposant rigide, l'écorce entraînerait complètement le noyau dans les oscillations à longues périodes, telles que la précession; mais les nutations à courte période (notamment celles de six mois et de quatorze jours) seraient fortement altérées sinon dénaturées. C'est là une raison nouvelle pour exclure l'hypothèse d'une mince écorce rigide, qui, d'ailleurs, est contraire à toutes les données physiques.

Ajoutons que M. G.-H. Darwin a combattu, de son côté, l'hypothèse d'une mince écorce, en s'appuyant sur la théorie de la résistance des matériaux, qui exige qu'à une profondeur de 1600^{km} la croûte solide ait encore une rigidité comparable à celle du granit [1].

Au lieu d'un noyau liquide, beaucoup de géologues admettent aujourd'hui un noyau solide séparé de l'écorce par une couche plus ou moins épaisse de matière liquide ou pâteuse. Aux limites de cette zone médiane, les changements de pression périodiques doivent provoquer des liquéfactions locales; c'est un mécanisme analogue au jeu des geysers. Enfin, quelques physiciens pensent que l'intérieur de la Terre pourrait fort bien se trouver à l'état gazeux, si la

(1) *On the Stresses caused in the interior of the Earth by the Weight of Continents and Mountains* (*Philos. Trans.*, 1882).

température y dépasse le point critique de la liquéfaction; un gaz comprimé, à une température de 10000° ou 20000°, aurait la densité des corps solides, mais un coefficient de dilatation beaucoup plus grand.

On voit que, si l'on renonce à considérer la Terre comme un corps parfaitement rigide, le champ reste libre aux hypothèses. Il y a d'ailleurs intérêt à étudier les lois théoriques de la rotation des sphéroïdes, soit plastiques, soit liquides. C'est ce qu'ont fait M. G.-H. Darwin [*On the Precession of a viscous spheroid* (*Philos. Trans.*, 1879)] et M. S. Oppenheim [*Rotation und Präcession eines flüssigen Sphäroids* (*Astron. Nachrichten*, n° 2701; 1885)]. On trouve qu'en première approximation le coefficient de la précession d'un sphéroïde liquide ne diffère pas sensiblement de celui d'un sphéroïde solide, mais que la vitesse de rotation est sujette à une variation périodique (¹). La question est d'ailleurs étroitement liée à celle des marées d'un sphéroïde liquide, et nous devons nous borner ici à ces brèves indications.

Même en admettant la rigidité de la charpente générale du globe, on ne peut se refuser à reconnaître que des changements s'opèrent encore sous nos yeux. Les indices d'un reste de mobilité de la croûte solide ne manquent pas : soulèvement des côtes de la péninsule scandinave, de la Sibérie, de l'Écosse, des régions méditerranéennes, du Pérou et du Chili; affaissement des rivages de l'Adriatique, du littoral de la Manche et de la mer du Nord, du Brésil, etc. (²). Quelle que soit la cause de ces lentes oscillations du sol, les géologues en constatent incessamment les effets. Dans une moindre mesure, l'érosion des falaises par le travail des eaux, l'accroissement progressif des plages d'alluvions, le transport des graviers par le courant des fleuves, la fonte des glaces polaires, sont des causes de variations séculaires dont il n'est pas inutile d'examiner l'influence possible sur le mouvement de rotation de la Terre.

C'est à ce point de vue que se sont placés M. Gyldén, dans ses *Recherches sur la rotation de la Terre* (1871), et M. G.-H. Darwin, dans son Mémoire *On the Influence of geological changes*, etc. (1877), dont il sera question plus loin. Citons aussi le travail récent de M. Schiaparelli : *De la rotation de la Terre sous l'influence des actions géologiques* (1889).

On conçoit aisément que l'effet des changements géologiques puisse se manifester de trois manières : 1° par des déviations locales de la verticale; 2° par un déplacement de l'axe de rotation dans l'intérieur de la Terre, d'où résulte une variation, séculaire ou périodique, des latitudes; 3° par un déplacement de cet axe dans l'espace; en d'autres termes, par une nutation qui affecte les coordonnées des étoiles. Nous dirons plus loin ce que l'observation a permis de constater à cet égard.

(¹) *Bulletin astronomique*, t. III, p. 52.

(²) Élisée Reclus, *La Terre*, t. I, p. 750-811.

206. Changement de l'axe de rotation dû au déplacement d'une masse donnée. — Pour apprécier l'influence qu'un changement géologique supposé pourrait exercer sur l'axe de rotation de la Terre, il faut, avant tout, chercher la variation qu'éprouveraient les axes principaux; on verra plus loin comment la position de l'axe de rotation est liée à celle de l'axe terrestre OC. Le sujet a été traité d'abord par Bessel, dans une courte Note publiée en 1818 (¹); ensuite par Haedenkamp (²), par M. Darwin et M. Schiaparelli, dans les Mémoires déjà cités. Nous nous bornerons à quelques indications qui simplifient le problème.

En premier lieu, il sera inutile de se préoccuper du déplacement possible du centre de gravité de la Terre; c'est ce que prouvera un exemple. Admettons, avec M. Schiaparelli, que le grand plateau central de l'Asie occupe à peu près $\frac{1}{100}$ de la surface du globe, que son élévation moyenne est $\frac{1}{1500}$ du rayon terrestre (4240^m) et sa densité la moitié de la densité moyenne de la Terre; sa masse représentera $\frac{1}{100000}$ de la masse totale. Supposons maintenant que l'énorme plateau soit soulevé tout entier d'une centaine de mètres; le centre de gravité de la Terre se déplacera d'une quantité 100 000 fois plus petite, c'est-à-dire de 1^{mm}. L'influence que ce changement pourrait exercer sur le temps de révolution n'irait pas à 1 millionième de seconde ($0^s,0000003$). On voit, par cet exemple, qu'il suffira de considérer le changement de direction des axes principaux en négligeant le déplacement du centre de gravité.

Nous sommes ainsi amenés à chercher la déviation des axes principaux et, en particulier, celle de l'axe polaire OC, qui résulte de ce qu'une masse μ (par exemple un aérolithe) s'ajoute à la masse terrestre en un point dont les coordonnées sont ξ, η, ζ. Si ensuite on suppose qu'une masse égale est enlevée ailleurs, la résultante des deux effets représentera la déviation causée par le déplacement de la masse μ, dont les coordonnées varient brusquement de quantités finies $\delta\xi$, $\delta\eta$, $\delta\zeta$. Mais, avant d'aborder ce problème, il convient d'établir quelques formules, relatives aux moments d'inertie, qui nous seront encore utiles dans la suite.

207. Variations des axes principaux. — Nous désignerons, à l'ordinaire, par A, B, C les moments d'inertie relatifs aux axes Ox, Oy, Oz, et par D, E, F les quantités que les auteurs anglais appellent *moments de déviation* ou *produits d'inertie*,

$$A = \sum m(y^2+z^2), \qquad B = \sum m(z^2+x^2), \qquad C = \sum m(x^2+y^2),$$
$$D = \sum myz, \qquad E = \sum mzx, \qquad F = \sum mxy.$$

(¹) *Ueber den Einfluss der Veränderungen des Erdkörpers auf die Polhöhen* (*Abhand.*, t. III, p. 304).

(²) *Annales de Poggendorff*, t. XC; 1853.

Les moments d'inertie principaux, que nous désignerons par $\mathcal{A}$, $\mathcal{B}$, $\mathcal{C}$ toutes les fois qu'il sera nécessaire de les distinguer des moments d'inertie relatifs à des axes quelconques, sont définis par les conditions

$$D = 0, \qquad E = 0, \qquad F = 0,$$

auxquelles s'ajoutent les relations

$$\sum mx = 0, \qquad \sum my = 0, \qquad \sum mz = 0,$$

si les axes principaux passent par le centre de gravité, comme nous le supposerons toujours.

Soient $\alpha, \beta, \gamma, \alpha', \beta', \gamma', \alpha'', \beta'', \gamma''$ les cosinus directeurs des axes principaux par rapport à des axes quelconques Ox, Oy, Oz ayant même origine ; on aura les relations connues

$$\alpha^2 + \beta^2 + \gamma^2 = 1, \qquad \alpha\alpha' + \beta\beta' + \gamma\gamma' = 0, \qquad \ldots$$

et trois systèmes d'équations de la forme

$$\begin{aligned} \alpha(\mathcal{A} - A) + \alpha' F + \alpha'' E &= 0, \\ \alpha F + \alpha'(\mathcal{A} - B) + \alpha'' D &= 0, \\ \alpha E + \alpha' D + \alpha''(\mathcal{A} - C) &= 0, \end{aligned}$$

où l'on peut écrire β, $\mathcal{B}$ ou γ, $\mathcal{C}$ à la place de α et $\mathcal{A}$. Ces relations donnent pour $\mathcal{A}$, $\mathcal{B}$, $\mathcal{C}$ une équation du troisième degré

$$(\mathcal{A} - A)(\mathcal{A} - B)(\mathcal{A} - C) - D^2(\mathcal{A} - A) - E^2(\mathcal{A} - B) - F^2(\mathcal{A} - C) + 2DEF = 0,$$

puis

$$(a) \left\{ \begin{aligned} &\alpha[EF - D(\mathcal{A} - A)] = \alpha'[FD - E(\mathcal{A} - B)] = \alpha''[DE - F(\mathcal{A} - C)] = H, \\ &\frac{\alpha^2}{(\mathcal{A} - B)(\mathcal{A} - C) - D^2} = \frac{\alpha'^2}{(\mathcal{A} - C)(\mathcal{A} - A) - E^2} = \frac{\alpha''^2}{(\mathcal{A} - A)(\mathcal{A} - B) - F^2} = K^2, \end{aligned} \right.$$

où H et K se déterminent par la condition $\alpha^2 + \alpha'^2 + \alpha''^2 = 1$. On trouve ensuite pour A, B, C, ... les expressions

$$\begin{aligned} A &= \alpha^2\ \mathcal{A} + \beta^2\ \mathcal{B} + \gamma^2\ \mathcal{C}, \\ B &= \alpha'^2\ \mathcal{A} + \beta'^2\ \mathcal{B} + \gamma'^2\ \mathcal{C}, \\ C &= \alpha''^2\ \mathcal{A} + \beta''^2\ \mathcal{B} + \gamma''^2\ \mathcal{C}; \\ -D &= \alpha'\alpha''\mathcal{A} + \beta'\beta''\mathcal{B} + \gamma'\gamma''\mathcal{C}, \\ -E &= \alpha''\alpha\ \mathcal{A} + \beta''\beta\ \mathcal{B} + \gamma''\gamma\ \mathcal{C}, \\ -F &= \alpha\alpha'\ \mathcal{A} + \beta\beta'\ \mathcal{B} + \gamma\gamma'\ \mathcal{C}, \end{aligned}$$

qui peuvent encore se mettre sous la forme suivante :

$$(b) \qquad \begin{cases} A = \mathcal{A} + \beta^2(\mathcal{B} - \mathcal{A}) + \gamma^2(\mathcal{C} - \mathcal{A}), & \ldots, \\ -D = \beta'\beta''(\mathcal{B} - \mathcal{A}) + \gamma'\gamma''(\mathcal{C} - \mathcal{A}), & \ldots. \end{cases}$$

Si les moments principaux $\mathcal{A}$, $\mathcal{B}$ étaient égaux, on aurait simplement

$$(c) \qquad \begin{cases} A = \mathcal{A} + \gamma^2(\mathcal{C} - \mathcal{A}), & \ldots, \\ D = -\gamma'\gamma''(\mathcal{C} - \mathcal{A}), & \ldots. \end{cases}$$

Revenons maintenant au problème du numéro précédent.

Une masse μ est ajoutée à la masse terrestre M en un point dont les coordonnées, par rapport aux axes principaux, sont ξ, η, ζ; ou bien, cette masse est déplacée, et ses coordonnées deviennent $\xi + \delta\xi$, $\eta + \delta\eta$, $\zeta + \delta\zeta$. Dès lors, les conditions $D = E = F = 0$ deviennent, suivant le cas,

$$(d) \qquad D = \mu\eta\zeta, \qquad E = \mu\zeta\xi, \qquad F = \mu\xi\eta$$

ou bien

$$(d') \qquad D = \mu.\delta(\eta\zeta), \qquad E = \mu.\delta(\zeta\xi), \qquad F = \mu.\delta(\xi\eta),$$

où $\delta(\xi\eta) = \xi'\eta' - \xi\eta$, ...

Les moments d'inertie A, B, C, rapportés aux axes primitifs, ne sont plus des moments principaux; les nouveaux axes principaux se déterminent, par rapport aux anciens, par les cosinus directeurs α, β, γ, ... ou par les angles φ, ψ, θ du n° 169, et il s'agit de savoir s'il sera permis de considérer θ comme très petit.

D'après ce qui précède, D, E, F sont ici de très petites quantités de l'ordre de μ. Dans cette hypothèse, la considération de l'équation du troisième degré qui fournit les nouveaux moments principaux $\mathcal{A}$, $\mathcal{B}$, $\mathcal{C}$, et des expressions (a), qui servent à calculer les angles, montre que, si A, B, C sont sensiblement différents, les différences $\mathcal{A} - A$, $\mathcal{B} - B$, $\mathcal{C} - C$ sont de l'ordre de μ^2, et les axes principaux ne s'écartent des axes primitifs que de quantités de l'ordre de μ.

Si la différence $A - B$ est elle-même très petite, comme dans le cas de la Terre, si elle est par exemple de l'ordre de μ, ces conclusions ne s'appliquent qu'à l'axe polaire; la différence $\mathcal{C} - C$ est toujours de l'ordre de μ^2, l'axe $\mathcal{C}$ s'écarte très peu de l'axe C, et l'on peut faire $\gamma'' = 1$; mais les différences $\mathcal{A} - A$, $\mathcal{B} - B$ sont de l'ordre de μ, et les axes équatoriaux sont déviés de quantités finies. On voit toutefois, et c'est l'essentiel, qu'il sera toujours permis de considérer l'angle θ comme une quantité très petite de l'ordre de μ.

On peut encore faire la remarque suivante : Si, à l'origine, avant la déformation, on avait eu exactement $A = B$, la situation des axes équatoriaux Ox, Oy resterait arbitraire; on pourrait donc les placer de manière à les rapprocher des axes nouveaux. Mais il est plus naturel de supposer que la différence A — B est seulement très petite.

Nous aurons maintenant recours aux formules du n° 169 pour exprimer α, β, γ, ... en fonction des trois angles φ, ψ, θ, dont le dernier (l'angle zOz_1) sera supposé assez petit pour qu'on puisse négliger θ^2. On trouve ainsi

$$(f) \qquad \left\{\begin{array}{lll} \alpha = \beta' = \cos(\varphi - \psi), & \alpha'' = -\theta \sin\varphi, \\ \alpha' = -\beta = \sin(\varphi - \psi), & \beta'' = -\theta \cos\varphi, \\ \gamma = \theta \sin\psi, \quad \gamma' = \theta\cos\psi, & \gamma'' = 1. \end{array}\right.$$

Si l'on suppose encore que la différence $\mathcal{A} - \mathcal{B}$ est de l'ordre de θ, les relations qui précèdent donnent, en négligeant θ^2 et $\theta(\mathcal{A} - \mathcal{B})$,

$$(g) \qquad \left\{\begin{array}{lll} A = \alpha^2 \mathcal{A} + \beta^2 \mathcal{B}, & B = \beta^2 \mathcal{A} + \alpha^2 \mathcal{B}, & C = \mathcal{C}, \\ D = \gamma'(\mathcal{A} - \mathcal{C}), & E = \gamma(\mathcal{A} - \mathcal{C}), & F = \alpha\beta(\mathcal{A} - \mathcal{B}). \end{array}\right.$$

En mettant A — C à la place de $\mathcal{A} - \mathcal{C}$, la déviation θ de l'axe polaire et sa longitude $\omega = 90° - \psi$ seront données par les formules

$$(h) \qquad \left\{\begin{array}{ll} \theta \sin\omega = -\dfrac{D}{C - A}, & \theta\cos\omega = -\dfrac{E}{C - A}, \\ \multicolumn{2}{c}{\theta = \dfrac{\sqrt{D^2 + E^2}}{C - A},} \end{array}\right.$$

dans lesquelles il faut faire

$$D = \mu\eta\zeta, \qquad E = \mu\xi\zeta$$

ou bien

$$D = \mu.\delta(\eta\zeta), \qquad E = \mu.\delta(\xi\zeta),$$

suivant qu'il s'agit d'une addition de masse ou d'un déplacement.

208. **Cas particuliers.** — Dans les calculs qui vont suivre, nous prendrons

$$C = \frac{1}{3} MR^2, \qquad C - A = 0{,}0011.MR^2,$$

M étant la masse de la Terre et R son rayon moyen. On arrive à ces relations en adoptant pour les densités la loi de Laplace ou une loi analogue. En nombres ronds, le volume de la Terre est de 108.10^{10} kilomètres cubes, sa surface de 51.10^7 kilomètres carrés, et $M = 6.10^{24}$ kilogrammes.

Considérons d'abord le cas d'une masse μ, par exemple d'un aérolithe, qui s'ajoute à M, au point ξ, η, ζ. Posons

$$\xi = R\cos\lambda\cos L, \qquad \eta = R\cos\lambda\sin L, \qquad \zeta = R\sin\lambda;$$

nous aurons

$$(i)\qquad D = \frac{1}{2}\mu R^2 \sin 2\lambda \sin L, \qquad E = \frac{1}{2}\mu R^2 \sin 2\lambda \cos L,$$

et les formules (h) nous donneront

$$(k)\qquad \theta = 460 \frac{\mu}{M} \sin 2\lambda, \qquad \omega = 180^\circ + L.$$

Il est à remarquer que cette déviation tend à repousser le pôle d'inertie sur le prolongement du méridien de μ; on le voit plus directement en faisant $\eta = 0$, $L = 0$, $\omega = 180^\circ$. Elle est ici exprimée en parties du rayon; pour l'avoir en secondes, il faut diviser par $\sin 1''$. Le produit θR représente le déplacement linéaire du pôle. On voit aussi que le maximum d'effet s'obtient pour $\lambda = 45^\circ$.

Une masse μ de 23000^{kmc} et de densité 2,75, ou une masse d'eau de 63000^{kmc}, appliquée sous la latitude moyenne de 45°, ferait donc fléchir l'axe OC d'environ 1″ d'arc, ou avancer le pôle de 30^m, dans la direction opposée.

Si la masse μ était *enlevée*, le pôle C se rapprocherait; il faudrait donner à θ le signe négatif ou bien faire $\omega = L$ au lieu de $180^\circ + L$.

Considérons, en second lieu, une masse μ qui se déplace verticalement, de sorte que la distance r de son centre de gravité au centre de la Terre devient $r + \delta r$. Comme les rapports $\frac{\xi}{r}$, $\frac{\eta}{r}$, $\frac{\zeta}{r}$ ne varient pas, nous aurons

$$\delta(\eta\zeta) = \frac{\eta\zeta}{r^2}\delta(r^2)$$

et, par suite,

$$D = 2\mu\eta\zeta\frac{\delta r}{r}, \qquad E = 2\mu\xi\zeta\frac{\delta r}{r},$$

et ces expressions montrent que l'effet d'un exhaussement vertical δr de la masse μ s'obtient en multipliant par $2\frac{\delta r}{r}$ celui que produirait l'addition de cette masse au même endroit.

En prenant $r = R$, les formules (k) nous donnent ici

$$(l)\qquad \theta = 920 \frac{\mu}{M} \sin 2\lambda \frac{\delta r}{r}, \qquad \omega = 180^\circ + L,$$

et θr représente le déplacement linéaire du pôle. Supposons, pour prendre un exemple, que le plateau central de l'Asie ait été brusquement soulevé d'environ 4200^m (sa hauteur moyenne); nous aurons

$$\frac{\mu}{M} = \frac{1}{100000}, \qquad \frac{\delta r}{r} = \frac{1}{1500}, \qquad \lambda = 35^\circ,$$

d'où

$$\theta r = 36^{m}, \qquad \theta = 1'',2;$$

c'est-à-dire que le pôle d'inertie est repoussé de 36^{m} vers l'Amérique.

Si la masse μ se déplace le long d'un méridien, c'est λ qui varie; il n'y a qu'à remplacer, dans les formules (i) et (k), $\sin 2\lambda$ par $\delta(\sin 2\lambda)$, et l'on trouve

$$(m) \qquad \theta = 920\frac{\mu}{M}\cos 2\lambda\,\delta\lambda, \qquad \omega = 180^{\circ} + L.$$

Pour une valeur négative de $\delta\lambda$, on aurait $\omega = L$ en conservant à θ le signe $+$. On voit que le pôle marche dans le même sens que la masse μ; le maximum d'effet s'obtient pour $\lambda = 0$ ou $\lambda = 90^{\circ}$.

Si le déplacement a lieu suivant un parallèle, il faut, dans les formules (i), écrire $\delta\sin L$, $\delta\cos L$ à la place de $\sin L$, $\cos L$; cela revient à remplacer D, E par $E\,\delta L$, $-D\,\delta L$. On trouve

$$(n) \qquad \theta = 460\frac{\mu}{M}\sin 2\lambda\,\delta L, \qquad \omega = L - 90^{\circ}.$$

Le pôle se déplace perpendiculairement au méridien de μ et dans le sens opposé au mouvement de la masse.

Supposons le plateau d'Asie entraîné de 10° vers le sud : nous aurons $\delta\lambda = -10^{\circ} = -1100^{km}$, $2\lambda = 60^{\circ}$ en moyenne, et nous trouverons

$$\theta = 2',76 = 5100^{m},$$

c'est-à-dire que le pôle d'inertie descend d'environ 5^{km} vers le centre de l'Asie. Si le même plateau marchait de 10° vers l'est, on aurait

$$\theta = 2',60 = 4800^{m};$$

le pôle s'avancerait de près de 5^{km} vers l'ouest.

Les formules qui précèdent supposent des changements assez petits pour qu'il soit permis de considérer $\delta\lambda$, δL comme des différentielles; dans le cas contraire, il faudrait employer des différences finies. Ainsi, la masse μ étant transportée du point (λ, L) en (λ', L'), on aurait, par les formules (h) et (i),

$$(o) \qquad \left\{\begin{aligned} &\theta\sin\omega = 460\frac{\mu}{M}(\sin 2\lambda\sin L - \sin 2\lambda'\sin L'),\\ &\theta\cos\omega = 460\frac{\mu}{M}(\sin 2\lambda\cos L - \sin 2\lambda'\cos L'),\\ &\theta = 460\frac{\mu}{M}\sqrt{\sin^2 2\lambda + \sin^2 2\lambda' - 2\sin 2\lambda\sin 2\lambda'\cos(L - L')}.\end{aligned}\right.$$

Le maximum d'effet s'obtient si la masse μ se déplace de 90° le long d'un méridien ($\lambda = 45°$, $\lambda' = -45°$, $L = L'$), et il a pour valeur

$$(p) \qquad \theta = 920 \frac{\mu}{M},$$

ce qui représente 32′ pour $\frac{\mu}{M} = \frac{1}{100\,000}$, et 0″,087 pour une masse de 1000^{kmc}, de densité 2,75. Le pôle d'inertie s'écarte alors du pôle de rotation, et nous avons vu, au n° 186, qu'il en résulte des variations dans les latitudes.

Quelle est maintenant l'importance numérique des changements qui s'accomplissent sous nos yeux?

Le volume d'eau que l'ensemble des fleuves et rivières déverse dans la mer peut être estimé à environ 1 million de mètres cubes par seconde, ce qui fait 30000^{kmc} par an, et en admettant, avec M. Reclus (1), que la proportion moyenne de limon n'est que de $\frac{1}{3000}$, on trouve un apport annuel de 10^{kmc} de matières solides. D'après M. Waters (2), cet apport ne serait que de 5^{kmc}. En tout cas, les effets qui résultent de tous ces dépôts de sédiments doivent se compenser en grande partie.

Pour avoir un résultat précis, il faut considérer l'action d'un fleuve particulier. Dans ce cas, la proportion de limon charrié est souvent beaucoup plus considérable : on peut l'évaluer à $\frac{1}{1000}$, en temps ordinaire, pour des fleuves tels que le Mississipi ou le Gange, et elle augmente à l'époque des crues. D'après l'évaluation de Lyell, qui est peut-être exagérée, la quantité de limon que le Gange et le Brahmapoutra réunis entraînent chaque année dans la baie du Bengale dépasserait 1^{kmc} (2 ou 3 milliards de tonnes). Au bout de mille ans, ce dépôt ne produirait encore qu'un déplacement du pôle égal à quelques millièmes de seconde. En résumé, l'action séculaire des « fleuves travailleurs » ne pourrait guère être considérée comme une cause de perturbations sensibles, à moins d'admettre, avec M. Waters, que l'apport total des fleuves est distribué par les courants marins de façon que l'hémisphère sud reçoive chaque année un excédent de 3^{kmc}. En calculant, dans cette hypothèse, l'effet d'un poids de près de 9 milliards de tonnes, transporté de l'équateur sous la latitude moyenne de $-45°$, on trouve $\theta = 0'',00015$, soit 0″,15 en mille ans.

Le dessèchement d'une mer intérieure, ou la fonte des glaces polaires, produirait des effets plus sensibles, auxquels nous ne nous arrêterons pas. Mais il est intéressant d'évaluer la déviation θ qui pourrait résulter d'une élévation temporaire du niveau de la mer dans un des grands bassins océaniques. Un exhaussement moyen de 0^{m},10 du niveau des eaux, sur une étendue égale au

(1) *La Terre*, t. I, p. 536, 538.

(2) *Inquiries concerning a change in the position of the Earth's axis* (*Manchester Phil. Soc.*, 1879). — *Voir* aussi Twisden, *The deplacement of the Earth's axis* (1878).

dixième de la surface terrestre, représente un volume d'eau de 5000^{kmc}. En supposant cette masse transportée de la latitude moyenne de $+45°$ sous le parallèle de $-45°$, l'effet maximum serait de $0'',16$, d'après la formule (p). Il ne s'agit ici que de nous faire une idée de l'ordre de grandeur des déviations possibles. Le poids d'une colonne d'eau de $0^m,10$ équivaut à un changement de pression de $0^m,008$ de mercure. Ce rapprochement suffit pour faire entrevoir la possibilité de variations sensibles des latitudes, pouvant aller à plusieurs dixièmes de seconde, et qui seraient causées par des influences météorologiques, possibilité signalée par Sir William Thomson dans son discours de 1876.

Dans une Note insérée aux *Bulletins de l'Académie des Sciences de Saint-Pétersbourg* (¹), M. Gyldén s'est demandé si un déplacement de l'axe de rotation de la Terre pourrait avoir pour conséquence une variation appréciable du niveau des mers, telle, par exemple, qu'elle entraînât l'inondation d'un continent. Il trouve qu'un déplacement $\Delta\varphi$ produirait, dans l'accélération centrifuge, une variation de l'ordre de $\frac{R}{289}\sin\Delta\varphi$ ou de $0^m,11$ pour $\Delta\varphi = 1''$. En admettant que la nouvelle surface d'équilibre reste semblable à l'ancienne, le changement de niveau, sous la latitude φ, serait de l'ordre de $0^m,10\sin 2\varphi$; il ne se produirait donc pas de changement comparable à ceux que nous révèle la Géologie.

M. G.-H. Darwin, dans son Mémoire de 1877, *On the influence of geological changes*, cherche à déterminer la forme des intumescences continentales et des dépressions correspondantes qui produiraient le maximum d'effet sur l'axe de rotation; comme il s'agit ici d'exhaussements de quelques milliers de mètres, s'accomplissant sur une aire qui représente une fraction notable de la surface du globe, les déviations calculées atteignent plusieurs degrés (*voir* plus loin, p. 531). Le Rév. S. Haughton a fait des calculs analogues sur les déviations du pôle qui ont dû être causées par le soulèvement des continents actuels et l'affaissement des vallées océaniques (*Proc. of the R. Soc.*, 1878). Ces faits intéressent surtout l'histoire de la Terre pendant les âges géologiques.

209. Variation des latitudes. — La variabilité des latitudes terrestres (rapportées à l'axe de rotation) ne pourrait échapper à la perfection croissante des moyens d'observation dont les astronomes disposent aujourd'hui. On a cru, depuis longtemps, reconnaître des indices de variations de ce genre, soit périodiques, soit séculaires; mais, comme les écarts signalés sont de l'ordre des erreurs d'observation, surtout lorsqu'il s'agit d'observations d'une date un peu ancienne, la question est loin d'être tranchée. Il est possible que, parmi les variations apparentes qui ont été constatées, beaucoup s'expliquent par des anomalies temporaires ou locales de la réfraction, par des erreurs instrumen-

(¹) *Mélanges*, t. IV; 1870.

tales mal étudiées et notamment par des flexions irrégulières. Cependant, comme nous le verrons plus loin, la théorie ne nous oblige nullement à en contester la réalité.

On sait que la réduction des observations de Bradley avait donné à Bessel, pour la latitude de Greenwich, un nombre qui paraissait beaucoup trop fort (51° 28′ 39″, 56). Par ses observations de 1825-1826, Pond trouvait

51°.28′.38″,59 avec les réfractions de Bessel,
51.28.38,95 avec les réfractions de Bradley.

Plus tard, M. Airy, en faisant usage des réfractions de Bradley, a obtenu les nombres suivants (*Memoirs of the Astr. Soc.*, t. XXXII) :

1836-1841	51°.28.38,43
1842-1848	51.28.38,17
1851-1860	51.28.37,92

Il attribue la variation séculaire ainsi constatée à des changements survenus dans le mode d'observation; mais cette explication ne suffit pas à rendre compte de l'ensemble des résultats. La moyenne de 1887-1889 est 51°28′37″,96.

Dans son Mémoire intitulé : *Determinazione novella della latitudine del R. Osservatorio di Capodimonte* (1872), Fergola a réuni d'autres exemples de variations séculaires des latitudes :

Washington.	1845-1846	38°.53′.39″,25
	1861-1864	38,78
Paris.	Avant 1825	48.50.13,0
	1851-1854	11,2
Milan.	1811	45.27.60,7
	1871	59,19
Rome.	1807-1812	41.53.54,26
	1866	54,09
Naples.	1820	40.51.46,63
	1871	45,41

Malheureusement, la plupart de ces déterminations laissent beaucoup à désirer sous le rapport de l'exactitude. Ainsi la latitude de Naples, déterminée par Carlo Brioschi en 1820, serait en erreur d'environ 1″, d'après la nouvelle réduction exécutée par M. A. Nobile ([1]), et, une fois corrigée, elle s'accorde avec la détermination de Fergola (1871), aussi bien qu'avec la récente détermination de M. Nobile (1882). Quant à la latitude de l'observatoire de Paris, on ne peut pas avoir une grande confiance dans les mesures antérieures à 1825; on sait d'ailleurs les difficultés qu'ont toujours rencontrées les astronomes qui ont

([1]) *Terza determinazione della latitudine... di Capodimonte.* Naples, 1883.

tenté de la déterminer, difficultés qui paraissent tenir aux irrégularités de la réfraction et de la flexion des instruments. Pour s'en faire une idée, il faut lire la Note de M. A. Gaillot *Sur la direction de la verticale à l'observatoire de Paris* (*Comptes rendus*, 4 novembre 1878), où sont étudiées les variations de la latitude du cercle mural de Gambey qui résultent de 1077 déterminations effectuées de 1856 à 1861. La moyenne générale est 48° 50′ 11″,80; les secondes de la moyenne annuelle varient irrégulièrement de 11″,5 à 12″,2, celles de la moyenne personnelle de 11″,4 à 12″,3; la moyenne mensuelle montre une variation bien marquée, qui dépend des saisons, et dont le maximum (+ 0″,25) correspond à l'été, le minimum (— 0″,25) à l'hiver, tandis qu'il n'y a aucune trace de variation diurne de la latitude. Il convient toutefois de remarquer que les déterminations dont il s'agit supposent la connaissance des déclinaisons exactes des étoiles observées. Dans une Note *Sur une triple détermination de la latitude du cercle de Gambey* (*Comptes rendus*, 5 novembre 1888), M. Périgaud trouve, en définitive, 48° 50′ 10″,9, en employant les passages supérieurs et inférieurs de la Polaire. Il n'en résulte pas moins que la latitude de Paris n'est sans doute pas encore connue à 0″,1 ou 0″,2 près.

Bessel avait fait lui-même une tentative, d'ailleurs infructueuse, pour constater les variations de sa latitude par des observations de la Polaire combinées avec des lectures d'une mire placée dans le méridien. La première indication précise de variations périodiques de la hauteur du pôle se trouve dans un Mémoire de Peters ([1]), où sont discutés les résultats de 279 observations de la Polaire, faites par ce célèbre astronome au cercle vertical de Poulkova en 1842 et 1843. Peters constate des variations d'une amplitude de 0″,08, dont la marche s'accorde assez bien avec la période eulérienne de dix mois, mais il convient qu'il est difficile de dire s'il ne s'agit pas d'une période annuelle en rapport avec les saisons. Aussi se décide-t-il à continuer ses observations encore pendant une année, de manière à réunir un total de 371 passages observés.

Les recherches de Peters ont été reprises, vingt-sept ans plus tard, par M. Magnus Nyrén dans ses Mémoires sur la *Constante de la nutation* et sur la *Latitude de Poulkova* ([2]). Dans le premier, M. Nyrén discute une série d'observations faites par W. Struve à l'instrument des passages, établi dans le premier vertical. Dans le second, il discute, avec le même soin, l'ensemble des observations de Peters, faites au cercle vertical (1842-1844), puis celles de M. Gyldén (1863-1870) et les siennes propres (1871-1873), faites avec le même instru-

---

([1]) *Resultate aus den Beobachtungen des Polarsterns...* (*Bulletin de l'Académie des Sciences de Saint-Pétersbourg*, 1844). — *Recherches sur les parallaxes des étoiles fixes*, 1853.

([2]) *Bestimmung der Nutations-constante* (*Mémoires de l'Académie de Saint-Petersbourg*, t. XIX, 1871). — *Die Polhöhe von Pulkowa* (*Ibid.*, 1873).

ment, en tout 762 passages de la Polaire observés au cercle vertical. Voici les valeurs probables de l'amplitude des variations, révélées par ces observations, d'une précision exceptionnelle :

W. Struve................	0",040 ±	0",010
Peters....................	0,101	0,014
Gyldén....................	0,125	0,017
Nyrén......................	0,058	0,015

Pour la latitude de Poulkova, ces observations donnent :

1843........................	59°.56'.18",73
1866........................	18,65
1872........................	18,50

En 1857, Clerk Maxwell avait examiné, au même point de vue, les distances zénithales de la Polaire observées à Greenwich de 1851 à 1854. Plus tard, en 1880, M. Downing a discuté les observations des années 1868-1877, et il est arrivé à des résultats se rapprochant beaucoup de ceux de Peters (*Monthly Notices*, t. XL). Enfin, plus récemment, M. A. Nobile, ayant examiné vingt années d'observations de Greenwich (1862-1882), les a représentées par des courbes qui mettent en évidence l'existence d'un minimum de la latitude vers décembre ou janvier, avec un maximum qui correspond aux mois d'été ([1]). Dans le même travail, M. Nobile signale des indices de variations analogues dans les observations d'Oxford et de Washington, de Milan et de Naples, ces dernières, qu'il a effectuées lui-même, indiquant l'existence d'un minimum qui tombe au mois de mai.

Au Congrès géodésique de Rome, en 1883, Fergola avait recommandé aux astronomes des observations systématiques, concertées en vue de découvrir les changements périodiques ou séculaires des latitudes géographiques.

Les résultats récemment obtenus par M. L. de Ball et par M. Küstner ([2]), qui semblent prouver que la latitude des observatoires de Poulkova, de Berlin et de Gotha a été, au printemps de 1881, d'environ 0",20 plus forte qu'en 1880 et 1882, ont de même attiré l'attention sur ce sujet, et divers observatoires (Berlin, Potsdam, Prague, Strasbourg) se sont entendus pour entreprendre en commun une étude suivie des petites variations de la latitude qui dépendent d'un déplacement périodique de l'axe terrestre. On a choisi, pour ces observations, la méthode de Horrebow, dont s'était servi M. Küstner : elle consiste, comme on sait, dans la comparaison micrométrique de deux étoiles qui passent par le méridien à peu près en même temps et à distance égale, l'une au nord, l'autre au sud du zénith. Déjà, dans la campagne de 1889, on croit avoir con-

([1]) *Ricerche numeriche sulla latitudine del R. Oss. di Capodimonte*. Parte I, 1885; Parte II, 1888.

([2]) *Bulletin astronomique*, t. V, p. 541.

staté un maximum d'automne suivi d'une diminution de o",5 ou o",6. Si ce résultat se confirme, ces recherches fourniront de précieux matériaux pour l'étude théorique de la question. En même temps, les observatoires de Poulkova, de Copenhague, d'Upsal et de Lund se proposent d'étudier en commun les variations séculaires de la hauteur du pôle. Il s'ouvre donc là un vaste champ de recherches, et c'est ce qui nous a engagés à traiter le sujet avec quelque détail.

210. **Déplacement de l'axe de rotation dans l'espace.** — Dans le langage ordinaire, en parlant de l'axe terrestre, on ne fait pas de distinction entre l'axe principal OC et l'axe de rotation instantané OI, qui ne s'écarte que très peu du premier. Mais les observations des étoiles et leurs coordonnées doivent être rapportées plus particulièrement à l'axe de rotation, tandis que la théorie de la nutation est fondée sur la considération des axes principaux, qui sont fixes dans la Terre et mobiles avec elle, de sorte que les rotations p, q et les nutations $\Delta\theta$, $\Delta\psi$ se rapportent, non à l'axe instantané OI, mais à l'axe principal OC. Pour trouver le déplacement de l'axe OI dans l'espace, on peut raisonner comme il suit :

Considérons, dans le plan de l'équateur, les deux droites avec lesquelles les axes Ox_1, Oy_1 coïncident pour $\varphi = 0$, à savoir la ligne des équinoxes et la projection de la ligne des solstices (les directions positives correspondent à l'équinoxe du printemps et au solstice d'été). Les vitesses de rotation du sphéroïde terrestre (ou celles des axes principaux) autour de ces droites sont

$$-\frac{d\theta}{dt}, \quad +\sin\theta\frac{d\psi}{dt}.$$

Il s'ensuit que les cosinus directeurs de l'axe instantané OI par rapport aux mêmes droites, ou les coordonnées du pôle I par rapport à C, dans le plan tangent à la sphère, sont

$$-\frac{d\theta}{n\,dt}, \quad +\sin\theta\frac{d\psi}{n\,dt}.$$

Enfin les composantes de la nutation du sphéroïde,

$$+\sin\theta\,\Delta\psi, \qquad +\Delta\theta,$$

représentent les déplacements du pôle C dans l'espace, ou ses coordonnées par rapport à un point fixe C_0, comptées suivant les mêmes axes, qu'il sera ici permis de regarder comme fixes. Il en résulte que les coordonnées du pôle de rotation I, par rapport au point fixe C_0, sont

$$(1) \qquad \begin{cases} \sin\theta\,\Delta\psi - \dfrac{d\theta}{n\,dt}, \\ \Delta\theta + \sin\theta\dfrac{d\psi}{n\,dt}. \end{cases}$$

Ces expressions représentent donc les composantes de la nutation de l'axe instantané OI; on voit qu'elles s'obtiennent en ajoutant aux formules ordinaires des termes qui sont excessivement petits, parce qu'ils sont divisés par $n = 2\pi \times 366 = 2300$, et qu'il est, pour cette raison, permis de négliger. Nous en donnerons, du reste, les valeurs numériques. Disons tout de suite que, pour la précession et la nutation luni-solaires que nous avons considérées plus haut, ces petits termes de correction seraient

$$(2)\quad \begin{cases} +\sin\theta \dfrac{d\psi}{n\,dt} = 0'',009 - 0'',006 \cos 2☾ - 0'',003 \cos 2☉ + 0'',001 \cos ☊' - \ldots, \\ -\dfrac{d\theta}{n\,dt} = \qquad\qquad + 0'',006 \sin 2☾ + 0'',003 \sin 2☉ - 0'',001 \sin ☊' + \ldots. \end{cases}$$

comme le montrent les expressions (9) du n° 186 (p. 420).

211. Cycle eulérien. Nutation diurne. — Ainsi que nous l'avons vu au n° 186, la valeur initiale du petit angle θ_0, formé par l'équateur avec le plan du couple résultant, est représentée par une constante ag_1 (peu différente de $a\sigma$) qui n'est pas nécessairement nulle. Ce fait a pour conséquence un balancement périodique de l'axe terrestre OC, déjà signalé par Euler, et qui se traduit, en premier lieu, par une nutation à peu près diurne, qui se reconnaît facilement dans les formules du n° 180 : elle dépend de l'argument

$$g - \psi_0 = \frac{\pi}{2} + u + \varphi' = g + \frac{C}{A} n(t + h),$$

dont la période est

$$\frac{A}{C} = \frac{305}{306} \text{ de jour sidéral.}$$

Pour l'établir, on n'aurait d'ailleurs qu'à remonter aux équations d'Euler relatives au mouvement non troublé (n° 174), qui donnent, en faisant $A = B$ et $r = n = \text{const.}$,

$$(3)\quad \begin{cases} \dfrac{dp}{dt} + \dfrac{C - A}{A} nq = 0, \\ \dfrac{dq}{dt} - \dfrac{C - A}{A} np = 0. \end{cases}$$

Les intégrales sont

$$(4)\quad \begin{cases} \dfrac{p}{n} = \lambda \cos \dfrac{C - A}{A} n(t + \tau), \\ \dfrac{q}{n} = \lambda \sin \dfrac{C - A}{A} n(t + \tau), \end{cases}$$

où λ, τ représentent les constantes arbitraires. En faisant usage des relations

$$-\frac{d\theta}{dt} = p \cos\varphi + q \sin\varphi, \qquad \sin\theta \frac{d\psi}{dt} = p \sin\varphi + q \cos\varphi,$$

et prenant $\varphi = nt$, on trouve ensuite

$$(5)\quad \begin{cases} -\dfrac{d\theta}{n\,dt} = \lambda \cos\left(\dfrac{C}{A} nt + \epsilon\right), \\ \sin\theta \dfrac{d\psi}{n\,dt} = \lambda \sin\left(\dfrac{C}{A} nt + \epsilon\right), \end{cases}$$

où la constante ϵ remplace τ. L'intégration donne enfin

$$(6)\quad \begin{cases} \Delta\theta = -\dfrac{A}{C}\lambda \sin\left(\dfrac{C}{A} nt + \epsilon\right), \\ \sin\theta\,\Delta\psi = -\dfrac{A}{C}\lambda \cos\left(\dfrac{C}{A} nt + \epsilon\right). \end{cases}$$

Ce sont les composantes de la nutation diurne du sphéroïde terrestre ou les déplacements de l'axe principal OC dans l'espace. On voit que cet axe décrit dans le ciel un petit cône circulaire. Pour trouver maintenant la nutation de l'axe instantané OI, qui est donné par les formules (1), nous n'avons qu'à combiner les expressions (5) et (6), et l'on voit que les composantes sont

$$(7)\quad \begin{cases} \dfrac{C-A}{C}\lambda \cos\left(\dfrac{C}{A} nt + \epsilon\right), \\ \dfrac{C-A}{C}\lambda \sin\left(\dfrac{C}{A} nt + \epsilon\right). \end{cases}$$

La valeur numérique du coefficient ne dépasse pas 0",0003, et il s'ensuit que la nutation diurne de l'axe de rotation OI est tout à fait insensible. Cet axe est donc à peu près immobile dans l'espace, et le phénomène de la nutation eulérienne résulte simplement de ce que l'axe OC tourne, avec toute la Terre, autour de l'axe instantané OI.

On arrive à la même conclusion en partant de cette remarque de Poinsot (*Précession des équinoxes*, p. 14), que le pôle G du couple résultant tombe toujours entre les pôles I et C et que les distances IG et IC sont dans le rapport de C — A : C, de sorte que le pôle I coïncide presque avec le pôle G, qui est celui du plan invariable (il s'agit ici du mouvement non troublé). C'est aussi ce que montrent les formules (7) du n° 170, qui donnent

$$\sin(\mathrm{GOI}) = \frac{C-A}{C}\frac{\sqrt{p^2+q^2}}{\omega}.$$

Toutefois, la période de la nutation diurne étant d'environ 5^m plus courte que le jour sidéral, il en résulte, à la longue, une dislocation du système et un déplacement du pôle I à la surface du globe : il circule autour du pôle C, et sa période est d'environ dix mois. Cette période, qui dépend du rapport $\dfrac{A}{C-A} = 305$, a été quelquefois appelée *cycle eulérien*. On a tenté de la constater par l'observation, espérant qu'elle se manifesterait dans les variations des latitudes. Mais ces variations sont assez complexes.

Les équations (10) du n° 186 montrent que le lieu du pôle de rotation sur le sphéroïde terrestre est représenté par un épicycle, décrit autour du pôle C et défini par les coordonnées

$$x = \lambda \cos \upsilon + \lambda_1 \cos(L_1 - \varphi), \qquad y = \lambda \sin \upsilon + \lambda_1 \sin(L_1 - \varphi),$$

où l'angle

$$\upsilon = \frac{C - A}{A} n(t + \tau) = \frac{nt}{305} + 6$$

remplace l'argument désigné auparavant par u (période : 305 jours sidéraux), tandis que $\varphi = nt$ représente le temps sidéral; λ dépend de la constante arbitraire g_1; λ_1, L_1 sont donnés par les relations (9). En secondes d'arc,

$$\lambda_1 \sin L_1 = 0'',009 - 0'',006 \cos 2☾ - 0'',003 \cos 2\odot - \ldots,$$
$$\lambda_1 \cos L_1 = \qquad + 0'',006 \sin 2☾ + 0'',003 \sin 2\odot + \ldots.$$

Si nous supposons l'observateur placé dans le méridien CA (*fig.* 29), la variation de sa latitude sera représentée par la coordonnée x, et nous aurons

$$(8) \quad x = \lambda \cos \upsilon + 0'',009 \sin \varphi - 0'',006 \sin(\varphi - 2☾) - 0'',003 \sin(\varphi - 2\odot) + \ldots.$$

Les termes qui dépendent de λ_1 proviennent des dérivées de la précession et de la nutation ordinaires; on les obtiendrait en calculant les expressions

$$\lambda_1 \sin L_1 = \frac{\sin\theta}{n} \frac{d\psi}{dt}, \qquad \lambda_1 \cos L_1 = -\frac{1}{n} \frac{d\theta}{dt},$$

où $n = 2\pi \times 366 = 2300$, comme nous l'avons déjà vu plus haut (n° 210).

Ainsi le mécanisme connu de la précession et de la nutation produit une faible variation diurne des latitudes, dont le coefficient λ_1 oscille entre les limites 0 et 0'',02, ce qui donne un écart maximum de 0'',04. Or les valeurs de λ trouvées par Peters et par M. Nyrén ne dépassent guère 0'',10; il est à croire que les résultats eussent été plus ou moins différents, s'ils avaient tenu compte des termes qui dépendent de λ_1. Il faut dire aussi que la durée du cycle eulérien n'est fixe que si l'angle λ n'est pas sujet à varier sous l'influence d'actions géologiques; or le contraire est assez probable.

L'erreur d'une latitude, conclue d'une hauteur méridienne, est toujours

$$+ x = \lambda \cos\left(\frac{nt}{305} + 6\right) + \ldots,$$

où 6 représente l'angle υ (*fig.* 29) pour $t = 0$.

Peters avait trouvé, par ses premières observations, pour 1842,0,

$$\lambda = 0'',079, \qquad 6 = 341°,6 \qquad (\text{mouv. } 432°,8).$$

M. Downing a trouvé, pour Greenwich et l'époque 1872,0,

$$\lambda = 0'',075, \qquad 6 = 25^\circ,0 \qquad (\text{mouv. } 429^\circ,4),$$

ce qui donnerait $6 = 77^\circ,1$ pour Poulkova et l'époque 1868,0.

M. Nyrén a obtenu les nombres suivants, pour Poulkova :

			λ.	6.
			$''$	$^\circ$
Observations de Peters,	époque	1868,0......	0,101	335,2
» de Gyldén,	»	1868,0.......	0,125	290,6
» de Nyrén,	»	1868,0.......	0,058	85,1
» de Struve,	»	1868,0.......	0,040	24,0

Les valeurs de 6 ne s'accordent guère. Elles ont été obtenues en prenant pour le mouvement annuel de l'argument le nombre $428^\circ,9$, qui correspond à une période de $307^j,4$, et l'on peut les rendre moins discordantes en faisant usage d'une période plus petite, par exemple de 305 jours sidéraux (mouv. $432^\circ,3$). Mais il est à présumer que le désaccord est fondé dans la nature des choses, le phénomène n'étant pas aussi simple que le suppose le calcul.

212. Nutation semi-diurne. — Nous avons omis, comme étant négligeables, les termes de la nutation qui dépendent du coefficient $\varkappa'$ et par suite de la différence $B - A$ des moments d'inertie équatoriaux. Si ces termes étaient sensibles, il en résulterait une faible nutation dont la période serait d'un demi-jour.

En rapprochant les expressions de $\delta' f_1$ et de $\delta'' f_1$, données par les formules (5) et (6) du n° 186, on voit d'abord que $\delta'' f_1$ se déduit de $\delta' f_1$ en y remplaçant u_1 par $2\varphi - u_1$, $\varkappa$ par $\varkappa'$ et $+ab$ par $-ab$; ensuite, que les termes que $\delta'' f_1$ et $\delta'' f'_1$ introduisent dans p, q s'obtiennent en remplaçant simplement, dans les formules (7), $+p$ par $-p$, $\varkappa$ par $\varkappa'$ et $+ab$ par $-ab$. On peut ici prendre $C = B$, $a = b$, et il vient

$$(9)\quad \left\{ \begin{aligned} -p &= \varkappa' \sin\theta \left[(1+\varepsilon)\cos\theta \frac{\sin\varphi}{1-ab} + \sin^2\frac{\theta}{2} \frac{\sin(\varphi + 2\odot)}{1 - ab + 2\dfrac{m}{n}} + \ldots \right], \\ +q &= \varkappa' \sin\theta \left[(1+\varepsilon)\cos\theta \frac{\cos\varphi}{1-ab} + \sin^2\frac{\theta}{2} \frac{\cos(\varphi + 2\odot)}{1 - ab + 2\dfrac{m}{n}} + \ldots \right]. \end{aligned} \right.$$

On tire de là

$$(10)\quad \left\{ \begin{aligned} \frac{d\theta}{dt} &= -p\cos\varphi + q\sin\varphi = \varkappa' \sin\theta \left[(1+\varepsilon)\cos\theta \frac{\sin 2\varphi}{1-ab} + \sin^2\frac{\theta}{2} \frac{\sin(2\varphi + 2\odot)}{1 - ab + 2\dfrac{m}{n}} + \ldots \right], \\ \sin\theta \frac{d\psi}{dt} &= p\sin\varphi + q\cos\varphi = \varkappa' \sin\theta \left[(1+\varepsilon)\cos\theta \frac{\cos 2\varphi}{1-ab} + \sin^2\frac{\theta}{2} \frac{\cos(2\varphi + 2\odot)}{1 - ab + 2\dfrac{m}{n}} + \ldots \right], \end{aligned} \right.$$

et l'intégration donne

$$(11)\quad\left\{\begin{aligned} -\Delta\theta &= \frac{\varkappa'}{2n}\sin\theta\left[(1+\varepsilon)\cos\theta\frac{\cos 2\varphi}{1-ab} + \frac{\sin^2\frac{\theta}{2}}{1+\frac{m}{n}}\frac{\cos(2\varphi+2\odot)}{1-ab+2\frac{m}{n}}+\ldots\right],\\ \sin\theta\,\Delta\psi &= \frac{\varkappa'}{2n}\sin\theta\left[(1+\varepsilon)\cos\theta\frac{\sin 2\varphi}{1-ab} + \frac{\sin^2\frac{\theta}{2}}{1+\frac{m}{n}}\frac{\sin(2\varphi+2\odot)}{1-ab+2\frac{m}{n}}+\ldots\right],\end{aligned}\right.$$

où φ représente le temps sidéral.

Les termes en $\varkappa$ donneraient

$$\sin\theta\frac{d\psi}{n\,dt} = \frac{\varkappa}{n}\sin\theta\left[(1+\varepsilon)\cos\theta\frac{1}{1+ab} + \sin^2\frac{\theta}{2}\frac{\cos 2\odot}{1+ab+2\frac{m}{n}}+\ldots\right].$$

D'après la définition de $\varkappa'$, nous avons d'autre part (p. 406)

$$\frac{\varkappa'}{2n} = \frac{3}{8}\left(\frac{m}{n}\right)^2\frac{B-A}{C} = 0'',58\frac{B-A}{C}$$

et

$$\varkappa' = \frac{B-A}{C-A}\frac{\varkappa}{2}.$$

Si l'on néglige des fractions de l'ordre de $ab = \frac{1}{305}$, il est visible que les coefficients numériques des expressions (11) de la nutation semi-diurne se déduisent, avec une approximation suffisante, de ceux de l'expression

$$\frac{B-A}{C-A}\frac{\sin\theta}{4}\frac{d\psi}{n\,dt} = \frac{1}{10}\frac{B-A}{C-A}\frac{d\psi}{n\,dt},$$

c'est-à-dire qu'on les obtient en multipliant par $\frac{1}{10}\frac{B-A}{C-A}$ les coefficients de la dérivée de la précession et nutation ordinaire, prise par rapport à nt. Il suffirait aussi de multiplier par $\frac{1}{4}\frac{B-A}{C-A}$ les coefficients de l'expression de θ_0, donnée par la formule (11) du n° 186 (p. 421). On trouverait ainsi

$$(12)\quad\left\{\begin{aligned} -\Delta\theta &= \frac{B-A}{C-A}[0'',0022\cos 2\varphi - 0'',0015\cos(2\varphi-2☾) - 0'',0007\cos(2\varphi-2\odot)+\ldots]\\ \sin\theta\,\Delta\psi &= \frac{B-A}{C-A}[0'',0022\sin 2\varphi - 0'',0015\sin(2\varphi-2☾) - 0'',0007\sin(2\varphi-2\odot)+\ldots].\end{aligned}\right.$$

Il ne faut pas oublier que ces nutations se rapportent à l'axe OC; celles de l'axe de rotation OI, qu'on obtient par les formules (1), en combinant (10) et (11), ont les mêmes coefficients numériques, mais *avec des signes contraires*, parce que $\frac{1}{2n}$ est remplacé par $\frac{1}{2n} - \frac{1}{n}$; il faut donc écrire $+\Delta\theta$, $-\Delta\psi$ à la place de $-\Delta\theta$, $+\Delta\psi$ pour obtenir les nutations du pôle céleste I.

L'angle dont le pôle de rotation de la Terre peut s'écarter du pôle C de l'équateur par l'effet de la nutation semi-diurne a pour mesure $\frac{\sqrt{p^2+q^2}}{n}$, et nous avons

$$-\frac{p}{n} = \frac{B-A}{C-A}[0'',0044 \sin\varphi - 0'',0030 \sin(\varphi - 2☾) - \ldots],$$

$$\frac{q}{n} = \frac{B-A}{C-A}[0'',0044 \cos\varphi - 0'',0030 \cos(\varphi - 2☾) - \ldots].$$

On voit par là que, même en supposant que B — A égale C — A, cet angle ne pourrait dépasser 0'',01, ou la variation des latitudes, due à cette cause, 0'',02. Mais nous savons, par la Géodésie, que le rapport $\frac{B-A}{C-A}$ est petit. Il est donc à peu près certain que les termes de la nutation qui dépendent de $\varkappa'$, et dont la période est d'un demi-jour, à cause de l'argument 2φ, sont insensibles pour nos moyens d'observation actuels; c'est avec raison qu'on les néglige habituellement.

Nous devons enfin rappeler les termes à courte période qui existent dans l'expression de l'angle de rotation de la Terre et qui sont donnés par la formule (20) du n° 188 (p. 425). Ces termes ont pour valeur (en secondes de temps),

$$+\frac{B-A}{C-A}[0^s,00003 \sin 2\varphi + 0^s,00012 \sin(2\varphi - 2\odot) + 0^s,00025 \sin(2\varphi - 2☾) + \ldots],$$

et il est visible que l'inégalité qui en résulte dans la mesure du temps ne peut dépasser

$$\frac{B-A}{C-A} 0^s,0008$$

en six heures. Il n'y a donc pas lieu de s'en préoccuper.

CHAPITRE XXX.

MOUVEMENT DE ROTATION D'UN CORPS DE FORME VARIABLE.

213. **Formules relatives au mouvement de rotation d'un système de forme variable.** — Les équations différentielles du mouvement de rotation d'un système quelconque de corps ont été données par Lagrange, dans les fragments posthumes qui composent la Note II, ajoutée à la fin du second Volume de la *Mécanique analytique* (1815). On les y trouve établies de plusieurs manières, et elles ne diffèrent que par les notations des formules que M. Liouville a publiées en 1857 ([1]).

Ces formules ne sont autre chose que les équations du principe des aires, transformées par l'introduction d'axes mobiles. Rapportées à des axes fixes, ces équations s'écrivent comme il suit :

$$(1)\quad \left\{\begin{aligned} &\sum m\left(y\frac{d^2z}{dt^2} - z\frac{d^2y}{dt^2}\right) = \sum m(yZ - zY),\\ &\sum m\left(z\frac{d^2x}{dt^2} - x\frac{d^2z}{dt^2}\right) = \sum m(zX - xZ),\\ &\sum m\left(x\frac{d^2y}{dt^2} - y\frac{d^2x}{dt^2}\right) = \sum m(xY - yX).\end{aligned}\right.$$

Les seconds membres, que l'on désigne habituellement par L, M, N, représentent les sommes des moments des forces extérieures par rapport aux axes fixes, ou les projections de leur moment résultant sur ces axes, tandis que les premiers membres représentent les projections du moment résultant des forces accélératrices.

([1]) *Additions à la Connaissance des Temps pour* 1859. — *Journal de Mathématiques pures et appliquées*, 2e série, t. III; 1858. — *Voir* aussi *Bulletin astronomique*, t. VII, p. 63.

En désignant par f, g, h les moments de rotation (moments des quantités de mouvement, sommes des aires)

$$f = \sum m \frac{y\,dz - z\,dy}{dt}, \qquad g = \sum m \frac{z\,dx - x\,dz}{dt}, \qquad h = \sum m \frac{x\,dy - y\,dx}{dt},$$

les équations (I) prennent la forme

$$\text{(II)} \qquad \frac{df}{dt} = \text{L}, \qquad \frac{dg}{dt} = \text{M}, \qquad \frac{dh}{dt} = \text{N},$$

et elles conduisent au principe de la *conservation des aires* ($f = \text{const.}$, $g = \text{const.}$, $h = \text{const.}$), si L, M, N s'annulent.

L'origine des coordonnées x, y, z est un point fixe du système, ou son centre de gravité, s'il est entièrement libre. On suppose que les liaisons qui existent entre les points du système n'empêchent pas une rotation d'ensemble autour d'un axe quelconque; mais les équations de condition qui expriment ces liaisons peuvent renfermer le temps t explicitement. Ainsi, les équations générales du principe des aires ont lieu dans le mouvement d'un corps variable, autour de son centre de gravité.

Reprenons maintenant les formules du n° 168,

$$(1) \qquad \begin{cases} x = a\,x_1 + b\,y_1 + c\,z_1, \\ y = a'x_1 + b'y_1 + c'z_1, \\ z = a''x_1 + b''y_1 + c''z_1; \end{cases}$$

$$(2) \qquad \begin{cases} x_1 = a\,x + a'\,y + a''z, \\ y_1 = b\,x + b'\,y + b''y, \\ z_1 = c\,x + c'\,y + c''z, \end{cases}$$

qui servent à passer des axes fixes aux axes mobiles Ox_1, Oy_1, Oz_1, liés au système en mouvement. On sait que ces formules de transformation, d'une nature essentiellement géométrique, ne s'appliquent pas seulement aux coordonnées, mais encore aux projections des vitesses et des accélérations, aux moments de rotation, aux composantes et aux moments des forces, aux composantes des rotations, etc. Ainsi, en désignant par u, v, w; u_1, v_1, w_1 les projections d'une vitesse sur les axes fixes et les axes mobiles, par U, V, W; U_1, V_1, W_1 les projections analogues d'une accélération, on aura

$$u = au_1 + bv_1 + cw_1, \qquad \ldots,$$
$$\text{U} = a\text{U}_1 + b\text{V}_1 + c\text{W}_1, \qquad \ldots,$$

et réciproquement

$$u_1 = au + a'v + a''w, \qquad \ldots,$$
$$\text{U}_1 = a\text{U} + a'\text{V} + a''\text{W}, \qquad \ldots.$$

Les mêmes transformations géométriques étant appliquées aux moments des forces, on voit immédiatement que les équations (I) pourront se mettre sous la forme suivante, qui est l'une de celles adoptées par Lagrange :

$$\text{(III)} \quad \begin{cases} \sum m(y_1 W_1 - z_1 V_1) = \sum m(y_1 Z_1 - z_1 Y_1) = L_1, \\ \sum m(z_1 U_1 - x_1 W_1) = \sum m(z_1 X_1 - x_1 Z_1) = M_1, \\ \sum m(x_1 V_1 - y_1 U_1) = \sum m(x_1 Y_1 - y_1 X_1) = N_1. \end{cases}$$

Soient encore p, q, r les rotations des axes mobiles autour des droites fixes qui marquent les positions instantanées de ces axes; elles sont définies par les formules

$$p\,dt = c\,db + c'\,db' + c''\,db'',$$
$$q\,dt = a\,dc + a'\,dc' + a''\,dc'',$$
$$r\,dt = b\,da + b'\,da' + b''\,da'',$$

et les relations (2), étant différentiées, donnent

$$(3) \quad \begin{cases} u_1 = \dfrac{dx_1}{dt} + qz_1 - ry_1, \\ v_1 = \dfrac{dy_1}{dt} + rx_1 - pz_1, \\ w_1 = \dfrac{dz_1}{dt} + py_1 - qx_1, \end{cases}$$

et, par analogie,

$$(4) \quad \begin{cases} U_1 = \dfrac{du_1}{dt} + qw_1 - rv_1, \\ V_1 = \dfrac{dv_1}{dt} + ru_1 - pw_1, \\ W_1 = \dfrac{dw_1}{dt} + pv_1 - qu_1. \end{cases}$$

Ces expressions étant substituées dans les équations (III), les premiers membres ne renferment plus que les coordonnées x_1, y_1, z_1, et les rotations p, q, r. Mais on peut aussi arriver à ce résultat d'une manière plus directe. En effet, soient $f, g, h; f_1, g_1, h_1$ les moments de rotation, rapportés tour à tour aux axes fixes et aux axes mobiles,

$$f = \sum m(yw - zv), \qquad f_1 = \sum m(y_1 w_1 - z_1 v_1),$$
$$\ldots\ldots\ldots\ldots \qquad \ldots\ldots\ldots\ldots$$

on aura encore

$$f = af_1 + bg_1 + ch_1 \qquad \ldots,$$

Or, de même que u, v, w sont les dérivées de x, y, z, et U, V, W celles de u, v, w, tandis que u_1, v_1, w_1 et U_1, V_1, W_1 représentent des projections d'une résultante sur les axes mobiles; de même les moments des forces accélératrices qui forment les premiers membres des équations (1) sont les dérivées de f, g, h, tandis que les premiers membres des équations (III) représentent les projections du moment résultant sur les axes mobiles; et l'analogie des relations (3) et (4) montre que ces projections peuvent s'écrire

$$\frac{df_1}{dt} + qh_1 - rg_1, \quad \ldots.$$

On obtient ainsi cette autre forme des équations du principe des aires

$$(\text{IV}) \qquad \left\{ \begin{aligned} &\frac{df_1}{dt} + qh_1 - rg_1 = L_1, \\ &\frac{dg_1}{dt} + rf_1 - ph_1 = M_1, \\ &\frac{dh_1}{dt} + pg_1 - qf_1 = N_1. \end{aligned} \right.$$

Les moments de rotation f_1, g_1, h_1 sont d'ailleurs, ainsi que le fait remarquer Lagrange, les dérivées partielles de la force vive, prises par rapport à p, q, r,

$$f_1 = \frac{\partial T}{\partial p}, \qquad g_1 = \frac{\partial T}{\partial q}, \qquad h_1 = \frac{\partial T}{\partial r},$$

en faisant

$$2T = \sum m(u_1^2 + v_1^2 + w_1^2),$$

et supposant u_1, v_1, w_1 remplacées par les expressions (3). Les équations (IV) peuvent donc aussi s'écrire

$$(\text{V}) \qquad \left\{ \begin{aligned} &\frac{d}{dt}\frac{\partial T}{\partial p} + q\frac{\partial T}{\partial r} - r\frac{\partial T}{\partial q} = L_1, \\ &\frac{d}{dt}\frac{\partial T}{\partial q} + r\frac{\partial T}{\partial p} - p\frac{\partial T}{\partial r} = M_1, \\ &\frac{d}{dt}\frac{\partial T}{\partial r} + p\frac{\partial T}{\partial q} - q\frac{\partial T}{\partial p} = N_1, \end{aligned} \right.$$

et c'est sous cette forme que Lagrange les avait déjà établies antérieurement, en considérant le mouvement de rotation d'un corps solide. Dans ce cas particulier d'un système de forme invariable, les équations (V) se déduisent aussi aisément du principe d'Hamilton, comme l'a montré Kirchhoff (*Mechanik*, p. 62); mais sa démonstration ne s'étend pas au cas général.

Soient maintenant A, B, C les moments d'inertie; D, E, F les *produits d'inertie* du système,

$$A = \sum m(y_1^2 + z_1^2), \qquad B = \sum m(z_1^2 + x_1^2), \qquad C = \sum m(x_1^2 + y_1^2),$$
$$D = \sum m y_1 z_1, \qquad E = \sum m z_1 x_1, \qquad F = \sum m x_1 y_1;$$

enfin f_1', g_1', h_1' les *moments relatifs*, c'est-à-dire les moments des quantités de mouvement relatif ou les sommes des aires relatives

$$(5) \quad f_1' = \sum m \frac{y_1 dz_1 - z_1 dy_1}{dt}, \quad g_1' = \sum m \frac{z_1 dx_1 - x_1 dz_1}{dt}, \quad h_1' = \sum m \frac{x_1 dy_1 - y_1 dx_1}{dt}.$$

En remontant à la définition des moments de rotation f_1, g_1, h_1,

$$f_1 = \frac{\partial T}{\partial p} = \sum m(y_1 w_1 - z_1 v_1), \qquad \ldots,$$

on trouve

$$(6) \quad \begin{cases} f_1 = f_1' + Ap - Fq - Er, \\ g_1 = g_1' - Fp + Bq - Dr, \\ h_1 = h_1' - Ep - Dq + Cr. \end{cases}$$

Ces expressions étant substituées dans les équations (IV), les premiers membres ne renferment plus que les rotations p, q, r et les coordonnées x_1, y_1, z_1, relatives aux axes mobiles.

Les équations (II) donnent ensuite

$$(\text{VI}) \qquad f = \int L\,dt + f_0, \qquad g = \int M\,dt + g_0, \qquad h = \int N\,dt + h_0,$$

et l'on a

$$f = af_1 + bg_1 + ch_1, \qquad \ldots.$$

Avant d'appliquer ces formules à un problème donné, il faut définir les axes mobiles dont on veut faire usage.

214. Choix des axes mobiles. — Le mouvement des axes mobiles (axes de référence) Ox_1, Oy_1, Oz_1 dans l'espace est caractérisé par leurs rotations p, q, r autour des droites fixes qui marquent leurs positions instantanées. Leur relation avec le système matériel en mouvement peut se concevoir de diverses manières.

Systèmes rigides. — S'il s'agit d'un système rigide, le plus simple est évidemment de les supposer fixes dans le système et entraînés par lui, car les coordonnées x_1, y_1, z_1, et, par suite, A, B, C, ... sont alors des constantes, et les moments relatifs f'_1, g'_1, h'_1 s'annulent. En choisissant pour axes de référence les axes principaux, on a $D = E = F = 0$, et simplement

$$f_1 = Ap, \qquad g_1 = Bq, \qquad h_1 = Cr.$$

Mais il n'est point indispensable de prendre pour axes de référence des axes solidaires du système : on peut les concevoir indépendants, de sorte que les coordonnées x_1, y_1, z_1 cessent d'être constantes. Nous donnerons plus loin un exemple de cette combinaison. Dans ce cas, soient ϖ, χ, ρ les rotations du corps (1) autour des axes de référence; ces rotations produiront les vitesses d'entraînement

$$u_1 = \chi z_1 - \rho y_1, \qquad v_1 = \rho x_1 - \varpi z_1, \qquad w_1 = \varpi y_1 - \chi x_1,$$

et les moments de rotation deviendront

$$(7) \qquad \begin{cases} f_1 = \quad A\varpi - F\chi - E\rho, \\ g_1 = -F\varpi + B\chi - D\rho, \\ h_1 = -E\varpi - D\chi + C\rho. \end{cases}$$

Si les axes de référence sont solidaires du système, on a $p = \varpi$, $q = \chi$, $r = \rho$, et l'on retrouve les formules (6), puisque f'_1, g'_1, h'_1 s'annulent ici.

Système variable. Rotation moyenne. — Le choix des axes est une affaire plus délicate lorsqu'il s'agit d'un système de forme variable, car alors les coordonnées x_1, y_1, z_1 ne sont plus, en général, des constantes. Cependant on pourrait encore, si le système possède une partie invariable (une charpente rigide), y relier les axes de référence.

En prenant pour ces axes les axes principaux du système variable, définis par les équations de condition

$$D = E = F = 0,$$

on a

$$(8) \qquad \begin{cases} f_1 = f'_1 + Ap, \\ g_1 = g'_1 + Bq, \\ h_1 = h'_1 + Cr, \end{cases}$$

et la présence des moments relatifs f'_1, g'_1, h'_1 dans ces expressions ne laisse pas d'être gênante. M. Gyldén, dans un travail dont il sera question plus loin (2), a

(1) Ou celles d'axes solidaires quelconques $O\xi$, $O\eta$, $O\zeta$, qu'on est libre de faire coïncider momentanément avec les axes de référence.

(2) *Recherches sur la rotation de la Terre* (1871).

pris le parti de définir ses axes de référence par les conditions

$$(9) \qquad f'_1 = g'_1 = h'_1 = 0.$$

Il faut, toutefois, faire observer que les relations (9) déterminent seulement les rotations des trois axes, sans fixer leur position instantanée. En effet, prenons-les arbitrairement à un moment quelconque; les coordonnées x_1, y_1, z_1, et les vitesses u_1, v_1, w_1 de tous les points étant dès lors données, les moments de rotation f_1, g_1, h_1 le sont aussi; et, en faisant $f'_1 = g'_1 = h'_1 = 0$, les relations (6), qui deviennent

$$(10) \qquad \begin{cases} f_1 = Ap - Fq - Er, \\ g_1 = -Fp + Bq - Dr, \\ h_1 = -Ep - Dq + Cr, \end{cases}$$

déterminent p, q, r en fonctions des coordonnées et des vitesses. Ainsi la direction des axes mobiles reste arbitraire; mais leur rotation se trouve, à chaque instant, déterminée par les conditions (9), que nous pouvons interpréter en disant qu'elles expriment l'*absence de courants*. En effet, les sommes $\sum m(x_1\,dy_1 - y_1\,dx_1)$, ... étant nulles, la rotation du système a lieu de manière qu'il n'existe pas de courants par rapport aux axes mobiles, ou, si l'on veut, de manière que les courants se compensent, se détruisent. La rotation ainsi définie représente donc, en quelque sorte, la *rotation moyenne* du système variable. Elle devient la rotation *actuelle* dans le cas d'un système rigide, si l'on suppose les axes mobiles solidaires du système, sans d'ailleurs indiquer autrement leur position.

Pour fixer les idées, nous appellerons *axes moyens* les axes définis par les conditions (9), qui, au fond, ne déterminent que la direction de l'axe de rotation moyen du système, sans préciser la position des axes mobiles (tout comme les conditions $dx_1 = dy_1 = dz_1 = 0$ définissent les axes solidaires d'un système rigide, sans fixer leur situation). Si l'on veut employer les axes moyens comme axes de référence, il faut leur assigner une position initiale déterminée, en les faisant, par exemple, coïncider avec les axes principaux pour $t = 0$. Les rotations p, q, r en déterminent alors les positions successives.

Les rotations p, q, r des axes de référence Ox_1, Oy_1, Oz_1, autour de leurs positions instantanées, caractérisent le mouvement de ces axes et suffisent à déterminer celui du système. Mais on peut aussi, comme dans le cas particulier d'un système rigide, introduire les rotations ϖ, χ, ρ d'axes $O\xi$, $O\eta$, $O\zeta$, plus ou moins liés au système, autour des axes de référence. Les vitesses totales, suivant Ox_1, Oy_1, Oz_1, sont alors

$$u_1 = u'_1 + \chi z_1 - \rho y_1, \qquad \ldots,$$

en désignant par u'_1 la projection sur Ox_1 de la vitesse relative qui résulte des déplacements $d\xi$, $d\eta$, $d\zeta$. Les moments de rotation deviennent

$$(11)\quad \begin{cases} f_1 = f'_1 + A\varpi - F\chi - E\rho, \\ g_1 = g'_1 - F\varpi + B\chi - D\rho, \\ h_1 = h'_1 - E\varpi - D\chi + C\rho, \end{cases}$$

où f'_1, g'_1, h'_1 sont les projections sur Ox_1, Oy_1, Oz_1 du moment relatif résultant qui correspond à $d\xi$, $d\eta$, $d\zeta$. Ces quantités s'annulent si $O\xi$, $O\eta$, $O\zeta$ sont des axes moyens. Si nous prenons, en même temps, pour axes de référence les axes principaux, nous aurons simplement

$$(12)\quad f_1 = \mathcal{A}\varpi, \qquad g_1 = \mathcal{B}\chi, \qquad h_1 = \mathcal{C}\rho,$$

en désignant par $\mathcal{A}$, $\mathcal{B}$, $\mathcal{C}$ les moments d'inertie principaux. Ces formules, qui donnent ϖ, χ, ρ en fonctions des coordonnées et des vitesses, déterminent les rotations des axes moyens autour des axes principaux. Elles se ramènent, par les formules de la page 483, aux relations (10), qui donnent les rotations des axes moyens autour de leurs positions instantanées.

Le mouvement de rotation des axes moyens est donc complètement déterminé; mais on peut faire abstraction de leur direction, comme nous l'avons expliqué plus haut, et n'envisager ϖ, χ, ρ que comme les rotations moyennes du système autour des axes de référence, qui sont ici les axes principaux. Elles déterminent, à chaque instant, l'axe de rotation moyen et la vitesse moyenne $\sqrt{\varpi^2 + \chi^2 + \rho^2}$ autour de cet axe, tandis que les rotations p, q, r, déterminent le déplacement des axes principaux. Les différences $\varpi - p$, $\chi - q$, $\rho - r$ mesurent l'avance de la rotation moyenne sur la rotation des axes principaux. Comme la situation des axes moyens est arbitraire, rien n'empêche de les faire coïncider avec les axes principaux au commencement de chaque élément de temps dt, pendant lequel ils s'en écartent de quantités angulaires égales à $(\varpi - p)\,dt$, $(\chi - q)\,dt$, $(\rho - r)\,dt$.

En désignant par π, ... les rotations moyennes autour des axes fixes OX, OY, OZ, on aurait encore (a, b, c, ..., étant les cosinus directeurs des axes de référence)

$$(13)\quad \pi = a\varpi + b\chi + c\rho, \qquad \ldots$$

et les moments de rotation f, g, h, relatifs aux axes fixes, deviendraient

$$(14)\quad f = \mathcal{A}a\varpi + \mathcal{B}b\chi + \mathcal{C}c\rho, \qquad \ldots$$

ou bien

$$(15)\quad f = \mathcal{A}\pi + (\mathcal{B} - \mathcal{A})b\chi + (\mathcal{C} - \mathcal{A})c\rho, \qquad \ldots.$$

Enfin, les équations différentielles (IV) prennent cette forme très simple

$$(16)\quad \begin{cases} \dfrac{d(\mathcal{A}\varpi)}{dt} - \mathcal{B}\chi r + \mathcal{C}\rho q = \mathrm{L}_1, \\ \dfrac{d(\mathcal{B}\chi)}{dt} - \mathcal{C}\rho p + \mathcal{A}\varpi r = \mathrm{M}_1, \\ \dfrac{d(\mathcal{C}\rho)}{dt} - \mathcal{A}\varpi q + \mathcal{B}\chi p = \mathrm{N}_1, \end{cases}$$

dont nous ferons usage plus tard.

Ces formules supposent que les axes de référence sont les axes principaux; mais, dans le cas général, on peut aussi transformer les expressions (6) de f_1, g_1, h_1 par l'introduction des moments d'inertie principaux $\mathcal{A}$, $\mathcal{B}$, $\mathcal{C}$. Soient α, β, γ, ... les cosinus de référence des axes principaux, on aura (p. 483)

$$(17)\quad \begin{cases} \mathrm{A} = \alpha^2\mathcal{A} + \beta^2\mathcal{B} + \gamma^2\mathcal{C}, \\ -\mathrm{F} = \alpha\alpha'\mathcal{A} + \beta\beta'\mathcal{B} + \gamma\gamma'\mathcal{C}, \\ -\mathrm{E} = \alpha\alpha''\mathcal{A} + \beta\beta''\mathcal{B} + \gamma\gamma''\mathcal{C}, \end{cases}$$

et

$$p_1 = \alpha p + \alpha' q + \alpha'' r, \qquad \ldots,$$

p_1, q_1, r_1 étant les rotations des axes de référence autour des axes principaux; d'où enfin

$$(18)\quad \begin{cases} f_1 = f'_1 + \alpha\,\mathcal{A}p_1 + \beta\,\mathcal{B}q_1 + \gamma\,\mathcal{C}r_1, \\ g_1 = g'_1 + \alpha'\mathcal{A}p_1 + \beta'\mathcal{B}q_1 + \gamma'\,\mathcal{C}r_1, \\ h_1 = h'_1 + \alpha''\mathcal{A}p_1 + \beta''\mathcal{B}q_1 + \gamma''\mathcal{C}r_1. \end{cases}$$

Quant aux moments de rotation f, g, h, qui se rapportent aux axes fixes, les formules (6) donnent

$$(19)\quad f = \mathfrak{f}' + (a\mathrm{A} - b\mathrm{F} - c\mathrm{E})p + (b\mathrm{B} - c\mathrm{D} - a\mathrm{F})q + (c\mathrm{C} - a\mathrm{E} - b\mathrm{D})r,$$

en désignant par $\mathfrak{f}'$, $\mathfrak{g}'$, $\mathfrak{h}'$ les projections du moment relatif résultant sur les axes fixes, pour lesquelles on a

$$\mathfrak{f}' = af'_1 + bg'_1 + ch'_1, \qquad \ldots,$$

et qui s'annulent si les axes de référence sont les axes moyens.

Les formules (18) donnent, d'autre part, en désignant par a, b, c, ... les cosinus directeurs des axes principaux (de sorte que $\mathrm{a} = a\alpha + b\alpha' + c\alpha''$, ...),

$$(20)\quad \begin{cases} f = \mathfrak{f}' + \mathrm{a}\,\mathcal{A}p_1 + \mathrm{b}\,\mathcal{B}q_1 + \mathrm{c}\,\mathcal{C}r_1, \\ g = \mathfrak{g}' + \mathrm{a}'\mathcal{A}p_1 + \mathrm{b}'\mathcal{B}q_1 + \mathrm{c}'\mathcal{C}r_1, \\ h = \mathfrak{h}' + \mathrm{a}''\mathcal{A}p_1 + \mathrm{b}''\mathcal{B}q_1 + \mathrm{c}''\mathcal{C}r_1. \end{cases}$$

Soient enfin $\mathfrak{p}$, $\mathfrak{q}$, $\mathfrak{r}$ les rotations des axes de référence autour des axes fixes; on aura

$$\mathfrak{p} = \mathrm{a}p_1 + \mathrm{b}q_1 + \mathrm{c}r_1, \qquad \ldots,$$

et les formules (20) pourront s'écrire

$$(21)\qquad \begin{cases} f-\mathfrak{f}' = \mathcal{A}\,\mathfrak{p} + (\mathcal{B}-\mathcal{A})\,\mathfrak{b}\;q_1 + (\mathcal{C}-\mathcal{A})\,\mathfrak{c}\;r_1, \\ g-\mathfrak{g}' = \mathcal{A}\,\mathfrak{q} + (\mathcal{B}-\mathcal{A})\,\mathfrak{b}'\,q_1 + (\mathcal{C}-\mathcal{A})\,\mathfrak{c}'\,r_1, \\ h-\mathfrak{h}' = \mathcal{A}\,\mathfrak{r} + (\mathcal{B}-\mathcal{A})\,\mathfrak{b}''\,q_1 + (\mathcal{C}-\mathcal{A})\,\mathfrak{c}''\,r_1. \end{cases}$$

Ces formules coïncident avec (15) quand les axes de référence sont les axes moyens.

215. Cas particuliers. — Le problème dont les équations différentielles (IV) sont l'expression n'est complètement déterminé que si les coordonnées x_1, y_1, z_1 sont *données*, de même que les forces extérieures qui sollicitent le système. Ainsi, dans le cas de la Terre, il faut faire une hypothèse quelconque sur les déplacements, dus à des phénomènes géologiques ou météorologiques, qui font varier les coordonnées x_1, y_1, z_1 de ses divers points : ce n'est qu'à cette condition qu'on peut songer à intégrer les équations (IV).

Système invariable. — Dans le cas d'un système de forme invariable, par exemple d'un corps rigide, si nous prenons pour axes de référence les axes principaux, nous avons simplement $f_1 = Ap$, ... (n° 214), et nous retrouvons les équations d'Euler (n° 171)

$$A\frac{dp}{dt} + (C-B)\,qr = L_1,$$
$$\ldots\ldots\ldots\ldots\ldots\ldots\ldots$$

Si les axes de référence ne sont pas solidaires du système (comme le sont les axes principaux), les moments de rotation f_1, g_1, h_1, qui figurent dans les équations (IV), s'expriment par les formules (7), où les quantités A, B, C ne sont plus, en général, des constantes. Elles le seraient cependant encore, dans le cas de $A = B$, en prenant pour l'axe Oz_1 l'axe principal OC, puisque, dans ce cas, les moments d'inertie sont les mêmes pour tous les axes perpendiculaires à OC. On aurait, en même temps, le plan des $x_1 y_1$ étant fixe dans le corps,

$$p = \varpi, \qquad q = \chi,$$

puis

$$f_1 = Ap, \qquad g_1 = Aq, \qquad h_1 = C\rho,$$

et les équations (IV) pourraient s'écrire

$$(22)\qquad \begin{cases} A\left(\dfrac{dp}{dt} - qr\right) + Cq\rho = L_1, \\ A\left(\dfrac{dq}{dt} + pr\right) - Cp\rho = M_1, \\ C\dfrac{d\rho}{dt} \qquad\qquad\qquad = N_1, \end{cases}$$

r étant ici la vitesse angulaire d'axes mobiles dans le plan de l'équateur de l'ellipsoïde central, tandis que ρ est la vitesse de rotation du corps solide autour de l'axe polaire OC. C'est sous cette forme que les équations du mouvement de rotation de la Terre sont présentées par M. Routh (*Rigid Dynamics*, t. II, p. 273). Elle se prête surtout à une première approximation.

On aurait d'abord $N_1 = 0$, $\rho = \text{const.} = n$. En faisant passer le plan des $x_1 z_1$ par le centre de l'astre troublant (Soleil ou Lune), on aurait encore $L_1 = 0$; la vitesse r serait assez petite pour que l'on pût négliger les produits pr, qr, et, en écrivant M pour M_1, les équations (22) se réduiraient aux suivantes

$$\left\{\begin{aligned} &A\frac{dp}{dt} + Cnq = 0,\\ &A\frac{dq}{dt} - Cnp = M, \end{aligned}\right. \tag{23}$$

d'où l'on tire, en éliminant q,

$$\frac{A^2}{n^2C^2}\frac{d^2p}{dt^2} + p = -\frac{M}{nC}.$$

Les formules (15) du n° 172 montrent que M dépend de $\xi_1 \zeta_1$ ou de $\sin 2\delta$ (δ étant la déclinaison de l'astre), de sorte que M varie assez lentement; on peut donc faire $M = \text{const.}$, et

$$p = -\frac{M}{nC} = \frac{3}{2}\frac{m^2}{n}\frac{C-A}{C}\sin 2\delta = \varkappa \sin 2\delta, \qquad q = 0,$$

δ étant la déclinaison et m le moyen mouvement du Soleil. La Lune donnerait un terme analogue.

On voit, en somme, que l'action de l'astre troublant consiste à dévier l'axe polaire OC dans un sens perpendiculaire au plan qui contient cet astre.

Dans une certaine mesure, la solution tient compte de la variabilité de M, car, en prenant $M = M_0 + H \sin mt$, on aurait trouvé

$$p = -\frac{M_0}{nC} - \frac{nCH \sin mt}{n^2C^2 - m^2A^2}, \qquad q = \frac{mAH \cos mt}{n^2C^2 - m^2A^2},$$

ou bien $p = -\frac{M}{nC}$, $q = 0$, en négligeant $\frac{m^2}{n^2}$ et le produit $\frac{m}{n}H$.

Si nous prenions pour l'un des axes mobiles l'intersection de l'équateur et de l'orbite de l'astre troublant, la vitesse angulaire r serait encore plus petite que dans le cas précédent, et, en négligeant toujours les produits pr, qr, les équations (22) deviendraient

$$(24)\quad \begin{cases} A\dfrac{dp}{dt} + Cnq = L_1, \\ A\dfrac{dq}{dt} - Cnp = M_1; \end{cases}$$

en même temps, on aurait

$$p = -\frac{d\theta}{dt}, \qquad q = \sin\theta\frac{d\psi}{dt},$$

en faisant $\varphi = 0$ dans les relations (3) du n° 170. En supposant que l'orbite de l'astre est l'écliptique, et désignant par α l'ascension droite, on aurait (pour le Soleil)

$$\sin\delta = \sin\theta\sin\odot, \qquad \cos\delta\sin\alpha = \cos\theta\sin\odot, \qquad \cos\delta\cos\alpha = \cos\odot,$$

et, par suite,

$$L_1 = \quad M\sin\alpha = +\frac{3}{2}m^2(C-A)\sin\theta\cos\theta(1-\cos 2\odot),$$

$$M_1 = -M\cos\alpha = -\frac{3}{2}m^2(C-A)\sin\theta\sin 2\odot.$$

En considérant ces quantités comme approximativement constantes, les équations (24) donnent

$$p = -\frac{M_1}{nC}, \qquad q = \frac{L_1}{nC},$$

ou bien

$$(25)\quad \begin{cases} \dfrac{d\theta}{dt} = -\dfrac{3}{2}\dfrac{m^2}{n}\dfrac{C-A}{C}\sin\theta\sin 2\odot, \\ \dfrac{d\psi}{dt} = +\dfrac{3}{2}\dfrac{m^2}{n}\dfrac{C-A}{C}\cos\theta(1-\cos 2\odot). \end{cases}$$

On s'assure aisément que cette solution est encore très approchée, si L_1, M_1 sont regardés comme variables.

L'intégration donne enfin, pour la précession et la nutation solaires,

$$(26)\quad \begin{cases} \Delta\theta = \dfrac{3}{4}\dfrac{m}{n}\dfrac{C-A}{C}\sin\theta\cos 2\odot, \\ \Delta\psi = \dfrac{3}{2}\dfrac{m}{n}\dfrac{C-A}{C}\cos\theta\left(\odot - \dfrac{1}{2}\sin 2\odot\right). \end{cases}$$

Les équations (24) montrent d'ailleurs que les expressions des rotations p, q peuvent contenir les termes complémentaires

$$\alpha\cos\left(\frac{C}{A}nt + 6\right), \qquad \alpha\sin\left(\frac{C}{A}nt + 6\right),$$

dont il a été question au n° **211**.

Système variable. Axes principaux. — Si nous considérons le mouvement de rotation d'un système de forme variable, il faut, avant tout, définir les axes mobiles dont il sera fait usage.

On peut, par exemple, prendre pour ces axes les axes principaux d'inertie, définis par les relations $D = E = F = 0$.

M. Liouville, dans le Mémoire déjà cité, étudie le cas d'un corps solide qui se déforme en restant constamment symétrique par rapport à ses plans principaux, de sorte qu'on a aussi $f'_1 = g'_1 = h'_1 = 0$.

En faisant abstraction des forces extérieures, les équations (IV) deviennent

$$(27)\quad \left\{\begin{aligned} &\frac{d(Ap)}{dt} + (C - B)qr = 0,\\ &\frac{d(Bq)}{dt} + (A - C)rp = 0,\\ &\frac{d(Cr)}{dt} + (B - A)pq = 0. \end{aligned}\right.$$

La force vive a ici pour expression

$$2T = Ap^2 + Bq^2 + Cr^2 + \sum m\frac{dx_1^2 + dy_1^2 + dz_1^2}{dt^2},$$

et elle n'est pas constante. Mais on voit facilement qu'on aurait l'intégrale

$$\alpha A^2p^2 + \beta B^2q^2 + \gamma C^2r^2 = \text{const.},$$

si l'on avait

$$(28)\quad \alpha\left(\frac{1}{C} - \frac{1}{B}\right) + \beta\left(\frac{1}{A} - \frac{1}{C}\right) + \gamma\left(\frac{1}{B} - \frac{1}{A}\right) = 0,$$

α, β, γ étant des nombres constants. Cette condition est remplie pour $\alpha = \beta = \gamma$; on a donc ici

$$(29)\quad A^2p^2 + B^2q^2 + C^2r^2 = G^2,$$

et nous pouvons poser, comme au n° 175,

$$Ap = -G\sin\theta_0\sin\varphi_0,\qquad Bq = -G\sin\theta_0\cos\varphi_0,\qquad Cr = G\cos\theta_0.$$

Ce sont les intégrales des aires relatives au plan invariable; nous savions déjà (n° 213) qu'elles ont lieu dans ce cas.

En remplaçant α et γ par $\beta + \alpha$ et $\beta - \alpha\gamma$, on trouverait la condition

$$\frac{1}{C} - \frac{1}{B} = \gamma\left(\frac{1}{B} - \frac{1}{A}\right)$$

pour avoir l'intégrale

$$A^2p^2 - \gamma C^2r^2 = \text{const.}$$

Mais un cas particulier plus intéressant est celui où les moments d'inertie A,

B, C varient suivant la même loi, de sorte que leurs rapports ne changent pas. Nous poserons alors

$$A = fA_0, \quad B = fB_0, \quad C = fC_0,$$

f étant une fonction de t, et A_0, B_0, C_0 des constantes. La condition (28) sera remplie en prenant

$$\alpha = \frac{f}{A}, \quad \beta = \frac{f}{B}, \quad \gamma = \frac{f}{C},$$

d'où l'intégrale

$$(30) \qquad (Ap^2 + Bq^2 + Cr^2)f = \text{const.}$$

Au surplus, en posant

$$fp = p_0, \quad fq = q_0, \quad fr = r_0, \quad dt = f\,dt_0,$$

les équations (27) deviennent

$$A_0 \frac{dp_0}{dt} + (C_0 - B_0) q_0 r_0 = 0, \quad \ldots,$$

et l'on voit que le problème se trouve ainsi ramené à celui du mouvement de rotation d'un système invariable; les intégrales (29) et (30) peuvent s'écrire

$$A_0^2 p_0^2 + B_0^2 q_0^2 + C_0^2 r_0^2 = G^2,$$
$$A_0 p_0^2 + B_0 q_0^2 + C_0 r_0^2 = 2H;$$

on a donc le moyen d'exprimer toutes les variables en fonction de t_0, et enfin de t, à l'aide de la relation

$$t_0 = \int \frac{dt}{f}.$$

En admettant que, par suite de son refroidissement séculaire, les dimensions du globe diminuent lentement et d'une manière uniforme, on prendrait

$$x_1 = \frac{x_0}{1 + \varepsilon t}, \quad \ldots,$$

et le facteur de similitude serait

$$f = \frac{1}{(1 + \varepsilon t)^2}, \quad \text{d'où} \quad t_0 = t + \varepsilon t^2,$$

en négligeant ε^2.

Les équations (27) peuvent encore s'intégrer, si les moments d'inertie A, B sont égaux. Dans ce cas, on a d'abord

$$(31) \qquad Cr = \text{const.}, \quad \theta_0 = \text{const.}$$

Les relations générales

$$\frac{d\varphi_0}{\cos\theta_0}\frac{1}{G\,dt}=\frac{1}{C}-\frac{\sin^2\varphi_0}{A}-\frac{\cos^2\varphi_0}{B}=\frac{1}{C}+\frac{d\psi_0}{G\,dt}$$

donnent ensuite, pour $A = B$,

$$(32)\qquad \psi_0=-G\int\frac{dt}{A},\qquad \varphi_0=G\cos\theta_0\int\left(\frac{1}{C}-\frac{1}{A}\right)dt.$$

La position du système par rapport au plan invariable est ainsi déterminée.

Dans l'hypothèse du refroidissement graduel, on aurait

$$C=\frac{C_0}{(1+\varepsilon t)^2},\qquad r=r_0(1+\varepsilon t)^2,$$

r_0 étant une constante comme C_0, pour $A = B$, à cause de (31). On voit que la vitesse de rotation r augmente à mesure que le globe se rétrécit. On aurait encore

$$\psi_0=-\frac{G}{A_0}t_0,\qquad \varphi_0=-\frac{C-A}{C}\frac{G}{A_0}\cos\theta_0\,t_0.$$

216. Recherches de M. Gyldén. — Dans son Mémoire intitulé : *Recherches sur la rotation de la Terre* (¹), M. Gyldén prend pour axes de référence les axes moyens, définis par les relations

$$f_1'=g_1'=h_1'=0.$$

Il suppose que l'axe moyen Oz_1 ne s'éloigne jamais beaucoup de l'axe principal $\mathfrak{C}$, et il exprime les quantités A, B, C, D, E, F, relatives aux axes moyens, par les valeurs initiales A_0, B_0, C_0 des moments d'inertie principaux $\mathfrak{A}$, $\mathfrak{B}$, $\mathfrak{C}$, leurs variations δA, δB, δC, et les cosinus de référence α, β, γ, ... des axes principaux. Pour fixer la situation des axes moyens, nous les ferons coïncider avec les axes principaux pour $t = 0$.

En admettant que $\mathfrak{A}$, $\mathfrak{B}$ étaient d'abord égaux, et posant, en conséquence,

$$\mathfrak{A}=A_0+\delta A,\qquad \mathfrak{B}=A_0+\delta B,\qquad \mathfrak{C}=C_0+\delta C,$$

nous pourrons nous servir des formules (f) et (g) du n° 207, qui supposent que la différence $\mathfrak{A}-\mathfrak{B}$ et l'angle θ sont de petites quantités du premier ordre; écrivant φ_1, ψ_1, θ_1 à la place de φ, ψ, θ, et négligeant les produits de δA,

(¹) *Actes de la Société royale des Sciences d'Upsal*, 3ᵉ série, t. VIII, 1871. — Nous avons changé les notations de l'auteur pour nous rapprocher de celles des Chapitres précédents.

δB, δC par θ_1, nous aurons, d'une part,

$$\alpha = \beta' = \cos(\psi_1 - \varphi_1), \qquad \alpha'' = -\theta_1 \sin\varphi_1,$$
$$-\alpha' = \beta = \sin(\psi_1 - \varphi_1), \qquad \beta'' = -\theta_1 \cos\varphi_1;$$
$$\gamma = \theta_1 \sin\psi_1, \qquad \gamma' = \theta_1 \cos\psi_1, \qquad \gamma'' = 1,$$

et de l'autre, en supposant toujours $A_0 = B_0$,

$$(1)\quad \left\{\begin{aligned} A - A_0 &= \alpha^2\,\delta A + \beta^2\,\delta B,\\ B - B_0 &= \beta^2\,\delta A + \alpha^2\,\delta B,\\ C - C_0 &= \delta C,\\ D &= \gamma'(A - C),\\ E &= \gamma(A - C),\\ F &= \alpha\beta(\delta A - \delta B).\end{aligned}\right.$$

Nous verrons d'ailleurs que, tant qu'on ne tient compte que des termes du premier ordre, il suffit de connaître les quantités $C - C_0$, D, E, qui dépendent de δC, θ_1 et ψ_1 ; car les autres ($A - A_0$, $B - B_0$, F), qui dépendent de δA, δB, ne figurent pas dans les équations différentielles du problème.

Ces équations sont les équations (IV), où f_1, g_1, h_1 doivent être remplacés par les expressions (10) du n° 214. On peut négliger les produits des quantités p, q, D, E, F, et faire $A = B$; on trouve ainsi

$$(2)\quad \left\{\begin{aligned} &\frac{d}{dt}(Ap - Er) + (C - A)qr + Dr^2 = L_1,\\ &\frac{d}{dt}(Aq - Dr) - (C - A)pr - Er^2 = M_1,\\ &\frac{d}{dt}(Cr) = N_1.\end{aligned}\right.$$

La troisième équation donne

$$Cr = \int N_1\,dt + \text{const.},$$

ou bien, n étant la partie constante de r,

$$(3)\qquad r = n\left(1 - \frac{\delta C}{C}\right) + \frac{1}{C}\int N_1\,dt.$$

Dans les termes du premier ordre, nous pouvons remplacer A, C, r par A_0, C_0, n, ou bien traiter A, C, r comme des constantes. En simplifiant ainsi les équations (2), on voit que les deux premières, qui donnent p, q, ne diffèrent des équations ordinaires que par les termes qui dépendent de D, E; en posant

$$\frac{C - A}{A} = \nu,$$

elles peuvent s'écrire

$$(4) \qquad \begin{cases} \dfrac{dp}{dt} + \nu n q = \dfrac{1}{A}\left(L_1 - n^2 D + n\dfrac{dE}{dt}\right) = L_2, \\ \dfrac{dq}{dt} - \nu n p = \dfrac{1}{A}\left(M_1 + n^2 E + n\dfrac{dD}{dt}\right) = M_2. \end{cases}$$

Si nous laissons de côté les termes complémentaires $\lambda \cos \nu n(t + \tau)$, $\lambda \sin \nu n(t + \tau)$ du n° 211, qui dépendent des conditions initiales, les intégrales sont

$$(5) \qquad \begin{cases} p = \displaystyle\int_0^t [L_2 \cos \nu n(\bar{t} - t) - M_2 \sin \nu n(\bar{t} - t)]\, dt, \\ q = \displaystyle\int_0^t [L_2 \sin \nu n(\bar{t} - t) + M_2 \cos \nu n(\bar{t} - t)]\, dt, \end{cases}$$

où $\bar{t}$ représente la limite supérieure de t, qui reste constante pendant l'intégration; on supprime la barre après l'intégration faite. Cela revient à faire tour à tour, après l'intégration, $t = 0$ et $\bar{t} = t$. Les relations (1) donnent d'ailleurs

$$(6) \qquad \frac{D}{A} = -\nu\theta_1 \cos\psi_1, \qquad \frac{E}{A} = -\nu\theta_1 \sin\psi_1,$$

et si $L_1 = M_1 = 0$, on trouve, en intégrant par parties et faisant $D = E = 0$ pour $t = 0$,

$$(7) \qquad \begin{cases} \dfrac{p}{n} = -\nu\theta_1 \sin\psi_1 + (1 + \nu)\nu n \displaystyle\int_0^t \theta_1 \cos(\nu n\bar{t} - \nu n t - \psi_1)\, dt, \\ \dfrac{q}{n} = -\nu\theta_1 \cos\psi_1 + (1 + \nu)\nu n \displaystyle\int_0^t \theta_1 \sin(\nu n\bar{t} - \nu n t - \psi_1)\, dt. \end{cases}$$

Ces expressions donnent les cosinus de référence de l'axe de rotation moyen OI; et comme les angles diffèrent peu de 90°, on aura

$$(8) \qquad \frac{\pi}{2} - (x_1 OI) = \frac{p}{n}, \qquad \frac{\pi}{2} - (y_1 OI) = \frac{q}{n}.$$

Il est visible que p, q dépendent de θ_1, ψ_1, tandis que r n'est influencé que par δC.

Pour obtenir p, q, r, il faut connaître *a priori* δC, θ_1, ψ_1. Si l'on connaissait, au contraire, p, q, r, on trouverait alors inversement δC, $\frac{D}{A}$, $\frac{E}{A}$, en introduisant dans les quadratures l'argument nt au lieu de νnt, et

$$-\frac{M_1}{nA} - \nu p + \frac{dq}{n\,dt}, \quad -\frac{L_1}{nA} + \nu q + \frac{dp}{n\,dt},$$

au lieu de L_2, M_2.

Il reste à exprimer en fonctions de p, q, r les angles φ, ψ, θ et les cosinus directeurs a, b, c, ... qui déterminent la position des axes moyens dans l'espace. En faisant usage des formules (2) et (3) des nos 169 et 170, on trouve d'abord, avec une approximation suffisante,

$$(9)\qquad \begin{cases} \varphi = \varphi_n + k + l\cot\theta_0, \\ \psi = \dfrac{l}{\sin\theta_0}, \\ \theta = \theta_0 + m, \end{cases}$$

où $\varphi_n = n(t - t_0)$, et

$$(10)\qquad \begin{cases} k = \displaystyle\int (r - n)\,dt, \\ l = \displaystyle\int (p\sin\varphi_n + q\cos\varphi_n)\,dt, \\ m = \displaystyle\int (-p\cos\varphi_n + q\sin\varphi_n)\,dt. \end{cases}$$

Nous avons pris $\varphi = 0$, $\psi = 0$, $\theta = \theta_0$, pour $t = t_0$ (limite inférieure des intégrales). On aura donc $\sin\psi = \psi$, $\cos\psi = 1$, etc., et par les formules (2) du n° 169,

$$\begin{aligned} a &= \cos\varphi_n - k\sin\varphi_n, \\ b &= -\sin\varphi_n - k\cos\varphi_n, \\ c &= l; \end{aligned}$$

$$\begin{aligned} a' &= (\cos\theta_0 - m\sin\theta_0)\sin\varphi_n + (k\cos\theta_0 - l\sin\theta_0)\cos\varphi_n, \\ b' &= (\cos\theta_0 - m\sin\theta_0)\cos\varphi_n - (k\cos\theta_0 - l\sin\theta_0)\sin\varphi_n, \\ c' &= \sin\theta_0 + m\cos\theta_0; \end{aligned}$$

$$\begin{aligned} a'' &= -(\sin\theta_0 + m\cos\theta_0)\sin\varphi_n - (k\sin\theta_0 + l\cos\theta_0)\cos\varphi_n, \\ b'' &= -(\sin\theta_0 + m\cos\theta_0)\cos\varphi_n + (k\sin\theta_0 + l\cos\theta_0)\sin\varphi_n, \\ c'' &= \cos\theta_0 - m\sin\theta_0. \end{aligned}$$

Les cosinus directeurs, par rapport aux axes fixes, de l'axe instantané OI (de l'axe de rotation moyen) sont, en désignant par p, q, r les rotations autour des axes fixes,

$$\frac{\mathrm{p}}{\omega} = \frac{ap + bq + cr}{\omega}, \quad \ldots.$$

On trouve ainsi, avec une approximation suffisante (en faisant $\omega = r$),

$$n\cos(\mathrm{XOI}) = p\cos\varphi_n - q\sin\varphi_n + nl,$$
$$n\cos(\mathrm{YOI}) = (p\sin\varphi_n + q\cos\varphi_n)\cos\theta_0 + n(\sin\theta_0 + m\cos\theta_0),$$
$$n\cos(\mathrm{ZOI}) = (p\sin\varphi_n + q\cos\varphi_n)\sin\theta_0 + n(\cos\theta_0 - m\sin\theta_0).$$

En substituant pour l, m leurs expressions (10), exécutant des intégrations par parties, et posant

$$(\mathrm{XOI}) = \frac{\pi}{2} + \Delta_x, \qquad (\mathrm{YOI}) = \frac{\pi}{2} - \theta_0 + \Delta_y, \qquad (\mathrm{ZOI}) = \theta_0 - \Delta_z,$$

où Δ_x, Δ_y, Δ_z représentent des nutations de l'axe OI, M. Gyldén trouve finalement

$$(11)\qquad \begin{cases} -\Delta_x = \dfrac{p_0}{n} + \dfrac{1}{n}\displaystyle\int\left(\frac{dp}{dt}\cos\varphi_n - \frac{dq}{dt}\sin\varphi_n\right)dt, \\ -\Delta_y = \dfrac{q_0}{n} + \dfrac{1}{n}\displaystyle\int\left(\frac{dp}{dt}\sin\varphi_n + \frac{dq}{dt}\cos\varphi_n\right)dt, \\ -\Delta_z = -\Delta_y, \end{cases}$$

où p_0, q_0 sont les valeurs de p, q, pour $t = t_0$ (Ox_1 coïncidant alors avec OX). On peut les égaler à zéro lorsqu'on fait abstraction des forces extérieures et des conditions initiales du mouvement; on peut aussi sans inconvénient faire $t_0 = 0$.

Les formules (11) s'obtiennent d'une manière plus rapide en partant des relations

$$\mathfrak{p} = ap + bq + cr, \qquad d\mathfrak{p} = a\,dp + b\,dq + c\,dr, \qquad \ldots,$$

qui donnent, d'une part (en négligeant toujours les quantités du second ordre),

$$\mathfrak{p}_0 = p_0, \qquad \mathfrak{q}_0 = q_0\cos\theta_0 + n\sin\theta_0, \qquad \mathfrak{r}_0 = -q_0\sin\theta_0 + n\cos\theta_0,$$

et de l'autre

$$\mathfrak{p} = \mathfrak{p}_0 + \int(a\,dp + b\,dq + c\,dr) = p_0 + \int(\cos\varphi_n\,dp - \sin\varphi_n\,dq),$$

et des expressions analogues pour $\mathfrak{q}$ et $\mathfrak{r}$; en les divisant par $\omega = r$, on obtient les cosinus directeurs et, par suite, Δ_x, Δ_y, Δ_z.

Dans les applications qu'il fait de cette théorie, M. Gyldén néglige les forces extérieures ($L_1 = M_1 = N_1 = 0$), et il suppose $r = n$, et $p_0 = q_0 = 0$.

Soit d'abord $\psi_1 = 0$; les formules (8) donnent, pour les coordonnées sphériques du pôle de rotation I par rapport à Oz_1,

$$\frac{\pi}{2} - (x_1\mathrm{OI}) = \frac{p}{n}, \qquad \frac{\pi}{2} - (y_1\mathrm{OI}) = \frac{q}{n},$$

et les formules (7)

$$(12)\qquad \frac{p}{n} = (1+\nu)\nu n\int\theta_1\cos\nu n(\bar{t} - t)\,dt, \qquad \frac{q}{n} = (1+\nu)\nu n\int\theta_1\sin\nu n(\bar{t} - t)\,dt - \nu\theta_1,$$

les intégrales devant être prises depuis $t = 0$ jusqu'à $t = \bar{t}$ (après l'intégration, on supprime la barre qui sert à distinguer la limite supérieure de t).

Enfin, les coordonnées sphériques du pôle I par rapport à $\mathfrak{C}$ sont $\frac{p}{n}$ et $\frac{q}{n} - \theta_1$.

On a, d'une manière générale, entre les mêmes limites ($t = 0$ et $t = \bar{t}$)

$$\nu n \int (1 - e^{-\lambda t}) \cos \nu n (\bar{t} - t)\, dt = \frac{\lambda \nu n (e^{-\lambda t} - \cos \nu n t) + \lambda^2 \sin \nu n t}{\nu^2 n^2 + \lambda^2},$$

$$\nu n \int (1 - e^{-\lambda t}) \sin \nu n (\bar{t} - t)\, dt = \frac{\nu^2 n^2 (1 - e^{-\lambda t}) + \lambda^2 (1 - \cos \nu n t) - \lambda \nu n \sin \nu n t}{\nu^2 n^2 + \lambda^2}.$$

Supposons, en premier lieu, que l'angle θ_1 que l'axe principal $\mathfrak{C}$ fait avec l'axe moyen Oz_1, tout en restant très petit, varie d'une manière uniforme avec le temps, et posons $\theta_1 = \lambda t$. Pour appliquer à ce cas les formules qui précèdent, il suffit de développer $e^{-\lambda t}$ et de négliger λ^2. On trouve alors

$$(13) \qquad \left\{ \begin{aligned} \frac{p}{n} &= \frac{\lambda}{\nu n} (1 - \cos \nu n t), \\ \frac{q}{n} &= \lambda t - \frac{\lambda}{\nu n} \sin \nu n t, \end{aligned} \right.$$

en supprimant le facteur $(1 + \nu)$ devant les termes périodiques. Les formules (11) donnent

$$\Delta_x = \frac{\lambda}{n} [\cos(1 + \nu) n t - \cos n t],$$

$$\Delta_y = \Delta_z = \frac{\lambda}{n} [\sin(1 + \nu) n t - \sin n t].$$

Si nous prenons pour unité de temps l'année, nous avons $\nu n = 7,5 = 430^\circ$, et, avec $\lambda = 0'',01$,

$$\frac{p}{n} = 0'',0013 (1 - \cos \nu n t), \qquad \frac{q}{n} - \theta_1 = -0'',0013 \sin \nu n t.$$

Ces termes périodiques sont insensibles.

Pour représenter une variation brusque de l'angle θ_1, telle qu'elle pourrait se produire à la suite d'un tremblement de terre, nous poserons

$$\theta_1 = \varepsilon (1 - e^{-\varkappa t}),$$

où $\varkappa$ sera un nombre très grand (par exemple $\varkappa = 1000$). En négligeant les termes multipliés par ν, les formules (12) donnent alors

$$(14) \qquad \frac{p}{n} = \varepsilon \sin \nu n t, \qquad \frac{q}{n} = \varepsilon (1 - \cos \nu n t).$$

Les quantités Δ_z, Δ_y auraient le facteur $\varepsilon\nu$. On n'obtient que des termes périodiques très petits.

Si le changement de θ_1 n'est que temporaire, il faut poser

$$\theta_1 = \varepsilon(e^{-\lambda t} - e^{-\varkappa t}),$$

en prenant toujours $\varkappa$ très grand. Pour des valeurs très petites de λ, on aurait

$$(15) \qquad \frac{p}{n} = \varepsilon \sin \nu n t, \qquad \frac{q}{n} = \varepsilon(e^{-\lambda t} - \cos \nu n t).$$

Pour des valeurs suffisamment grandes de λ, on aurait, au bout d'un certain temps, $p = q = 0$.

Dans ce qui précède, on a supposé $\psi_1 = 0$. Faisons maintenant

$$\psi_1 = n_1 t, \qquad \nu\theta_1 = \varepsilon,$$

où n_1 est supposé peu différent de n. On trouvera, en remplaçant $\frac{1}{n_1 + \nu n}$ par $\frac{1}{n}$,

$$(16) \qquad \begin{cases} \dfrac{p}{n} = \varepsilon \dfrac{n - n_1}{n} (\sin n_1 t + \sin \nu n t), \\ \dfrac{q}{n} = \varepsilon \dfrac{n - n_1}{n} (\cos n_1 t - \cos \nu n t); \end{cases}$$

puis ensuite

$$-\Delta_x = \varepsilon \sin(n - n_1) t,$$
$$-\Delta_y = -\Delta_z = \varepsilon[1 - \cos(n - n_1) t],$$

en omettant des termes qui ont le facteur $\varepsilon\nu(n - n_1)$. On voit que, dans ce cas, la perturbation affecte la direction absolue de l'axe de rotation moyen.

L'hypothèse

$$\psi_1 = n_1 t, \qquad \nu\theta_1 = \varepsilon \sin(n - n_1) t,$$

conduit à des résultats analogues. On a $\theta_1^0 = 0$, et l'on trouve, en remplaçant $\frac{1}{2n_1 - n + \nu n}$ par $\frac{1}{n}$,

$$(17) \qquad \begin{cases} \dfrac{p}{n} = \varepsilon \dfrac{n - n_1}{n} [\cos(2n_1 - n) t - \cos \nu n t], \\ \dfrac{q}{n} = -\varepsilon \dfrac{n - n_1}{n} [\sin(2n_1 - n) t + \sin \nu n t]. \end{cases}$$

En même temps,

$$-\Delta_x = \frac{1}{2} \varepsilon[1 - \cos 2(n - n_1) t],$$

$$\Delta_y = \Delta_z = \frac{1}{2} \varepsilon \sin 2(n - n_1) t.$$

Des perturbations de cette catégorie pourraient avoir pour cause le phénomène des marées; mais le coefficient ε serait toujours très petit.

Remarque. — Pour $L = M = N = 0$, les intégrales des aires (VI) et les formules (15) ou (21) du n° 214, où l'on peut faire $r_1 = r$, donnent ici

$$(18)\qquad \begin{cases} \mathcal{A}(\mathrm{p} + \nu \mathrm{c}\, r) = f_0, \\ \mathcal{A}(\mathrm{q} + \nu \mathrm{c}'\, r) = g_0, \\ \mathcal{A}(\mathrm{r} + \nu \mathrm{c}'' r) = h_0. \end{cases}$$

c, c′, c″ étant les cosinus directeurs de l'axe principal $\mathfrak{S}$. Si nous prenons pour axes fixes les positions occupées par les axes principaux à l'époque t_0, nous aurons, pour $t = t_0$, $\mathrm{c} = \mathrm{c}' = 0$, $\mathrm{c}'' = 1$; par conséquent, en négligeant des quantités du second ordre,

$$f_0 = \mathrm{A} p_0, \qquad g_0 = \mathrm{A} q_0, \qquad h_0 = \mathrm{C}_0 n.$$

On aura d'ailleurs toujours sensiblement $\mathrm{c}'' = 1$, $\mathrm{r} = r$; la troisième intégrale coïncide donc avec (3). Les deux autres donnent, en divisant par r,

$$\frac{\mathrm{p}}{r} + \nu \mathrm{c} = \frac{p_0}{n}, \qquad \frac{\mathrm{q}}{r} + \nu \mathrm{c}' = \frac{q_0}{n}.$$

En faisant $p_0 = q_0 = 0$ et désignant par Δ_x, Δ_y les nutations de l'axe OI, comme c, c′ représentent celles de l'axe $\mathfrak{S}$, on a

$$\Delta_x + \frac{\pi}{2} - (\mathrm{XOI}) = \frac{\mathrm{p}}{r}, \qquad \Delta_y = \frac{\pi}{2} - (\mathrm{YOI}) = \frac{\mathrm{q}}{r},$$

et l'on trouve

$$(19)\qquad \begin{cases} -\Delta_x = \nu \mathrm{c} = \nu(a\gamma + b\gamma' + c), \\ -\Delta_y = \nu \mathrm{c}' = \nu(a'\gamma + b'\gamma' + c'). \end{cases}$$

C'est une extension du théorème de Poinsot (p. 495). On y arriverait aussi par l'intégration des équations (2), en tenant compte des formules (19), p. 508, et des expressions de p et de dp de la page 518.

Comme nous l'avons dit, les axes fixes sont ici les directions primitives des axes mobiles. On pourrait conserver l'axe OX et remplacer OY, OZ par deux axes nouveaux, faisant avec les anciens l'angle θ_0 : on reviendrait ainsi au système général, et l'on aurait, pour ces axes,

$$\cos(\mathrm{YOI}) = \sin\theta_0 + \cos\theta_0\, \Delta_y, \qquad \cos(\mathrm{ZOI}) = \cos\theta_0 - \sin\theta_0\, \Delta_y.$$

217. M. Gyldén a repris ces recherches dans deux Mémoires postérieurs qui portent pour titre : *Lois de rotation d'un corps solide dont la surface est recouverte par une masse liquide* (¹).

(¹) *Rotationslagarne för en fast kropp, hvars yta är betäckt af ett flytande ämne* (*Bulletins de l'Académie de Stockholm*, 1878, n° 7; 1879, n° 3).

Il emploie deux systèmes d'axes mobiles : les axes principaux du noyau solide (Ox, Oy, Oz), axes de référence dont les rotations p, q, r figurent dans les équations différentielles du mouvement, et les axes principaux de l'ensemble formé par le noyau et l'enveloppe liquide (Ox_1, Oy_1, Oz_1).

Les sommes $\sum$, relatives à l'ensemble du système, se composent de deux parties $\sum_1$, $\sum_2$, dont la première s'étend aux particules solides, la seconde aux particules liquides. On aura donc, en égalant à zéro les moments de déviation,

$$(20)\qquad \begin{cases} \sum_1 m\,y\,z = 0, & \sum_1 m\,z\,x = 0, & \sum_1 m\,x\,y = 0, \\ \sum m\,y_1 z_1 = 0, & \sum m\,z_1 x_1 = 0, & \sum m\,x_1 y_1 = 0. \end{cases}$$

La situation relative des deux systèmes d'axes étant, comme au n° 169, définie par trois angles φ_1, ψ_1, θ_1, M. Gyldén suppose qu'on a toujours

$$\varphi_1 = \psi_1 = \eta,$$

η étant la longitude du méridien zI de l'axe de rotation instantané OI du noyau, comptée à partir de Ox. Ce méridien passe donc par l'intersection N des deux équateurs xy, $x_1 y_1$. L'angle zOI, que nous désignerons par ζ, reste par hypothèse toujours très petit, de sorte qu'il est permis d'en négliger les puissances supérieures, et M. Gyldén admet qu'on a

$$(21)\qquad \theta_1 = k\zeta \quad \text{ou} \quad \sin\theta_1 = k\sin\zeta,$$

où le facteur k est indépendant de ζ. Ces hypothèses, sur lesquelles il s'explique à peine, paraissent reposer sur l'idée que, l'axe principal Oz_1 cessant de coïncider avec Oz et avec l'axe de rotation, ce dernier commence à décrire un cône autour de Oz_1, de sorte que l'arc zI est perpendiculaire à zz_1. Il faut ensuite admettre que les axes principaux Ox, Oy sont très peu déviés dans le plan de l'équateur, de sorte que les distances $Nx = \psi_1$ et $Nx_1 = \varphi_1$ peuvent être considérées comme égales à η.

D'après nos définitions, nous avons (en négligeant p^3, q^3)

$$\zeta \sin\eta = \frac{p}{r}, \qquad \zeta\cos\eta = \frac{q}{r},$$

$$\theta_1 \sin\eta = k\frac{p}{r}, \qquad \theta_1\cos\eta = k\frac{q}{r},$$

$$\varphi_1 = \psi_1 = \eta,$$

et, ces expressions étant substituées dans les formules du n° 169, on trouve qu'en faisant $x = \alpha x_1 + \beta y_1 + \gamma z_1, \ldots$, les cosinus directeurs α, β, γ, ..., ont pour valeurs

$$(22)\quad \begin{cases} \quad (\alpha) & (\beta) & (\gamma) \\ 1-\frac{1}{2}k^2\frac{p^2}{r^2}, & -\frac{1}{2}k^2\frac{pq}{r^2}, & k\frac{p}{r}, \\ -\frac{1}{2}k^2\frac{pq}{r^2}, & 1-\frac{1}{2}k^2\frac{q^2}{r^2}, & k\frac{q}{r}, \\ -k\frac{p}{r}, & -k\frac{q}{r}, & 1-\frac{1}{2}k^2\frac{p^2+q^2}{r^2}. \end{cases}$$

Il faut maintenant recourir aux équations différentielles (IV). Les moments d'inertie A, B, C qui figurent dans les expressions (6) du n° 213 sont ceux du système entier, relatifs aux axes de référence Ox, Oy, Oz; on aura donc

$$A=\sum m(y^2+z^2),\qquad \ldots,\qquad D=\sum myz,\qquad \ldots.$$

Quant aux moments d'inertie relatifs aux axes Ox_1, Oy_1, Oz_1, ce sont des moments principaux que nous désignerons par $\mathcal{A}$, $\mathcal{B}$, $\mathcal{C}$.

Nous poserons

$$(23)\qquad \mathcal{A}=\sum m(y_1^2+z_1^2)=A_0+\delta A,\qquad \ldots,$$

puis

$$\delta A=c\frac{p}{r},\qquad \delta B=c\frac{q}{r},\qquad \delta C=c\frac{\delta r}{r},$$

où c est une constante et δr la variation de la vitesse de rotation r. Cette variation sera une quantité très petite du second ordre, et $d\delta r=dr$. M. Gyldén suppose aussi que c est, comme p et q, du premier ordre.

Les relations (20) donnent, pour les axes principaux Ox_1, ...,

$$\sum my_1z_1=0,\qquad \sum\nolimits_2 my_1z_1=-\sum\nolimits_1 my_1z_1,\qquad \ldots.$$

Pour exprimer A, B, C, ... par les moments principaux $\mathcal{A}$, $\mathcal{B}$, $\mathcal{C}$, nous nous servirons des formules (f) du n° 207. En tenant compte des relations (22), observant que β^2 et α'^2 sont du quatrième ordre, et substituant pour $\mathcal{A}$, $\mathcal{B}$, $\mathcal{C}$ leurs expressions (23), on trouve [1]

$$(24)\quad \begin{cases} A=A_0+c\frac{p}{r}+(C-A)k^2\frac{p^2}{r^2}, & D=-(C-B)k\frac{q}{r}, \\ B=B_0+c\frac{q}{r}+(C-B)k^2\frac{q^2}{r^2}, & E=-(C-A)k\frac{p}{r}, \\ C=C_0+c\frac{\delta r}{r}-(C-A)k^2\frac{p^2}{r^2}-(C-B)k^2\frac{q^2}{r^2}, & F=-\left(C-\frac{A+B}{2}\right)k^2\frac{pq}{r^2}. \end{cases}$$

On peut négliger $c\,\delta r$ ou remplacer $C_0r+c\,\delta r$ par $(C_0+c)r-cn$.

---

[1] Nous avons rectifié les termes du second ordre.

En désignant ici les moments relatifs par f', g', h', les formules (6) du n° 213 donnent, pour les moments de rotation f_1, g_1, h_1, les expressions suivantes :

$$(25)\qquad \left\{\begin{aligned} f_1 &= f' + [A + k(C-A)]\,p,\\ g_1 &= g' + [B + k(C-B)]\,q,\\ h_1 &= h' + C_0 r + (1-k)\frac{k}{r}[(C-A)p^2 + (C-B)q^2]. \end{aligned}\right.$$

Les moments relatifs f', g', h' ne s'annulent pas; ce sont néanmoins des quantités très petites, parce que les sommes ne s'étendent qu'aux particules liquides (les coordonnées x, y, z ne variant pas dans le noyau solide) :

$$f' = \sum\nolimits_2 m\,\frac{y\,dz - z\,dy}{dt}, \qquad \ldots$$

On pourra donc ici négliger p^2, q^2 dans les formules de transformation (22) et faire simplement

$$x = x_1 + k\frac{p}{r}z_1, \qquad y = y_1 + k\frac{q}{r}z_1,$$
$$z = z_1 - k\frac{p}{r}x_1 - k\frac{q}{r}y_1.$$

En admettant, de plus, que les sommes

$$\sum\nolimits_2 m(y_1\,dz_1 - z_1\,dy_1), \qquad \ldots$$

s'annulent, c'est-à-dire qu'il n'existe pas de courants du liquide autour des axes principaux, et observant que, aux termes du premier ordre près, on a, en vertu des relations (20),

$$\sum\nolimits_2 m\,x_1 y_1 = -\sum\nolimits_1 m\,x_1 y_1 = 0,$$
$$\sum\nolimits_2 m z_1 x_1 = -(C-A)\,k\frac{p}{r}, \qquad \sum\nolimits_2 m y_1 z_1 = -(C-B)\,k\frac{q}{r},$$

on trouve

$$(26)\qquad \left\{\begin{aligned} f' &= -a\frac{k}{r}\frac{dq}{dt},\\ g' &= +b\frac{k}{r}\frac{dp}{dt},\\ h' &= -(C-A)\frac{k^2}{r^2}\frac{p\,dq}{dt} + (C-B)\frac{k^2}{r^2}\frac{q\,dp}{dt}; \end{aligned}\right.$$

où a, b représentent les moments d'inertie du liquide

$$a = \sum\nolimits_2 m(y_1^2 + z_1^2), \qquad b = \sum\nolimits_2 m(z_1^2 + x_1^2),$$

que nous pourrions traiter comme des quantités petites du premier ordre.

En profitant des relations (25) et (26) et ne conservant que les termes du second ordre, nous pouvons mettre les équations différentielles (IV) sous la forme suivante

$$(27)\quad \left\{\begin{aligned} &\frac{df_1}{dt}+(1-k)(C-B)rq-bk\frac{dp}{dt}=L_1,\\ &\frac{dg_1}{dt}-(1-k)(C-A)rp-ak\frac{dq}{dt}=M_1,\\ &\frac{dh_1}{dt}+(1-k)(B-A)pq+bk\frac{p\,dp}{r\,dt}+ak\frac{q\,dq}{r\,dt}=N_1,\end{aligned}\right.$$

où il faut substituer pour f_1, g_1, h_1 leurs expressions (25).

Parmi les forces extérieures, M. Gyldén considère seulement les résistances dues au frottement du liquide contre le noyau, qu'il suppose proportionnelles aux vitesses $\frac{dx}{dt}$, $\frac{dy}{dt}$, $\frac{dz}{dt}$, de sorte qu'on a

$$L_1=\sigma\,\mathrm{S}\,\frac{y\,dz-z\,dy}{dt},\qquad \ldots,$$

la somme S devant s'étendre à toute la surface du noyau.

En négligeant les sommes $\mathrm{S}x_1y_1$, $\mathrm{S}x_1z_1$, $\mathrm{S}y_1z_1$, on trouve

$$(28)\qquad L_1=-\frac{a_1}{r}\frac{dq}{dt},\qquad M_1=+\frac{b_1}{r}\frac{dp}{dt},\qquad N_1=0,$$

où

$$a_1=k\sigma\,\mathrm{S}(y_1^2+z_1^2),\qquad b_1=k\sigma\,\mathrm{S}(z_1^2+x_1^2).$$

En faisant abstraction des termes du second ordre (produits de p, q, a, b, a_1, b_1, ...), et posant

$$s_1=\frac{(1-k)(C-B)}{A+k(C-A)},\qquad s_2=\frac{(1-k)(C-A)}{B+k(C-B)},$$

les équations (27) donneraient

$$(29)\qquad \frac{dp}{dt}=-s_1qr,\qquad \frac{dq}{dt}=s_2pr,\qquad dr=0.$$

Ces approximations étant substituées dans les termes du second ordre, tels que f', g', h', si l'on pose encore

$$c_1=k(C-A-as_2),\qquad c_2=k(C-B-bs_1),$$

les équations différentielles deviennent

$$(30)\quad \begin{cases} (A+c_1)\dfrac{dp}{dt}+(C-B-c_2)\,rq+a_1s_2\,p=0,\\ (B+c_2)\dfrac{dq}{dt}-(C-A-c_1)\,rp+b_1s_1\,q=0,\\ (C_0+c)\dfrac{dr}{dt}+[B-A+(B-A)\,2k(2k-1)\,s_1s_2+c_2-c_1]\,pq=0.\end{cases}$$

Pour les simplifier, supposons, avec M. Gyldén,

$$A=B,\qquad a=b,\qquad a_1=b_1.$$

Nous aurons d'abord

$$dr=0,\qquad r=\text{const.}$$

Les deux premières équations (30) prennent la forme

$$(31)\quad \begin{cases} \dfrac{dp}{dt}+\varkappa p+\lambda q=0,\\ \dfrac{dq}{dt}+\varkappa q-\lambda p=0,\end{cases}$$

et les intégrales seront

$$(32)\qquad p=\gamma e^{-\varkappa t}\cos(\lambda t+\varepsilon),\qquad q=\gamma e^{-\varkappa t}\sin(\lambda t+\varepsilon).$$

Les coefficients $\varkappa$ et λ sont de la forme

$$\mu(1-k)(C-A).$$

M. Gyldén fait observer que, dans la réalité, la différence $C-A$, si elle est primitivement très petite, doit augmenter avec le temps, par suite des érosions incessantes que fait subir aux continents le travail des eaux. Au contraire, k doit diminuer, et il s'ensuit que $\varkappa$ et λ augmentent, et tendent vers une limite supérieure. Dans cette hypothèse, si l'on pose

$$\varkappa=\varkappa_0+\varkappa_1(1-e^{-\nu t}),\qquad \lambda=\lambda_0+\lambda_1(1-e^{-\nu t}),$$

les intégrales des équations (31) se présenteront sous la forme

$$(33)\qquad p=\gamma e^{-\int\varkappa dt}\cos\left(\varepsilon+\int\lambda\,dt\right),\qquad q=\gamma e^{-\int\varkappa dt}\sin\left(\varepsilon+\int\lambda\,dt\right),$$

et l'on trouve

$$(34)\quad \begin{cases} \displaystyle\int\varkappa\,dt=(\varkappa_0+\varkappa_1)\,t-\frac{\varkappa_1}{\nu}(1-e^{-\nu t}),\\ \displaystyle\int\lambda\,dt=(\lambda_0+\lambda_1)\,t-\frac{\lambda_1}{\nu}(1-e^{-\nu t}).\end{cases}$$

On en conclut que le pôle de rotation décrit autour du pôle d'inertie (Oz) une spirale qui le rapproche de ce dernier; ce mouvement, d'abord très lent, s'accélère peu à peu, et les deux pôles finissent par se réunir. On trouverait là l'explication des phénomènes de l'époque glaciaire, en admettant que la différence des moments d'inertie $C - A$ a été d'abord extrêmement petite.

Dans son second Mémoire, M. Gyldén cherche à intégrer les équations (30) à l'aide des fonctions elliptiques. Au point de vue pratique, les résultats ne diffèrent pas beaucoup de ceux qu'on obtient en simplifiant la forme des équations.

218. **Recherches de MM. G.-H. Darwin et W. Thomson.** — Dans le Mémoire que nous avons déjà cité plusieurs fois, *On the influence of geological changes*, M. Darwin prend pour axes de référence les axes principaux, qui sont, à chaque instant, déterminés par les relations

$$D = E = F = 0.$$

Les vitesses de rotation qui caractérisent le mouvement de ces axes étant p, q, r, il pose

$$p = \varpi + \alpha, \qquad q = \chi + \beta, \qquad r = \rho + \gamma,$$

où ϖ, χ, ρ sont les vitesses de rotation de la Terre, considérée momentanément comme rigide, ou figée dans sa configuration actuelle, et α, β, γ les vitesses de déviation des axes principaux qui résultent du déplacement des masses. On peut admettre que α, β, γ sont des quantités très petites et, de plus, constantes, si les moments d'inertie varient lentement et d'une manière uniforme. En supposant, comme au n° 214, que ϖ, χ, ρ sont les rotations d'un second système d'axes $O\xi$, $O\eta$, $O\zeta$ qui, au commencement de l'intervalle dt, coïncident avec les axes principaux, les relations (11) du n° 214 nous donnent immédiatement

$$f_1 = \mathfrak{f}'_1 + \mathcal{A}\varpi, \qquad g_1 = \mathfrak{g}'_1 + \mathcal{B}\chi, \qquad h_1 = \mathfrak{h}'_1 + \mathcal{C}\rho,$$

où $\mathfrak{f}'_1$, $\mathfrak{g}'_1$, $\mathfrak{h}'_1$ sont les moments relatifs qui proviennent des déplacements $d\xi$, $d\eta$, $d\zeta$. Ces moments relatifs sont aussi des quantités constantes et très petites; M. Darwin les calcule dans deux ou trois cas particuliers. Les équations (IV) deviennent alors

$$\frac{d(\mathcal{A}\varpi)}{dt} + q(\mathfrak{h}'_1 + \mathcal{C}\rho) - r(\mathfrak{g}'_1 + \mathcal{B}\chi) = L_1,$$

$$\dots\dots\dots\dots\dots\dots\dots\dots,$$

où il faut encore remplacer p, q, r par $\varpi + \alpha$, $\chi + \beta$, $\rho + \gamma$, et les moments d'inertie principaux $\mathcal{A}$, $\mathcal{B}$, $\mathcal{C}$ par des expressions de la forme $A_0 + at$, ...

Mais il est facile de voir que les rotations ϖ, χ, ρ, ainsi définies, sont, au fond, indéterminées; car on peut les choisir arbitrairement et déterminer α, β, γ en conséquence, pour passer d'une configuration donnée à une autre, ou d'un système d'axes principaux au suivant. Afin de déterminer complètement les rotations partielles, nous supposerons, avec M. Helmert, que $O\xi$, $O\eta$, $O\zeta$ sont les *axes moyens*, en faisant

$$f'_1 = g'_1 = h'_1 = 0.$$

Dès lors, ϖ, χ, ρ sont les *rotations moyennes* de la Terre, et nous pourrons nous servir des équations (16) du n° 214 (p. 508)

$$\frac{d(\mathcal{A}\varpi)}{dt} - \mathcal{B}\chi r + \mathcal{C}\rho q = L_1,$$

$$\frac{d(\mathcal{B}\chi)}{dt} - \mathcal{C}\rho p + \mathcal{A}\varpi r = M_1,$$

$$\frac{d(\mathcal{C}\rho)}{dt} - \mathcal{A}\varpi q + \mathcal{B}\chi p = N_1,$$

où

$$p = \varpi + \alpha, \qquad q = \chi + \beta, \qquad r = \rho + \gamma.$$

Ces équations, où $\mathcal{A}$, $\mathcal{B}$, $\mathcal{C}$ et α, β, γ sont des fonctions données du temps, permettent de déterminer les rotations moyennes ϖ, χ, ρ et l'axe de rotation moyen. Les quantités α, β, γ expriment l'avance des axes principaux par rapport à la rotation moyenne de la Terre, pendant l'unité de temps.

Nous commencerons par supposer $L_1 = M_1 = N_1 = 0$. En écrivant A, B, C au lieu de $\mathcal{A}$, $\mathcal{B}$, $\mathcal{C}$, les équations deviennent

$$(1) \qquad \frac{d(A\varpi)}{dt} - B\chi r + C\rho q = 0, \qquad \ldots,$$

et nous avons l'intégrale des aires, relative au plan invariable,

$$A^2\varpi^2 + B^2\chi^2 + C^2\rho^2 = G^2,$$

qui se déduit aussi des formules (14) de la page 507, en faisant

$$f = a\mathcal{A}\varpi + b\mathcal{B}\chi + c\mathcal{C}\rho = \text{const.}, \qquad \ldots.$$

Les rapports

$$\frac{A\varpi}{G}, \quad \frac{B\chi}{G}, \quad \frac{C\rho}{G}$$

représentent les cosinus de référence de la normale au plan invariable, relatifs aux axes principaux, tandis que $\frac{\varpi}{\omega}$, $\frac{\chi}{\omega}$, $\frac{\rho}{\omega}$, où $\omega = \sqrt{\varpi^2 + \chi^2 + \rho^2}$, sont les cosinus de référence de l'axe de rotation moyen. Comme, par hypothèse, les moments d'inertie restent toujours approximativement égaux, nous aurons, à très peu près, $G = C\omega$, et l'on voit que l'axe de rotation OI ne pourra jamais s'éloigner beaucoup de la normale OG au plan invariable, les angles GOI et COI étant à peu près dans le rapport de $C - A : C$ (théorème de Poinsot, p. 495).

Nous allons maintenant, avec Sir W. Thomson, introduire dans les équations les cosinus de référence ξ, η, ζ de cette normale, $\xi = \frac{A\varpi}{G}$, ..., et il viendra

$$\frac{d\xi}{dt} - r\eta + q\zeta = 0, \quad \ldots$$

ou bien

$$(2) \quad \begin{cases} \dfrac{d\xi}{dt} + G\left(\dfrac{1}{B} - \dfrac{1}{C}\right)\eta\zeta - \gamma\eta + \beta\zeta = 0, \\ \dfrac{d\eta}{dt} + G\left(\dfrac{1}{C} - \dfrac{1}{A}\right)\zeta\xi - \alpha\zeta + \gamma\xi = 0, \\ \dfrac{d\zeta}{dt} + G\left(\dfrac{1}{A} - \dfrac{1}{B}\right)\xi\eta - \beta\xi + \alpha\eta = 0. \end{cases}$$

En même temps

$$\xi^2 + \eta^2 + \zeta^2 = 1,$$

de sorte que les équations (2) n'en représentent que deux. Remarquons en passant que, si nous désignons par G le point où la normale perce une sphère de rayon 1, ξ, η, ζ sont les coordonnées de G par rapport aux axes mobiles qui coïncident temporairement avec les axes principaux, et dont les rotations sont ϖ, χ, ρ; par conséquent, les expressions

$$\rho\eta - \chi\zeta = -G\left(\frac{1}{B} - \frac{1}{C}\right)\eta\zeta, \quad \ldots$$

représentent les vitesses relatives de G par rapport aux plans principaux, animés des vitesses de rotation moyennes, tandis que

$$\gamma\eta - \beta\zeta, \quad \ldots$$

représentent les vitesses relatives dues à la déviation des axes principaux.

Comme il est entendu que les changements qui s'accomplissent dans la Terre ne modifient les constantes fondamentales du mouvement que d'une manière peu appréciable, il sera permis de considérer ξ, η comme des quantités très petites, et de faire $\zeta = 1$ dans les deux premières équations, qui deviennent alors

$$(3) \quad \begin{cases} \dfrac{d\xi}{dt} + \lambda\eta + \beta = 0, \\ \dfrac{d\eta}{dt} - \mu\xi - \alpha = 0, \end{cases}$$

en posant

$$\lambda = \frac{G}{C}\,\frac{C - B}{B} - \gamma, \qquad \mu = \frac{G}{C}\,\frac{C - A}{A} - \gamma.$$

Les quantités α, β, λ, μ sont ici des fonctions données du temps. En faisant abstraction de la rotation γ et posant $\lambda\mu = \nu^2$, on aura toujours, à très peu près,

$$\lambda = \mu = \nu = \frac{\omega}{303},$$

ω étant la vitesse de rotation moyenne de la Terre, pour laquelle on prendra ici

$$\omega = 2\pi \times 366 = 2300, \qquad \text{d'où} \qquad \nu = 7,5.$$

Pour intégrer les équations (3), il faut supposer que λ, μ sont des constantes. En désignant (comme nous l'avons fait au n° 216) par $\bar{t}$ la limite supérieure de t, qui ne varie pas pendant l'intégration, et qui est aussi la valeur de t hors du signe $\int$, nous pourrons mettre l'expression finale de ξ sous l'une ou l'autre des deux formes suivantes

$$(4) \qquad \xi = \frac{\lambda}{\nu}\int \alpha \sin\nu(t-\bar{t})\,dt - \int \beta\cos\nu(t-\bar{t})\,dt + \xi_0 \cos\nu t - \frac{\lambda}{\nu}\eta_0 \sin\nu t$$

ou bien

$$(5) \qquad \xi = \frac{1}{\nu}\int \left(\lambda\alpha + \frac{d\beta}{dt}\right)\sin\nu(t-\bar{t})\,dt + \xi_0\cos\nu t - \frac{\beta_0 + \lambda\eta_0}{\nu}\sin\nu t,$$

où ξ_0, η_0, β_0 sont les valeurs de ξ, η, β à la limite inférieure ($t = 0$). On trouverait l'expression de η en remplaçant partout ξ_0 par η_0, α par $-\beta$, λ par $-\mu$, etc.

Pour $\lambda = \mu = \nu$, on aurait

$$(6) \qquad \begin{cases} \xi = \displaystyle\int_0^t \alpha \sin\nu(t-\bar{t})\,dt - \int_0^t \beta\cos\nu(t-\bar{t})\,dt + \xi_0\cos\nu t - \eta_0 \sin\nu t, \\ \eta = \displaystyle\int_0^t \alpha\cos\nu(t-\bar{t})\,dt + \int_0^t \beta\sin\nu(t-\bar{t})\,dt + \eta_0\cos\nu t + \xi_0 \sin\nu t \end{cases}$$

ou bien

$$(7) \qquad \begin{cases} \xi = \displaystyle\int_0^t \left(\alpha + \frac{d\beta}{\nu\,dt}\right)\sin\nu(t-\bar{t})\,dt + \xi_0\cos\nu t - \left[\eta_0 + \frac{\beta_0}{\nu}\right]\sin\nu t, \\ \eta = \displaystyle\int_0^t \left(\beta - \frac{d\alpha}{\nu\,dt}\right)\sin\nu(t-\bar{t})\,dt + \eta_0\cos\nu t + \left[\xi_0 + \frac{\alpha_0}{\nu}\right]\sin\nu t. \end{cases}$$

Dans le cas de changements géologiques séculaires, les vitesses de déformation α, β, γ peuvent être considérées comme constantes, et il vient

$$(8) \qquad \begin{cases} \xi + \dfrac{\alpha}{\nu} = \left(\xi_0 + \dfrac{\alpha}{\nu}\right)\cos\nu t - \left(\eta_0 + \dfrac{\beta}{\nu}\right)\sin\nu t, \\ \eta + \dfrac{\beta}{\nu} = \left(\xi_0 + \dfrac{\alpha}{\nu}\right)\sin\nu t + \left(\eta_0 + \dfrac{\beta}{\nu}\right)\cos\nu t, \end{cases}$$

relations qui pourraient aussi s'écrire

$$(9)\quad \begin{cases} \xi + \dfrac{\alpha}{\nu} = k\cos(\nu t + \sigma), \\ \eta + \dfrac{\beta}{\nu} = k\sin(\nu t + \sigma). \end{cases}$$

Pour fixer les idées, nous pouvons nous figurer la Terre formée d'une charpente rigide par rapport à laquelle se déplacent certaines parties plus ou moins mobiles, sans qu'il en résulte un courant général; la rotation moyenne est alors celle de la charpente invariable.

Les quantités α, β, γ mesurent les vitesses de déformation ou le déplacement des axes principaux dans l'intérieur du globe; $\sqrt{\alpha^2+\beta^2}$ est la déviation totale de l'axe C dans l'unité de temps, tandis que $\sqrt{\xi^2+\eta^2}$ représente l'écart entre la position temporaire du pôle C et le pôle G du plan invariable, qui coïncide toujours à très peu près avec le pôle de rotation. Les équations (9) montrent que le pôle de rotation décrit un cercle autour de C en 305 jours; on y retrouve le cycle eulérien. Mais, comme le pôle d'inertie C se déplace lentement en parcourant une trajectoire rectiligne à la surface du globe, la trajectoire terrestre du pôle de rotation est en réalité une cycloïde allongée ou raccourcie ([1]). Dans ces conditions, la période de 305 jours serait très difficile à démêler, et l'amplitude de la variation des latitudes cesserait d'être constante.

Les quantités α, β pourront toujours être considérées comme très petites; c'est ce qui résulte des données numériques, relatives au déplacement du pôle d'inertie, que nous avons réunies au n° 208. M. Darwin a essayé de calculer la déviation du pôle C que produirait le soulèvement graduel d'un continent, accompagné d'un affaissement correspondant, dans les conditions qui assurent le maximum d'effet.

Il a fait le calcul pour une série d'aires de soulèvement qui représentent des fractions données de la superficie du globe, et pour un exhaussement final de 10000 pieds, que nous avons réduit à 100^{m} :

Aire de soulèvement.	Déviation pour 100^{m}.
	''
0,001	4,4
0,005	22
0,010	44
0,050	210
0,100	387
0,200	660
0,500	950

([1]) E. HILL, *Elementary discussion of the influence of geological change on the Earth's axis of rotation* (*Proc. Cambridge Phil. Soc.*, t. III). — SCHIAPARELLI, *De la rotation de la Terre*.

L'Afrique représente une aire de 0,059, l'Amérique du Sud 0,033. On voit qu'un soulèvement de 1m par siècle, s'étendant sur une aire de 0,025 (avec dépression d'une aire égale) ne donnerait encore qu'une déviation de 1″, soit 0″,01 par an, d'où $\frac{1}{\nu}\sqrt{\alpha^2+\beta^2} = 0'',0013$. En négligeant $\frac{\alpha}{\nu}$, $\frac{\beta}{\nu}$, les équations (8) donneraient

$$\xi^2 + \eta^2 = \xi_0^2 + \eta_0^2.$$

Il faut ajouter que l'effet qui peut résulter d'un soulèvement est considérablement diminué s'il s'agit d'une intumescence causée par la dilatation des couches profondes. Ainsi, en supposant que le gonflement commence à une profondeur de 80km, M. Darwin trouve que la déviation pour 100m est réduite à $\frac{1}{80}$ de sa valeur, et pour une profondeur de 640km, à $\frac{1}{10}$.

Il nous reste à considérer un changement brusque, tel qu'il résulterait, par exemple, d'un tremblement de terre. Dans ce cas, les quantités α, β ne diffèrent de zéro que pendant un très court intervalle, et nous pourrons faire $t = 0$ sous le signe $\int$, dans la formule (4), qui donne alors (pour $\lambda = \mu = \nu$)

$$\xi = -\int \alpha \sin \nu t \, dt - \int \beta \cos \nu t \, dt + \xi_0 \cos \nu t - \eta_0 \sin \nu t$$

ou bien

$$(10) \qquad \begin{cases} \xi = \left(\xi_0 - \int \beta \, dt\right) \cos \nu t - \left(\eta_0 + \int \alpha \, dt\right) \sin \nu t, \\ \eta = \left(\xi_0 - \int \beta \, dt\right) \sin \nu t + \left(\eta_0 + \int \alpha \, dt\right) \cos \nu t. \end{cases}$$

En supposant que la secousse a lieu au moment $t = 0$, les valeurs de ξ, η seront, immédiatement après,

$$(11) \qquad \xi_1 = \xi_0 - \int \beta \, dt, \qquad \eta_1 = \eta_0 + \int \alpha \, dt;$$

on aura ensuite

$$(12) \qquad \begin{cases} \xi = \xi_1 \cos \nu t - \eta_1 \sin \nu t, \\ \eta = \xi_1 \sin \nu t + \eta_1 \cos \nu t. \end{cases}$$

Ainsi, la secousse change brusquement l'amplitude $\sqrt{\xi_0^2 + \eta_0^2}$ en $\sqrt{\xi_1^2 + \eta_1^2}$, et la circulation du pôle de rotation reprend avec la nouvelle amplitude, la période restant la même. Les formules (11) montrent que les accroissements des distances ξ_0, η_0 proviennent uniquement des déviations β, α de l'axe C, d'où il suit que le pôle de rotation n'est pas écarté du pôle G.

D'après ce qui précède, on a d'ailleurs, pour $A = B$,

$$\frac{\omega^2}{G^2} = \frac{\xi^2}{A^2} + \frac{\eta^2}{B^2} + \frac{\zeta^2}{C^2} = \frac{1}{C^2} + \left(\frac{1}{A^2} - \frac{1}{C^2}\right)(\xi^2 + \eta^2),$$

d'où

$$\frac{C}{G}\omega = 1 + \frac{C - A}{A}(\xi^2 + \eta^2)$$

ou, sensiblement,

$$(13) \qquad C\omega = G, \qquad \frac{d\omega}{\omega} = -\frac{dC}{C}.$$

En transportant une masse μ des pôles à l'équateur, on aurait $dC = +\mu R^2$, et, si elle était distribuée uniformément sur le globe entier, $dC = +\frac{2}{3}\mu R^2$; d'où, selon le cas,

$$(14) \qquad \frac{d\omega}{\omega} = -3\frac{\mu}{M} \quad \text{ou} \quad \frac{d\omega}{\omega} = -2\frac{\mu}{M}.$$

Supposons, avec M. Helmert, que les régions polaires soient couvertes d'une couche de glace de 5^m d'épaisseur sur une étendue égale à 0,04 de la surface terrestre, et que la fonte des glaces distribue cette masse d'eau dans les mers du globe; on aura

$$\frac{d\omega}{\omega} = -0,000000034,$$

ce qui signifie que la durée de l'année sera (en apparence) abrégée d'une seconde, celle du jour sidéral augmentant d'environ $\frac{1}{340}$ de seconde.

M. G. Darwin, comme l'a fait aussi M. Schiaparelli, examine encore l'hypothèse d'une certaine plasticité de la Terre, où l'axe principal C tendrait toujours à se déplacer dans l'intérieur du globe, de manière à se rapprocher de l'axe de rotation. Cette adaptation du sphéroïde (*adjustment to the form of equilibrium*) pourrait avoir lieu par secousses brusques, après des intervalles pendant lesquels les tensions intérieures iraient en croissant. Mais la déformation et l'adaptation pouvaient aussi avoir lieu d'une manière continue, à des époques reculées, où la Terre n'avait pas encore sa rigidité actuelle.

219. Changement possible de l'obliquité de l'écliptique. — Au point de vue de la Géologie, il peut être intéressant de chercher si de lentes variations des moments d'inertie n'entraîneraient pas un changement séculaire de l'obliquité de l'écliptique. On peut élucider ce point de la manière qui suit.

En prenant $n =$ const., $\varphi = nt$ et posant

$$N = \frac{3}{4}m^2(1+\varepsilon)\sin 2\theta,$$

les équations différentielles du n° 171 peuvent se mettre sous la forme suivante, où nous n'avons conservé que le terme non périodique de U,

$$(15)\qquad \begin{cases} A\dfrac{dp}{dt} + (C - B)\,nq = (C - B)\,N\cos\varphi, \\ B\dfrac{dq}{dt} - (C - A)\,np = -(C - A)\,N\sin\varphi, \end{cases}$$

et elles sont vérifiées par les expressions

$$(16)\qquad p = \frac{C - B}{nC}\,N\sin\varphi, \qquad q = \frac{C - A}{nC}\,N\cos\varphi,$$

en traitant toujours N comme une constante. Supposons maintenant que A, B, C varient et prennent les valeurs

$$A + at, \quad B + bt, \quad C + ct.$$

Il faudra recourir aux équations (16) du n° 214 (p. 528). Mais, en désignant désormais par p, q les rotations moyennes et nous bornant ici aux termes indispensables, la première équation se réduit à celle-ci

$$(17)\qquad (A + at)\frac{dp}{dt} + (C - B)\,nq + ap = t(c - b)(N\cos\varphi - nq),$$

qui devient, en mettant pour p, q leurs valeurs approchées (16),

$$A\frac{dp}{dt} + (C - B)\,nq = (c - b)\frac{A}{C}Nt\cos\varphi - a\frac{C - B}{C}N\left(t\cos\varphi + \frac{\sin\varphi}{n}\right).$$

En faisant A = B et posant, pour abréger (¹),

$$\nu = \frac{C - A}{A}, \qquad n^2 p = \frac{N}{C}p_1, \qquad n^2 q = \frac{N}{C}q_1,$$

les équations différentielles deviennent

$$(18)\qquad \begin{cases} \dfrac{dp_1}{d\varphi} + \nu q_1 = (c - b)\,\varphi\cos\varphi - \nu a(\varphi\cos\varphi + \sin\varphi), \\ \dfrac{dq_1}{d\varphi} - \nu p_1 = -(c - a)\,\varphi\sin\varphi + \nu b(\varphi\sin\varphi - \cos\varphi). \end{cases}$$

On tire de là

$$p_1 = +\left[\frac{2\nu a - (1 + \nu^2)\,b}{1 - \nu^2} + \frac{c}{(1 + \nu)^2}\right]\cos\varphi + \left(\frac{c}{1 + \nu} - b\right)\varphi\sin\varphi,$$

$$q_1 = -\left[\frac{2\nu b - (1 + \nu^2)\,a}{1 - \nu^2} + \frac{c}{(1 + \nu)^2}\right]\sin\varphi + \left(\frac{c}{1 + \nu} - a\right)\varphi\cos\varphi,$$

(¹) La lettre ν a ici la signification qu'elle avait au n° 216.

puis, en faisant usage de la relation $\frac{d\theta}{dt} = q \sin\varphi - p\cos\varphi$,

$$\frac{C}{N} n^2 \frac{d\theta}{dt} = \frac{1-\nu}{1+\nu}\frac{a+b}{2} - \frac{c}{(1+\nu)^2} + \frac{b-a}{2}\left(\frac{1+\nu}{1-\nu}\cos 2\varphi + \varphi \sin 2\varphi\right).$$

Si nous remplaçons $1 \pm \nu$ par l'unité, la variation séculaire de l'obliquité θ est donnée par la formule

$$\frac{d\theta}{dt} = \frac{3}{4}\frac{m^2}{n^2}(1+\varepsilon)\sin 2\theta \frac{a+b-2c}{2C}$$

ou bien

$$\frac{d\theta}{dt} = \frac{a+b-2c}{C-A}\frac{P\sin\theta}{2n}, \tag{19}$$

en désignant par P la constante de la précession (50″). Cette formule montre, comme le fait remarquer M. Darwin, que le changement séculaire de l'obliquité serait, dans tous les cas, extrêmement petit, et insuffisant pour expliquer des révolutions géologiques.

220. **Déplacement des pôles par les marées.** — La théorie des marées n'ayant pas été traitée dans ce Volume, nous nous bornerons à considérer l'effet qu'une intumescence liquide peut exercer sur le mouvement de rotation de la Terre, que nous supposerons entièrement recouverte par les eaux.

On sait que l'attraction du Soleil, aussi bien que celle de la Lune, produit deux intumescences aux deux extrémités du diamètre terrestre dirigé vers l'astre troublant. Ce n'est là, sans doute, qu'une idée grossière d'un phénomène très complexe; mais elle suffit pour notre objet. Il en résulte un déplacement périodique du pôle d'inertie C.

Nous allons considérer séparément l'effet de chacun des deux astres. L'action de la Lune étant environ deux fois plus forte que celle du Soleil, nous supposerons que c'est elle qui soulève l'Océan.

En faisant abstraction de la marée, on aurait $A = B$; mais les protubérances qui résultent de l'attraction différentielle de la Lune sur les deux hémisphères opposés détruisent l'égalité des deux moments d'inertie, et nous avons maintenant $B > A$. L'axe Ox_1, auquel se rapporte le moment d'inertie A, est situé dans le plan du méridien de la Lune. L'axe Oz_1 est dévié, et le pôle d'inertie porté de C_0 en C; il tourne autour de C_0 à mesure que la marée se déplace en faisant le tour du globe.

Soient S la surface de la Terre, M sa masse, et $\mu = \frac{1}{3}hs$ celle d'une protubérance liquide de hauteur h et de base s; nous aurons

$$\frac{\mu}{M} = \frac{1}{5,56}\frac{h}{R}\frac{s}{S} = \frac{h}{35\,400\,000}\frac{s}{S}.$$

Si nous supposons que le centre de la protubérance se trouve sur le parallèle de 20°, les formules (k) du n° 208 montrent que la déviation du pôle sera (en réunissant l'effet des quatre protubérances, positives ou négatives)

$$\theta = 460 \frac{4\mu}{M} \frac{\sin 40^\circ}{\sin 1''} = 1'',72\, h \frac{4s}{S},$$

où $4s < S$. En prenant $h = 0^m,6$, la déviation serait encore inférieure à $1''$.

La vitesse de rotation γ de l'axe Ox_1 autour de Oz_1 est approximativement égale à celle de la Terre (ou plutôt à $\omega_1 = \frac{30}{31}\omega$, la période étant de $24^h 50^m$), mais elle est dirigée en sens contraire, de sorte que $\gamma = -\omega_1$.

L'axe Oz_1 tourne autour de Ox_1 avec la vitesse α, et, en désignant par c la distance CC_0, exprimée en fraction du rayon terrestre, et positive quand C a marché vers Ox_1, on aura

$$\alpha = -c\gamma = c\omega_1, \qquad \beta = 0.$$

La distance c varie d'ailleurs lentement, et nous pouvons poser

$$c = c_0 \sin mt,$$

en désignant par m le moyen mouvement diurne de la Lune (ou du Soleil). Les formules (6) du n° 218 donnent alors, en faisant $\xi_0 = \eta_0 = 0$,

$$(20)\qquad \begin{cases} \xi = c_0\omega_1 \displaystyle\int \sin mt \sin\nu(t-\bar{t})\,dt, \\ \eta = c_0\omega_1 \displaystyle\int \sin mt \cos\nu(t-\bar{t})\,dt, \end{cases}$$

où nous avons maintenant

$$\nu = \frac{\omega}{305} - \gamma$$

ou approximativement $\nu = \omega_1$, de sorte que m est 27 fois (ou 354 fois) plus petit que ν. On trouve ensuite

$$\int \sin mt \sin\nu(t-\bar{t})\,dt = \frac{1}{2}\left\{\frac{\sin[(\nu-m)t-\nu\bar{t}]}{\nu-m} - \frac{\sin[(\nu+m)t-\nu\bar{t}]}{\nu+m}\right\}_0^{\bar{t}},$$

$$\int \sin mt \cos\nu(t-\bar{t})\,dt = \frac{1}{2}\left\{\frac{\cos[(\nu-m)t-\nu\bar{t}]}{\nu-m} - \frac{\cos[(\nu+m)t-\nu\bar{t}]}{\nu+m}\right\}_0^{\bar{t}},$$

et en faisant tour à tour $t = 0$ et $\bar{t} = t$, il vient

$$(21)\qquad \begin{cases} \xi = c_0\nu \dfrac{m\sin\nu t - \nu\sin mt}{\nu^2 - m^2}, \\ \eta = c_0\nu \dfrac{m(\cos mt - \cos\nu t)}{\nu^2 - m^2}. \end{cases}$$

On voit que η est beaucoup plus petit que ξ. En négligeant $\left(\frac{m}{\nu}\right)^2$, on aurait

$$(22)\quad \begin{cases} \xi = -c_0\left(\sin mt - \frac{m}{\nu}\sin \nu t\right), \\ \eta = \quad c_0\frac{m}{\nu}(\cos mt - \cos \nu t). \end{cases}$$

Ainsi, le mouvement relatif du pôle C et du pôle G, dont le pôle de rotation I s'éloigne très peu, est essentiellement caractérisé par l'équation

$$\xi = -c$$

$\left(\text{en négligeant les termes multipliés par } \frac{m}{\nu}\right)$. Il s'ensuit que le pôle de rotation coïncide toujours, à très peu près, avec le point fixe C_0 qui représente la position moyenne de C. Ses écarts sont de l'ordre de $\frac{m}{\nu}c_0 = \frac{1}{27}c_0$; rapportés à des axes fixes dans le globe, ils seraient

$$x = \frac{1}{27}\quad c_0 \cos mt \sin \nu t,$$

$$y = -\frac{1}{27}c_0(1 - \cos mt \cos \nu t).$$

En admettant que c_0 reste $< 1''$, ces variations ne dépasseraient pas $0'',037$; l'amplitude totale de la variation diurne atteindrait, dans certains cas, $0'',07$.

Nous avons suivi, dans cette démonstration, les indications de M. Helmert, qui fait encore remarquer que l'axe de rotation de la Terre déformée par la marée est aussi celui du sphéroïde solide.

221. Effet du frottement des marées. Variabilité du jour sidéral. — L'idée que le phénomène des marées doit exercer une influence sur la durée du jour sidéral, en ralentissant la rotation de la Terre, n'est pas nouvelle. Elle a été énoncée par Emm. Kant, en 1754, dans une Note qui contient la solution d'une question proposée par l'Académie de Berlin. On la trouve également formulée dans la *Dynamique céleste* de R. Mayer (1848), citée par M. Tyndall dans son Livre sur la *Chaleur* (1863). W. Ferrel, en 1864, et Delaunay, en 1865, signalent dans cette augmentation de la durée du jour sidéral, due aux marées, la cause possible de l'accélération séculaire du moyen mouvement de la Lune (1).

Imaginons la Terre recouverte par les eaux; la surface de la mer tend, à chaque instant, à prendre la forme d'un ellipsoïde dont le plus grand axe passe par la Lune, et la suit dans son mouvement diurne. Mais les frottements et les

(1) *Comptes rendus des séances de l'Académie des Sciences*, 11 décembre 1865, 22 et 29 janvier 1866. — THOMSON et TAIT, *Treatise on natural Philosophy*.

résistances que rencontrent les eaux entraînées par la Lune font que l'ellipsoïde d'équilibre est constamment un peu en arrière de sa position théorique; on sait que la pleine mer arrive toujours quelque temps après le passage de la Lune au méridien; au large, le retard est de deux ou trois heures. Les deux protubérances liquides se trouvent donc aux extrémités d'un diamètre terrestre qui passe un peu à l'est de la Lune, et les forces qui tendent à les éloigner l'une et l'autre du centre de la Terre font naître un couple qui agit en sens contraire de la rotation actuelle, et qui doit, par conséquent, la ralentir. On peut dire que les eaux de l'Océan sont traînées, sur la surface du globe, comme un frein qui en diminue insensiblement la vitesse.

Ce n'est pas tout. La réaction des marées sur la Lune produit une accélération de sa vitesse orbitaire, que l'on peut comparer à une résistance négative, et dont l'effet définitif se traduit par une diminution du moyen mouvement, comme l'effet d'un milieu résistant se traduit, en dernière analyse, par une accélération. Cette diminution réelle compense, en partie, l'accélération apparente qui résulte de l'augmentation de la durée du jour sidéral.

Nous allons essayer de nous faire une idée de l'ordre de grandeur de ces effets. Reprenons la dernière des équations (16) du n° 214 (p. 528). En supposant que la Lune se trouve sur l'équateur céleste, nous aurons $\alpha = \beta = 0$, et, par suite,

$$C\frac{d\rho}{dt} + (B - A)pq = N_1,$$

le moment d'inertie C étant sensiblement constant. La différence B — A n'est due qu'à l'existence de la marée, et le produit $(B - A)pq$ pourra être négligé; en écrivant n à la place de ρ, nous aurons simplement

$$C\frac{dn}{dt} = N_1.$$

Le moment de rotation N_1, relatif à l'axe polaire, dépend de B — A. En remontant aux relations (15) du n° 172, on voit que

$$N_1 = 3f(B - A)M'_1\frac{\xi'_1\eta'_1}{\rho'^5},$$

où ξ'_1, η'_1 sont les coordonnées de la Lune par rapport aux axes principaux Ox_1, Oy_1, dont le premier fait avec le méridien de la Lune l'angle constant Θ, de sorte qu'on a

$$\xi'_1 = \rho'\cos\Theta, \qquad \eta'_1 = -\rho'\sin\Theta.$$

En faisant usage des notations du n° 183, on trouve finalement

$$\frac{dn}{dt} = -\frac{3}{2}m^2\varepsilon\frac{B - A}{C}\sin 2\Theta. \tag{1}$$

Si nous admettons que le retard de la marée est de trois heures, nous avons $2\Theta = 90°$, et l'angle que la Terre décrit pendant le temps t devient

$$\int n\,dt = n't - \frac{3}{4}\varepsilon\frac{B-A}{C}m^2t^2. \tag{2}$$

Le dernier terme exprime le retard angulaire de la rotation au bout de ce temps, retard auquel correspond une avance apparente, vingt-sept fois plus faible, de la Lune dans son orbite. En prenant pour unité de temps l'année, nous aurons $m = 2\pi$; ensuite $\varepsilon = 2{,}18$, et, en divisant par $\sin 1''$, le retard angulaire de la Terre, en secondes d'arc, devient

$$13\,300\,000\frac{B-A}{C}t^2. \tag{3}$$

L'accroissement relatif de la durée du jour sidéral serait

$$\frac{n'-n}{n} = \frac{3}{2}\varepsilon\frac{m^2}{n}\frac{B-A}{C}t = \frac{B-A}{C}\frac{t}{18}. \tag{4}$$

En multipliant ce rapport par 86400, on aurait l'accroissement du jour en fractions de seconde.

L'effet dont il s'agit ici étant à la fois proportionnel à la force perturbatrice de la Lune et à la différence $B - A$ (c'est-à-dire à la hauteur de la marée que produit cette force), on voit qu'il dépend des termes du *second ordre*, que Laplace néglige dans sa théorie des marées.

La différence $B - A$ pourra être considérée comme provenant de deux ménisques d'eau qui occupent sur l'équateur une étendue de 2λ degrés et dont le sommet s'élève à h mètres; il faut y associer deux ménisques négatifs, placés d'une manière symétrique. Si le rayon λ ne dépassait pas une dizaine de degrés, il suffirait de faire

$$B - A = 4\mu R^2 = \frac{4}{3}\pi h R^4 \sin^2\lambda, \tag{5}$$

la masse μ d'un ménisque étant, à très peu près, celle d'un cône de même base et même hauteur. Pour une étendue plus considérable, on trouve

$$B - A = \pi h R^4 \frac{4\lambda - \sin 4\lambda}{8\sin\lambda}.$$

On arrive à cette expression en représentant l'élévation de l'eau par $h\left(1 - \frac{\sin l}{\sin\lambda}\right)$.

En prenant $C = \frac{1}{3}MR^2$, il vient

$$\frac{B-A}{C} = \frac{4\pi h}{M}R^2\sin^2\lambda = \frac{h\sin^2\lambda}{12\,000\,000}. \tag{6}$$

Avec $\lambda = 10°$, $h = 1^m$, on trouverait $\frac{B-A}{C} = \frac{1}{400\,000\,000}$, en nombre rond, et la formule (3) donnerait, pour le retard angulaire,

$$0'',0332 . t^2,$$

soit un retard séculaire de $332'' = 22^s$, auquel correspond une avance apparente de la Lune d'environ 12" par siècle. La durée du jour augmenterait de $0^s,000012$ par an d'après la formule (4).

D'après Laplace, l'équation séculaire de la longitude moyenne de la Lune, qui résulte de la variation de l'excentricité de l'orbite terrestre, a pour expression $10'',18 . t^2$, ce qui donne une avance de 10" par siècle ou une accélération séculaire du moyen mouvement de 20". Mais en 1853 M. Adams annonça que le coefficient théorique devait être réduit à 6". Les calculs de Delaunay, de MM. Cayley et Airy ont confirmé ce résultat, dont l'exactitude n'est plus contestée. Or le coefficient employé dans les Tables de Hansen est deux fois plus fort (12",18); dans sa *Théorie de la Lune*, Hansen le porte même à 12",56. Il est vrai qu'il arrive à ce résultat par une voie plus ou moins empirique; mais il trouve que le coefficient de 12" est nécessaire pour représenter les anciennes éclipses ([1]). D'après M. S. Newcomb, les éclipses conduisent à une valeur plus faible (8",4 ou 10",9). Il resterait donc à rendre compte d'une différence d'environ 6" entre le coefficient empirique et sa valeur théorique, si l'on adoptait le résultat de Hansen, ou d'une différence de 2",5 à 5", si l'on s'en tenait aux nombres de M. Newcomb. C'est pour expliquer cette différence que l'on a songé à invoquer le frottement des marées.

Si le phénomène des marées était aussi simple que nous l'avons supposé plus haut, on a vu qu'il serait facile de rendre compte d'une accélération même plus forte que celle qui semble indiquée par les éclipses, puisque nous avons trouvé un coefficient d'environ 12" en prenant $\lambda = 10°$. Mais le phénomène en question est singulièrement compliqué. Il faut aussi tenir compte de la réaction des marées sur le mouvement de la Lune, réaction qui, tout en accélérant la vitesse orbitaire, produit en définitive une diminution du moyen mouvement ([2]). Le retard qui en résulte est à peu près la moitié de l'avance apparente de la Lune qui correspond à l'accroissement de la durée du jour; l'avance séculaire de 12" se trouve ainsi réduite à 6".

Pour le comprendre, nous allons recourir au principe de la conservation

---

([1]) Hansen avait obtenu 12" en regardant, à tort, comme invariable la vitesse aréolaire moyenne de la Lune; mais il a reconnu l'exactitude des calculs de M. Adams (*Comptes rendus des séances de l'Académie des Sciences*, 26 mars 1866).

([2]) C'est ainsi que l'ellipticité de la Terre introduit dans la latitude de la Lune une petite inégalité de 8", qui dépend du sinus de la longitude et qui est la réaction de la nutation.

des aires. Supposons l'orbite de la Lune circulaire et située dans le plan de l'équateur; soient M′ sa masse, m' son moyen mouvement, ρ' sa distance à la Terre. Pour la somme des aires que la Terre et la Lune décrivent autour de leur centre de gravité commun, nous prendrons simplement $M' m' \rho'^2$; en ajoutant celle qui provient du mouvement de rotation de la Terre, nous aurons

$$M' m' \rho'^2 + Cn = \text{const.}, \tag{7}$$

et, en tenant compte de la relation $m'^2 \rho'^3 = k$, il vient

$$M' \left(\frac{k^2}{m'}\right)^{\frac{1}{3}} + Cn = \text{const.},$$

d'où l'on tire

$$-\frac{1}{3} M' \left(\frac{k^2}{m'^4}\right)^{\frac{1}{3}} \delta m' + C\,\delta n = 0$$

ou bien

$$\frac{\delta m'}{\delta n} = \frac{3C}{M'\rho'^2} = \frac{M}{M'} \frac{R^2}{\rho'^2}. \tag{8}$$

On trouve ainsi, à peu près,

$$\delta m' = \frac{1}{45} \delta n.$$

En désignant par T, T′ les durées du jour et de la révolution de la Lune, on aurait $2\pi = nT = m'T'$, et

$$\frac{\delta T'}{\delta T} = \frac{T'^2}{T^2} \frac{\delta m'}{\delta n} = 17, \text{ à peu près.}$$

Il s'ensuit que, si le frottement des marées produit, dans la rotation de la Terre, un retard séculaire de 330″, la Lune sera retardée, par la même cause, de $\frac{330}{45} = 7''$, qu'il faut retrancher de l'avance apparente de 12″. Le retard physique représente les trois cinquièmes de l'avance apparente.

Le calcul que nous venons de faire n'est qu'une approximation grossière. M. G. Darwin a étudié la question d'une manière plus approfondie, et il a trouvé que les divers effets que nous avons à considérer ici sont dans les rapports suivants :

	″	Rapports.
Retard séculaire de la Terre	330	55
Avance apparente de la Lune	12,0	2
Retard réel de la Lune (réaction)	6,0	1
Avance définitive de la Lune	6,05	1

Nous avons voulu seulement donner une idée de l'ordre de grandeur des perturbations que le phénomène des marées peut introduire dans le mouvement de rotation de la Terre. Les effets que nous avons calculés ne se présenteront que dans des circonstances favorables; il y aura, en réalité, beaucoup de compensations.

Si l'action des marées a pour effet de ralentir la rotation de la Lune, l'oscillation diurne du baromètre doit, au contraire, comme l'a fait observer Sir W. Thomson, l'accélérer dans une faible mesure, parce que le sommet de la vague atmosphérique semi-diurne se trouve à l'ouest du Soleil. Grâce à cette accélération, la Terre, considérée comme un chronomètre, serait, au bout d'un siècle, en avance de $2^s,7$.

Parmi les causes qui peuvent diminuer l'action retardatrice des marées, nous citerons encore le refroidissement séculaire du globe et la contraction qui en résulte; mais cet effet n'a qu'une importance très secondaire. Il y a, d'autre part, une cause qui agit dans le même sens, dans le sens d'un retard : c'est la chute incessante des météorites qui viennent s'ajouter à la masse terrestre. Les pluies d'étoiles filantes semblent prouver l'existence de nuages de poussière cosmique remplissant les espaces interplanétaires; la Terre et la Lune, en balayant ces espaces, recueillent les poussières qui s'y trouvent, et leur masse s'accroît ainsi d'une manière continue. Cette cause a été invoquée par Ch. Dufour (¹) comme pouvant expliquer une partie de l'accélération séculaire de la Lune. Plus tard, Oppolzer a essayé de calculer l'accélération de la Lune, due à cette cause, en tenant compte non seulement de l'augmentation de la durée du jour sidéral, mais encore de l'accroissement de la masse de la Lune et de la diminution de sa vitesse tangentielle qui résulte du choc des météores (²).

Cherchons d'abord l'effet qui résulterait du ralentissement de la Terre par un lest de poussière cosmique. Nous avons vu, au n° 218 (p. 533), qu'une masse μ, distribuée à la surface du globe, produit une diminution de la vitesse de rotation ω qui est donnée par la formule

$$\frac{d\omega}{\omega} = -2\frac{\mu}{M}. \tag{10}$$

Or une avance séculaire de 6″ représente une accélération de 12″, ou de $\frac{1}{144400000}$ de la vitesse moyenne de la Lune, qui s'expliquerait par un retard équivalent de la vitesse de rotation de la Terre; il faudrait, pour cela, que dans le cours d'un siècle la masse terrestre s'accrût de

$$\mu = \frac{M}{289\,000\,000} = 3700^{\text{kmc}},$$

(¹) *Comptes rendus des séances de l'Académie des Sciences*, 9 avril 1866, p. 840.

(²) *Astronomische Nachrichten*, n° 2373. — *Bulletin astronomique*, t. I, p. 109 et 212.

en prenant la densité des poussières météoriques égale à la densité moyenne du globe (ou de 7400^{kmc}, en la supposant plus faible de moitié). Cela représente une chute annuelle de 37^{kmc} d'aérolithes, ou d'environ 100 millions de mètres cubes par jour; elle couvrirait la Terre d'une couche de $7^{mm},2$ par siècle, ou de $0^{mm},0002$ par jour. En poids, c'est un lest de plus de 550 milliards de kilogrammes par jour. M. Newton évalue la pluie de poussières cosmiques à environ $100\,000^{kg}$ par jour; c'est moins de $\frac{1}{5000000}$ de la quantité requise.

Il est vrai qu'il y a l'appoint fourni par l'accélération réelle de la Lune, qui est un peu plus grand que l'accélération apparente résultant du ralentissement de la Terre.

D'après ce qui précède, une couche de poussière de 1^{mm} produit un retard séculaire de $\frac{6''}{7,2} = 0'',83$. Oppolzer trouve $0'',68$, parce qu'il suppose la Terre homogène, ce qui revient à augmenter le moment d'inertie dans le rapport de $5:6$. En désignant par h la hauteur de la couche en millimètres, on aurait donc à introduire dans l'expression de la longitude moyenne de la Lune, le terme $+ 0'',68\,ht^2$. Pour les coefficients des termes qui résultent de l'augmentation des masses des deux corps célestes en présence, et de la résistance occasionnée par les chocs des météores, il trouve respectivement $0'',87$ et $0'',26$, de sorte que l'effet total devient

$$(0'',87 + 0'',26 + 0'',68)\,ht^2 = 1'',81\,ht^2.$$

Il suffirait donc d'une couche de $3^{mm},3$ par siècle pour rendre compte d'un retard de $6''$. Mais les données fournies par l'observation des étoiles filantes sont encore tellement loin de ce chiffre, qu'elles ne nous permettent pas de nous arrêter à l'explication proposée.

Une étude approfondie de l'influence de la circulation des eaux et, en général, des phénomènes météorologiques sur la rotation terrestre, serait assurément intéressante.

Il y aurait aussi intérêt à chercher directement des indices de la variabilité du jour sidéral. M. Newcomb a fait quelques tentatives dans ce sens (1). En dehors de quelques inégalités inexpliquées du mouvement de la Lune, il a signalé certaines irrégularités que semblent trahir les éclipses des satellites de Jupiter, discutées par M. Glasenapp. Mais ces sortes de recherches sont très délicates, et sujettes à une foule de causes d'erreur.

S'il existe des inégalités dans le mouvement de rotation de la Terre, ce ne sont pas nos montres qui pourront nous les révéler, puisque leur marche est réglée sur la rotation terrestre; mais les variations de la durée du jour se reflé-

(1) *On the possible variability of the Earth's axial rotation* (*American Journal of Science*, 1874; *Astronomical Papers*, t. I; 1882).

teront, plus ou moins, dans les mouvements apparents de tous les astres; et, si l'on arrive à y reconnaître une anomalie commune, on pourra l'attribuer à la Terre.

222. Variations de la verticale. Déviation du fil à plomb par l'attraction luni-solaire. — L'Océan, agité par le flux et le reflux, peut se comparer à un vaste niveau dont les oscillations indiquent les changements continuels que l'attraction luni-solaire produit dans la direction de la pesanteur. On peut se demander si nos moyens d'observation permettent de saisir ces changements dans des phénomènes moins grandioses. Il est certain que, théoriquement, le fil à plomb doit éprouver des déviations périodiques dues à cette cause.

C'est Peters qui, le premier, a donné une théorie exacte de ces effets [1]. La force accélératrice, due à l'attraction de la Lune sur un point de la surface terrestre, est la résultante de cette attraction et de celle que la Lune exerce sur l'unité de masse, placée au centre de la Terre (cette dernière prise avec le signe négatif). Soient ρ, ρ' les distances de la Lune au centre de la Terre et au point considéré; M' sa masse, z, z' les angles que les directions de ρ et ρ' forment avec la verticale; la composante horizontale de la force perturbatrice sera

$$fM'\left(\frac{\sin z'}{\rho'^2} - \frac{\sin z}{\rho^2}\right),$$

et la composante verticale, opposée à la pesanteur,

$$fM'\left(\frac{\cos z'}{\rho'^2} - \frac{\cos z}{\rho^2}\right).$$

On a, d'autre part,

$$\rho \sin z = \rho' \sin z', \qquad \rho \cos z = R + \rho' \cos z',$$

et, approximativement,

$$\rho - \rho' = R \cos z.$$

En négligeant $\frac{R^2}{\rho^2}$, et faisant $g = f\frac{M}{R^2}$, on trouve, pour les deux composantes, exprimées en fractions de la pesanteur g,

$$(1) \qquad \frac{3}{2}\frac{M'}{M}\left(\frac{R}{\rho}\right)^3 \sin 2z \qquad \text{et} \qquad \frac{M'}{M}\left(\frac{R}{\rho}\right)^3 (3\cos^2 z - 1).$$

Ces expressions se déduiraient directement du potentiel

$$(2) \qquad U = \frac{fM'}{2}\frac{R^2}{\rho^3}(3\cos^2 z - 1)$$

en formant $-\frac{\partial U}{R\,\partial z}$ et $\frac{\partial U}{\partial R}$.

---

(1) *Bulletins de l'Académie des Sciences de Saint-Pétersbourg*, t. III; 1844. — *Astronomische Nachrichten*, n° 507; 1845.

Nous avons ici

$$\frac{M'}{M} = \frac{1}{82}, \qquad \frac{R}{\rho} = \frac{1}{60}, \qquad \frac{M'}{M}\left(\frac{R}{\rho}\right)^3 = \frac{1}{18\,000\,000};$$

il s'ensuit que la composante verticale, qui agit en sens contraire de la pesanteur, est négligeable, et que la composante horizontale produit une déviation égale à

$$(3) \qquad \frac{1}{12\,000\,000}\,\frac{\sin 2z}{\sin 1''} = 0'',017 \sin 2z.$$

La déviation causée par le Soleil s'obtient en divisant par $\varepsilon = 2,18$; elle est

$$0'',008 \sin 2z.$$

Ces formules montrent que, sous l'influence de l'attraction luni-solaire, l'extrémité du fil à plomb décrit, sur le plan horizontal, des courbes très compliquées. En ne tenant compte que de l'action de la Lune, et en la supposant sur l'équateur céleste ($\mathbb{D} = 0$), la courbe se réduit à une ellipse qui passe par le pied de la verticale; c'est ce qui résulte des expressions des deux composantes de la déviation, estimées suivant le plan du méridien et un plan perpendiculaire :

$$\text{Comp. N.-S.} = 0'',017 \sin 2z \cos A = 0'',017 \sin\lambda \cos\lambda (1 + \cos 2h),$$
$$\text{Comp. E.-W.} = 0'',017 \sin 2z \sin A = 0'',017 \cos\lambda \sin 2h,$$

où z, A, h sont la distance zénithale, l'azimut et l'angle horaire de la Lune, λ la latitude de l'observateur.

On trouve des remarques intéressantes sur ce sujet dans les Rapports de la Commission spéciale de l'Association britannique pour l'avancement des sciences, et dans deux Notes de M. Gaillot, qui a étudié les figures que dessine l'extrémité du fil à plomb ([1]).

En fraction de la gravité, le potentiel (2) serait

$$(4) \qquad U = \frac{1}{2}\,\frac{M'}{M}\,\frac{R^4}{\rho^3}(3\cos^2 z - 1),$$

et cette expression représente aussi l'exhaussement de la surface de niveau, qui correspond à la perturbation de la gravité. La plus grande différence serait, pour la Lune,

$$\frac{3}{2}\,\frac{M'}{M}\,\frac{R^4}{\rho^3} = \frac{R}{12\,000\,000} = 0^m,54,$$

et, pour le Soleil, $0^m,25$.

([1]) *Bulletin astronomique*, t. I, p. 50, 113, 217.

Les variations des surfaces de niveau, dues aux autres perturbations de la rotation que nous avons examinées, sont insignifiantes.

L'attraction des eaux de la haute mer peut donner lieu à une déviation du fil à plomb plus sensible que celle que produit l'attraction directe de la Lune. Aussi a-t-on songé à utiliser cet effet pour la détermination de la densité moyenne de la Terre. Robison, en 1804, a proposé d'observer, dans ce dessein, les marées de la baie de Fundy, qui atteignent jusqu'à 20^m, et W. Struve, en 1844, a recommandé le canal de Bristol où la marée atteint 10^m et peut produire des déviations de $0'',2$. Sir W. Thomson [1] trouve qu'une différence de 3^m entre les niveaux de la marée haute et de la marée basse peut produire un écart de $0'',057$ entre les directions correspondantes du fil à plomb.

Les formules du n° 39 donnent, pour l'attraction horizontale d'un parallélépipède de hauteur très petite h, symétrique par rapport à l'axe Mx,

$$X = 2f\rho h \log \frac{\tang \frac{1}{2}\theta_c}{\tang \frac{1}{2}\theta_d},$$

ou bien, en supposant le point M situé dans le plan du parallélépipède, à une distance finie a du côté AD (*fig.* 4), et désignant par b la largeur AB, par $2c$ la longueur AD, par r, s les distances MA, MB,

$$(5) \qquad X = 2f\rho h \log\left(\frac{a+b}{a}\,\frac{r+c}{s+c}\right).$$

En prenant $a = 100^m$, $b = c = 100^{km}$, on aurait

$$(6) \qquad X = 2f\rho h \log \frac{2000}{1+\sqrt{2}}.$$

L'intensité de la pesanteur étant d'ailleurs

$$g = f\frac{M}{R^2} = \frac{4}{3}\pi f \Delta R,$$

la déviation cherchée devient

$$(7) \qquad \frac{X}{g \sin 1''} = \frac{3}{2\pi \sin 1''}\,\frac{\rho}{\Delta}\,\frac{h}{R} \log \frac{2000}{1+\sqrt{2}}.$$

On a ici $\frac{\Delta}{\rho} = 5,56$, et, en prenant $h = 3^m$, on trouve $0'',056$ pour la déviation totale du fil à plomb, produite par une couche d'eau de 3^m qui s'étend sur un rayon d'au moins 100^{km} à partir de la côte. En doublant la distance a, on ne diminue la déviation que d'un dixième.

---

(1) *Treatise on natural Philosophy*, t. II, p. 390.

Il y a quelques années, l'Association britannique a formé dans son sein un Comité chargé de préparer les voies pour les recherches sur les variations de la verticale dues à l'action de la Lune. On a songé à établir des observatoires spéciaux (*gravitational observatories*). MM. George et Horace Darwin ont commencé une série d'observations à Cambridge. Plusieurs Rapports ont été publiés depuis 1881. En dehors des variations périodiques, plus ou moins nettement accusées, on a constaté une agitation très faible mais incessante du sol, d'un caractère séismique, qui avait été depuis longtemps signalée par d'autres observateurs, notamment en Italie (Rossi, Bertelli, Palmieri, Mocenigo, etc.).

Parmi les procédés d'observation qui ont été employés ou proposés pour constater les variations de la verticale, dues à des causes quelconques, nous citerons d'abord les niveaux fixes, dont Plantamour et d'Orff ont fait usage après M. d'Abbadie. M. d'Abbadie préfère aujourd'hui l'observation régulière du nadir, à l'aide d'un bain de mercure et d'une lentille à long foyer, installés au fond d'un pilier creux, au sommet duquel se trouvent une croisée de fils et un microscope (¹). On peut encore utiliser, pour les recherches de ce genre, le pendule horizontal, sorte de levier mobile autour d'un axe qui fait un très petit angle avec la verticale. Cet appareil, dont le principe a été successivement indiqué par Hengler (1832), Perrot (1862) et Zöllner (1869), a été perfectionné et employé avec succès par M. de Rebeur-Paschwitz (²).

Il faut dire que ces sortes d'observations sont d'une nature très délicate, parce qu'on est embarrassé de faire la part des influences purement locales, de la température et de l'humidité qui gonflent ou contractent le sol et tordent les piliers des instruments. On sait que, en 1848, M. Henry a signalé des variations périodiques de 2″ ou 3″ dans les niveaux des axes et les azimuts des cercles méridiens de Greenwich et de Cambridge, résultats confirmés par M. Ellis en 1859. M. Foerster a entrepris récemment des recherches spéciales sur ces mouvements des piliers, qui dépendent des saisons. Il faudra évidemment faire une étude approfondie des sources d'erreurs que ces influences locales introduisent dans toutes les déterminations, avant de songer à vérifier directement les dernières conséquences des théories, développées au delà des limites de la précision actuelle des observations.

(¹) A. d'Abbadie, *Recherches sur la verticale* (*Annales de la Société scientifique de Bruxelles*, 1881).

(²) *Bulletin astronomique*, t. IV, p. 541; t. VI, p. 183.

FIN DU TOME II.

ERRATA.

TOME Ier.

Pages.	Lignes.	Au lieu de :	Lisez :
5	4	$\int_{t_0}^{t_1} (\delta T + \delta U) = 0$	$\int_{t_0}^{t_1} (\delta T + \delta U)\, dt = 0$
9	8	$\frac{\partial T}{\partial p_i}$	$\frac{\partial T}{\partial q_i}$
9	16	$\frac{\partial T}{\partial p_i} dp_i$	$\sum \frac{\partial T}{\partial p_i} dp_i$
15	1 en remontant	q'_i	q_i
28	4	$' = \mu$	$\mu' = \mu$
39	9	$u^2 \frac{d^3 u}{dt^3} -$	$9u^2 \frac{d^3 u}{dt^3} -$
46	8	2π	$\lambda\pi$
46	17	(28)	(26)
46	3 en remontant	e^{IV}	e^4
47	2	la puissance	les puissances
47	6 en remontant	$\frac{h^2 e^2 \psi''^2}{(\psi' - h\psi'')^2}$	$\frac{h^2 e^2 \psi'''^2}{(\psi' - h\psi'')^2}$
49	3 en remontant	$R = \frac{m\mu}{r^n}$	$R = \frac{m\mu}{r^2}$
50	16	$\frac{m\mu}{r^p}$	$\frac{m\mu}{r^n}$
61	11	OG	GN
66	10 en remontant	$\frac{\xi_i - \xi_j}{\Delta_{i,j}^3}$	$\frac{\xi_j - \xi_i}{\Delta_{i,j}^3}$
74	1 et 14	fm_0	$\mathrm{f} m_0$
75	4	$(m_1 + m_1)$	$(m_0 + m_1)$
91	2 en remontant	$(\alpha') \left\{ \begin{matrix} \cdots \\ \cdots \end{matrix} \right.$	$(\alpha'') \left\{ \begin{matrix} \cdots \\ \cdots \end{matrix} \right.$
92	11	$(\alpha'') \left\{ \begin{matrix} \cdots \\ \cdots \end{matrix} \right.$	$(\alpha''') \left\{ \begin{matrix} \cdots \\ \cdots \end{matrix} \right.$
98	6	$- \omega$	$\vartheta - \omega$
112	5	$\operatorname{tang} \frac{\varpi}{3}$	$\operatorname{tang} \frac{\varpi}{2}$
119	6	$\frac{\mathrm{f}\mu}{r} - V_1^2$	$\frac{\mathrm{f}\mu}{r_1} - V_1^2$
125	9 en remontant	r_1	r
126	4 en remontant	n° 32	n° 33
131	2	$\frac{1}{2} \frac{d^2 r^2}{dt}$	$\frac{1}{2} \frac{d^2 r^2}{dt^2}$

Pages.	Lignes.	*Au lieu de :*	*Lisez :*
131	4	$-mq'$ et $+mq''$	$-q'$ et $+q''$
140	3	$\cos(OHx)$, $\cos(OHy)$, $\cos(OHz)$	$\cos(HOx)$, $\cos(HOy)$, $\cos(HOz)$
142	9 en remontant	$+\sqrt{\sigma^2 u'^2 - \Sigma''}$	$+\sqrt{\sigma^2 u''^2 - \Sigma''}$
143	10 en remontant	$\sqrt{r''^2 - r_0''^2}$	$\sqrt{r''^2 - z_0''^2}$
148	6	$-\frac{m\nu}{\xi^3}(\quad)$	$+\frac{m\nu}{\xi^3}(\quad)$
148	5 en remontant	$\frac{dt}{\xi^2}$	$\frac{dt}{\xi}$
149	10 en remontant	$d^2 r^2$	$d^2 r'^2$
150	11	d'après (61) et (62)	d'après (61)
173	6 en remontant	$-X$	$+X$
173	5 en remontant	$-Y$	$+Y$
191	5	$+j\theta'$	$+j'\theta'$
191	8 en remontant	$\frac{\partial R}{\partial n}$	$\frac{\partial R}{\partial a}$
196	7	$j\theta_0 + j\theta'_0$	$j\theta_0 + j'\theta'_0$
198	1 en remontant	$\left\} \begin{matrix} \dots \\ \dots \end{matrix}\right.$	$(c) \left\} \begin{matrix} \dots \\ \dots \end{matrix}\right.$
205	12 en remontant	$n't$	$n'_0 t$
205	11 en remontant	$i(\theta_0 + \nu m't) + j(\theta'_0 + \nu' mt)$	$i(\theta_0 + \lambda m't) + j'(\theta'_0 + \lambda' mt)$
205	10 en remontant	$\nu m) + \dots j\nu m' + j'\nu' m$	$\nu' m) + \dots j\lambda m' + j'\lambda' m$
206	1 en remontant	$-\frac{x}{2z}$	$E^{-\frac{x}{2z}}$
215	6	x	ζ
215	12	$\int^{2\pi}$	$\int_0^{2\pi}$
216	9 en remontant	$\int^{2\pi}$	$\int_0^{2\pi}$
220	8	n° 79	n° 78
221	10 en remontant	$+\dots]$	$-\dots]$
223	2 en remontant	$\frac{e^i}{1 + \sqrt{1 - e^2}}$	$\frac{e^i}{(1 + \sqrt{1 - e^2})^i}$
228	3 en remontant	$\frac{1}{2} A_0 = \frac{1}{2} a_0 + a_1 p_0^{(1)}$	$A_0 = a_0 + a_1 p_0^{(1)}$
229	5 en remontant	$= \frac{1}{2} A_0 +$	$S = \frac{1}{2} A_0 +$
231	9 en remontant	$P'_{-1} s^{-2}$	$P'_{-1} s^{-1}$
231	7 en remontant	$\int_0^{2\pi} U s^{-i} ds$	$\int_0^{2\pi} U s^{-i} du$
232	6 en remontant	$\zeta^{-(i-1)} du$	$s^{-(i-1)} du$
232	4 en remontant	$2\pi Q^{(i-1)}$	$2\pi Q_{i-1}$
242	5 en remontant	Multiplions par ζ	Multiplions par $d\zeta$
242	1 en remontant	$\sum_{i=1}^{i=n}$	$\sum_{i=1}^{i=\infty}$
243	2 en remontant	0 et 2π	0 et π

Pages.	Lignes.	Au lieu de :	Lisez :
243	1 en remontant	$\int_0$	$\int_0^{\pi}$
246	14	n° 92	n° 90
255	18	Θ	Θ_1
259	3	$\int_0^{2\pi} \cos^p \cos mw\, dw$	$\int_0^{2\pi} \cos^p w \cos mw\, dw$
273	12	$(1+\alpha^2-2\alpha\cos\theta)^{-s}$	$(1+\alpha^2-2\alpha\cos\psi)^{-s}$
281	3 en remontant	$(i-1)\frac{+\alpha^2}{\alpha}$	$(i-1)\frac{1+\alpha^2}{\alpha}$
302	5	$F\ a(1+x), a'(1+x')]$	$F[a(1+x), a'(1+x')]$
304	3	$(-1)^q \frac{p(p+1)\ldots}{1.2\ldots q}$	$(-1)^q \frac{p(p-1)\ldots}{1.2\ldots q}$
313	3	A'_0	A_0
313	8	A'_n	$A'_{n'}$
314	5	$\lvert\alpha\rvert$	$\lvert\beta\rvert$
314	6	$\lvert\alpha'\rvert$	$\lvert\beta'\rvert$
321	13	de degré -1	de degré 0
336	8	$uN\ldots$	$uN'\ldots$
337	8	$Ne^h\ldots$	$N'e^h\ldots$
340	10	$\frac{u}{i+i'\nu}e^h\ldots$	$\frac{u}{i+i'\nu}Ne^h\ldots$
343	8 en remontant	la variation θ	la variation de θ
348	17	$a_1 = a''_1\sqrt{}$	$a_1 = a''_1\sqrt[3]{}$
351	13	du n° 135	des n°s 135 et 136
357	7 en remontant	$+\sum\frac{H-K}{2}\sin(v+D-\tau)$	$-\sum\frac{H-K}{2}\sin(v+D-\tau)$
357	4 en remontant	$+\frac{1}{\cos s}\sum\frac{H-K}{2}\sin(v+D-\tau)$	$-\frac{1}{\cos s}\sum\frac{H-K}{2}\sin(v+D-\tau)$
358	9	$-\frac{1}{\cos s'}\sum\frac{H'-K'}{2}\sin(v'+D-\tau')$	$+\frac{1}{\cos s'}\sum\frac{H'-K'}{2}\sin(v'+D-\tau')$
361	1	Les formules (a)	Les formules (d)
364	13	$-\frac{1}{2(1+i-i'\nu}$	$-\frac{1}{2(1+i-i'\nu)}$
367	7 en remontant	$-\frac{3}{3}e\frac{\mathcal{L}}{a}\cos(\lambda-\omega)$	$-\frac{3}{4}e\frac{\mathcal{L}}{a}\cos(\lambda-\omega)$
368	6	$-\left(\frac{3}{2}aM^{(0)}_{0,1}+\ldots\right)$	$-\frac{m'}{\mu}\left(\frac{3}{2}aM^{(0)}_{0,1}+\ldots\right)$
372	2	expressions (c')	expressions (c) et (c')
373	2	$-\mathcal{G}\cos(v+\tau)$	$-\mathcal{G}\cos(v-\tau)$
381	5 en remontant	$-1,2p'-0,8q'$	$-1,2p-0,8q$
395	6 en remontant	$\alpha l_j+\beta l_i$	$\alpha l_i+\beta l_j$
395	7 en remontant	$=\alpha l_i+\beta l_j$	$\psi=\alpha l_i+\beta l_j$
396	5 en remontant	$\frac{\partial^2 V'}{\partial\varepsilon_i\,\partial q_j}\delta_1 q_j$	$\frac{\partial^2 V'}{\partial\varepsilon_i\,\partial q_i}\delta_1 q_i$
407	4 en remontant	$+\ldots$	$-\ldots$
407	2 en remontant	$+\ldots$	$-\ldots$
416	1	$\sin\beta_{N-1}$	$\cos\beta_{N-1}$

Pages.	Lignes.	*Au lieu de :*	*Lisez :*
435	9 et 10 en rem.	$\int$	$\int_0^{2\pi}$
436	3, 4 et 6	fm'	f
446	10 en remontant	$\frac{1}{1-2\beta z+\beta^2}$	$\frac{1}{1-2\beta\sigma+\beta^2}$
448	16	$3\mu\nu\cos x\cos y$	$8\mu\nu\cos x\cos y$
448	21	....	$+24\mu\nu(1-2\nu)^2\cos x\cos y+\ldots$
450	3 en remontant	$(t^2- \quad)\frac{dT_{i,j}^{(n)}}{dt^2}$	$(t^2-t)\frac{d^2T_{i,j}^{(n)}}{dt^2}$
450	1 en remontant	$\alpha=\frac{i+j-n}{}$	$\alpha=\frac{i+j-n}{2}$
»	»	$\beta=\frac{i+j+n+}{2}$	$\beta=\frac{i+j+n+2}{2}$
451	9 en remontant	$\frac{i+j-n}{2}$	$\frac{n-i-j}{2}$
452	12	formule (28)	formule (23)
454	7 en remontant	$E^{\frac{\rho-\rho_1-\rho+\rho'_1}{2}y\sqrt{-1}}$	$E^{\frac{\rho-\rho_1-\rho'+\rho'_1}{2}y\sqrt{-1}}$
456	11	l'expression (c)	l'expression (a)
463	10	$=\frac{m'}{\mu}S$	$=\frac{m'}{\mu}k^2S$
466	6 en remontant	$-\frac{1}{\Delta^3}$	$-\frac{r}{\Delta^3}$
472	2	(23) } ...	(24) } ...
472	5 en remontant	(23)	(24)

Dans la *fig.* 23 (p. 466), la première des lettres N à droite de x doit être remplacée par N'.

Les fautes ci-dessus nous ont été signalées principalement par MM. von Haerdtl, Lehmann-Filhès, G. Leveau et Steadman Aldis.

TOME II.

Pages.	Lignes.	*Au lieu de :*	*Lisez :*
3	8	dr	du
135	10, 12 et 18	(H)	(K)
231	10	4,75	4,77
257	7 en remontant	α^n	β^n
344	1 en remontant	produits	produites
377	2 et 7	$d\varphi,\ d\psi,\ d\theta$	$\partial\varphi,\ \partial\psi,\ \partial\theta$
402	8	$\frac{dU}{d\psi'}$	$\frac{\partial U}{\partial\psi'}$
474	12	$-\Phi$	$+\Phi$
230	14	La formule (50) peut être remplacée par celle-ci :	

$$D-\rho<\frac{\Delta-\rho_1}{a^3}\quad \text{(voir \textit{Bull. astron.}, t. VII, p. 81).}$$

15290 Paris. — Imprimerie GAUTHIER-VILLARS ET FILS, quai des Grands-Augustins, 55.

www.ingramcontent.com/pod-product-compliance
Lightning Source LLC
Chambersburg PA
CBHW031349210326
41599CB00019B/2704
* 9 7 8 2 0 1 4 4 8 0 3 0 6 *